KB040052

루퍼스의 한국 천문학

초판 1쇄 발행 2016년 1월 31일

편 자 | 연세대학교 국학연구원 연세학풍연구소
역주자 | 손영종 · 구만옥 · 김도형
발행인 | 윤관백
발행처 | 도서출판 선인

등록 | 제5-77호(1998.11.4)
주소 | 서울시 마포구 마포대로 4다길 4 곶마루빌딩 1층
전화 | 02)718-6252 / 6257 팩스 | 02)718-6253
E-mail | sunin72@chol.com

정가 70,000원

ISBN 979-11-6068-035-5 94400
ISBN 978-89-5933-622-7 (세트)

루퍼스의 한국

연세사료총서 5

루퍼스의 한국 천문학

연세대학교 국학연구원 연세학풍연구소 편
손영종 · 구만옥 · 김도형 역주

루퍼스(Will Carl Rufus)

연희전문학교 취주악대와 루퍼스 교수 부부

창덕궁 자격루를 살피는 루퍼스 박사와 이원철 박사

이원철과 루퍼스

책머리에

뜻을 같이 하는 몇몇의 교수들이 연세대학교의 역사와 학풍을 연구하기 위해 연세학풍사업단('화충의 연세학' 사업단)을 만들었다. 지난 4년간의 학교의 글로벌특성화사업의 지원을 받아 연세의 역사, 학풍을 연구하고, 또 필요한 자료를 수집 발간하였다. 이 사업단의 사업을 이어 국학연구원 산하에 연세학풍연구소를 설치하게 되었다.

이 책은 학풍사업단의 활동을 이어 연희전문학교 교수였고, 한국의 자연과학, 천문학을 개척한 루퍼스(W. C. Rufus, 劉芙秀, 1876~1946) 자료를 모아, 대표저작을 번역하고, 나머지 저작을 최대한 수집하여 원문을 그대로 실었다.

루퍼스는 캐나다 출신으로, 알비온 대학에서 수학, 과학을 마치고, 다시 석사과정에서 천문학을 공부하였다. 아울러 신학도 공부하여 감리교회의 목사로 근무하다가 1907년, 미북감리회의 선교사로 한국에 파견되었다. 후에 연희전문 설립에 큰 역할을 한 베커와의 인연 때문이었다.

루퍼스가 처음 근무한 곳은 숭실학교 대학부였다. 숭실은 평양 지역 북장로교 선교회가 세운 학교로 '대학'이라는 이름으로 운영되었다. 숭실대학부는 장로교와 감리교 선교사가 연합으로 운영하였다. 영문 이름도 Union Christian College였으며, 곧 평양예수교대학교(Peng Yang Union Christian College and Academy)로 개편되었다.

이 시기 언더우드(H. G. Underwood)는 서울에 기독교연합대학 설립을 추진하였다. 언더우드는 감리교선교회와 연합하여 대학을 세우고자 하였고, 평양지역 장로교 선교사들은 숭실대학의 활성화를 위해 서울 설립에 반대하였다. 감리교 선교회에서는 언더우드의 노선에 찬동하였다. 서울에 장감 연합대학이 추진되자 1912년, 숭실에서 근무하던 감리교 선교사들은 모두 서울에 와서, 배재학당 대학부를 만들어 연합대학 설립에 참여하였다. 루퍼스도 이에 동참하여 조선기독교대학(Chosen Christian College) 설립에 기여하였다.

조선기독교대학이 출범하자 루퍼스는 교수가 되었다. 이 대학은 총독부에 의해 연희전문학교로 인가되었는데(1917), 중간에 박사학위를 받고 복귀한 루퍼스는 개교 초기까지 연전의 교수로 활동하였다. 그러다가 한국에서의 선교의 어려움 등의 여러 이유로 미국으로 귀국하여 미시간 대학 천문학과 교수로 전직하였다.

그러나 루퍼스는 이후 줄곧 한국과 연희전문학교와의 인연을 이어갔다. 음악을 전공한 그의 부인은 연희전문학교 최초의 취주악대를 조직하였다. 또한 루퍼스의 이복동생 왜고너(Ethel van Wagoner)는 원한경(H. G. Underwood)의 부인이었다. 왜고너는 1912년 한국에 와서 서울 외국인학교 초대 교장으로서 활동하였고, 연희전문학교에서 교육학과 영어를 강의하였다.

무엇보다도 루퍼스가 이룬 성과는 한국의 천문학 연구를 서양 학계에 알리고, 이를 통해 한국 천문학의 기틀을 마련한 것이었다. 루퍼스는 한국에 있을 때 시작한 한국천문학사 연구를 계속 이어갔다. 이 책에서 번역한 '한국의 천문학'도 그 일환이었다.

한국 천문학의 발전에 기여한 성과 가운데 가장 기억할만한 점은 천문학자 이원철을 제자로 키운 것이었다. 이원철은 연희전문학교 1회 졸업생으로 미국으로 귀국한 루퍼스 아래에서 박사학위를 받았고, 연희전문 교수가 되어 연세와 한국의 천문학, 기상학 수립에 기틀을 놓은 분이었다. 연전의 자연과학, 천문학은 모두 루퍼스가 씨를 뿌리고 거둔 첫 열매에 의해 발전할 수 있었던 것이다.

연희전문학교에서 서양 과학자에 의해 자연과학이 연구되고 교수되면서, 당시 연희전문의 다른 전공에도 큰 영향을 미쳤다. 교장 원한경의 선박, 거북선 연구 등도 그런 관심의 일부였다. 1935년 안식년으로 다시 한국에 와서 원한경의 사택에 머물면서 한국 천문학을 연구하고, 이를 연전 문과에서 책으로 간행하였다(1936). 당시는 민족운동 진영에서 한국의 민족문화를 열정적으로 연구하던 때였고, 그 일환으로 한국의 전통과학에 대한 새로운 조명이 이루어지고 있었다. 이런 관련 속에서 연전 문과에서 교육을 받은 홍이섭은 『조선과학사』라는 책을 간행하였다(1944).

이 책에서는 루퍼스의 한국천문학사 연구의 대표 업적인 두 편의 글[Korean Astronomy (1936) 및 "Korea's Cherished Astronomical Chart"(1915)]을 번역하였으며, 루퍼스의 저작 목록을 새롭게 정리하고, 수집한 원문을 그대로 수록하였다. 번역 및 해설은 우리 대학의 천문우주학과 손영종 교수가 담당하였고, 루퍼스가 활용했던 원자료를 꼼꼼하게 찾아 학술적으로 활용할 수 있도록 역주를 다는 작업은 경희대학교 사학과의 구만옥 교수가 수고하였다. 번역 원고의 정리 및 저작물의 수집 등은 사학과 석사생 석지훈 군이 수고를 아끼지 않았다. 본 연구소를 책임지고 있는 본인도 자료 수집 및 번역, 역주 작업에 조그마한 힘을 보탰다.

루퍼스의 저술을 통해 한국의 천문학에 기여한 연세의 자연과학, 천문학을 다시 돌아보는 기회가 되기를 바란다.

2017년 1월

연세대학교 국학연구원 원장

연세학풍연구소 소장

김도형

목 차

제1부 대표 저작 번역

제2부 루퍼스 저작선

〈해설〉

루퍼스(W. C. Rufus, 劉芙秀)의 한국 천문학(Korean Astronomy)

손 영 종 | 이과대학 천문우주학과

루퍼스는 베커, 밀러 등과 함께 연희전문학교 수물과를 창설하여 우리나라의 초기 근대 자연과학 교육 체계를 세우는데 기여한 선교사였다. 루퍼스는 1907년 한국에 와서 숭실학당에서 수학 및 과학 교사로 활약하면서 한국의 천문학사를 연구하였다. 그 첫 결과로 1913년에 조선 태조의 석각천문도인 천상열차분야지도를 분석한 논문을 발표하였고, 1915년에 이 내용을 정리하여, 미국 천문학 전문지에 게재하여 한국 천문학을 처음으로 세계에 알렸다.

1912년 이후에는 서울에서 기독교연합대학(Chosen Christian College, 후에 연희전문학교) 설립에 헌신하였고, 1917년까지 연희전문학교 교수로 봉직하였다. 1917년 귀국 후에는 미시간대학교 천문학과 교수와 천문대장을 맡았다. 1935년에 안식년을 얻어 1년간 우리나라에 다시 와서 연희전문에 머무르면서 한국천문학에 대한 책을 출간하였다.

루퍼스는 연희전문, 연세대학교의 천문학은 물론이고 한국 천문학의 정착에 기여한 대표적인 선교사 과학자였다. 특히 그는 미시간대학에 재직하던 1922년에 연희전문학교 수물과 1회 졸업생 이원철을 대학원생으로 받아들여 박사학위 논문을 지도하였고, 이원철은 한국의 최초 이학 박사가 되어 이후 연세의 천문학 연구를 이어갔다.

1. 루퍼스의 활동과 천문학 연구

루퍼스는 1876년 7월 1일 캐나다 온타리오주의 채덤(Chatham)에서 출생하였다. 미국의 미시간주 알비온 대학에서 수학, 과학을 전공하여 1902년 26세의 나이로 졸업하였다. 이후 1년간 천문학을 공부하여 석사학위를 취득하였다. 동시에 신학도 공부하여, 1905년부터 1907년까지 미시간주 드라이든과 오워쏘 감리교회에서 목사로 시무하였다. 알비온 대학을 졸업한 루퍼스는 미시간 대학으로 가서 천문학 박사학위과정을 시작하였다. 이때 알비온 대학의 동창생인 모드 스퀘어(Maude Squire)와 결혼하였다. 음악을 전공한 부인은 훗날 연희전문학교 최초의 취주악대를 조직하고 지휘하기도 하였다.

또 루퍼스는 왜고너(Ethel van Wagoner) 라는 이복 누이동생이 있었는데, 연희전문학교 3대 교장을 지낸 원한경(H. H. Underwood, 원두우의 아들) 박사의 부인이었다. 왜고너는 문학을 전공한 알비온대학 졸업생이며, 1912년 한국에 와서 서울 외국인학교 초대 교장으로서 활동하였고, 연희전문학교에서 교육학과 영어를 강의하였다.

루퍼스가 한국에 선교사로 오게 된 것은 친구인 베커(A. L. Becker)와 관련 때문이었다. 베커는 알비온 대학 동기동창생으로, 두 사람은 같은 집에서 하숙을 할 정도로 친밀하였다. 먼저 베커가 1903년 4월에 우리나라에 와서, 1905년 6월부터 숭실학당에서 수학, 과학을 강의하였고, 1914년에 서울로 옮겨와 연희전문학교의 개교에 헌신하였다. 루퍼스는 한국에 파견된 베커를 위해 장학금을 마련하고 교재를 보내는 등 후원을 아끼지 않았다. 베커와 서신 교환을 이어가던 루퍼스는 북감리교 선교부에 우리나라 교육 선교사로 갈 것을 지원하였고, 드디어 1907년 9월에 아내와 두 아들을 데리고 우리나라로 들어와 평양의 숭실학당에서 교사를 시작하였다.

루퍼스는 숭실학당에서 수학, 물리학, 천문학 등의 강의를 담당하며, 우리나라 근대 과학 교육에 기여하였다. 그러면서 게일 박사의 후원과 도움으로 우리나라의 과학, 특히 천문학에 관련된 유적 및 유물 답사를 통하여 한국 천문학사 연구를 본격적으로 시작하였다. 한국천문학사에 대한 루퍼스의 첫 연구 업적은 조선 초기 석각천문도인 천상열차분야지도에 대한 연구 논문(*The Celestial Planisphere of King Yi Tai-Jo*, Transactions of the Korea Branch of the Royal Asiatic Society, 1913, vol. Ⅳ, part 3, pp.23~72)이었다. 그리고 이 내용을 가다듬어 1915년 미국 학계에 소개하였다(Korea's Cherished Astronomical Chart, Popular

Astronomy, 1915, vol. 23, pp.193~198). 루퍼스의 이러한 노력은 한국의 과학 및 천문학이 세계로 알려지는 계기가 되었다.

평양에서 활동하던 루퍼스는 1912년 감리교 선교부의 결정에 따라 서울로 임지를 옮기고, 서울에서 새로운 기독교연합대학을 만드는 일에 헌신하였다. 중간에 안식년을 맞아 미국으로 귀국하여 1915년 미시간대학 대학원에서 천문학으로 박사학위를 받았다. 그의 박사학위 논문 제목은 "The Spectra of Stars Belonging to Class R of the Draper Classification"이며 별의 분류와 스펙트럼에 관한 내용으로 당시 최첨단의 분광천문학 학문 분야에 해당된다.

안식년이 1915년 1월로 종료되면서 루퍼스는 다시 한국으로 파견되기를 기다렸으나, 미국 선교본부는 재정 문제를 이유로 미국에서의 안식 기간을 연장할 것을 권고 하였다. 이때 그는 캔사스 대학에서 교수직을 제안 받기도 하였다. 그러나 루퍼스는 연희전문학교에서의 과학교육을 위해 한국으로 가겠다는 강한 의지를 선교 본부에 나타내었고, 자신이 소장하고 있는 한국의 고천문도를 매각하여 그 수익금을 수물과의 장비 보충을 위해 사용하겠다는 제안을 하였다. 선교본부와의 수차례 논의가 더 있은 후 드디어 1915년 가을 학기에 한국으로의 복귀가 결정되어 연희전문학교 수물과 교수로 재직하면서 수학, 천문학 등을 강의하였다.

그러나 루퍼스는 연희전문학교 수물과에 재직한지 2년 만인 1917년에 한국에서의 생활 10년을 마치고 미국으로 영구 귀국하였다. 그 이유는 연희전문학교의 설립 인가 과정에서 드러난 당시 일제 총독부 교육 정책의 문제점과 수물과의 존립 여부에 대한 선교본부의 소극적인 지원 방침 때문에 이상적인 순수 과학 교육을 충분히 실현할 수 없다고 판단하였기 때문이다. 당시 총독부는 연희전문학교에서 순수과학을 위한 교육과정을 제외할 것을 요구하기도 하였으며, 실질적인 직업 교육을 강조하면서 수학, 천문학과 같은 분야를 교과과정에서 최소화하였다. 뿐만 아니라, 선교본부는 총독부의 이러한 요구에 동의하면서 수물과의 존속을 포기할 의향을 나타내기도 하였으며, 실험 및 교육 설비와 교원 확보를 위한 재정 지원도 매우 소극적이었다. 이러한 과정에서 순수과학 교육이 당시 한국의 교육 현실을 개선하고 사회 발전에 기여할 수 있는 핵심이라고 생각했던 루퍼스는 더 이상 한국에 있을 이유가 없다고 판단하였다.

1917년 미국으로 귀국한 루퍼스는 미시간 대학 천문학과 교수와 천문대장을 맡아 연구와 교육을 수행하였으며, 귀국 이후에도 친구인 베커를 지속적으로 후원하였다. 또한 그는 천문학자로서 맥동 변광성 및 항성 진화에 관한 연구에 매진하였는데, 1900년대 초 당시의 첨단의 천문관측 장비로 등장한 분광기를 활용한 항성의 스펙트럼 관측을 통하여, 항성 대기의 물질 구조, 항성의 운동, 그리고 항성 진화에 관한 주제의 연구를 수행하였다. 특히, 그는 박사학위 논문과 이어진 후속 연구 논문들을 통하여, 항성들의 진화 계열을 검토하여 항성의 스펙트럼 분류에서 R 분광형을 새롭게 추가하여 학문적 명성이 높아졌다.

1922년에는 연희전문학교 수물과 1회 졸업생 이원철을 유학 대학원생으로 받아들였다. 이원철은 1921년 베커의 후원과 루퍼스의 주선으로 알비온 대학으로 유학을 떠나 1년 만에 이학사 학위를 받은 후, 루퍼스가 근무하는 미시간 대학 대학원으로 옮겼다. 루퍼스의 지도로 천문학을 전공한 이원철은, 학위 과정의 연구 주제로서 당시 세계 천문학계의 중요 문제였던 맥동 변광성의 기원에 관한 연구를 수행하여 1923년에 이학 석사학위를 취득하였다. 그리고 1926년 "독수리자리 에타별의 항성대기 운동(Motions in the Atmosphere of Eta Aquilae)"이라는 제목의 논문을 제출하여 박사학위를 받았다. 이 논문은 약간의 보완을 거쳐 1932년 "*Publication of the Michigan University Observatory*(미시간대학 천문대 논총)" 제4집에 게재되었다. 이로서 루퍼스는 우리나라 사람에게 최초로 자연과학 분야의 박사학위 논문을 지도한 서양과학자가 되었다.

미국으로의 귀국 후, 미시간 대학에서 활약하던 루퍼스는 1935년에 안식년을 맞아 1년간 한국을 다시 방문하여, 이복 누이 동생인 왜고너의 집, 곧 연희전문학교 원한경 교장 사택에 머물렀다. 이 기간 동안 그는 연희전문학교에서 천문학을 강의하는 한편, 한국천문학사를 정리하여 Korean Astronomy(Transactions of the Korean Branch of the Royal Asiatic Society, 1936)를 집필하였고, 우리나라 고대 천문 관측 기록 및 천문도 등에 대한 연구를 수행하였다. 이후 그는 이러한 연구 결과들을 정리하여 미국 및 캐나다 천문학회 논문집에 발표하는 등, 우리나라의 과학 및 천문학을 서양에 알리는 전달자의 역할을 수행하였다. 다시 미국으로 돌아간 루퍼스는 미시간 대학 천문학과 과장서리를 역임하였다. 1945년 6월 19일에 그의 아내 모드가 비행기 추락사고로 사망한 지 약 1년 후인, 1946년 9월 21일에 71세의 나이로 별세하였다.

2. Korean Astronomy 내용

이 책에 번역 수록한 루퍼스의 Korean Astronomy는 1936년에 연희전문학교 문과의 영문 발행 번호 3번으로, 표지에 왕립아시아학회 한국지부 보고서 26권의 재간행임을 밝히고 있다. 이 간행본의 인쇄는 서울 YMCA 출판부에서 하였다. 추천사는 당시 연희전문학교 문과 과장이었던 백낙준이 1936년 10월 15일자로 쓴 것이다. 여기에는 루퍼스가 1915년부터 1917년까지 연희전문학교에 재직하고 미국으로 돌아갔으며, 당시 미시간대학 천문학 교수임을 밝히고 있고, 안식년 기간 동안 한국에 다시 와서 진행한 연구임을 밝히고 있다.

영어로 작성된 본문은 총 48쪽에 이르며, 한국 역사의 천문학적 내용을 시대별로 기술하고 있다. 첫 시작은 한국의 고대 28개 별자리와 고분에서 나타나는 청룡, 주작, 백호, 현무에 대한 설명과 이들과 별자리의 관계를 언급하고 있다. 낙랑시대의 고분들에서 발견된 유물과 벽화들에서 천문학 및 점성술과 관련한 자료들을 분석하고, 중국의 영향에 대한 분석도 진행하였다. 단군 조선과 참성단에 관한 내용과 기자 조선의 천문학 유입과정, 그리고 일월식의 관측, 그리고 천문 현상을 통한 농경 및 종교 의식 등이 기술되어 있다.

문헌비고의 내용을 바탕으로 삼국시대의 천문관측 기록에 대하여 고구려, 백제, 신라를 구분하여 정리하였다. 고구려의 고분 벽화와 천문도, 백제의 천문 관측과 일본으로의 천문학 전달 역사 등이 설명되고 있다. 신라의 달력에 대한 언급과, 첨성대의 천문 관측에 대한 의미, 천문 박사에 대한 기록, 한국 최초의 물시계가 황룡사에서 718년에 만들어졌으며, 돌로 만든 해시계가 현재까지 남아있다는 사실 등을 정리하였다. 그리고 당시 신라의 우주관과 석굴암에 나타나는 12개의 동물 부조 등에 대해서도 언급하고 있다. 삼국의 천문 관측 기록에 나타나는 혜성, 일식, 월식, 유성우와 운석에 관한 내용을 정리하였으며, 행성과 달, 그리고 별들의 합 현상 및 가림 현상, 태양 관측 기록 등에 대해서도 언급하고 있다.

고려시대에 물시계와 해시계가 사용되었음을 설명하며, 수도인 송도의 만월대 서쪽에 위치한 첨성대의 구조를 분석하였다. 일식, 월식, 혜성, 그리고 태양 흑점 관측에 대한 기록도 확인하였다. 달력 제작을 위한 수시력의 도입과 그 이후의 달력 편찬 과정, 천문도에 대한 내용들이 소개되고 있다.

조선시대에 대해서는 왕의 통치 기간에 따르는 천문 연구의 발전을 구체적으로 다루었다. 특히 태조의 석각천문도에 대해서는 만들어진 과정과 그 안에 들어 있는 내용들에 대하여 매우 상세하게 설명하고 있다. 세종 시대의 천문학적 관상감의 역할과, 해시계, 물시계, 혼천의, 천구의, 별의 위치 측정기, 우량계, 종시계 등 수많은 천문관측 기기의 제작 내용을 설명하고 있다. 문종, 성종으로 이어지며 이러한 관측기기들이 새롭게 발전되었으며, 중종 때 천체 관측 기구인 관천기가 개발되었음을 언급하고 있다.

또한 율곡의 우주관에 관한 기록을 상세히 소개하고, 동 시대에 서양에서도 율곡과 유사한 자연관을 배경으로 코페르니쿠스의 지동설이 등장하며, 브라헤, 갈릴레오, 케플러 등이 우주를 새롭게 해석하였음을 비교하고 있다. 브라헤가 관측한 1572년의 신성과 1604년의 케플러 신성에 대한 기록이 문헌비고에 나타나고 있음을 밝혔다. 17세기에 들어 네델란드인들이 한국에 들어 왔었다는 사실을 기록하고 있다. 그리고 1631년 정두원이 중국에서 마테오 리치의 친구인 장 드 로크를 만나 대포와 달력, 그리고 망원경, 천문도 등을 들여왔다는 사실을 설명하고 있다. 한흥일, 송인용 등이 중국에서 아담 샬을 만나고, 달력 제작을 위한 천문학적 원리를 배워오는 내용이 기술되어있다. 효종 때 새로운 천문 시계가 제작 되었으며, 김성수가 보관하고 있는 혼천의에 대하여 구체적으로 설명하고 있다. 제물포 기상대에 보관되어있는 성변측후단자를 확인하고, 여기에 나타나는 혜성을 비롯한 천문 관측 기록들을 설명하고 있다. 일월식과, 유성의 관측 기록 방법, 그리고 기상 현상의 관측 기록 방법 등에 대해서도 상세하게 기술하였다. 숙종 때 석각천문도를 다시 만들어지게 된 내용이 포함되어 있다. 경종과 영조의 천문 관측 기기 개발 내용과 달력 제작을 위한 천문 연구 진흥에 대한 내용이 기술되고 있다. 19세기의 천문 관측 기록 및 천문학자들의 활약상에 대해 기록하였고, 핼리혜성의 관측 내용도 설명되고 있다. 조선시대의 천문대인 관천대에 대한 소개가 나타난다.

본문의 마지막 내용으로 20세기 초의 새로운 천문 관측 방법으로 등장한 분광 스펙트럼 관측에 대한 소개를 하고 있다. 이에 대한 적극적인 도입을 하여야만, 역사적 전통을 가진 한국의 천문학이 새로운 발전을 할 수 있을 것이라는 적극적인 제안을 하고 있다. 사사의 글로서, 언더우드(원한경) 박사와 백낙준 박사에 대한 감사, 그리고, 도움을 주신 분들에 대한 감사의 글과 더불어, 특히 자신의 제자인 이원철 박사에 대한 각별한 감사의 글을 나타내었다.

3. Korea's Cherished Astronomical Chart 내용

이 책에 번역한 또 다른 루퍼스의 논문 Korea's Cherished Astronomical Chart는 조선 태조의 석각 천문도인 천상열차분야지도를 분석하여 1915년에 미국의 천문학 전문지 *Popular Astronomy*에 발표한 것이다. 이 논문은 1913년 한국에서 발행된 논문(The Celestial Planisphere of King Yi Tai-Jo, Transactions of the Korea Branch of the Royal Asiatic Society, 1913, pp.23~72)을 정리한 것이다.

영어로 작성된 이 논문은 총 6쪽 분량이다. 논문의 첫 부분은 한국 천문학의 오랜 역사에 대해 소개하고 있다. 기자 조선으로부터 시작하여 삼국시대, 고려시대, 그리고 조선시대에 이르는 동안, 한국의 과거 역사와 천문학적 관련 사항들을 예시로 제시하고 있다. 그리고 1900년대 초 당시, 박물관에 전시되어있던 한국의 천문학적 유물들을 간략히 나열하면서, 천문도가 새겨져 있는 석각천문도의 보존상태 및 크기와 무게 등을 소개하고 있다.

그리고 조선 건국 시에 어떻게 석각천문도가 만들어졌는지에 대한 역사적인 배경을 설명하면서, 이 천문도를 만들기 위한 원 자료는 고구려 시대의 천문도 탁본임을 밝히고 있다. 석각천문도에 나타나 있는 주요 내용들을 간략히 설명하면서, 그중에서 주요 부분들을 영어로 번역하였다. 석각천문도에 나타나 있는 것들 중에서 영어로 직접 번역한 주요 내용들은 태양, 달, 논천(우주론), 천문도의 역사에 관한 것들이다.

더불어 이 천문도에 나타나는 동양의 음양사상, 즉 음양의 보완을 통한 태극의 일치에 대한 내용을 해와 달, 하늘과 땅 등과 같은 다양한 예를 제시하면서 기술하고 있다. 또한 천문도의 영역 구분과 전체적인 구성에 대하여 구체적으로 설명하고 있다. 석각천문도에 나타나 있는 별자리들 중에서 일부 주요 별자리들에 대하여 소개하면서, 이 별자리들에 대한 간략한 별자리 신화도 함께 제시하고 있다. 은하수를 표현하는데 있어서 서양의 Milky Way를 서정적으로, 동양의 은하수를 서사적으로 표현한 것이 흥미롭다. 이 석각천문도에 나타나는 별의 개수가 총 1,463개이며, 중국의 고대 천문도에는 1,460개, 서양의 고대 천문도에는 1,000여개의 별들이 나타나고 있음을 비교하여 설명하고 있다.

▣ 참고문헌

나일성, 「알비온에서온 두 과학자」, 『동방학지』 46, 1985.

나일성, 『서양과학의 도입과 연희전문학교』 (서울: 연세대학교 출판부), 2004.

손영종, 「우리나라 근대과학의 동서화충과 연희전문학교」 『일제하 연세학풍과 민족교육』 (혜안), 2014.

안세희, 「근대과학을 도입한 수물과」 『연세의 발전과 한국사회』 (서울: 연세대학교 출판부), 2005.

전찬미, 「식민지시기 연희전문학교 수물과의 설치와 정착」, 서울대학교 대학원 석사학위논문, 2009.

전찬미, 「식민지시기 연희전문학교 수물과의 설립과 과학교육」 『한국과학사학회지』 32권 1호, 2010.

최재건, 『언더우드의 대학설립 - 그 이상과 실현』 (서울: 연세대학교 출판문화원), 2012.

제1부

대표 저작 번역

1. 한국천문학

Korean Astronomy, 1936, English Publication no. 3, The Literary Department, Chosen Christian College, Seoul, Korea.

2. 소중한 한국의 석각천문도

"Korea's Cherished Astronomical Chart", Popular Astronomy, Vol. 23, No. 4, pp.193~198, 1915.

❖ 일러두기

1. 원저자 루퍼스의 주석과 더불어 번역자의 주석은 '역주'라고 따로 표기하였다.
2. 길지 않는 번역자의 설명은 본문 중에 (설명 : 역자)라고 하였다.
3. 한자의 표기에는 (1) 원문에 영어, 한자가 병기된 경우에는 괄호 없이 한글, 한자 병기의 방식으로, (2) 번역에 필요하여 한자를 병기할 경우에는 한글(한자)로 표기하였다.

한국 천문학

W. C. Rufus, Ph.D

연희전문학교 문과
영문 출판물 제3호
서울, 한국

ENGLISH PUBLICATION
NO. 3
THE LITERARY DEPARTMENT
CHOSEN CHRISTIAN COLLEGE
SEOUL, KOREA

한국 천문학

W. C. Rufus, Ph.D

University of Michigan
미시간 대학교

연희전문학교 문과
영문 출판물
제 3 호

1936

(왕립아시아학회 한국지부 보고서 제26호 재간행)
Reprint from the Transactions of
the Korea Branch of the Royal Asiatic Socirty, Vol. ⅩⅩⅥ

추천사

연희전문학교(Chosen Christian College) 문과 영문 출판물 제3호로 "한국의 고대 천문학"에 관한 논문을 소개하게 된 것을 매우 기쁘게 생각합니다. 본 논문의 저자인 루퍼스(W. C. Rufus) 박사는 오랫동안 한국에 체류하였고, 1915년부터 1917년까지는 연희전문학교 교수로 재직하였습니다. 그 후 건강상의 이유로 한국을 떠나 미시간 대학으로 자리를 옮겼으며, 지금까지 그 대학의 천문학 교수로 재직 중입니다. 루퍼스 박사는 안식년 휴가 차 한국에 돌아와서 이 글을 작업하였으며, 이 저술은 왕립아시아학회 한국지부(Korea Branch of Royal Asiatic Society)의 회보 제 26호에 일부가 게재되었습니다. 본교에서는 보다 넓고 다양한 독자를 위해 본 논문을 재발간하여 선보입니다.

1936년 10월 15일

백낙준(L. G. Paik)
연희전문학교
문과 과장

한국 천문학

W. 칼 루퍼스

한국의 고대 천문학

한국 고대 천문학의 유적을 찾는 일은 용(龍)의 발톱을 찾는 것과도 같다. 우리가 할 수 있는 전부는 그 발자취를 따라가 보는 것이다. 여기서 말하는 용이란 지상의 것이 아니라 천상의 동편에 자리 잡은 푸른 용, 즉 청룡靑龍을 말하는데, 이는 푸른 하늘처럼 영적이며, 영원히 가두어 둘 수 없으나 항상 그 자리에 있는 존재이다. 이는 4천 5백 년 전 중국에서 알려진, 28수(宿, Lunar Mansion)라고 하는 스물여덟 개의 황도(黃道) 별자리 중 첫 일곱 개로 이루어져 있다. 이는 황도대 전체의 4분의 1을 차지하며, 대략 처녀자리, 천칭자리, 전갈자리의 위치에 해당된다. 일곱 개의 별자리 중 다섯 번째는 세 개의 별로 구성되어 있고, 이는 용의 심장心을 의미한다. 중앙의 것은 대화大火로, 큰 불을 의미한다. 현대 과학에 알려진 최대 크기의 적색 거성 안타레스와 연관되어 있다. 안타레스는 크기가 매우 커서, 그 중심에 태양을 놓으면 수성, 금성, 지구, 화성의 행성이 공전하는 궤도가 표면 안에 다 들어갈 정도이다.

황도에서 다음으로 오는 것은 검은 거북, 즉 현무玄武인데, 일반적으로 궁수자리, 염소자리, 물병자리에 해당된다. 황도대에 펼쳐져 있지만, 현무는 북쪽 하늘을 담당한다. 양자리, 황소자리, 오리온자리에 해당되는 서쪽은 하얀 호랑이, 즉 백호白虎이다. 다음으로 쌍둥이자리, 게자리, 사자자리에 해당하는 남쪽은 붉은 새, 즉 주작朱雀이며, 이로써 황도대가 완성된다.

[그림 1]은 조선 태조의 천문도에서 모사(模寫)한 28개 별자리를 나타낸 것이다. 후술할 칠성七星을 제외한 다른 별자리는 제외되어 있다. 북쪽이 위이고 남쪽이 아래, 동쪽이 왼쪽, 그리고 서쪽이 오른쪽에 표시되어 있다. 조금만 상상력을 동원해 보면, 아래 부분에

머리를 서쪽으로 틀고 있는 남쪽의 주작을 발견할 수 있다. 스물 일곱 번째 별자리가 주작의 날개[翼]를 이루고 있다. 청룡은 머리를 아래로 늘어뜨린 채 왼쪽에 있다. 제시된 별들의 모임 중에는 청룡의 뿔[각角], 목[항亢], 심장[심心], 꼬리[미尾]가 나타나 있다. 이 가운데 꼬리를 가장 쉽게 찾을 수 있다. 나머지 동물들도 상상에 맡겨보도록 한다. 황도대 내의 별자리들의 순서는 서양 천문학에서 위치의 기준으로 삼고 있는 춘분점에서 180° 떨어진 추분점 근처에 있는 청룡의 머리에서부터 시작하는 것으로 정해져 있다([표 1] 참고).

이들 네 마리의 신화 속 동물들은 평양의 서쪽 고구려 무덤들의 내벽에 그려져 있는데, 이는 현존하는 동양 최고의 그림으로 일컬어지고 있다. 제시된 그림([그림 2~5])은 550년경의 강서江西 근처 거대 고분에서 발견됐다. 컬러 모사화가 총독부에서 출판된 바 있다.

청룡은 동쪽 벽에 그려져 있고, 주작 두 마리는 남쪽 출입구의 양 옆에 각각 한 마리씩 그려져 있는 것이 일반적이다. 백호는 서쪽, 그리고 현무는 북쪽 벽에 각각 나타나 있다. 그 중 걸작인 현무는 남쪽 출입구로 들어오는 방문객을 마주하고 있다. 미술 평론가들은 그들의 입장에서 접근할 수 있겠지만, 우리는 이를 천문학적으로 해석하고자 한다. 현무에는 거북이와 뱀 두 가지의 동물이 나타나 있으나 이름은 복수형이 아닌 단수이다. 거북이와 뱀은 동시에 자연의 음양陰陽, 부정적－긍정적 혹은 여성성－남성성을 의미한다. 이는 '큰 절대성'을 뜻하는 태극太極 혹은 '큰 단자(單子)'를 뜻하는 태일太一로부터 발생한 것인데, 이는 두 개의 뒤집어진 쉼표 모양으로 이루어진 하나의 원으로 표현된다. 하나의 흰색은 양을, 다른 하나의 검정색은 음을 각 각 나타낸다. 태극의 이면에는 무극無極이 있다. 두 개의 기초적 본질이 결합하면 창조의 근원을 이루게 된다. 천문학에서, 더 정확히 말해 우주진화론적인 관점에서, 이와 같은 음양의 그림은 우주 창조 시 태극과 무극의 교합을 상징하고 있다. 이는 라플라스(Laplace)의 성운설, 체임벌린(Chamberlain)과 몰턴(Moulton)의 미행성(微行星)설, 혹은 아직 성립되지 않은 개념의 정수를 나타내며, 또 생물학적으로는 생명의 기원이라는 풀리지 않는 수수께끼를 상징화하기도 하는 등, 한국의 예술, 문학, 의식, 음악 등 광범위한 분야에서 그 영향을 살필 수 있다.[1)]

---

1) 음양의 초기 관념을 보여주는 것으로 이들 고구려 가운데 한 고분을 들 수 있는데, 이 고분에서는 거북이가 상대적으로 덜 중요한 것으로 표현된 듯하다([그림 6]). 여기서 음과 양의 두 원리는 바깥쪽으로 발아(發芽)하는 씨앗 형태의 두 개가 맞물린 원으로 형상화 되어 있다. 후기의 다른 예술작품(그림 7)에서는 동일한 개념을 더 상세히 나타내고 있다. 가운데에 있는 형상은 거북이와 뱀이 용의 형상으로 결합되어 있는데, 동쪽을 의미하는 오른쪽에서부터 시계 방향으로 돌아가며 훑어보면 이들

낙랑(樂浪)

조선총독부가 진행한 우수한 고고학적 작업을 통해, 평양 대동강을 가로지르는 낙랑 고분들의 유물이 대량으로 발견되었다.[2] 낙랑은 기원전 100년 경 세워진 중국 한漢 왕조의 속주(屬州)로, 한나라 전성기에 번창했으며, 특별히 한국의 북부 지역에 유구한 영향을 남겼다. 재구성된 한대의 책력에 따르면, 한(사군)의 시작[太初]은 기원전 105년 12월 24일이었다. 평양 지역에서 발견된 왕광(王光) 묘와[3] 채협총(彩篋塚)[4] 등에서는 칠기, 장신구, 화장용구, 그릇 및 각종 기물이 출토되었다.

낙랑고분을 축조하는데 사용된 많은 장식 타일(벽돌) 가운데 하나가 아마도 한국에 존재하는 가장 오래된 천문학 관련 유물일 것이다. 평양부립박물관 관장 고이즈미[小泉顯夫] 씨는 이것을 한국에서 가장 오래된 달의 상징으로 보고 있다([그림 8]). 이 벽돌에는 머리, 귀, 그리고 전면부가 토끼와 비슷한 길쭉한 동물이 마치 절구를 빻는 것과 같은 모습으로 표현되어 있다. 또 다른 부분에는 흡사 개구리 같은 모양이 나타나 있고, 앞부분에 또 다른 토끼 같은 동물이 있다. 이는 중국의 오래된 전설로, 남편[羿 : 역자]에게서 생명의 영약을 훔친 아내[姮娥 : 역자]에 대한 것이 표현되어 있다. 여인은 남편의 분노를 피해 달로 달아났고, 그 곳에서 지금도 불사약(不死藥)을 만들고 있다는 것이다. 당나라 시대의 또 다른 작품도 같은 주제를 나타내고 있다([그림 9])[5].

더욱 흥미로운 자료는 앞서 언급한 두 무덤에서 각각 발견된, 매우 중요하게 여겨진 것으로 보이는 두 개의 점성술 유물이다. 이 유물은 땅을 상징하는 사각형의 판자와 그 위에 하늘을 상징하는 원형의 판자로 구성되어 있다. 왕광 묘에서 출토된 원형을 재현한 복

둘의 차이점을 발견할 수 있다. 특히 상부에는 발아점과 함께 네 방향과 중앙으로 이루어진 다섯 개의 요소를 나타내는 표지가 있으며, 이는 하늘을 상징하는 의미의 구름으로 뻗어가고 있음을 볼 수 있다.

2) 관련 고고학 출판물의 복제를 허가해 준 데에 감사를 표한다.

3) 역주 : 평남 대동군 대동강면 정백리에 소재한 낙랑시대 무덤. 정백리 127호 무덤으로 알려져 있으며, 1932년 조선고적연구회가 발굴하였으며, 낙랑태수연왕광지인(樂浪太守椽王光之印)'과 '신광(臣光)'이 양면에 새겨진 목인(木印) 1점과 '왕광사인(王光私印)'이라 새겨진 목인 1점 등이 발굴되어 '왕광 묘'라고 불린다. 발굴 유물의 대부분은 현재 국립중앙박물관에 소장되어 있다.

4) 평남 대동군 남곤면 남정리에 위치한 남정리 116호분. 1931년, 1933년에 조선고적연구회에 의해 발굴되었다. 굴식(橫穴式) 구조의 나무방무덤(木室墓)으로, 내부에 3개의 목관이 안치된 특이한 구조이며, 부장품으로 칠채협이 출토되어 채협총으로 불리고 있다.

5) 역주 : 『회남자(淮南子)』 남명편(覽冥篇)에 나오는 예와 항아의 설화와 관련된 내용.

원 도면([그림 10])은, 일반적인 28수의 별자리표와 유사하다. 원판의 중앙에는 북두칠성이 있다. 상단은 북쪽을, 하단은 남쪽을 나타내지만, 나머지 방향은 별자리표와 반대로 지상의 지도에 따라 우측이 동쪽, 좌측이 서쪽을 나타낸다. 채협총 출토 유물은 사진에서 드러나듯이, 국자모양의 위아래는 이 같은 규칙에 따라 반대 방향으로 되어 있다([그림 11]). 그러나 여기에는 점성술에 사용되는 별자리 두斗에 해당하는 6개의 별만 있다. 중요한 특징이라 할 수 있는 손잡이의 방향을 3개 대신 2개의 별을 통해서도 나타낼 수 있기에 하나의 별을 생략한 것으로 추정된다. 별자리를 묘사한 중심부 주변으로는 10개 가운데 8개의 천간(天干),[6] 12개의 지지(地支), 그리고 각각의 점성학적 의미를 갖는 2개 씩의 12간지(干支)를 나타내는 원형의 띠가 있다([표 2] 와 [표 3]).

사각형 판 위에도 위에서 언급한 바와 같은 8개의 천간과 12개의 지지에 대응하는 표시가 있다. 나머지 띠에는 8개의 괘(掛)와 28개의 황도 별자리가 있다. 원형 판과 복원된 사각형 판에서 빈 칸으로 표시된 곳은 복원 시 판독이 불가한 부분을 나타낸다. 여기서 원형은 땅 위에서 바라본 하늘의 시운동(視運動)을 나타내기 위해 사각형 판 위에서 회전되었음이 분명하다.

이 체계를 해석하기 위해서는 요堯와 순舜의 시대, 기원전 2356년에서 2250년으로 거슬러 올라가야 한다. 이미 10개의 천간, 12개의 지지, 8괘, 28수(宿)는 요순 시대보다도 앞서 출현한 것이었다. 4방위의 사분면과 황도 위의 방위가 바로 이 시기의 왕실 천문학자들에 의해 구성된 것이라고 전해진다. 요(堯), 순(舜)의 "일곱 천신(director, 七政)"은 북두칠성의 7개의 별을 가리키는 것으로 추측된다. 고대 기록에 따르면, 요와 순은 하늘과 '일곱 천신'을 섬겨 제일 먼저 달력을 정비하고 천간과 절기를 정리하였으며, 이를 위해 회전구와 가로관[璇璣玉衡 : 역자]을 사용하였다. 이를 통해 백성들에게 평화와 번영을 가져다주었다. 중국과 한국에서 나타난 후대의 통치자들 역시 요 임금과 순 임금의 행적을 본보기로 삼았다.[7]

---

6) 다섯 번째 무戊와 여섯 번째 기己는 각각 중심과 땅을 나타내어서 생략되었다.

7) 역주 : 『서경』「우서(虞書) 순전(舜典)」에 "옥으로 만든 선기옥형(혼천의)를 살피시어, 해와 달과 다섯 별의 운행을 바로잡으시고(在璿璣玉衡 以齊七政)"이라고 하였다. 곧 일곱 별이 무질서하게 제멋대로 움직이는 것 같았으나 순 임금이 별의 운행을 관찰하여 그 법칙과 질서를 발견함으로써 하늘의 도와 인간세상의 다스림의 원리를 찾아낸 것에서, 운행의 절도가 있어 국가의 정사와 비슷하므로 칠정이라고 했다. 칠정은 ① 일월(日月), 수, 화, 금, 목, 토의 5성(星). 혹은 ② 북두칠성의 칠성(七星)을 의미하였다. 우리 나라에서는 대개 전자의 의미로 많이 사용되었으나, 루퍼스는 '칠정'을 북두칠성으로

이 점성술 기구에서는 동, 서, 남, 북 사분면은 제대로 표시되어 있으나 중앙은 비어있다. 별자리표에도 모든 부분이 포함되어 있으나, 북극 주변의 별자리를 포함하는 중앙부는 신화적인 경계에 의해 나뉘어 있다. 이것은 조정과 신하에 의해 둘러싸인 왕의 궁전을 상징한다. 7개의 별은 중앙에서 혀처럼 일하는 '천신'(director)을 상징한다.

북두칠성의 '국자 손잡이'는 항상 가장 중요하게 여겨지는 청룡을 가리키고 있다. 이 사분면은 봄철 저녁에 보이므로, 천신들은 이를 동쪽으로 하였으며, 같은 이유로 청룡을 동쪽과 봄을 연관시켰으며, 또한 주작은 남쪽과 여름을, 백호는 서쪽과 가을을, 현무는 북쪽과 겨울로 하였다.8)

음--과 양—을 두 개씩 결합하면 4상(象)⚌ ⚍ ⚎ ⚏ 이 만들어지고, 이것을 3개씩 결합하면 8괘(掛)☰ ☱ ☲ ☳ ☴ ☵ ☶ ☷가 만들어진다.

8괘는 자연과 연관되어 있는데, 양을 나타내는 앞의 4개는 (1)하늘, (2)호수 또는 바다의 고여 있는 물, (3)불, 번개, 태양, (4)천둥을 의미한다. 음을 나타내는 뒤의 4개는 (5)바람과 나무, (6)비와 같이 흐르는 물, 구름, 샘물, 개울, 또는 달, (7)언덕과 산, 그리고 (8)땅 등을 의미한다.9)

다섯 가지 요소인 오행(五行)은 쇠[금金], 나무[목木], 물[수水], 불[화火], 땅[토土]으로, 우주 질서의 철학적 입문이자 다섯 가지 방향을 나타낸다. 고대에서부터 내려온 다섯 개의 행성 명칭을 통해 천문학과의 관련성을 엿볼 수 있다. Venus, Metal star 금성金星; Jupiter, Wood star 목성木星; Mercury, Water star 수성水星; Mars, Fire star 화성火星; Saturn, Earth star 토성土星.

시간의 바퀴에서 순환하는 태양, 달, 행성, 별 등의 움직임과 천구(天球)상의 방향은 국사(國事)의 결정과 사람들의 길흉 예측하는 큰 의미와 결합되고 연관되어 있었다([그림 12]). 동양 철학의 상징에 의해 둘러싸인 이 7개의 별은 천상의 시간과 운명의 눈금판이 되었다. 이와 관련하여 우리는 서양의 위대한 천문학자인 케플러(Kepler)가 17세기에 이르러서도 왕실 후원자들의 별점을 쳐주었음을 상기해 볼 필요가 있다.

보고, 현실의 정치와 연결하고 있다.

8) 봄철 저녁에 국자는 손잡이를 동쪽으로 북극성 위에 떠있다. 여름에는 손잡이가 남쪽인 위쪽을 가리키며 북극성에서 왼쪽 방향에 있다. 가을에는 손잡이가 서쪽 방향을 가리키며 북극성의 아래쪽에 떠 있다. 겨울에는 북극성 북쪽 아래쪽인 북쪽 지평선을 가리키며 북극성의 오른쪽에 떠 있다. 물론 이러한 위치는 한국 위도 상에서 관찰된 것이다.

9) 역주 : 순서에 따라 8괘의 이름은 건(乾, 天), 태(兌, 澤), 리(離, 火), 진(震, 雷), 손(巽, 風), 감(坎, 水), 간(艮, 山), 곤(坤, 地).

중국과 한국에서는 시간을 예측하고 달력을 제작할 때도 앞서 설명한 원리가 사용되었다. 60갑자(六十甲子)는 10간의 주기에 따라 12지를 다섯 번 반복해서 만들어진 것인데, 목성의 주기를 단위로 한 것이 그 주기의 기원으로 생각된다. 1년은 해시계의 눈금을 통해 춘분과 추분, 동지와 하지를 판별한 뒤 이를 24절기로 나누었다([표 4]). 그러나 음력의 1개월이 바탕이 되었기 때문에 필요할 경우 계절과 조화를 이루기 위해 윤달이 추가되었다. 하루는 12지(支)의 상징물에 따라 12등분으로 나뉘었는데, 이는 방위 표시에도 사용되었다.

이같이 정교한 천문학 및 점성술 체계는 한(漢)나라 문명에서 중요한 요소로 기능하였고, 이는 그 속지인 낙랑에서도 마찬가지였다. 그러나 한나라 영향 이전에 이러한 것들이 한국에 미친 영향은 단군 및 기자 시대의 전통 및 사료로부터 살펴보는 것이 필요하다.

단군 시대,[10] 전승(傳承)
기원전 2333년부터 기원전 1122년

역사적 사실인지 혹은 신화인지 분명치 않지만, 한국의 역사와 전승은 단군과 함께 기원전 2333년에 시작되었다. 강화도 마니산에 자리 잡은 그의 석조 제단은 수차례의 보수를 거치며 지금까지 자부심과 자신감을 지켜 내려오고 있다([그림 13]). 이곳에서 단군은 하늘에 제물을 바쳤다. 이 제단은 별에 제수를 바친다는 뜻의 참성단塹星檀(또는 參星檀)이라는 이름으로도 알려져 있다. 이 제단은 하늘과 땅을 상징하여, 기초는 원형이고, 제단 위는 사각형 모양으로 되어있다. 현존하는 기록[11]에 따르면, 조선 시대의 왕실 천문학자가 본토와 강화도 두 곳에서 수평선 근처의 하늘의 움직임을 관찰하였는데, 이때 강화도에서는 마니산 단군 제단에서 관측하였다.

단군은 기원전 2311년에 수도를 백두산에서 평양으로 천도하고, 나라 이름을 "가장 먼저 햇빛을 맞이한다"는 의미로 조선朝鮮이라 명명했다. 천문학 및 점성학 서적인 『비사秘詞』는 조선의 첫 천문학자로 추정되는 신지神誌가 기원전 2247년에 서술하였다. 이 서적의

10) 단군과 기자 시대에 대해서는 권위 있는 옛 학자들을 인용한 어윤적(魚允迪)의 『동사연표(東史年表)』(1915)를 반영하였으나, 저자 자신이 직접 자문을 구하지는 않았다.

11) 제물포 기상관측소 도서실에 소장된 하늘의 일변화에 대한 기록인 『성변측후단자(星變測候單子)』.

이름은 같은 시기로 추정되는 비슷한 내용의 기록과 함께 『문헌비고文獻備考』(1908) 권246, 26면에 실려 있다.[12] 또 그(『비사』 기록)보다 20년 전에 왕자 부루扶婁가 중국을 방문해 우禹 임금을 만난 것으로 보아 이 시기에 중국의 영향이 있었던 것으로 추정된다.

천문학은 조선의 농부들에게 도움을 주기 위해 일찍 도입되었다. 기원전 1682년, 왕명지王明知는 농업에 이용될 달력을 만들었다. 기원전 1375년에 왕금석王金石이라는 인물은 점성술을 이용하여 비, 가뭄, 바람, 서리, 그리고 흉풍을 예지할 수 있었다. 임금에게 그런 정보를 제공하여 임금이 백성의 농사를 직접 관할하도록 하였다.

기자 시대, 준(準, Quasi) 역사
기원전 1122년부터 기원전 193년

기자는 기원전 1122년 중국에서 온 것으로 알려져 있으나, 정확한 경로에 대해서는 알려진 바가 없다. 어느 전승(傳承)에 따르면 기자는 '당시의 별자리를 따라 혹은 최소한 별자리의 영향을 받아' 바다를 건너 대동강으로 들어왔다고 한다. 또한, 그는 학자, 점성술사, 역법가(曆法家), 음악가, "백 가지 유용한 일"에 능한 장인과 일꾼을 포함해 5천 명의 무리를 이끌고 왔다고 전한다.[13] 그가 땅을 나누기 위해 사용한 표석은 여전히 주목 받고 있다.[14]

평양에는 기자의 우물(箕子井 : 역자)이 있었다고 전하는 위치에 비석이 서 있다.[15] 또 다

12) 역주 : 『增補文獻備考』 卷246, 藝文考 5, 雜纂類, '神誌祕詞' 참조. 29면은 오식이며, 26면에 실려있다.

13) 역주 : 안정복의 『동사강목(東史綱目)』에는 기자가 올 때, "시서(詩書), 예악(禮樂), 의무(醫巫), 음양(陰陽), 복서(卜筮)의 무리와 백공(百工) 기예(技藝)가 모두 따랐다"라고 하였으며, 홍범구주(洪範九疇), 팔조(八條)를 베풀고 전제(田制)를 정하고 백성들에게 전잠(田蠶)을 가르쳤다고 하였다.

14) 그의 정전법井田法은 경작지를 정사각형으로 나누고 각 사각형은 다시 아홉 개의 더 작은 정사각형으로 나눈 것이다. 이를 농부들에게 나누어 주고 중앙의 사각형에서 나온 결과는 정부의 세입으로 거두어들였다. 평행한 선을 그어 이와 직각을 이루는 다른 선들과 교차하는 방식으로 땅을 나눈 방법과 세입 기준의 농업 체계 및 통치 방법은 당시 인류 역사에 비추어 볼 때 이 문명의 수준이 매우 높았다는 것을 의미한다.
역주 : 기자 정전[箕田]은 『고려사』 「지리지」에 확인되고, 이후 『신증동국여지승람』 등에도 언급되어 있다. 한백겸(韓百謙)이 이를 구체적으로 조사, 연구하기도 하였으며, 대체로 그 유지(遺趾)가 평양 남쪽 외성 안에 있다고 하였다. 그러나 기전의 실체에 대해서는 기자 당시에 만들어진 것이라는 의견 이외에도 후에 고구려 평양 천도 시기, 고구려 멸망 후, 당나라 군대의 둔전이라는 여러 주장이 있다.

른 흥미로운 일은 기원전 1000년경에 소리를 사용한 도량형에 관한 것이다.[16)]

몇몇 일식 혹은 월식이 기자 시대에 일어났으나 완전한 기록은 현존하지 않는다. 가장 오래된 기록은 일식으로, 기원전 722년 다섯 번째 달의 마지막 날이었다. 다음의 기록을 따르면 [국가의] 허가를 받지 않았던 사람에 의해서도 점성술이 시도된 것으로 보인다. "기원전 685년, 팽원彭原에 사는 영운鈴雲이라는 여인이 스스로 동해 용왕의 딸이라 주장하며 하늘, 바람, 비를 예지하고 사람들의 운세를 예언해주어 많은 이들에게 숭배 받았다. 그러나 왕은 죄를 물어 그녀의 목을 매달았다."[17)]

단군과 기자 시대에 존재했던 일들에 대하여 현존하는 문헌, 기념물, 혹은 고고학적 발견을 토대로 그 사실성 여부를 판단하기는 불가능하지만, 기존에 받아들여진 전통을 무시하고 조선[한국]의 초기 문화를 해석해 내는 것은 매우 힘들거나 불가능한 일이다. 원시 문화를 살펴보면, 일식, 월식을 포함한 천체의 관측이 특히 농업과 같은 인간사에 직접 활용되었다는 것이 명백하다. [천기(天氣)] 예보는 과학적이기보다는 현실적인 측면에서 주목받았으며, 윤리적 의무로 격상된 농업의 장려, 군주의 방향 제시, 그리고 종교 의식과 예법의 중심으로서 매우 중요한 국가적 기능을 가지게 되었다.

삼국왕조

고구려	기원전 37년부터 서기 668년
백 제	기원전 18년부터 서기 660년[18)]
신 라	기원전 57년부터 서기 935년

15) 전설에 따르면 기자의 우물에서 나온 한 동이의 물은 일반적인 물보다 무거웠다고 한다. 어쩌면 유리 박사(Harold Urey, 1893~1981, 역자: 중수의 발견자인 미국 화학자)가 현대 과학의 힘으로 발견하기 전부터 "중수(重水)"가 존재했을지도 모를 일이다.

16) 역주 : 퍼시벌 로웰(Percival Lowell, 1855~1916)이 동양의 어느 수학 문헌 도입부를 인용한 바에 따르면(『고요한 아침의 나라, 조선』, p.251) 피리가 후세에 길이, 부피, 무게를 표준화하기 위해 사용됐다. "길이, 부피, 무게의 측정은 모두 특정 유형의 피리 길이에서 비롯된다. 이 피리는 대나무로 만들어졌고 피리의 짧고 긴 정도에 따라 음의 높이가 바뀐다. 수수 낟알의 어떤 평균적 수치가 피리의 길이와 일치한다. 수수 낟알이 길이 단위이다. 피리는 1,200개의 낟알을 담을 수 있다. 이것이 부피의 단위이다. 1,200개 낟알의 무게가 무게의 단위가 된다". 현대 과학에서는 소리 대신 빛을 이용해 미터를 표준화한다.

17) 역주 : 가령 대한제국 시기 김택영(金澤榮)이 저술하여 학부에서 간행한 『역사집략(歷史輯略)』「조선기」에 기자조선 낙성왕(樂成王) 19년 기사에 이런 내용이 보인다.

18) 역주 : 원문의 960년은 660년의 오식.

여전히 신화와 전설이 무미건조한 사실에 풍미(風味)와 매력을 더하긴 하나, 『삼국사기三國史記』와 『삼국유사三國遺事』와 같은 삼국의 역사서는 더욱 정확한 사실을 보여준다. 천체 현상에 대해 더욱 높은 관심이 보태졌고, 천체 현상이 군주의 번영 및 왕조의 흥망과 밀접한 관련이 있는 것으로 여겨졌다. 『문헌비고文獻備考』는 삼국시대 왕실의 천문관들이 실시한 천문 관측을 수집해 분류해 놓은 목록 가운데 단연 최고로 꼽힌다. 이에 대해서는 차후 다시 다루기로 한다.

고구려

북쪽에 있던 고구려는 낙랑의 직접적인 영향을 받았다. 평안북도의 어느 들 길 한쪽에서 있는 서기 178년의 풍작 기념비(점제현신사비 : 역자)와 압록강 건너 장군총 근처에 있는 서기 414년의 기념비(광개토대왕릉비 : 역자)가 대표적인 증거이다. 후자의 비문에는 "그[왕]의 의로운 통치는 풍작으로 증명되었다"라고[19] 쓰여 있다. 3월에는 국가적 사냥경기를 하면서 하늘과 지모신(地母神)에 제사를 지냈다. 위에서 언급한 대묘(大墓)에 그려진 네 가지 상징적 동물 이외에도 고구려 무덤에서는 또 다른 천문학 관련 그림들이 발견되었다. 신지도 근처 쌍영총(雙楹塚) 벽에는 초기의 음양이 표현된 위쪽의 북벽에 칠성과 다른 별자리가 표시돼 있다([그림 14]). 태양의 상징과 다리가 세 개인 까마귀[三足烏]가 한 원에 나타나 있고([그림 15]), 여러 개의 원 그림 가운데 일부에는 후광 같은 것이 그려져 있는데, 이는 태양에 일어난 기상 현상을 반영한 것으로 보인다. 또한 달의 전설적인 상징들이 몇 개 있는데, 토끼뿐만 아니라 거북이와 유사한 동물, 혹은 게일이 말한 것과 같이 웅크린 두꺼비로 보이는 동물이 나타나 있다[20]([그림 16]).

고구려의 많은 천문 관측 사실이 확인되고는 있으나, 아직 천문대의 흔적은 발견되지

---

19) 역주 : 광개토대왕릉비 중 "國富民殷 五穀豊熟"를 가리키는 것으로 보임.

20) 『한위총서漢魏叢書』는 다리가 세 개인 까마귀가 태양에 존재하고 달에는 토끼와 두꺼비가 살고 있다는 전설에 대해 흥미로운 의견을 제시한다. 태양은 하늘에 있는 불이고, 그 불은 지상에 있는 불과 같기 때문에 태양에는 어떠한 생명체도 살 수 없다는 것이다. 또 달은 물이며 역시 지상의 것과 같다는 것이다. 때문에 설령 생명체가 있더라도 토끼와 두꺼비는 금방 죽을 것이기 때문에 살 수 없을 것이라는 것이다.

않고 있다. 고구려 왕조가 가졌던 가장 큰 가치의 천문학적 자산은 돌에 새겨진 천문도로, 중국 황제가 왕에게 선물한 것이다.[21)] 『대동야승大東野乘』 권5, 219면에서는 『양촌도설陽村圖說』을 인용해 천문도가 새겨진 돌은 대동강에 가라앉았으며, 고구려가 전쟁에서 패할 때 유실됐다고 주장한다. 이 천문도의 주요한 내용은 태조 이성계가 만든 천문도에 나타난다.[22)] 그 내용에 일부 개정이 이루어지기도 했으나 천문도의 중심부는 그대로 전해지고 있다. 여기에는 우리가 조사한 바에 의하면, 1,463개 별을 포함한 별자리가 표준화된 형태로 기록돼 있다. 이는 중국의 삼국시대(221 ~ 238년) 천문도의 내용과 일치한다. 이 천문도는 『삼가성도三家星圖』라고 불리며, 283개의 별자리와 1,464개의 별이 나타나 있다. 중국 한나라와 조나라의 천문도에 기재된 별자리들과 일치하는 것으로 보아 『삼가성도』의 기원은 더 빠를 것으로 추측된다. 1609년에 간행된 『삼재회도三才繪圖』 역시 사실상 약 2천년 간 변함이 없던 기존의 표준 천문표를 이어왔다. 19세기의 저명한 천문학자 남병길南秉吉은 자신의 1861년 저서인 『성경星鏡』에서 『삼가성도』를 언급하고 고대 별자리표를 근대의 것과 일치시켰다. 이 오래된 표준화 작업과 이로 인한 효과는 보수적으로 쳐도 매우 분명한 것이다.

백제

백제는 일찍부터 음양과 오행에 대한 지식을 갖추고 있었고, 『문헌비고』의 기록에 따르면 백제 건국 직후부터 천문 관측을 시작했다고 한다. 천문대에 대한 언급은 없으나, 전해지는 이야기에 따르면 강둑 근처의 한 바위를 관측에 사용했다고 한다. 또한 백제는 한자를 일찍 받아들였는데, 이는 샌솜(Sansom)에 의하면[23)] 서기 374년이었다. 한편 553년에는 백제에서 한 학자가 일본으로 파견되어 점술과 역법에 관한 서적, 그리고 의학을 일본으로 도입하였다.[24)] 602년에는 승려 관륵觀勒이 일본에 건너가면서 역법, 천문, 지리에 관한

21) 역주 : 중국 황제가 선물한 것이라는 근거가 없다. 루퍼스의 착오로 보인다.

22) 『왕립아시아학회 한국 지부 회보』, Vol. 4, Part 3, 1913. (역주 : 본 자료선에 포함되어 있다).

23) G. B. Sansom, *Japan, A Short Cultural History* [역주 : 조지 샌솜(George B. Sansom, 1883~1965)은 영국의 외교관이자 일본사 연구자로 가마쿠라 시대를 중심으로 한 일본 전근대사에 대한 저술을 남겼다].

24) 역주 : 『日本書紀』 卷19, 天國排開廣庭天皇 欽明天皇, 14년(553) 6월조. "六月, 遣內臣(闕名)使於百濟.

책을 가지고 갔다.[25] 또한 『해동역사海東繹史』 제41권에 의하면 관륵은 일본 천황을 비롯한 일본인들에게 천문을 가르쳤다.[26]

신라

만리장성이 건축되던 기원전 225년 무렵부터 대규모의 중국인들이 유입되었고, 그 영향으로 진한辰韓이 한국의 남동쪽에 자리 잡았다. 진한이 통합하여 기원전 57년에 박혁거세朴赫居世를 서라벌徐羅伐의 첫 통치자로 모셨다. 이로부터 500년 후 나라 이름은 신라로 바뀌었다. 신라는 건국 초부터 책력을 사용했으나 구체적인 활용은 알 수 없다. 다만 중국의 형식을 쫓았을 것으로 추측된다. 그러나 535년 신라는 자체적인 책력을 고안하게 되었다. 이때 중국에 간 신라 사신이 이에 대한 질문을 받았고 중국 달력이 다시 사용되게 되었다.[27] 다음 세기에 이르러 덕복德福이 당나라를 방문해 역법을 익힌 후 신라 문무왕文武王 14년인 674년의 첫 달로 시작되는 새로운 신라의 책력을 제작했다.[28] 그는 9년 앞서 책력을 고안한 이순풍李淳風의 체계를 따랐다.[29]

仍賜良馬二匹 · 同船二隻 · 弓五十張 · 箭五十具. 勅云, 所請軍者, 隨王所須, 別勅, 醫博士 · 易博士 · 曆博士等, 宜依番上下. 今上件色人, 正當相代年月, 宜付還使相代. 又卜書 · 曆本 · 種種藥物, 可付送.”; 『日本書紀』 卷19, 天國排開廣庭天皇 欽明天皇, 15년(554) 2월조. “二月, 百濟遣下部杆率將軍三貴 · 上部奈率物部烏等, 乞救兵. 仍貢德率東城子莫古, 代前番奈率東城子言五經博士王柳貴, 代固德馬丁安, 僧曇慧等九人, 代僧道深等七人. 別奉勅, 貢易博士施德王道良 · 曆博士固德王保孫 · 醫博士奈率王有㥄陀 · 採藥師施德潘量豊 · 固德丁有陀 · 樂人施德三斤 · 季德己麻次 · 季德進奴 · 對德進陀, 依請代之.”

25) 역주 : 『日本書紀』 卷22, 豐御食炊屋姬天皇 推古天皇, 10년(602) 10월조. “冬十月, 百濟僧觀勒來之. 仍貢曆本及天文地理書, 并遁甲方術之書也. 是時, 選書生三四人, 以俾學習於觀勒矣. 陽胡史祖玉陳習曆法, 大友村主高聰學天文遁甲, 山背臣日立學方術, 皆學以成業.”

26) 역주 : 한치윤(韓致奫), 『海東繹史』 卷41, 交聘志 9, 通日本始末(隋 文帝 仁壽 元年) 推古 10년조 참조. 『해동역사』에서는 『和漢三才圖會』를 인용하여 이 사실을 기록했는데, 그 내용은 『일본서기』의 내용과 동일하다.

27) 역주 : 이 서술과 가장 유사한 기록은 진덕왕(眞德王) 2년(648) 기사에서 찾을 수 있다. 당시 신라의 사신 한질허(邯帙許)는 당 태종으로부터 신라는 대국을 섬기면서 왜 따로 연호를 사용하느냐는 질문을 받고, 천조(天朝)에서 정삭(正朔)을 나누어 하사해 주지 않았기 때문에 법흥왕(法興王) 이래로 사사로이 기년(紀年)을 가지고 있다고 답변하였다(『三國史記』 권5, 新羅本紀 第五, 眞德王 二年). 법흥왕 이래로 신라 독자의 기년을 가지고 있다는 것은 법흥왕 23년(536)부터 독자 연호를 사용한 사실을 가리킨다(『三國史記』 卷4, 新羅本紀 4, 法興王. “二十三年, 始稱年號, 云建元元年.”).

28) 역주 : 『삼국사기』 권7, 신라본기 7, 문무왕 14(674)년. “봄 정월에 당나라에서 숙위하던 대나마(大奈麻) 덕복(德福)이 역술(曆術)을 전해 배워 돌아와 새 역법(曆法)으로 고쳐 사용하게 하였다.”

일본 천황의 요청으로 신라에서 의료진을 일본으로 보낸 것에서 당시 신라의 지위가 어느 정도였는가를 입증할 수 있다. 기록에 따르면 414년에 김파진金波鎭과 한기무漢紀武가 건너가 천황을 치료했다. 종종 김파진만 거론되기도 하지만, 기록에 따르면 두 명의 의사가 파견됐음이 확인된다.[30] 또 다른 의사인 도쿠라이(德來 : 역자)는 468년경에 일본 나니와(難波, 오사카)에 정착했는데, 그의 후손들 역시 그 곳에서 의술을 행했다.[31] 한편 659년에는 중국의 요청으로 자성이 있는 천연광물을 포함하고 있는 자철석 두 상자를 보내기도 했다.

가장 특별한 사건 중 하나는 선덕여왕善德女王 때인 647년에 세워져 지금까지 내려온 천문대(첨성대 : 역자)이다[32]([그림 17]). 옛 수도 경주에 익숙한 사람이라면 모두 알고 있는 것으로, 원통형 혹은 병 모양의 건축물이며, 약 30피트 높이이다. 약 20여 년 전에 이 건축물이 현재 완형(完形)으로 남아있는 천문대로는 세계에서 가장 오래된 것이라는 주장이 있었으나, 이 글에서 이를 자세히 다루지는 않겠다. 이 천문대 위에서 천문학자들은 밤낮으로 하늘을 관측했다. 주목할 만한 현상이 발견되면 이에 대한 기록을 아래에서 기다리는 전달자에게 던져 주어 왕에게 보고하게 하였다. 종종 특별히 중대한 사건이 생기면 전체 왕실 천문학자들이 모여 회의하였다. 신라의 전성기에는 이들이 고심하여 작성한 보고서를 왕과 관료들에게 올려 국사의 결정에 기여하였다.

천문학자들을 비롯한 신라 사람들은 당시 만연했던 미신에 크게 연연하지 않았던 것으로 보인다. 한 번은 낙랑 침략자들의 막사에 유성이 떨어져 신라가 위험을 모면한 경우도

---

29) 역주 : 당에서는 인덕(麟德) 3년(666년)에 이순풍(李淳風)이 수(隋)의 황극력(皇極曆)을 계승, 수정하여 새로운 달력을 만들어 인덕력(麟德曆)이라 하고 728년까지 사용하였다. 덕복(德福)이 배워온 역법(曆法)은 바로 인덕력인 것으로 보인다.

30) 역주 : 『일본서기』 권 13, 允恭天皇 3(414)년 8월조, "秋八月, 醫至自新羅, 則令治天皇病, 未經幾時, 病已差也. 天皇歡之, 厚賞醫以歸于國." ; 『古事記』 卷下, '男淺津間若子宿禰王(允恭天皇)'條. "此時, 新良國主貢進御調八十一艘, 爾御調之大使, 名云金波鎭漢紀武, 此人深知藥方, 故治差帝皇之御病." 루퍼스는 '金波鎭漢紀武'를 김파진과 한기무 두 사람으로 보고 있으나 일반적으로 파진(波鎭)은 신라의 관등인 파진찬(波珍飡)으로, 한기(漢紀)는 왕족을 나타내는 말로 추정하여, 당시 의관의 이름을 김무(金武)로 파악할 수 있다.

31) 역주 : 『속일본기』 권 20, 孝謙天皇 天平寶字 2(758)년 4월. "內藥司佑兼出雲國員外掾正六位上難波藥師奈良等一十一人言, 奈良等遠祖德來, 本高麗人, 歸百濟國. 昔泊瀨朝倉朝廷詔百濟國, 訪求才人, 爰以德來貢進聖朝. 德來五世孫惠日, 小治田朝廷御世, 被遣大唐, 學得醫術, 因號藥師, 遂以爲姓. 今愚闇子孫, 不論男女, 共蒙藥師之姓, 竊恐名實錯亂. 伏願, 改藥師字, 蒙難波連. 許之."

32) 역주 : 루퍼스는 첨성대의 축조 시기를 647년이라고 하였는데 이는 선덕여왕의 몰년(沒年)이다. 첨성대에 대한 가장 오래된 기록인 『삼국유사(三國遺事)』의 '선덕왕 지기삼사(善德王 知幾三事)'에서는 "별기(別記)에 이르기를 이 왕대에 돌을 다듬어 첨성대를 쌓았다고 한다(別記云, 是王代, 鍊石築瞻星臺.)"라고만 되어 있다. 따라서 첨성대의 축조 시기를 647년이라고 한 것은 추정에 불과하다.

있었다.[33] 반면 647년 유성이 신라 군대의 막사에 떨어져 두려움에 떨 때, 그 당시 장군은 등불을 단 연을 높게 올려 날림으로써 적에게 기운이 역전됐음을 알리게 했다.[34] 평양과 송도[개성]에서는 자주 발견되는 네 가지의 신화적 동물들을 나타내는 유물들이 경주에서는 거의 발견되지 않는데, 이와 같은 필자의 견해에 대해서는 경주박물관 관장 사이토(齋藤 忠) 씨 역시 필자에게 보낸 편지를 통해 동의한 바 있다. 한편 신한철(申埻澈) 씨의 설명으로는 북방에는 점성술사가 있었고 신라에서는 천문학자가 있었다고 한다. 이와 같은 신화적 동물들의 이름은 신라 지역의 산, 절, 궁의 이름에 적용되기도 했으나, 기존의 지리적 미신과 연관이 있는 것으로는 보이지 않는다.

717년에는 국가의 수학 박사인 산박사筭博士, 의학사醫學士가 임명됐다.[35] 749년에는 천문박사天文博士와 세 명의 물시계 전문가인 누각박사漏刻博士에 대한 기록을 찾을 수 있다.[36] 한국의 최초 물시계는 황룡사皇龍寺에서 718년 만들어졌다.[37] 해시계 도입 시점에 대한 언급은 없으나 아마 이보다 훨씬 더 이른 시기부터 사용했을 것으로 여겨진다. 돌로 만든 평면해시계의 일부가 경주박물관에 보존돼 있다.

682년 도증道證이라는 이름의 당나라 승려가 천문도 혹은 천체모형을 효소왕孝昭王에게 선물했다고 한다.[38] 이 장치는 이순풍[39]의 천체론을 바탕으로 제작된 것이었다. 하늘과 땅은 아무 것으로도 둘러싸여 있지 않은 채 둥글며, 해와 달이 나타났다 사라짐을 반복하면서 낮과 밤을 만들어 낸다고 언급했다. 항상 관찰할 수 있는 북극성은 하늘 정 중앙에 위치해 있고, 항상 보이지 않는 남극성은 하부 중앙에, 그리고 적도는 가운데 중앙에 위치해 있다고 보았다. 한 세대 뒤에 일련의 승려들은 달의 움직임과 모양이 황도대를 따라 움직이며 어떻게 달라지는가를 연구했다. 그들은 이를 위해 아홉 개의 길과 총 36개의 구

---

33) 역주 : 『삼국사기』 권 1, 신라본기 1, 남해 차차웅 11(14)년 참조.

34) 역주 : 『삼국사기』 권 41, 열전 제 1, 김유신 조 참조.

35) 역주 : 『삼국사기』 권 8, 신라본기 8, 성덕왕 16(717)년 2월 "置醫博士 · 筭博士各一負."

36) 역주 : 『삼국사기』 권 9, 신라본기 9, 경덕왕 8(749)년 3월, "置天文博士一負, 漏刻博士六負."

37) 역주 : 『삼국사기』 권 8, 신라본기 8, 성덕왕 17(718)년 6월 ; 『삼국사기』 권 38, 잡지 7, 직관(職官) 上. "漏刻典, 聖德王十七年始置". 여기서 물시계를 황룡사에서 만들었다고 한 것은 성덕왕 17년의 누각 제조 기사 바로 앞에 "夏六月, 震皇龍寺塔"이라는 기사와 연결시켜 해석한 것으로 보이는데 이는 잘못된 것으로 보인다.

38) 역주 : 『삼국사기』 卷8, 新羅本紀 8, 孝昭王. 元年 8월. "高僧道證自唐迴, 上天文圖." 도증은 당나라 승려가 아니라 신라의 승려이고, 그가 당에서 귀국한 것은 692년이며, 그가 진상한 것은 천문도였다.

39) 이순풍은 당시 당나라의 역법 체계를 고안한 인물이었다.

멍이 있는 장치를 제작했다.[40]

이 장치는 쪼갠 대나무에 구멍을 내어 만들어진 것이다. 장치 중간에는 수직으로 바늘을 꽂아 중심점으로 사용했다. 눈금은 극점에서 147도까지 뻗어 있었으며, 적도에서 57도 남쪽으로 떨어진 별들을 포함하고 있었다. 두 개의 중심점이 있었으며, 장치가 회전하면서 움직임과 위치를 표현할 수 있었다.

이 시기에 씌어진 한국의 천문학 관련 서적으로 남아있는 것은 확인되지 않고 있다. 그러나 트롤로프 주교[41]는 신라의 가장 뛰어난 문학적[42] 등불이었던 최치원崔致遠이 만든 신라연대력新羅年代曆이 현재 파리에 있다고 언급한 바 있다.[43] 이는 또한 『문헌비고』 244권 2페이지에도 실려 있다.[44]

예술에 나타난 천문학은, 경주의 유물에 보이듯이, 북방의 그것과는 매우 다르다. 신라의 예술은 석조에서 꽃피웠고, 석굴암에서 그 표현력의 최고 수준에 도달했다. 앞서 언급한 대로 신라에서는 네 마리의 상징적 동물이 제대로 드러나지 않는다. 그 대신 우리는 왕릉을 둘러싸고 있는 석각에서 사람의 몸에 동물의 머리를 가진 형상들을 발견할 수 있다([그림 18~21]). 이들 형상은 동양의 12간지를 나타내는 동물들(쥐, 소, 범, 토끼, 용, 뱀, 말, 양, 원숭이, 닭, 개, 돼지)의 모습을 하고 있는데, 이는 나침반 방위상의 위치에 정확히 배열돼 있음을 알 수 있다.

삼국의 천문학 기록

한국의 천문학적 그리고 기상학적 현상에 관한 기록은 일본인 저자들에 의해 논의되어

40) 달이 움직이는 아홉 개의 길은 황도를 참고한 것이다. 궤도는 황도에 기울어져 있다고 했다(적용한 수치는 6도씩이었음). 달이 황도 내에 있을 때는 (북쪽) 음의 기운이 강하고 달이 황도 밖에 있을 때는 (남쪽) 양의 기운이 강하다고 했다. 이러한 위치 혹은 움직임은 청룡, 주작, 백호, 혹은 현무, 즉, 4사분면 중 하나에서 일어나고 푸른색, 적색, 흰색, 그리고 검정색의 네 가지 색 중 각 두 개에 해당된다. 이는 황도와 함께 총 아홉 개의 달의 길을 만든다.

41) 역주 : 마크 트롤로프(1862~1930). 대한성공회 제3대 주교.

42) 역주 : 원문의 'Literany'는 'Literary'의 오식.

43) 『왕립아시아학회 한국 지부 회보』, Vol. 32, p. 38, 1932.

44) 역주 : 『增補文獻備考』 卷244, 藝文考 3, 史記, '新羅年代曆' 참조. 이는 『제왕연대력(帝王年代曆)』을 가리키는 것이다.

온 바 있다.[45] 우리는 『문헌비고』의 1908년 개정판에 담긴 기록들을 분석하였는데, 이제 그 결과를 요약하겠다.

고구려 측의 자료에는 8개, 백제 측에는 15개, 신라 측에는 29개의 혜성이 각각 기록돼 있다.[46] 그중 중복되는 사례로 고구려와 백제의 목록에 함께 포함돼 있는 것은 단 두 건뿐이다. 삼국 중 하나의 국가에서 관찰된 혜성은 당시 나머지 국가에서도 관찰되었을 것인데, 왜 더 많은 중복 사례를 찾아볼 수 없는 것일까에 대한 의문이 생긴다. 이원철 박사는[47] 혜성들이 처음 관측된 곳에서만 기록으로 남았던 것이라고 추정한다. 당대에 일반적으로 수용된 논리에 따르면 혜성에는 두 가지 종류가 있었다. 첫 번째는 빗자루와 같은 모양으로, 태양에 가까워지며 빛을 발하는 혜彗이다. 이 혜성은 저녁시간에 관찰될 때는 동쪽을 향하고, 새벽녘에 관찰될 때는 서쪽을 가리킨다. 이는 꼬리가 태양으로부터 멀어지는 방향을 향하고 있다는 당대의 기록과 대체로 일치한다. 두 번째는 패2로서, 이는 꼬리가 없고 빛이 사방으로 흩어지는 종류이다. 이것은 앞의 "혜"보다 "더 큰 재앙을 불러일으킨다"고 믿었다. 유럽뿐만 아니라 아시아에서도 혜성은 흉조로 여겨졌다.

후대의 기록을 포함해 한국에서는 최소 11회의 핼리 혜성 관측이 기록되었고, 어쩌면 그보다 3회 더 많은 것으로 집계할 수도 있다. 특히 1066년 핼리 혜성의 등장은 매우 눈에 띄었다. 처음에는 "달만큼이나 커다란" 꼬리가 없는 물체로 등장했으나 곧 빗자루 모양의 혜성으로 바뀌었다고 한다.[48]

---

45) K. Hirayama, Leonid Meteors, Tenmon Geppo 天文月報 1912.
Y. Wada, Rain Observations, Tenmon Geppo, 1913.
R. Sekiguti, Comets, Tenmon Geppo, 1917: Novae and Variable Stars, Tenmon Geppo, 1918.
Report on the Investigation of Observational Records in Ancient Korea 朝鮮古代觀測記査報告 published by the Government Observatory of Choson (Zinsen) 1917.
역주 : 인용한 논저의 정확한 출처는 다음과 같다.
히라야마 기요쓰구(平山清次), 「獅子座流星の古記録」, 『天文月報』 1912년 9월호.
와다 유지(和田雄治), 「朝鮮に於ける雨量観測」, 『天文月報』, 1913년 9·10월호.
세키구치 리키치(關口鯉吉), 「朝鮮李朝古記録中の彗星」, 『天文月報』, 1917년 12월; 「朝鮮古記録中の新星及変光星」, 『天文月報』, 1918년 12월호.
朝鮮總督府觀測所 編, 『朝鮮古代觀測記査報告』, 1917.

46) 역주 : 『增補文獻備考』 卷6, 象緯考 6, 彗孛. 참조.

47) 역주 : 루퍼스의 제자. 연희전문 수물과 1회 졸업생으로 미국에서 천문학으로 박사학위를 받고, 귀국 후 연희전문학교 교수가 되었다. 한국 근대천문학, 기상학의 기틀을 놓은 사람이다.

48) 역주 : 『增補文獻備考』 卷6, 象緯考 6, 彗孛. 고려 문종 20(1066)년조 참조. "二十年三月丁丑, 有星出乾方, 大如月, 俄變爲彗孛."

고구려는 11차례의 일식을 기록했고 백제는 26차례, 그리고 신라는 29차례 각각 일식에 대한 기록을 남겼다.[49] 신라의 첫 일식에 대한 기록은 신라 건국 후 불과 3년이 지난 기원전 54년의 일이었다. 256년부터 787년 사이에는 일식이나 월식에 대한 기록이 남아있지 않다. 이 시기에는 다른 천문 현상에 대한 기록만이 남아있을 뿐이며, 이 500여 년의 시간 동안 벌어진 일식 혹은 월식의 기록 자료가 어떻게 되었는지는 궁금증으로 남는다. 이 역시 [삼국 간에] 중복된 기록은 찾을 수 없으며, 각 국가가 어떻게 이를 기록하기로 지정했는지를 설명할 방법 역시 아직 없다.

유성우와 운석에 대해서는 많은 정보가 기록돼 있다. 일부는 매우 시각적으로 표현돼 있다. 예를 들어, "유성은 저녁부터 이튿날 아침까지 세로로 길게 하늘을 가로지르며 떨어졌다." 혹은, "세 개의 운석이 궁궐에 떨어지며 서로 부딪혀 흩어지는 화염과 같은 빛을 뿜었고 하늘과 땅이 흔들렸다.", "서쪽에서 유성의 무리가 밤을 밝히며 떨어져 달빛이 어둑해졌다.", "벼락같은 굉음을 내며 엄청난 양의 유성이 동쪽에서 서쪽으로 쏟아졌다" 등으로 묘사하고 있다.[50]

두 개, 세 개, 네 개, 다섯 개의 행성이 취합하는 현상뿐 아니라,[51] 달에 의한 별과 행성의 엄폐 또한 기록되어 있다.[52] 객성客星 목록에는 신성과 변광성 역시 포함되어 있다.[53] 흑점을 포함한 태양의 신기한 현상들도 기록되어 있다.[54] 일부 기록은 너무 환상적으로 쓰여 있어 무엇을 뜻하는 지 파악하기가 거의 불가능하다. 식별이 가능한 다른 기록들을 살펴보면, 서로 다른 크기의 햇무리, 코로나, 환일 그리고 현상이 다양하게 조합되어 나타난 현상을 기록했음을 알 수 있다. 기상학적 현상, 기상 상태, 자연 이상 현상 등의 기록도 많은 부분을 차지하고 있다. 여기에는 비, 구름, 천둥, 바람, 안개, 서리, 눈, 이상 기후, 암흑일, 적색 하늘, 따뜻한 겨울, 모래 폭풍, 산사태, 일시적인 물의 분출, 개울의 수량 증가 등이 포함되었다. 각 왕조마다 지진의 기록도 존재한다.[55] 10권으로 구성된 점성술 책인

49) 역주 : 『增補文獻備考』 卷4, 象緯考 4, 日食 참조.

50) 역주 : 『增補文獻備考』 卷7, 象緯考 7, 流隕 참조. 원문과 대조해 보면 해석의 세밀한 부분에서 차이가 있다.

51) 역주 : 『增補文獻備考』 卷5, 象緯考 5, 五星合聚.

52) 역주 : 『增補文獻備考』 卷4, 象緯考 4, 月掩犯五緯.

53) 역주 : 『增補文獻備考』 卷6, 象緯考 6, 客星.

54) 역주 : 『增補文獻備考』 卷7, 象緯考 7, 日月變.

55) 역주 : 『증보문헌비고』 권4부터 권8까지는 '천문(天文)' 분야의 각종 재이를 왕조별로 기록하고 있고,

『천원옥력天元玉曆』은 태양, 달, 행성과 하늘의 별들 사이에 있는 구름 같은 형태 등 기상학적이고 천문학적인 내용의 채색화를 몇 백 장이나 수록하고 있다.[56]

고려, 918~1392년

고려는 918년 왕건이 건국했고 그 수도는 송도였다. 신라의 마지막 왕은 935년 왕위를 버리고 새로운 왕국의 군주가 내린 관대한 처분을 받아들였다. 10세기에 이르러 고려에서는 불교가 꽃을 피웠고 학교들이 세워졌으며 농업이 발전함과 동시에 주화(鑄貨)가 통용됐다. 고려는 중국으로부터 고전문학을 받아들였고 이전 신라에서 사용되던 국가 시험제도를 채용했으며, 의사들을 12개 지역에 파견됐다(『동사연표』에 의함).

땅의 신과 추수의 신에게 제사를 지내는 제단인 사직단(社稷壇)이 991년 세워졌다.[57] 이곳에서는 일년에 세 차례, 즉 춘분과 추분 그리고 동지에 정성들여 제사를 지냈다.[58] 이곳에서 제사지내는 제관들을 위해 물시계로 시간을 표시했다. 당시 학생들은 밤에 켜 놓은 초의 길이가 줄어드는 것을 기준으로 시간의 경과를 측정했다. 해시계 역시 매우 광범위하게 사용됐다. 11세기 중반 무렵 고려 왕조는 최전성기에 도달했다. 1065년 왕은 머리를 자르고 불교의 승려가 됐다.[59] 삼국시대 역사의 중요한 자료가 되는 『삼국사기』는 1145년, 김부식金富軾이 편찬했다.

이에 반해 천문학은 고려시대에 빛을 보지 못했다. 고려는 993년에 북방의 위험한 이웃이었던 거란에 대한 친선의 표시로 그들의 책력을 채택했는데,[60] 이후 전쟁의 승패에 좌

권9부터 권12까지는 '물이(物異)'를 기록하고 있다[物異 1~物異 4]. 루퍼스가 말하는 기상학적 현상과 자연의 이상 현상은 '물이' 부분에 수록되어 있다.

56) 역주 : 『천원옥력』은 명대(明代)에 편찬된 책으로, 원래의 제목은 『천원옥력상이부(天元玉曆祥異賦)』이며, 명(明) 인종(仁宗)의 어제(御製) 서문이 붙어 있다. 현재 규장각한국학연구원을 비롯하여 고려대, 조선대, 연세대 도서관에 소장되어 있다.

57) 역주 : 『고려사』 권 3, 세가 성종 10(991)년 윤2월 3일자 기사; 『고려사』 권 59, 志 13, 禮 1, 吉禮大祀, 社稷.

58) 역주 : 『고려사』 卷59, 志 13, 禮 1, 吉禮大祀, 社稷. "祭日. 仲春仲秋上戊, 及臘." 제삿날은 중춘(仲春)과 중추(仲秋)의 첫 번째 무일(戊日)과 납일(臘日; 동지로부터 세 번째 未日)이었다.

59) 역주 : 대각국사 의천(大覺國師 義天)이 출가한 사실을 말하는 것으로 추측된다.

60) 역주 : 거란의 제1차 침입(993) 때 서희(徐熙)는 소손녕(蕭遜寧)과 담판에서 지금까지 고려가 송에 대해서 행하던 사대의 예를 거란에 행하기로 했다. 이에 따라 이듬해인 성종 13(994)년 2월에 고려는

우하여 책력 역시 채택되거나 폐기되기도 했다. 이 같은 현상은 정복자 몽골의 운세와 명의 승리를 겪으면서도 계속되었다. 이러한 혼란에도 불구하고, [고려는] 천문대와 천문학 연구진을 유지하기 위해 온 노력을 기울였다. 현재 폐허가 된 송도의 궁터에서는 옛 천문대의 유적을 찾을 수 있다([그림 22]). 한국 역사 서술에서 만월대滿月臺 혹은 망월대望月臺라는 이름으로 다소 혼란스럽게 통용된 명칭은, 천문대가 아닌 궁궐에 적용된 이름으로 보인다. 한편 『중경지中京誌』에는 만월대 서쪽에 위치한 첨성대瞻星臺가 언급되어 있다.[61] 현재 남아있는 천문대 유적은 10피트 높이로 곧게 세운 다섯 개의 석주로 떠받친, 약 10제곱피트 넓이의 석단이다. 석단 상부 가장자리에는 다음 층의 기둥을 지지했던 자리로 지름 약 6인치의 구멍들이 있다.

고려의 천문학 및 기상학 관련 기록은 『문헌비고』에 전대와 유사한 형식으로 기록돼 있다. 총 128차례의 일식이 기록돼 있는데,[62] 그중 13번은 모든 민족, 시대의 천문학자들에게 골칫거리였던 구름에 가려 관찰할 수 없었다고 언급되어 있다. 몽골을 피해 수도를 강화도로 옮기고 그 후 왕이 외국에 볼모로 잡혀간 시기에도 일식과 월식에 대한 기록은 끊임없이 이어졌다. 한 번은 당시 천문관의 대표였던 한 최고 천문학자가 일식을 예언했으나 그대로 이루어지지 않아 처벌된 경우도 있었다.[63] 또한 총 70차례의 혜성이 관측되었는데, 혜성의 나타난 날짜, 위치 변화, 꼬리 길이, 사라진 시각 등이 자세히 기록되어 있으며, 각각의 특색 역시 따로 기록되어 있다. 이전 시대와 마찬가지로 기타 천문학적 현상들도 역시 기록되었다.[64]

거란의 연호인 통화(統和)를 사용하게 되었다. 『고려사』 권 3, 세가 성종 13(994)년 2월 기사("始行契丹統和年號.").

61) 역주 : 崔南善 編, 『中京誌』, 朝鮮廣文會, 1914. 卷7, 古蹟. "瞻星臺在滿月臺書".

62) 역주 : 『增補文獻備考』 卷4, 象緯考 4, 日食. 현재는 137회로 고증됨.

63) 역주 : 『고려사』 문종 원년 3월; "초하루 을해(乙亥)에 일식(日食)이 있었다. 어사대(御史臺)에서 아뢰기를, "전례에 의하면 일식·월식이 있을 때는 태사국(太史局)에서 이를 미리 위에 아뢴 다음, 중외에 고유(告諭)하고 사(社)에서 북을 치며, 상(上)께서는 소란(素襴) 차림으로 피전(避殿)하고, 백관은 소복 차림으로 각기 본국(本局)을 지키면서, 해를 향해 공수 시립(拱手侍立)하여 다시 밝아지기를 기다렸습니다. 지금 춘관정(春官正) 유팽(柳彭)과 태사승(太史丞) 유득소(柳得韶) 등이 천상(天象)에 어두워서 미리 아뢰지 못하였으니, 청컨대 파직하소서." 하였다. 제(制)하여 그를 용서하니, 다시 논박하기를, "일식·월식이란 음양(陰陽)의 상도(常度)입니다. 역산(曆算)이 잘못되지 않으면 그 변(變)을 미리 알 수가 있는 것인데, 그 관직에 적당한 사람이 아니어서 일을 잘못 처리했으니, 어찌 관대하게 처리할 수 있겠습니까? 청컨대, 앞서 아뢴 대로 죄를 주소서." 하니, 그대로 따랐다."
『고려사』의 내용은 일식이 벌어졌으나 그 예측을 사전에 하지 못하여 처벌한 것을 기록했는데, 루퍼스는 이 기록의 내용을 정반대로 이해했다.

『고려사高麗史』에는 1204년부터 1383년까지 총 34차례 걸쳐 태양 흑점에 대한 기록이 따로 나타난다.[65] 이 기록에 따르면 흑점의 일부는 계란, 복숭아, 배, 자두만큼 컸다고 한다. 1258년 8월에는 계란만큼 컸다가 다음 날에는 마치 인형과 같아졌다고 한다.[66] 이는 1609년 직접 개발한 망원경으로 태양의 흑점을 발견한 서양의 갈릴레오보다 앞선 기록이다. 흑점의 관찰은 육안으로 가능한 경우가 많고 중국에는 기원 후 초기 몇 세기에 이에 대한 기록이 있다.

책력 제작에 더 큰 관심이 모아졌다. 타국의 책력을 받아들인다는 것은 존경의 의미 그 이상이었으며, 그 나라의 우월성을 입증하는 행위, 즉 그 국가에 대한 충성을 맹세하는 또 다른 전략적 형태로 여겨졌다. 1022년에는 한조韓祚 공이 중국에서 돌아오는 길에 점성술 서적과 각종 고전, 그리고 책력을 들여왔다.[67] 1053년에는 다섯 명의 한국인들이 책력을 편찬했다.

김성택(金成澤) 편찬	십정력(十精曆)[68]
이인현(李仁顯) 편찬	칠요력(七曜曆)
한위행(韓爲行) 편찬	견행력(見行曆)
양원호(梁元虎) 편찬	둔갑력(遁甲曆)
김 정(金 正) 편찬	태일력(太一曆)

『구집력九執曆』은 태양과 달뿐만 아니라 천구가 왼편으로 돌면서 낮과 밤을 전환한다는 것을 전제로 한 역법 체계를 바탕으로 제작됐다. 이 체계에서는 천구의 회전보다 하루의 시작이 훨씬 천천히 이루어진다고 제시하는데, 이는 항성일이 태양일보다 짧다는 점을 인식한 결과로 보인다.[69]

---

64) 역주 : 『增補文獻備考』 卷6, 象緯考 6, 彗孛.

65) 역주 : 이는 『고려사』 「천문지(天文志)」에 수록된 '일유흑자(日有黑子)', '일중흑자(日中黑子)' 등의 기록을 추출해서 계산한 것으로 보인다. (『고려사』 권 47, 지 1, 天文 1, 「日薄食暈珥及日變」). 그러나 『고려사』와 『고려사절요』를 검토해 보면 1204년 이전의 흑점 관측 기록이 다수 확인되므로 흑점의 관측 연대와 관측 일수는 재고되어야 한다.

66) 역주 : 『고려사』 권 24 세가, 고종 45(1258)년 8월 16일(癸巳) 기사 및 『고려사』 권 47, 지 1, 天文 1, 「日薄食暈珥及日變」.

67) 역주 : 『고려사』 권 4, 현종 13(1022)년 5월 8일(丙子) 기사 참조.

68) 『왕립아시아학회 회보』에 실린 트롤로프 주교의 글 "Corean Books and Their Authors"을 편집한 헌트 신부에 의해 언급됨.

충선왕忠宣王은 왕자 시절에 중국으로 건너가 1280년에 고안된 수시력授時曆체계를 배워 이를 고려에 도입하고자 했다. 수시력은 예수회의 영향력이 미치기 전 극동 지역에서 최고의 태음태양력으로 인정받던 체계였다. 1292년에 사망한 최성지崔誠之는 수시력법授時曆法의 개발을 위한 연구 기금으로 금화 약 100파운드[1,200냥]을 받았다.70) 이는 1298년 강보姜保에 의해 편찬된 『수시력첩법입성授時曆捷法立成』으로 이어졌다. 한국인 저자가 편찬하여 현재까지 한국에 현존하고 있는 가장 오래된 천문학적 분야 저서이다. 그러나 경성제국대학 도서관에 있는 사본은 훗날에 개정된 판본으로 보인다.71)

또 『수시력첩법입성』의 자매서에 해당하는 『수시력입성授時曆立成』이 있다.72) 이 책에는 간기가 적혀있지 않으나 두 책이 함께 사용됐을 것으로 추정된다. 이 책은 중국 황제 왕순王恂이 창제한 것으로73) 알려져 있다. 강보는 실증적인 기법으로 한해의 길이를 미리 계산했다. 이는 395.2425일의 회귀년(回歸年, 太陽年)과 29.530593일의 삭망월에 기초한 것이며, 각각 100만분의 1, 그리고 600만분의 1 정도의 오차를 가지고 있다. 이 둘의 오차는 매우 근소했기 때문에 본질적으로 이 둘의 오차 비율은 여전히 매우 정확했다. 달의 위상을 결정하는 것이 절대화되었으며 그 방법이 상세하게 고안됐다. 강보는 해당 분야에서 매우 인정받는 권위자였고, 고려 시대의 뛰어난 천문학자 중 한 명이었다.

이 책의 자매서[『수시력입성』]에는 일출과 일몰을 계산하는 방법, 해와 달의 천체력 계산법, 다섯 개 행성의 위치 계산법 등이 수록되어 있으나, 현재 이 책의 제3권은 소실된 것으로 보인다. 위의 방법들이 제시된 항목 이외에도 이 책력에는 태양 24절기의 시작과 끝, 일·월식의 예측, 행성의 취합 등의 천문학 관련 자료들과 길일 및 흉일의 예측법 등이

---

69) 역주 : 루퍼스가 『구집력』에 대해 언급한 이유는 남송(南宋)의 장세남(張世南)이 편찬한 『유환기문(遊宦紀聞)』에 "고려국에는 구집력이 있다"고 하였기 때문이다(『游宦紀聞』 卷8, "高麗國有九執曆, 正如此."). 이에 대한 연구로는 李龍範, 「『游宦紀聞』 所傳의 高麗 「九執曆」에 對하여」, 『東國史學』 9·10, 1966; 李龍範, 『韓國科學思想史硏究』, 東國大學校出版部, 1993, 71~86쪽에 재수록.

70) 역주 : 『고려사』의 기록에 따르면 충선왕이 최성지에게 하사한 것은 내탕금(內帑金) 100근(斤)이었다(『고려사』 권 108, 열전 21, 諸臣, 崔誠之. "忠宣留元, 見太史院精曆數, 賜誠之內帑金百斤, 求師受業.").

71) 역주 : 현재 규장각 한국학연구원에 소장되어 있는데[奎貴892], 이는 세종 26년(1444)에 갑인자로 간행한 것이다.

72) 역주 : 『수시력입성』도 현재 규장각 한국학연구원에 소장되어 있다[奎貴893].

73) 역주 : 왕순(王恂, 1235~1291)은 중국 원대의 수학자로 역법에 능했으며 곽수경(郭守敬) 등과 함께 수시력의 제작에 관여했다. '중국 황제'라는 것은 동시기의 고려 왕족인 광평공(廣平公) 왕순(王恂)과 혼동한 것으로 보인다.

담겨있다.

이 밖에도 고려시대의 천문학이나 책력과 관련된 언급은 많이 있다.

1058년에 점성술학과 천문학에 정통했던 이신황李神貺은 문종文宗이 점성술과 천문학에 대해 특별히 관심을 가지라고 명하자 이를 따랐다.74) 묘청妙淸은 1134년에 물시계 직무의 최고 수장이었고, 김덕명金德明은 1218년 책력을 편찬했다. 그리고 1305년 별세한 천문학의 권위자 오윤부伍允孚도 주목 받을 만한 인물이다. 오윤부는 충실한 관측자로서 날이 더우나 추우나 궂은 날씨에도 매일 밤 내내 빠짐없이 관측을 실시했다고 한다. 그는 모든 원리와 법칙에 잘 맞는 천문도天文圖를 편찬했다. 중국 황제조차 그에게 도움을 요청할 정도였고 그의 [천문에 대한] 예측들은 모두 들어맞았다는 흥미진진한 이야기가 아직까지도 전해지고 있다.75)

한편 노인성老人星과 관련된 흥미로운 사건이 있다. 이것은 [서양 천문학에서] 카노푸스라고 알려진 별이며, 먼 남쪽 위도, 예를 들어 퀠파트 섬[제주도]에서만 관찰된다. 1170년에 의종毅宗 임금에게 노인성에 대한 보고가 들어오자 왕은 궁 안에서 카노푸스에 제사를 지냈으며, 왕자를 비롯한 여러 신하들을 보내 모든 사찰에서 노인성에 대해 제사를 지내도록 명령했다.76) 왕은 제사를 위한 음악을 작곡했고, 그 별을 찬양하는데 이를 사용하라고 명령했다.77) 카노푸스는 매우 남쪽에 있었기 때문에(당시의 천문학에 따르면 북극점으로부터 143도 떨어져 있다) 제주도나 남부 중국에서조차 매우 제한적인 시기에만 관찰할 수 있었다. 카노푸스를 목격하는 것은 좋은 징조로 여겨졌고 이는 무병장수를 약속해 준다고 여겨졌다. 한 번은 추분 아침에 나타나 춘분 저녁 때 사라졌다는 기록이 있다.

고려시대에 만연했던 미신들에 대한 경각의 목소리가 높아졌던 적은 단 한번이었다.

---

74) 역주 : 당시 문종은 태사국(太史局)의 감후(監候)였던 이신황에게 8품을 초수(超授)하라고 지시했다. 그가 풍운(風雲)과 수한(水旱)의 징후를 살피는 데 어긋남이 없다는 이유에서 고적(考績)에 구애되지 않고 발탁하였던 것이다. 이에 중서문하성(中書門下省)에서는 이신황의 세계(世系)를 알 수 없고, 이전에 두 번이나 탄핵을 당했으며, 또 관측[候察]은 그의 직무라는 이유를 들어 반대 의사를 표명하였다. 그럼에도 불구하고 문종은 이신황과 같이 정밀한 사람이 없다고 하면서 자신의 주장을 관철시켰다(『고려사』 권 8, 세가, 문종 12(1058)년 6월 9일(戊申) 참조).

75) 역주 : 『고려사』 권 122, 열전 35, 方技, 伍允孚 참조.

76) 역주 : 『고려사』 권 19, 세가, 의종 24(1170)년 4월 4일(甲申); 4월 16일(丙申); 4월 25일(乙巳); 윤5월 8일(丁亥) 등의 기사를 참조.

77) 역주 : 『고려사절요』 권 11, 의종 24(1170)년 윤5월, "群臣賀壽星見. 王宴常參官以上, 親製樂章五首, 命工歌之, 結綵棚, 陳百戲, 至夜乃罷, 賜赴宴官馬各一匹."

황주에 운석이 떨어졌을 때 탁발승 한 명이 세상의 종말이 가까워졌다고 예언하면서 큰 소동이 일어났다. 그러나 한 관료가 나타나 이러한 현상은 자주 관찰되는 사실에 불과하다고 전하자 그 승려를 처벌했다.[78] 중국의 한 사신[徐兢을 가리킴 : 역자]이 당시 고려의 풍습에 대해 다소 변변치 않게나마 묘사하고 있는데, 특히 질병 치료와 관련된 미신적인 관례에 대해 전하고 있다. 고려인들은 귀신의 존재를 믿고 이를 음양원리에 적용해 의학적 치료를 거부하곤 했으며, 아버지나 아들을 비롯한 그 누구도 환자를 방문하지 않았다는 것이다. 그는 중국 의사 남줄藍茁이 처음으로 [고려인들에게] 의학을 가르쳤다고 기록했다. 물론 신라와 백제가 이미 의학에 대해 알고 있었다는 점을 고려한다면 이 기록은 설득력이 떨어진다. 또한, 고려에는 건국 초기부터 의사들이 있었다. 그러나 이 기록에 의하면, 남줄은 보제사 근처에 약방을 차리고 약을 팔면서 당시의 무당을 비롯한 다른 열악한 질병 치료법에 대항했다고 한다.[79]

점성술과 음양 체계에 따른 역술이 널리 퍼져 국사와 사람들의 삶에 관여하는 시대가 됐다. 고려시대에 사용된 깃발과 휘장에는 네 종류의 신화적 동물들이 다채로운 색상과 형태로 선명하게 새겨졌다. 오방기五方旗는 다섯 개 방향을 나타내는 다섯 가지 색상을 통해 각 방위의 중요성을 나타내도록 그려져 있다. 송도 박물관에 보관된 석관이나 석조 유골함에는 사신들이 측면에 새겨져 있다. 거울 역시 동물 문양과 점을 칠 때 사용하는 글자와 상징들로 뒤덮여 있다([그림 23]). 극소수의 용감한 이들이 천체 관측의 참된 본질을 유지하려 애쓰던 동안, 약 500여 년의 폭풍 같은 시기가 끝난 후에 고려도 멸망하였다.

조선왕조, 1392~1910년

조선 왕조를 건국한 태조 이성계는 수도를 서울에 세웠다. 1394년에 그는 새로운 신하와 군대를 앞세워 서울을 점령하였다. 그는 주변에 능력 있는 조언자들을 배치했고 나라

78) 역주 : 『고려사절요』 권 5, 문종 11(1057)년 1월 을미 기사 참조. (“乙未. 隕石于黃州, 聲如雷. 州上其石, 禮司奏曰, 昔, 宋有隕石, 秦有星墜. 晉唐以降, 比比有之, 此常事也, 不關災祥. 今以爲異而聞奏, 實爲妄擧. 請下有司, 罪之. 制可, 遂還其石.”) 그런데 이 기사에서는 탁발승(Fakir)은 등장하지 않는데, 이는 루퍼스의 착오로 보인다.

79) 역주 : 이상은 『高麗圖經』 卷16, 藥局을 참조.

의 정부 제도를 완전히 재편성하였다.

전 왕조[고려]의 천문학자들은 능력이 인정되어 새롭게 세워진 기구인 서운관書雲觀에서 일하게 되었다. 천문학, 점성술, 풍수지리에 관한 모든 책들도 1394년에 새로 편찬됐다.[80] 월식의 계산을 담당했던 김서金恕는 1398년에 월식을 예측하라는 임무를 받았으나 그의 예측대로 월식이 일어나지 않자 벌을 받았다.[81] 1398년에는 통행금지 시간 및 정확한 시간을 서울에 알리려고 종로의 종각(현재의 종은 1468년에 주조)에 물시계가 설치됐다.[82]

그러나 새로운 관청이 거둔 가장 큰 업적은 태조의 천문지도[천상열차분야지도(天象列次分野之圖)]의 제작이었다([그림 24]).[83] 이는 1395년 12월에 완성됐으며, 14세기 말 한국 천문학의 모든 핵심을 포함하고 있는 당시 최고의 걸작이었다. 왕이 가장 신뢰한 충신으로 알려진 권근權近이 이에 대해 기록하였고, 류방택柳方澤은 계산 총괄을 맡았으며, 설경수偰慶壽가 글을 쓰고 이를 돌에 새겼다. 제작에 참여했던 천문학자들은 다음과 같다,

권중화	權仲和	최융	崔融
노을준	盧乙俊	윤인용	尹仁龍
지신원[84]	池臣源	김퇴	金堆
전윤권[85]	田潤權	김자수	金自綏
김후	金候		

이때 글을 새긴 설경수의 형인 설장수偰長壽가 제작한 필사본 천문도가 있으나, 이 천문도에서는 일부 자료가 누락되어 있고 세밀한 대칭도 나타나지 않는다. 이는 공식적인 완성본이 나오기 6개월 전인 1395년 6월에 완성된 것으로 기록되어 있다. 최종 완성본과 설장수의 필사본은 중심부 별자리표가 도치(倒置)됐다는 점에서 차이가 있다. 전해 오는 이

80) 역주 : 태조 3년 7월 12일 음양산정도감(陰陽刪定都監)을 설치해서 지리와 도참에 관련된 여러 책을 모아 산정(刪定)한 일을 가리키는 듯하다. 이는 『태조실록』 권6, 태조 3(1394)년 7월 12일(己酉) 기사 참조.

81) 역주 : 『태조실록』 권 13, 태조 7(1398)년 4월 15일(辛卯); 『태조실록』 권 13, 태조 7(1398)년 4월 17일(癸巳) 기사 참조.

82) 역주 : 『태조실록』 권 14, 태조 7(1398)년 윤5월 10일(乙酉) 기사 참조.

83) 역주 : 이에 대해 루퍼스가 1915년에 작성한 논문이 본서에 번역되어 있다.

84) 역주 : 지거원(池巨源)의 오식.

85) 역주 : 전윤(田潤)의 오식.

야기에 따르면 임금은 설장수의 필사본을 받아들이지 않고, 벌로 그의 목을 베었다고 한다. 그러나 설사 그 형벌이 시행되었다고 하더라도, 그의 글들이 후대에 인정되었고, 또 그가 1399년에 사망했다는 기록으로 보아, 그 형법이 그렇게 가혹하지는 않았던 것으로 보인다.[86] 1395년 6월이라는 시점은 그가 자오선 별들을 개정하여 목록으로 완성한 시점과 일치하며, 이 목록의 앞부분은 삭제되어 있다. 즉, 결론적으로 그의 필사본은 천문도를 완성하기 위한 전 단계를 보여주는 것이며, 마무리가 덜 된 결과물을 황급히 왕에게 바치려는 의도에서 만들어진 것으로는 보기 어렵다.

우리가 앞서 언급했듯이, 강에 빠져 유실됐던 [고구려] 평양 천문도 석각본의 탁본이 태조의 명령으로 제작된 천문도의 모본 역할을 했다. 그러나 분점의 세차로 별의 경도가 1년에 약 51초씩 증가하게 되는 것을 감안해 예전의 천문도는 수정되어야 했다[87][적경(赤經)과 적위(赤緯)로 표시되는 적도 좌표의 차이는 천구상의 별의 위치에 따라 결정된다]. 따라서 조선의 천문학자들은 새로운 분점과 지점을 결정하고 황도와 적도를 별자리들 사이에서 변경된 위치로 재조정했다. 주극성(週極星)의 경계를 표시한 원은 서울의 위도에 따라 38도에 고정됐다. 또한 24절기의 새벽과 밤에 자오선 상에 나타나는 별들[昏曉中星 : 역자]을 표시한 중성기中星記 역시 수정됐다. 28개 황도 별자리(선택된 별에 대해)의 위치는 가장 가까운 각도를 찾아 북극거리와 적경을 표시했다. 28개 별자리는 그 크기가 각각 다르고, 네 개의 분면에 7개씩 나누어진다. 네 개의 분면은 청룡 75도, 주작 112도, 백호 80도, 현무 98도 4분으로 서로 다른 크기를 갖는다.

해의 움직임으로 분류한 황도상의 12분표는[88] 거의 개정되지 않은 것으로 보인다. 기존의 명칭이 사용됐고, 거의 동일한 기호들도 달의 움직임으로 나누어 정의되었다. 천문도의 바깥 원에는 근대적 명칭과는 다소 차이가 있는 서양의 황도대 명칭이 쓰여 있다. 즉, 양자리, 황소자리, 음양(쌍둥이자리), 게자리, 사자자리, 쌍녀(처녀자리), 천칭자리, 전갈자리, 말 탄 사람(궁수자리), 염소자리, 성수(물병자리), 물고기자리([표 Ⅲ])가 그것이다.[89]

---

86) 역주 : 『정종실록』 권 2, 원(1399)년 10월 19일(乙卯)에 설장수의 졸기(卒記). 1399년 59세로 병으로 죽었다.

87) 한국의 천문학자 남병길南秉吉은 1861년 그의 성경星镜에서 원元 나라(1280~1368)의 천문학자 곽수경郭守敬이 세차가 70년에 1도씩임을 발견해냈고 명시했다. 그러나 그 수정은 이론보다 경험에 입각했을 가능성이 있다.

88) 역주 : 12국분야급성수분도(十二國分野及星宿分度)를 가리키는 것으로 보인다.

89) 역주 : 이는 황도 12궁(宮)을 말하는 것으로 백양궁(白羊宮), 금우궁(金牛宮), 음양궁(陰陽宮), 거해궁

천문도에 쓰여 있는 내용에 따르면 태양은 천체상의 위대한 아버지로 자연적으로 양성 혹은 남성성을 지닌다고 했으며, 달은 천체상의 위대한 어머니로 음성 혹은 여성성이 핵심이라고 제시되었다. 이들은 각각 왕과 왕비를 의미한다. [천문도에는] 모두 여섯 개의 우주론이 소개되어있다.

1. 혼천渾天 혹은 구형 하늘로 장형張衡이 주장한 것이다. 그는 후한의 위대한 역사학자였고, 그의 체계는 천문도 제작과 이후 『연감유함淵鑑類函』에 반영됐다. 혼천을 더 발전시킨 체계가 『문헌비고』에 나타나 있다. 이는 기원전 3세기에 쓰인 『초사천문楚詞天問』에 영향을 받은 것으로 보인다. 하늘은 총 12겹으로 이루어져 있고 가장 멀리 있는 층은 움직임이 없다. 가장 먼 곳에서 두 번째 층은 움직이며 남극과 북극 그리고 적도를 만들어낸다. 세 번째 층은 지구에 대한 궤도 운동을 하는 태양의 남북 운동 현상[南北歲差]을 만들어 낸다. 그리고 네 번째 층은 동과 서의 차이[東西歲差]를 만들어 내며, 다섯 번째 층은 3원,[90] 28 별자리(28수) 그리고 항성을 생성한다. 여섯 번째 층은 토성을, 일곱 번째는 목성, 여덟 번째는 화성, 아홉 번째는 일식과 월식을 만드는 태양의 운동을, 열 번째는 금성을, 열한 번째는 수성을, 열두 번째는 백도를 만드는 달을 생성한다. 지구로부터의 거리에 따라 각 하늘의 안쪽과 바깥쪽이 구분된다. 월식 때 태양은 더 가까이 있게 된다. 그러나 달은 다섯 개의 행성을 가릴 수 있고 달과 다섯 개의 행성은 별들을 가릴 수 있다. 이렇게 되면 행성들은 달보다 높아지되 별들보다는 낮아지게 된다. 게다가 행성들은 서로를 가릴 수 있기 때문에 서로 간의 간격이 발생한다. 달의 상으로 위와 같은 현상이 정확히 설명될 수 있다. 하늘의 크기는 매우 정확한 방법으로 제시되었다. 『연감유함』은 지구에서 하늘까지의 거리를 216,781.5리라고 한다. 『성호사설류선星湖僿說類選』에는 하늘의 둘레를 재는 기발한 방법이 제시돼 있다.[91] 중앙으로부터 한 발자국을 걸어 나가면, 즉, 1피트를 나아가면, 직경이 2피트가 되고 원주는 6피트가 된다. 중앙에서 2피트 나아가면, 직경은 4피트 그리고 원주는 12피트가 된다. 그러므로 길이(반지름)에 1피트가 더해질 때마다 둘레는 6피트만큼 길어지는 것이다. 지구의 반지름을 15,000리라고 하면 둘레는 90,000리

(巨蟹宮), 사자궁(師子宮), 쌍녀궁(雙女宮), 천칭궁(天秤宮), 천갈궁(天蝎宮), 인마궁(人馬宮), 마갈궁(磨竭宮), 보병궁(寶缾宮), 쌍어궁(雙魚宮)을 가리킨다.

90) 삼원三垣은 천구를 임의로 나눈 경계이며, 그 중 중심부는 제왕과 그의 마차의 자리이다.

91) 역주 : 『星湖僿說類選』 卷1上, 天地篇 上, 天文門, 測天. 참조.

가 된다. 그러나 하늘에 10,000리 만큼 가까워지면 원주는 60,000리 만큼 늘어난다. 하늘까지의 거리가 216,781리 이므로(0.5는 생략) 지구의 중심에서 하늘까지의 길이는 231,781리이고[216,781+15,000=231,781] 둘레는 1,390,686리[231,781×6=1,390,686]가 된다.

2. 개천蓋天 혹은 "덮인 하늘"로 주비周碑 법으로 자세히 설명되었다. 『주비산경周髀算經』은 중국의 고대 천문학 및 수학서 가운데 가장 가치가 높은 것이다. 이것은 지금으로부터 약 2~3천 년 전인 주나라 때의 저서로, 혹자는 기원전 1100년경의 저술로 보기도 한다. 『주비산경』의 가장 놀라운 점 중 하나는 황도의 기울기를 기원전 3000년부터 매 500년 주기로 기록한 표인데, 이 계산에는 약간의 삼각법이 활용되고 있다. 이 계산법이 삼국시대 한국에 알려졌었다면—그럴 가능성이 매우 크다—천문학에서 매우 요긴하게 활용되었을 것이다.
3. 선야宣夜 혹은 "밤을 드러내는 하늘"로, 이 법칙을 주장한 학자는 없었다. 와일리(Wylie)에[92] 의하면, 선야는 중국 문헌의 기록에 전해져 내려오지 않으나, 중국의 학자들은 유럽의 체계와 선야 체계에 긴밀한 유사성이 있다고 평가했다고 한다.
4. 안천安天 혹은 "고정된 하늘"은 우희虞喜가 주장했다. 우희에 따르면 하늘은 움직이지 않고, 다만 천체들로 구성된 움직이는 부분을 나타내는 일종의 기구가 있다고 하였다. 이는 436년경에 천로치가 만든 천구의와 유사한 것으로 여겨지기도 한다.
5. 흔천昕天 혹은 "새벽 하늘"은 요신姚信이 주장했다. 하늘을 축을 중심으로 회전하는 원통으로 나타낸다.
6. 궁천穹天 혹은 "높은 하늘"은 우용(虞聳)이 주장하였으며, 하늘의 천장이 절대적으로 높은 것으로 나타내고 있다.
7. 『연감유함』에는 방천方天 혹은 "사각형 하늘"에 대한 기록이 있다. 이는 왕충王充이 기원후 1세기에 주장했다.[93] 이 주장은 별자리로 만들어진 다섯 개의 기둥, 즉 천주天柱들로 하늘을 지탱하는 사각형 땅에 대한 생각과 부합된다. 각각 세 개의 별로 이

92) 역주 : 19세기 중반 중국에 파견된 영국 선교사로 많은 중국학 관련 저술을 남긴 알렉산더 와일리(Alexander Wylie, 중국명 偉烈亞力, 1815~1887)를 가리킨다.

93) 역주 : 『御定淵鑑類函』 卷1, 天部 1, 天 1, "近世復有四術, 一曰方天, 興於王充, 二曰昕天, 起於姚信, 三曰穹天, 由於虞喜, 皆以臆斷浮說, 不足觀也. 惟渾天之事, 徵驗不疑." 왕충(27~104)은 후한, 요신은 위진 시기의 오나라, 우희(281~356)는 동진(東晉) 사람이고, 앞서 나온 궁천설의 우용은 우희의 조부였다. 오직 믿을 수 있는 것은 장형(78~139, 후한)의 혼천설이라고 하였다. 루퍼스도 이를 제일 길게 소개하였다.

루어진 이 천주는 남동쪽에 위치해 있다. 이에 따르면 28수의 윤곽은 전체적으로 사각형에 가까운 형태이다. 그러나 이 이론은 [천문도 제작에서] 채택이 되지 않았고 목록에서도 제외됐다.

『중경지中京誌』에는 하늘에 대한 이론 중 두 개가 자세히 소개되고 있는데, 김문표金文豹의 사도설柶圖說과 이경창李慶昌의 주천설周天說이 이를 각각 지지하고 있다.[94] 전자는 음양, 오행에 입각한 고전적 철학 체계를 지향한다. 바가지 모양의 바깥 원형 부분은 하늘을 뜻하고 내부의 사각형은 땅을 의미한다.[95] 따라서 지구는 하늘로 완전히 덮여 있다. 모든 별들 중 가장 중앙에 있는 별은 북극성이며 이를 28개의 별자리가 둘러싸 보호하고 있다. 동지는 태양(불)이 물을 가로질러 나무와 지구에 들어갔다 나온 후 다시 물로 들어감으로써 생기고 이를 통해 낮이 짧아진다. 춘분점은 물을 따르는 태양이 나무로 들어갔다가 금속을 스쳐 다시 물을 따라 나타나 생김으로써 생기고 이를 통해 낮이 길어진다. 다른 계절들도 위와 비슷하게 설명되고 있다. 한편 오래된 책들을 엮어 편집한 책인 『성호사설유선星湖僿說類選』에서는 하늘은 둥글고 땅은 사각형이라는 오랜 이론에 근거해 이를 다음과 같이 설명한다. 사각형은 일반적으로 편평하며 네 개의 변을 가지고 있어 네 가지 방향을 가리킨다(이는 오방이라는 다섯 개의 고전적 방향을 이루는 핵심이 된다). 인간은 땅에서 살고 땅 위를 걸으며, 하늘은 그의 머리 위를 둘러싸고 있다. 그래서 땅은 편평하고 하늘은 둥글거나 돔형이라고 말할 수 있다는 것이다.[96]

이경창의 논리가 사실상 더욱 천문학에 가깝다고 할 수 있다. 하늘의 몸체는 둥근 형태이며 중심이 높고 하부는 사면으로 이루어져 있다. 원주는 365.25°이며, 북극은 바깥으로 36° 나가 있고, 남극은 안쪽으로 36° 들어와 있다.[97] 북극과 남극은 마치 맷돌의 축처럼 움직이지 않는 하늘의 중심축의 역할을 한다. 중간 가장 높은 부분이 하늘의 중앙이며 북극으로부터 55° 떨어져 있다. 일식 혹은 월식, 적도, 춘분 혹은 추분, 하지 혹은 동지점 모두

---

94) 역주 : 『中京誌』 卷10, 附錄, 金文豹, 李慶昌 조목 참조.

95) 이를 묘사하기 위해 별도의 특별한 기구가 사용됐을 수도 있다.

96) 역주 : 『星湖僿說類選』 卷1上, 「天圓地方」 참조. 주목해야 할 것은 이익(李瀷)이 『성호사설(星湖僿說)』에서 김문표의 '사도설'을 설명하고 있다는 사실이다[『星湖僿說』 卷4, 萬物門, 「柶圖」]. 『성호사설유선』을 편집한 안정복은 「사도설」의 저자를 선조(宣祖) 때 송경(松京) 사람인 김문표라고 보았다.

97) 여기서 36도라 함은 서울의 위도에서 최소 1.5도 정도 남쪽에 위치한 지점과의 연관성을 시사한다. 이는 경주인가 중국인가? [역주 : 이는 유교 경전의 주석서에 나와 있는 내용을 그대로 반복한 것이다. 대표적으로 『서경(書經)』 「순전(舜典)」의 '선기옥형(璿璣玉衡)' 장에 대한 주석].

사실과 가깝게 제시돼 있다. 해와 달이 있는 하늘은 왼쪽(서쪽)으로 하루에 1차례 회전한다. 해는 천체보다 약간 느리게 움직여 하루에 1°만큼 뒤처지게 되고 달은 13° 뒤에서 느리게 이동한다. 이러한 방식을 통해 일반적으로 적용되는 1년에 360°라는 결과를 얻을 수 있다. 다만 태양의 움직임에 따른 실제 1년은 $365\frac{225}{940}$일($365\frac{1}{4}$)이다.

15세기 전반에는 대대적으로 개혁이 이루어지고 진보가 빨랐는데, 특히 이는 세종世宗의 선정 시기인 1418~1450년[98]에 그러하다. 태종太宗은 1403년 일찍이 이규보李奎報가 1232년에도 사용했던 금속활자를 대량으로 주조하도록 명령했는데,[99] 태종과 훗날 세종이 된 그의 아들은 금속활자를 향상시킬 수 있도록 함께 노력을 기울였다. [이 시기에] 한글이 창제됐으며 우수한 문학작품도 대량으로 인쇄되었다. 예술과 과학 분야에 대한 지원을 아끼지 않았던 세종은 특히 천문학에 큰 애정을 가지고 있었다.

조선시대 초기의 천문학자들은 많은 부분에서 진보를 이룩했다. 이 계몽적 시대에서는 일식, 월식, 혜성, 객성 등의 이상한 천문 현상들을 그저 자연현상으로 여겼고, 이것들은 정치에 아무런 영향을 미치지 못했다. 이러한 현상이 있을 때 마다 제물을 바치고 제사를 지내며 귀신에 주문을 외우는 등의 관습을 억제하는 지침이 내려졌다. 점성술은 불명예스러운 행위가 됐고, 불교의 규율은 강하게 억제됐다. 태종과 세종은 매년 책력을 발행했다. 이는 중국의 것을 참고하긴 했으나 한국의 실정에 맞게 계산해 천문학 관청에 보관했다. 세종은 "한 국가의 번영은 예측 불허의 비바람이 아닌 정부의 본질이 좌우한다"고 강조했다. 일찍이 1402(혹은 1403 : 역자)년에 천문학을 특별 연구하도록 열두 명이 선발됐다. 세종 시기에 서운관書雲觀이 확장됐고, 관상감觀象監의 지위가 격상됐다. 또한, 경복궁景福宮의 영추문迎秋門 안에 한 곳, 도시 북쪽 광화방廣化坊에 한 곳, 이렇게 두 군데의 관측소가 새로 만들어졌는데, 후자는 휘문고등보통학교(현재는 현대사옥 : 역자) 내에 남아있는 천체 관측을 하던 석대(관상감 관천대 : 역자)가 있는 자리였다. 점성술과 풍수에 관한 책을 모두 모아 없애는 반면 인증된 결과들은 모아 연구했다. 1421년에는 『천문비기天文秘記』가 도입되었다.[100] 이 책력 체계는 선명력宣明曆과 수시력授時曆, 그리고 보교회보중력步交會步中曆의 방법을 포함하고 있다.

---

98) 역주 : 원문의 "1419~1451년"은 착오.

99) 게일(Gale, 奇一) 박사가 참고자료를 제공, 『동국이상국집』 후집 권 11.

100) 역주 : 세종 3(1421)년 7월 2일에 서운관에 소장되어 있던 천문비기를 모두 대궐 내에 들인 일을 가리킨다. 『세종실록』 권 12, 세종 3년 7월 2일(壬戌).

세종은 기계 장치에 특히 애정이 많았고 기계를 다루는 능력 자체도 매우 뛰어난 수준이었던 것으로 보인다. 세종이 꽤 어렸을 때, 세종과 아버지 태종은 함께 물시계를 만들었다. 1424년에 그는 중국의 것을 본떠 만든 시계인 경점기更點器의 모본을 가지고 있었다.[101] 그러나 서울의 위도를 알기 위해 극의 위도를 다시 계산하라고 지시했던 1432년, 세종의 천문학적 계획이 본격적으로 시작되었다. 당시 서울의 위도는 38도에 조금 못 미치는 37.5도였다. 극의 위도를 다시 계산하기 위해서는 새로운 기계가 필요했기 때문에 세종은 정초鄭招와 정인지鄭麟趾에게 그 기계를 고안해 제작하라고 명했다. 그들은 나무와 구리로 만든 제품을 하나씩 내놓았다. 추가 제작은 7년이 걸렸고, 주로 이천李蕆과 장영실蔣英實의 주도 하에 이루어졌다. 당시에 제작한 기구들에는 다음의 것들이 포함된다.[102]

두 가지 종류의 해시계로서 그중 하나는 위도의 계산이 가능하다. 평면 해시계(앙부일구 : 역자)는 서울의 공공장소 두 곳에 설치됐다.

물시계. 개량된 새 물시계가 1434년 설치됐고, 물시계를 보관하고 시간을 보고하는 건물인 보루각報漏閣 역시 지어졌다([그림 25]에는 이후 고안된 유사한 물시계가 나타나 있다).(보루각 자격루 : 역자)

매년 24절기를 참고로 선택한 별들의 남중 시간을 관찰할 수 있는 구리로 만든 기구.

지평선, 자오선, 적도, 황도를 나타내는 원들이 표시된 천구의로서 서울의 위도를 나타낼 수 있도록 조절됐다.

원주가 10피트 8.5인치(한국 측정기준)인 천구의로서 표면에 별들을 표시하였다(혼상 : 역자).

주간 혹은 야간에 태양이나 별을 이용해 방향과 시간을 알기위해 구리로 만든 기구(고리 모양의 눈금판)로서, 두 개는 서울에, 두 개는 군대에 보관하였다(일성정시의 : 역자).

우량계로서, 하나는 서운관書雲觀에 놓여 있었고, 1442년 각 지방에도 분배됐다. 이는 유럽의 강우 기록보다 무려 200년을 앞선 것이었다. 이 우량계(측우기 : 역자)는 이왕가박물관 앞에 기념으로 전시돼 있다([그림 25], 물시계 오른쪽).

101) 역주 : 『세종실록』 권 24, 세종 6(1424)년 5월 6일(庚辰). 이때 세종은 궐내의 경점(更點)을 알리는 기구를 중국의 체제를 고찰해서 구리로 주조해서 바치도록 명령하였다.

102) 『조선왕조실록』(Annals of the Yi Dynasty)은 일부 기구의 제작에 대해 매우 자세히 다루고 있다. 예를 들어, 65권 1~3쪽에 있는 자동물시계에 대한 설명을 들 수 있다. 그런데 실록에 제시된 설명은 아래에 간단히 제시된 설명과는 상이하다. 징을 치는 대신 열 두 개의 인형이 막을 펼쳐 시간을 알려준다. 둘 중 하나가 다른 하나를 대체했을 것이다.

인형시계로서, 작동원리는 기본적으로 물시계와 같으나 추가적인 과정이 있다. 기구의 다른 부분을 관장하는 평판 위의 세 개의 인형들과 잘 정렬된 12개의 인형들이 나와 징을 친다.

또 다른 시계는 왕이 직접 고안해낸 것으로, 이것은 하루 동안 태양의 움직임을 나타내는 금색 공이 올려 져 있는 인공 산이었다. 1년의 절기를 나타내는 인공적인 배경도 포함된다. 여기에도 인형이 나와 그날의 시간을 쳐서 알렸다(흠경각루 : 역자).

『동사연표』[103]에 따르면 새로운 천문도가 1432년에[104] 새겨졌는데, 이는 후에 어떻게 됐는지 추적하지 못했다. 한편 1434년 강녕전康寧殿 근처에 흠경각欽敬閣이 세워져 태조의 천문도를 내부에 보관했다.[105] 1438년에는 간의대簡儀臺를 세워 고도 측정 기계, 고리판, 혼천의, 해시계 등을 그 위에 설치하였다. 예를 들어, 앙부일구仰釜日晷는 정오에 그림자의 위치를 측정하기 위해 정확한 조절이 필요하다. 특별한 경우에는 관측자들을 산으로 보내 측정하기도 했다. 삼각산三角山에서 1428년 일식이 관측됐고 1440년에는 일식과 월식 모두가 관찰됐다. 1443년 일식을 관측하기 위해 금강산 일출봉日出峯에 천문학자들이 보내지기도 했다. 1434년에는 31명의 학자들에게 『통감강목通鑑綱目』에[106] 쓰여 있는 모든 일식과 월식을 계산하라는 지시가 내렸다.

세종의 통치 하에서 한국 저자에 의한 천문학적 업적이 많이 나왔다. 앞선 시기에 천문기구의 제작을 명령 받은 인물 가운데 한 사람이었던 정인지는 1433년 『칠정내외편七政內外篇』을 편찬하라는 지시를 받았다. 정현지[鄭鉉之, 정흠지(鄭欽之)의 오식 : 역자], 이순지李純之, 김담金淡이 1442년 개정한 두 권짜리 개정판과 이순지와 김담이 참여한 또 다른 개정판이 경성제국대학에 보관돼 있다. 세종의 통치 하에서 편찬된 총 15권의 천문학 서적은 경성제국대학 도서관에 보관돼 있다.

세종의 서거 후, 발진티푸스의 창궐로 서해 지방의 많은 사람들이 희생되었고, 전염병이 더욱 광범위하게 확산되는 위험에 처해 있었다. 다시 미신과 공포가 만연했다. 그러나

---

103) 역주 : 원문의 "Song-sa-nyen-pyo"는 『동사연표(東史年表)』의 오식.

104) 역주 : 혹은 1433년. 이는 『증보문헌비고』의 기록에 의거한 것.

105) 역주 : 흠경각에 천상열차분야지도를 보관한 것은 영조 대의 일이다. 세종 20년(1438) 완성된 흠경각에는 흠경각루를 설치하였다.

106) 역주 : 주희가 지은 사서(史書). 『자치통감』을 강(綱)과 목(目)으로 나눈 것으로, 주희가 만든 한 권의 범례에 의거하여 조사연(趙師淵) 등이 전편(全篇)을 작성하였다. 세종은 이 책을 경연에서 사용하였다.

문종文宗은 전염병의 원인이 악령이나 음양의 악한 영향 때문이 아니라 사람들의 잘못 때문이라고 사람들을 설득하려고 하였다. 전염병의 저주로부터 벗어날 수 있도록 좋은 일을 많이 하라고 권하기도 했다.

세종 이후의 임금들은 세종 때 제작된 기구들을 수리하기도 했고, 때로는 새 것을 만들기도 했다. 1454년에는 보완된 물시계가 있던 자리에 시계탑이 세워졌고 종을 쳐 시간을 알렸다.[107] 천문학적 그리고 기상학적 관측소들이 다음 임금인 성종成宗 때인 1489년에 수리됐다.[108] 그 후 1491년에 당시 시간 체계의 부정확성이 발견되자 성종은 별을 관측할 수 있는 특별한 기구인 규표窺標를 만들 것을 명령해 별을 기준으로 시간을 측정할 수 있는 체계를 만들었다.

그러나 곧 힘든 시기가 찾아왔다. 연산군燕山君의 지나친 폭정으로 신하들은 모두 그를 등지게 되었다. 1504년의 천문도 역시 불운한 징조를 지녔다는 명목으로 왕에게 몰수당하였으나 국사의 문제는 해결되지 않았다. 1506년 성난 임금은 관상감을 책력을 관장하는 사력서司曆署로 강등시켰다. 연산군은 곧 폐위되었고, 다음 임금 중종中宗(1507~1545)에 의해 천문학은 다시 번성하게 되었다.

중종 때 이순李純은 1525년 천체를 관찰하는 뛰어난 도구인 관천기觀天器를 개발했다. 게일 박사는 이를 망원경이라고 오해하기도 했다. 갈릴레오가 천체망원경을 발명한 것은 다음 세기인 1609년의 일이었다. 이순의 기구는 목륜目輪이라고 불렸다. 목륜은 원 안에 맞춰진 형태로 천체의 위치를 찾을 수 있는 지수가 표시돼 있었다.[109] 이순은 또한 오래된 기구들을 보수하고, 수리의 정도를 넘어선 것들은 아예 교체하기도 했다. 1548년 혼천의渾天儀를 새롭게 개선하여 홍문관弘文館에 보관했다. 이듬 해 선기옥형璿機玉衡이 제작되어 임금에게 바쳐졌다. 헐버트는 선기옥형을 "천문 척도"라고 부르고, 선기옥형의 제작은 조선 왕조 문명의 높은 수준을 보여주는, 16세기 중반 문화의 증거라고 표현했다. 이것은

---

107) 역주 : 단종 2년(1454)에 보루각의 물시계를 개수하려고 했던 일을 말하는 것이다. 신료들은 당시의 수재와 한재를 이유로 개수에 반대하였다. 『단종실록』 권 12, 단종 2(1454)년 9월 12일(庚申); 단종 2(1454)년 9월 14일(壬戌); 단종 2(1454)년 12월 18일(甲午) 등을 참조.

108) 역주 : 성종 21년(1490)에 조지서(趙之瑞)가 흠경각과 자격루의 수리를 건의한 사실을 말하는 듯하다. 『성종실록』 권245, 성종 21(1490)년 윤9월 6일(乙酉) 기사 참조.

109) 역주 : 목륜(目輪)은 조우흠(趙友欽)의 『혁상신서(革象新書)』에 등장하는 기구이다. 이순이 목륜을 창제한 것이 아니라 중국에서 이 책을 들여와 이를 참조하여 제작하였다. 『중종실록』 권 55, 중종 20(1525)년 10월 19일(甲辰) 기사 참조. 목륜의 구조에 대해서는 『혁상신서』 권 3, 「目輪分視」; 『중수혁상신서』 下, 「目輪觀天」 등 참조.

당시 하루의 시간, 달의 위치, 혹은 달의 날짜와 태양의 위치 혹은 그 해의 절기 등을 측정할 수 있는 기구로, 관측기라기보다 천문시계에 가까운 기구였던 것으로 추정된다. 1550년에 낡은 기구들에 대한 정비가 한 차례 더 이루어졌고 역시 새로운 기구들이 만들어졌다. 자오선 근처의 별들이 관측됐고 이들이 새벽과 밤을 가르는 기준이 됐다.[110)]

당시 사람들의 시대정신에 정신적·종교적 진리와 물질적 진리의 관계에 대한 깊은 성찰이 있었던 점은 율곡栗谷[이이(李珥)]이 전한 간결한 문단에 아름답게 표현돼 있다. 게일 박사가 이를 『한국인의 역사』에서 언급한 바 있다.[111)]

"신의 의도는 우리가 파악하지 못할 뿐만 아니라 설명하지 못하는 영역이다. 해와 달은 하늘에 있고, 낮과 밤이 지나가되 때로는 길고 때로는 짧다. 누가 이 모든 것을 만들었는가? 가끔 이 빛들이 합쳐지기도 하고 나누어지기도 한다. 때로는 서로 식(蝕)이 일어나기도 하고 좁혀지기도 한다. 이에 대한 원인은 무엇인가? 다섯 개의 별은 하늘의 날줄 선을 따라 우리를 지나가고, 나머지는 씨줄의 좌우로 회전한다. 누가 이 이유를 정확히 설명해 줄 수 있는가?"

"언제 길조의 별이 뜰 것이며 언제 예측할 수 없는 혜성과 같은 일이 벌어질 것인가? 혹자는 피조물의 영혼이 빠져나가 별이 된다고 한다. 이를 증명할 방법이 있는가? 언제 바람이 일며, 어째서 오는가? 바람이 불어도 나뭇가지가 미동도 하지 않는가 하면 또 가끔씩은 숲이 뿌리 채 뽑히고 집들이 날아다닌다. 얌전한 처녀와 같은 바람이 있는가 하면 또 가끔씩은 공포스러운 태풍이 오기도 한다. 어떤 법칙이 이를 조종하는가? 구름은 어떻게 만들어졌다가 다시 원래의 자리로 소멸돼 사라지는가? 천둥과 날카로운 번개, 이에 동반되는 눈부신 섬광과 땅을 울리는 포효는 누가 관장하는가? 이들은 무엇을 의미하나? 이들은 때때로 사람을 덮쳐 죽게 하고 다른 피조물들을 해치기도 한다. 이런 결정은 어떤 법칙에 의한 것인가? 서리는 부드러운 잎들을 죽이지만, 이슬은 그들을 다시 살아나게 해 준다. 어느 때는 서리이고 어느 때는 이슬인지, 이 또한 어떤 법칙이

---

110) 역주 : 명종 5년(1550) 관상감에서 중성(中星)을 관측한 사실을 지적한 것이다. 당시 종묘동구(宗廟洞口)에 설치되어 있던 앙부일구(仰釜日晷)와 새로 만든 보루각의 자격루, 그리고 외관상감(外觀象監)의 해시계를 교정하는 작업을 하고 있었다. 정확한 교정을 위해서는 중성의 측정이 필수적이었기에 관상감 관원을 별도로 차정(差定)해서 중성을 관측했던 것이다. 『명종실록』 권10, 명종 5(1550)년 6월 24일(丁巳) 기사 참조.

111) 역주 : 이하의 내용은 『율곡전서』 권14에 수록된 「천도책(天道策)」의 번역이며, 「천도책」은 과거시험 문제에 대한 답안이다. 게일의 인용문은 원문과 비교할 때 많은 오류가 있으나 루퍼스가 인용한 대로 번역하였다.

결정하는가? 구름에서 비가 내리는데 또 어떤 구름은 비를 뿌리지 않는다. 이유는 무엇인가?"

"꽃들은 다섯 개의 꽃잎을 가졌으되 눈꽃은 여섯 개의 눈꽃잎을 가진다. 왜 이러한가?"

"일식과 월식을 모두 없애버리고 별들을 원래의 운행을 따르게 하며, 천둥이 세상을 놀라게 하지도 않고 서리가 여름의 희망을 망쳐버리지도 않게 하며, 눈이 피해를 입히지 않게 하고 우박이 죽음이나 기근을 초래하지도 않게 하며, 가차 없는 태풍이 발발하지 않고 홍수도 없게 하며, 모든 자연 현상은 부드럽게 정도를 가게하며, 그리고 하늘과 땅이 조화로워 인간에게 축복을 내리게 하기 위해서는 어떤 법칙을 따라야 할까? 언제쯤 이러한 종교를 찾을 수 있을까? 여러 선비들은 널리 경사(經史)에 통하여 능히 이런 것들에 대해 말할 수 있을 것이니, 각각 마음을 다하여 대답하라."

율곡이 활동한 시대에 지구의 반대편에서 역시 같은 진실을 갈망했던 이들이 있었다. 다만 그들은 전적으로 다른 새로운 방법으로 문제에 접근했고 근대 과학의 힘을 빌어 그 뒤를 좇았다. 코페르니쿠스(Copernicus)는 지동설을 주장했으며, 이는 곧 지구는 움직이지 않는다는 잘못된 학설을 대체했다. 개선된 관측기기와 관찰법으로 티코 브라헤(Tycho Brahe)는 행성의 위치를 더욱 정확히 알아 낼 수 있었다. 갈릴레오(Galileo)는 사물은 무게에 따라 떨어진다는 오래된 그릇된 생각에 맞서, 시민 전문가들과 학생들 앞에서 무게가 다른 두 개의 공을 피사 사탑에서 떨어뜨리는 실험을 하여 두 개가 나란히 떨어짐을 증명했다. 그는 관례나 미신 앞에서 진실을 증명한 것이 아니라 자연의 법칙을 결정하는 자연을 상대로 사실을 직접적으로 증명해 보인 것이다. 대단한 천재성과 부단한 수학적 노력을 통해 케플러(Kepler)는 행성의 움직임에 대한 법칙을 수립했다. 한국의 율곡과 부분적으로라도 동시대를 살았던 이들은 물리적 우주에 대한 궁금증의 답을 찾으려는 선구적인 활동을 했던 인물들이다.

동일한 객성(客星)에 대하여 율곡의 나라에서는 티코 브라헤와 케플러가 관측한 것과 같은 내용을 기록했다. 1572년 11월 11일 티코 브라헤가 발견한 브라헤의 유명한 신성(新星)으로 브라헤는 덴마크의 귀족에서 단숨에 16세기 가장 위대한 관측을 수행한 천문학자로 발돋움했다. 이 신성은 『문헌비고』에도 잘 기록돼 있다. 브라헤의 신성은 한국의 기록에 책성策星(카시오페이아 자리의 일부) 옆에 기록되었고, 신성의 크기는 금성만큼 크다고 기록됐다.[112] 그러나 이때 율곡을 낳은 한국인들 가운데 그 누구도 하늘과 천체에 대한 과학적 연구에 관심을 기울이지 않았다. 1604년 9월 30일 발견된 케플러 신성 역시 기록돼 있다. 기록에 따르면 케플러 신성은 황적색을 띠고 광도가 변하다가 서서히 감소한다고 한다.[113]

[조선의] 16세기 후반은 히데요시의 침략[임진왜란 : 역자]에 의한 파괴로 점철되었다. 17세기 초에는 사회를 재건하고 복구하려는 노력이 드높았으나 1627년과 1636년에 다시 만주족의 침략[병자호란 : 역자]을 겪게 되었다. 흠경각은 1614년 창덕궁昌德宮의 서린문瑞麟門 내에 재건됐으나 효종孝宗이 1656년 만수전萬壽殿을 세울 때 허물어졌다. 1614년에는 또한 시보를 위한 장소인 보루각報漏閣이 새로 세워졌다.[114]

한국이 첫 유럽인을 맞이한 것도 역시 17세기였다. 1627년 해안으로 떠 밀려 온 세 명의 네덜란드 항해사들은 평생 억류되었다. 이 중 둘은 만주 침략 때 싸우다 전사했고 나머지 한 명인 요한 벨테브레, 즉 박연(朴堧)은 훌륭한 자문가이자 왕실의 통역가로 활동했다. 1653년 선박 난파로 36명의 네덜란드 선원들이 제주도 해안가에 나타났고 이들은 서울에 있는 감옥으로 이송됐다. 이들의 지도자였던 하멜(Hamel)을 포함한 여덟 명은 13년 후 탈출했다. 한국이 이들 외국 방문자들에게서 배운 교훈은 거의 전무하다고 봐도 무방할 듯하다.

중요한 사건은 조선이 중국에서 외국인을 만난 것이었다. 중국 사행을 갔던 정두원鄭斗源은 1631년에 당시 중국의 수도 곧 경사京師에서 나이가 많은, 육약한陸若漢이라는 이름의 한 외국인을 만났는데, 그는 이마두利瑪竇, 즉 마테오 리치(Matteo Ricci)의 친구였다. 육약한은 아마도 당시 97세의 장 드 라로크 신부였을 것이다.[115] 육 신부는 정두원을 방문하였으며, 정두원은 그가 매우 강하고 활동적이었으며 신선처럼 보이기도 했다고 묘사했다. 육 신부의 나라는 약 만 마일 정도 떨어져 있고, 가는 데도 3년이나 걸린다고 했다. 그는 대포 만드는 법을 알고 있었고 이 기술을 활용하여 중국 군대를 도와주었다. 그는 천문학과 달력 제작에 능통하였고, 그의 방식이 중국에 도움을 주었다. 정두원은 조선의 국왕을

112) 역주 : 『增補文獻備考』 卷6, 客星, "宣祖五年十月, 客星見于策星之側, 大如金星."

113) 역주 : 『增補文獻備考』 卷6, 客星, "(宣祖)三十七年甲辰九月戊辰, 客星在尾, 其形大於太白, 色黃赤, 動搖, 至于十月庚戌, 體漸小."

114) 역주 : 『增補文獻備考』 卷3, 儀象 2, 선조 34(1601)년 조의 金埼의 발언.

115) 역주 : 육약한은 마테오 리치의 친구가 아니며, 본명은 로드리케즈(Johanes Rodriquez)이다.

위해 대포를 한국에 가지고 가겠다고 요청하였다. 그는 많은 책과 기구들, 달력 한 권, 리치(Ricci)가 쓴 것을 포함한 망원경에 대한 책 두 권, 서양의 풍속과 관습에 관한 책 한 권, 대포와 사용법에 대한 책 한 권을 받았다. 더불어 그는 천문도, 3~4백 냥의 값어치가 있는[116] 망원경도 받았다. 그 망원경은 100리 앞 사물까지 들여다 볼 수 있고 "적군 막사의 가장 작은 물체까지" 볼 수 있다고 했다. 해와 달의 방향과 움직임을 나타내는 해시계 그리고 매 12시간마다 자동으로 울리는 종도 얻었다. 대포는 도화선이 없이 부싯돌만으로 작동이 가능했지만, 한국의 엽총[조총]보다 약 4~5배 강력했으며,[117] 화약을 사용해 매우 빨랐다.[118]

『국조보감國朝寶鑑』에 실린 기록에 따르면, 망원경은 지상의 물체를 보는 데에 귀중히 사용됐다고 전해지나, 천문학에 응용되었다는 언급은 없다.

왕이 대피했던 남한南漢 산성이 무너지자 만주족들은 왕실에서 인질들을 잡아 봉천(奉天)으로 데려갔다. 이 가운데 일부는 1644년 [만주족] 침략자들이 중국의 패권을 잡았을 때 북경으로 가기도 했다. 당시 한국의 젊은 세자[소현세자 : 역자]와[119] 독일의 예수회 신부 아담 샬(탕약망 湯若望)이 매우 가까워지게 됐다. 왕자는 훗날 샬에게 이러한 친분을 마치 "피를 나눈" 관계 만큼이나 가깝다고 언급하면서, "어떤 비밀스러운 자연의 힘이 일어난 것인지 내가 이해할 수 있는 능력 밖이다. 다만 진실 추구에 전념하는 사람끼리는 제 아무리 이 땅에서 서로 멀리 떨어져 있어도 결국은 서로에게 끌리기 마련인 것이다"라고 덧붙였다.[120] 세자가 한국으로 떠날 때 그는 샬이 선물한 과학과 종교에 관한 서적들, 세계지도, 천구의 등을 함께 가져왔다. 이 가운데서 세자는 특별하게 천구의에 대해서 "이 천구의와 천문학 책들은 어느 나라에서도 없어서는 안 될 귀중한 자산이며, 내 행운으로 이것들을 얻었다는 것을 믿을 수 없다"고 말했다.

---

116) 역주 : 원문에는 은화 3~4백 냥이라고 하였다. "直銀三四百兩"

117) 역주 : 원문에 따르면 우리나라 조총 2발을 쏠 시간에 4~5발을 쏠 수 있다고 하였다. "我國鳥銃二放之間, 可放四五次"

118) 역주 : 이상의 내용은『國朝寶鑑』卷35, 仁祖朝 2, 辛未(인조 9(1631)년) 7월조 참조.

119) 트롤로프 주교의 Korea Magazine, Vol. II, p. 386, 1918의 흥미로운 기록 참고.

120) 역주 : "서로 다른 나라에 태어난 당신과 나, 대양(大洋)으로 분리된 머나먼 나라에 태어난 우리들이 이국의 땅에서 상봉하여 마치 핏줄이 같은 형제처럼 서로 사랑해 왔으니 어떤 눈에 보이지 않는 자연의 힘이 우리들을 이끌어 주었는지 신기할 따름입니다. 인간의 마음이란 아무리 먼 거리에 떨어져 산다 해도 그들이 지식을 애호하는 데 있어서 융합할 수 있는 것으로 압니다." 金龍德, 「昭顯世子 硏究」, 『朝鮮後期思想史硏究』, 乙酉文化社, 1983(3판), 423쪽 참조

서양의 영향을 받기 전 한국 달력 제조 기술의 명성은 널리 알려져 있었다. 명나라 장수 모문룡毛文龍은 1625년에 특별히 한국 달력을 요청해서 얻을 수 있었다.[121] 그러나 얼마 지나지 않아 한국[조선]은 1627년의 만주족 침략 때 만주족의 달력을 받아들일 것을 권유받았다. 이후에 사용된 달력의 체계는 매우 불완전한 상태였는데, 이는 정치적인 이유가 아니라 중국 달력의 누적된 문제점들 때문이었다. 1634년에 이르러 한국은 독자적인 역법을 사용하기 시작했으며, 1639년에 이르러서는 한국의 책력이 청나라의 책력과 차이가 있다는 것 뿐 아니라 청나라의 역법이 많은 문제점을 노정하고 있다는 것을 밝혀내기에 이르렀다. 1645년 임금은 천문관의 책임자인 김육金堉에게 달력의 개정을 명했다. 이에 한흥일韓興一이 북경으로 가서 아담 샬로부터 『신력효식新曆曉式』을 얻었고, 임금은 다시 이를 연구할 것을 명했다.[122] 1648년에 홍계원은 시헌력時憲歷이라 불리는 청나라의 달력을 북경에서 들여왔고,[123] 천문학자 송인용宋仁龍은 서양 방식을 배우기 위해 중국으로 파견됐다.[124] 그러나 1649년 서양 방식의 사용이 금지되면서, 송인용은 방문 중 단 한 번만 아담 샬을 만날 수 있었다. 그러나 그는 [적어도] 어떤 책들을 확보해야 하는지에 대해서는 이야기를 들을 수 있었다. 15권으로 구성된 『누자초책縷子草册』와 길이가 10피트가 넘는 천체도도 추천되었다.[125] 1653년에야 비로소 중국의 책력이 북경에서 공부했던 조선인

---

121) 역주 : 모문룡이 인조 3년(1625)에 조선 조정에 새해 역서(曆書)를 요구한 사실을 가리킨다[『인조실록』 권 8, 인조 3(1625)년 1월 13일(壬戌)자 기사 참조]. 이후에도 모문룡은 인조 5년(1627)에도 조선 조정에 역서를 요구하였다[『인조실록』 권 17, 인조 5(1627)년 11월 10일(癸酉)자 기사 참조].

122) 역주 : 실제로는 한흥일이 북경에서 『신력효식』을 구해온 것이 먼저이고, 국왕이 일관(日官)에게 명해 그 방법을 추구(推究)하도록 하니 관상감 제조(提調)를 맡고 있던 김육이 그 결과를 보고한 것이다[『인조실록』 권 46, 인조 23(1645)년 12월 18일(丙申) 기사]. 아담 샬의 저술 가운데 『신력효식』은 확인되지 않는다. 아마도 『신법역인(新法曆引)』이나 『신력효혹(新曆曉惑)』이 아닐까 한다[『頤齋亂藁』 卷11, 戊子(1768년) 8월 16일, 「曆引跋」(二, 217쪽－탈초본 『頤齋亂藁』, 韓國精神文化研究院의 책수와 쪽수). "新法曆引一卷, 二十七章, 蓋論曆理本原, 而韓相興一所購到也."; 徐宗澤, 『明清耶穌會士譯著提要』, 中華書局, 1949, 373쪽].

123) 역주 : 인조 26년(1648)에 사은사로 북경에서 시헌력에 따라 제작된 역서를 받아온 사람은 홍주원(洪柱元)이다. 『인조실록』 권 49, 인조 26(1648)년 2월 27일(壬辰) 기사 참조.

124) 역주 : 송인룡의 중국 파견에 대해서는 『인조실록』 권 49, 인조 26(1648)년 3월 19일(甲寅)자; 9월 20일(辛巳)자; 인조 27(1649)년 2월 5일(甲午) 등을 참조.

125) 역주 : 당시에는 역법을 사사로이 배우는 것이 금하였다. 송인룡은 가까스로 아담 샬을 만났는데, 그는 대략 입으로 전수해 주고서 『누자초책(縷子草册)』 15권과 성도(星圖) 10장(丈)을 주면서 돌아가서 그 이치를 탐구하라고 하였다[『仁祖實錄』 卷50, 仁祖 27년 2월 5일(甲午)]. 그런데 루퍼스는 '星圖十丈'을 '10장 길이의 성도'로 해석하였다. 이 성도는 「적도남북총성도(赤道南北總星圖)」로 추정되고 있다. 이에 대해서는 이문현, 「英祖 代 천문도의 제작과 서양 천문도에 대한 수용태도」, 『생활문물연구』 3, 국립민속박물관, 2001. 참조.

김상범金尙范이 만든 책력과 일치했다.[126] 중국에서 개정된 책력의 전반적인 문제는, 1660년부터 1688년까지 중국에 머물며 중국 황실 천문관의 수장까지 맡았던 남회인南懷仁, 즉 페르디난트 페르비스트에 의해 비로소 최종적으로 수정되었다.

1657년에 효종은 천문시계의 일종인 선기옥형璿璣玉衡을 제작하라고 명령했다. 홍처윤洪處尹이 그 제작을 시도했으나 완전한 성공을 거두지는 못했다. 후에 최유지崔攸之라는 사람이 비슷한 종류의 기구를 고안했다는 소식이 알려지자 왕이 그에게 하나를 더 만들어 바치라고 명령했다.[127] 『문헌비고』에 따르면 최유지가 만든 시계는 수력에 의해 자동으로 움직이고, 하루의 시간은 물론 해와 달의 이동 모습까지 매우 정확하게 나타내었다고 한다.

아마도 그보다 후대에 발명된 것으로 보이는, 무게추로 움직이는 유사한 천문시계(혼천시계 : 역자)가 김성수金性洙[128] 씨의 집에 보관되어 있으며, 필자는 그의 허락 하에 사진을 찍을 수 있었다([그림 26]). 이 시계의 전체길이는 약 4피트이고, 본체의 높이는 3피트 3인치 정도이며, 폭은 약 1피트 9인치이다. 천체구의 지름은 16인치이고, 지구의의 지름은 약 3.5인치이다. 하루의 시간은 수직 바퀴에 의해 움직이는 둥근 판을 통해 측면의 창에 표시된다. 해의 위치는 한 해의 24절기를 표시해 놓은 황도대를 통해 알 수 있다. 한편 달의 움직임은 달의 궤도를 의미하는 고리를 통해 알 수 있으며, 달의 27개 위상 변화는 고리 위에 쐐기로 구분돼 있다. [이 시계의] 기계 장치는 두 개의 무게추로 구동되는데, 하나는 시계 부분의 바퀴와 기어를 구동시키는 것으로 간단한 형태의 탈진기가 부착된 진자에 의해 조절된다. 다른 하나는 타격장치를 작동시키는 것으로, 여러 개의 쇠구슬을 골을 통해 굴려 내린 후 징을 치는 망치를 작동시킨 다음, 회전하는 바퀴 위에 달린 노(櫓) 모양

126) 역주 : 이는 시헌력으로 개력(改曆)하는 시점으로 보아야 한다[『孝宗實錄』 卷10, 孝宗 4(1654)년 1월 6일(癸酉); 『承政院日記』 126책, 孝宗 4(1654)년 1월 6일(癸酉)]. 효종 4년(1654)부터 시헌력을 시행했다고 한 것은 이에 근거한 것이다[『增補文獻備考』 卷1, 象緯考 1, 曆象沿革]. 그러나 시헌력의 세부적 계산법을 모두 익히지 못했기 때문에 이후에도 청에 관상감 관원을 파견해서 계산법을 습득하기 위한 노력이 지속되었다.

127) 역주 : 효종이 선기옥형의 제작을 명한 것은 효종 7년(1656)이었고, 이 명을 받아 선기옥형을 제작해서 진상한 사람이 홍처윤이었다. 효종 8년(1657)에 최유지가 김제군수에 임명되었는데, 그가 만든 선기옥형이 정밀하다고 소문이 나자, 관상감에서는 그가 임지로 떠나기 전에 관상감 관원으로 하여금 그 방법을 배우게 하여 선기옥형을 제작해서 관상감에 비치하자고 건의했던 것이다. 이는 『효종실록』 권 18, 효종 8(1657)년 5월 26일(戊辰) 기사 참조.

128) 역주 : 당시 보성전문학교(고려대학교 전신) 교장. 해방 후 대한민국 부통령 역임.

막대기를 이용해 다시 들어올린다. [이 시계의] 지구의에는 16세기 (지리상의) 발견 때의 항로들이 포함되어 있다. 구(舊)세계와 남아메리카의 지도는 꽤 자연스럽지만, 북아메리카 부분은 마치 폭발을 겪은 것처럼 매우 불규칙한 윤곽으로 그려진 여러 개의 섬들로 표시되어 있다.[129)]

1664년에 다시 한 번 천문학적 기구들에 대한 대대적인 수리가 진행되었다. 당시 기록에서는 최유지崔攸之의 혼천의에 대해 특별히 언급하고 있다.[130)] 같은 해 김익렴金益廉이 『역대요성록歷代妖星錄』을 내었다.[131)]

제물포 기상관측소에는 왕실 천문학 관청의 일일관측기록인 『성변측후단자(星變測候單)』가 보관되어 있다. 예전에 입구에 걸려있던 관상감觀象監의 현판은 2층 복도에서 볼 수 있으며, 망가진 해시계와 여러 개의 옛날 우량계가 앞마당을 장식하고 있다. 많은 기록이 유실되긴 했으나 1661, 1664, 1668, 1695, 1702, 1723, 1759, 1760년의 기록은 일부 전해지고 있다. 특히 1664년 대혜성에 관한 관측기록과 그림이 흥미롭다. 손으로 그린 많은 그림들을 포함한 관찰 내용은 대혜성이 발견된 음력 10월 9일의 기록을 시작으로 80일 후 사라질 때까지 끊이지 않고 이어져 있다. 혜성이 구름에 가린 며칠간을 제외하고 매일 밤 정기적인 관측이 이루어졌다. [그림 27]과 [그림 28]은 10월 27일과 28일 이틀 간 혜성의 위치와 크기를 기록한 부분으로, 〈혜성의〉 머리는 진軫자리, 또는 까마귀자리(Corvus)에 있고, 주작의 날개인 익翼, 또는 컵자리(Crater)까지 뻗은 꼬리가 나타난다. 이렇게 짧은 시간 동안 머리의 위치가 확연히 달라진 것을 알 수 있으나, 그 형태 자체에는 거의 변화가 없다. 혜성의 위치, 머리 형태와 꼬리 길이의 변화는 11월 5일의 모습을 그린 [그림 29]와 11월 7일의 내용을 그린 [그림 30]에 이르러 추가로 확인할 수 있다. 혜성의 머리는 장張의 아래에 있고, 꼬리는 바다뱀자리의 알파인 성星을 지나 북서쪽으로 약 25도나 30도 정도 늘어

---

129) 역주 : 이는 현재 고려대학교 박물관에 소장되어 있는 국보 제230호인 혼천시계에 대한 설명이다. 혼천시계의 구조와 작동 원리에 대한 상세한 연구로는 Joseph Needham, Lu Gwei-djen, John H. Combridge, John S. Major, *The Hall of Heavenly Records: Korean astronomical instruments and clocks 1380~1780*, Cambridge University Press, 1986 ; 김상혁, 『송이영의 혼천시계』, 한국학술정보, 2012를 참조.

130) 역주 : 성균관에서 효종 때 제작된 최유지의 혼천의를 교정하자는 건의를 올린 것이다. 그 후에 송이영과 이민철이 혼천의를 제작하여 진상하였다. 『현종실록』 권 8, 현종 5(1665)년 3월 6일(戊辰)자; 『현종개수실록』 권 10, 현종 5(1665)년 3월 9일(辛未)자 기사 참조.

131) 역주 : 『현종실록』 권 9, 현종 5(1665)년 12월 25일(壬午)자; 『현종개수실록』 권 12, 현종 5(1665)년 12월 25일(壬午)자 기사 참조.

져 있다. 이러한 추세를 보인 후 혜성은 급격히 약해져 점점 어두워지다가 결국 12월 29일에 완전히 사라졌다.

천문학자들이 완벽한 관측을 수행했음에도 불구하고 1664년 나타난 혜성은 당시 세간에 큰 공포와 놀라움을 주었다. 특히 당시에는 두 개의 혜성이 동시에 관찰됨으로써 이러한 분위기가 더욱 고조되었다. 난파당해 잔류한 네덜란드인 헨드릭 하멜은 이 현상들이 가져 온 영향에 대해 흥미로운 기록을 남겼다.[132] 하나의 타오르듯 빛나는 별이 관찰됐고, 그 후 두 개가 동시에 나타났다. 첫 번째 것은 남동쪽에 약 두 달 반 동안 머물러 있었고, 다른 하나는 남서쪽에 있었는데, 꼬리가 서로의 반대를 향해 있었다. 궁궐은 불안에 휩싸였다. 왕은 모든 항구와 배에 경비를 두 배씩 증강해 배치했고, 군대는 훈련을 강화하며 침입에 대비했다. 바다 근처 주택에서는 불이나 불빛의 사용이 금지됐다.

『문헌비고』에는 1664년에 하나의 혜성만을 기록하고 있다. (그 책에는) 조선왕조 전체에 걸쳐 총 79차례의 혜성과 109차례의 일식이 일어난 것으로 기록하고 있다.

18세기 말에 활동한 기록자 성주덕成周悳에 따르면, 관측 방법과 보고서 준비에 대한 규칙은 매우 상세하고 정확하게 마련돼 있었으며, 이는 각 천문현상의 특성에 따라 다양하게 세분되었다.[133] 혜성의 경우 일반적인 관측 사항(날짜, 시간, 하늘 상태, 별자리 방향 혹은 위치, 극거리, 주변 별과 비교한 광도, 색깔, 사라진 장소와 시간의 기록)뿐만 아니라 머리의 형태, 외관의 변화, 꼬리의 방향, 꼬리의 길이와 너비, 부분 별 광도, 별자리 내에서 위치의 변화와 최종 소멸에 관한 설명도 있었다.

관측에 관한 규정은 천문 현상을 분류하고 각 분류마다 개요를 제시하였다. 여기에는 천체에 일어나는 현상뿐만 아니라 자연적인 현상들 특히 기상학적 현상들도 포함되었다. 특히 달이나 태양을 지나는 백색의 무지개,[134] 두 종류의 지진, 즉 심한 지진인 지동地動과 일반적인 지진인 지진地震,[135] 신성 및 변광성과 같은 객성, 주간에 떨어지는 불덩어리

132) 『왕립아시아학회 회보』 Vol. IX. 1918. 하멜의 보고서는 "이 사건으로 온 조정이 대경실색 발칵 뒤집혔음 (…) 그것은 하늘에서 천벌을 내렸다는 불길한 징조로 받아들이며 으레 전쟁, 풍년 그리고 질병 등을 초래했노라고 (…)"라고 기술하였다(지명숙, 왈라벤, 『보물섬은 어디에』, 「하멜의 보고서」, 연세대출판부, 2003, 260~261쪽).

133) 역주 : 이하의 내용은 성주덕이 편찬한 『書雲觀志』 卷1, 番規 항목에 대한 설명이다.

134) 역주 : 백홍관일(白虹貫日)과 백홍관월(白虹貫月)

135) 역주 : 『서운관지』에는 "땅의 움직임이 급하고 빠른 것을 '동(動)', 완만하고 느린 것을 '진(震)'이라 한다"고 되어 있다.

나 여러 종류의 혜성(머리만 보이는 종류, 깃발과 같은 부가적인 형태가 있는 종류, 긴 꼬리를 가지는 종류)과 같은 이상하거나 일반적이지 않은 현상들에도 많은 관심을 기울였다.

일반적인 천문현상들 중에는 일식과 월식이 크게 부각됐다. 정확한 시작 시간, 겹쳐지는 지점의 동서남북 방향, 지속 시간, 정확한 종료 시간 등이 포함되었다. 특히 그림을 통해 서로 다른 때에 나타난 일식 혹은 월식의 규모를 묘사하기도 했다. 태양의 흑점을 비롯하여 여러 다른 종류의 햇무리, 코로나, 환일(幻日) 등이 대거 관측되었으며, 이들 천체의 색상과 밝기, 달에 의한 행성의 엄폐와 같은 현상 이외에도 달이 행성의 단위거리 내로 접근하여 행성을 "범犯하는" 경우에도 큰 관심을 기울였다. 또한, 행성이 달 안으로 "들어가는[입入]" 경우도 있었다. 별의 엄폐와 달의 접근 여부 역시 기록됐고, 낮에 관찰되는 금성도 기록에 남아있다. 또한 유성을 위에서 아래로 내려오는 종류[Shooting stars, 유성(流星)]와 아래에서 위로 올라가는 종류[Flying stars, 비성(飛星)] 등 두 가지로 나누어 제시하였다. 유성이 시작된 곳, 방향과 거리, 모양과 크기, 광도, 색상, 진동이나 폭음 등도 함께 기록됐다. 기록의 대상이 되는 기타 현상들로는 구름, 오로라, 무지개, 천둥, 번개, 해일, 서리, 눈, 안개, 비, 혹은 진흙이 비처럼 내리는 "토우(土雨)" 등이 있었다.

기상학적인 기록은 특히 흥미롭다. 세종의 치세였던 1442년부터 강우에 대해 기록하기 시작했고, 각 지역마다 우량계가 제공됐다.[136] 비가 한번 내렸다 그칠 때마다 지방에서 중앙 관청으로 보고서를 올렸다. 이는 유럽에서 강우가 기록되기보다 200년 전의 일이었다. 강우에 대한 한국의 기록은 4세기 동안 완벽했다. 그 가운데 일부 시기에는 낮과 밤으로 매 시간마다 기상을 측정한 기록도 남아있는데, 이 가운데에는 야간 기록 담당자 중 한 명이 남긴 월식에 대해 자세한 기록과 그림이 들어있기도 하다.

숙종肅宗([재위] 1674~1720)은 이민철李敏哲에게 선왕 때 만들어진 기기들을 수리할 것을 지시했다.[137] 숙종 때의 흠경각은 창경궁昌慶宮의 금호문金虎門 바로 바깥 쪽, 즉 이왕가박물

136) 역주 : 측우기와 수표를 이용해 강우량을 측정하기 시작한 것은 세종 23년(1441) 8월부터였다[『세종실록』 권 93, 세종 23(1441)년 8월 18일(壬午)]. 루퍼스가 1442년이라고 한 것은 호조에서 측우기의 규격을 바꾸고 미진한 점을 조목으로 만들어 보고한 시점을 말하는 것이다[『세종실록』 권 96, 세종 24(1442)년 5월 8일(丁卯)]. 강우량을 보고하는 규정은 측우기 제작 이전에도 있었으므로 이때부터 우량을 기록하기 시작한 것은 아니다.

137) 역주 : 숙종 13년(1687) 7월에 최석정과 이민철에게 선기옥형을 개수(改修)하라고 명하여 이듬해(1688) 5월에 선기옥형이 완성되자 창덕궁의 희정당(熙政堂) 남쪽에 제정각(齊政閣)을 지어서 비치한 사실을 말한다[『숙종실록』 권18, 숙종 13(1687)년 7월 15일(辛卯)자; 『숙종실록』 권 19, 숙종 14년 5월 2일(癸酉)자 ; 『增補文獻備考』 卷3, 象緯考 3, 儀象 2].

관 동물원 내 옛 천문대의 유적이 남아있는 곳(창경궁 관천대 : 역자) 터 근처에 위치했다고 전해진다.[138] 숙종은 태조의 석각천문도의 일부가 화재와 세월의 영향으로 일부 내용이 판독할 수 없게 된 것을 발견하고, 새로 석각도를 돌에 새기고 이를 보관할 건물을 건축하라고 명했다. 옛 석각도는 경복궁에 두었다가, 영조英祖(1724~1776) 때 새로 새긴 돌과 나란히 놓여졌고, 현재는 박물관의 주요 건물 가운데 하나(창경궁 명정전 : 역자)의 뒷 편에 나란히 놓여 있다.[139]

달력에 대해서도 역시 큰 관심을 가졌다. 관상감에서는 수학자 허원許遠을 연경燕京에 파견해 『시헌법時憲法』의 사본을 구하고, 이를 토대로 책력을 제작하고자 했다. 허원은 『칠정표七政表』, 즉 해, 달, 다섯 개의 행성에 대한 역법서를 구해 계산에 사용했다. 이러한 노력으로 1708년에 다섯 개의 행성에 기반을 둔 새로운 체계인 『시헌력오성법時憲曆五星法』이 등장할 수 있었다.[140] 허원이 1710년 저술한 『세초류휘細草類彙』는 현재 경성제국대학교 도서관에 보관돼 있다.

경종景宗은 종소리로 매 시간을 알리던 시계 종류인 문신종問辰鍾을 비롯해 새로운 기구를 제작하도록 명령했다.[141] 새로운 물시계 역시 만들어졌다. 새로 고안된 모든 기구들은 외국의 디자인에 따라 만들어졌다. 영조 또한 이들 기구에 큰 관심을 두었으며, 새로운 것들을 제작하고, 그들을 보관할 건물 역시 제공했다. 임금은 또한 태양계의 새로운 모형도 만들도록 지시했고, 길이의 단위를 표준화해 모든 지방에 배포했다.[142] 1732년에 영조는 천문학자들에게 명령해 모든 지역에서 극까지의 높이를 각각 측정하도록 했다(1732년은 조지 워싱턴이 태어난 해이기도 하다!). 1736년에 태양, 달, 그리고 다섯 개의 행성 등 일곱 개의

138) 역주 : 조선후기 흠경각(欽敬閣)은 영조 때 지어진 것으로, 태조 4년(1395)에 석각한 「천상열차분야지도」와 숙종 때 복각한 「천상열차분야지도」를 보관하기 위한 것이었다. 흠경각은 창덕궁 바깥의 관상감에 있었기 때문에 그 위치는 창경궁 관천대 자리가 아니라 현재 '서울 관상감 천문대(보물 제1740호)'가 위치한 곳이다.

139) 역주 : 이후 「천상열차분야지도」는 창덕궁 유물창고로 옮겨져 보관되었고(1974~1985), 옛 조선총독부 건물에 새로 들어선 중앙박물관 보관창고를 거쳐(1985~1990), 태조 때 「천상열차분야지도」는 덕수궁 유물전시관으로(1990), 숙종 때 「천상열차분야지도」는 세종대왕기념관으로 이동·전시되었다가 2005년 국립고궁박물관이 개관하면서 이 박물관의 전시실에 안치되었다.

140) 역주 : 『增補文獻備考』 卷1, 象緯考 1, 曆象沿革.

141) 역주 : 『경종실록』 권 13, 경종 3(1723)년 10월 9일(乙卯)자 기사 참조.

142) 역주 : 영조 16년(1740)에 우의정 유척기의 건의에 따라 삼척부(三陟府)에 있던 세종 때의 포백척(布帛尺)을 『경국대전(經國大典)』에 따라 교정해서 새로운 척도를 제작하였던 사실을 말하는 것으로 보인다『영조실록』 권 51, 영조 16(1740)년 4월 5일(乙亥)자. 이를 '경신신제척(庚申新製尺)'이라고 한다. 이에 대해서는 『영조실록』 권 114, 영조 46년 5월 1일(丁丑)자.

천체를 감안해 만들어진 『칠정백중력七政百中曆』이 간행되면서 책력에 대한 관심이 크게 높아졌다.

『문헌비고』의 「비국등록備局謄錄」에 따르면, 1741년에 안국린安國麟과 변중화卞重和라는 두 명의 통역사가 중국에 파견된 사신을 따라갔다고 한다. 이들은 [북경] 천주당을 자주 찾아 독일인 대진현戴進賢(이그나티우스 쾨글러 Ignatius Koegler)과 포르투갈인 서무덕徐懋德(토마스 페레이라 Thomas Pereyra)의 두 외국인과 긴밀한 친분을 맺었다. 또한 이들은 그들로부터 해, 달, 행성들의 역법, 계산표, 일식과 월식 목록, 수학과 법학 관련 서적 등을 얻었다.[143]

1770년은 46년에 걸친 학자들의 노력으로 『문헌비고』가 완성된 역사적인 해이다. 같은 해에 다시금 우량계가 만들어져 전국 각지로 배포되었다. 1772년에는 위에서 언급한 1736년의 성과와 관련이 있는 일곱 개의 천체에 대한 또 다른 달력인 『시헌칠정백중력時憲七政百中曆』이 추가됐다.[144] 1782년에는 3권에 걸친 『천세력千歲曆』이 발간됐다.[145] 1811년에 천문학자들은 별들이 또 1도만큼 움직였다고 (아마 1736년의 수치로부터) 보고했고,[146] 역서는 이에 따라 또 다시 개정돼야 했다. 중국의 천문학자들에게 새로운 방법을 배워오기 위해 사신이 북경으로 파견됐다. 이 시기에 들어 한국의 책력 제작자들은 세종 치세 때의 영광스러웠던 시기보다 독립성을 많이 잃은 것으로 보인다.

천문학 담당자들과 관측자들은 정조 임금하, 18세기가 끝나갈 때까지 그들의 의무와 임무를 꾸준히 이어갔다. 1792년에는 북극성의 높이가 지역별로 측정됐다.[147] 일부 주목할 만한 천문학적 업적도 이 시기에 이루어졌다. 이 시기의 학자들 중에는 특히 조진규曺震圭와 김영金泳을 언급할 만하다.[148]

---

143) 역주 : 『增補文獻備考』 卷1, 象緯考 1, 曆象沿革. 원자료는 『備邊司謄錄』, 丙寅閏三月十四日 기사를 참조.

144) 역주 : 규장각 소장본 『시헌칠정백중력』(奎4978, 4979, 6791, 6792)을 참조. 1772년부터 1781년까지 10년간의 칠정(七政)을 운행을 기록한 것이다.

145) 역주 : 『增補文獻備考』 卷1, 象緯考 1, 曆象沿革; 규장각 소장본 『千歲歷』 참조.

146) 역주 : 『순조실록』 권 14, 순조 11(1811)년 9월 23일(戊戌)의 기사를 가리키는 듯함.

147) 역주 : 『增補文獻備考』 卷1, 象緯考 1, 曆象沿革의 정조 16년 기사("十六年, 測各道州郡北極高度, 一依淸曆規例, 分定各道節氣時刻, 用刊新曆, 明年卽廢")에 근거한 서술이다. 그러나 이는 『正祖實錄』이나 『承政院日記』와 비교해 보면 정확한 서술이 아니다. 청나라 역법의 각성절기횡간표(各省節氣橫看表)에 의거해서 본국의 절기시각을 측정해서 수록하자는 건의는 정조 15년(1791)에 서호수가 한 것이었는데[『正祖實錄』 卷33, 正祖 15년 10월 11일(壬子)], 정조 16년(1792) 6월에 서유방(徐有防)이 관상감의 형편상 시행하기 어려우니 그만두자고 청해서 역서는 예전의 규례대로 간행하게 되었던 것이다[『正祖實錄』 卷35, 正祖 16년 6월 16일(癸未) ; 『承政院日記』 1706책, 正祖 16년 6월 16일(癸未)].

외국인들에 대한 배척이 영조([재위] 1725~1777) 통치 끝 무렵에 시작됐다. 영조가 외국인들을 배척하라는 명령을 내렸지만, 그에 의해 시행된 구체적인 제재 조치는 거의 없었다. 본격적인 박해는 1785년 무렵부터 시작됐으며, 여러 극단적인 조치들과 함께 1801년에는 대대적인 순교가 발생하게 됐다.[149)]

19세기 초에도 일식과 월식 모두 매우 잘 기록되었으며, [이들 기록은] 여전히 많은 세부적인 내용을 담고 있다. 일식의 시작 시간과 종료 시간, 즉, 처음 태양에 달이 닿기 시작한 순간부터 떨어지기 직전의 시간이 기록돼 있고 또한 태양면의 위치 및 방향 또한 나타나 있다. 개기일식의 경우 두 번째 그리고 세 번째 접촉과 전체 식(蝕) 시간도 기록했다. 1808년에 있던 한 개기일식에서는 태양이 12분 17초간 완전히 "먹혀" 있었고,[150)] 1814년의 개기일식에서는 4분 11초간 "먹혀" 있었다고 기록돼 있다.[151)] 1811년의 대혜성은 『조선왕조실록』에는 기록돼 있지만 어떠한 이유에서인지 『문헌비고』에는 누락되어 있다.[152)] 19세기 중반에는 남병길南秉吉과 남병철南秉哲, 이 두 명의 형제 천문학자들과 몇 몇의 훌륭한 천문학 도서가 크게 주목 받았다. 이들의 공 가운데 일부는 의심의 여지없이 남병길의 스승이었던 김정희金正喜의 몫이 되어야 한다. 그러나 남병길의 연구는 여전히 옛 중국 철학자들의 견해를 따르고 있었다. 이에 따르면 태극太極은 우주의 가장 높은 곳인 북극에 위치하고 있다. 이로써 음과 양의 두 가지 원칙이 뒷받침되고 이로부터 네 개의 도형과 여덟 개의 괘들이 나오게 된다. 그는 물리적 영역과 추상적 영역 사이에 여러 개의 평행선을 긋고 핵심 원칙을 아우르는 순환체계를 형성했다. 태극太極은 태일太一이며, 태일은

---

148) 역주 : 조진규(曹震圭)는 조선의 학자가 아니고 중국 학자이다. 현재 규장각에는 조진규가 집주(集註)한 『역사명원(曆事明原)』이라는 책이 여러 질 소장되어 있는데, 이는 정조의 명에 따라 정조 23년(1799)에 간행한 것이다. 이 책에서는 조진규의 직함을 '사천산력과관구(司天筭曆科管句)'이라고 소개하고 있다. 그가 원(元) 세조(世祖) 지원(至元)연간에 사천대(司天臺)에서 근무했음을 확인할 수 있다[『祕書監志』 卷7, 司天監]. 정조는 조진규의 『역사명원』이 음양가(陰陽家)의 저술 가운데 '선택(選擇)의 양방(良方)'이라고 높이 평가했다[『弘齋全書』 卷184, 羣書標記 6○命撰 2, 協吉通義二十二卷].

149) 역주 : 1785년 형조에서 천주교도들의 비밀 신앙집회를 적발한 이른바 '추조적발사건(秋曹摘發事件)'과 1801년 '신유사옥(辛酉邪獄)'을 가리키는 것이다.

150) 역주 : 『純祖實錄』 卷11, 純祖 8년 10월 1일(癸巳). "日有食之【自巳初至午初, 食十二分十七秒, 初虧西北, 食甚正北, 復圓東北.】"

151) 역주 : 『純祖實錄』 卷21, 純祖 18년 4월 1일(戊辰). "日有食之【自申初至申正, 食四分十一秒, 初虧西北, 食甚正北, 復圓東北.】"

152) 역주 : 『純祖實錄』 卷14, 純祖 11년 12월 18일(壬戌) 참조. 『승정원일기』에는 순조 11년 7월 26일(壬寅)부터 같은 해 12월 18일(壬戌)까지의 매일매일 혜성을 관측한 기록이 수록되어 있다.

북신北神이고, 북신은 북극北極이었다.

남병길, 남병철 형제뿐만 아니라, 이준양李俊養과 이상혁李尙爀 역시 그 시기에 책을 편찬했다.[153] 이상혁은 훌륭한 수학자임과 동시에 천문학자였다. 남병길은 인정받는 천문학 기록자였다. 그의 『성경星鏡』은 그 도입부에 많은 흥미로운 역사 자료를 담고 있다. 그는 주나라(1122 B.C. ~ 255 B.C.)의 천문학자들이 28수의 위치와 정확한 움직임에 대하여 처음으로 정확하게 인식했다고 보았다.[154] 그는 초기의 성도들을 여럿 비교해 핵심적인 차이점을 찾아냈고 특히 1674년에 나온 개정본 『의상지儀象誌』를 검토해 남방의 별자리를 추가하기도 했다. 또한 플람시드(Flamsteed)와 카시니(Cassini)의 측정에 기초한 외국의 근대 자료와도 비교하였다. 그는 등급의 분류와 숫자를 매기고 적경과 적위도 비교했다. 남병철은 옛 자료와 근대 자료를 상세히 비교하여 옛 자료에는 많은 성좌의 별들이 누락돼 있음을 발견하고 (근대 자료가) 완전하다는 것을 인정했다. 이어 서양 천문학자들이 제시한 정확한 위치 및 크기 측정결과를 받아들여 혼돈을 막고 조화를 이루도록 하였다. 남병길은 분점의 세차에 의한 별의 방향과 위치 값은 정확하게 계산하였으나, 발생한 차이 값이 매년 51초씩 별들이 실제로 동쪽으로 체계적으로 움직여서 나타난 것이라는 생각을 끝까지 견지한 것으로 보인다.[155] 그가 언급한 유일한 관측기구는 적도의赤道儀였는데, 이것은 별의 위치 측정을 위한 고리 모양의 기구였다. 직각으로 배치되어 움직이지 않는 두 개의 원은 자오선과 적도를 의미한다. 세 번째 원은 다른 짝고리에 맞물려 있고, 북극과 남극축을 회전하며, 모든 시간각에 맞추어진다. 지표 막대는 시간을 나타내는 원의 중심을 회전축으로 하여 좌우로 움직인다. 이 두 개의 움직임으로 시간각과 적위가 충분히 측정될 수 있다.[156]

옛 [한국의] 천문도에는 별의 등급[157] 개념이 빠져 있으며, 별들은 모두 같은 형태로 표시되어 있었다. 『문헌비고』에서는 별의 등급 혹은 항성을 여섯 가지로 분류했다. 첫 번째(1등성)는 지구보다 68배 크고, 두 번째(2등성)는 28배, 세 번째(3등성)는 11배, 네 번째(4등성)

153) 역주 : 이준양은 관상감 관원으로서 철종 13년(1862)년 관상감에서 간행한 『신법보천가(新法步天歌)』의 발문을 작성하였다.

154) 역주 : 이는 『星鏡』 서문의 관련 내용을 루퍼스 나름대로 해석한 것이다. 『주례』에 따르면 춘관종백(春官宗伯) 예하의 관직 가운데 풍상씨(馮相 氏)가 28성의 위치를 관장하였다.

155) 역주 : 이상의 내용은 남병길이 작성한 『성경』 서문의 내용을 요약 정리한 것이다.

156) 역주 : 적도의의 구조와 용법에 대해서는 『성경』 下編, 「赤道儀圖」와 「用赤道儀測量法」을 참조.

157) 별의 등급은 크기가 아닌 밝기 정도를 나타낸다.

는 4.5배, 다섯 번째(5등성)는 1과 18분의 1배, 그리고 여섯 번째(6등성)는 지구 크기의 1/3이다.[158)]

19세기 동안에도 관측 방법에 큰 변화가 있었던 것으로 보이지 않는다. 1908년판 『문헌비고』의 기록을 검토해 보면, 조선시대 후기의 측정 방법은 삼국시대와 고려의 것과 여전히 유사했다. 한국 자료에는 핼리 혜성이 마지막으로 나타난 것은 1835년이라고 기록되어 있다.[159)] 유럽의 관측자들은 혜성의 꼬리가 20~30도의 길이에 해당되는 것으로 측정하였으나 이에 대한 기록은 한국 측의 기록에서는 누락되어 있다. 이보다 한 차례 앞선 등장은 핼리가 죽기 전에 예상했던 1759년의 혜성이었다. 이때는 비록 덜 뚜렷하고, 북반구보다 남반구에서 더 잘 볼 수 있었으나 한국의 기록에는 여전히 매우 잘 표현되어 있다.[160)] 일식, 월식, 유성, 객성, 엄폐[161)] 등 많은 천문학적이고 기상학적인 현상들이 앞 시기와 마찬가지 형식으로 관측되고 기록되었다. 한국인들이 망원경을 천문학적으로 사용했다는 기록이 없다. 물론 이를 속단할 수는 없으나, 적어도 정기적으로 사용되지는 않았던 것은 분명해 보인다. 한국인들은 이미 표준화되고 정형화된 관측 체계를 가지고 있었기 때문에 근대의 혁신적 기구를 사용해야 할 필요성을 느끼지 못했던 것이다. 천문학자 로웰(Lowell)은 1884년 한국을 방문했을 때, 한국의 천문 관측자들이 약 4분 정도의 관측 확률오차를 갖고 있음을 알게 되었다.

조선 후기의 천문관측 기구들 일부는 현재 이왕가박물관에 보관돼 있는데, 우리는 관장 시모코리야마[下郡山誠一] 씨의 허락하에 그 사진을 찍을 수 있었다([그림 31~33]). 그러나 현존하는 이들 기구들은—석각천문도와 물시계를 제외한다면—한국의 기록에 나타난 그 많은 뛰어난 천문 기구와는 비교할 수 없는 극히 일부에 불과하다. 이들 사진에 나타난 혼천의, 옛 금속 시계의 틀, 두 개의 간이관측기, 몇 개의 작은 해시계와 월령판 등이 현존하는 것의 전부이다. 석각천문도 근처에 놓여있는 두 개의 작은 돌은 매우 정확한 평면 해

158) 역주 : 『增補文獻備考』 卷1, 象緯考 1, 恒星 참조.

159) 역주 : 아마도 『문헌비고』에 기재된 마지막 기록 이전에 핼리 혜성이 마지막으로 나타난 것은 1835년이었다는 의미인 듯 하다. 실제로 『문헌비고』의 혜성 기록은 고종 20년(1883)까지 기재되어 있다[『增補文獻備考』 卷6, 象緯考 6, 彗孛].

160) 역주 : 『增補文獻備考』 卷6, 象緯考 6, 彗孛, 영조 35년(1759)의 기록 참조.

161) 역주 : 달이 5행성을 가리거나 5성에 근접하는 '월엄범오위(月掩犯五緯)', 5행성이 서로 가리거나 근접하는 '오위엄범(五緯掩犯)', 5행성이 항성을 가리거나 근접하는 '오위엄범항성(五緯掩犯恒星)' 등의 현상을 가리킨다. 가리는 것을 '엄(掩)', 근접하는 것을 '범(犯)'이라고 한다.

시계이다. 계절마다 다른 태양 그림자의 투영을 나타내는 곡선은 매우 매끄럽게 잘 만들어져 있다.[162)]

서울 휘문고등보통학교(현재 현대빌딩 : 역자) 내에 있는 천체관측용 석단은(관상감 관천대 : 역자) ([그림 34]) 이 시기의 유물로 살아남아 있는데, 이는 매우 흥미로운 것이다. 또 하나는 (창경궁 관천대 : 역자) 현재 이왕가박물관의 동물원에 있다.

1894년에 그레고리력(태양력)이 태음력에 삽입되었으나 1896년에는 태양력이 완전히 공식화됐다. 지금도 태음력은 태양력과 함께 매년마다 발행되며, 여전히 파종기와 추수기를 나타내고 한국인의 일상생활에서 많은 부분을 조율하고 있다. 1904년에는 『만세력』이 만들어졌다.

비교적 근대의 천문학 서적이 정영택鄭永澤에 의해 번역되어 1908년에 출간됐다.[163)] 별과 별자리의 외형적 측면, 행성과 행성의 실제 움직임과 겉보기, 일식, 월식 및 혜성에 대한 내용 이외에도, 지구와의 충돌에 대한 위험을 포함한 혜성의 움직임에도 많은 관심이 집중되어있다. 천체 자체의 구성에 대해서는 거의 강조되지 않고 있지만, 별의 구성 요소에 대한 주제는 간략히 제시되어있다. 1859년에 그 과학적인 기초가 만들어진 스펙트럼 분석법은 19세기 과학에 가장 위대한 공헌을 했을 뿐 아니라 천문학 주제에 큰 혁명을 가져왔다. 그러나 이 책에는 스펙트럼 분석법에 대한 언급이 없다. 17세기의 망원경만큼이나 19세기에 큰 역할을 해낸 분광기 역시 여기에서는 다루고 있지 않다. 스펙트럼과 분광기라는 두 개의 눈 없이 20세기 천문학은 세종 시절의 천문학과 많은 측면에서 매우 유사한 수준에 머무를 것이고, 신라의 왕실 천문학자들이 한 밤 중에 경주의 옛 천문대에서 천체를 관찰했던 수준에서도 크게 발전하지 못할 것이다.

162) 역주 : 지평일구(地平日晷)나 간평일구(簡平日晷)·혼개일구(渾蓋日晷)를 가리키는 것으로 보인다.
163) 역주 : 1908년 보성관(普成館)에서 발행된 『천문학(天文學)』을 가리킨다. 국립중앙도서관을 비롯하여 경상대, 경희대, 동국대, 이화여대, 조선대, 한양대 등의 대학 도서관에 소장되어 있다.

감사의 말

이 논문은 한국에 있는 많은 친구들의 친절과 협력 없이는 완성할 수 없었다. 다음의 이들에게 특히 감사의 말을 전하고자 한다. 먼저 원한경(H. H. Underwood) 박사 내외의 환대와 연희전문학교의 도서관 및 설비를 이용할 수 있도록 허가해 준 것에 감사한다. 백낙준 박사는 연구실을 사용하도록 해 주었고 연구조교 신한철은 귀중한 도움을 주었으며, 특히 정인보 교수는 중국 측의 참고자료와 어려운 구절의 해석에 많은 도움을 주었다. 사서 M. M. Lee 박사와 통역가 김문삼, 사진사 신제린, 작도사(作圖師), Mr. Chyun Chai-Whan(전재환?), 그리고 비서 Dora Ahn 역시 도움을 준 것에 감사하다. 랜디스(Landis) 도서관의 책들을 원조해 준 헌트(Hunt) 신부님께 감사한다. 처음부터 끝까지 변치 않는 도움을 주었고 새로운 자료를 찾을 수 있도록 도서관, 공공 및 개인 박물관, 천문대 그리고 역사적인 장소에 안내 해 준 이원철 박사에게도 고마움을 전하는 바이다.

이 논문은 한국 천문학을 지극히 피상적으로만 다루었고, 방대한 자료들에 대해 일별한 것에 불과하다. 애초에 심층적인 분석은 이 글의 주 목적이 아니었던 관계로 필자는 이와 같은 표면적인 작업이나마 매우 즐거운 마음으로 진행하였다. 필자에게 있어 가장 큰 기쁨은 18년 만에 다시 찾은 한국에서 10년 간 인생의 최전성기를 함께했던 많은 한국인과 일본인, 신세대와 구세대 간의 유대감을 새삼 확인한 것이었다. 필자는 이제 새로운 기억들을 보태며, 다시는 돌아오지 않을 시간들을 뒤로 하고 조용한 미래를 향해 나아가고자 한다.

[표 1] 28 황도대 별자리

	28개 별자리		별 개수	위치 별 서양 별자리	동물
동쪽 - 청룡青龍, Blue Dragon					
1	각(角)	뿔	2	처녀자리	지상의 용
2	항(亢)	목	4	처녀자리	*천상의 용
3	저(氐)	뿌리	4	천칭자리	오소리
4	방(房)	방	4	전갈자리	*토끼
5	심(心)	심장	3	전갈자리	여우
6	미(尾)	꼬리	9	전갈자리	*호랑이
7	기(箕)	체	4	궁수자리	표범
북쪽 - 현무玄武, Black Tortoise					
8	두(斗)	도량	6	궁수자리	그리핀
9	우(牛)	소	6	염소자리	*소
10	녀(女)	소녀	4	염소자리	박쥐
11	허(虛)	빈 공간	2	물고기자리	*토끼
12	위(危)	위험	3	물고기자리, 페가수스	제비
13	실(室)	집	2	페가수스	*야생돼지
14	벽(壁)	벽	2	페가수스, 안드로메다	호저
서쪽 - 백호白虎, White Tiger					
15	규(奎)	가랑이	16	안드로메다, 물고기자리	늑대
16	루(婁)	공허	3	양자리	*개
17	위(胃)	복부	3	양자리	꿩
18	묘(昴)	플레이아데스	7	플레이아데스	*수탉
19	필(畢)	끝	8	히아데스	까마귀
20	자(觜)	새 부리	3	오리온자리	*원숭이
21	삼(參)	섞음	10	오리온자리	유인원
남쪽 - 주작朱雀, Red Bird					
22	정(井)	우물	8	쌍둥이자리	테이퍼
23	귀(鬼)	귀신	5	게자리	*양
24	류(柳)	버드나무	8	바다뱀자리	문자크
25	성(星)	별	7	바다뱀자리	*말
26	장(張)	시위를 당김	6	바다뱀자리	사슴
27	익(翼)	날개	22	컵자리, 바다뱀자리	*뱀
28	진(軫)	가로대	4	까마귀자리	벌레

* 표시된 동물들은 황도 12궁에 포함됨.

[표 2] 10간과 상호연관성

줄기	방향	원소	색상	행성	하늘 영역	28 황도대 별자리 (ENWS 순서)
1 갑(甲) 2 을(乙)	동쪽	나무	청색	목성	청룡	각항져방심미기 角亢氐房心尾箕
3 병(丙) 4 정(丁)	남쪽	불	적색	화성	주작	정귀류셩장익진 井鬼柳星張翼軫
5 무(戊) 6 기(己)	중앙	흙	황색	토성	제후와 마차	북극성, 칠성 및 기타
7 경(庚) 8 신(辛)	서쪽	쇠	흰색	금성	백호	규루위묘필차삼 奎婁胃昴畢觜參
9 임(壬) 10 계(癸)	북쪽	물	검은색	수성	현무	두우녀허위실벽 斗牛女虛危室壁

[표 3] 12지와 상호연관성

지	방향	시간	동물	점성술적 의미	성도상 이름	황도표현	
자(子)	북	11~1am	쥐	신후(神後)	현효(玄枵)	보병궁(寶瓶宮)	귀한 물병 (물병자리)
축(丑)	북북동	1~3	소	대길(大吉)	성기(星紀)	마갈궁(磨竭宮)	마갈 (염소자리)
인(寅)	동북동	3~5	호랑이	공조(功曹)	석목(析木)	인마궁(人馬宮)	인간과 말 (궁수자리)
묘(卯)	동	5~7	토끼	태충(太衝)	대화(大火)	천갈궁(天蝎宮)	하늘의 전갈 (전갈자리)
진(辰)	동남동	7~9	용	천윤(天閏)	수성(壽星)	천칭궁(天秤宮)[164]	하늘의 저울 (천칭자리)
사(巳)	남남동	9~11	뱀	태복(太卜)	순미(鶉尾)	쌍녀궁(雙女宮)	두 여자 (처녀자리)
오(午)	남	11~1pm	말	승광(勝光)	순화(鶉火)	사자궁(獅子宮)[165]	사자 (사자자리)
미(未)	남남서	1~3	양	소길(小吉)	순수(鶉首)	거해궁(巨蟹宮)	큰 게 (게자리)
신(申)	서남서	3~5	원숭이	전송(傳送)	실침(實沈)	음양궁(陰陽宮)	음양 (쌍둥이자리)
유(酉)	서	5~7	닭	종괴(從魁)	대량(大梁)	금우궁(金牛宮)	금소 (황소자리)
술(戌)	서북서	7~9	개	천괴(天魁)	강루(降婁)	백양궁(白羊宮)	백양 (양자리)
해(亥)	북북서	9~11	돼지	등명(燈明)	취자(娵訾)	쌍어궁(雙魚宮)	두 물고기 (물고기자리)

164) 역주 : 원문에는 천평궁.
165) 역주 : 원문에는 사자궁(師子宮).

[표 4] 24절기

1	동지	冬至 동지	13	하지	夏至 하지
2	소한	小寒 약간 추움	14	소서	小暑 약간 더움
3	대한	大寒 매우 추움	15	대서	代署 매우 더움
4	입춘	立春 봄 시작	16	입추	立秋 가을 시작
5	우수	雨水 우기	17	처서	處暑 더위 끝
6	경칩	驚蟄 곤충 활동	18	백로	白露 흰 이슬
7	춘분	春分 춘분	19	추분	秋分 추분
8	청명	淸明 맑고 밝음	20	한로	寒露 찬 이슬
9	곡우	穀雨 곡식비	21	상강	霜降 서리 내림
10	입하	立夏 여름 시작	22	입동	立冬 겨울 시작
11	소만	小滿 걱물이 참	23	소설	小雪 약한 눈
12	망종	芒種 이삭이 됨	24	대설	大雪 강한 눈

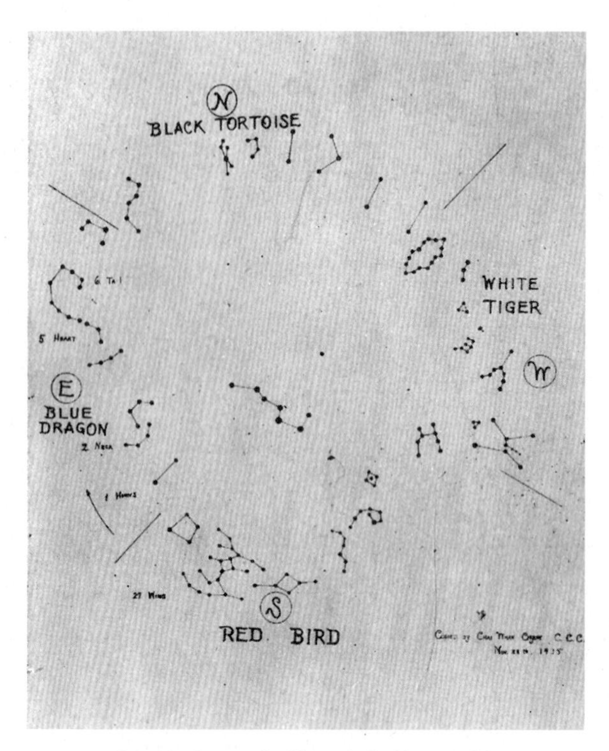

[그림 1] 28개 황도별자리(28수宿)

[그림 2] 청룡, 삼묘리 고분(강서대묘)

[그림 3] 주작, 삼묘리 고분(강서대묘)

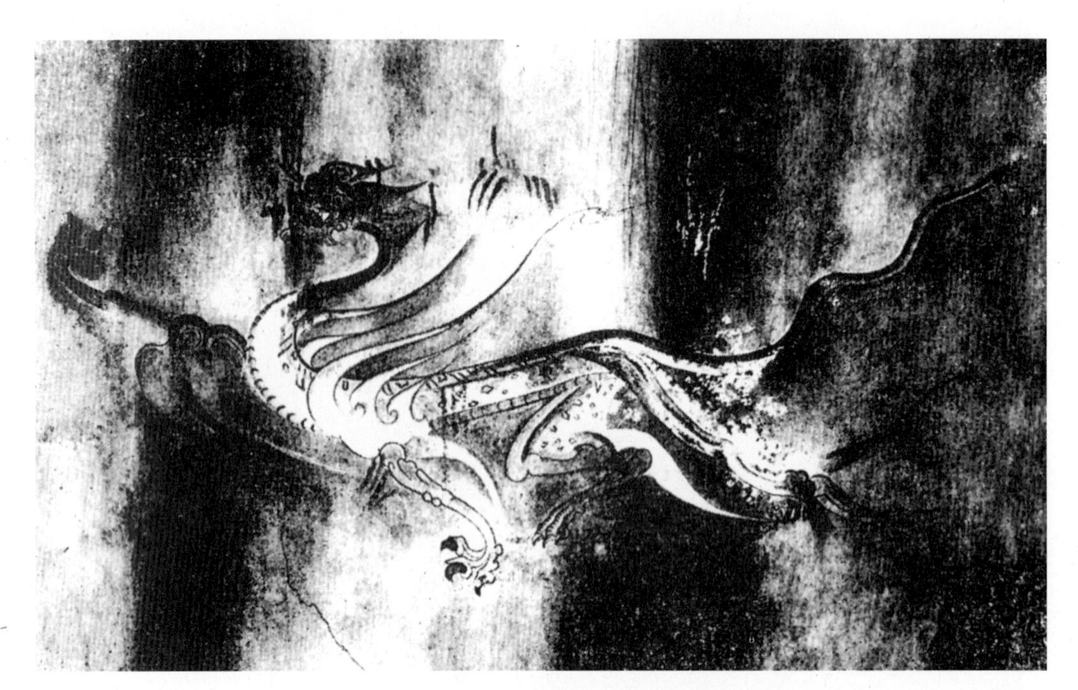

[그림 4] 백호, 삼묘리 고분(강서대묘)

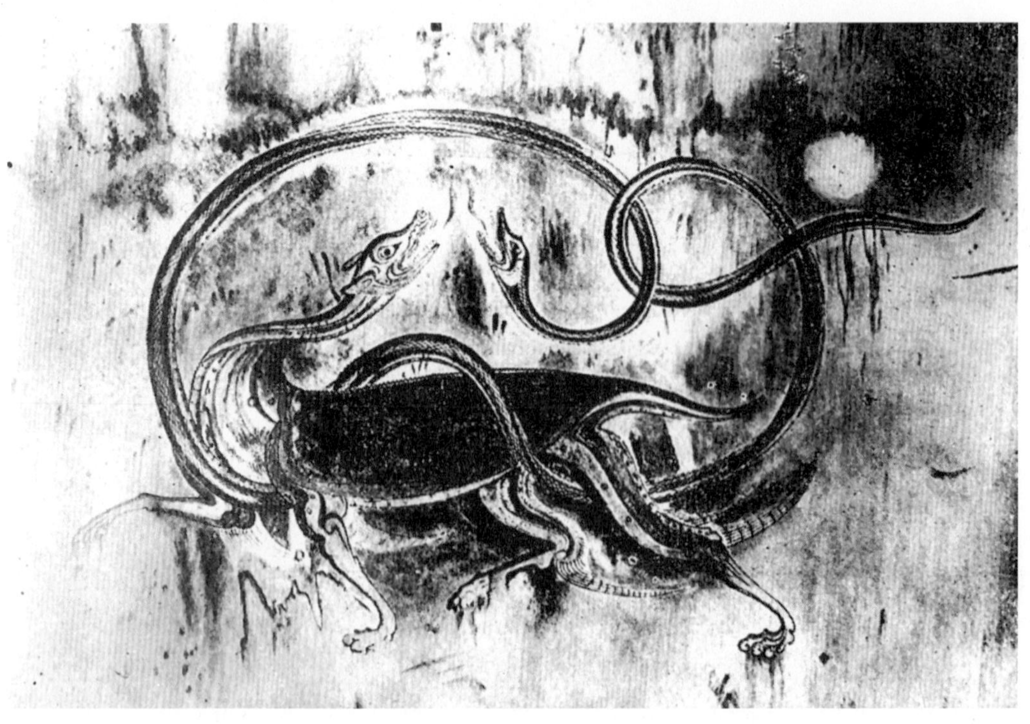

[그림 5] 현무, 삼묘리 고분(강서대묘)

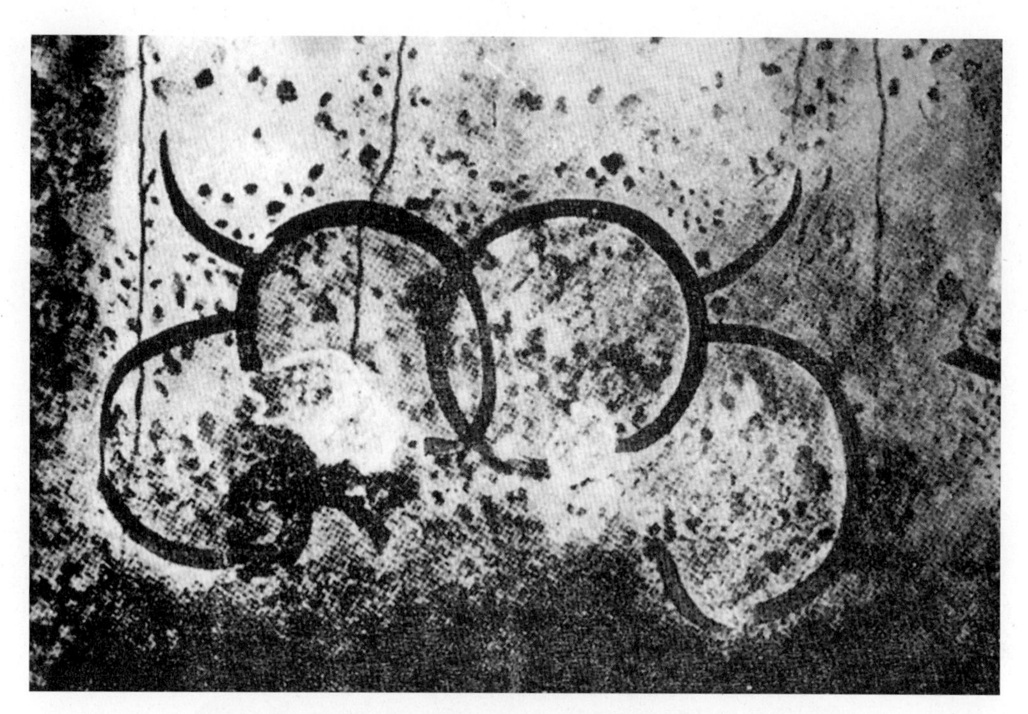

[그림 6] 음양. 고구려

[그림 7] 조선시대의 음양

[그림 8] 달의 상징, 당나라의 영향

[그림 9] 달의 상징, 한나라 벽돌

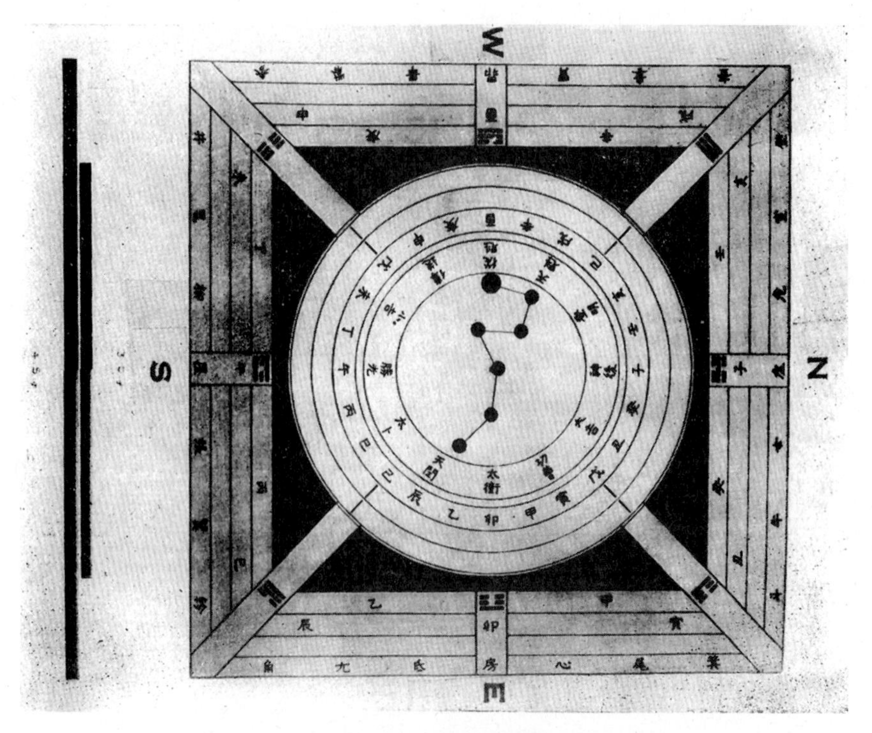

[그림 10] (낙랑) 점성술도

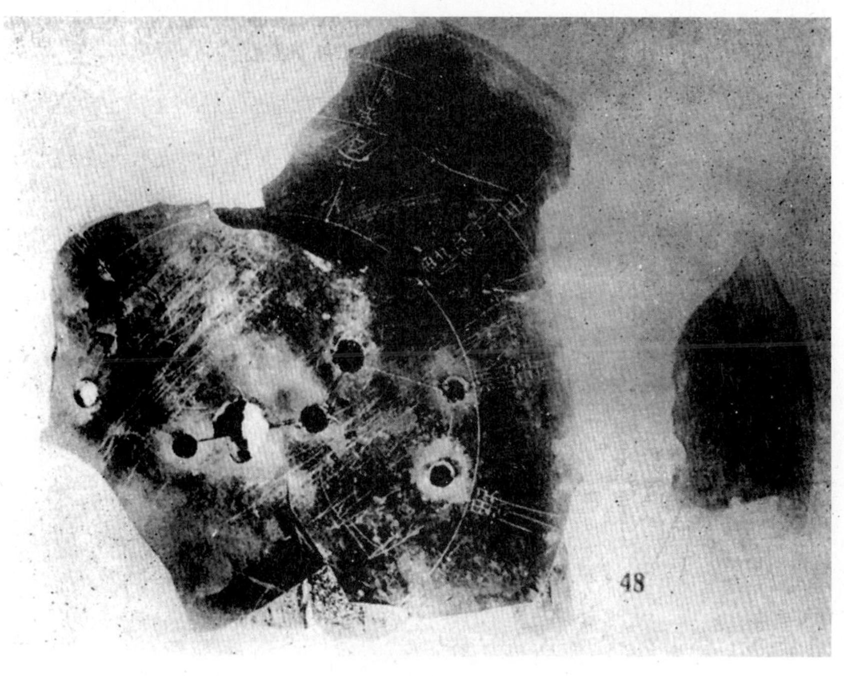

[그림 11] (낙랑) 점성술도에 나타난 별자리

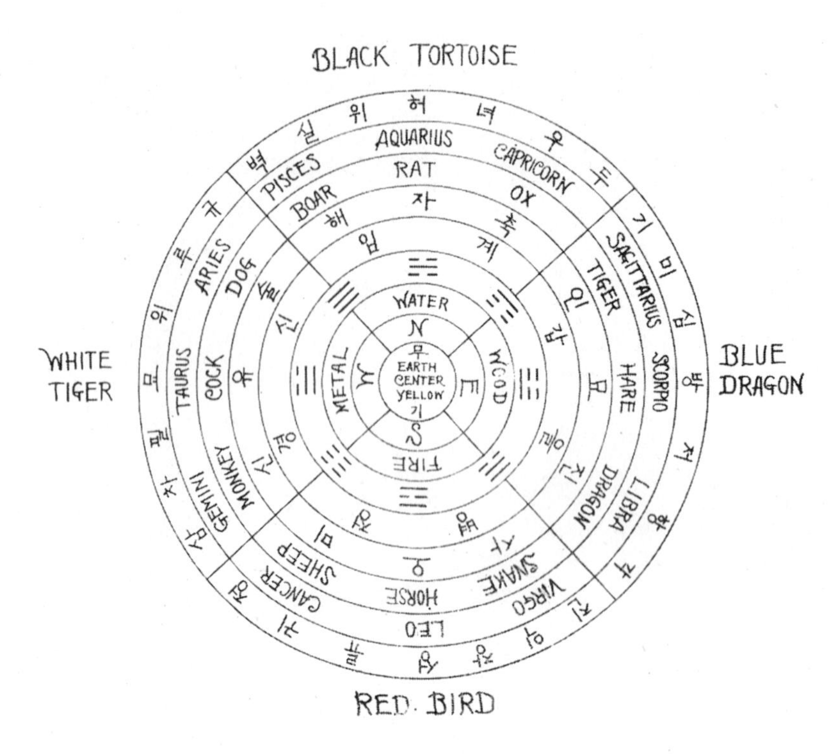

[그림 12] (사신도와 전통관념과의) 상관관계

[그림 13] 단군의 제단. 강화도 참성단(원한경 H. H. Underwood 박사 사진 제공)

[그림 14] 칠성과 태양(추정)

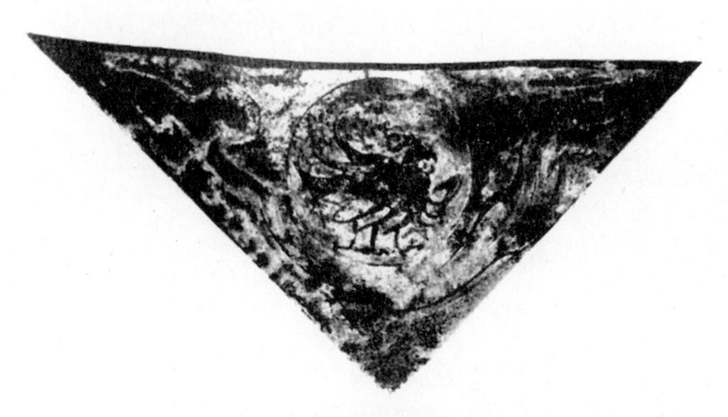

[그림 15] 태양의 상징, 고구려

[그림 16] 달의 상징, 고구려

[그림 17] 신라의 첨성대, 경주

[그림 18] 용, 12궁의 다섯 번째 상징

[그림 19] 뱀, 12궁의 여섯 번째 상징

[그림 20] 말, 12궁의 일곱 번째 상징

[그림 21] 양, 12궁의 여덟 번째 상징

[그림 22] 송도 천문대 유적

[그림 23] 송도 박물관의 거울

[그림 24] 이태조의 천문도(천상열차분야지도)

[그림 25] 물시계와 우량계

[그림 26] 천문시계
(국보 제230호 혼천의(渾天儀) 및
혼천시계(渾天時計))

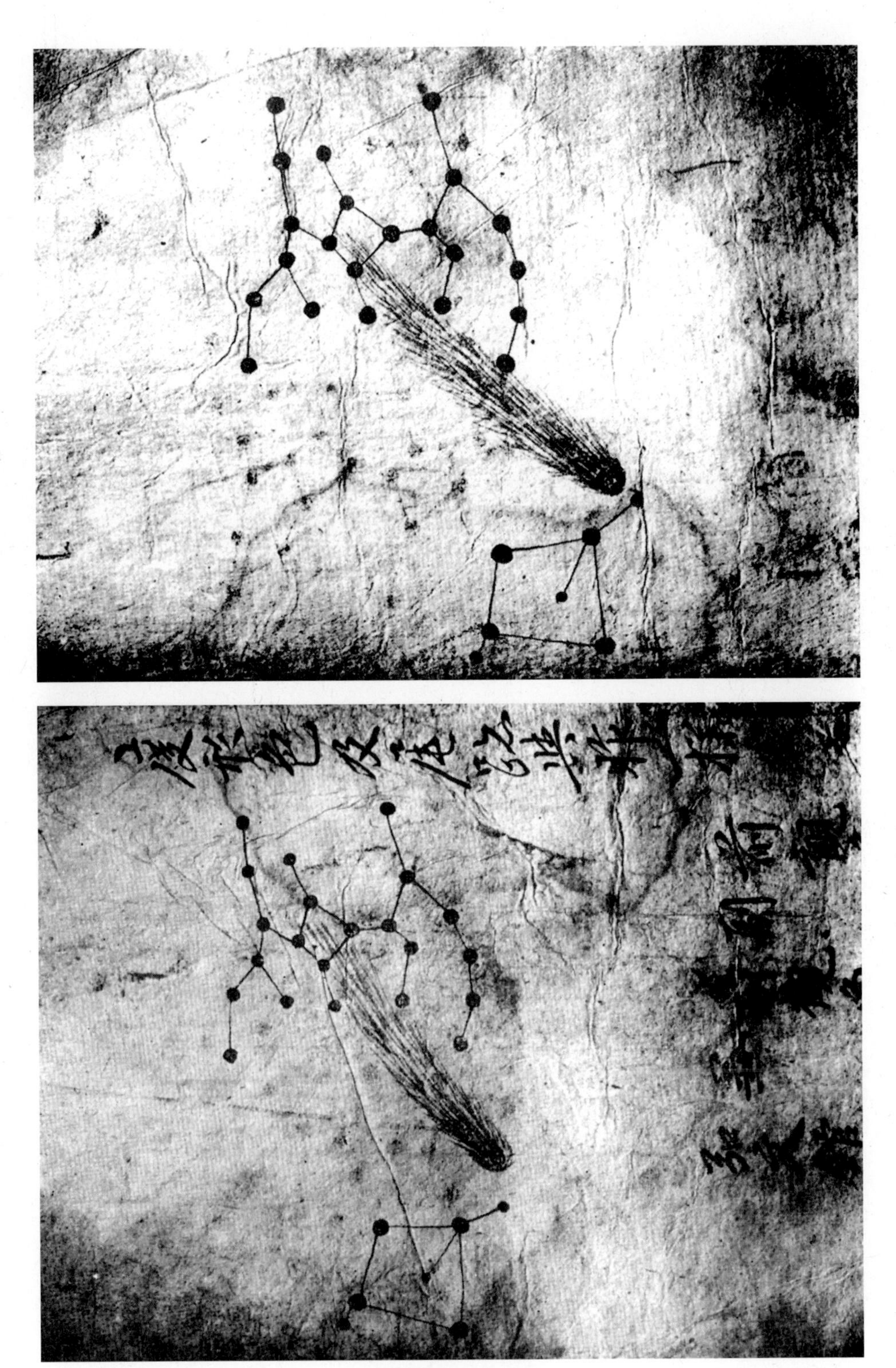

[그림 27, 28] 혜성 그림. No. 1과 No.2.

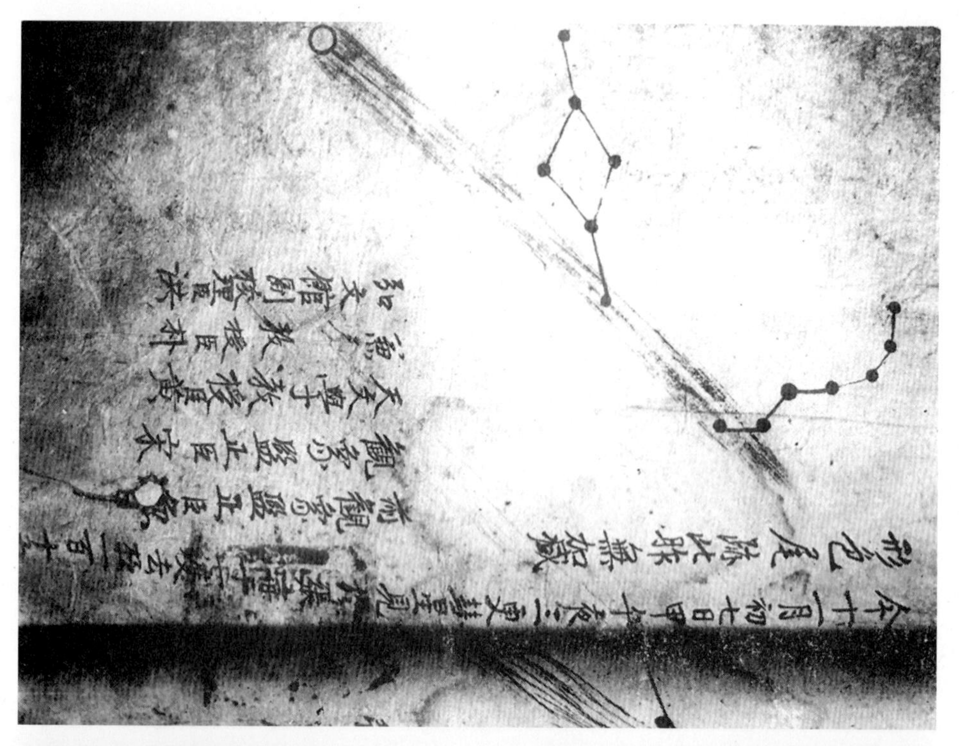

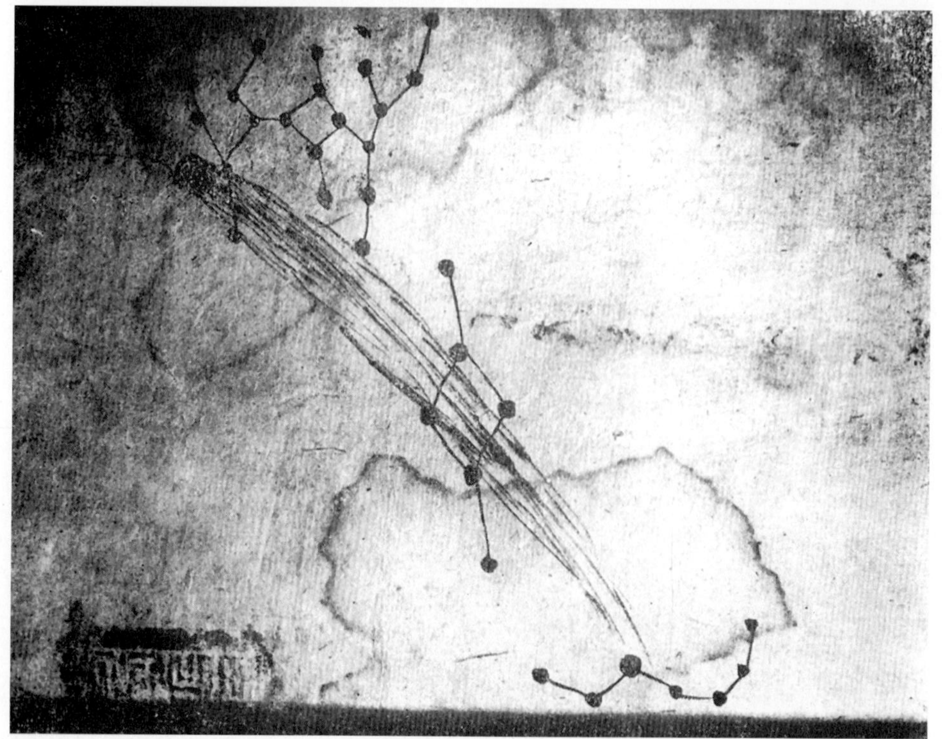

[그림 29, 30] 혜성 그림 No. 3과 No.4.

[그림 31] 철 시계 구조와 천구의(혼평의 渾平儀), 조선시대

[그림 32] 해시계, 천구의, 혼천의, 조선시대

[그림 33] 비스듬히 놓인 해시계와 월령판, 조선(일성정시의(日星定時儀)의 일부)

[그림 34] 조선시대의 천문대, 서울
(서울 관상감 관천대)

소중한 한국의 석각천문도

루퍼스

최근에 한 대학 교수가 이런 질문을 했다. "한국이 어디에 있습니까?" 아마도, 생소한 이 나라의 천문학적인 소중한 유산과 관련된 한 장의 사진과 그에 대한 짧은 서술이 그의 관심을 끌었던 것 같다.

동양의 다른 나라들처럼 한국도 아주 오래 전부터 점성술과 천문학에 관심을 가졌다. 기원전 1122년에 한국의 문명을 세웠다고 전해지는 기자(箕子)는 별자리를 따라 대동강을 거슬러 올라와 평양에 수도를 둔 나라를 세우고, 그 땅에 아홉 가지의 법을 만들었다고 전한다. 그 후 수세기 동안 생겨난 자연의 물리적인 현상들이 일련의 인간의 일들을 이끌었다. 한때 고대 신라는 유성이 적의 진지에 떨어져 멸망을 예측함으로써 전쟁에서 승리를 거둔 적이 있다. 1235년에는 왕이 일관(日官)에게 나라의 평화롭게 만들기 위한 방법에 대해 자문을 구하기도 했다.[1] 불길한 우박 폭풍 때문에 평양이 나라의 새로운 수도에서 제외되기도 하였다. 17세기에는 두 개의 혜성이 등장한 것을 전쟁의 징조로 보고 군대가 동원되기도 했다. 그 외에도 일식, 월식, 지진, 구름끼리의 충돌, 소나기, 겨울의 번개, 두 개의 태양 현상, 태양의 흑점, 그리고 해무리와 같은 현상들도 한국의 역사와 관련이 있었다. 하늘과 땅, 그리고 일곱 개의 별들을 섬기는 사당들이 세워졌다. 다섯 영역으로 나누어지는 하늘의 별자리와 별들에 해당되는 색깔로 구분되는 신들을 섬기는 사당도 있었다. 달을 숭배하는 곳들도 또한 있었다. 사람들은 플레이아데스를 향해 기도하고 금성에 절하기도 하였으며, 1900년에 이르기까지 황제는 기우제를 지내기도 하였다. 지금도 사용되는

1) 역주 : 『고려사』 卷23, 世家 23, 高宗 2, 高宗 22년 8월 2일(壬辰) ; 『고려사』 卷23, 世家 23, 高宗 2, 高宗 22년 11월 28일(丁亥) 참조.

현대의 역법서에는 다양한 점성 주기에 대한 내용이 들어있어 결혼, 장례, 여행, 사업, 그리고 인생의 여러 일들에 대한 행운과 불행의 조합을 알려준다.[2)]

서울의 창덕궁에 있는 국립 박물관(이왕가 박물관 : 역자)에는 오래된 각종 천문학 기기들의 표본이 전시되어있다. 예를 들어 천구의, 물시계, 오래된 철제 시계 틀, 대리석 돌판, 해시계, 월령판, 청동 천체관측기, 북반구 천문도, 작은 상자에 있는 이름 없는 배(과일) 모양의 기구 등과 함께, 이 연구의 주제인 1395년 12월의 명기가 새겨진 두 개의 석각 천문도이다. 두 개의 석각 중 오래된 쪽은 옮겨 다닌 흔적과 풍화로 인해 일부 내용을 읽을 수 없게 되었다. 그보다 좀 더 새로운 석각은 흰 대리석으로서, 훌륭하게 보존되어 있다. 그 크기는 6'11" × 3'3" × 1'0"이고, 무게는 3975 파운드에 달한다.

이 오래된 석각은 조선을 세운 태조의 지시로 만들어졌다. 이것은 더 오래된 석판의 탁본을 기초로 하여 만들어진 것인데, 이 돌판은 원래 평양에 설치되어 있다가 A.D. 672년 고구려가 멸망할 때 강에 빠져 잃어버린 것이었다. 일부 표들이 수정되긴 했으나, 중앙 부분의 성도는 수정 없이 사용되었는데, 이는 고대 중국 주나라의 성도에 따른 것으로, 대략 히파르코스(Hipparchus)의 시대에 해당하는 한나라 때 만들어진 황도대와 분점을 추가로 사용하였다. 1395년에 만들어진 이 천문도는 주인인 왕에 따라 여러 궁들을 옮겨 다니며 왕실의 영욕을 함께 겪으며 기구한 운명에 시달렸다. 새롭게 건축된 아름다운 건물에 잘 보존될 때가 있기도 했지만, 오래된 건물의 폐허에 보존될 때도 있었다. 점차 오래되고 바래어져서, 18세기 초기에 내용의 수정 없이 흰 대리석에 새로운 복제 비석을 만들었다. 이후, 이씨 왕가의 사라지는 영광을 함께 목격하는 당당한 동반자의 역할을 수행해왔다. 현재는 옛날의 지위를 잃은 채, 국립 박물관의 본관 뒤편에 개방되어있는 흙바닥 회랑(창경궁 명정전 : 역자)에 놓여 있는데, 이곳은 일본인들이 과거의 왕궁을 지금의 박물관으로 바꾸면서 철거한 원래 보호각 자리(창경궁 보루각 : 역자) 부근이다.

---

2) 역주 : 역서에 수록된 역주(曆注)의 내용을 말하는 것이다. 역주는 길흉을 판단하는 내용으로서 제사(祭祀) · 혼인(婚姻) · 출행(出行) · 침자(針刺) 등의 '의(宜: 마땅함)' · '불의(不宜: 마땅하지 않음)'를 판별하는 기준으로 이용되었다.

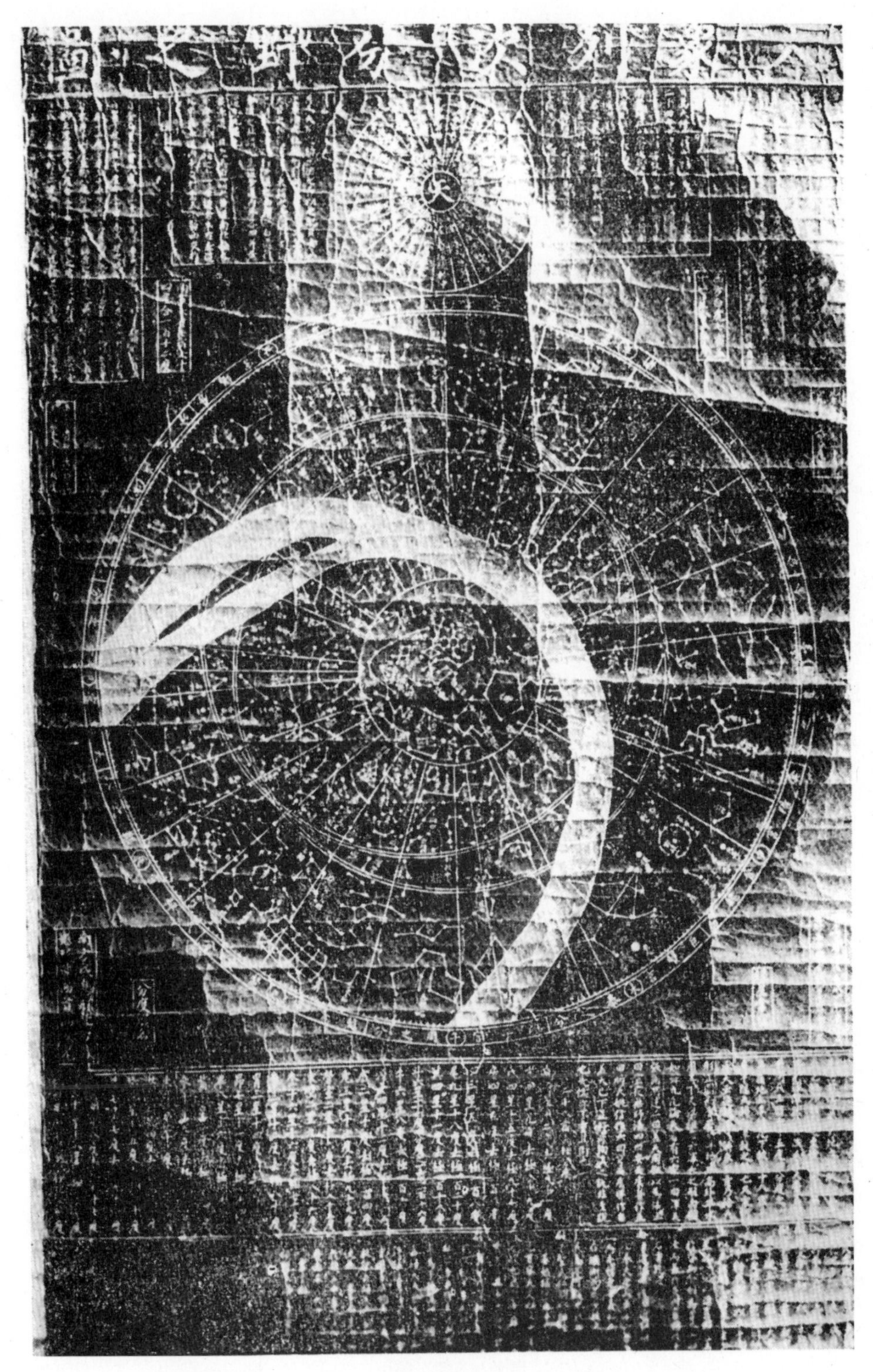

한국 천문도

이 천문도가 나타내고 있는 주요 내용은, 중앙부의 성도, 12 황도 영역표, 24절기 동안 아침 저녁으로[혼(昏)과 효(曉)에] 남중하는 별자리, 태양과 달과 하늘에 대한 짧은 설명들, 28개 황도 별자리표와 천문도의 역사에 대한 것이다. 이 내용에 대해 몇 부분을 번역해 보면 다음과 같다.

* *

태양

태양은 양적 요소의 가장 중요한 핵심이자, 모든 양적 피조물들의 대표이다. 태양은 적도의 앞뒤로 24도를 움직인다. 태양이 멀어지면 춥고 가까워지면 더우며, 그 사이일 때는 따뜻하다. 양적 요소의 작용으로 태양이 북쪽으로 나아가면 낮이 길고 밤이 짧다. 양성이 강하면 기온이 따뜻해졌다가 뜨거워진다. 음적 요소 역시 이와 마찬가지로 작용한다. 태양이 남쪽으로 향할 때 낮이 짧아지며 밤이 길어진다. 음성이 강하면 날씨가 시원해졌다가 추워진다. 태양이 남쪽이나 북쪽으로 향할 때 각도가 바뀌면서, 태양이 진행해서 멀리 있으면 날씨가 항상 춥고, 태양이 돌아와 가까이 있으면 날씨가 항상 따뜻하다. 그러므로 태양은 생명과 성장의 도움을 주는 근원이 된다. 태양은 통치권의 상징이다. 옳은 길로 나라를 운영하면, 날들이 밝고 장엄할 것이다. 임금은 번영하고, 백성들은 평화롭게 살아간다.

별은 양적 요소의 정수이다. 양적 요소가 태양을 만들고 태양이 흩어져 별이 된다. 따라서 별이라는 글자는 해를 뜻하는 글자 아래 생을 의미하는 글자를 써서 이루어져있다. 이르기를, 별들은 흩어져서 하늘에 점들로 찍혀있다.[3)]

3) 역주 : 후한(後漢)의 유희(劉熙)가 지은 『석명(釋名)』에 이르기를 "성(星)은 흩어진다는 것이니, 하늘에 흩어져 있는 것이다"라고 하였다. 이상의 원문은 다음과 같다. "日爲太陽之精, 衆陽之長, 去赤道表裏, 各二十四度. 遠寒近暑而中和. 陽用事, 則進北, 晝長夜短, 陽勝, 故爲溫暑, 陰用事, 則退南, 晝短夜長, 陰勝, 故爲凉寒. 若日行南北失度, 則進而長爲常寒, 退而短爲常燠. 主生養恩德. 人君之象, 故行有道之國, 則光明, 人君吉昌, 百姓安寧. 星者, 陽精之榮也, 陽精爲日, 日分爲星, 故其字從日下生也. 釋名云, 星, 散也, 布散於天."

달

달은 음적 요소의 가장 중요한 핵심이며, 모든 음적 대상들의 대표이다. 따라서 달은 태양의 짝이며 왕비를 상징한다. 그것을 덕(德)에 비유하면 형벌을 의미한다. 또한 그것을 조정에 벌려놓으면 제후와 대신의 부류이다. 황도의 동쪽을 운행하는 것을 청도, 황도의 남쪽을 운행하는 것을 적도, 황도의 서쪽을 운행하는 것을 백도, 황도의 북쪽을 운행하는 것을 흑도라 한다. 이러한 네 길이 황도의 안팎으로 있으며, 황도를 포함해 구도(九道)라 부른다.

황도와 적도: 해가 지나는 길을 황도라 하고, 북극과 남극의 가운데 도수가 같은 곳을 적도라 한다. 황도의 절반은 적도 밖에 있고 나머지 절반은 적도 안쪽에 있다. 동쪽에서는 각수의 5도 조금 덜 미치는 곳에서 교차하고, 서쪽에서는 규수의 15도 조금 더 넘는 곳에서 교차한다(이 별자리는 각각 대표적인 별로서 스피카와 미라크를 포함한다).[4]

천론(天論)

『진서(晉書)』「천문지(天文志)」에 따르면 이전 시기 유학자들의 옛 학설에서는 하늘과 땅의 모양은 알과 같다고 했다. 하늘이 땅의 바깥을 감싸고 있는 것이 마치 알 껍질이 노른자를 감싸고 있는 것 같다. 주위는 돌고 돌며 끝이 없고 모양이 둥글어서 혼천이라 부른다. 진나라 갈홍에 의하면 하늘의 둘레는 365.25도이고 절반은 땅 위를, 나머지 절반은 땅 아래를 둘러서, 28수 중에서 반은 보이고 반은 안보이며, 하늘은 수레바퀴 돌듯이 돈다고 하였다. 송나라의 하승천은 혼천의를 깊이 공부하여 하늘은 정확히 둥글고 그것의 반은 물로 차있으며, 땅은 중심이 높고 가장자리는 낮아서 물은 그 주위를 감싼다고 했다. 양나라의 조훤이 말하기를, 혼천의 모습은 안쪽이 둥글어서 마치 공과 같다고 했다. 일반적으로 천문학자들이 논하는 여섯 개의 이론이 있다. (여기서는 다른 설들에 대해서는 생략한다.) 다

---

4) 역주 : 이상의 원문은 다음과 같다. "月爲太陰之精, 衆陰之長, 以之配日, 女主之象, 以之比德, 刑罰之義, 列之朝廷, 諸侯大臣之類. 行黃道之東, 謂之靑道, 行黃道之南, 謂之赤道, 行黃道之西, 謂之白道, 行黃道之北, 謂之黑道, 黃道內外各四, 并黃道爲九道也. 黃赤道. 日之所由, 謂之黃道, 南北極之中度最均處, 謂之赤道. 黃道者, 半在赤道外, 半在赤道內, 東交於角五小弱, 西交於奎十四小强."

른 이론들은[5] 합리적이지 않아서 믿을 수 없다. 옛 학자들 역시 그 학설들을 중요시 여기지 않았다.

천문도의 역사

천문도의 석판은 원래 평양에 있었는데 전쟁 중에 강물에 빠져 잃어버린 지 오래 되어 탁본도 없었다. 하지만 전하(태조)께서 통치를 시작하던 첫 해에 어떤 이가 탁본을 바쳤다. 전하께서 이를 귀중한 보물로 여기시고 관청 천문학자들에게 명령하여 새로 돌에 새기게 하셨다. 천문학자들이 답변하기를 "이 천문도는 오래되어 별들의 위치가 달라졌으므로 도수를 다시 측량하여 오늘날 사계절의 저녁과 아침에 자오선을 통과하는 별들을[6] 새로 결정하여서 후세를 위하여 새로운 천문도를 만들어야 합니다"라고 하자 전하께서 "그리 하라"고 하셨다. 천문학자들은 1395년 6월 달까지 자오선을 통과하는 새로운 별표(『新法中星記』: 역자)를 만들었다. 옛 그림에는 입춘에 플레이아데스(묘수)가 남중 했는데 지금은 양자리별(위수)이 남중한다. 따라서 24절기가 과거 천문도의 자오선 총과(통과) 별들에 대해 순차적으로 어긋나서 바뀌었다. 이 별들을 돌에 새기고 일을 마쳤다.[7]

전하께서 전하의 충직한 신하인 나 권근(權近)에게 명하여 그 뒤에 기록을 하라고 하였다. 전하의 충직한 신하인 신 권근이 생각하기를, 옛날부터 왕들은 하늘과 신들을 받들어 정치를 하였고 천문 현상과 계절의 때를 최우선으로 삼았다. 요 임금은 희씨와 화씨에게 명하여 사계절을 정하였고, 순 임금은 선기옥형(璿璣玉衡)으로 칠정(七政)을 가지런하게 하였다. 하늘을 공경하고 백성을 다스리는 일은 늦춰선 안되는 일이다. 요 임금과 순임금이 덕을 이룬 것 같이, 총명하신 전하께서 제위를 선양 받아 나라 전체가 편안하고 태평하다. 전하께서 천문에 큰 관심을 보이셔서 계절과 별을 제대로 한 것은 요순의 일과 같은 것이

5) 역주 : "개천설(蓋天說) 이하는, 다시 말해 혼천설(渾天說)과 개천설(蓋天說)을 제외하고 나머지 학설들은"이라는 뜻이다. 루퍼스가 정리한 천론은 이 책의 「한국 천문학」에 소개되어 있다.

6) 역주 : 원문은 "今四仲昏曉之中"

7) 역주 : 원문에 따르면["二十四氣以次而差. 於是, 因舊圖改中星, 鐫石甫訖……"] 즉 "24기의 중성들이 차례로 어긋나서, 이에 옛 천문도에 인하여 중성을 고쳐서 돌에 새기는 일이 비로소 끝나게 되자..." 였다.

다. 이러므로 요순의 뜻을 알아 그들의 가장 가치 있는 예를 행하기 위해 전하께서는 천체를 관찰하고 천문 의기들을 만든 것이다. 전하께서도 이 모든 것을 마음에 두어, 위로는 하늘과 계절을 관찰하고, 아래로 백성들을 성실히 다스리면, 그의 정신적인 업적이 뛰어나게 되어 두 임금과 같이 크게 칭송받게 될 것이다. 더욱이, 이 천문도를 순수한 대리석 돌에 새겨 자손만대에 영원한 보물로 삼고자 하신다.

이글을 읽는 모두는 믿으라.

홍무 28년 12월 (1395년 12월)

* *

이 천문도는 해, 달, 그리고 별들로 이루어진 하늘의 전통적인 의미를 요약한 것이다. 해는 천상의 위대한 아버지이고, 달은 위대한 어머니이다. 따라서 천문도에서 해와 달은 우주의 왕과 왕비를 나타내는 것이다. 유교의 우주 생성론에서 해의 가장 중심적인 요소는 자연의 양성과 남성성이며, 달은 음성과 여성성이다. 이 두 가지의 기본적인 요소들은 유교사상의 물질적인 우주와 철학적인 근본을 나타내는 태극에서 비롯된 것이다. 양의 범주에는 해, 별, 천둥, 번개, 무지개가 포함되어 있고, 음의 범주에는 달, 비, 이슬, 서리, 눈, 안개가 포함되어있다. 양의 요소가 가지고 있는 특성에는 열기, 빛, 생명을 주는 성질이 있고, 음의 요소가 갖는 특성에는 차가움, 어둠, 습함이 있다. 일년 동안 해의 위치가 바뀌면서 계절과 초목이 변화하기 때문에, 예로부터 해는 생명을 주는 성질을 작고 있다고 믿었다. 이 같은 유익한 특성들로 인하여 관련되는 덕목이 생겨나게 되는데, 임금의 통치는 한 개인의 통치가 아니고, 우주의 자비로운 지도자로서 친절하고 자애롭게 지상을 통치하는 것이다. 음의 요소는 양을 보완하기 때문에 구체적인 본질인 달은 창조의 왕비에 해당되고, 왕의 배우자와 조정 신하의 상징이 된다. 상호 보완적인 관계에서 완전한 일치라는 것은 대립의 관계가 아닌 대조적인 반대의 의미를 내포한다. 이를테면, 빛과 어둠, 열기와 냉기, 하늘과 땅, 물과 육지, 남편과 부인이 있는 것이다. 유감스럽게도 달과 여성에 대한 이러한 대조적인 관계는 도덕적인 부분에까지 적용되었다. 즉, 달이 가지고 있는 파괴적이고 징벌적인 의미는 여성을 온갖 종류의 악(惡)과 연관시키는 관념으로 이어져, 여성을 사회적으로 천한 신분으로 여기는 풍조를 낳았다.

이 천문도의 중심부 영역은 천구의 적도면에 투영되어 나타나고 있으며, 한국에서 언제든지 볼 수 있는 모든 별자리가 포함되어있다. 왼편은 동쪽, 위편은 북쪽, 오른편은 서쪽, 아래는 남쪽이다. 북극이 중심에 있고, 세 개의 동심원이 나타나 있는데, 북극에서 38도가 되는 원, 천구의 적도, 그리고 남쪽 방향 적위 약 55도에 해당되는 경계선이 포함되어있다. 황도면이 매우 정확한 각도로 나타나있다. 하늘의 강(은하수) 역시 뚜렷이 나타나있다. 28개 별자리에 해당되는 방사형 선들은 중간 원과 더불어 하늘을 여러 부분으로 나누고 있다. 이 부분들은 일곱 개씩 모여져서 면적이 일정하지 않은 네 개의 영역으로 나누어지는데, 네 개의 각각의 방향에 대해 일곱 개씩의 별자리들이 모여서 하나의 형상을 이룬다. 동쪽은 용(청룡)이, 서쪽은 호랑이(백호)가 각각 머리는 남쪽을 향하고 꼬리는 북쪽을 향하고 있다. 남쪽은 새(주작)가, 북쪽은 거북이(현무)가 각각 머리는 서쪽을 향하고 꼬리는 동쪽을 향한다. 이렇게 사분면으로 나눈 것은 임의적이며, 동물로 표현한 것은 단순한 상징이다. 그런데 이 천문도에 나타나는 청룡은 그리스 · 로마 신화에 나오는 신화적인 동물과도 유사해 보인다.

천체의 신화는 대단히 흥미롭다. 하늘에는 지상의 소망을 들어주는 우주의 은하로서 신들과 여신들이 모여 있다. 용은 신들이 하늘에서 떨어지지 않도록 지켜준다. 하늘의 중심에는 왕궁과 왕좌가 있는데, 하늘의 최고 지도자(북극성), 왕가, 제사장, 신하, 그리고 조정의 제후들이 살고 있고, 또한 왕가의 마구간과 여자들의 궁전이 있다. 혜성들은 하늘의 법정을 휩쓸어 버리고, 유성은 하늘에서 버림받은 것들을 나타낸다. 큰곰자리에는 인간의 미래를 결정하는 운명이 자리한다. 동남쪽에는 하늘의 기둥과 문이 있다. 하늘의 강으로 갈라져 있는 북동 쪽에는 별의 연인들인 견우와 직녀가 있다. 더 북쪽으로 가면, 고대의 열두 제후국의 자리가 있으며, 그 서쪽으로 아래로 향하는 천둥의 신과 앞으로 번쩍이는 번개의 신이 있다. 서쪽에는 문학의 별 아스트라이드가 손에 붓을 쥐고 있다. 그 주위에는 하늘의 정기를 받아 메마른 땅을 적셔주는 구름과 비의 신들이 있다. 밝은 남쪽에는 천랑성(天狼星, 이리별, 시리우스)이 보인다. 또한 노인성(카노푸스)도 보이는데, 한국에서는 제주도에서만 관찰되는 별로서, 이 별을 보면 행복한 노년을 보낸다고 한다. 개선문과 같이 하늘을 가로질러 펴져 있는 것이 아름다운 우리 은하인데, 서정적인 서양식 표현으로는 밀키 웨이(Milky Way), 즉 젖줄이라고 부른 반면 서사적인 동양적 표현으로는 하늘의 은빛 강, 즉 은하수라고 부른다.

별자리 배열의 형태는 매우 오래전부터 시작되었다. 파리 왕립 도서관에 있는 기원전 600년 주나라의 천문도에는 1460개의 별들이 그려져 있다. 한국의 천문도는 주나라의 천문도를 기반으로 한 306개의 명칭 하에 총 1463개의 별들을 찾을 수 있다. 다른 고대의 기록들을 살펴보면, 기원전 2세기의 히파르코스의 천문도에는 1080개, 서기 1세기의 플리니우스는 1600개, 서기 2세기의 세밀한 관측자 프톨레마이오스는 1028개를 기록했다. 영의 언급에 의하면, 고대 천문학자들이 그 당시 가지고 있던 기기들을 활용해 관측할 수 있는 별들은 대략 1100개가 전부이다. 알렌의 표현에 의하면, 히파르코스 시대보다 400년 앞선 시기에, 1460개의 별들이 정확하게 기록되어 있는 것을 우리는 알 수 있다. 특히 황도 대의 별자리를 비롯한 이 많은 별자리들은 아마도 훨씬 더 오래 전의 것들, 즉 어쩌면 유프라테스 강[의 시원 문명] 시대에까지 이를 수 있을 것이다.

제2부

루퍼스 저작선

루퍼스는 한국 선교사로서 한국의 문물과 한국의 천문학에 대한 많은 기록과 저작물을 남겼다. 한국에서 활약할 때는 한국 내 3개의 정기 간행물들, 즉, *The Korea Mission Field*, *The Korea Magazine*, 그리고 *Transaction of the Korea Branch/Royal Asiatic Society* 등에 20편의 저작물들을 남겼다. 여기에는 자신의 선교활동 사항, 한국의 문물, 한국의 과거 제도, 한국의 교육 제도, 경주 여행 기행문, 석굴암, 첨성대, 석각천문도, 한국천문학사 등에 대한 다양한 내용이 포함되어있다. 특히, 1913년과 1936년에 왕립아시아학회지 한국지부 보고서에 실린 두 편의 논문, 즉 조선 태조의 석각천문도와 한국천문학사에 대한 연구 논문은 각각 50쪽과 70쪽에 해당하는 역작이다.

한편 루퍼스는 미시간대학 천문학과 교수로 재직하면서 많은 저술을 구미학계에 발표하였다. 천문학 및 천체물리학 관련 데이터베이스(SAO/NASA ADS)에 의하면, 그가 국외에서 발표한 논문은 1914년부터 1947년에 이르기까지 총 75편의 논문 및 저술, 그리고 기고문 등이 포함되어있다. 연구 논문으로 발표된 것은 대부분 그의 전공이었던 맥동 변광성에 관한 분광학적 연구 결과이며, 천문학사 연구, 상대론에 대한 내용들도 포함되어있다. 이 중에서 한국과 관련된 연구 발표물은 총 10편에 이른다. 여기에는 한국 고천문도와 시계에 대한 연구가 포함되어 있으며, 특히 1664년에 한국에서 기록된 혜성에 관한 연구를 수행하여 1939년 미국천문학회지에 발표하기도 하였다. 또한 아시아의 천문학에 대한 조사 연구 내용도 포함되어 있다.

본 저작선에는 일부의 중복된 글과 조사에서 발굴하지 못한 것을 제외하고, 이를 연대순으로 수록한다.

▣ 루퍼스 저작 목록

1. "On the Departure of Mr. Rockwell," *The Korea Mission Field* Vol. VII. No. 3, 1911, pp.81~82.
2. "In the Beginning," *The Korea Mission Field* Vol. VIII. No. 9, 1912, pp.269~271.
3. "The Celestial Planisphere of King Yi Tai-Jo," *Transactions of the Korea Branch of Royal Asiatic Society* Vol. IV. Part 3, 1913, pp.23~72.
4. "The Probable Effect of Radioactivity on the Death-Rate of the Sun," *Popular Astronomy* Vol. 22, 1914, pp.427~432.
5. "Korea's Cherished Astronomical Chart," *Popular Astronomy* Vol. 23, 1915, pp.193~198.
6. "Correspondence — Letter to A. DeCamp," *The Korea Mission Field* Vol. XI. No. 3, 1915, p.232.
7. "An Investigation of the Spectra of Stars Belonging to Class R of the Draper Classification," *Publications of Michigan Observatory* Vol. 2, 1916, pp.103~143.
8. "Things Korean," *The Korea Mission Field* Vol. XII. No. 5, 1916, pp.137~139.
9. "The Correlation of Missionary Methods," *The Korea Mission Field* Vol. XII. No. 9, 1916, pp.237~239.
10. "The Observatory of Silla," *Popular Astronomy* Vol. 25, 1917, pp.490~496.
11. "The Old Korean Magistrate," *The Korea Magazine* Vol. I. No. 3, 1917, pp.111~120.
12. "The Prohibition of Tobacco," *The Korea Mission Field* Vol. XIII. No. 5. 1917, pp.127~128.
13. "A Human Adding Machine," *The Korea Magazine* Vol. I. No. 5, 1917, pp.195~198.
14. "Tobacco in Current Korean Stories," *The Korea Magazine* Vol. I. No. 7, 1917, pp.309~312.
15. "A Letter to A. DeCamp," *The Korea Mission Field* Vol. XIII. No. 8, 1917, pp.209~210.
16. "Anti-Foreign Tablet," *The Korea Magazine* Vol. I. No. 11, 1917, p.496.
17. "A Trip to Kyungju," *The Korea Magazine* Vol. I. No. 12, 1917, pp.532~541.
18. "The Kwaga," *The Korea Magazine* Vol. II. No. 2, 1918, pp.64~69.

19. "Relativity in Astronomy," *Popular Astronomy* Vol. 26, 1918, pp.160~164.
20. "The Japanese Educational System for Koreans," *The Korea Magazine* Vol. II. No. 12, 1918, pp.548~559.
21. "A Graphical Solution of the Astronomical Triangle," *Popular Astronomy* Vol. 27, 1919, pp.238~241.
22. "The Role of Astronomy in the Discovery of America," *Popular Astronomy* Vol. 27, 1919, pp.383~387.
23. "A Note on the Size of the "Hydrogen Envelop Star"," *Publications of the Astronomical Society of the Pacific* Vol. 31. No. 179, 1919, pp.63~64.
24. "Five Oe5 Stars with Variable Radial Velocities," *Astrophysical Journal* 51, 1920, pp.252~254.
25. "A Possible Extension of the Calcium Envelope Hypothesis," *Journal of the Royal Astronomical Society of Canada* Vol. 14, 1920, pp.139~140.
26. "Proposed Periods in the History of Astronomy in America (1)," *Popular Astronomy* Vol. 29, 1921, pp.393~404.
27. "Proposed Periods in the History of Astronomy in America (2)," *Popular Astronomy* Vol. 29, 1921, pp.468~475.
28. Philip Fox, Joel Stebbins, "The Radial Velocities of Ten Oe5 Stars," *Publications of the American Astronomical Society* Vol. 4, 1922, p.181.
29. "Astronomy Improved", *Popular Astronomy* Vol. 30, 1922, pp.272~280.
30. "New Silicon Lines in Class B Stars," *Popular Astronomy* Vol. 31, 1923, pp.247~250.
31. "The Astronomical System of Copernicus," *Popular Astronomy* Vol. 31, 1923, pp.510~522.
32. "The Registration of Earthquakes at the Detroit Observatory, Ann Arbor, 1916~1921," *Publications of the Astronomical Observatory of the University of Michigan* Vol. 3. Ann Arbor, 1923, pp.226~252.
33. "Typical Stellar Spectra," *Publications of the Astronomical Observatory of the University of Michigan* Vol. 3, 1923, pp.257~260.

34. "New Silicon Lines in Class B Stars," *Publications of the Astronomical Observatory of the University of Michigan* Vol. 3, 1923, pp.261~263.
35. "Atmospheric Pulsation of Cepheids; a Method of Attack," *Popular Astronomy* Vol. 32, 1924, pp.22~23.
36. "Atmospheric Pulsation of η Aquilae," *Popular Astronomy* Vol. 32, 1924, p.228.
37. "Atmospheric Pulsation of the Cepheid Variable, η Aquilae," *Proceedings of the National Academy of Sciences of the United States of America* Vol. 10. Issue 6, 1924, pp.264~267.
38. "Astronomical Observatories in the United States Prior to 1848," *The Scientific Monthly* Vol 19. Issue 2, 1924, pp.120~139.
39. "ξ Persei, A Deviation from Elliptic Motion," *Popular Astronomy* Vol. 33, 1925, p.273.
40. Joel Stebbins, "New silicon lines in class B stars," *Publications of the American Astronomical Society* Vol. 5, 1927, pp.24~27.
41. Joel Stebbins, "Atmospheric Motion in ζ Geminorum," *Publications of the American Astronomical Society* Vol. 5, 1927, pp.366~368.
42. Joel Stebbins, "Atmospheric Pulsation of η Aquilae," *Publications of the American Astronomical Society* Vol. 5, 1927, p.151.
43. "David Rittenhouse-Pioneer American Astronomer," *The Scientific Monthly* Vol. 26. Issue 6, 1928, pp.506~513.
44. "Ralph Hamilton Curtiss, Astrophysicist," *Popular Astronomy* Vol. 38, 1930, pp.190~199.
45. "Ibn Yunus' Method of Longitude Determination," *Popular Astronomy* Vol. 39, 1931, pp.527~530.
46. "Lag of Phase at High Levels in Zeta Geminorum," *Popular Astronomy* Vol. 39, 1931, p.20.
47. "Atmospheric Pulsation in Eta Aquilae, Preliminary Results," *Publications of the Observatory of the University of Michigan* Vol. 4, 1932, pp.101~108.
48. "Motions in the Atmosphere of Zeta Geminorum, Preliminary Results," *Publications of the Observatory of the University of Michigan* Vol. 4, 1932, pp.151~162.

49. "Astronomy and Advance in Civilization," *Popular Astronomy* Vol. 42, 1934, pp.361~365.
50. "Silla's Star Tower," *The Korea Mission Field* Vol. XXX. No. 1, 1934, pp.13~14.
51. "A Voyage in Space," *Popular Astronomy* Vol. 43, 1935, pp.397~403.
52. "Marking Time in Korea," *Popular Astronomy* Vol. 44, 1936, pp.252~257.
53. Raymond S. Dugan, Dean B. McLaughlin, "Summary of Observational Results of XI Persei," *Publications of the American Astronomical Society* vol 8. 1936, p.253.
54. "Religion and Science," *The Korea Mission Field* Vol. XXXII. No. 1, 1936, pp.8~10.
55. "High Lights of Silla's Civilization (1)," *The Korea Mission Field* Vol. XXXII. No. 5, 1936, pp.96~99.
56. "High Lights of Silla's Civilization (2)," *The Korea Mission Field* Vol. XXXII. No. 6, 1936, pp.126~129.
57. *Korean Astronomy,* Transactions of the Korea Branch of Royal Asiatic Society Vol. XXVI, 1936, pp.1~69.
58. "The Variable Radial Velocity of the Star, B.D. +56° 2617 (A)," *Publications of the Observatory of the University of Michigan* Vol. 6, 1937, pp.45~57.
59. Giorgio Abetti, "Book Review: The Sun, Its Phenomena and Physical Features," *Popular Astronomy* Vol. 47, 1939, pp.229~230.
60. John C. Duncan, "Korean Observations of the Great Comet of 1664," *Publications of the American Astronomical Society* Vol. 9, 1939, p.164.
61. John C. Duncan, "The Variable Radial Velocity of A Cygni," *Publications of the American Astronomical Society* Vol. 9, 1939, p.165.
62. "The Influence of Islamic Astronomy in Europe and the Far East," *Popular Astronomy* Vol. 47, 1939, pp.233~238.
63. "An Astronomical Theory of Tektites" *Popular Astronomy* Vol. 48, 1940, pp.49~50.
64. "Supplement to an Astronomical Theory of Tektites," *Popular Astronomy* Vol. 48, 1940, pp.92~93.
65. "The Quadricentennial of the "First Account" of the Copernican Theory," *The Scientific Monthly* Vol. 51. Issue 5, 1940, pp.474~477.

66. "The Motion of the Heavenly Bodies; Its International Significance," *Popular Astronomy* Vol. 50, 1942, pp.128~132.
67. "A Construction Substitute for Pi in the Great Pyramid," *Popular Astronomy* Vol. 51, 1943, pp.185~188.
68. "Copernicus, Polish Astronomer, 1473~1543," *Journal of the Royal Astronomical Society of Canada* Vol. 37, 1943, pp.129~142.
69. "Our Earthly Flight," *Journal of the Royal Astronomical Society of Canada* Vol. 37, 1943, p.192.
70. "Copernicus and the History of Science," *The Scientific Monthly* Vol. 57. No. 2, 1943, pp.180~182.
71. "A Simple Account of Relativity," *Popular Astronomy* Vol. 52, 1944, pp.79~85.
72. "Greek Astronomy—Its Birth, Death and Immortality," *Journal of the Royal Astronomical Society of Canada* Vol. 38, 1944, pp.143~153.
73. "Telescopic Astronomy in America before 1843," *Publications of the Astronomical Society of the Pacific* Vol. 56. No. 332, 1944, pp.192~197.
74. "A Korean Star Map," *Isis* Vol. 35. No. 4, 1944, pp.316~326.
75. "A Political Star Chart of the Twelfth Century (with Plates VI and VII)," *Journal of the Royal Astronomical Society of Canada* Vol. 39, 1945, pp.33~41.
76. "A Political Star Chart of the Twelfth Century," *Journal of the Royal Astronomical Society of Canada* Vol. 39, 1945, pp.280~281.
77. "A Possible Pre-fission Binary," *Publications of the American Astronomical Society* Vol. 10, 1946, pp.315~316.
78. "Astronomy for an Emperor in the Twelfth Century," *Publications of the American Astronomical Society* Vol. 10, 1946, pp.316~317.
79. "Variable Line Displacements of θ^1 (C) Orionis," *Publications of the American Astronomical Society* Vol. 10, 1946, p.120.
80. "Idealization in Chinese Asterisms," *Publications of the American Astronomical Society* Vol. 10, 1946, pp.171~172.

81. "David Rittenhouse as a Newtonian Philosopher and Defender," *Popular Astronomy* Vol. 56, 1948, pp.122~130.

■ 미수록 목록

1. "The Spectra of Stars Belonging to Class R of the Draper Classification," Thesis (PH.D.) THE UNIVERSITY OF MICHIGAN, 1915.
2. "The Spectra of Stars Belonging to Class R of the Draper Classification, Ann Arbor," University of Michigan, Detroit observatory, 1916. (7번과 중복)
3. Philip Fox, Joel Stebbins, "The Spectra of Stars Belonging to Class R of the Draper Classification," *Publications of the American Astronomical Society* Vol. 3, 1918, p.132. (7번과 중복)
4. "Correction to a Note on the Size of the Hydrogen Envelop Star," *Publications of the Astronomical Society of the Pacific* Vol. 31. No. 180, 1919, p.124. (23번과 중복)
5. "Atmospheric Motion in ζ Geminorum (abstract)," *Popular Astronomy* Vol. 34, 1926, p.242.
6. Joel Stebbins, "Atmospheric Pulsation of Cepheids; a Method of Attack," *Publications of the American Astronomical Society* Vol. 5, 1927, pp.83~84. (35번과 중복)
7. Joel Stebbins, "ζ Persei, a Deviation from Elliptic Motion (abstract)," *Publications of the American Astronomical Society* Vol. 5, 1927, pp.273~274. (39번과 중복)
8. Philip Fox, Joel Stebbins, "Lag of Phase at High Levels in ζ Geminorum (abstract)," *Publications of the American Astronomical Society* Vol. 6, 1931, p.375. (46번과 중복)
9. Philip Fox, Joel Stebbins, "David Rittenhouse as a Newtonian philosopher," *Publications of the American Astronomical Society* Vol. 7, 1933, pp.226~227.
10. "How To Meet the Fifth Column in Astronomy," *Sky and Telescope* Vol. 1. number. 3, 1942, p.8.

11. "The Obsolete Tropic of Cancer," *Sky and Telescope* Vol. 2. number. 21, 1943, p.4.

12. "Our Earthly Flight," *Sky and Telescope* Vol. 3. number. 28, 1944, p.12.

13. "The Challenge of the Rainbow," *Sky and Telescope* Vol. 3. number. 30, 1944, p.12.

14. *The Soochow Astronomical Chart*, Ann Arbor, Univ. of Michigan Press, 1945.

15. "The Beauty and Mystery of the Northern Lights," *Sky and Telescope* Vol. 5. number. 59, 1946, p.3.

ON THE DEPARTURE OF MR. ROCKWELL.

Farewell, farewell, thou precious clay,
Once love's warm home. God spare the sail
That speeds thy way; nor rock, nor gale
Disturb thy peace. Farewell, for aye.

The native land regains its share,
As heaven owns the heavenly part;
While Chosen claims the loving heart,
Its last faint pulse, its last full prayer.

The Jesus' story sweetly told,
In Hermit Land, alas, how late,
Had never truer advocate
On fertile plain or mountain bold.

* This was done by students of Christian Schools elsewhere.
† The lady referred to above is Mrs. Collyer, the pioneer lady missionary in Song Do.

The Christ-like life, the light divine
In darkness drear like beacon star,
Had never glory shed afar
On earth to give a clearer sign.

Poor Chosen! Poorer far since friend
Of poor enriched their heaven. Blind,
Deaf-mute, and helpless human kind
Were his to love, were his to tend.

His kindly counsel freely sought,
By three score years of life proved true,
Shall be no more; nor clearer view
Of God and heaven, nearness brought.

Through tears and years may loss prove gain,
As we, inspired by life complete,
With love the tale of love repeat;
Like him aspire, like him attain.

REV. W. CARL RUFUS.

IN THE BEGINNING.

A SHORT ACCOUNT OF THE FOUNDING OF THE M. E. MISSION IN KOREA.

This article is a by-product of a few musty vacation hours of rainy-season pastime scanning Methodist Episcopal Mission records to discover fossil foot prints and ripple marks along the rocky shore of the educational history of the mission.

In March, 1884, Rev. R. S. Maclay, D.D., of Tokyo, Superintendent of the Japan Mission of the M. E. Church, received a letter from Rev. John F. Goucher, D.D., of Baltimore, Md., .containing the enquiry: "Can you find time to make a trip to Korea, prospect the land and locate the Mission?" and the suggestion, "It is peculiarly appropriate that Japan should have the honor of initiating the mission to Korea." The letter was accepted by Dr. Maclay, "as a divine call to do what I could to open Korea to Christian missions."

The Missionary Society endorsed the proposition; Hon. John Bingham, U. S. Minister to Japan, and Hon. L. H. Foote, U. S. Minister to Korea, pronounced the movement practicable; necessary preparations were made and Dr. and Mrs. Maclay embarked at Yokohama, June 8th, changed boats at Nagasaki and reached Chemulpo June 23rd. On June 24th, 1884, at 6:00 p.m., they arrived in Seoul,—according to information received by Dr. Maclay, "the first Christian missonaries to enter Seoul openly, (a few Roman Catholics had entered secretly)."

A herculean task awaited Dr. Maclay. In the heart of hostile heathenism, within the walls of the capital of the last hermit kingdom, he sought to prepare the way for the coming of the Christ. In surprise he discovered that his interpreter belonged to the anti-progressive party and he was warned to proceed with great caution in making known the object of his visit. The man of the hour was Kim Ok Kung (?), a member of the Foreign Department of the Korean Government, whom

Dr. Maclay had previously met in Japan. (Possibly this is the famous Kim Ok Kiun, leader of the emeute of Dec. 4, 1884. See Dr. Allen's "Chronological Index"). To him Dr. Maclay entrusted a letter, June 30, stating his desire to commence Christian work in Korea, and requesting him to lay the subject before the king at his earliest convenience. On July 3rd permission was received to conduct hospital and school work in Korea. A few days were spent in finding a suitable site for the mission compound and in securing an option on the premises; after which the object of his work having been accomplished, on July 8th, Dr. Maclay departed for Japan.

A favorable beginning having thus been made, the Missionary Society of the M. E. Church appointed Wm. B. Scranton, M.D., of Cleveland, Ohio, and Henry G. Appenzeller, a student in Drew Theological Seminary, its first missionaries to Korea. The Woman's Foreign Missionary Society also appointed Mrs. M. F. Scranton, mother of Dr. Scranton, their first representative to this field.

The winter of 1884–5 brought stormy times to Korea. The progressive party, thru the bloody emeute of Kim Ok Kiun, gained temporary ascendancy. Conservative leaders were cut down and the palace was seized and occupied; thither with 140 soldiers the Japanese minister resorted for safety. Here the progressives were attacked by 3,000 Korean and about an equal number of Chinese soldiers under Yuan Shi Kai, (China's first president) and they were compelled to flee. Their houses were burned, together with the Japanese Legation and the Post Office, and the homes of many of the foreigners were looted. Every foreigner was in great danger and the Ministers were compelled to retire to Chemulpo. Japanese and Chinese troops poured into the country. Executions followed in rapid succession; the conservatives were avenged. Seoul was decimated by the civil strife and the flight that followed the rumor of war between China and Japan.

In the meantime in America the party of missionary appointees to Korea were preparing for their journey. On the very night of the emeute, Dec. 4, 1884, Dr. Scranton was ordained an ambassador of the Prince of Peace to be sent to the land of strife. On Feb. 5, 1885, while the streets of Seoul were fresh with the blood of the prescribed slain, Mr. Appenzeller was consecrated by Bishop Fowler to carry to the stricken city the message of love of Him who gave his blood a ransom for many.

Feb. 3, 1885, the party, consisting of Dr. and Mrs. W. B. Scranton, Rev. and Mrs. H. G. Appenzeller and Mrs. M. F. Scranton, set sail from San Francisco. They arrived in Yokohama, Feb. 27th, and remained for some time in Japan completing arrangements for the opening of the Mission. The first business meeting of the Korea M. E. Mission was held in Dr. Maclay's home, Aoyama, Tokyo, Mar. 5, 1885. Later a letter was received from Bishop Fowler appointing Dr. Maclay Superintendent and Mr. Appenzeller Assistant Superintendent of the Korea Mission.

Here in Tokyo the missionary party most probably met the four Korean students previously admitted into the Anglo-Japanese College of which Dr. Maclay had general supervision, and had the opportunity, a rare one, of first cultivating an acquaintance with representatives of the race that they had come to serve.

Rev. H.G. Appenzeller left the rest of the party in Japan and set out for Korea landing at Chemulpo, Apr. 5, 1885. He was therefore the first of the party of appointees to reach Korea. He did not continue his journey to Seoul, however, but soon retraced his route to Japan. Dr. Scranton was the first of the party to reach Seoul where he arrived May 3, 1885. Here he was soon joined by Mr. Appenzeller who returned to Korea bringing the other members of the party.

Thus within one year from the time that Dr. Maclay entered Seoul, June 24, 1884, when he obtained permission from the king and made preliminary arrangements for the planting of the mission, five M. E. representatives were stationed on the field. Nor were they the only ambassadors of the Cross to arrive within this period. It is interesting to note in this connection (See "Chronological Index") that on Sept. 20, 1884, "H. N. Allen, a physician of the American Presbyterian Mission in China, arrived and was appointed physician to the U. S. Legation and later to the Korean Government and British and Japanese Legations;" also on Apr. 5, 1885, "Rev. H. G. Underwood of the American Presbyterian Mission arrived and formally opened Protestant clerical mission work. He was followed on June 21 by J. W. Heron, M.D."

Great honor is due this early band of loyal men and women. In the language of a mission report worth quoting: "These brethren came into a land of which little was known by Christian nations; to a city where the hardly cooled embers of bloody political strife threatened at any moment to burst out afresh; to a people who had been trained for generations to look with suspicion upon all men of Western nations. Amid blind alley ways, mud huts, cesspools and indescribable sanitary conditions they set up their homes; they grappled with the mysteries of an unknown tongue; they set themselves to work to master the conditions of the field to which in the Providence of God, the church had assigned them, and in the face of an avowed hostility to the religion of Christ began to lay the foundations of the Redeemer's Kingdom in Korea."

W. CARL RUFUS.

3.

THE CELESTIAL PLANISPHERE OF KING YI TAI-JO.

By W. CARL RUFUS.

INTRODUCTION.

The presumption of the writer in attempting this paper, when he has spent less than five years in Korea, may be partially justified by the kindness of the encouragement and assistance given by our president, Dr. Gale.

Korean astronomy and astrology have received little attention by students of this country, altho material abounds on every side. Voluminous astronomical works, prepared by royal order, have been published and cherished by the Emperors of Korea. The Mun-hun-pi-go 文獻備考, the great Korean Encyclopedia, gives first place to these subjects, in deference to King Chung-jong 正宗, the originator of the monumental work, who believed in the fatherhood of heaven and motherhood of earth. Dynastic histories chronicle solar and lunar eclipses; the Sam-kuk-sa 三國史 records these important events at the beginning of the history of each reign. The ancient kingdom of Silla 新羅 possessed an observatory, the ruins of which may be seen near its capital Kyung-ju 慶州. In the government museum, Chang-duk Palace, Seoul, are displayed specimens of old astronomical apparatus, including an armillary sphere, a clepshydra, an old iron clock frame, a marble *gnomic* plane, an oblique sun dial, a moon dial or month measure, a brass astrolabe and stellar planisphere of the northern hemisphere, a nameless pear-shaped instrument in a small case, and a marble celestial planisphere or astronomical chart, which is the subject of this paper.

A brief introduction suggesting the influence of astronomical and related physical ideas upon Korean thought and life offers a good avenue of approach to our subject.

Korea seems to have contributed little to cosmogony, but accepts a *physical universe peopled* with spirits and an earth possessing vegetation and animal life. The genesis of human life was due to a celestial spirit, who wished to establish an earthly kingdom, and a bear that desired to become a human being. The animal first became a woman, upon whom the spirit breathed. This union produced the Tan-gun, by tradition the first king of Korea. (Hulbert, History of Korea, P. 1.)

The stars in their stately courses have contributed to the *making of Korean history*. We read that Keui-ja 箕子, the reputed founder of Korean civilization, 1122 B.C., "guided, or at least influenced, by the reigning constellation, sailed up the Taitong river." (Korean Repositor Vol. 2, P. 83.) established his capital at Pyeng Yang and gave his nine laws to the land. Now we are also confronted with a myth which would identify Viscount Keui with the asterism Keui, 箕, seventh of the 28 zodiacal constellations of the ancients! (A Comparative Table of the Ancient Lunar Asterisms, by T. W. Kingsmill, proceedings of *China Branch of Royal Asiatic Society*, Vol. 26, P. 59.) Add the history and the myth, subtract the astrolatry of the oriental, multiply by the lapse of years and divide by the demands of science, and the unknown quantity proves the effect of astrology upon the Korean mind. Physical phenomena have changed the course of events. Ancient Silla was once saved by a meteor that fell in the camp of the enemy, because it foretold destruction (Korea Review, Vol. 1, P. 135). Pyeng Yang was prevented from becoming the modern capital by an unpropitious hailstorm. (Korea Review, Vol. 2, P. 179). During the seventeenth century the army was ordered out upon the appearance of two comets presaging war. (Griffiis, The Hermit Nation, P. 173). Eclipses, earthquakes, fighting clouds, showers of various articles, thunder in winter, two suns in a day, black spots in the sun, and a white bow in the sun, have also contributed to Korean, history. In warfare the celestial army has rendered service; also the miraculous Moon Fortress, the ruins of which are near Taiku. Swords and armor were emblazoned with constellations and astronomical inscriptions.

In *religion*, the thermometer of a people's life, the physical universe has exerted a powerful influence. Temples are erected for the worship of heaven, the earth and the seven stars; spirit houses are dedicated to the color gods of the five divisions of the sky, to the constellations and the stars, e.g., the Old Man Shrine, in honor of the No-in 老人 star. (The Spirit Worship of the Koreans, Jones, Korea Branch of Royal Asiatic Society, Vol. 2, P. 37). There are also forms of moon worship; men pray to the Pleiades, bow to Venus, and the Emperor as late as 1900 sacrificed for rain. The kitchen god may be a vestige of former sun-worship; in 1235 the King, in refuge on Kangwha island, turned sun-worshiper to obtain peace for the land. The Buddhist counts his 33 heavens and the 28 constellations on the beads of his rosary. Religious feasts and festivals and national holidays commemorate astronomical events. Around these occasions cluster the most characteristic customs of the race, many of which cling to the present day, partly thru the influence of the Yuk-kwă-chăk 六掛丹, an Unmoon book, sown by the thousand thruout the land, indicating the guiding star of every year of life from 10 to 64, and the precautionary measures necessary to ward off evil and to secure success on various undertakings. The almanac for this year in daily use, by employing various astrological cycles indicates numerous combinatious propitious or unpropitious for marriages, funerals, journeys, business ventures and other affairs of life.

As the earth supposedly was patterned after the heavens, *geography* up to recent times registered the vagaries of ancient star-gazers. Earth was pictured as a four-square plane booked at the corners for support in the all-sustaining heavens. Maps of the nations were unknown; their approximate positions, determined by the orientation of the geomancer's cycle, were marked by squares on a grotesque chart. The divisions of the compass have astrological designations. *Language* and *literature* also bear the same impress. The 28 constellations had a part in the origin of the Korean alphabet originally of 28 letters. Proverbs and the folk lore of the country are enriched by astronomical allusions. What is more poetic than this conception,—"The stars are made of the purity of everything?" Or this,—"A shooting star is a bridegroom hurrying to his bride?" This may be difficult of appreciation,—"A silk-worm's eye-brow moon,"—said of a moon a few days old. What do you think of this,—"Scattering flowers of heaven,"—to designate the ravages of the small-pox fiend? The coinage of this country is said to have included the star money, Sung-jun, 星錢 of Silla, which is omitted by some numismatists, so we make the following quotation. (Korea Review, Vol. 2, P. 339-340) "Another Silla coin was the Sung-jun 星錢 or "Star Money." This the writer has seen. It is a round cash with a round hole and the impress of two stars; on the reverse is the legend (應天通寶) "Heaven sanctioned eastern treasure.": "We have before us also a large coin called (七星錢) meaning 'seven star money.' It is made in imitation of a Silla coin. It bears a picture of the Great Bear constellation on the edge and a cloud in the center, the latter being the national emblem of Silla, as the plum blossom is of this dynasty. On the reverse is the inscription (如星之長而表世之助) a free translation of which would be 'as faithful as the stars.'" Lockhart, "Coins of the Far East," presents many coins used as amulets bearing the impress of stars and astronomical inscriptions. The Korean *pharmacopoeia* includes a pill formed by splitting the seed of an apricot, writing sun on one part and moon on the other, and sticking them together with honey. (Korea Review, Vol. 3, P. 65.) Divination by stars has been widely practiced, probably the knowledge of the stars was chiefly cultivated and a royal board of astronomers maintained for the purpose. Much of Korean prophecy is stigmatized as *ex post facto* so we omit examples of astromancy.

These illustrations could be multiplied many fold, suggesting the influence of the physical universe upon Korean thought. We have noted especially the deep impress of the starry heavens upon the most ordinary affairs of life. Even the prosaic pig is said to bear seven spots on its hind legs resembling the seven stars, but for reasons patent to anyone aquainted with this dejected animal, cast out from heaven by the Celestial Dragon, the writer has not ventured to verify the asseveration.

THE STONE MODELS.

In the government museum, Chang-duk Palace, Seoul, may be seen two stone models of our subject, bearing the date, Hong-mu 洪武 28th year, 12th month (December, 1395). The older stone, a huge slab of slate, shows marks of transportation and water erosion, rendering the inscription partly illegible; both sides are engraved, but symmetry and proportion are lacking. Special interest, however, centers in this monument, which presents our subject in its oldest Korean garb. The newer stone is an excellent piece of white marble, well preserved; the dimensions are 6′ 11″ × 3′ 3″ × 1′ 0″ and approximate weight 3975 pounds. A studied symmetry pervades the plan; the mensuration is quite accurate, the proportion good and the workmanship excellent.

We learn from the Mun-hun-pi-go, Book 3, P. 29-30, that the old stone made in 1395 was originally kept at the Kyung-bok Palace. In 1434 (Syun-duk Kap-in 宣德甲寅) near the Kang-yung-chun 康寧殿 was constructed the Heum-kyung-kak 欽敬閣 in which the planisphere was placed. This building was destroyed by fire, was rebuilt on the site of the ruins, and was again destroyed in 1592 at the time of the Japanese invasion. The Heum-kyung-kak was next built inside the Syu-rin-mun 瑞麟門, Chang-duk Palace, in 1614 (Man-yuk Kap-in 萬曆甲寅), but was torn down by King Hyo-jong 孝宗 in 1656 when he built the Man-su-chun 萬壽殿. The old stone, however, had been left at the Kyung-bok Palace. King Suk-jong 肅宗, (1674-1720), revived the interest in Astronomy. In the 13th year of his reign he ordered Yi Min-chul 李敏哲 to repair the turning-sphere of the preceeding dynasty. Finding that the planisphere of Yi Tai-jo was old and indistinct, he ordered a new stone engraved, (the marble model now exhibition), and built a new house to shelter it. Still the old model was neglected. King Yung-jong 英宗 (1724-1776) heard that the old protograph was in Kyung-bok Palace and ordered the Minister of Finance to transport it to the Bureau of Astronomy in the 46th year of his reign. He put the old stone with the new model in the small house which he christened the Heum-kyung-kak, recorded the history of the planisphere on a wooden tablet, which we have not yet been able to find, and revised the Chŭng-sung-ki, which revision is preserved in the chapter on meridian stars in Book 2 of the Mun-hun-pi-go. The last Heum-kyung-kak, which stood north-east of the old stone mount for celestial observations in the present museum grounds, has recently been removed, and the stones transferred to their present location.

The only foreign mention of the planisphere that we have found is in the Bibliographie Coréenne by Courant. (Vol. 3, P. 28-29.) He honors this production with a half-page descriptive article and the insertion of an excellent print 9″, by 16″. Concerning the stone models he says : "The engraving of the present chart was made by order of the King in 1395 (Hong-mu 28) according to a rubbing of a more ancient stone, that was previously kept in Pyeng Yang, but had been lost ; different corrections were made from the ancient chart." "The planisphere of 1395, having become worn little by little, a new model was engraved on stone in the 18th century with no modification whatever."

In the study of the contents an old rubbing of the chart now in our possession has been used, altho frequent reference to the original has been made.

OUTLINE OF SUBJECT MATTER.

The title is, A Chart of the Regular Divisions of the Celestial Bodies (天象列次分野之圖)

Its contents are :—

1.—The central astral chart,
2.—A table of the twelve zodiacal divisions,
3.—A circular chart of the constellations culminating at dark and dawn for the 24 solar periods,
4.—A short treatise on the sun,
5.—The moon,
6.—The heavens,
7.—A table of the 28 zodiacal constellations or lunar mansions,
8.—A history of the chart.

TRANSLATION.

THE SUN.

The sun is the essence of the great positive element and the head of all the positive creation. It travels 24 degrees on both sides of the equator (red road). When the sun is distant it is cold, when near it is hot, and when midway it is mild. The positive element operates thus; the sun proceeds north, the days are long and nights short, and because the positive prevails it becomes warm and then hot. The negative works in this way: the sun retires to the south, the days are short and nights long, and because the negative prevails it becomes cool and then cold. If the sun travels south or north the degrees change; when it proceeds and remains at a long distance it is cold all the time, when it returns and remains at a short distance it is warm all the time. So it directs the beneficent power of life and growth.

Being the symbol of sovereignty, when it traverses the countries possessing knowledge, the days are bright and glorious. Then the king flourishes in prosperity and the people dwell in peace.

The stars are the glory of the positive essence. The positive element produced the sun, the sun divided and formed the stars; so the character *sung* 星 (star) corresponds with *il* 日 (sun) with *săng* 生 (beget) underneath. In the Suk-myung

釋名 it is said that the stars scattered and spreading out dotted the heavens.

THE MOON.

The moon is the essence of the great negative element and the head of the whole negative creation. So it is the sun's mate, the symbol of the queen; and comparing with virtue it has the meaning of punishment. It also typifies all the feudal kings and ministers of the court.

When it travels east of the ecliptic (yellow road) it is called the azure road; south of the ecliptic, the red road; west, the white road; north, the black road. The four roads both on the inside and outside of the ecliptic together with the ecliptic make the nine roads.

Ecliptic and Equator.—The road in which the sun dwells is called the ecliptic; and the one midway between the north and south poles, where the degrees are equal, is called the equator. The ecliptic is half outside and half inside of the equator. In the east they intersect a little preceding the fifth degree of Horn, (Kak 角) and in the west a little beyond the fourteenth degree of Astride, (Kyu 奎).

DISCUSSION OF THE HEAVENS.

In the Ch'in Chi 晋志 the scholars of old say that the form of heaven and earth resembles an egg; the heavens on the outside enclosing the earth, like a shell with the yolk inside. The surrounding part revolves without end. Because the form was utterly chaotic it is called chaos-theory heaven, (Hon-chun 渾天).

During the Ch'in 晋 dynasty, Kal Hong 葛洪 said that the circumference of the heavens is 365 1/4 degrees; half covers the earth overhead and half surrounds the earth underneath, so half of the 28 constellations are visible and half invisible as the heavens revolve like a wheel.

Also it is said that at the time of the Song 宋 dynasty Ha Sung-Chun 何承天 examined the chaos-theory globe and investigated the theories of the heavens, thereupon he perceived that the heaven is truly round and half of it is water, also that the middle of the earth is high, the outside is lower, and water surrounds the lower part.

Also at the time of the Yang 梁 dynasty Cho Whon 祖暅 said that the shape of the chaos-theory heaven inside is round like a ball. In general in the discussions among astronomers there were six theories.

1. The so-called chaos-theory heaven, which Chang Hyung 張衡 recorded.
2. Canopy heaven (Kai-chun 盖天) whose laws Chu Bi 周髀 expounded.
3. Night revealing (Syun Ya 宣夜) whose laws were without a teacher.
4. Stationary heaven (An-chun 安天) advocated by Oo Hi 虞喜.
5. Dawn heaven (Heun-chun 昕天) advanced by Yo Sin 姚信.
6. Lofty heaven (Kung-chun 穹天) advanced by Oo Yong 虞聳.

The canopy heaven and all the subsequent theories seem unreasonable, surpassing credulity; at least the ancient scholars did not esteem them of much value.

History of the Chart.

The lost model stone of the above astronomical chart was kept in Pyeng Yang, but on account of the disturbance of war it was sunk in the river; many years having passed since it was lost, existing rubbings of the original were also out of stock.

However, when His Majesty began to reign, a man having one of the originals tendered it to him. His Majesty prized it very highly and ordered the court astronomers to engrave it anew on a stone model. The astronomers replied that the chart was very old and the degrees of the stars were already antiquated; so it was necessary to revise it by determining the present midpoints of the four seasons and the culminations at dark and dawn and to engrave an entire new chart designed for the future.

His Majesty responded, "Let it be be so!"

They spent the time until the sixth moon of Eul Hai 乙亥 (1395) preparing the new Chŭng-sung-ki 中星記 when part 1 was written out. On the old chart at the beginning of Spring (Ip-chun 立春) Pleiades (Myo 昴) culminated at dark (Hon 昏) but now Stomach (Wi 胃) does. Consequently the 24 solar divisions were changed in succession to correspond with the meridian stars of the old chart. The stone was carved and just now completed.

Thereupon His Majesty commanded me, his obedient servant, Keun 近, to make a record to come after the other part. His humble servant, Keun, calling to mind that from ancient times the emperors have not neglected the worship of heaven, and the directors and have made it their first duty to arrange the calendar, the celestial signs and sacrificial seasons, as Emperor Yo 堯 commanded Hi 羲 and Ha 和 to set in order the four seasons, and Emperor Sun 舜 had the turning sphere and transverse tube and put in order the seven directors, faithfully worshiped heaven and diligently served his people, so I respectfully think that these duties are not to be neglected.

His wise, beneficent, martial, Imperial Majesty ascended the throne upon the abdication of his predecessor and throut the whole country brought peace and prosperity, comparable to the virtuous achievement of the Emperors Yo and Sun. He gave great official attention to astronomy, revising the mid-seasons and stars, even the directors of Yo and Sun. In this way, I believe, by observing the heavenly bodies and making astronomical instruments he sought to find out the mind of Yo and Sun and to emulate their most worthy example.

His Majesty exemplified this pattern to the hearts of all; upward by observing the heavens and seasons, downward by diligently serving the people. So thru his spiritual achievements and prosperous zeal, he also, together with the two emperors, stands highly exalted. Moreover he had this chart engraved on pure marble to be an eternal treasure for his descendents for ten-thousand generations.

All ye who read, believe!

The following is abridged.

Kwon Keun 權近 received royal ordinance to make the record; Ryu Pang-taik 柳方澤 to supervise the computations and Sul Kyung-su 偰慶壽 to write the characters.

The astronomers who helped were, Kwon Chung-wha 權仲和 Choi Yŭng 崔融, No Eul-chŭn 盧乙俊, Yun In-yong 尹仁龍, Chi Sin-won 池臣源, Kim Toi 金堆, Chŭn Yŭn-kwon 田潤權, Kim Cha-yŭ 金自綏 and Kim Hŭ 金候.

Hong Mŭ 28th year, twelfth month. (Dec. 1395).

TABLE I.—MERIDIAN STARS AT DARK AND DAWN FOR THE 24 SOLAR PERIODS.

No	Solar Period.		Culminating at Dark.		Culminating at Dawn.	
1	冬至 Winter solstice	Dec. 22	室 House	6:17	軫 Crossbar	5:43
2	小寒 Slight cold	Jan. 6	壁 Wall	6:20	亢 Neck	5:40
3	大寒 Sevre cold	Jan. 21	奎 Astride	6:28	氐 Bottom	5:32
4	立春 Spring opens	Feb. 5	胃 Stomach	6:40	氐 Bottom	5:20
5	雨水 Rainy weather	Feb. 19	畢 End	6:56	心 Heart	5:04
6	驚蟄 Insects awake	Mar. 5	參 Mix	7:14	尾 Tail	4:46
7	春分 Vernal equinox	Mar. 20	井 Well	7:35	尾 Tail	4:25
8	淸明 Clear and Bright	April 5	井 Well	7:58	箕 Sieve	4:02
9	穀雨 Crop rains	April 20	星 Star	8:22	斗 Measure	3:38
10	立夏 Summer begins	May 5	張 Draw a bow	8:47	斗 Measure	3:13
11	小滿 Grain fills	May 20	翼 Wing	9:10	牛 Ox	2:50
12	芒種 Bearded grain	June 6	軫 Crossbar	9:27	女 Girl	2:33
13	夏至 Summer solslice	June 21	亢 Neck	9:34	危 Danger	2:26
14	小暑 Slight heat	July 7	氐 Bottom	9:27	室 House	2:33
15	大暑 Great heat	July 23	房 Room	9:10	壁 Wall	2:50
16	立秋 Autumn begins	Aug. 7	尾 Tail	8:47	奎 Astride	3:13
17	處暑 End of heat	Aug. 23	尾 Tail	8:22	胃 Stomach	3:38
18	白露 White dew	Sept. 8	箕 Sieve	7:58	昴 Pleiades	4:02
19	秋分 Autumn equinox	Sept. 23	斗 Measure	7:35	參 Mix	4:25
20	寒露 Cold dew	Oct. 8	斗 Measure	7:14	井 Well	4:46
21	霜降 Frost descends	Oct. 23	斗 Measure	6:56	井 Well	5:04
22	立冬 Winter begins	Nov. 7	女 Girl	6:40	星 Star	5:20
23	小雪 Slight snow	Nov. 22	虛 Emptiness	6:28	張 Draw a bow	5:32
24	大雪 Heavy snow	Dec. 7	危 Danger	6:20	翼 Wing	5:40

TABLE II.—TWELVE ZODIACAL DIVISIONS.

Number.	Table on the chart						Direction.	Animal.	Zodiacal Sign on Astral chart.	
	Limits.	Extent.	Name of Division.	Corres-ponding State.	Province.	Branches.				
1	Crassbar 12 to Bottom 4° ...	31	壽星 수셩	鄭 Chung	兗州 Yun	辰 진	E.S.E.	Dragon.	天秤宮	Celestial Balance (Libra)
2	Bottom 5° to Tail 9°	30	大火 ᄃᆡ화	宋 Song	豫州 Yea	卯 묘	E.	Rabbit	天蝎宮	Celestial Scorpion (Scorpio)
3	Tail 10° to Measure 11° ...	31	析木 셕목	燕 Yun	幽州 Ū	寅 인	E.N.E.	Tiger.	人馬宮	Man and Horse (Sagittarius)
4	Measure 12° to Girl 7°	30¼	星紀 셩긔	吳越 Oh Wol	揚州 Yang	丑 츅	N.N.E.	Ox.	磨竭宮	Ma Kal (Capricornus)
5	Girl 8° to Danger 15°	30	玄枵 현오	齊 Che	青州 Chung	子 ᄌᆞ	N.	Rat.	寶缾宮	Precious Water Bottle (Aquarius)
6	Danger 16 to Astride 4	31	娵訾 취ᄌᆞ	衛 Wi	幷州 Pyung	亥 ᄒᆡ	N.N.W.	Pig.	雙魚宮	Two Fish (Pioces)
7	Astride 5 to Stomach 6......	30	降婁 항루	魯 Ro	徐州 Sū	戌 슐	W.N.W.	Dog.	白羊宮	White Sheep (Aries)
8	Stomach 7 to End 11	30	大梁 ᄃᆡ량	趙 Cho	冀州 Ki	酉 유	W.	Fowl.	金牛宮	Golden Ox (Taurus)
9	End 12 to Well 15............	31	實沈 실침	晋 Chin	益州 Ik	申 신	W.S.W.	Monkey.	陰陽宮	The two Primordial Essences (Gemini)
10	Well 16 to Willow 8.........	30	鶉首 순수	秦 Chin	雍州 Ong	未 미	S.S.W.	Sheep.	巨蟹宮	Great Crab (Cancer)
11	Willow 9 to Draw a bow 16	30	鶉火 순화	周 Choo	三河 Sam Ha	午 오	S.	Horse.	師子宮	Lion (Leo)
12	Draw a bow 17 to Crossbar 11	31	鶉尾 순미	楚 Cho	荊州 Hyung	巳 사	S.S.E.	Snake.	雙女宮	Two Women (Virgo)

TABLE III.—THE 28 ZODIACAL CONSTELLATIONS OR LUNAR MANSIONS.

As given on chart.						English Designation.	Corresponding Element.	Corresponding Animal.	Approximate Constellation or Prominent Star.	Influence.
Number.	Sign.	Number of Stars.	Extent in Degrees.	Polar Distance.	Right Ascention.					
						Eastern Dierction,	Azure Dragon,	32 stars,	75 degrees.	
1	角각	2	12	91	188	Horn,	Wood,	Hornless Dragon,	Spica,	Propitious.
2	亢항	4	9	89	200	Neck,	Metal,	Dragon,	Virgo,	Drought.
3	氐저	4	15	97	209	Bottom,	Earth,	Badger,	Libra,	Bankruptcy, suicide, divorce disasters.
4	房방	4	5	108	224	Room,	Sun,	Hare,	Scorpio,	Lucky.
5	心심	3	5	108	229	Heart,	Moon,	Fox,	Antares,	Lawsuits, imprisonment.
6	尾미	9	18	120	234	Tail,	Fire,	Tiger,	Scorpio,	Riches, honor.
7	箕기	4	11	118	252	Sieve,	Water,	Leopard,	Sagittarius,	Lucky, prosperous.
						Northern Direction,	Sable Warrior,	35 stars,	98 degrees.	
8	斗두	6	$26\frac{1}{4}$	116	263	Measure,	Wood,	Gryphon,	Sagittarius,	Propitious.
9	牛우	6	8	106	$289\frac{1}{4}$	Ox,	Metal,	Ox,	"	Unpropitious.
10	須女수녀	4	12	106	$297\frac{1}{4}$	Trysting Maiden,	Earth,	Bat,	Aquarius,	Sisters unchaste, brothers brutal diseases.
11	虛허	2	10	104	$309\frac{1}{4}$	Emptiness,	Sun,	Rat,	"	Scarcity.
12	危위	3	17	99	$319\frac{1}{4}$	Danger,	Moon,	Swallow,	"	Evil.
13	營室영실	2	16	85	$336\frac{1}{4}$	House,	Fire,	Boar,	Markab,	Fortunate.
14	東壁동벽	2	9	85	$352\frac{1}{4}$	Eastern Wall,	Water,	Porcupine,	Alpheratz,	Fortunate.

TABLE III.—THE 28 ZODIACAL CONSTELLATIONS OR LUNAR MANSIONS.

As given on chart.										
Number.	Sign.	Number of Stars.	Extent in Degrees	Polar Distance.	Right Ascention.	English Designation.	Corresponding Element.	Corresponding Animal.	Approximate Constellation or Prominent Star.	Influence.
						Western Direction,	White Tiger,	51 star,	80 degrees.	
15	奎규	16	16	77	361¼	Astride,	Wood,	Wolf,	Mirach,	Unlucky.
16	婁루	3	12	80	12	Mound,	Metal,	Dog,	Aries,	Propitious.
17	胃위	3	14	72	24	Stomach,	Earth,	Pheasant,	„	Propitious.
18	昴묘	7	11	74	38	Pleiades,	Sun,	Cock,	Pleiades,	Unlucky.
19	畢필	8	16	78	49	End,	Moon,	Raven,	Hyades,	Fortunate.
20	觜즈	3	2	84	65	Bristle up,	Fire,	Monkey,	Orion,	Fortunate.
21	參숨	10	9	94	67	Mix,	Water,	Ape,	„	Unpropitious.
						Southern Direction,	Vermilion Sparrow,	64 stars,	112 degrees.	
22	東井동정	8	33	69	76	Eastern Well,	Wood,	Tapir,	Gemini,	Luck.
23	輿鬼예귀	5	4	68	109	Imp.	Metal,	Sheep,	Cancer,	Terror.
24	柳류	8	15	80	113	Willow,	Earth,	Muntjak,	Hydra,	Similiar to 23.
25	星셩	7	7	91	128	Star,	Sun,	Horse,	Alphard,	Similiar to 23.
26	張장	6	18	97	135	Draw a bow,	Moon,	Deer,	Hydra,	Peaceful.
27	翼익	22	18	99	153	Wing,	Fire,	Serpent,	Crater,	Misfortune.
28	軫진	4	17	98	171	Cross bars,	Water,	Worm,	Corvus,	Prosperity.

NOTES ON THE CONTENTS.

History.

The Mun-hun-pi-go, Book 2, P. 22, introduces the chapter on meridian stars (chung sung 中星) as follows: "The fixed stars move to the east 51 seconds per year, so the meridian stars are not the same now as they were in former times. At the beginning of the reign of His Majesty, Yi Tai-jo, the founder of this dynasty, a man of Pyeng Yang presented him with an old astronomical chart. The astronomers informed His Majesty that the chart was very old, so the degrees of the stars were antiquated; and requested him to revise it and to determine anew the four midseasons and the meridian stars of dark and dawn. His Majesty assented, and in the sixth month of Eul Hai (1395) he completed the Chŭng-sung-ki 中星記 containing the meridian stars of dark and dawn for the 24 solar periods, revising them from the old chart. The astrography according to the old chart and the meridian stars according to the new compilation were engraved directly on a stone. Since the founding of this dynasty, 300 years ago, the fixed stars have again changed, therefore the following new list is compiled according to the Imperial Almanac." The Chung-sung-ki of Yi Tai-jo is given in Book 3, P. 30-32, and a part of the history of the chart is quoted exalting the memory of His Majesty.

This authority confirms the main facts recorded in the history of the chart, and contributes one important item, viz., the constellations of the central astral chart were not revised. No trace of the lost stone has been found. The Tai-tong Ya-seung 大東野勝 Vol. 5, P. 219, quoting the Yang-chŏn-to-sul 楊村圖說 says that the old stone was sunk in the river and lost at the time of the war when Ko-gu-ryu 高勾麗 fell, 672 A.D. Whereas the stars had advanced one division, from Pleiades to Stomach, the old star list was approximately 1000 years old at the time of Yi Tai-jo. (The determining lines of these constellations are 14 degrees apart, therefore we have 14/365 of 25800 years.)

The contents of the chart transport us to the crepuscular period of Chinese history, when the legendary rulers considered their astronomical duties of supreme importance. Emperor Whang Ti 黃帝, 2697 B.C., and his assistants arranged the sexagenary cyclical period, constructed astronomical instruments said to include a celestial globe, and regulated the calendar. Emperors Yo and Sun are lauded for their astronomical labors. Yo (2356 B.C.) commanded his astronomers, "To calculate and delineate the movements and appearances of the sun, the moon, the stars, and the zodiacal spaces; and so to deliver respectfully the seasons to the people." (Legge's Chinese Classics, Vol. 3, P. 18.) Envoys were sent to the four points of the compass: east to welcome the rising sun and to determine the approach of spring; south to arrange the summer season; west to convoy the setting sun and to adjust the labors of autumn; and north to determine the winter. Yo is also credited with a knowledge of the solar year of 365 1/4 days; because he instructed his astronomers, since the year consists in round numbers of 366 days, to intercalate a month. Concerning Sun (2255 B.C.) the *Shoo King* says, "He examined the gem-adorned turning sphere, and the gem transverse tube, that he might regulate the seven Directors." (Legge's Classics, Vol. 3, P. 33.) Scholars do not agree on this passage and the chart simply passes on the difficulty. Dr. Legge concludes that it refers to a simple kind of armillary sphere with a hollow transverse tube for celestial observations. The astrological aim of Sun's work is clearly indicated. At that early date the Directors may have been the seven stars of the Big Dipper; but later they were understood to be the sun, the moon, Mercury, Mars, Jupiter, Venus and Saturn.

The compliment extended by Kwon Keun to his sovereign is the highest praise that could be bestowed,—favorable comparison with Yo and Sun, who embody the highest ideal of sovereign wisdom, grace and virtue. Judging from his official designation his reward was great: Ka-chŭng-tai-pu-yea-mŭn-ch'ŭn-ch'ŭ-kwan-hak-sa-to-pyŭng-wi-sa-sa-sa-po-mun-kak-hak-sa-kyŭm-yea-cho-chŭn-sŭ-sŭng-kŭn-tai-sa-sŭng-sin Kwon Keun. 嘉靖大夫藝文春秋館學士都評議使司使寶文閣學士兼禮曹典書成均大司成臣權近. He was a man of Pŏk-ju 福州 and became a disciple of Chŭng Mong-ju 鄭夢周 of Blood Bridge fame, and like his master was a loyal patriot. He was a precocious student, passing the first literary examination with high honors at 18 years of age. In the Mun-hun rok 文獻錄 Vol. 2, his name is listed among the Hak-ja 學者 or eminent scholars. His literary pseudonym is Yang Chon 揚村, and post humous title Mŭn-chung 文忠. His tablet appears in the Sŭng-Kyŭn-Kwan 成均館 inside the small East Gate. During the reign of King Tai jong he was adviser of the cabinet, at one time recommending that the officials' private guards be abolished and made soldiers of the state (Kuk-cho-po-gam 國朝寶鑑 Vol. 2, P. 2). Among his associates in compiling the chart was Ryu Pang-tak 柳方澤, whose ancestry was of Whang-hai Province and later moved to Sŭ-san 瑞山 in South Choong-chung. He became a government official in the Bureau of Astronomy. (Mun-hun-pi-go, Book 88, P. 41). Sul-Kyung-su 偰慶壽 was originally from Kyung-ju and became an official scribe and translator according to the Mun-hun-rok, Vol. 1, Penmanship section.

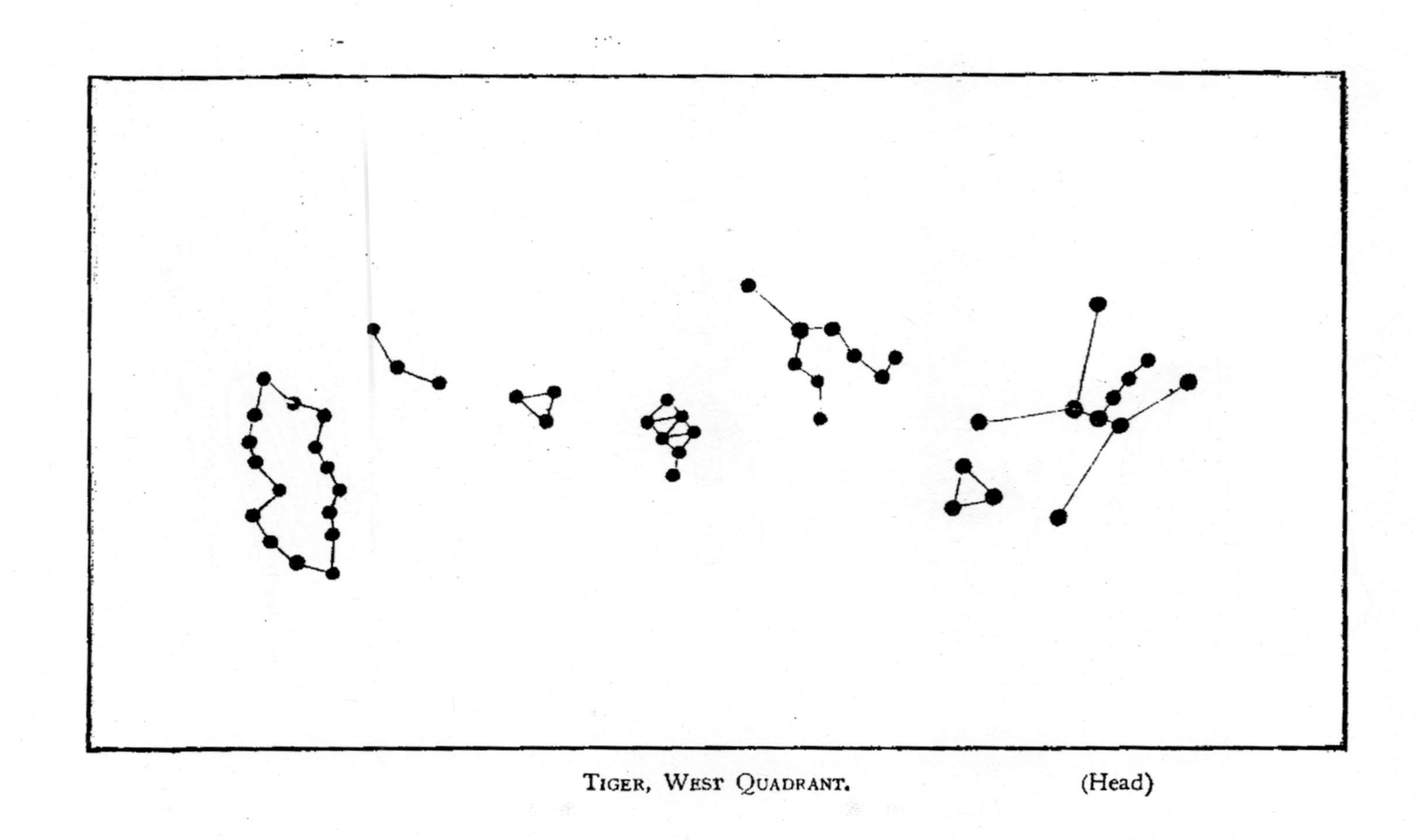

TIGER, WEST QUADRANT.

THE AZURE DRAGON, EAST QUADRANT.

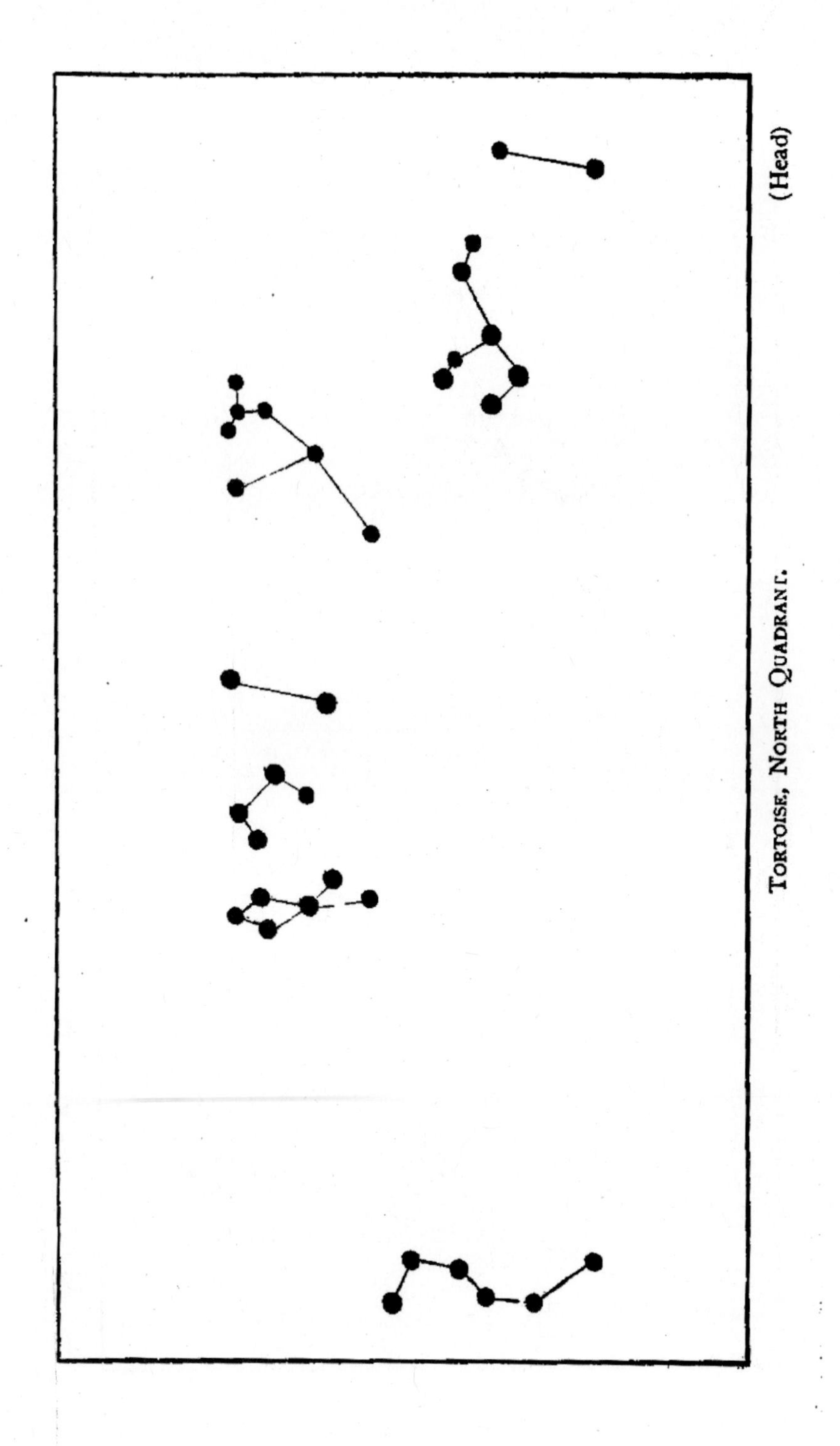

TORTOISE, NORTH QUADRANT.

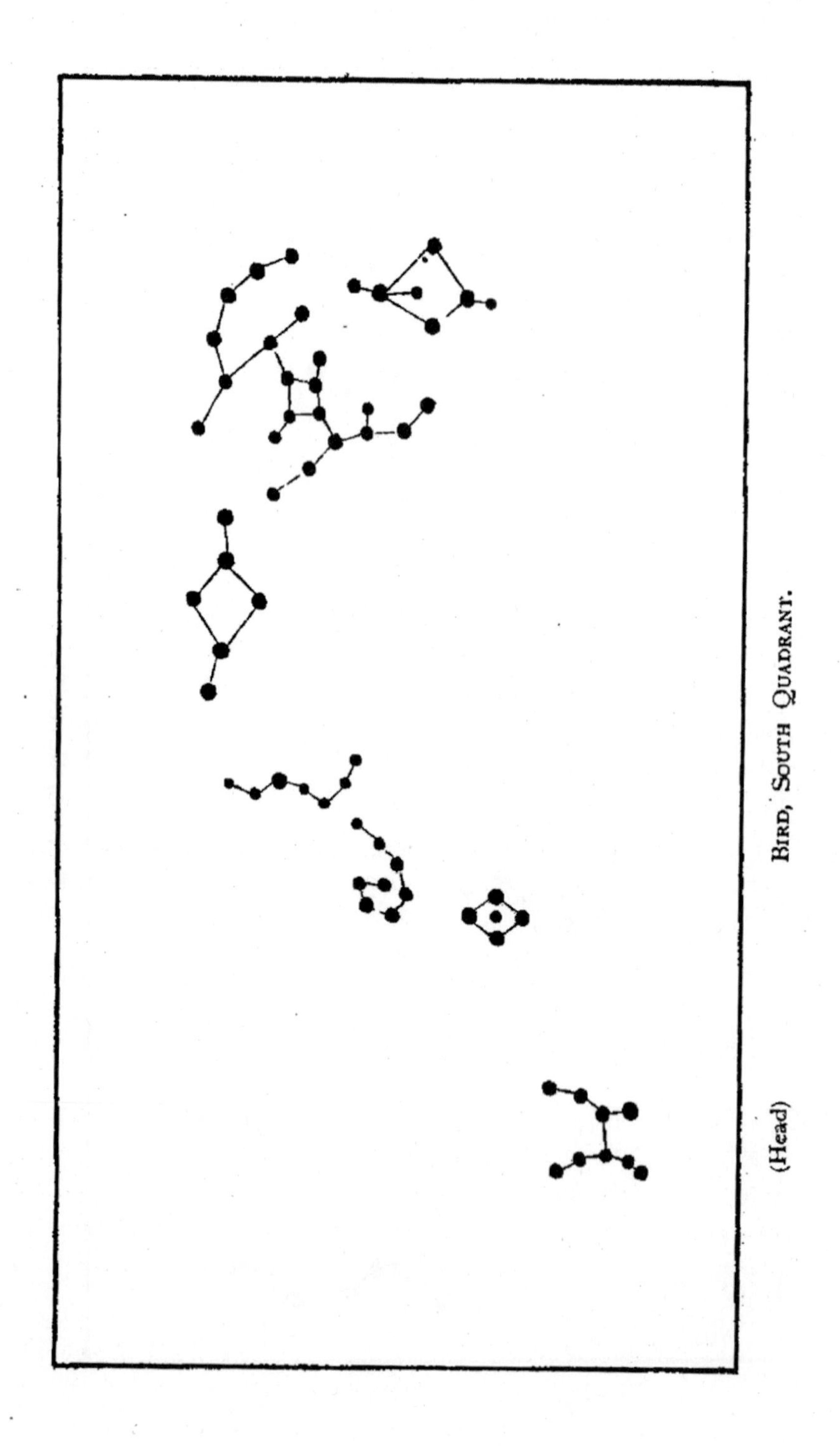

Bird, South Quadrant.

THE CENTRAL ASTRAL CHART.

The chart is projected on the plane of the celestial equator and contains all the constellations at any time visible in Korea. The left is east; top, north; right, west; and bottom, south. The north pole is the centre and three concentric circumferences mark the circle of perpetual apparition, approximately 38 degrees, the celestial equator, and the boundary of the circle of perpetual occultation about 55 degrees south declination. The ecliptic has an obliquity of approximately 21 degrees. The River of Heaven (Milky Way) is given due prominence. Radial lines corresponding to the 28 zodiacal constellations divide the map into as many parts excluding the inner circle. These divisions grouped by sevens form four unequal quadrants, the east, north, south and west, respectively protected by the Azure Dragon, Sable Warrior, Vermilion Sparrow and White Tiger. The four divisions are often called by the names of these stellar influences.

The inscription says: "In each of the four directions the seven constellations make a single shape. In the east they form a dragon, in the west a tiger, both having the head south and the tail north. In the south they form a bird, in the north a tortoise, both having the head west and the tail east."

This division into quadrants is entirely arbitrary and the assignment of the animals purely imaginary. The Azure Dragon, however, suggests a resemblance to that mythical animal rivalling the imagination of the Greeks and Romans, which may be seen from the accompanying illustration by Mrs. Rufus. A native artist experimented on the skeleton of the White Tiger; on first attempt the head and tail had exchanged places, on second trial the animal had feet upwards, the third result was fair.

The star configurations are very old. An astral chart of the Chow dynasty, about 600 B.C., a copy of which is in the Royal Library of Paris, contains 1460 stars, (Allen, Star Names and their Meanings, P. 21). We find a total of 1463 stars under 306 designations on our chart, which shows practical correspondence with the standard astrography of the Chows. Comparing with other ancient authorities we find that the Catalogue of Hipparchus, 2nd. century B.C., contained 1080; Pliny, 1st. century A.D., whose scientific merit is questionable, reckoned 1600; Ptolemy, 2nd. century A.D., a very careful investigator records 1028. Young's "Manual of Astronomy," P. 478, says, "The total number which could be seen by the ancient astronomers well enough to be observable with their instruments is not quite eleven hundred." But here we find 1460 stars "correctly laid down," to use Allen's expression, 400 years before the time of Hipparchus. Many of the asterisms, especially the zodiacal constellations, are much older and their orgin is probably Euphratean.

The celestial mythology is fascinating. Altho differing in quality from the Occidential it is not lacking in lively imagination as some seem to think. The heavens are peopled with gods and goddesses, "a celestial galaxy for terrestrial adoration." The celestial dragon guards the mansions of the gods lest they fall. In the central division are palaces and thrones, where dwell the Great Celestial Emperor (north star 天皇大帝), royal family, ministers, servants and feudal kings, also the royal stables and palace for women. Comets sweep the celestial courts, and shooting stars are the refuse thrown out of heaven. In Ursa Major dwells the god of literature. A myth also teaches the presence of the fates in this constellation presiding over the destiny of mankind. In the south-east are the pillars of heaven (天柱) and celestial portals (天門). During the mythological period Prince Kong (共工) in a rage broke the pillars of heaven by beating his head against a mountain. A violent flood followed, but was stayed by No Kwa (女媧) one of the mythical sovereigns who repaired the heavens. (2738 B.C.). Some men still live in fear of the heavens falling. In the northeast separated by the river of heaven are found the Herdsman (牽牛 견우) and the Weaving Damsel (織女 직녀)

or Trysting maiden (須女 슈녀). The story of these star lovers is current in Korea and Japan as well as in China. Their meeting was first witnessed by Chang Kun (P. 5 Mayers) (張騫) who sailed to find the sources of the Yellow River popularly believed to be the earthly continuation of the River of Heaven. Their marriage was celebrated by the celestial choir, when all the stars sang together, and by a display of celestial fireworks, to which the meteors owe their origin. They are now permitted to meet annually on the seventh of the seventh moon, when the magpies flock to the heavens and bridge the celestial river, after which the crown of their heads is bare. Rain on the preceding day indicates the washing of the chariots for the journey, on the following day the shedding of farewell tears.

Farther north are the celestial seats of 12 ancient feudal states; to the west of which the gods of Thunder bellow and Prince Lightning flashes forth. In the west rides "Astride" (Kyu 奎) the star of literature, pictured with a pencil in his hand. Near by are the gods of the clouds and the rain, distilling the essence of heaven for the thirsty earth. The brilliant south contains the wolf star (狼星), Sirius; also the no-in star (老人), Canopus, which the Koreans believed could be seen only from Quelpart and the sight of which insured a happy old age. Spanning the heavens like a triumphal arch is the beautiful Galaxy, which the *poetic* West styles the Milky Way, and the *prosaic* East calls the Silver River of Heaven.

The directions on the chart have come down from the time of Yo; when according to Chalmers, at midnight of the winter solstice Leo was in the meridian, south, Taurus in the west, Scorpio in the east, and Aquarius, tho invisible, was in the north. (Legge, Chinese Classics, Vol. 3, part 1. Proleg. P. 94) An attempt to fix the date of the indicated position of the equinoxes presents a peculiar difficulty. As two equal circles in a plane cannot bisect, we find that the vernal equinox corresponds with the first of Ariès, but the autumnal equinox follows the beginning of Libra by more than 10 degrees. The points of intersection, however, are given on the chart in the definition of the ecliptic and the equator: "In the east a little preceding the 5th degree of Horn and in the west a little *beyond* the 14th of Astride." This corresponds with the position of the autumnal equinox, but not with the vernal equinox, so we take the position of the autumnal equinox as determinative of the time. Using Spica's relative position to the equinox on the chart and at the present time as a basis for computation, we obtained the first century B.C. The distance of Polaris from the north pole on the chart, about 11 $\frac{2}{3}$ degrees, practically corresponds with the preceding, as the distance at the time of Hipparchus was about 12 degrees. The correspondence between the vernal equinox and the first of Aries also suggests the time of that great astronomer, whose work was the basis of the Julian Calendar, and we have reason to believe, the foundation also of the New Calendar of the Hans, which took effect at the time of the Grand Beginning (太初) Dec. 24, 105 B.C. The 365 $\frac{1}{4}$ degree circle and the introduction of the 12 solar divisions also point to that period. These reasons seem sufficient to justify the opinion that the equinoxes as here represented and the adjustment of the constellations on the planisphere were made by the Hans about the time of the reorganization of the calendar.

The circle of perpetual occultation, 55 degrees south, indicates a place farther south than Seoul, but would harmonize with the capital of the Hans and Chows, Sing-An Fu 新安府. On the other hand the circle of perpetual apparition, 38 degrees, corresponds closely with the latitude of Seoul, and the Chinese astrography includes several constellations in the Hang-sung 恒星 which are outside the central division of the chart, so we are inclined to believe that the revisers at the time of Yi Tai-jo determined the present position of the inner circle.

THE SUN, THE MOON AND THE HEAVENS.

The chart outlines briefly the orthodox teaching concerning the sun, the moon and the starry heavens. The sun is the Astronomical Great Father and the moon is the Astronomical Great Mother; or to carry out the simile of the chart, they are the King and Queen of the Universe. In Confucian cosmogony the sun is the concreted essence of the positive or masculine (yang 陽) principle in nature, and the moon of the negative or feminine (eum 陰) principle. These two Primary Essences were evolved from the Great Absolute (Tai-kuk 太極), the *primum ovum* of the physical universe and philosophical ultimate of the Confucianist. Back of the Tai-kuk is sometimes posited the Mu-kuk 無極, Absolute Nothingness. The positive category includes the sun, stars, thunder, lightning and the rainbow; the negative includes the moon, rain, dew, frost, snow, fog and mist. The wind and the clouds (some authors also include the stars and certain of the above phenomena) exist by virtue of both principles acting either in harmony or at enmity. (Compare A-hui-wul lam 兒戲原覽 and Sam-chai-to-hoi 三才圖會 on that subject.) The genesis of the sun and its imperial symbolism were embodied in a treatise, "The History of Great Light," by Liu An 劉安 2nd century B.C. commonly known as Hoi-Nam ja 淮南子. This work was preserved by Liu Hiang 劉向, 1st century B.C., to whom the essence of the First Great Cause is said to have appeared and expounded its teachings. It found a place in the Taoist canon and part is reprinted in the modern edition of the Sam-chai-to-hoi. The attributes of the positive element are heat and light, life-giving properties; of the negative are cold, darkness and dampness. Annual observation of the changes in the sun's position and accompanying changes in the seasons and vegetation led to the common belief of the ancients that the sun possesses life-giving power, agreeing with modern science, that upon it depends the possibility of life on the earth. "When it turns to the north all things revive, when it turns to the south all things die," Quite naturally to these beneficial physical properties moral virtues were added, so the King of Day is not an arbitrary cosmocrat, but the beneficent ruler of the universe, a symbol of kind and benevolent sovereignty upon the earth. For this reason the condition of the sun determines the prosperity of the state. The astrogeny of the chart suggests the "Solar Myth" of the Egyptians, especially Set cutting Osiris to pieces to form the stars. Another striking similarity is Osiris' beneficent rule, traveling over the world spreading the blessing of civilization.

The daily motion of the sun incited much speculation. It was said to rise upon the branches of the Boo-sang 扶桑 tree and to descend on the Yak 弱 tree. (These trees are pictured on Buddhist maps of the earth. The Boo-sang is sometimes called Buddha's Leaning Mulberry. Dr. Bretschneider of St. Petersburg identifies it with the Hibiscus Rosa Sinensis of the Mallow order common in China. Dr. Hepburn says that the tree is known to the Japanese as the Chinese Hibiscus. Korean Repository, Vol. 1, P. 288, 318.) The nearness of the sun is illustrated by the ancient belief that a country existed where a sizzling noise can be heard when it drops into the water beneath the horizon. This corresponds with a Hindoo myth, and reminds us of Vulcan's boat to ferry the sun to the morning sky. Confucius was unable to settle a dispute between two parties, one holding that the sun is nearer at sunrise, because it appears larger, and the other maintaining that it is nearer at midday, because it sheds more heat. The book of Sul-moon 說文 (Yun-gam-yu-ham Vol. 2, P. 1) states that the sun's diameter is 400 *li*, circumference 1200, distance from the earth 25000, and explains that it is round because it hangs in the heavens and turns freely in space. The length of the day depended upon the distance of the sun. In the Yuen 元 dynasty, just preceding the date of our chart, it was held to be due to a difference of the sun's altitude. The symbol of the sun is a circle in which is a crow with three legs, probably derived from the writing of Hoi-nam-ja. Because the sun is the master of the positive creation, the animals take off their horns in the spring and summer.

As the negative element is the complement of the positive, so its concreted essence, the moon, is the Queen of the *Eum* Creation, and the symbol of the King's consorts and court assemblage. The original idea of complementary relationship for perfect unity in the *Tai-kuk*, contained the idea of contrast or oppositeness, not necessarily antagonism, e.g., light and darkness, heat and cold, heaven and earth, water and land, husband and wife. Unfortunately for the moon and for womankind the contrast was carried into the moral realm, so the moon stands for destructive or punitive qualities, and the idea of woman is associated with all kinds of evil, accounting in a large measure for her low social position.

The symbol of the moon is a circle in which is a hare pounding rice in a mortar, probably due to a legend traceable to an Indian source (Mayers). Other creatures of the moon are the frog or toad, a cassia tree whose leaves give immortality, and a genius recognized as the matrimonial match maker. Hoi-nam-ja styles the moon the messenger of the gods, probably on account of its swift motion. Its bounds from night to night may also have suggested the leaping animals. Another author in the Wang-chung-ron-hyung 王充論衡 says it "glides like a duck thru the sky." Its diameter is 1000 *li*, circumference 3000 and distance below the heavens 7000. (Accredited to the Syu-chung-chang-yuk 徐整長曆 by the Yun-gam-yu-ham, Vol. 3, P. 1.)

Concerning the "Nine Paths of the Moon's Orbit" Mayers quotes Medhurst's Shoo King as follows: "The nine-fold course of the moon appears to refer to the inclination of the lunar orbit and to the ascending and descending nodes, where they cut the ecliptic." He then adds: "The ecliptic is described as the middle path of the sun, and each of the first four paths of the moon is considered as a double line with reference to its two successive passages of the ecliptic." We shall try to explain the explanation.

THE MOON.

THE SUN.

The geometrical figure of the Shoo King (Table 5) illustrating the nine roads may be constructed by describing eight equal circles using the vertices of a regular octogon as centers, and drawing the ninth circle thru the central series of the points of intersection. The table indicates the ordinary correspondence between color, direction, and solar period. Inside the ecliptic, the central circle, the negative influence prevails; outside, the positive. The Shoo King or Syu-chun Vol. 1, P. 8, says: "In the winter when it enters the negative influence and in the summer when it enters the positive influence, the moon passes thru the azure road. After the winter and summer solstices half of the azure road is bisected at the point of the vernal equinox, where it is located east of the ecliptic; also after the winter and summer begins, half of the azure road is bisected at the point of spring begins, where it is located southeast of the ecliptic. The opposite sides also are just the same." Then follows a similar explanation of the white, red and black roads, and the summary: "The four series separating make eight divisions with regard to the positive and negative; all of these intersect the ecliptic and each other, so altogether the moon's orbit has nine roads. It is said because the sun and moon travel these roads we have winter and summer."

These eights paths in succession can not represent the course of the moon during one year, because the year contains over 13 nodical months; so the solar terms in the explanation must refer to points in the ecliptic rather than to seasons of the year. Then the direction of the moon from the ecliptic at the time of its greatest positive distance determines the color of the road; e.g., East or East-South is the Azure road, in that path the moon will also be in the constellations of the Azure Dragon during the period of greatest positive influence. Each road becomes two according as it is positive or negative, making eight lunar paths; these with the ecliptic are the Nine Roads. The regression of the nodes, completing a revolution in about 19 years, varies the correspondence between the roads and the seasons during successive years.

TABLE V.

THE NINE ROADS OF THE MOON.

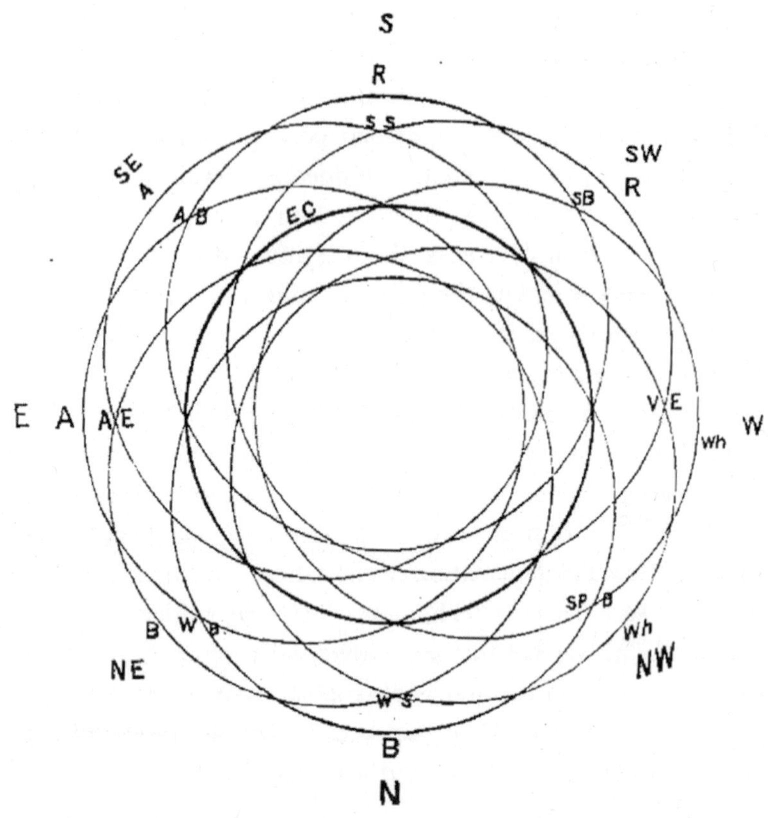

Ec.	Ecliptic.
A. A.	The two Azure roads of the east.
R. R.	,, Red ,, ,, south.
Wh. Wh.	,, White ,, ,, west.
B. B.	,, Black ,, ,, north.
S. S.	Summer solstice.
A. B.	Autumn begins.
A. E.	Autumnal equinox.
W. B.	Winter begins.
W. S.	Winter solstice.
Sp. B.	Spring begins.
V. E.	Vernal equinox.
S. B.	Summer begins.

The discussion of the heavens shows the faithfulness of the Koreans to the authority of antiquity. The oldest cosmogony is accepted as the truth, or else the cosmogony which they held to be true was accredited to the earliest days.

The distance from the earth to the heavens was reckoned with a show of great exactness, being 216,781 1/2 *li*. The size of the heavens from north to south is 233,057 *li* 25 paces; from east to west it is 21 paces smaller. (Yun-kam-yu-ham 淵鑑類函 Vol. 1. P. 1. quoting Kwang-ah 廣雅). The calculations, however, greatly differ. Another astronomer makes the distance of the heavens 81,394 *li* 30 paces 5 feet 3 inches and 6 tenths. (Legge's classics Vol. 3. Part 1. P. 91.) Another in the Chi-ye-chi 地輿志 says the circumference of the heavens has 365 1/4 degrees and each degree contains 2,932 *li* 71 paces 2 feet 7 inches and four tenths. The circumference is 1,070,913 *li* (The paces were left out in the computation) and the diameter is 356,971 *li* (Just one-third the circumference). With this the Yu Kyung (類經) agrees, adding the explanation, "The heavens move 80 *li* during a breath. Man breathes 13,500 times during the day and night, therefore we know it is 1,080,000 *li* around the heavens." This kind of reasoning prevailed until the revival of astronomy under the influence of the Jesuits. The Mun-hun-pi-go recognizes that the size of the heavens is not obtainable.

The chart accepts the Hon-chun 渾天 explanation of the universe. The origin of this theory is lost in antiquity, but its teachings were elaborated and recorded by Chang Hyung 張衡 78-139 A.D., Grand Historiographer of the Hans, An Ti 安帝 and Shun Ti 順帝, who constructed a Hon chun-eui 渾天儀, a sort of uranosphere (Mayers) or celestial globe (Giles), and produced several works on astronomy. This school of astronomers taught that the universe is like an egg, the surrounding heaven is large and the earth within is small. Water exists on the surface of the sky, in which the constellations float, while the heavens revolve like a wheel. They also held that the form was confused or chaotic. This suggests at once the Biblical passage.

"The earth was without form and void." Williams, The Middle Kingdom, Vol. 2. P. 138, quotes as follows from a Chinese source: "Heaven was formless, an utter chaos; the whole mass was nothing but confusion." Chang Hyung explains the formlessness by saying: "There is no end to heaven because it is round, so we can not see its shape." The term *Hon-chun* is difficult to translate. Giles defines *Hon* as: "Confused; chaotic; disordered; turbid; muddy. Whole; complete; the entire mass." Hon-chun-eui is given as celestial globe. The *Hon-chun* then stands for the confused or formless heaven as represented and explained by an armillary sphere, such as is pictured in the Shoo King 書經 Vol. 1, P. 8. The term also contains the precosmic ideas involved in Confucian cosmogony and suggests a theory of creation quite as well as a conception of the present order. Attempting to convey both ideas, the passage of the chart, "Ki hyung hon hon yun go wal hon chun ya," 其形渾渾然故日渾天也 is translated, "Because the form was utterly chaotic, it is called chaos theory heaven." Concerning the Hon-eui 渾儀 mentioned in the chart and examined by Ha Sung Chun, from the conclusions he reached (q.v.) we hesitate to apply the term "celestial globe" with its present significance. The turning-sphere of Sun and the much-improved "uranosphere" of Chang Hyung must have been rather "rude" if they faithfully represented the ideas of their authors. The present meaning of Hon-chun-eui is clearly celestial globe; but we have tried to avoid the modern significance by the translation of the text, *chaos-theory globe.* It was only a step, however, from the idea of the chaos-theory heaven to the modern idea of the celestial sphere of infinite dimensions, as far as the form is concerned. This step, nevertheless, necessitated the surrender of the idea of a limited heaven and consequently of a diurnal revolving heaven.

Kal Hong 葛共, or Chi Chun 稚川 as he is sometimes called, 4th century A.D., who also taught this theory, was a famous Taoist doctor. The chart says that he taught that the circumference of the heavenly body contains 365 1/4 degrees, but earlier use was made of that division by writers of the Han dynasty, at the time of the new calendar, adopted 59 years before the Julian calendar was issued. A Chinese biographical dictionary 東洋歷史大辭典 pictures Kal Hong as stupid, stammering and dirty, very poor but very studious. He discovered the medicine of immortality, and at the age of 81 went to sleep in a sequestered spot. When his friends sought him they found only his empty clothes; the great teacher was gone. He was among the first to teach the difference between the sidereal year and tropical year, first distinguished in China by Oo Hi, whose work seems to be rejected by the author of this section of our chart. Ha Sung Chun developed the same theory of the heavens and estimated the length of the sidereal year at 365.255 days and the tropical year at 365.245 days.

The Canopy Heaven system of astromony is accredited to Chu Bi. The Chu-Bi San-kyung 周髀筭經 also contains some trigonometry and is thought to be a relic of the Chow dynasty. The Yun-gam-yu-ham expresses some doubt as to the origin of the theory, but classifies it among the three "Heavens" of the ancients, the Chaos-theory, Night-revealing, and Canopy Heaven. According to this system the starry firmament was represented as a concave sphere (Wylie, Notes on Chinese Literature, P. 106), or like a huge umbrella according to Korean scholars. The celestial chart given to the Silla emperor, Hyo Syo 孝昭 by the Buddhist monk, To Ching 道証, is said to have represented this system, (Mun-hun-pi-go, Book 3, P. 2.) The Pleasant Parasol constellation, (Wha-gai 華蓋) as pictured on the astral chart, is a good illustration.

Concerning the "Night Revealing," *Syun-ya*, system Wylie says: "It has not been handed down, but native scholars suppose that there is a close resemblance between it and the system introduced by the Europeans." This agrees with the chart that the system has been without a teacher to expound its laws. The Yun-gam-yu-ham, however, calls it the law of Ha Eun 夏殷. If this refers to those two dynasties it fixes the time too early for European influence. The Koreans say this system resembles the Canopy Heaven and is like the turning of a drooping curtain on all sides.

Preceding the three remaining theories, the Yun-gam-yu-ham mentions the Square Heaven (Pang-chun 方天) proposed by Wang Choong 王充 of the first century A.D., and designates these four theories as modern rather than ancient. The Stationary or Peaceful Heaven, *An-chun*, advocated by Oo Hi 虞喜, first half of the fourth century, taught that the heavens are at rest. An illustrative apparatus is said to have represented the heavens as motionless, but had some kind of instrument that could be moved. The Dawn Heaven, *Heun-chun*, represented the heavens as a cylinder revolving about an axis. The Lofty Heaven, *Kung-chun*, recognized the absolute loftiness of the celestial vault. These modern systems are branded as nonsense by the Yun-gam-yu-ham, which adds, "There is no doubt concerning the Chaos-theory Heaven."

THE TABLES.

We have seen that the list of meridian stars (Table 1) is credited to the labors of Yi Tai-jo, constituting a part of the Shin-pup Chung-sung-ki 新法中星記. The compilation suggests a certain degree of ability on the part of the Korean Board of Astronomers. A glance at the table will show that the variation in the time of dark and dawn during the 24 solar periods was taken into consideration in its compilation, suggesting, however, the method of observational astronomy rather than the more accurate and more expeditious method of theoretical astronomy. The interval of time between the receipt of the old chart, shorly after the beginning of the reign, 7th month of 1392, and the completion of the new list in the summer of 1395 gives opportunity for sufficient observations.

The 24 solar "breaths" here used, together with the sexagenary cycle, the 28 lunar mansions, and the 12 divisions of the zodiac, employed by the Chinese probably came from the Chaldeans. (Williams, The Middle Kingdom, Vol. 2.

P. 70). The Chinese however, credit the Kap-cha 甲子 to Ta Nao 大撓 at the time of Hwang Ti 黃帝 B.C. 2697.

The culminations deal with entire zodiacal constellations rather than with individual stars, also with solar periods and the variable expressions dark and dawn 昏曉 instead of a definite time, so computations based upon the data must be given a fair margin of probable error. Ease in computation has suggested a theoretical six o'clock average time for the observations to have taken place, and some use has been made of that hypothesis in discussing Chinese chronology. (Article, "Astronomy of the Ancient Chinese," Chalmers; Legge's Chinese Classics, Vol. 3. Proleg. P. 92). However one-half hour difference in the time of observation makes over 500 years difference in dates determined by this method of attempting to fix or to verify a chronology. (1/2 hr=7 1/2 degrees, so we have $\frac{7.5}{360}$ of 25,800 years =537 1/2, where 258000 years is the period of the precession of the equinoxes). The time of day of observations given in the table is taken from the list of Meridian Stars in the Mun-hun-pi-go, Book 2; altho this compilation was made 300 years later it illustrates the custom in vogue at the time of Yi-Tai-jo.

The Twelve Zodiacal Divisions (Table 2) are given due prominence on the chart; the table begins in the upper right hand corner, and the modern signs occupy the outer ring of the circular astral chart. Each division is given five designations, Name, State, Province, Branch, Sign. In addition to this the unequal solar divisions are defined by using the still more unequal lunar divisions, which are more fundamental in Chinese and Korean thought and have so remained to the present century.

The origin of the twelve "names" is obscure. Longevity Star (壽星) is one of the Three Auspicious Stars of the Numerical Catagories, also first of the Five Blessings 五福. Great Fire (Tai-wha 大火) has heen identified with Antares and suggests an origin of the term as remote as the time when that ruddy star and Aldebaran marked the equinoctial points, 3000 B.C. (Kingsmill, "Ancient Lunar Asterisms," Royal Asiatic Society,

Vol. 26, P. 79.) The order of the feudal states does not seem indicative of direction and no sufficient reason for their assignment to the various divisions has been offered. Dr. Edkins suggested that Jupiter's position in the constellations may have determined Chung's assignment. The names of the provinces take us back to the time of the Nine Provinces of Yü 禹, 2278 B.C. with which eight provinces of the chart agree, Ryang 楊 only having dropped out. Yu 幽, Pyeng 并, and Ik 益 of the chart are among the 13 provinces of the Han dynasty, and probably were added at that time, when the Hans made greater use of the solar divisions in the reorganization of the calendar. Allowing for subsequent orientation, an attempted correspondence between the location of the provinces and the directions on the chart can be recognized. Much difficulty seems to have arisen in the introduction of the solar zodiac. Taking the 12 divisions in their usual order and making them correspond with the 12 branches and their associatied direction reverses them, so they go backward thru the year. According to Appendix 5, D. in Giles Dictionary that order is accepted; but our chart has changed the cyclical correspondence between the branches and the signs so the year progresses harmoniously. (See Table 4).

The modern signs in the outer circle of the stellar chart were unquestionably inserted by the revisers. These terms were introduced into China from India in the Buddhist Classics about the 10th century; but met with little use before the beginning of the Ming dynasty, 1368 A.D., when they were adopted by the Board of Astronomers for about 30 years. (Doolittle, "Vocabulary and Hand book on the Chinese Language," Vol. 2, P. 364.). The date of our chart comes within that period and shows the chose relationship between Chinese and Korean science. Later works including the Mun-hun-pi-go use the old terms, Su-sung, Tai-wha, etc. Allen in "Star Names and their Meanings" credits the Jesuits with the introduction of the modern signs in the 16th century; it is probable that they simply revived their use. The characters for Capricorn, Ma-kal, 磨竭宮 do not correspond with the modern Ma-kal 摩羯宮.

TABLE IV.

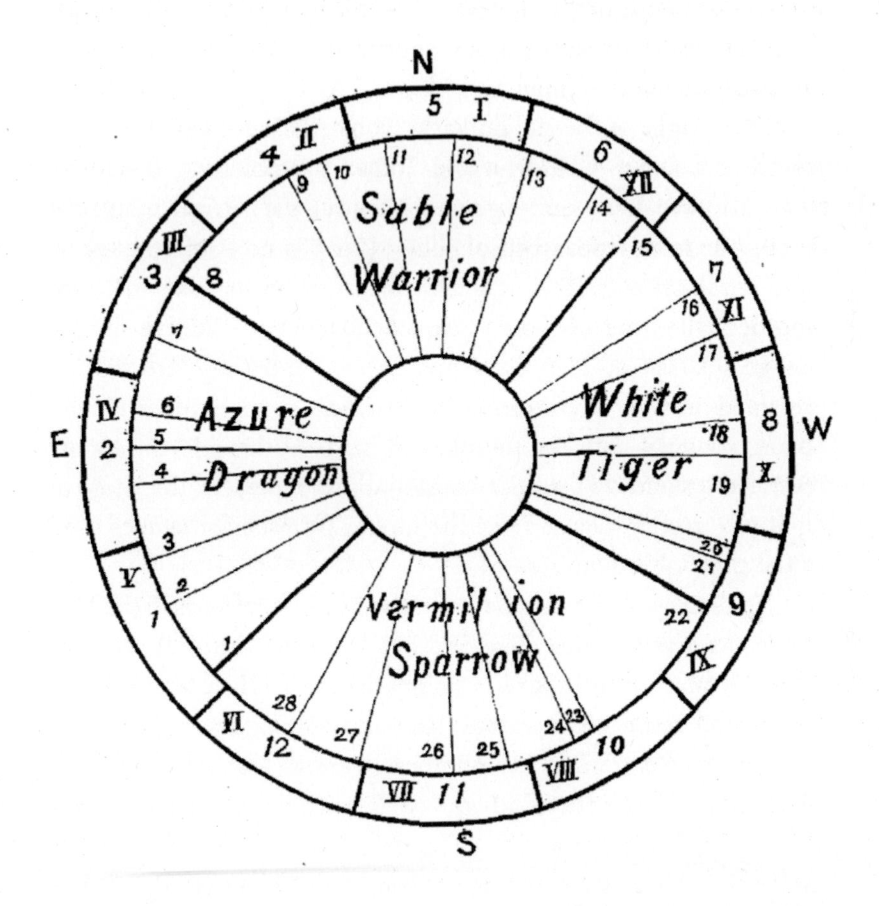

Outer circle Arabic numbers refer to solar zodiacal divisions, Table 2. Inner circle, Table 3. The Roman numerals refer to the Branches and corresponding directions, Table 2.

The sounds are the same but the meaning of the terms on the chart is not clear. Another point is worthy of note. Gemini is designated by the expression Eum-Yang which is sanctioned by modern Chinese usage. Japanese dictionaries have adopted Sang-nyu 雙女, which corresponds with Virgo on the chart. The modern designation for Virgo is Sil-nyu 實女. The terms given on the chart seem quite appropriate and give rise to no confusion between Gemini and Virgo.

The origin of the 28 Zodiacal Constellations (Table 3) is involved in Chinese, Chaldean and Indian mythology. Their use seems to have been quite general thruout the Orient in ancient times; the term mazzaroth of Job 33: 23 is now interpreted to mean zodiacal asterisms. Their introduction or use in China preceded the time of Yo and Sun according to Chinese annals, (Legge's Classics, The Canon of Yaou,) and they are still represented as they appeared at that time. The number corresponds roughly with the number of days of the sidereal month (between 27 and 28), so the constellations represent the daily or nightly "resting places" of the moon, 27 was sometimes used as the preferable number.

A discrepancy exists between the number of stars in the four quadrants given by the engraved headings and the total obtained from the table on the chart. Comparison with the star groups of the central astral chart shows that the headings agree with the old astrography, when the numbers were as follows: Horn 4, Danger 7, House 8, End 9, Well 9, and Crossbar 7, the others remaining the same. The polar distances as given in the table also differ from the astral chart. These two differences lead to the inference that the table represents a revised uranography and was introduced by the revisers of the chart. The longitude was not included. In Table 3 the right ascension has been determined from the astral chart, beginning with the Vernal Equinox which corresponds with the First of Aries and 4th degree of Astride, also using the radial lines as determinative of the position. In dealing with early approximations derived from observations made with ancient instruments, the terms longitude and right ascension may be used interchangeably with little loss of accuracy. The "Influence" of the various constellations is condensed from Du Bose, "The Dragon, Image and Demon.

CHRONOLOGICAL SUMMARY.

The chart is not the work of a single period, but embodies the labors of 4000 years. We shall attempt to give a chronological view of the contents.

Legendary period.

- Origin uncertain, probably preceding Yo and Sun.
- The 28 lunar resting places,
- The 24 solar "breaths,"
- The 12 branches,
- The 12 names, Su-sung, Tai-wha, etc.,

Yo and Soon, 2356 to 2205 B.C.

- Four unequal quadrants,
- Fixing the four cardinal points and directions on the ecliptic,
- The turning-sphere, bearing on the chaos-theory heaven;

Yu, the Great, 2205 B.C.

- The nine provinces;

Hia and Yin, to 1154 B.C.

- The Syun-ya or night-revealing heaven;

Chow, to 225 B.C.

- Kai-chun or canopy heaven,
- The feudal states,
- Development and charting of star-groups as they appear on chart.

Former Han, to 25 A.D.

- Application of 12 provinces to zodiacal divisions,
- Delimiting zodiacal divisions,
- Adjustment of equinoxes and rectification of constellations on the planisphere.

Later Han, to 220 A.D.

Development and recording of the Hon-chun or chaos-theory heaven. Up to the sixth century,—

Introduction of the so-called "modern" theories of the heavens, including distinction between the sidereal and tropical year.

After this time there seems to have been little development of Astronomy in the East until after the time of the chart, under Jesuit influence.

The revision of the chart at the time of Yi Tai-jo,—The circular chart of the constellations culminating at dark and dawn, was entirely revised, (Table I.)

On the outer ring of the central astral chart the modern signs of the zodiac were introduced, probably changing the order of the cycle; also the circle of perpetual apparition was fixed at approximately 38 degrees.

Concerning Table 3 a uranography later than the astral chart was followed; so the work was probably done by the revisers. The use of the term Trysting Maiden, Su-nyu 須女 in the table instead of Weaving Damsel, Ching-nyu 織女 which is on the astral chart, or the more common form, Girl, *Nyu* 女, when enumerating the 28 constellations, may also represent a change.

Of course the history engraved at the bottom is entirely Korean; and the time of day of dark and dawn taken from the Mun-hun-pi-go and copied in Table I.

Table II on the chart shows little evidence of revision.

The treatises on the sun, the moon and the heavens indicate nothing later than the sixth century; so they may have been copied from the lost chart, if it was as late as the beginning of the Tang dynasty, 618 A.D. The Tangs sent a chart to King Hyo Syo of Silla by the monk, To Ching, so it seems quite probable that the lost Pyeng Yang chart was sent by them to one of the kings of Ko-gu-ryu, when the capital was at Pyeng Yang.

Direct historical evidence concerning the lost chart is one of the points left for further search. Another lost relic is the historical tablet of King Yung-jong, which might be discovered by a better student of history.

天象列次分野之圖

日宿

日爲大陽之精衆陽之長去赤道表裏各二十四度遠寒近暑而中和陽用
事則進北晝長夜短陽勝故爲溫暑陰用事則退南晝短夜長陰勝故爲涼寒
若日行南北失道則進而長爲常寒退而短爲常燠主生養恩德
人君之象故行有道之國則光明
人君吉昌百姓安寧
星者陽精之榮也陽精爲日日分爲星故其字從日下生也釋名云星散也
布散於天

月宿

月爲大陰之精衆陰之長以之配日女主之象以之比德刑罰之行義列之朝
廷諸侯大臣之類行黃道之東謂之青道行黃道之南謂之赤道行黃道之西
謂之白道行黃道之北謂之黑道黃道內外各四并黃道爲九道也
黃赤道 日之所留謂之黃道南北極之中度最均處謂之赤道黃道者半
在赤道外半在赤道內東交於角五小弱西交於奎十四小强

論天

晉志前儒舊說天地之體狀如鳥卵天包地外猶殼之裹黃也周旋無端其形渾渾然故曰渾天也又晉葛洪云周天三百六十五四分度之一半覆地上半繞地下故二十八宿半見半隱天轉如車轂之轉也又宋何承天云廼觀渾義研求天意乃悟天形正圓而水居其半地中高外界水周其下又梁祖暅云渾天之形內圓如彈丸凡論天者有六家一曰渾天張衡所述二曰蓋天周髀以爲法三曰宣夜無師法四曰安天虞喜作五曰昕天姚信作六曰穹天虞聳作自蓋天已下並好奇徇異之說非至說也先儒亦不重其術也

右天文圖石本舊在平壤城因兵亂沉于江而失之歲月既久其印本之存者亦絕無矣惟我
殿下受命之初有以一本投進者
殿下寶重之
命書雲觀重刻于石本觀上言此圖歲久星度已差宜更推步以定今四仲昏曉之中勒成新圖以示于後
上以爲然越乙亥夏六月新脩中星記一編以進舊圖立春昂中於昏而今則爲胃二十四氣以次而差於是因舊圖改中星鐫石甫訖廼
命臣近誌其後臣近竊惟自古帝王奉天之政莫不以曆象授時爲先務堯命義和而秩四時舜在機衡而齊七政誠以敬天勤民爲不可緩也恭惟

巡衛司後領散員臣金侯洪武二十八年十二月 日
掌漏進勇副尉虎勇巡衛司右領別將臣金自綏權知視日脩義副尉虎勇
仁龍判事通訓大夫臣池臣源承通德郎臣金堆掌漏啓功郎臣田潤權知
嘉靖大夫檢校中樞院副使臣盧乙俊兼正嘉善大夫檢校戶曹典書臣尹
臣權仲和兼判事嘉靖大夫商議中樞院事都評議使司使臣崔融兼判事
領觀事特進輔國崇祿大夫判門下府事都評議使司事集賢殿大學士

書雲觀

觀事臣柳方澤奉敎推筭中直大夫校書監臣偰慶壽奉敎書
曹典書成均大司成臣權近奉敎記嘉靖大夫檢校中樞院副使兼判書雲
實也信矣哉嘉靖大夫藝文春秋館學士都評議使司使寶文閣學士兼禮
勤民事神功茂烈亦當與二帝並隆矣況此圖勒貞珉永爲子孫萬歲之

則

殿下本以欽存諸心上以奉天時下以
已惟
以正中星即堯舜之政也然求堯舜所以觀象制器之心其本只在乎欽而
殿下聖武仁明以禪讓而有國中外晏然躋于太平即堯舜之德也首察天文

TABLE VI.

STAR LIST.

CENTRAL DIVISION.

No.	Names.	No.	No.	Names.	No.
1	紫微七	7	20	天厨六	6
2	北極五	5	21	八穀八	8
3	四輔四	4	22	天棓五	5
4	天一太一	2	23	天床六	6
5	陰德二	2	24	內厨二	2
6	尙書五	5	25	文昌七	7
7	柱下史一	1	26	三公三	3
8	女史一	1	27	天理四	4
9	女御宮四	4	28	北斗七	7
10	天柱五	5	29	輔星一	1
11	大理二	2	30	策 一	1
12	勾陳六	6	31	扶筐七	7
13	天皇太帝一	1	32	紫微八	8
14	六甲六	6	33	天船九	9
15	五帝坐五	5	34	積水一	1
16	華蓋七	7	35	積水一	1
17	杠 九	9	36	天倉三	3
18	傳舍九	9		Total	166
19	內階六	6			

EASTERN DIVISION.

No.	Names.	No.	No.	Names.	No.
1	左角二	2	3	天田二	2
2	平道二	2	4	進賢一	1

No.	Names.	No.	No.	Names.	No.
5	… 周鼎三 …	3	35	… 陣車三 …	3
6	… 天門二 …	2	36	… 玄戈一 …	1
7	… 平 二 …	2	37	… 西咸四 …	4
8	… 庫樓十 …	10	38	… 日 一 …	1
9	… 柱 三 …	3	39	… 房 四 …	4
10	… 柱 三 …	3	40	… 天市十一 …	1
11	… 柱 三 …	3	41	… 列肆二 …	2
12	… 柱 三 …	3	42	… 從官二 …	2
13	… 柱 三 …	3	43	… 積卒十二 …	12
14	… 衡 四 …	4	44	… 心 三 …	3
15	… 陽門二 …	2	45	… 罰 三 …	3
16	… 南門二 …	2	46	… 鍵閉一 …	1
17	… 郎將一 …	1	47	… 東咸四 …	4
18	… 亢 四 …	4	48	… 貫索九 …	9
19	… 大角一 …	1	49	… 尾 九 …	9
20	… 折威七 …	7	50	… 神宮一 …	1
21	… 攝提三 …	3	51	… 龜 五 …	5
22	… 頓頑二 …	2	52	… 天江四 …	4
23	… 亢池六 …	6	53	… 傅說一 …	1
24	… 三公三 …	3	54	… 魚 一 …	1
25	… 更河三 …	3	55	… 市樓六 …	6
26	… 帝席三 …	3	56	… 宗正二 …	2
27	… 氐 四 …	4	57	… 候 一 …	1
28	… 天乳一 …	1	58	… 帝座一 …	1
29	… 招搖一 …	1	59	… 七公七 …	7
30	… 騎官二十七 …	27	60	… 宦者四 …	4
31	… 車騎三 …	3	61	… 斗 五 …	5
32	… 天輻二 …	2	62	… 斛 四 …	4
33	… 騎陣將軍一 …	1	63	… 車肆二 …	2
34	… 攝提三 …	3	64	… 箕 四 …	4

No.	Names.	No.	No.	Names.	No.
65	外杵三	3	71	帛度二	2
66	糠 一	1	72	天紀九	9
67	天鑰八	8	73	女牀三	3
68	農丈人一	1			
69	宗人四	4		Total	272
70	宗星二	2			

NORTHERN DIVISION.

No.	Names.	No.	No.	Names.	No.
1	斗 六	6	21	羅堰三	3
2	鼈十四	14	22	女 四	4
3	建 六	6	23	齊 一	1
4	天弁九	9	24	趙 二	2
5	天鷄二	2	25	鄭 一	1
6	狗國四	4	26	越 一	1
7	天淵十	10	27	周 二	2
8	天市東垣十一	11	28	秦 二	2
9	屠肆二	2	29	代 二	2
10	宗大夫四	4	30	晋 一	1
11	狗 二	2	31	韓 一	1
12	牛 六	6	32	魏 一	1
13	天田九	9	33	楚 一	1
14	九坎九	9	34	燕 一	1
15	河鼓三	3	35	雉珠五	5
16	右旗九	9	36	苳 五	5
17	左旗九	9	37	敗苳五	5
18	織女三	3	38	天津九	9
19	漸臺四	4	39	奚仲四	4
20	輦道六	6	40	雉瑜三	3

No.	Names.	No.
41	天桴四	4
42	虛 二	2
43	司命二	2
44	司祿二	2
45	司危二	2
46	司非二	2
47	哭 二	2
48	泣 二	2
49	天壘城十三	13
50	敗臼四	4
51	蓋屋二	2
52	危 三	3
53	人 五	5
54	內杵三	3
55	臼 四	4
56	車府七	7
57	鉤 九	9
58	墳墓四	4
59	虛梁四	4
60	天錢十	10
61	鉄鉞三	3
62	北落師門一	1
63	天綱一	1
64	土公二	2
65	室 二	2
66	離宮六	6
67	雷電六	6
68	羽林四十五	45
69	八魁九	9
70	騰蛇二十二	22
71	壘壁陳十二	12
72	造父五	5
73	霹靂五	5
74	雲雨四	4
75	東壁二	2
76	天廐十	10
77	鉄鑕五	5
78	土公二	2
79	王良五	5
	Total	415

WESTERN DIVISION.

No.	Names.	No.
1	奎十六	16
2	外屛七	7
3	天溷七	7
4	司空一	1
5	軍南門一	1
6	閣道六	6
7	附路一	1
8	右梗五	5
9	天倉六	6
10	天庾三	3
11	婁 三	3
12	左梗五	5

No.	Names.	No.
13	天將軍十一	11
14	天囷十三	13
15	芻藁六	6
16	積尸一	1
17	胃三	3
18	天廩四	4
19	大陵八	8
20	天讒一	1
21	卷舌六	6
22	天苑十六	16
23	昴七	7
24	天阿一	1
25	礪石四	4
26	天園十四	14
27	天陰五	5
28	天街二	2
29	月一	1
30	畢八	8
31	天節八	8
32	天高四	4
33	五車五	5
34	柱三	3
35	柱三	3
36	柱三	3
37	天潢五	5
38	咸池三	3
39	天關一	1
40	參旗九	9
41	九斿九	9
42	玉井四	4
43	九州殊九	9
44	諸王六	6
45	觜三	3
46	坐旗九	9
47	司恠四	4
48	屏二	2
49	參十	10
50	軍井四	4
51	厠四	4
52	水府四	4
	Total	284

SOUTHERN DIVISION.

No.	Names.	No.
1	井八	8
2	北河三	3
3	南河三	3
4	天樽三	3
5	五諸侯五	5
6	積薪一	1
7	水位四	4
8	四瀆四	4
9	軍市十三	13
10	野鷄一	1
11	丈人二	2
12	子二	2

No.	Names.	No.
13	孫 二	2
14	闕丘二	2
15	狼 一	1
16	弧矢九	9
17	老人一	1
18	天狗七	7
19	天矢一	1
20	鬼 五	5
21	爟 四	4
22	外厨六	6
23	天社六	6
24	柳 八	8
25	酒旗三	3
26	星 七	7
27	軒轅十七	17
28	內平四	4
29	天相三	3
30	稷 五	5
31	張 六	6
32	天廟十四	14
33	長垣四	4
34	天牢六	6
35	三台六	6
36	虎賁一	1
37	少微四	4
38	靈臺三	3
39	太尊一	1
40	翼二十二	22
41	東區五	5
42	器府二十九	29
43	明堂三	3
44	大微五	5
45	屏 四	4
46	五帝五	5
47	太子一	1
48	幸臣一	1
49	從官一	1
50	太陽守一	1
51	常陳七	1
52	相 一	1
53	勢 四	4
54	軫 四	4
55	長沙一	1
56	左轄一	1
57	右轄一	1
58	大微五	5
59	謁者一	1
60	三公內坐三	3
61	九卿三	3
62	五諸侯五	5
63	郎位十五	15
64	青丘七	7
65	軍門二	2
66	土司空四	4
	Total	326

A total of 1463 stars under 306 designations part of which are repeated

4.

THE PROBABLE EFFECT OF RADIOACTIVITY ON THE DEATH-RATE OF THE SUN.

W. CARL RUFUS.

The source of the sun's radiant energy is one of the most interesting problems of solar physics. To maintain the present rate of radiation by combustion alone, a thousand years would suffice to consume the entire mass of the sun, if it were pure coal and oxygen. A sphere of the sun's temperature and mass, with unit specific heat, radiating by cooling alone, could continue the present rate about three thousand years. Moulton has proved the insufficiency of the meteoric theory of the source of the sun's heat.* One kilogram of meteoric matter falling into the sun generates the enormous sum of 45,815,624 calories. Yet limited to this source of heat, the sun would contribute to the earth only 236 times as much heat as that planet receives from the direct impact of meteors upon its own surface. But the earth receives a vastly greater proportion of heat from the sun than from the fall of meteors, so this theory fails quantitatively. Helmholtz's theory of contraction under gravitation is considered sufficient by some authorities. Abbot says†, after suggesting that the former radiation of the sun may have been less than the present, "On these grounds we may consider Helmholtz's contraction hypothesis as adequate to satisfy the requirements of geology and physics in regard to the source of the sun's

* Celestial Mechanics, Second Revised Edition, p. 62.

† The Sun, p. 278.

energy." Young states that the solar radiation can be accounted for on this hypothesis necessitating an annual shrinkage of about 200 feet in the sun's diameter. Other estimates require from 250 to 300 feet. According to Newcomb, on this hypothesis the sun will have shrunk to one-half its present size in 7,000,000 years. On a similar basis of calculation the past duration cannot be more than 25,000,000 years. Lord Kelvin's probable age of the sun,* 100,000,000 years, determined by computing the lost energy of concentration of the sun from infinite expansion, appears to be rather large. G. H. Darwin † shows that this value would be reduced nearly one-half by using Langley's value of the solar constant instead of Pouillet's. Furthermore, by a slight change apparently necessary to satisfy the dynamics of the case, (an estimated increase of lost energy to allow for the concentration of the solar mass toward its center), Darwin reduces this time to 12,000,000 years. These periods seem rather short from the standpoint of geology, which teaches that the earth's temperature, dependent mainly upon the sun, has changed only a few degrees in 50,000,000 years, and that the earth has existed in about the same condition as at present for hundreds of millions of years, so other sources are sought to supplement the former theories and to diminish *the death-rate of the sun.*

The discovery of radioactive substances, their wide distribution, and vast store of energy, has suggested the possibility that radioactivity may contribute largely to the supply of solar energy.

The radioactive substances, uranium, thorium, radium, etc., possess remarkable properties. They spontaneously emit characteristic types of radiation, the α, β and γ, or Becquerel rays, whose penetrating power, action on photographic plates, relation to phosphoresence and fluoresence, effect on rare gases and electrified bodies, apparent freedom from reflection, refraction, and polarization, and whose deflection by a magnetic field are well known. Their most significant property from the standpoint of solar physics is their power spontaneously to emit radiant energy in the form of heat. Radium salts maintain a temperature higher than their surroundings, and regardless of exterior conditions radiate energy at a constant rate for years without apparent diminution of the source. This process at first appears to violate the physicist's law of the conservation of energy. Furthermore, the radiation is accompanied by a veritable transformation of matter, the decomposition of one element into others. New substances are produced, differing in chemical properties from the old. Indeed, new elements are evolved, revealing the instability of the atom. Since many substances, not

* Natural Philosophy, Thompson and Tait, Appendix E.

† Nature 68, 496, 1903.

classified as radioactive, possess radioactive properties, there arises the suspicion that all atoms are more or less unstable; though chemistry has considered stability an essential characteristic of an element.

The disintegration theory of Rutherford and Soddy here referred to is the most widely accepted explanation of these phenomena. The spontaneous atomic transformation is due to the internal energy of the complex atom, which consists of rapidly revolving electrons and magnetons, a sort of miniature planetary system. The large quantity of heat produced is considered the equivalent of the internal energy released during transformation; thus the law of the conservation of energy is maintained. In other words, the radiant energy is the kinetic energy of perturbed electrons whose enormous velocities cause their escape from the atomic system. The radioactive atom is then a storehouse of energy in the most concentrated form known to man. Radium n its emanation parts with three-and-a-half million times the heat energy per gram given off by the most heat-productive chemical reaction known, the union of hydrogen and oxygen to form water.*

Positive proof of the presence of radium and uranium in the sun is lacking. The absence of their absorption lines in the solar spectrum, however, does not prove that these elements are not present in the sun; for it is a well known fact that the Fraunhofer lines of the metals grow more and more feeble as the atomic weight increases. Hence, Abbot concludes that it is not surprising that uranium, (atomic weight 238.5) and radium (226.4) should not show spectrum lines, even though these elements are present in the sun.

The wide distribution of radium in the earth makes its presence in the sun seem probable. If the earth had solar origin, or the two bodies had a common source, which is in accordance with the most widely accepted hypothesis of the genesis of the solar system, then the presence of radium in the earth gives convincing evidence, though not a proof, of its presence in the sun. Rowland indicated his belief in the identical composition of these two bodies in the words quoted by Mitchell,† "If the earth were heated to incandescence it would give a spectrum the exact counterpart of that of the sun." The presence of radium in in stony meteorites,‡ although the origin of meteoric matter is uncertain, indicates the probability that it exists in the sun, especially when

* Report of the British Association, 1911, p. 15.

† Popular Astronomy, XXI 6, 1913.

‡ R. T. Strutt, Proceedings of Royal Society of London A. **77**, 485, 1906. Only one sample of stony meteorite was analyzed and three of iron. His conclusion is: "Iron meteorites contain little, if any, radium. Stony ones contain about as much as the terrestrial rocks which they resemble." Rutherford accepts the conclusion. Radio-Active Substances and Their Radiations, p. 653.

we take into consideration the growing conviction of the uniformity of matter throughout the universe. At least, we are certain that meteoric matter falling into the sun carries with it a certain amount of radium.

Helium, a product of radioactivity, is present in the sun. The experiments of Ramsay and Soddy furnished conclusive evidence that helium is produced by radium; and Rutherford has proved that the α-rays of radioactive substance are atoms of helium. 158 cubic millimetres of helium per year are spontaneously manufactured by one gram of radium at the rate of 3.4×10^{10} atoms of helium per second. Other experiments have obtained helium from uranium, thorium, actinium, and polonium. Since radium and uranium emit particles known to be helium atoms, and helium lines were detected in the "flash" spectrum of the sun before that element was discovered in the earth, we have reason to believe that its progenitors exist in the sun as well as in the earth.

Radio activity as a cosmic force was implied by H. Giebeler, who ascribed new lines in the spectrum of Nova Geminorum 2 to uranium, radium, and radium emanation* Although definite identification of the lines was practically impossible, the remarkable coincidences pointed out were confirmed by Kayser.† Snyder‡ attributes peculiarities of the spectra of early type Wolf-Rayet stars to radioactivity. He maintains that the solar chromospheric line, λ 5303.36, is due to alpha-hydrogen, and both chromospheric line and the alpha-hydrogen line are identical with the main coronal line. "Alpha-hydrogen as one of the products of radioactivity is found to luminesce in the vast radio spheres about sun and star, and there to demonstrate the balanced play between the forces of radioaction and gravitation."

The strongest statement implying direct evidence of the presence of radium in the sun comes from F. W. Dyson.¶ After discussing possible identifications of several chromospheric lines, and comparing them with lines in the spark spectrum of radium, he says: "It seems to me that these lines in the chromosphere may reasonably be attributed wholly or partially to radium. There is a general agreement with the radium spectrum as regards the intensities and the agreement of the wave-lengths is quite satisfactory." S. A. Mitchell‖ carefully examined the region of the spectra of radium and of the chromosphere considered by Dyson, but he believes that the coincidences are not sufficient to warrant a positive conclusion. Similarly, Evershed§ reaches a negative

* Astr. Nach. **191**, No. 4582.

† Ibid. **192**, No. 4583.

‡ Popular Astronomy XIX. 3, p. 171. 1911.

¶ Astr. Nach. **191**, No. 4583.

‖ Popular Astronomy XXI 6, p. 321, 1913.

§ Kodaikanal Observatory Bulletin, No. XXVII.

conclusion, both for radium and for radium emanation. We may well conclude with Jones:* "There is no direct evidence of the existence of radium in the sun. Notwithstanding the supposed fact that certain lines of radium have been described as occurring in the solar spectrum, these coincidences are so poor that we cannot accept the evidence." Nevertheless, negative results are far from satisfying, when indirect evidence is quite convincing and *a priori* reasoning makes the presence of radioactive substances in the sun seem quite certain.

Even though it could be proved that radium and uranium exist in the sun, we still have to consider their effect upon radiation. One gram of radium emits 118 calories per hour. An equal amount of coal entirely consumed would give only 500 calories, while radium suffers no sensible loss in weight during years of radiation. Rutherford reaches the surprising conclusion, "In the course of its life one gram of radium with its transformation products, including radium F, emits about 3.7×10^9 calories †." The presence of radioactive substances in the sun would then seem to be a sufficient source of solar energy. W. E. Wilson ‡ calculated that the presence of 3.6 grams of radium in each cubic meter, or about 2.5 parts to 1,000,000 of the sun's mass, would be sufficient to produce the present radiation. This proportion is millions of times greater than terrestrial surface rocks contain, (5×10^{-12} grams per cubic centimeter), and more excessively greater than the proportion in the entire mass of the earth deduced from theoretical considerations,¶ (1.75×10^{-13} grams per cubic centimeter). Moreover, a constant supply of radium would be necessary to replace the amount used, or at the end of 1760 years, the half-life of radium, the present store would be half expended. The amount furnished by meteoric matter would be far too small, almost negligible compared with the enormous expenditure.‖ Rutherford says: "It appears that the heat emission of the sun cannot be seriously influenced by the presence of known types of radioactive matter, for a simple calculation shows that if the sun consisted

* New Era in Chemistry, p. 280.

† Radio-Active Substances and Their Radiations, p. 582.

‡ Nature **68**, 222, 1903.

¶ Strutt, Proceedings of Royal Society of London, A **77**, 480-481, 1906.

‖ A rough estimate, using Lane's determination of the fall of meteoric matter upon the earth (Science, **37**, 674, 1913) based upon Pickering's maximum values for their number and size, assuming that the number falling upon the earth corresponds to the number intercepted by the portion of the sun's surface cut out by a cone whose apex is the sun's center and whose base is the earth, adopting the proportion of radium in stony meteorites, $1.12\text{x}10^{-12}$, according to Strutt, and neglecting the small percentage of iron meteors, gives 50,000,000 grams of radium per hour, capable of producing $6\text{x}10^9$ calories. Solar radiation is about $3.2\text{x}10^{28}$ calories per hour.

entirely of uranium in equilibrium with its products the generation of heat due to active matter would only be about one-fourth of the total heat lost by radiation."

Atomic transformation of substances not classified with the radioactive remains to be considered. The supposed transmutation of certain elements has been chronicled at various times. One of the most authentic comes from Sir William Ramsay.* By applying the energy contained in niton (radium emanation) water, ammonia, hydrogen chloride, and carbon dioxide, were decomposed. Applied to salts of copper the metal copper appeared to be converted into lithium. Similar experiments indicated that thorium, zirconium, titanium, and silicon, are degraded into carbon. In the laboratory of the sun, subjected to enormous pressure and high temperature, atoms ordinarily stable may disintegrate with liberation of vast stores of internal energy. The order of magnitude of this atomic energy is beyond the range of present knowledge. Assuming that atomic energy varies with the atomic weight, a given mass of any substance possesses potential atomic energy of an order similar to that of radium. This assumption may be too low; since the more stable atom, requiring greater stress for its disintegration, probably emits particles with a higher order of energy.

If the entire mass of the sun, 1.99×10^{33} grams, possesses potential atomic energy of the order of radium, we can readily compute its total thermal store. During its lifetime one gram of radium with its descendants emits 3.7×10^{9} calories, so the sun would possess an equivalent of 7.4×10^{42} calories. At the present rate of radiation, 2.8×10^{33} calories per year, the supply would be sufficient for 2,600,000,000 years.

This period exceeds 25 times Kelvin's probable age of the sun and 200 times its age computed by Darwin; and it is nearly 200 times as long as the future duration of the sun determined from dynamical data.

---

* President's Address, Report of British Association for the Advancement of Science, 1911. p. 15.

5.

Popular Astronomy.

Vol. XXIII, No. 4. APRIL 1915. Whole No. 224

KOREA'S CHERISHED ASTRONOMICAL CHART.

W. CARL RUFUS.

A university professor recently asked, "Where is Korea?" Perhaps a photograph and a short description of one of the astronomical treasures of this obscure country may be of interest.

Like other Orientals the Koreans gave considerable attention to astrology and astronomy at a very early date. Keui-ja, the reputed founder of Korean civilization 1122 B.C., guided, or at least influenced, by the reigning constellation, sailed up the Tai-tong river, established his capital at Pyeng Yang and gave his nine laws to the land. During the succeeding centuries physical phenomena have ordered the course of human events. Ancient Silla once was saved by a meteor that fell in the camp of the enemy foretelling destruction. In 1235 the king turned sun-worshiper to obtain peace for the land. Pyeng Yang was prevented from becoming the modern capital by an unpropitious hail storm. During the seventeenth century the army was ordered out upon the appearance of two comets presaging war. Eclipses, earthquakes, fighting clouds, showers of various articles, thunder in winter, two suns in a day, black spots in the sun, and a white bow in the sun, have also contributed to Korean history. Temples are erected for the worship of heaven, the earth and the seven stars; spirit houses are dedicated to the color gods of the five divisions of the sky, to the constellations and the stars. There are also forms of moon worship; men pray to the Pleiades, bow to Venus, and the emperor as late as 1900 sacrificed for rain. The almanac for the current year in daily use, by employing various astrological cycles, indicates numerous combinations propitious or unpropitious for marriages, funerals, journeys, business ventures and other affairs of life.

In the government museum, Chang-duk Palace, Seoul, are displayed specimens of old astronomical apparatus, including an armillary sphere, a clepshydra, an old iron clock-frame, a marble gnomic plane, an oblique sun-dial, a moon-dial or month measure, a brass astrolabe and stellar planisphere of the northern hemisphere, a nameless pear-shaped instrument in a small case, and two stone models of our subject bear-

PLATE X

A KOREAN ASTRONOMICAL CHART.

POPULAR ASTRONOMY, NO. 224.

ing the date, December, 1395. The older stone shows marks of transportation and erosion, rendering the inscription partly illegible. The newer stone is an excellent piece of white marble, well preserved; the dimensions are 6′ 11″ x 3′ 3″ x 1′ 0″, and approximate weight 3975 pounds.

The old engraving was made by order of King Yi Tai-jo, founder of the last Korean dynasty, and was patterned after a rubbing of a more ancient stone, that was previously kept in Pyeng Yang, but was sunk in the river and lost when Ko-gu-ryu fell in 672 A. D. Some of the tables were revised, but no changes were made in the central astral chart, which follows the astrography of the ancient Chows of China, with the addition of the zodiacal divisions and adjustment of the equinoxes made by the Hans about the time of Hipparchus. The planisphere of 1395, like its royal owners, suffered a checkered career. Transferred from one palace to another, it shared the fortune or the fate of the imperial house. Now, magnificent new buildings erected for its protection were graced by its presence; again, it lay in the ruins of the old. Having grown prematurely old and grey, it was succeeded about the beginning of the eighteenth century by a new model engraved in white marble with no modification of the contents. Forsaken at first it was afterward placed by the side of its beautiful counterpart to witness together the departing glory of the house of Yi. To-day they lie degraded in the open, unfloored portico at the back of the central building of the government museum, near the site of their former abode, which was torn down when the Japanese transformed the former palace grounds into the present institution.

The subject matter of the chart consists of the central astral map, a table of the twelve zodiacal divisions, a circular chart of the constellations culminating at dark and dawn for the 24 solar periods, short treatises on the sun, the moon and the heavens, a table of the 28 zodiacal constellations or lunar mansions, and a history of the chart. Selected parts of the translation of its contents follow.

THE SUN.

The sun is the essence of the great positive element and the head of all the positive creation. It travels 24 degrees on both sides of the equator (red road). When the sun is distant it is cold, when near it is hot, and when midway it is mild. The positive element operates thus: the sun proceeds north, the days are long and nights short, and because the positive prevails it becomes warm and then hot. The negative works in this way: the sun retires to the south, the days are short and nights long, and because the negative prevails it becomes cool and then cold. If the sun travels south or north the degrees change, when it proceeds and remains at a long distance it is cold all the time, when it returns and remains at a short distance it is warm all the time. So it directs the beneficent power of life and growth. Being the symbol of sovereignty, when it traverses the countries possessing knowledge, the days are bright and glorious. Then the king flourishes in prosperity and the people dwell in peace.

The stars are the glory of the positive essence. The positive element produced the sun, the sun divided and formed the stars; so the character for "star" consists of the character "sun" with "beget" underneath. It is said that the stars scattered (explosively) and spreading out dotted the heavens.

THE MOON.

The moon is the essence of the great negative element and the head of the whole negative creation. So it is the sun's mate, the symbol of the queen; and comparing with virtue it has the meaning of punishment. It also typifies all the feudal kings and ministers of the court. When it travels east of the ecliptic (yellow road), it is called the azure road; south of the ecliptic, the red road; west, the white road; north, the black road. The four roads, both on the inside and outside of the ecliptic, together with the ecliptic, make the nine roads.

Ecliptic and equator:—The road in which the sun dwells is called the ecliptic; and the one midway between the north and south poles, where the degrees are equal, is called the equator. The ecliptic is half outside and half inside of the equator. In the east they intersect a little preceding the fifth degree of Horn, and in the west a little beyond the fifteenth degree of Astride. (These constellations contain respectively Spica and Mirach.)

DISCUSSION OF THE HEAVENS.

In the Ch'in Chi the scholars of old say that the form of heaven and earth resembles an egg; the heavens on the outside enclose the earth, like a shell with the yolk inside. The surrounding part revolves without end. Because the form was utterly chaotic it is called chaos-theory heaven. During the Ch'in dynasty, Kal Hong said that the circumference of the heavens is 365¼ degrees; half covers the earth overhead and half surrounds the earth underneath, so half of the 28 constellations are visible and half invisible as the heavens revolve like a wheel At the time of the Song dynasty Ha Sung Chun examined the chaos-theory globe and investigated the theories of the heavens, whereupon he perceived that the heaven is truly round and half of it is water, also that the middle of the earth is high, the outside is lower and water surrounds the lower part. Also at the time of the Yang dynasty Cho Whon said that the shape of the chaos-theory heaven inside is round like a ball. In general in the discussions among astronomers there were six theories. (The others are here enumerated.) All the subsequent theories seem unreasonable, surpassing credulity; at least the ancient scholars did not esteem them of much value.

HISTORY OF THE CHART.

The lost model stone of the above astronomical chart was kept in Pyeng Yang, but on account of the disturbance of war it was sunk in the river; many years having passed since it was lost existing rubbings of the original were also out of stock. However, when His Majesty began to reign, a man having one of the originals tendered it to him. His Majesty prized it very highly and ordered the court astronomers to engrave it anew on a stone model. The astronomers replied that the chart was very old and the degrees of the stars were already antiquated; so it was necessary to revise it by determining the present midpoints of the four seasons and the culminations at dark and dawn, and to engrave an entire new chart designed for the future. His majesty responded, "Let it be so." They spent the time until the sixth moon of 1395 preparing the new list of meridian stars. On the old chart at the beginning of spring Pleiades culminated at dark, but now Aries does. Consequently, the 24 solar divisions were changed in succession to correspond with the meridian stars of the old chart. The stone was carved and just now completed.

Thereupon His Majesty commanded me, his obedient servant, Keun, to make a record to follow the other part. His humble servant, Keun, calling to mind that from ancient times the emperors have not neglected the worship of heaven and the directors, and have made it their first duty to arrange a calendar, the celestial signs and sacrificial seasons, as Emperor Yao commanded Hi and Ha to set in order the four seasons, and Emperor Soon had the turning sphere and transverse tube and put in order the seven directors, faithfully worshiped heaven and diligently served his people, so I respectfully think that these duties are not to be neglected. His wise beneficent, martial, Imperial Majesty ascended the throne upon the abdication of his predecessor and throughout the whole country brought peace and prosperity, comparable with the virtuous achievements of the Emperors Yao and Soon. He gave great official attention to astronomy, revising the mid-seasons and stars, even the directors of Yao and Soon. In this way, I believe, by observing the heavenly bodies and making astronomical instruments he sought to find out the mind of Yao and Soon and to emulate their most worthy example. His Majesty exemplified this pattern to the hearts of all; upward by observing the heavens and seasons, downward by diligently serving the people. So through his spiritual achievements and prosperous zeal, he also, together with the two emperors, stands highly exalted. Moreover, he had this chart engraved on pure marble to be an eternal treasure for his descendents for ten thousand generations.

All ye who read, believe!

Hong Mu, 28th year, 12th month. (December, 1395.)

The chart summarizes the orthodox teaching concerning the sun, the moon and the starry heavens. The sun is the astronomical great father and the moon is the astronomical great mother; or, to carry out the simile of the chart, they are the king and queen of the universe. In Confucian cosmogony the sun is the concreted essence of the positive or masculine principle in nature, and the moon of the negative or feminine principle. These two primary essences were evolved from the Great Absolute, the *primum ovum* of the physical universe and philosophical ultimate of the Confucianist. The positive category includes the sun, stars, thunder, lightning and the rainbow; the negative includes the moon, rain, dew, frost, snow, fog and mist. The attributes of the positive element are heat and light, life-giving properties; of the negative are cold, darkness and dampness. Annual observation of the changes in the sun's position and accompanying changes in the seasons and vegetation led to the common belief of the ancients that the sun possesses life-giving power. Quite naturally to these beneficial physical properties moral virtues were added, so the King of Day is not an arbitrary cosmocrat, but the beneficent ruler of the universe, a symbol of kind and benevolent sovereignty upon the earth. As the negative element is the complement of the positive, so its concreted essence, the moon, is the Queen of Creation, and the symbol of the king's consorts and court assemblage. The original idea of complementary relationship for perfect unity contained the idea of contrast or oppositeness, not necessarily antagonism, e.g., light and darkness, heat and cold, heaven and earth, water and land, husband and wife. Unfortunately for the moon and for womankind the contrast was carried into the moral realm, so the moon stands for destructive or punitive qualities, and the idea of woman is associated with all kinds of evil, accounting in a large measure for her low social positon.

The central astral chart is projected on the plane of the celestial equator and contains all the constellations at any time visible in Korea. The left is east; top, north; right, west; and bottom, south. The north pole is the center and three concentric circumferences mark the circle of perpetual apparition at about 38 degrees from the pole, the celestial equator, and the boundary of the circle of perpetual occultation at about 55 degrees south declination. The ecliptic is represented with a fair degree of accuracy. The River of Heaven (Milky Way) is given due prominence. Radial lines corresponding to the 28 zodiacal constellations divide the map into as many parts in addition to the inner circle. These divisions grouped by sevens form four unequal quadrants, concerning which the inscription says: "In each of the four directions the seven constellations make a single shape. In the east they form a dragon, in the west a tiger, both having the head south and the tail north. In the south they form a bird, in the north a tortoise, both having the head west and tail east." This division into quadrants is entirely arbitrary and the assignment of the animals purely imaginary. The azure dragon, however, suggests a resemblance to that mythical animal, rivaling the imagination of the Greeks and the Romans.

The celestial mythology is fascinating. The heavens are peopled with gods and goddesses, "a celestial galaxy for terrestrial adoration." The dragon guards the mansion of the gods lest they fall. In the central division are palaces and thrones, where dwell the Great Celestial Emperor (Polaris), the royal family, ministers, servants, and feudal kings; also the royal stables and palace for women. Comets sweep the celestial courts and shooting stars are the refuse thrown out of heaven. In Ursa Major reside the fates presiding over the destiny of mankind. In the southeast are the pillars of heaven and celestial portals. In the north-east separated by the river of heaven are found the star lovers, the Herdsman and the Trysting Maiden. Farther north are the seats of twelve ancient feudal states; to the west of which the gods of Thunder bellow and Prince Lightning flashes forth. In the west rides "Astride," the star of literature, pictured with a pencil in his hand. Near by are the gods of the clouds and the rain, distilling the essence of heaven for the thirsty earth. The brilliant south contains the Wolf Star (Sirius); also the Old Man Star (Canopus), which the Koreans believed could be seen only from Quelpart and the sight of which insured a happy old age. Spanning the heavens like a triumphal arch is the beautiful Galaxy, which the *poetic* West styles the Milky Way, and the *prosaic* East calls the Silver River of Heaven.

The star configurations are very old. An astral chart of the Chow dynasty, about 600 B. C., a copy of which is in the Royal Library of Paris*, contains 1460 stars. On the Korean chart we find a total of 1463 stars under 306 designations, showing practical agreement with the standard astrography of the Chows. Comparing with other ancient authorities we note that the catalogue of Hipparchus, second century B. C., contained 1080; Pliny, first century A. D., whose scientific merit is questionable, reckoned 1600; Ptolemy, second century A. D., a very careful investigator, records 1028. Young says,† "The total number which could be seen by the ancient astronomers well enough to be observable with their instruments is not quite eleven hundred." But here we find 1460 stars "correctly laid down," to use Allen's expression, 400 years before the time of Hipparchus. Many of the asterisms, especially among the zodiacal constellations, are much older and their origin is probably Euphratean.

---

* Allen, Star Names and Their Meanings, p. 21.

† Manual of Astronomy, p. 478.

CORRESPONDENCE.

513 Thompson St., Ann Arbor, Michigan,
March 31, 1915.

Rev. ALLEN F. DECAMP,
Editor, The *Korea Mission Field*,
Seoul, Korea.

My dear Mr. DECAMP :

Perhaps a brief message from America may be interesting to the missionaries and Christians of Korea.

As time and opportunity permit we enjoy giving our testimony concerning the quality of the Christian propaganda in Korea and the genuineness of the religion of the native Christians. Sometimes we even venture to hope that the story of the faith and zeal of the Korean Christians is an inspiration to the home church. The numerous incidents of their unquestioning faith in God and his Word, their importunate prevailing prayer, and their love and application of the Holy Scriptures, are lessons of spiritual value; while the examples of zeal in preaching, in testimony and in personal work, in the possession and practice of passive virtues, and in self-sacrifice in giving, are worthy of our highest emulation.

It is inspiring to find numerous illustrations of equal devotion among the Christians of the home land. Recently it was our privilege to meet a good house-wife, who gives $5.00 per month for missions earning it with her bread-mixer. Another handed us a contribution with an apology for its size, "I earned it with my own hands." The mite was magnified in the eyes that beheld the marks of toil. We believe it is sacred also in the Master's sight. And we glimpse the source of the genuineness of the work of grace in Korea.

Yours sincerely,
W. CARL RUFUS.

7.

AN INVESTIGATION OF THE SPECTRA OF STARS BELONGING TO CLASS R OF THE DRAPER CLASSIFICATION[1]

By W. CARL RUFUS

INTRODUCTION

The genesis of Class R of the Draper Classification of stellar spectra may be traced from a list of "Stars Having Peculiar Spectra," published in *Harvard College Observatory Circular,* No. 9, July 9, 1896. Following the table is the statement: "Of the seven stars whose spectra are here announced as of Type IV the first, second, and seventh[2] (fourth), are normal. The spectra of others contain rays of much shorter wavelength than ordinary fourth type stars." This is a characteristic feature of the spectra of stars later designated as Class R and is here attributed to four stars, DM. — 38° 12843, + 85° 332, — 12° 5755, and + 5°5223. Two other stars of the list, DM. — 31° 15954 and — 29° 15574, whose spectra were described as peculiar, but not associated with the four previously mentioned, have also been assigned to this class. These six stars constitute the nucleus of Class R.

Later announcements of stars having peculiar spectra increased the number possessing the common characteristics, "rays of shorter wave-lengths than the ordinary fourth type stars," and "a strong band extending from about λ 461 $\mu\mu$ to λ 471 $\mu\mu$." These stars were frequently referred to as belonging to "the same class as Z.C. 10^h 2112 described above", or "the same type as C.D.M. — 47° 6614, described in *Circular,* No. 76." A more convenient method of reference seemed to warrant the addition of a new class, which was suggested by Professor Pickering in *Harvard Circular,* No. 145, "A Sixth Type of Stellar Spectra," published December 1, 1908. A table of "Stars Having Spectra of Class R," containing sixty-one stars is given in *Harvard Annals,* Volume 56, page 220. A few others are known. In order to complete the list to date Table I is appended. The successive columns give the star's designation, right ascension and declination for 1900, Durchmusterung magnitude, Harvard photometric magnitude, galactic longitude and latitude, date of discovery, name of discoverer, and reference concerning announcement.

PURPOSE OF THIS INVESTIGATION

1. We propose to study the relationship between the spectra of stars of Class R and stars of Class N.

That a close relationship exists is evident from the fact that many Class R stars were announced

[1] A dissertation submitted in partial fulfillment of the requirements for the degree of Doctor of Philosophy in the University of Michigan.

[2] In a letter dated February 11, 1915, Professor E. C. Pickering says: "In *Harvard Circular* 9, the word 'fourth' should be substituted for 'seventh' in the passage you quote."

TABLE I. STARS WITH SPECTRA OF CLASS R NOT INCLUDED IN TABLE XI, PAGE 220, VOLUME 56, ANNALS OF THE HARVARD COLLEGE OBSERVATORY.

STAR.	R. A. 1900.	DECL. 1900.	MAGNITUDE.		GALACTIC		DATE.	DISCOVERER	REFERENCE.
			D. M.	H. P.	LONG.	LAT.			
+23°123	$0^h48^m.9$	+23°32′	8.3	8.8	91°	—32°	1914	Cannon	H. C. 184
+14 1598	7 7 .2	+14 46	Var.	9.2	171	+12	1914	Cannon	H. C. 184
—14 4371	16 7 .6	—14 57	9.5	...	326	+24	1910	Fleming	H. C. 158
+42 2811	17 10 .4	+42 15	7.3	7.74	37	+34	1914	Cannon	H. C. 184
Uncertain	17 33 .5	—57 52	...	...	302	—15	1901	Fleming	H. C. 60 H. A. 56, 223
— 3 5751	23 57 .0	— 3 23	9.2	9.9	63	—64	1914	Cannon	H. C. 184

as having a spectrum of Type IV (N), or resembling Type IV with peculiarities (N_p). Parkhurst expresses this condition by stating, "No sharp line can be drawn between Classes N and R."[3]

2. We propose also to study the relationship between stars of Classes R and N on the one hand and stars of the Harvard sequence (B, A, F, G, K, M) on the other.

Concerning stars of the fourth type Miss Clerke says:[4] "They have indeed traceable relationships; but the genealogy obscurely indicated by them needs authentication." Vogel in 1874 proposed that Secchi's Types III (Harvard K, M) and IV (Harvard R?, N) be considered in one class and designated as IIIa and IIIb. Hale, Ellerman, and Parkhurst in a valuable treatise on "The Spectra of Stars of Secchi's Fourth Type"[5] reached the conclusion: "Stars of the third and fourth types should therefore be classed together, as coordinate branches leading back to stars like the sun."

Pickering, in the letter previously referred to, says: "We have not been able to establish the sequence between classes M and R. Owing to the intensity of the blue light and the presence of lines H and K in stars of Class R, it seems more probable that Class R should fall between M and N."

In particular the thesis is proposed: Stars belonging to Class R of the Draper Classification of stellar spectra form the connecting links between stars of the solar type (G) and stars of Class N; and stars of the two classes, R and N, form a branch of the sequence arranged in order of stellar evolution coordinate with the branch consisting of stars of Classes K and M.

Furthermore, it is hoped that the quantitative and qualitative data obtained during this investigation will contribute in some measure to the broader problem of stellar evolution in general.

GENERAL CHARACTERISTICS

The table of Class R stars contains 66 members, none of which is brighter than the seventh visual magnitude. Among the number whose magnitude is given there are:

VISUAL MAGNITUDE.	TOTAL NUMBER.	NORTH OF — 20°.
7.0 to 7.9	7	5
8.0 to 8.9	13	8
9.0 to 9.9	30	13
10.0 to 10.9	6	0

Five are marked as having a variable magnitude. Only twenty are in the northern hemisphere. Not as great preference seems to be given for the galactic region as in the case of Classes N, B, and O.

The following table, showing the distribution of stars of various spectral classes with reference to the Galaxy, is based upon the work at Harvard[6] as summarized by Russell[7] with the data for Class R stars added by the writer. The count for Class R was made for the region + 30° to — 30° galactic latitude. The Harvard count for the other classes varied from these limits in different regions on account of the irregularity of the Galaxy.

Class	O	B	A	F	G	K	M	R	N
Percentage in Galactic Region	100	82	66	57	58	56	54	63	87

The color of Class R stars has been referred to as "probably yellow like the stars of the second type."[8] This characteristic is suggested as one of the features distinguishing stars of Class R from those of Class N:[9] "Stars having spectra of the fourth type are commonly regarded as red stars;" which indicates that the Harvard observers considered that, in general, stars of Class R are not red. Miss Clerke referred to two of the number as "white stars"[10] — 10° 5057 and — 10° 513.

[3] The Spectra and Colors of Red Stars of Harvard Classes N and R. *Astrophysical Journal*, Vol. 35, p. 125.

[4] *Problems in Astrophysics*, p. 215.

[5] *Publications of the Yerkes Observatory*, Vol. 2 p. 385, 1903.

[6] *Harvard Annals*, Vol. 64, p. 134.

[7] *Publications American Astronomical Society*, Sixteenth Meeting, p. 26.

[8] *Harvard Annals*, Vol. 56, p. 219.

[9] *Harvard Circular*, 145, p. 3.

[10] *Problems in Astrophysics*, p. 221.

Parkhurst has determined the color index of five stars of the list as follows:

STAR.	COLOR INDEX.
− 10° 5057	1.09
+ 85 332	1.56
+ 53 66	1.66
+ 20 5071	1.82
+ 6 3898	2.37

Compared with his results for the color index of nine stars classed as N and Na (1.94 to 3.26) it appears that in general stars of Class R are not as red as those of Class N. He reaches the conclusion, however, that the expression "Fourth-Type Stars not Red," seems inappropriate;[11] and he apparently includes Class R stars in the expression, Fourth-Type Stars.

The difference in color between stars of these classes (N and R) as seen by visual observers may be tested by referring to any catalogue of red stars. Birmingham-Espin's catalogue of 766 red stars contains only two out of twenty stars of Class R from the seventh to the ninth magnitude, DM. + 61° 667 and − 3° 1685; while it catalogues seventy per cent. of the stars of Class N within the same range of magnitude. The difference in color between the two classes was clearly discernible during our observations, forming a gradual transition from Class R to Class N with increasing redness.

The following table is inserted to show the change in color index with spectral type. It gives the mean of the values obtained by different observers and tabulated by Russell.[12] The value for Class R has been added by the writer.

The general characteristics of the spectra of stars of Class R are given in the various circulars previously referred to and include:

1. Rays of much shorter wave-length than ordinary fourth-type stars.

2. The blue end is no longer cut off but extends to as short a wave-length as in spectra of Class K.

3. The lines H and K are well shown.

4. One or more dark bands, resembling the spectrum of the fifth type reversed on a continuous spectrum.

5. Two well-marked absorption bands, one of which has a center near the calcium line λ 4227, the other extending from λ 4640 to λ 4750.

COLOR INDICES OF STARS BY SPECTRAL TYPES.

CLASS OF SPECTRUM.	AVERAGE COLOR INDEX.
B 0	−0.32
B 5	−0.19
A 0	0.00
A 5	0.00
F 0	0.38
F 5	0.58
G 0	0.80
G 5	1.02
K 0	1.27
K 5	1.64
M	1.65
R	1.7
N	2.5

Further indication of the relation of these spectra to others is found in the following remarks:

1. "It appears probable that stars can be found forming a continuous sequence from Class N to Class R, like that connecting Class B and Class M." *Harvard Annals,* Vol. 56, p. 220.

2. The designation N5R is applied to three stars of intermediate type listed in "Stars of Class N." *Harvard Annals,* Vol 56, p. 219, Remark 5.

The order of the sequence *from* Class N *to* Class R suggested above and applied in the notation N5R appears to be inconsistent with the order of the sequence connecting Class B and Class M with which it is compared. The well established sequence, B A F G K M, is usually assumed to represent the order of stellar evolution. Now, if Classes N and R are closely related and are considered to be late types according to Hale, Pickering and other authorities, the larger color index or increasing redness of the stars of Class N, due to the gradual weakening in intensity of rays of shorter wave-length, demands a reversal of the order suggested and the adoption of the order from Class R to Class N and the notation R5N. This is apparent in any classifica-

[11] *Astrophysical Journal,* Vol. 35, p. 132, 1912.

[12] *Publications American Astronomical Society,* Sixteenth Meeting p. 27.

tion that places Class N near the end of the list. In addition to the system mentioned above, Lockyer's classification based upon his meteoritic hypothesis also makes Class N a late type. Russell,[13] however, prefers to assign this class a position near the beginning of the process of stellar development.

OBSERVATIONS

The original program of observations included all known stars of Class R down to the ninth visual magnitude observable in the latitude of Ann Arbor, also a sufficient number of stars of Classes N and O for the purpose of comparison and contrast. The suggestion that the spectrum of stars belonging to Class R resembles the spectrum of the fifth type reversed on a continuous spectrum prompted the inclusion of a number of stars of Class O. It was soon discovered that the resemblance was one of a very general nature, better illustrated by photographs taken with an objective prism spectrograph than with a slit spectrograph; the details brought out by the latter detract from the resemblance, and apparently give no additional clue to a physical relationship between these classes of stars.

All these spectrograms were made with the one-prism spectrograph attached to the 37½-inch Reflector of the Detroit Observatory. Since this spectrograph has been fully described by Professor Curtiss,[14] we will mention only the following features.

Focal length of collimator	686 mm.
Aperture of collimator	36.6 mm.
Refracting angle of prism	64°.5
Focal length of camera	420 mm.
Linear dispersion at λ 4500	47.7 angstroms per mm.

The focal plane of the camera is sensibly flat for the range of spectrum of this investigation λ 4000 to λ5000. The minimum deviation setting is for Hγ rays.

Seed plates were used exclusively, 23's and 27's for stars of Class O, 27's and Graflex for stars of Classes N and R. The coarseness of the silver grains of the Graflex plates and a tendency to form bubbles in the film during the process of development renders them much less satisfactory than the 27's excepting for the faintest stars, where accuracy of measurement was sacrificed for speed during exposure.

A determination of the slit width for the setting 36.0 based upon the measurement of thirty comparison lines on plates 3063A, 3039B, and 3055A, and the ratio of the focal length of the collimator to the focal length of the camera gave the approximate value 0.075 mm.[15] A titanium spark has been used for comparison on all the plates.

The accompanying table of observations, Table II, only partially reveals the arduousness of the observational work. The visual faintness of the stars of Class R and the relatively small amount of blue light combined to render the photography of their spectra difficult under the most favorable conditions, and the success of the work is a testimony to the efficiency of the apparatus used. Frequently an exposure begun under apparently favorable conditions and continued for two or three hours was interrupted before completion by clouds or haze and the exposure time was entirely lost or the spectrogram was so faint that its weight was small for radial velocity and wavelength determination. The work begun at Mount Wilson on stars of Classes N and R with the 60-inch Reflector has been temporarily discontinued, because it was found that the exposures require so much time. Mr. Van Maanen writes, January 23, 1915: "We are waiting for the time when there will be more time available or when we will be able to use a more powerful instrument."

In Table II, C.S.T. refers to Central Standard Time. The seeing (S) and transparency (T) are estimated on a scale 5. The temperature at the beginning (B) and end of exposures (E) are recorded in degrees Centigrade. Slit width (W) for setting 36.0 is approximately 0.075 mm.; the pitch of the screw is one half millimeter and the head has 100 divisions. The length (L) of the slit is approximately 0.34 mm. for setting 0.8 and 0.46 mm. for setting 1.5, giving a spectrum approximately 0.20 to 0.27 mm. in width respectively.

[13] *Publications American Astronomical Society,* Sixteenth Meeting.

[14] *Publications of the Astronomical Observatory of the University of Michigan,* Vol. 1, p. 37.

[15] Plaskett has found that the exposure time in average seeing is almost inversely proportional to slit-width until this reaches at least 0.075 mm. *Astrophysical Jour.*, Vol. 28, p. 259, 1908. With this slit-width the fainter lines begin to disappear.

TABLE II. JOURNAL OF OBSERVATIONS. CLASS R.

PLATE.	DATE.	EXPOSURE. C. S. T.	PLATE	S.	T.	DOME TEMPERATURE. B.	DOME TEMPERATURE. E.	INSIDE TEMPERATURE. B.	INSIDE TEMPERATURE. E.	SLIT. W.	SLIT. L.	REMARKS.
DM. — 10° 5057. R.A. 19h 17m.6; Decl. — 10° 54′. Mag. : DM. 7.0, H.P. 7.04.												
2882 A	1914 July 1	9:50 to 12:40	27	2	2.5	17.4	16.0	18.60	18.52	35.0	1.5	Stopped by clouds.
2887 A	July 3	10:00 to 13:20	27	2.5	3	18.3	18.0	20.93	20.70	35.0	1.5	
2914 A	July 15	10:14 to 13:44	27	2	2.5	23.0	22.0	24.80	24.60	35.0	1.5	Fog near end of exposure.
2915 A	July 17	9:17 to 12:47	27	1.5	4	21.3	20.0	25.55	25.32	35.5	1.3	
2923 A	July 21	11:32 to 15:02	27	2	3	25.0	21.8	25.75	25.38	36.5	1.0	
2958 A	Aug. 12	10:30 to 13:00	27	2	3	20.1	18.2	20.95	20.84	37.0	1.0	Hazy toward end.
DM. + 20° 5071. R.A. 21h 59m.7; Decl. + 20° 34′. Mag. : DM. 8.7.												
2942 A	1914 Aug. 3	8:50 to 14:20	27	1	3	17.8	14.8	25.25	24.98	36.5	1.0	Trace only.
2966 C	Sept. 4	8:20 to 16:00	27	2	3	16.1	11.6	17.78	17.45	36.0	0.8	
2967 A	Sept. 6	8:15 to 16:15	27	2	3	19.4	13.8	19.80	19.56	36.0	0.8	
2968 A	Sept. 8	7:05 to 16:15	27	2	2.5	12.8	8.0	14.91	14.57	36.0	0.8	Fleecy clouds, 14:00 to 15:00.
DM. + 5° 5223. R.A. 23h 44m; Decl. + 5° 50′. Mag. : DM. 8.7.												
2988 A	1914 Sept. 17	8:45 to 16:15	27	2	2	18.9	15.7	19.69	19.62	36.0	0.8	Clouds, 10:45 to 11:45.
2989 B	Sept. 18	9:20 to 16:20	27	2.5	3	19.7	14.0	20.27	19.95	36.0	0.8	Hazy, 2:00 to 2:30.
DM. + 57° 702. R.A. 3h 3m.8; Decl. + 57° 31′. Mag., DM. 7.9, H.P. 8.06.												
3044 A	1914 Oct. 31	12:05 to 17:25	Graf.	2	2	10.5	8.2	11.12	10.97	36.0	1.0	Light clouds, 1:00 to 3:00.
3079 A	1915 Jan. 2	7.10 to 13:10	Graf.	2	3	-8.6	-12.2	-5.40	-5.54	36.0	0.8	
DM. — 10° 513. R.A. 2h 30m; Decl. — 9° 53′. Mag., DM. 8.0, H.P. 8.26.												
3038 C	1914 Oct. 25	8:50 to 10:30	Graf.	1	1	7.8	....	7.82	.....	36.0	1.0	Incomplete.
3039 B	Oct. 30	8:30 to 13:00	Graf.	2	3	8.1	6.0	10.43	10.33	36.0	1.0	
3055 A	Nov. 11	9:55 to 11:55	27	2	2	2.8	2.2	5.21	5.18	36.0	0.8	Hazy after 11:30.
3063 A	Nov. 23	9:00 to 13:20	27	1.5	3	-3.3	-4.6	-3.23	-3.28	36.0	0.8	Hazy after 1:00.

TABLE II. JOURNAL OF OBSERVATIONS. CLASS R. Continued.

DM. + 61° 667. R.A. $3^h 57^m.2$; Decl. + 61° 31′. Mag., DM. 7.5, H.P. 7.92.

PLATE.	DATE.	EXPOSURE. C. S. T.	PLATE	S.	T.	DOME TEMPERATURE. B.	DOME TEMPERATURE. E.	INSIDE TEMPERATURE. B.	INSIDE TEMPERATURE. E.	SLIT. W.	SLIT. L.	REMARKS.
3051 A	1914 Nov. 6	11:15 to 13:00	Graf.	2	2	3.8	4.2	6.44	6.40	36.0	0.8	Cloudy at 12:30.
3054 C	Nov. 10	12:15 to 14:45	Graf.	1.5	2	4.8	3.1	5.02	5.00	36.0	0.8	Stopped by clouds.
3064 C	Nov. 23	13:45 to 15:00	Graf.	1.5	2	-4.6	-4.2	-3.30	-3.29	36.0	1.0	Stopped by haze.
3073 A	Dec. 21	10.05 to 15.05	Graf.	1.5	3	-12.4	-14.4	-7.66	-7.78	36.0	0.8	Interrupted by clouds.
3088 A	1915 Jan. 23	7:53 to 14:03	27	1	3	-10.6	-16.0	-7.54	-7.61	36.0	1.0	Incomplete.
3089 A	Jan. 26	6:50 to 13:20	Graf.	2	3	-7.0	-9.5	-7.44	-7.55	36.0	1.0	

DM. — 3° 1685. R.A. $6^h 56^m$; Decl. − 3° 7′. Mag., DM. 7.7, H.P. 7.06.

PLATE.	DATE.	EXPOSURE. C. S. T.	PLATE	S.	T.	DOME TEMPERATURE. B.	DOME TEMPERATURE. E.	INSIDE TEMPERATURE. B.	INSIDE TEMPERATURE. E.	SLIT. W.	SLIT. L.	REMARKS.
3087 A	1915 Jan. 20	10:05 to 12:30	Graf.	1	3	-7.2	-10.0	-3.07	-2.60	36.0	1.0	Stopped by clouds.
3094 D	Feb. 8	7:05 to 12:35	27	1.5	4	-6.4	-9.5	-3.42	-3.64	36.0	1.0	
3097 A	Feb. 17	7:00 to 11:30	Graf.	2.4	4	-1.8	-3.8	-0.06	-0.08	36.0	1.0	

DM. + 34° 1929. R.A. $8^h 53^m.6$; Decl. + 34° 9′. Mag., DM. 8.9.

PLATE.	DATE.	EXPOSURE. C. S. T.	PLATE	S.	T.	DOME TEMPERATURE. B.	DOME TEMPERATURE. E.	INSIDE TEMPERATURE. B.	INSIDE TEMPERATURE. E.	SLIT. W.	SLIT. L.	REMARKS.
3138 B	1915 Mar. 11	7:40 to 14:00	Graf.	2	4	0.0	....	1.25	1.10	36.0	0.7	
3143 A	Mar. 16	7:15 to 13:15	Graf.	1.5	4	-1.2	-4.5	2.05	1.87	36.0	0.8	

DM. + 14° 2048. R.A. $9^h 8^m.3$; Decl. + 14° 37′. Mag. DM. 8.8, H.P. 8.68.

PLATE.	DATE.	EXPOSURE. C. S. T.	PLATE	S.	T.	DOME TEMPERATURE. B.	DOME TEMPERATURE. E.	INSIDE TEMPERATURE. B.	INSIDE TEMPERATURE. E.	SLIT. W.	SLIT. L.	REMARKS.
3126 A	1915 Mar. 2	7:35 to 10:35	Graf.	1.5	2.5	-3.0	-7.1	-1.04	-1.12	36.0	0.8	Stopped by clouds.
3127 A	Mar. 3	7:55 to 12:55	Graf.	2	2	-4.6	-6.4	-4.78	-4.72	36.0	0.8	Hazy after 12:00.
3134 A	Mar. 8	7:30 to 12:30	Graf.	2	3	-2.4	-4.4	-2.60	-2.48	36.0	0.8	

DM. + 42° 2811. R.A. $17^h 10^m.4$; Decl. + 42° 15′. Mag., DM. 7.3, H.P. 7.74.

PLATE.	DATE.	EXPOSURE. C. S. T.	PLATE	S.	T.	DOME TEMPERATURE. B.	DOME TEMPERATURE. E.	INSIDE TEMPERATURE. B.	INSIDE TEMPERATURE. E.	SLIT. W.	SLIT. L.	REMARKS.
3128 B	1915 Mar. 3	13:05 to 14:15	Graf.	2	2	-7.0	-7.5	-4.75	-4.75	36.0	0.8	Stopped by clouds.
3135 B	Mar 8	12:45 to 15:45	27	1.5	3	-4.6	-5.7	-2.52	-2.55	36.0	0.8	
3144 B	Mar. 16	13:30 to 17:10	27	2	4	-4.8	-5.7	1.85	1.81	36.0	0.8	
3169 A	Apr. 3	11:50 to 16:50	27	2	3	-1.4	-3.0	1.46	1.40	36.0	0.8	Continued until near dawn.

TABLE II. JOURNAL OF OBSERVATIONS. CLASS N.

PLATE.	DATE.	EXPOSURE. C. S. T.	PLATE	S.	T.	DOME TEMPERATURE.		INSIDE TEMPERATURE.		SLIT.		REMARKS.
						B.	E.	B.	E.	W.	L.	
DM. — 5° 4858. V Aquilæ. R.A. $18^h 59^m.1$; Decl. — 5° 50′. Mag. DM. 7.0, H.P. Var.												
2902 D	1914 July 6	10:33 to 14:33	27	2	3	2.07	1.76	24.22	23.92	35.0	1.5	Trace only.
DM. + 76°734. R.A. $19^h 25^m.1$; Decl. + 76° 22′.1. Mag., DM. 6.5, H.P. Var.												
2883 B	1914 July 1	12:59 to 14:49	27	2.5	3	15.8	15.8	18.52	18.50	35.0	1.5	
2921 C	July 20	9:40 to 12:10	27	2	3.5	23.0	22.0	24.11	23.95	35.5	1.5	
19 Piscium. R.A. $23^h 41^m.3$; Decl. + 2° 56′. Mag., DM. 6.2, H.P. Var.												
2965 B	1914 Sept. 2	10:25 to 13:30	27	1	3	15.4	15.5	22.45	22.39	35.0	1.5	Clouds 25 min.
2977 B	Sept. 11	8:55 to 11:25	27	1.5	3	11.2	10.3	13.21	13.20	35.0	1.5	
2978 D	Sept. 11	11:48 to 14:18	27	2	3	10.1	8.5	10.19	13.01	34.0	1.0	
DM. + 34°4500. R.A. $21^h 37^m.8$; Decl. + 35° 3′.1. Mag., DM. 6.2, H.P. Var.												
2916 D	1914 July 17	13:02 to 15:22	27	2	4	20.0	18.5	25.32	25.30	35.5	1.3	
2922 B	July 20	12:28 to 14:48	27	2.5	3	22.0	18.8	23.99	23.85	35.5	1.5	
U Hydræ. R.A. $10^h 32^m.6$; Decl. — 12° 52′. Mag., DM. Var., H.P. Var.												
3084 A	1915 Jan. 14	12:37 to 15:07	Graf.	1.5	3	−1.5	−2.5	−0.61	−0.63	36.0	1.0	
3086 B	Jan. 15	13:05 to 15:15	Graf.	2	1	−3.5	−3.6	−1.60	−1.61	36.0	1.0	
3090 D	Jan. 26	13:45 to 16:30	Graf.	1.5	3	−9.5	−9.7	−7.60	−7.62	36.0	1.0	
3098 B	Feb. 17	11:45 to 14:00	27	2	4	−3.9	−4.3	−0.09	−0.10	36.0	1.0	
3168 C	Apr. 3	8:15 to 10:45	27	2	4	+0.5	−1.0	1.49	1.47	36.0	0.8	
DM. + 46° 1817. R.A. $12^h 40^m.4$; Decl. + 45° 58′. Mag., DM. Var., H.P. Var.												
3085 B	1915 Jan. 14	15:22 to 17:22	Graf.	2	3	−2.4	−3.6	−0.65	−0.65	36.0	1.0	

TABLE II. JOURNAL OF OBSERVATIONS. CLASS O.

PLATE.	DATE.	EXPOSURE. C. S. T.	PLATE	S.	T.	DOME TEMPERATURE.		INSIDE TEMPERATURE.		SLIT.		REMARKS.
						B.	E.	B.	E.	W.	L.	
DM. + 35° 3953. R.A. 20ʰ 2ᵐ.2; Decl. + 35° 31′. Mag., DM. 7.0, H.P. 7.01.												
2938 A	1914 July 29	12:00 to 2:15	27	1.5	4	15.5	14.6	19.05	18.76	35.5	1.0	
2950 A	Aug. 5	11:40 to 12:40	27	2	3	20.6	19.0	22.96	22.85	35.5	1.0	
DM. + 43° 3571. R.A. 20ʰ 17ᵐ.1; Decl. + 43° 32′. Mag., DM. 7.5, H.P. 6.83.												
2982 D	1914 Sept. 14	12:43 to 14:38	27	1	3	16.8	16.2	17.57	17.53			Cloudy near end.
3012 B	Oct. 1	11:08 to 12:58	27	3	3.5	11.0	10.0	13.37	13.32	34.0	1.8	
DM. + 37° 3821. R.A. 20ʰ 8ᵐ.5; Decl. + 38° 3′. Mag., DM. 7.1, H.P. 7.44.												
2981 A	1914 Sept. 13	11:35 to 13:35	27	2	2	14.1	13.8	15.10	15.09	34.0	1.0	Interrupted by clouds.
2990 A	Sept. 19	12:15 to 14:00	27	2.5	3	19.2	19.2	21.06	21.07	34.0	1.5	Spoiled in developing.
3011 A	Oct. 1	9:03 to 10:53	27	3	4	12.8	11.1	13.40	13.37	34.0	1.8	
λ Cephei. R.A. 22ʰ 8ᵐ.1; Decl. + 58° 56′. Mag., DM. 5.6, H.P. 5.19.												
2933 A	1914 July 27	12:27 to 12:57	27	2	3	19.6	19.1	25.67	25.58	34.5	2.0	
2934 B	July 27	13:03 to 14:23	23	2	3	19.1	19.0	25.58	25.55	34.5	2.0	
2952 C	Aug. 5	14:08 to 14:23	23	2	3	18.9	18.9	21.84	21.84	34.5	2.0	
2953 B	Aug. 5	14.55 to 15:20	23	2	2	18.9	18.9	21.83	21.83	34.5	2.0	
2979 A	Sept. 11	14:40 to 15:40	23	2	3	8.5	8.0	12.90	12.92	34.0	1.0	
2983 B	Sept. 14	14:57 to 15:27	23	1.5	2.5	16.2	16.1	17.53	17.50	34.0	1.5	
2984 C	Sept. 14	15:37 to 16:07	23	1.5	2.5	16.0	15.8	17.50	17.48	33.0	2.0	

THE SPECTROGRAMS

The spectra of stars of Class R are marked by strong absorption bands, numerous dark lines, and a few bright lines. Only plates of the stars + 42° 2811 and — 10° 5057 gave a spectrum above λ 4188 strong enough for the measurement of lines; sufficient continuous spectrum is visible, however, beyond this limit on plates of other stars to indicate the presence of violet rays. The H and K lines are clearly seen on plates of + 42° 2811. Some plates show a sharp drop in intensity at λ 4216, others fade away gradually. The calcium line λ 4227 is strong. The broad G group, extending in some cases from λ 4295 to λ 4315, is the most prominent feature of this region, showing almost complete absorption on some of the plates. The line λ 4384 is conspicuous. Hγ is present, but is not prominent. On plates of the stars showing the strongest ordinary bands, there is also strong absorption from λ 4395 toward the violet rendering the spectrum very weak as far as Hγ or even as far as G in some cases. The most prominent feature of the whole spectrum under consideration, from the violet end to λ 5000, are the strong absorption bands with head at λ 4737 when the bands are weaker and at λ 4752 when they are stronger. These bands are sharply defined toward the red but gradually fade away toward the violet, usually to about λ 4630-40. The continuous spectrum on the red side of these bands is much stronger than it is on the other side, the relative intensity differing greatly in the different stars; in general, the spectrum showing the stronger absorption bands suffers the greater loss in intensity on the violet side. An absorption line varying in intensity in the different stars occupies the position of Hβ, but a companion line and the low dispersion in this region renders its identification difficult. On some plates it is very weak, on others not discernible. Hβ does not clearly appear as a bright line on any plate. The intensity of the spectrum, which is a maximum in the broad bright zone adjoining the head of the strong absorption band, gradually grows less toward the red limit of visibility of the photographic plate; at λ 5000 the spectrum is much fainter for Class R stars as a rule than for Class N stars taken under the same conditions. Prominent lines varying in intensity from star to star are found at λλ 4876, 4886, 4921, 4958, and 4985.

The features here mentioned will be discussed in the section on qualitative results.

MEASUREMENT AND REDUCTION

Measurement. The spectrograms were measured on Measuring Engines No. 1 and No. 3 of this Observatory. The pitch of the screws is one-half millimeter and the least reading 0.0005 mm. Determinations of the periodic error for different sections indicate that no corrections to the micrometer readings are necessary. Low magnifying power gave the best results on account of the coarseness of the silver grains of the photograph plates used; for the Graflex plates power 7 to 8 was used, for 27's power 12 to 15. All the available star lines were measured for wave-length determination. About 25 comparison lines were measured on each plate. The average of three settings on a star line was taken. The mean of two readings on the inner tip of the upper comparison line was averaged with the mean of two readings on the inner tip of the lower. This has a double advantage: in the first place, if the point is fairly symmetrical its bisection gives a better result than the bisection of a broad line; and in the second place, the effect due to the curvature of the slit image on the plate is minimized. In our work the curvature correction was not appreciable. All the plates were measured direct and reversed to eliminate personal equation as far as possible.

Radial Velocity Determination. The method of reduction proposed by Professor Curtiss[16] has been followed using the moon as the standard velocity source. For the standard table about forty lines were selected, that were found to be more or less common to stars of Class R and the solar spectrum, and about 25 comparison lines of average intensity well distributed throughout the region λ 3900 to λ 5100.

The first standard table was made from three moon plates with titanium comparison. During the course of the observations the spectrograph was readjusted, which resulted in a change of dispersion sufficient to necessitate a corresponding change in the standard table. Accordingly, the second standard table was prepared by changing the dispersion of the old table to the new by means of a graphical method, plotting the micrometer readings as abscissae and the differences in readings between the old and the new as ordinates. A smooth curve was then formed which together with the scale correction gave the means of conversion. The micrometer readings of the comparison lines in the second standard table are based upon a larger number of measurements than in the first standard table; also a few comparison lines were rejected and others substituted, and a few additional moon lines were included, which were found to be common to Class R stars.

The method of making the lines homogeneous was applied in the case of star — 10° 5057, for which five plates were available. The maximum correction to the computed velocity for a single plate due to this somewhat laborious process was 0.38 km. for plate 2887 A. The small number of plates available for each star and the degree of precision required did not warrant the general adoption of this refinement.

[16] *Astrophysical Jour.*, Vol. 20, p. 149, 1904.

Wave-length Determination. Wave-lengths were determined by means of the Hartmann interpolation formula,

$$\lambda = \lambda_0 + \frac{c}{R_0 - R}.$$

In the determination of the constants of the formula the titanium lines λ 4078.632, λ 4338.081, and λ 4981.916, expressed in Rowland's scale, were used as standard lines in the first standard table. These lines are among the ones selected by Mr. Mellor as standards for "A Study of the Titanium Spark as a Comparison Spectrum in the Single-Prism Spectrograph." The line λ 4163.829 of his list was substituted for λ 4078.632 in the second standard table.

The constants for the first standard table are

$$R_0 = 185.108,$$
$$\lambda_0 = 2{,}204.293,$$
$$c = 224{,}289.5.$$

For the second standard table the constants are

$$R_0 = 186.184,$$
$$\lambda_0 = 2{,}197.682,$$
$$c = 227{,}282.66.$$

The residuals, observed wave-length minus computed wave-length, which form the ordinates of the correction curves, are based upon the list of titanium lines given by Mr. Mellor, in these *Publications,* Vol. 1, p. 140. The correction curve to accompany the use of the first set of constants is not well determined; but it is more symmetrical than the second, due to the use of standard lines separated by intervals more nearly equal.

Before application of the formulæ

$$\lambda = 2{,}204.293 + \frac{224{,}289.5}{185.108 - R}, \qquad (1)$$

and

$$\lambda = 2{,}197.682 + \frac{227{,}282.66}{186.184 - R}, \qquad (2)$$

the micrometer reading, R was corrected for plate velocity. This correction was obtained by multiplying the plate velocity by $\frac{dR}{dv}$, and is applied with the sign changed, since a positive velocity indicates a displacement toward the red or larger wave-length and the micrometer readings increase in the same direction. After R was corrected for all the plates of a single star the mean value for each line was found, due consideration being given to the quality of the line on the individual plates. This value of R was substituted in the Hartmann formula, the application of which was greatly facilitated by the use of the Millionaire computing machine. The resulting value of the wave-length was corrected by means of the ordinate of the correction curve corresponding to the micrometer reading of the line, which gave the final value of the wave-length. After the wave-lengths of stars $-10°$ 5057 and $+57°$ 702 had been determined by this method they were used as standards and the difference in R for the other stars was changed into difference in λ by the factor $\frac{d\lambda}{dR}$ tabulated in the standard table. The application of this difference to the computed wave-length in the standard star gave the value of λ directly, saving much time in computation. These values of the wave-lengths are tabulated for each star in the *Table of Mean Wave-Lengths.*

Degree of Precision. The visual faintness of the stars of Class R and their greater photographic faintness required the use of fast plates, the coarse silver grains of which necessitated a low magnifying power and interfered with precise measurement. The wideness of the slit, usually 0.075 mm., combined with the relatively low dispersion, tended to produce broad lines and blends instead of sharp well-defined slit images. The change in intensity of the lines passing from the moon plates to those of Class R and Class N stars introduce displacements of unknown magnitude. While the shift of ordinary lines with spectral type may not be large between the solar spectrum and spectra of Class R stars, there appears to be a marked change in the position of the center of many measured lines, probably due to the presence of new components or to the unequal change in the relative intensity of the components passing from the solar type to types VI and IV. A few cases that will be pointed out later seem to indicate a systematic shift from star to star passing along the sequence of stars arranged in the order of the intensity of the absorption band. The presence of bright lines also tends to shift the center of mass of adjacent absorption lines. Error due to this cause was avoided in radial velocity determination by omitting as far as practicable the use of disturbed lines.

The precision of radial velocity determinations is indicated by the tabulated probable errors accompanying the plate velocities, which are based upon the agreement of the velocities given by the lines of the plate. The average for a plate velocity is ± 2.06 km. for the ten Class R stars. The small number of lines on some plates available for comparison with the lines of the standard table accounts for the large average probable error in such cases. The average number of lines used for each plate was 17, giving an average probable error for a single line of 7.18 km., or in wave-lengths

At λ 4000, ± 0.11 Å,
At λ 4500, ± 0.12 Å,
At λ 5000, ± 0.14 Å.

On this basis the probable error of the mean wave-length of a line measured on ten plates is about ± 0.04 Å, and for a line measured on five plates the probable error is about ± 0.06 Å.

After the lines were made homogeneous in the case of star — 10° 5057, for which five plates were available, the average probable error of the wave-length of a single line was found to be ± 0.050 Å.

MEAN WAVE-LENGTHS

In the table of mean wave-lengths the stars at the head of the columns are arranged in the order of the intensity of the absorption band with head at λ 4737. Under each star are three columns giving respectively the quality, intensity, and computed wave-length of the line. G, F, and P stand for good, fair, and poor, respectively. Occasionally a line is designated as wide (W), very wide (VW), sharp (S), diffuse (Dif.), or nebulous (N or Neb.). Max. stands for the position of maximum intensity in a broad line or band, Str. for the strongest of a group of lines, and Bl. for blend. Br. indicates an emission line. The intensity is estimated on a scale of 10; special difficulties, however, render these estimates approximations only. The last column but one of the table gives the mean wave-lengths of lines common to two or more stars. In general a single star line occupies a single horizontal line of the table, but owing to uncertainties of identification this may not always be the case. The lines of the table are numbered consecutively for convenience of reference.

TABLE III. MEAN WAVE-LENGTHS. CLASS R.

NO.	+ 42° 2811. CHARACTER, INTENSITY, AND WAVE-LENGTH.	− 10° 5057. CHARACTER, INTENSITY, AND WAVE-LENGTH.	+ 5° 5223. CHARACTER, INTENSITY, AND WAVE-LENGTH.	+ 20° 5071. CHARACTER, INTENSITY, AND WAVE-LENGTH.	+ 34° 1929. CHARACTER, INTENSITY, AND WAVE-LENGTH.	− 10° 513. CHARACTER, INTENSITY, AND WAVE-LENGTH.
1	W 5 4188.68	F 5 4187.77	P 3 4187.75	.. ..	.. ..	.. ..
2	.. ..	F 2 4191.44	.. ..	F 2 4191.96	.. ..	.. ..
3	P 1 4195.07	W 2 4195.71	P 2 4195.68	.. ..	.. ..	F 2 4196.16
4	F 2 4196.57	G 3 4196.72	.. ..	.. ..	.. ..	.. ..
5	.. ..	F 3 4201.83	.. ..	.. ..	.. ..	.. ..
6	.. ..	.. ..	.. ..	F 3 4203.00	.. ..	.. ..
7	W 5 4207.96	W 3 4205.27	F 4 4208.69	F 1 4206.46	.. ..	P 2 4207.29
8*	G 10 4215.67	G 10 4215.46	.. ..	.. ..	.. ..	F 7 4215.64
9	Head 4216.59	Head 4216.23	.. ..	.. ..	.. ..	.. ..
10	F 3 4218.90	.. ..	.. ..	P 3 4218.93	.. ..	P 3 4218.40
11	.. ..	F 3 4220.29	.. ..	.. ..	P 3 4220.63	.. ..
12	P 2 4223.19	F 2 4223.16	.. ..	P 2 4223.00	.. ..	F 3 4223.28
13	.. ..	.. ..	.. ..	.. ..	.. ..	.. ..
14	.. ..	.. ..	.. ..	F 2 4225.89	.. ..	.. ..
15*	G 10 4227.12	G 7 4227.32	F 8 4227.11	F 7 4227.22	F 7 4227.12	F 7 4227.02
16	Edge 4227.94	.. ..	.. ..	.. ..	.. ..	.. ..
17	F 2 4230.19	F 1 4230.50	.. ..	.. ..	.. ..	F 2 4229.85
18*	F 4 4233.51	G 6 4233.30	.. ..	W 4 4232.92	F 3 4233.91	F 3 4233.34
19*	F 5 4236.51	F 3 4236.31	.. ..	.. ..	W 4 4236.68	P 3 4236.63
20	.. ..	F 4 4239.14	.. ..	G 5 4238.58	.. ..	.. ..
21	Edge 4240.56	.. ..	.. ..	.. ..	.. ..	.. ..
22	.. ..	F 2 4242.60	.. ..	.. ..	.. ..	.. ..
23*	F 5 4243.32	.. ..	F 3 4243.11	.. ..	W 8 4212.99	Bl. 5 4243.47
24	.. ..	.. ..	.. ..	W 5 4244.68	.. ..	.. ..
25	.. ..	G 5 4247.24	.. ..	.. ..	.. ..	.. ..
26	4248.02 }	.. ..	4248.01 }	.. ..	4247.87 }	4247.86 }
27*	F 3 4250.44 }	F 3 4250.46	F 3 4250.76 }	F 5 4250.49	W 4 4250.86 }	4250.86 }
28	.. ..	F 2 4252.65	.. ..	.. ..	.. ..	.. ..
29	.. ..	.. ..	W 3 4254.62	F 3 4254.43	.. ..	P 3 4254.56
30	F 4 4255.72	.. ..	.. ..	.. ..	F 2 4255.29	.. ..
31	.. ..	P 2 4256.48	.. ..	.. ..	.. ..	.. ..
32	.. ..	.. ..	F 3 4257.61	P 2 4257.13	.. ..	.. ..
33	4258.04	F 2 4258.47	F 2 4258.70	.. ..	.. ..	F 3 4259.09
34*	Center 4260.63	F 4 4260.74	.. ..	F 3 4260.20	P 5 4260.70	.. ..
35	.. ..	.. ..	F 4 4261.42	Br. 2 4261.46	.. ..	.. ..
36	4262.29	.. ..	.. ..	.. ..	.. ..	.. ..
37	.. ..	.. ..	.. ..	F 2 4263.03	.. ..	.. ..
38	F 3 4264.83	.. ..	.. ..	.. ..	F 2 4264.38	F 3 4264.64
39	.. ..	.. ..	.. ..	W 5 4266.83	.. ..	.. ..
40	F 3 4268.28	W 4 4269.12	F 4 4268.29	.. ..	4267.88	F 4 4267.67
41	.. ..	.. ..	.. ..	P 2 4270.44	.. ..	.. ..
42*	F 5 4271.98	G 4 4271.96	F 3 4271.67	.. ..	F 4 4272.02	F 4 4271.79
43	.. ..	.. ..	.. ..	.. ..	.. ..	F 2 4274.65
44	F 3 4275.21	F 4 4275.26	F 4 4275.01	G 4 4275.86	F 4 4275.48	.. ..
45	F 1 4277.99	F 2 4278.07	.. ..	.. ..	.. ..	.. ..

TABLE III. MEAN WAVE-LENGTHS. CLASS R.

NO.	+ 61° 667.	− 3° 1685.	+ 57° 702.	+ 14° 2028.	MEAN AND IDENTIFICATION.	
	CHARACTER, INTENSITY, AND WAVE-LENGTH.	CHARACTER, INTENSITY, AND WAVE-LENGTH.	CHARACTER, INTENSITY, AND WAVE-LENGTH.	CHARACTER, INTENSITY, AND WAVE-LENGTH.	ANGSTROMS.	ELEMENT.
1	.. ..	.. ..	.. ..	.. ..	4187.8	Fe.
2	.. ..	.. ..	.. ..	.. ..	4191.7	Fe.
3	.. ..	.. ..	.. ..	.. ..	4195.8	Fe.
4	.. ..	.. ..	.. ..	.. ..	4196.7	Cy.
5	.. ..	.. ..	.. ..	.. ..	4201.8	Fe.
6	.. ..	.. ..	F 4 4203.01	.. ..	4203.0	
7	.. ..	.. ..	.. ..	.. ..	......	
8*	.. ..	F 5 4215.43	F 8 4215.69	F 7 4215.81	4215.6	Cy. Fe.?
9	.. ..	.. ..	Head 4216.16	Head 4216.43	4216.4	
10	.. ..	.. ..	.. ..	.. ..	4218.8	Zr.
11	.. ..	P 3 4220.06	.. ..	[Br. ? 2 4220.38	4220.3	Fe.
12	.. ..	.. ..	.. ..	P 2 4223.01	4223.2	
13	.. ..	Bl. 5 4224.21	.. ..	.. ..	......	
14	.. ..	.. ..	.. ..	.. ..	......	
15*	.. ..	N 5 4227.35	N 7 4227.01	W 10 4227.29	4227.2	Ca. Fe.
16	.. ..	.. ..	.. ..	Edge 4228.11	4228.0	
17	.. ..	F 2 4229.99	.. ..	F 1 4230.45	4230.2	Fe.
18	.. ..	F 3 4233.71	F 3 4233.36	F 3 4233.89	4233.5	Fe.
19	.. ..	P 3 4236.62	F 4 4237.08	F 4 4237.08	4236.7	
20	.. ..	.. ..	.. ..	.. ..	......	
21	.. ..	.. ..	.. ..	.. ..	......	
22	.. ..	.. ..	.. ..	.. ..	......	
23*	P 3 4243.32	G 4 4243.27	F 4 4243.34	G 5 4243.55	4243.3	Fe.
24	.. ..	.. ..	.. ..	.. ..	......	
25	.. ..	.. ..	.. ..	.. ..	......	
26	.. ..	.. ..	4247.48	4248.01	......	
27*	.. ..	W 3 4250.66	4250.62	W 5 4250.66	4250.6	Fe, blend.
28	.. ..	.. ..	.. ..	Br. ? 1 4252.78	......	
29	P 3 4254.62	W 8 4254.95	P 5 4254.90	.. ..	4254.7	Cr.
30	.. ..	N 4 4255.70	.. ..	G 10 4255.46	4255.5	Fe. Cr.
31	.. ..	4256.56	.. ..	.. ..	......	
32	.. ..	.. ..	.. ..	[Br. ? 2 4257.82	......	
33	.. ..	.. ..	.. ..	4258.61	4258.8	Fe.
34	P 4 4260.37	W 6 4260.72	P 3 4260.57	.. ..	4260.6	
35	.. ..	4261.34	.. ..	Str. 4261.07	......	
36	.. ..	.. ..	.. ..	4262.44	......	Fe.
37	.. ..	.. ..	.. ..	.. ..	......	
38	.. ..	.. ..	.. ..	F 2 4265.13	4264.7	Fe.
39	.. ..	.. ..	.. ..	.. ..	......	
40	F 3 4267.90	F 3 4268.28	.. ..	4268.66	4268.0 ?	Fe. C.
41	.. ..	.. ..	.. ..	.. ..	......	
42*	F 3 4271.49	F 3 4271.85	F 4 4271.85	F 3 4272.24	4271.9	Fe.
43	.. ..	.. ..	.. ..	.. ..	......	
44	P 3 4275.14	F 4 4275.16	.. ..	F 4 4275.33	4275.3	Cr.
45	.. ..	.. ..	.. ..	F 1 4278.28	4278.1	

TABLE III. MEAN WAVE-LENGTHS. CLASS R—CONTINUED.

NO.	+ 42° 2811.	— 10° 5057.	+ 5° 5223.	+ 20° 5071.	+ 34° 1929.	— 10° 513.
	CHARACTER, INTENSITY, AND WAVE-LENGTH.	CHARACTER, INTENSITY, AND WAVE-LENGTH.	CHARACTER, INTENSITY, AND WAVE-LENGTH.	CHARACTER, INTENSITY, AND WAVE-LENGTH.	CHARACTER, INTENSITY, AND WAVE-LENGTH.	CHARACTER, INTENSITY, AND WAVE-LENGTH.
46*	G 6 4280.56	F 3 4280.74	G 4 4280.55	.. ..	Bl. 5 4280.58	G 5 4280.42
47	.. ..	.. ..	.. ..	G 6 4281.38	.. ..	.. ..
48	F 1 4283.06	F 2 4282.91	.. ..	.. ..	.. ..	.. ..
49	F 4 4286.09	F 2 4286.18	F 3 4286.02	F 5 4286.62	N 3 4286.00	F 4 4285.90
50*	F 3 4289.88	F 6 4290.11	F 3 4289.83	4290.01	F 4 4290.11	F 3 4289.67
51	F 3 4291.74	.. ..	P 2 4291.97	.. ..	.. ..	.. ..
52	.. ..	.. ..	.. ..	.. ..	.. ..	.. ..
53	.. ..	.. ..	.. ..	.. ..	.. ..	.. ..
54	.. ..	.. ..	.. ..	.. ..	.. ..	F 2 4294.44
55	S 2 4294.94	F 3 4295.31	F 3 4295.22	.. ..	.. ..	.. ..
56*	F 5 4300.08	G 8 4299.98	F 5 4300.02	.. ..	.. ..	.. ..
57	P 1 4303.04	F 2 4302.93	.. ..	.. ..	.. ..	W 4 4303.52
58	.. ..	.. ..	.. ..	.. ..	.. ..	.. ..
59	.. ..	F 3 4305.73	.. ..	.. ..	.. ..	.. ..
60	.. ..	.. ..	.. ..	.. ..	F 5 4306.62	.. ..
61	P 2 4308.41	W 5 4308.72	W 4 4308.50	.. ..	.. ..	.. ..
62	.. ..	.. ..	.. ..	4310.98	.. ..	.. ..
63*	F 4 4314.47	G 6 4314.69	4314.62	.. ..	F 6 4314.77	F 2 4314.63
64	.. ..	.. ..	.. ..	.. ..	.. ..	F 2 4317.57
65	.. ..	.. ..	.. ..	.. ..	4318.55	.. ..
66	F 1 4319.24	.. ..	.. ..	W 6 4319.39	.. ..	.. ..
67	.. ..	.. ..	F 2 4320.16	.. ..	.. .. 4320.68	.. ..
68	F 1 4321.31	F 4 4321.20	.. ..	.. ..	.. ..	4321.93
69	.. ..	.. ..	.. ..	.. ..	.. ..	.. ..
70	4324.16	.. ..	.. ..	.. ..	.. ..	.. ..
71*	G Max. 4325.62	G 7 4325.59	G 10 4324.62	F 3 4324.79	W 6 4325.42	W 8 4324.68
72	4327.29	.. ..	.. ..	.. ..	.. ..	4326.65
73	.. ..	.. ..	.. ..	F 3 4329.05	.. ..	.. ..
74	F 2 4330.92	F 4 4330.77	F 3 4330.63	.. ..	.. ..	F 3 4330.01
75	F 2 4334.42	F 3 4334.12	F 4 4333.93	F 5 4333.33	P 2 4334.21	F 2 4333.44
76*	F 4 4337.91	4337.72	G 6 4337.88	.. ..	F 4 4337.89	F 3 4337.51
77	.. ..	F 2 4339.99	.. ..	F 2 4339.02	.. ..	.. ..
78*	F 6 4340.42	.. ..	F 3 4340.90	.. ..	F 3 4340.54	4340.34
79	.. ..	.. ..	.. ..	F 3 4342.91	.. ..	.. ..
80	F 3 4344.26	F 4 4344.40	F 3 4343.97	.. ..	F 2 4343.88	P 3 4344.04
81*	F 4 4347.69	F 3 4347.60	F 3 4347.58	G 5 4347.43	F 3 4347.61	G 6 4347.79
82	.. ..	.. ..	.. ..	.. ..	.. ..	.. ..
83	.. ..	.. ..	.. ..	F 3 4351.22	.. ..	.. ..
84*	G 7 4352.11	W 5 4351.67	G 6 4352.01	.. ..	F 7 4351.94	F 5 4352.32
85	.. ..	.. ..	.. ..	F 2 4354.71	.. ..	.. ..
86	F 3 4355.87	F 3 4355.17	F 2 4355.56	.. ..	F 4 4355.61	.. ..
87	.. ..	.. ..	.. ..	F 2 4358.98	.. ..	.. ..
88	F 4 4359.78	P 5 4359.41	F 3 4359.76	.. ..	F 3 4359.70	.. ..
89	.. ..	.. ..	.. ..	.. ..	.. ..	.. ..
90	.. ..	.. ..	.. ..	F 3 4362.93	.. ..	.. ..

TABLE III. MEAN WAVE-LENGTHS. CLASS R—CONTINUED.

NO.	+ 61° 667.			− 3° 1685.			+ 57° 702.			+ 14° 2048.			MEAN AND IDENTIFICATION.	
	CHARACTER, INTENSITY, AND WAVE-LENGTH.			CHARACTER, INTENSITY, AND WAVE-LENGTH.			CHARACTER, INTENSITY, AND WAVE-LENGTH.			CHARACTER, INTENSITY, AND WAVE-LENGTH.			ANGSTROMS.	ELEMENT.
46*	F	3	4280.63	P	3	4280.60	P	4	4280.92	F	4	4280.81	4280.6	Cr.
47	..	..	....	..	..	....	..	..	....	..	..	....	......	
48	..	..	....	..	..	....	..	..	....	F	3	4283.08	4283.0	Ti. Ca.
49	..	..	....	F	3	4286.31	..	..	....	F	4	4285.65	4286.2	Ti.
50*	..	..	....	P	3	4290.02	F	3	4289.90	Bl.	4	4289.98	4289.9	Cr. Ca.
51	..	..	....	F	3	4291.85	..	..	....	F	3	4291.85	4291.8	Fe. Cr.
52	..	..	....	..	..	....	F	1	4292.43	..	..	....	......	
53	..	..	....	..	..	....	..	..	....			4293.95	......	
54	..	..	....	..	..	....	..	..	....	..	..	....	......	
55	..	..	....	..	..	....	F	1	4295.09	..	..	....	......	
56*	..	..	....	F	2	4300.02	..	..	....	F	4	4300.13	4300.0	G, Fe, Ti.
57	..	..	....	..	..	....	..	..	....	..	..	....	......	
58	..	..	....	..	..	....	F	3	4304.91	..	..	....	......	
59	..	..	....	F	3	4305.86	..	..	....	..	..	....	......	
60	..	..	....	..	..	....	..	..	....	..	..	....	......	
61	..	..	....	..	..	....	..	..	....	..	..	....	......	
62	..	..	....	..	..	....	..	..	....	..	..	....	......	
63*	G	3	4314.82	F	3	4314.17	Edge		4315.50	Edge		4315.09	4314.7	Ti. ?
64	..	..	....	..	..	....	..	..	....	..	..	....	......	
65	..	..	....	..	..	....	..	..	....	..	..	....	......	
66	..	..	....	..	..	....	..	..	....	..	..	....	......	
67	..	..	....	..	..	....	..	..	....	..	..	....	......	
68	..	..	....	..	..	....	..	..	....	F	2	4321.67	4321.5	
69			4323.55	..	..	....	..	..	....	..	..	....	......	
70	..	..	....	..	..	....	P	3	4324.18	F	3	4324.12	......	Ti. Cr.
71*	..	..	....	..	..	....	F	3	4326.00	..	..	....	......	Fe.
72			4326.38	..	..	....			4327.37	..	..	....	......	
73	..	..	....	..	..	....	F	3	4329.59	..	..	....	......	
74	F	2	4329.89	F	3	4330.37	..	..	....	F	4	4330.13	4330.4	V.
75	P	3	4333.89	W	5	4334.73	..	..	....	F	3	4334.65	4334.1	
76*	F	3	4337.81			4337.63	P	3	4337.73	..	..	....	4337.8	Cr.
77	..	..	....	..	..	....	..	..	....	..	..	....	......	
78	P	2	4340.92			4340.50	P	2	4340.16	P	2	4341.05	4340.5	Hγ.
79	..	..	....	..	..	....	F	1	4342.85	..	..	....	4342.9	
80	..	..	....	..	..	....	..	..	....	F	3	4343.92	4344.1	Cr. Blend.
81*	W	4	4347.58	..	..	....	F	3	4347.77	..	..	....	4347.6	
82	..	..	....	..	..	....	..	..	....	F	2	4348.26	......	
83	..	..	....	..	..	....	..	..	....	..	..	....	......	
84	F	6	4352.08	..	..	....	F	4	4352.28	..	..	....	4352.0	Cr. Mg.
85	..	..	....	..	..	....	..	..	....	..	..	....	......	
86	F	4	4355.26	..	..	....	..	..	....	..	..	....	4355.5	Ca.
87	..	..	....	..	..	....	..	..	....	..	..	....	......	
88	..	..	....	..	..	....	F	3	4359.62	..	..	....	4359.7	Cr.
89	P	2	4360.49	..	..	....	..	..	....	..	..	....	......	
90	..	..	....	..	..	....	..	..	....	..	..	....	......	

TABLE III. MEAN WAVE-LENGTHS. CLASS R—CONTINUED.

NO.	+ 42° 2811.	— 10° 5057.	+ 5° 5223.	+ 20° 5071.	+ 34° 1929.	— 10° 513.
	CHARACTER, INTENSITY, AND WAVE-LENGTH.	CHARACTER, INTENSITY, AND WAVE-LENGTH.	CHARACTER, INTENSITY, AND WAVE-LENGTH.	CHARACTER, INTENSITY, AND WAVE-LENGTH.	CHARACTER, INTENSITY, AND WAVE-LENGTH.	CHARACTER, INTENSITY, AND WAVE-LENGTH
91	W 4 4363.88	W Max. 4363.67	F 4 4363.83	.. ..	F 3 4363.49	F 4 4363.31
92	4366.61 }	.. ..	P 2 4366.86	P 3 4366.98	.. ..	.. ..
93*	P 3 4367.41 }	P 3 4367.70	.. ..	.. ..	F 3 4367.90	F 3 4367.17
94	.. ..	.. ..	.. ..	.. ..	.. ..	.. ..
95	P 1 4370.39	.. ..	.. ..	.. ..	.. ..	.. ..
96	.. ..	F 4 4371.37	.. ..	.. ..	.. ..	F 4 4371.41
97	.. ..	.. ..	P 2 4373.25 }	.. ..	.. ..	.. ..
98	W 5 4374.76	F 6 4374.86	.. .. }	.. ..	.. ..	.. ..
99	.. ..	.. ..	F 3 4375.93 }	.. ..	F 4 4375.54	F 4 4376.13
100	P 2 4380.33	P 2 4380.09 }	.. ..	.. ..	.. ..	.. ..
101	4382.95 }	.. .. }	.. ..	.. ..	.. ..	.. ..
102	G 10 4384.06 }	.. .. }	VW 8 4383.84	.. ..	G 9 4384.00	F 4 4383.96
103	4385.69 }	4385.28 }	.. ..	.. ..	.. ..	.. ..
104	.. ..	.. ..	.. ..	W 3 4386.20	.. ..	.. ..
105	.. ..	F 1 4388.02	F 3 4388.74	.. ..	F 2 4388.43 }	.. ..
106	W 4 4389.97	.. ..	.. ..	.. ..	.. .. }	.. ..
107	.. ..	F 4 4390.99	F 3 4390.82	.. ..	.. .. }	F 3 4390.26
108	.. ..	.. ..	.. ..	.. ..	4392.25 }	.. ..
109*	F 4 4395.24	G 5 4395.22	G 3 4395.12	F 3 4395.03	F 3 4395.46	G 6 4395.04
110	.. ..	.. ..	.. ..	.. ..	.. ..	.. ..
111	.. ..	.. ..	.. ..	.. ..	.. ..	.. ..
112*	F 5 4400.82	G 8 4400.52	F 4 4400.47	F 3 4400.69	F 4 4400.77	F 5 4400.37
113	Br. 2 4403.19	.. ..	.. ..	.. ..	.. ..	.. ..
114*	G 5 4404.89	F 4 4404.67	G 7 4404.87	F 2 4404.79	G 6 4404.84	G 4 4404.78
115	F 4 4408.96	G 7 4408.83	G 6 4408.63	.. ..	F 3 4408.98	F 3 4408.63
116	.. ..	.. ..	.. ..	.. ..	.. ..	.. ..
117	.. ..	P 2 4411.89	.. ..	.. ..	.. ..	.. ..
118	Br. 2 4413.04	.. ..	.. ..	.. ..	.. ..	.. ..
119	.. ..	.. ..	.. ..	Br. 2 4414.24	.. ..	.. ..
120*	F 6 4415.41 }	F 4 4415.09	G 6 4415.27	.. ..	G 6 4415.56	F 5 4414.97
121	.. .. }	.. ..	.. ..	F 3 4416.76	.. ..	.. ..
122	Edge 4418.22 }	F 5 4417.94	.. ..	.. ..	.. ..	.. ..
123	.. ..	.. ..	.. ..	F 1 4420.17	.. ..	.. ..
124	F 4 4422.92	F 3 4422.88	F 4 4422.52	.. ..	W 4 4422.47	F 3 4422.39
125	.. ..	.. ..	.. ..	W 4 4425.46	N 3 4426.29	.. ..
126*	F 3 4430.63	F 4 4430.25	G 4 4430.50	F 5 4430.78	P 3 4430.59	F 4 4430.76
127*	W 8 4435.23	F 6 4435.08	W 4 4435.27	W 1	W 4 4435.25	G 4 4435.28
128	.. ..	.. ..	.. ..	P 4 4437.15	F 1 4437.49	.. ..
129	.. ..	.. ..	.. ..	.. ..	.. ..	.. ..
130	.. ..	.. ..	.. ..	.. ..	.. ..	.. ..
131	.. ..	.. ..	.. ..	.. ..	.. ..	F 4 4442.00
132*	W 10 4442.99	G 10 4443.37	G 8 4442.66	F 2 4442.80	W 8 4442.97 }	.. ..
133	.. ..	.. ..	.. ..	F 3 4445.16	4444.77 }	.. ..
134	.. ..	.. ..	.. ..	.. ..	.. ..	.. ..
135	F 1 4447.46	F 2 4447.37	F 3 4446.92	.. ..	.. ..	.. ..

TABLE III. MEAN WAVE-LENGTHS. CLASS R—Continued.

NO.	+ 61° 667.	− 3° 1685.	+ 57° 702.	+ 14° 2048.	MEAN AND IDENTIFICATION.	
	CHARACTER, INTENSITY, AND WAVE-LENGTH.	CHARACTER, INTENSITY, AND WAVE-LENGTH.	CHARACTER, INTENSITY, AND WAVE-LENGTH.	CHARACTER, INTENSITY, AND WAVE-LENGTH.	ANGSTROMS.	ELEMENT.
91	F 3 4363.53	.. ..	.. ..	.. ..	4363.6	
92	.. ..	.. ..	.. ..	.. ..	4366.9	
93*	G 1 4367.12	.. ..	.. ..	.. ..	4367.6	Fe.
94	W 2 4369.05	.. ..	.. ..	.. ..	......	
95	.. ..	.. ..	.. ..	.. ..	......	
96	.. ..	.. ..	.. ..	.. ..	4371.4	Cy. Cr.
97	.. ..	.. ..	.. ..	.. ..	......	
98	.. ..	.. ..	.. ..	.. ..	4374.8	
99	W 4 4375.36	.. ..	F 3 4375.38	.. ..	4375.7	Cr. Fe.
100	.. ..	.. ..	.. ..	.. ..	......	
101	.. ..	.. ..	.. ..	.. ..	......	
102	W 6 4383.98	F 3 4383.85	P 3 4384.08	F 3 4384.39	4384.1	Fe.
103	.. ..	.. ..	.. ..	.. ..	......	
104	.. ..	.. ..	.. ..	.. ..	......	
105	.. ..	.. ..	.. ..	.. ..	......	
106	.. ..	.. ..	.. ..	P 4 4389.59	......	
107	F 3 4391.02	.. ..	.. ..	F 3 4391.15	4390.8	V. ?
108	.. ..	F 1 4392.40	.. ..	.. ..	......	
109*	G 9 4395.01	F 7 4395.07	W 6 4394.67	G 9 4394.73	4395.1	V.
110	Edge 4395.63	Edge 4396.01	Edge 4395.78	F 4 4395.61	4395.7	Ti.
111	.. ..	.. ..	.. ..	Edge 4395.97	......	
112*	F 6 4400.24	F 5 4400.71	F 4 4400.71	G 6 4400.71	4400.6	
113	.. ..	Br. 1 4402.57	.. ..	Br. 2 4403.21	4403.0	
114*	G 9 4404.95	G Max. 4404.78 }	G 8 4405.06	[F 7 4405.47]	4404.8	Fe.
115	F 6 4408.66	.. .. }	F 6 4408.70	F 6 4408.85	4408.8	V. ?
116	.. ..	Edge 4409.58 }	Edge 4409.00	Edge 4409.47	4409.4	
117	.. ..	.. ..	.. ..	.. ..	......	
118	Rev. 1 4412.15	Rev. 1 4412.86	.. ..	F 2 4412.72	......	Cr. O in sun.
119	.. ..	.. ..	.. ..	.. ..	......	
120*	G 8 4415.28	G 5 4415.52	F 6 4415.43	G 5 4415.82	4415.4	Fe.
121	.. ..	.. ..	.. ..	.. ..	......	
122	.. ..	G 6 4418.04	.. ..	.. ..	4418.1	Fe. Ti.
123	.. ..	.. ..	.. ..	.. ..	......	
124	F 4 4422.40	W 4 4422.60	.. ..	F 3 4422.71	4422.6	Fe.
125	.. ..	F 1 4426.76	.. ..	P 2 4426.10	4426.2	V.
126*	F 3 4430.35	F 4 4430.70	F 3 4430.72	[F 4 4431.13]	4430.6	Fe.
127*	G 10 4435.68	W Max. 4435.43	G 8 4435.47	G 8 4435.82	4435.4	Ca.
128	.. ..	.. ..	.. ..	.. ..	4437.4	
129	Rev. 1 4438.30	.. ..	.. ..	.. ..	......	
130	.. ..	Br. 2 4439.65	Br. 1 4439.12	Br. 2 4439.21	4439.3	
131	.. ..	.. ..	.. ..	.. ..	......	
132*	G 10 4442.77	F 8 4442.80	F 5 4442.79	G 8 4443.26	4443.0	
133	.. ..	.. ..	.. ..	.. ..	......	
134	Br. 2 4445.46	Br. 1 4445.46	Br. 2 4445.79	Br. 2 4446.10	4445.7	
135	F 3 4447.04	.. ..	F 2 4447.42	F 3 4447.55	4447.3	

TABLE III. MEAN WAVE-LENGTHS. CLASS R—CONTINUED.

NO.	+ 42° 2811.			— 10° 5057.			+ 5° 5223.			+ 20° 5071.			+ 34° 1929.			— 10° 513.		
	CHARACTER, INTENSITY, AND WAVE-LENGTH.			CHARACTER, INTENSITY, AND WAVE-LENGTH.			CHARACTER, INTENSITY, AND WAVE-LENGTH.			CHARACTER, INTENSITY, AND WAVE-LENGTH.			CHARACTER, INTENSITY, AND WAVE-LENGTH.			CHARACTER, INTENSITY, AND WAVE-LENGTH.		
136	P	2	4450.79	G	6	4450.23	F	3	4450.43	F	3	4450.75	F	3	4449.84	..	..	....
137	W	4	4455.17	P	2	4454.69	F	3	4455.81	..	..	....	..	..	....	F	4	4454.49
138	..	..	....	P	2	4457.69	..	..	....	P	2	4457.55	..	..	....	..	..	....
139	..	..	....	..	..	....	..	..	....	..	..	....	F	3	4459.55	..	..	....
140	..	..	....	..	..	....	..	..	....	Br.	2	4461.37	..	..	....	..	..	....
141*	W	5	4461.87	F	4	4461.41	F	4	4461.76	..	..	....	P	4	4462.12	F	5	4461.74
142	..	..	....	..	..	....	..	..	....	F	3	4463.96	..	..	....	..	..	....
143	..	..	....	..	..	....	..	..	....	..	..	....	..	..	....	..	..	....
144	..	..	....	P	3	4464.96	..	..	....	W	5	4465.14	..	..	....	..	..	....
145	P	2	4466.20	..	..	....	..	..	....	P	2	4466.06	..	..	....	..	..	....
146	F	1	4468.85	F	5	4468.65	..	..	....	..	..	....	..	..	....	..	..	....
147	F	2	4469.80	..	..	....	..	..	....	P	3	4469.46	P	4	4469.57	..	..	....
148	F	1	4470.76	..	..	....	P	2	4470.19	..	..	....	..	..	....	F	6	4470.75
149	..	..	....	P	2	4471.78	..	..	....	..	..	....	..	..	....	..	..	....
150	F	2	4473.58	..	..	....	..	..	....	..	..	....	P	2	4474.82	N	2	4475.86
151*	F	6	4481.39	F	8	4481.11	G	6	4481.08	P	2	4481.73	F	4	4481.30	F	4	4481.48
152	..	..	....	F	3	4484.35	..	..	....	..	..	....	..	..	....	..	..	....
153*	F	4	4489.54	F	6	4489.67	P	4	4489.54	F	4	4489.64	F	3	4489.52	..	..	....
154	..	..	....	..	..	....	..	..	....	..	..	....	..	..	....	..	..	....
155	..	..	....	..	..	....	..	..	....	F	2	4491.39	..	..	....	..	..	....
156	..	..	....	..	..	....	..	..	....	..	..	....	..	..	....	..	..	....
157	..	..	....	P	3	4494.00	..	..	....	..	..	....	..	..	....	..	..	....
158	W	4	4495.04	..	..	....	G	4	4494.67	..	..	....	W	3	4495.14	F	3	4494.49
159	..	..	....	P	3	4497.08	..	..	....	F	3	4496.70	..	..	....	..	..	....
160	..	..	....	..	..	....	..	..	....	..	..	....	F	4	4498.70	F	3	4498.72
161*	F	4	4501.41	G	9	4501.21	F	4	4501.27	F	2	4501.37	G	4	4501.34	F	4	4501.09
162	..	..	....	Br.	?	4506.92	P	3	4506.45	..	..	....	..	..	....	..	..	....
163	F	3	4507.77	F	3	4508.10	..	..	....	..	..	....	..	..	....	..	..	....
164	..	..	....	..	..	....	..	..	....			4512.35	..	..	....	..	..	....
165	N	6	4513.97	F	8	4514.19	W	8	4513.79	..	..	....	F	7	4513.74	G	6	4514.47
166	..	..	....	..	..	....	..	..	....	..	..	....	P	3	4516.04	..	..	....
167	..	..	....	..	..	....	..	..	....	F	2	4518.38	..	..	....	F	3	4518.28
168			4519.87	F	5	4519.86	F	3	4519.20	..	..	....	..	..	....	..	..	....
169	..	..	....	..	..	....	..	..	....	..	..	....	..	..	....	..	..	....
170	..	..	....	..	..	....	..	..	....	..	..	....	..	..	....	F	3	4522.29
171	F	2	4523.15	F	4	4522.86			4523.36	..	..	....	..	..	....	..	..	....
172	..	..	....	..	..	....	..	..	....	..	..	....	..	..	....	..	..	....
173			4525.50	..	..	....	..	..	....	..	..	....	..	..	....	..	..	....
174*	F	3	4526.67	P	4	4527.89	..	..	....	F	4	4526.70	F	3	4526.71	F	4	4526.66
175	Str.		4530.79	P	5	4530.83	W	8	4530.52	..	..	....	..	..	....	F	5	4530.82
176	..	..	....	P	5	4534.36	..	..	....	..	..	....	..	..	....	..	..	....
177			4536.43	..	..	....			4536.03	..	..	....			4536.02	F	3	4536.75
178	..	..	....	..	..	....	..	..	....	..	..	....	..	..	....	..	..	....
179	..	..	....	Bl.	3	4540.65	W	4	4540.74	..	..	....	..	..	....	..	..	....
180	..	..	....	..	..	....	..	..	....	..	..	....	..	..	....	F	4	4541.23

TABLE III. MEAN WAVE-LENGTHS. CLASS R—CONTINUED.

NO.	+ 61° 667.	− 3° 1685.	+ 57° 702.	+ 14° 2048.	MEAN AND IDENTIFICATION.	
	CHARACTER, INTENSITY, AND WAVE-LENGTH.	CHARACTER, INTENSITY, AND WAVE-LENGTH.	CHARACTER, INTENSITY, AND WAVE-LENGTH.	CHARACTER, INTENSITY, AND WAVE-LENGTH.	ANGSTROMS.	ELEMENT.
136	F 3 4449.83	F 3 4450.41	F 3 4450.21	F 3 4450.61	4450.3	Ti.
137	.. ..	N 4 4455.14	W 3 4455.43	F 4 4455.54	4455.2	Ca.
138	.. ..	.. ..	.. ..	.. ..	......	
139	.. ..	.. ..	.. ..	.. ..	......	
140	.. ..	.. ..	.. ..	.. ..	......	
141*	F 4 4461.79	G 7 4461.74	G 7 4461.74	F 6 4462.10	4461.8	Fe.
142	.. ..	.. ..	.. ..	.. ..	......	
143	Br. 2 4463.40	Br. 2 4464.17	Br. 2 4464.33	Br. 1 4464.01	4464.0	Ti.
144	4464.47	.. ..	.. ..	.. ..	......	
145	F 3 4466.18	.. ..	F 3 4466.09	F 2 4466.66	4466.2	
146	.. ..	.. ..	.. ..	.. ..	4468.7	Ti.
147	.. ..	.. ..	F 3 4469.28	N 5 4469.94	4469.6	Cr. Fe.
148	.. ..	.. ..	.. ..	.. ..	4470.7	Ni.
149	4472.02	F 3 4471.21	.. ..	4471.50	4471.6	
150	F 4 4475.27	F 3 4475.88	F 4 4476.02	F 3 4476.29	......	Fe.
151*	P 5 4481.16	N 3 4481.46	W 3 4481.39	N 4 4482.12	4481.4	Ti. Mag.
152	F 3 4484.74	.. ..	.. ..	.. ..	4484.5	Fe.
153*	F 3 4489.82	.. ..	.. ..	.. ..	4489.7	Cr. Fe.
154	.. ..	P 3 4490.24	.. ..	.. ..	......	
155	.. ..	.. ..	.. ..	F 3 4491.41	4491.4	
156	4493.16	.. ..	.. ..	.. ..	......	
157	.. ..	4494.03	.. ..	.. ..	......	
158	.. ..	.. ..	W 5 4495.09	W 5 4495.34	4495.0	Fe.
159	4496.81	4496.20	.. ..	.. ..	......	N. V.
160	.. ..	.. ..	.. ..	.. ..	......	
161*	F 3 4501.51	F 4 4501.32	F 4 4501.39	F 5 4501.88	4501.4	Cr.
162	F 4 4506.67	F 3 4507.28	F 3 4506.83	F 3 4506.96	4506.8	
163	.. ..	.. ..	.. ..	.. ..	4507.9	
164	4511.08	4511.03	P 3 4511.24	4512.37	......	
165	.. ..	W 8 4514.07	W 6 4514.42	W 9 4514.09	4514.1	Cy.
166	4515.08	4516.05	4515.20	4516.66	......	
167	.. ..	.. ..	.. ..	F 2 4518.33	......	Ti.
168	.. ..	.. ..	.. ..	.. ..	......	
169	.. ..	.. ..	.. ..	F 2 4520.31	......	
170	.. ..	.. ..	.. ..	.. ..	......	
171	F 3 4523.20	F 3 4523.11	F 3 4522.76	F 2 4523.27	4523.1	Ti.
172	.. ..	Rev. 1 4524.78	Br. 2 4524.55	.. ..	4524.7	V.
173	.. ..	.. ..	S 1 4525.95	.. ..	......	Cr.
174*	F 6 4526.67	F 3 4526.92	4527.75	F 4 4527.52	4527.0	Ti. Ca.
175	.. ..	.. ..	F 3 4531.71	F 5 4531.42	4531.0	Cr. Fe.
176	F 4 4534.49	.. ..	.. ..	.. ..	......	Ti.
177	4536.05	4536.44	4537.08	4537.06	4536.6	Ti.
178	Br. 1 4537.73	Br. 2 4538.20	.. ..	Br. 3 4538.72	4538.2	
179	.. ..	.. ..	.. ..	.. ..	......	
180	.. ..	.. ..	.. ..	.. ..	......	

TABLE III. MEAN WAVE-LENGTHS. CLASS R—CONTINUED.

NO.	+ 42° 2811.	− 10° 5057.	+ 5° 5223.	+ 20° 5071.	+ 34° 1929.	− 10° 513.
	CHARACTER, INTENSITY, AND WAVE-LENGTH.	CHARACTER, INTENSITY, AND WAVE-LENGTH.	CHARACTER, INTENSITY, AND WAVE-LENGTH.	CHARACTER, INTENSITY, AND WAVE-LENGTH.	CHARACTER, INTENSITY, AND WAVE-LENGTH.	CHARACTER, INTENSITY, AND WAVE-LENGTH.
181	W 4 4542.20	F 3 4542.18	.. ..	.. ..	F 3 4541.55	.. ..
182	.. ..	.. ..	.. ..	F 4 4544.24	.. ..	.. ..
183	F 3 4545.20	F 3 4545.44	P 3 4545.54	.. ..	F 2 4545.25	F 3 4545.40
184	.. ..	.. ..	.. ..	.. ..	.. ..	.. ..
185	.. ..	.. ..	4546.30	.. ..	.. ..	4548.41
186	.. ..	.. ..	.. ..	W 5 4548.95	.. ..	.. ..
187*	F 3 454[illegible].86	F 4 4549.61	F 3 4550.09	.. ..	F 3 4549.82	P 4 4549.74
188	.. ..	.. ..	4551.96	.. ..	Edge 4553.69	F 5 4552.54
189	F 3 4553.47	F 3 4553.48	.. ..	.. ..	.. ..	.. ..
190	.. ..	.. ..	.. ..	F 2 4555.27	.. ..	.. ..
191	.. ..	.. ..	.. ..	.. ..	.. ..	.. ..
192	F 2 4560.77	P 3 4559.96	F 4 4560.38	.. ..	P 3 4560.52	F 3 4560.69
193	.. ..	.. ..	.. ..	.. ..	.. ..	.. ..
194	.. ..	.. ..	.. ..	Br. 1 4563.82	.. ..	.. ..
195*	Var. 4564.93	F 6 4564.65	F 3 4564.68	.. ..	W 5 4564.78	.. ..
196	.. ..	.. ..	.. ..	F 3 4566.56	.. ..	.. ..
197	.. ..	.. ..	.. ..	.. ..	Br. 1 4567.69	.. ..
198	.. ..	.. ..	.. ..	.. ..	F 3 4568.95	.. ..
199	S 2 4571.85	F 4 4571.81	F 3 4572.26	F 3 4572.23	.. ..	P 3 4571.85
200	F 3 4576.73	F 3 4576.85	F 3 4577.02	.. ..	W 6 4576.83	F 6 4576.93
201	P 2 4580.20	P 1 4580.82	F 2 4579.86	.. ..	F 3 4580.50	F 3 4580.72
202	.. ..	F 4 4584.19	F 3 4585.51	.. ..	F 5 4585.48	F 3 4586.73
203	.. ..	P 3 4587.23	.. ..	.. ..	.. ..	F 2 4588.37
204	.. ..	.. ..	Br. 2 4589.33	.. ..	Br. 1 4590.51	.. ..
205	P 3 4592.20	F 2 4592.64	.. ..	.. ..	.. ..	.. ..
206	.. ..	P 2 4594.80	P 2 4594.33	.. ..	.. ..	F 2 4593.80
207	F 3 4596.42	.. ..	.. ..	.. ..	4596.21	.. ..
208	.. ..	P 2 4597.03	.. ..	F 2 4597.58	.. ..	F 2 4597.19
209	.. ..	.. ..	.. ..	Br. ? 2 4599.37	.. ..	.. ..
210	.. ..	F 3 4601.07	.. ..	G 4 4601.21	.. ..	F 4 4601.53
211	.. ..	P 2 4603.34	P 3 4603.21	.. ..	.. ..	.. ..
212	F 4 4605.51	F 5 4605.78	F 4 4605.52	.. ..	.. ..	F 3 4605.81
213	.. ..	.. ..	.. ..	.. ..	4606.18	.. ..
214	.. ..	F 4 4612.67	.. ..	.. ..	.. ..	.. ..
215	Dif. 3 4613.35	.. ..	P 3 4613.25	.. ..	.. ..	F 3 4613.24
216	.. ..	P 3 4614.97	.. ..	.. ..	.. ..	.. ..
217	.. ..	.. ..	.. ..	.. ..	.. ..	.. ..
218	F 2 4619.74	F 4 4619.36	F 4 4619.48	.. ..	.. ..	.. ..
219	.. ..	F 3 4623.43	.. ..	Dif ? 4624.09	.. ..	.. ..
220	.. ..	.. ..	.. ..	.. ..	.. ..	.. ..
221	W 3 4626.03	F 2 4625.99	P 3 4626.20	.. ..	.. ..	.. ..
222	.. ..	4628.87	F 3 4628.95	.. ..	.. ..	.. ..
223	.. ..	F 4 4629.26	.. ..	.. ..	.. ..	.. ..
224	W 4 4630.10	F 7 4631.26	.. ..	.. ..	.. ..	.. ..
225	.. ..	F 6 4633.46	.. ..	.. ..	.. ..	.. ..

TABLE III. MEAN WAVE-LENGTHS. CLASS R—CONTINUED.

NO.	+ 61° 667. Character, intensity, and wave-length.	− 3° 1685. Character, intensity, and wave-length.	+ 57° 702. Character, intensity, and wave-length.	+ 14° 2048. Character, intensity, and wave-length.	Mean and identification. Angstroms.	Element.
181	.. ..	N 4 4541.98	F 3 4542.08	F 3 4542.15	......	
182	.. ..	.. ..	.. ..	.. ..	......	
183	F 3 4545.66	F 3 4545.74	F 5 4545.30	F 3 4546.07	4545.5	V.
184	Br. 2 4547.80	Br. 2 4547.72	.. ..	.. ..	......	
185	.. ..	.. ..	.. ..	.. ..	......	
186	.. ..	.. ..	4548.89	.. ..	......	
187*	F 3 4549.74	F 3 4549.50	.. ..	F 4 4550.13	4549.8	V. Ti.
188	4552.03	.. ..	.. ..	.. ..	......	
189	F 10 4552.96	Str. 4552.91	W 7 7452.25	Str. 4552.98	4553.4	Cy.
190	4554.58	4555.00	4553.76	4554.01	4555.	
191	.. ..	4559.51	.. ..	.. ..	......	
192	G 6 4560.42	W 8 4561.60	W 6 4561.43	F 6 4561.11	4560.7	V.
193	.. ..	4563.91	4563.40	.. ..	......	
194	.. ..	.. ..	.. ..	.. ..	......	Ti.
195*	Dif. 4 4564.51	.. ..	.. ..	W 3 4565.18	4564.8	Fe.
196	.. ..	F 2 4566.12	.. ..	.. ..	......	
197	Br. 3 4568.00	.. ..	Br. 1 4567.35	.. ..	4567.7	
198	.. ..	.. ..	.. ..	.. ..	......	
199	F 3 4571.87	F 6 4572.00	W 5 4571.95	W 4 4572.00	4571.9	Ti.
200	F 5 4576.40	F 5 4576.45	W 6 4576.43	F 4 4576.75	4576.7	
201	.. ..	.. ..	.. ..	.. ..	4580.4	Cr.
202	F 6 4586.73	F 3 4587.46	W 4 4586.36	W 4 4587.59	......	
203	4587.56	.. ..	4588.52	.. ..	......	
204	.. ..	.. ..	Br. 2 4591.01	.. ..	4589.9	
205	.. ..	.. ..	.. ..	.. ..	......	Cr.
206	F 2 4593.62	F 3 4593.30	F 3 4592.97	P 2 4593.63	4593.8	V.
207	.. ..	.. ..	.. ..	.. ..	......	
208	.. ..	.. ..	.. ..	F 2 4597.54	4597.3	
209	.. ..	.. ..	.. ..	.. ..	......	
210	4601.51	P 4 4601.12	.. ..	F 3 4601.41	4601.4	Cr. ?
211	.. ..	.. ..	.. ..	W 8 4603.03	4603.2	Fe.
212	.. ..	.. ..	W 6 4605.28	.. ..	4605.6	Cy.
213	4607.25	.. ..	.. ..	4606.28	......	
214	.. ..	.. ..	.. ..	.. ..	......	
215	F 2 4612.98	.. ..	.. ..	.. ..	4613.2	Fe.
216	.. ..	W 5 4614.57	W 6 4614.55	F 3 4614.68	4614.7	
217	Br. 2 4617.50	.. ..	.. ..	.. ..	......	Ti.
218	.. ..	P 3 4620.45	.. ..	.. ..	4619.7	V.
219	.. ..	.. ..	W 4 4623.19	.. ..	......	
220	.. ..	.. ..	.. ..	F 3 4625.39	......	
221	.. ..	.. ..	.. ..	.. ..	4626.1	Cr.
222	.. ..	.. ..	.. ..	.. ..	4628.9	Cr.
223	.. ..	.. ..	.. ..	.. ..	......	
224	.. ..	.. ..	.. ..	.. ..	......	
225	Dif. 7 4633.56	.. ..	W 5 4632.99	F 4 4633.16	4633.3	Fe. Cr.

TABLE III. MEAN WAVE-LENGTHS. CLASS R—CONTINUED.

NO.	+ 42° 2811. CHARACTER, INTENSITY, AND WAVE-LENGTH.	— 10° 5057. CHARACTER, INTENSITY, AND WAVE-LENGTH.	+ 5° 5223. CHARACTER, INTENSITY, AND WAVE-LENGTH.	+ 20° 5071. CHARACTER, INTENSITY, AND WAVE-LENGTH.	+ 34° 1929. CHARACTER, INTENSITY, AND WAVE-LENGTH.	— 10° 513. CHARACTER, INTENSITY, AND WAVE-LENGTH.
226	..	..	..	..	..	F 3 4637.14
227	..	F 3 4640.58	F 2 4640.63	W 3 4641.63	..	F 2 4640.18
228	..	Br. 1 4642.75	..	..	..	..
229	P 5 4648.01	F 6 4647.13	W 5 4646.50	..	..	..
230	W 5 4656.55	F 5 4656.52	F 4 4656.54	..	..	..
231	..	..	..	F 2 4658.38	..	..
232	Br. 4660.01	..	..	..	..	..
233	..	..	F 2 4663.23	W 4 4664.73	..	..
234	W 4 4668.10	..	F 4 4668.33	..	..	..
235	Dif. 3 4680.85	..	..	..	..	..
236	..	..	P 3 4684.22	..	..	..
237	..	..	..	..	..	..
238	W 3 4696.90	F 4 4696.73	F 4 4698.14	..	P 6 4697.34	..
239	..	..	..	P 4 4699.05	..	..
240	..	..	..	G 6 4709.04	..	..
241	..	..	..	..	..	4713.45
242*	F 7 4715.04	F 10 4714.07	G 9 4714.83	..	F 6 4715.01	F 6 4714.48
243	..	..	..	F 5 4716.87	..	..
244	F 3 4722.68	..	F 4 4722.61	..	F 3 4722.37	F 5 4721.61
245	..	..	..	F 2 4724.29	..	..
246	F 4 4728.83	F 3 4728.77	F 3 4728.79	..	F 3 4728.13	F 3 4727.65
247	..	..	..	G 5 4730.93	..	..
248*	G 4736.36	G 4736.02	G 4636.37	..	G 4736.42	G 10 4736.11
249	..	..	..	G 4738.81	..	..
250	Head 4737.55	Head 4737.47	..	..	Head 4737.27	Head 4737.07
251	..	..	..	..	..	..
252	W 7 4743.80	..	F 6 4743.74	..	G 7 4743.65	G 8 4743.66
253	Edge 4745.59	F 2 4745.86	Edge 4744.40	..	Edge 4744.66	Edge 4744.80
254	..	..	..	..	..	..
255	F 1 4748.78	..	..	..	..	..
256	..	..	..	..	F 3 4750.62	F 4 4750.99
257	..	..	..	..	..	..
258	F 2 4755.50	F 2 4756.30	..	..	F 3 4754.94	..
259	..	..	..	..	F 2 4757.17	..
260	..	..	..	..	..	4761.79
261	F 1 4762.25	S 2 4762.50	..	..	..	..
262	..	F 4 4763.78	..	..	4762.97	..
263	W 5 4765.13	F 3 4765.46	W 4 4765.96	..	W 3 4765.95	W 3 4764.06
264	..	..	..	..	4767.66	..
265	..	G 3 4771.37	..	..	..	..
266	Dif. 2 4772.42	..	P 2 4772.18	..	..	4772.33
267	..	F 2 4775.88	F 3 4775.24	..	..	..
268	..	..	4780.25	..	..	..
269	4783.57	P 3 4783.45	..	F 2 4783.19	F 3 4784.24	..
270	W 5 4787.63	F 3 4786.30	..	..	..	..

TABLE III. MEAN WAVE-LENGTHS. CLASS R—Continued.

NO.	+ 61° 667.	− 3° 1685.	+ 57° 702.	+ 14° 2048.	MEAN AND IDENTIFICATION.	
	CHARACTER, INTENSITY, AND WAVE-LENGTH.	CHARACTER, INTENSITY, AND WAVE-LENGTH.	CHARACTER, INTENSITY, AND WAVE-LENGTH.	CHARACTER, INTENSITY, AND WAVE-LENGTH.	ANGSTROMS.	ELEMENT.
226	F 3 4637.16	P 3 4636.68	.. ..	.. ..	4637.0	Ca.
227	F 3 4640.64	.. ..	.. ..	.. ..	4640.7	
228	Br. 2 4643.08	.. ..	.. ..	.. ..	4642.9	
229	.. ..	.. ..	.. ..	F 3 4645.96	......	
230	.. ..	F 3 4656.88	.. ..	.. ..	4656.6	Ti. Cr.
231	.. ..	.. ..	.. ..	.. ..	......	
232	.. ..	.. ..	.. ..	.. ..	......	
233	.. ..	.. ..	.. ..	.. ..	......	
234	.. ..	.. ..	.. ..	.. ..	4668.2	Fe.
235	.. ..	.. ..	.. ..	.. ..	......	
236	.. ..	.. ..	.. ..	.. ..	......	
237	F 4 4694.24	.. ..	.. ..	.. ..	......	
238	.. ..	.. ..	.. ..	.. ..	4697.2	C.
239	.. ..	.. ..	.. ..	.. ..	......	
240	.. ..	.. ..	.. ..	.. ..	......	
141	.. ..	.. ..	.. ..	.. ..	......	
242*	F 6 4715.18	.. ..	.. ..	.. ..	4714.8	C. Ni.
243	.. ..	.. ..	.. ..	.. ..	......	
244	F 6 4722.43	.. ..	.. ..	.. ..	4722.3	Zn.
245	.. ..	.. ..	.. ..	.. ..	......	
246	.. ..	P 3 4729.17	.. ..	.. ..	4728.6	Fe.
247	.. ..	.. ..	.. ..	.. ..	......	
248*	F 6 4736.62	F 6 4736.59	F 6 4736.56	W 6 4736.90	4736.4	C.
249	.. ..	.. ..	.. ..	.. ..	......	
250	Head 4737.70	Head 4737.67	.. ..	Head 4737.92	4737.6	Cr.
251	Br. 3 4739.71	.. ..	.. ..	Br. 2 4739.61	4739.7	
252	G 10 4743.60	G 10 4743.17	G 10 4743.20	G 10 4743.60	4743.6	
253	Edge 4745.40	Edge 4745.11	Edge 4745.14	4745.14	4745.1	
254	Br. 2 4747.63	Br. 3 4747.46	.. ..	Br. 3 4747.78	4747.6	
255	.. ..	.. ..	.. ..	.. ..	......	
256	F 6 4751.51	G 10 4751.02	G 10 4751.05	G 9 4751.51	4751.1	
257	Edge 4753.31	Edge 4752.45	Edge 4752.91	Edge 4752.51	4752.8	
258	.. ..	Br. 3 4755.32	.. ..	.. ..	......	
259	.. ..	F 3 4758.38	F 2 4757.83	F 2 4758.58	4758.0	
260	.. ..	.. ..	.. ..	.. ..	......	
261	.. ..	.. ..	.. ..	.. ..	4762.4	
262	.. ..	.. ..	.. ..	.. ..	......	
263	.. ..	.. ..	.. ..	.. ..	4765.3	
264	Neb. 4766.51	F 3 4765.98	W 3 4764.79	P 2 4765.92	......	
265	.. ..	.. ..	.. ..	.. ..	......	
266	F 3 4772.30	F 2 4772.30	F 2 4772.39	P 3 4772.91	4772.4	
267	Br. 2 4777.85	.. ..	Br. 2 4775.26	.. ..	......	
268	4780.15	.. ..	.. ..	.. ..	.. ...	
269	.. ..	.. ..	F 3 4784.77	.. ..	......	
270	Neb. 4 4787.23	W 5 4787.02	.. ..	F 4786.65	......	

TABLE III. MEAN WAVE-LENGTHS. CLASS R—CONTINUED.

NO.	+ 42° 2811.	— 10° 5057.	+ 5° 5223.	+ 20° 5071.	+ 34° 1929.	— 10° 513.
	CHARACTER, INTENSITY, AND WAVE-LENGTH.	CHARACTER, INTENSITY, AND WAVE-LENGTH.	CHARACTER, INTENSITY, AND WAVE-LENGTH.	CHARACTER, INTENSITY, AND WAVE-LENGTH.	CHARACTER, INTENSITY, AND WAVE-LENGTH.	CHARACTER, INTENSITY, AND WAVE-LENGTH.
271	4793.17	P 3 4792.40	4792.04	.. ..	.. ..	F 3 4793.59
272	.. ..	.. ..	.. ..	.. ..	.. ..	.. ..
273	F 3 4799.52	F 3 4799.09	F 4 4799.40	.. ..	F 3 4799.42	.. ..
274	.. ..	.. ..	.. ..	.. ..	.. ..	W 3 4801.28
275	.. ..	.. ..	.. ..	.. ..	.. ..	.. ..
276	.. ..	P 3 4804.80	.. ..	.. ..	.. ..	.. ..
277	Dif. 3 4807.86	.. ..	.. ..	.. ..	.. ..	.. ..
278	4809.90	.. ..	.. ..	.. ..	.. ..	.. ..
279	.. ..	P 2 4811.78	.. ..	.. ..	.. ..	.. ..
280	.. ..	.. ..	.. ..	.. ..	.. ..	.. ..
281	.. ..	P 3 4817.03	.. ..	.. ..	.. ..	.. ..
282	.. ..	.. ..	.. ..	P 2 4818.90	.. ..	.. ..
283	.. ..	.. ..	F 3 4823.74	.. ..	.. ..	F 2 4822.73
284	W 3 4824.05	P 3 4824.72	.. ..	.. ..	.. ..	.. ..
285	.. ..	P 3 4826.66	.. ..	.. ..	.. ..	.. ..
286	.. ..	P 2 4828.89	.. ..	.. ..	.. ..	.. ..
287	P 3 4833.00	.. ..	F 3 4833.08	.. ..	.. ..	.. ..
288	.. ..	F 4 4836.83	F 3 4838.60	.. ..	F 3 4838.18	F 3 4839.31
289	Dif. 3 4841.41	.. ..	.. ..	.. ..	F 3 4841.94	P 4 4841.77
290	.. ..	P 2 4843.75	.. ..	.. ..	.. ..	F 1 4344.14
291	.. ..	.. ..	.. ..	.. ..	.. ..	.. ..
292	F 2 4848.64	F 3 4848.76	F 3 4848.86	.. ..	.. ..	.. ..
293	F 4 4855.85	F 4 4855.05	.. ..	G 5 4856.32	P 2 4855.54	F 2 4855.86
294*	G 5 4861.39	.. ..	F 4 4860.60	F 1 4861.34	F 2 4861.26	F 5 4861.42
295	.. ..	P 2 4865.81	.. ..	F 2 4866.64	Br. 1 4866.67	.. ..
296	.. ..	.. ..	.. ..	.. ..	.. ..	F 2 4868.40
297	4870.29	.. ..	.. ..	.. ..	.. ..	.. ..
298*	.. ..	F 4 4871.41	F 4 4871.88	F 2 4871.67	Dif. 3 4872.31	F 2 4872.08
299	.. ..	.. ..	.. ..	.. ..	.. ..	.. ..
300	.. ..	P 3 4875.54	.. ..	.. ..	.. ..	.. ..
301	4877.14	.. ..	.. ..	.. ..	.. ..	F 3 4877.95
302	.. ..	F 3 4881.29	.. ..	.. ..	.. ..	.. ..
303	4884.60	.. ..	.. ..	.. ..	.. ..	.. ..
304*	W 3 4886.07	F 4 4886.23	F 3 4886.10	W 4 4886.12	F 5 4885.95	F 4 4886.49
305	.. ..	P 2 4889.28	.. ..	.. ..	.. ..	.. ..
306	4892.80	.. ..	F 3 4892.05	.. ..	Dif. 4 4892.60	F 3 4892.05
307	.. ..	.. ..	.. ..	.. ..	.. ..	.. ..
308	.. ..	.. ..	.. ..	F 3 4896.82	.. ..	.. ..
309	.. ..	F 3 4900.79	.. ..	.. ..	G 4 4900.14	.. ..
310	.. ..	.. ..	F 2 4903.43	.. ..	.. ..	.. ..
311	.. ..	.. ..	.. ..	F 3 4905.54	.. ..	.. ..
312	F 3 4911.07	F 4 4910.69	F 3 4911.12	.. ..	.. ..	.. ..
313	.. ..	.. ..	.. ..	P 4 4915.81	.. ..	.. ..
314	4917.85	.. ..	.. ..	.. ..	.. ..	.. ..
315	Str. 4920.98	G 7 4922.32	G 4 4920.58	.. ..	F 4 4921.70	F 4 4920.67

TABLE III. MEAN WAVE-LENGTHS. CLASS R—CONTINUED.

NO.	+ 61° 667.	− 3° 1685.	+ 57° 702.	+ 14° 2048.	MEAN AND IDENTIFICATION.	
	CHARACTER, INTENSITY, AND WAVE-LENGTH.	CHARACTER, INTENSITY, AND WAVE-LENGTH.	CHARACTER, INTENSITY, AND WAVE-LENGTH.	CHARACTER, INTENSITY, AND WAVE-LENGTH.	ANGSTROMS.	ELEMENT.
271	4792.20 ⌋	F 2 4793.53 ⌋	.. ..	.. ..	......	
272	Br. 2 4795.21	.. ..	.. ..	.. ..	......	
273	W 4 4799.34	F 4 4798.99	F 3 4798.84	W 3 4799.64	4799.3	
274	.. ..	.. ..	.. ..	.. ..	......	
275	Br. 2 4803.00	.. ..	.. ..	.. ..	......	
276	.. ..	W 2 4805.81	.. ..	.. ..	......	
277	.. ..	.. ..	.. ..	.. ..	......	
278	.. ..	.. ..	.. ..	.. ..	.....	
279	F 3 4811.45	Br. 1 4811.23	.. ..	.. ..	4811.5	
280	.. ..	F 2 4816.46	.. ..	F 3 4816.50	4816.5	
281	.. ..	.. ..	.. ..	.. ..	......	
282	Br. 2 4818.15	Br. 2 4819.32	Br. 2 4818.72	Br. 3 4820.22	......	
283	F 4 4823.28	F 4 4822.57	F 2 4822.70	F 4 4822.52	4822.9	
284	.. ..	.. ..	.. ..	.. ..	......	
285	.. ..	.. ..	.. ..	.. ..	......	
286	.. ..	F 2 4827.16	F 2 4828.32	F 3 4828.58	4828.2	V.
287	F 4 4832.57	F 2 4832.19	F 2 4833.24	F 2 4833.00	4832.8	Fe.
288	.. ..	G 5 4839.40	.. ..	.. ..	......	
289	F 3 4842.89	.. ..	.. ..	.. ..	......	
290	.. ..	G 6 4843.10	F 3 4843.69	F 3 4843.38	4843.6	
291	.. ..	W 4 4845.58	.. ..	.. ..	......	
292	F 2 4848.78	.. ..	.. ..	S 2 4847.72	4848.6	
293	F 3 4855.64	F 4 4854.46	F 3 4854.74	P 2 4854.95	4855.4	
294*	W 3 4861.14	W 5 4850.91	F 3 4861.38	W 4 4862.35	4861.3	Hβ.
295	S 1 4865.68	.. ..	P 2 4866.58	.. ..	......	Ni. ?
296	.. ..	.. ..	Br. 2 4868.62	.. ..	......	
297	.. ..	.. ..	.. ..	.. ..	......	
298*	.. ..	P 2 4871.77	F 1 4872.15	.. ..	4871.9	V. Fe.
299	F 3 4875.15	.. ..	.. ..	.. ..	......	
300	.. ..	F 3 4875.25	F 4 4875.90	F 3 4875.77	4875.7	V.
301	.. ..	.. ..	.. ..	.. ..	......	
302	.. ..	F 3 4881.34	F 3 4881.09	F 2 4881.25	4881.2	V. ?
303	.. ..	.. ..	.. ..	.. ..	......	
304*	W 4 4886.29 ⌉	F 3 4885.23	F 4 4886.20	G 3 4886.57	4886.2	Fe. V.
305	.. .. ⌋	.. ..	.. ..	.. ..	......	
306	F 5 4891.51 ⌉	F 4 4891.01	F 2 4890.85	.. ..	......	V.
307	Edge 4892.13 ⌋	.. ..	.. ..	.. ..	......	
308	Br. 2 4896.52	.. ..	F 3 4896.78	.. ..	......	
309	.. ..	Br. 2 4898.29	.. ..	Br. 2 4899.51	......	
310	F 5 4902.89	F 3 4901.69	F 3 4901.08	.. ..	......	
311	.. ..	F 3 4905.74	F 2 4906.64	.. ..	4906.0	V.
312	.. ..	F 4 4910.97	W 4 4911.33	F 4 4910.91	4911.0	Fe.
313	.. ..	.. ..	.. ..	.. ..	......	
314	.. ..	.. ..	.. ..	.. ..	......	
315	G 5 4920.12	G 7 4921.31	W 5 4919.72	F 4 4921.64	4921.0	Fe.

TABLE III. MEAN WAVE-LENGTHS. CLASS R—CONTINUED.

NO.	+ 42° 2811.	— 10° 5057.	+ 5° 5223.	+ 20° 5071.	+ 34° 1929.	— 10° 513.
	CHARACTER, INTENSITY, AND WAVE-LENGTH.	CHARACTER, INTENSITY, AND WAVE-LENGTH.	CHARACTER, INTENSITY, AND WAVE-LENGTH.	CHARACTER, INTENSITY, AND WAVE-LENGTH.	CHARACTER, INTENSITY, AND WAVE-LENGTH.	CHARACTER, INTENSITY, AND WAVE-LENGTH.
316	4926.11 j	.. ..	.. ..	.. ..	.. ..	.. ..
317	.. ..	F 3 4933.77	.. ..	F 6 4931.06	.. ..	.. ..
318	.. ..	.. ..	.. ..	.. ..	.. ..	.. ..
319	W 4 4939.01	P 4 3937.84	P 2 3940.21	.. ..	.. ..	F 4 3938.19
320	.. ..	.. ..	.. ..	.. ..	.. ..	.. ..
321	F 4 4957.86	F 3 4957.77	F 4 4958.20	.. ..	.. ..	.. ..
322	.. ..	.. ..	F 3 4965.73	.. ..	.. ..	.. ..
323	Dif. 2 4969.74	.. ..	.. ..	.. ..	.. ..	.. ..
324	.. ..	.. ..	F 2 4978.07	.. ..	.. ..	.. ..
325	.. ..	.. ..	.. ..	.. ..	.. ..	.. ..
326	W 5 4984.09	G 4 4983.19	F 4 4984.06	F 5 4985.68	.. ..	P 3 4984.96
327	.. ..	.. ..	.. ..	.. ..	.. ..	.. ..
328	.. ..	.. ..	.. ..	.. ..	.. ..	.. ..
329	F 4 5006.89	.. ..	F 3 5006.70	.. ..	.. ..	.. ..

TABLE III. MEAN WAVE-LENGTHS. CLASS R—CONTINUED.

NO.	+ 61° 667. CHARACTER, INTENSITY, AND WAVE-LENGTH.	− 3° 1685. CHARACTER, INTENSITY, AND WAVE-LENGTH.	+ 57° 702. CHARACTER, INTENSITY, AND WAVE-LENGTH.	+ 14° 2048. CHARACTER, INTENSITY, AND WAVE-LENGTH.	MEAN AND IDENTIFICATION. ANGSTROMS.	ELEMENT.
316	.. ..	.. ..	.. ..	.. ..	......	
317	.. ..	F 2 4929.76	.. ..	.. ..	......	
318	.. ..	F 2 4932.25	.. ..	.. ..	......	
319	.. ..	F 6 3936.63	W 4 3937.69	W 4 3935.74	......	
320	.. ..	3954.39	.. ..	.. ..	......	
321	.. ..	.. ..	.. ..	W 3 4958.94	4958.2	Fe.
322	.. ..	.. ..	.. ..	.. ..	......	
323	.. ..	4968.77	.. ..	F 3 4968.38	......	
324	.. ..	W 6 4977.62	F 4 4977.85	.. ..	4977.8	Ti. Fe.
325	.. ..	Rev. 1 4982.08	Br. 1 4982.22	.. ..	4982.1	Ti.
326	.. ..	F 6 4985.74	F 6 4986.63	W 5 4987.49	......	
327	.. ..	4990.65	.. ..	.. ..	......	
328	.. ..	F 3 5000.61	F 5 5001.20	.. ..	......	
329	.. ..	.. ..	.. ..	.. ..	......	

TABLE IV. WAVE-LENGTHS. CLASS N.

NO.	19 PISCIUM.			+ 76° 734.			+ 34° 4500.		
	CHARACTER, INTENSITY, AND WAVE-LENGTH.			CHARACTER, INTENSITY, AND WAVE-LENGTH.			CHARACTER, INTENSITY, AND WAVE-LENGTH.		
1	End		4242.98	..	..	....	..	..	....
2	P	5	4247.68	..	..	....	..	..	....
3	F	1	4251.08	..	..	....	..	..	....
4	P	5	4254.12	..	..	....	..	..	....
5	P	6	4258.86	..	..	....	..	..	....
6	P	2	4260.69	..	..	....	..	..	....
7	F	5	4262.94	..	..	....	..	..	....
8	F	4	4271.91	..	..	....	..	..	....
9	F	6	4275.41	..	..	....	..	..	....
10	F	4	4277.70	..	..	....	..	..	....
11	Br.	2	4278.74	..	..	....	..	..	....
12	F	3	4280.81	..	..	....	..	..	....
13	F	3	4283.10	..	..	....	..	..	....
14			4288.52	..	..	....	..	..	....
15	F	6	4289.37	..	..	....	..	..	....
16	F	3	4291.90	..	..	....	..	..	....
17			4292.50	..	..	....	..	..	....
18	F	3	4294.93	..	..	....	..	..	....
19	G	6	4307.00	F	6	4306.70	P	5	4307.39
20	F	3	4319.04	F	4	4318.82	..	..	....
21	P	3	4321.51	..	..	....	..	..	....
22	G	10	4325.47	..	..	....	F	7	4325.59
23	F	3	4330.13	..	..	....	..	..	....
24	P	3	4333.85	..	..	....	P	4	4334.05
25	F	2	4337.76	P	4	4338.28	F	5	4339.22
26	Br. ?		4339.62	..	..	....	..	..	....
27	F	2	4341.70	..	..	....	..	..	....
28	..	..		..	..	....	P	3	4346.22
29	G	3	4348.06	F	4	4347.53	F	4	4347.98
30	G	8	4351.90	..	..	....	F	6	4351.96
31	F	3	4355.97	..	..	....	..	..	....
32	F	9	4360.46	..	..	....	W	5	4360.38
33			4365.16	..	..	....	..	..	....
34	F	6	4368.48	..	..	....	W	5	4368.37
35	F	1	4373.13	..	..	....	..	..	....
36	F	3	4376.09	F	4	4375.78	F	4	4375.94
37	Br.	1	4377.98	..	..	....	..	..	....
38	F	5	4380.64	..	..	....	..	..	....
39	G	7	4384.50	F	8	4384.21	..	..	....
40	..	..				4385.27	Head		4385.4[illegible]
41	..	..	....	G	3	4387.44	..	..	....
42	F	4	4390.27	F	5	4390.04	F	4	4390.44
43	G	8	4395.01	F	7	4394.99	F	7	4394.86
44	..	..	....	..	..	....	Br.		4402.62
45	F	5	4400.56	F	6	4400.30	F	8	4400.29

TABLE IV. WAVE-LENGTHS. CLASS N—Continued.

NO.	19 PISCIUM.			+ 76° 734.			+ 34° 4500.		
	CHARACTER, INTENSITY, AND WAVE-LENGTH.			CHARACTER, INTENSITY, AND WAVE-LENGTH.			CHARACTER, INTENSITY, AND WAVE-LENGTH.		
46	G	6	4404.92	G	8	4404.86	F	7	4405.19
47	F	5	4408.62	F	6	4408.47	F	5	4408.64
48	P	2	4412.61	F	3	4412.01	..	..	....
49	F	4	4415.31	..	..	....	F	4	4415.53
50	..	..	....	P	6	4416.37	..	..	....
51	F	4	4417.34	..	..	....	..	..	....
52	F	3	4420.95	..	..	....	..	..	....
53	..	..	....	F	6	4422.26	F	5	4422.16
54	P	2	4423.21	..	..	....	..	..	....
55	F	1	4426.10	..	..	....	..	..	....
56	F	3	4428.00	..	..	....	G	4	4427.65
57	F	3	4430.05	F	4	4429.74	F	3	4430.33
58	Br.	1	4432.34	..	..	....	Br.		4432.71
59	G	7	4435.46	G	10	4435.48	G	8	4435.72
60	..	..	....	..	..	....	F	2	4438.59
61	..	..	....	..	..	....	Br.		4439.56
62	F	4	4443.43	W	7	4444.03	W	6	4443.08
63	..	..	....	..	..	....	F	2	4447.44
64	F	4	4450.36	F	6	4450.25	G	5	4450.40
65	F	4	4455.80	P	6	4455.20	P	4	4455.98
66	F	2	4459.72	..	..	....	..	..	....
67	F	4	4462.04	F	7	4462.11	F	6	4462.11
68	Br.		4463.95	..	..	....	Br.		4464.33
69	F	2	4465.70	F	5	4465.86			4465.61
70	P	3	4468.64	F	4	4468.84	..	..	....
71	P	3	4471.50	..	..	....	..	..	....
72	..	..	....	..	..	....			4472.21
73	..	..	....	..	..	....	Br.		4473.04
74	P	3	4476.39	F	4	4476.18	..	..	....
75	P	4	4480.23	F	7	4480.53	F	7	4480.39
76	..	..	....	..	..	....	F	3	4487.47
77	F	4	4489.60	P	6	4489.18	F	4	4489.58
78	F	1	4493.80	F	2	4494.50	..	..	....
79	G	6	4496.97	G	6	4496.83	G	7	4496.92
80	F	3	4501.51	F	4	4501.65	F	5	4501.44
81	Br.		4501.81	..	..	....	Edge		4501.90
82	G	4	4506.88	F	5	4506.81	F	5	4507.00
83	P	4	4513.04	F	6	4512.83	W	6	4513.70
84	F	3	4518.47	P	5	4518.63	F	3	4518.63
85	..	..	....	F	2	4520.10	..	..	....
86	F	3	4523.30	G	5	4522.97	G	4	4523.30
87	..	..	....	..	..	....			4526.06
88	F	4	4527.87	F	6	4527.31	P	6	4528.17
89	P	2	4531.45	..	..	....	..	..	....
90	P	5	4535.47	G	8	4535.28	..	..	....

TABLE IV. WAVE-LENGTHS. CLASS N—CONTINUED.

NO.	19 PISCIUM. CHARACTER, INTENSITY, AND WAVE-LENGTH.			+ 76° 734. CHARACTER, INTENSITY, AND WAVE-LENGTH.			+ 34° 4500. CHARACTER, INTENSITY, AND WAVE-LENGTH.		
91	..	..	....	..	..	....	Edge		4536.34
92	Br.	2	4538.14	..	..	....	..	..	....
93	G	4	4540.71	F	5	4540.95	F	5	4541.27
94	F	3	4545.81	F	4	4545.74	G	5	4545.93
95	..	..	....	G	3	4549.11	..	..	....
96	F	3	4549.72	..	..	....	F	6	4549.93
97	G	10	4553.85	F	9	4553.34	G	10	4553.61
98	P	3	4560.04	F	4	4560.26	F	3	4560.16
99	P	3	4563.44	..	..	....	F	4	4563.39
100	W	4	4564.68	P	4	4564.06	..	..	....
101	F	1	4565.10	..	..	....	..	..	....
102	..	..	....			4570.34	..	..	....
103	..	..	....	..	..	....			4571.12
104			4571.92	..	..	....	..	..	....
105			4576.78			4577.20			4578.26
106	..	..	....	F	4	4590.86	..	..	....
107	..	..	....	F	2	4593.94	F	4	4593.74
108	..	..	....	F	1	4597.37	F	3	4598.10
109	..	..	....	P	2	4600.58	..	..	....
110	..	..	....	F	1	4603.18	..	..	....
111	G	10	4606.72	G	10	4606.60	G Max.		4606.25
112	..	..	....	F	1	4610.45	..	..	....
113	..	..	....	F	2	4613.45	F	4	4613.75
114	F	2	4616.48	F	2	4616.22	F	4	4616.84
115	F	3	4619.96	G	4	4619.52	G	6	4620.06
116	..	..	....	..	..	....	F	3	4623.12
117	F	3	4629.38	W	4	4629.12	F	4	4629.56
118			4632.61	..	..	....			4632.14
119	..	..	....	W	6	4635.30	..	..	....
120			4637.35	..	..	....			4637.59
121	G	5	4640.47	G	5	4640.29	G	6	4640.65
122	Br.	2	4642.22	..	..	....	Br.		4642.67
123	..	..	....			4644.03			4644.11
124	W	7	4646.55	F	8	4646.28	..	..	....
125	F	6	4656.94	F	6	4657.18	F	5	4657.15
126	W	5	4663.34	..	..	....	F	3	4663.55
127	W	7	4668.85	F	5	4668.04	F	6	4668.77
128	..	..	....	F	4	4682.27	..	..	....
129	..	..	....	..	..	....	W	8	4695.78
130	..	..	....			4698.21	..	..	....
131	F	3	4704.04	F	3	4704.40	..	..	....
132	P	4	4707.42	..	..	....	..	..	....
133	G	9	4714.62	F	8	4714.43	G	10	4714.14
134	F	2	4722.97	F	6	4722.83	F	3	4722.88
135	F	3	4729.43	..	..	....	..	..	....

TABLE IV. WAVE-LENGTHS. CLASS N—CONTINUED.

NO.	19 PISCIUM.			+ 76° 734.			+ 34° 4500.		
	CHARACTER, INTENSITY, AND WAVE-LENGTH.			CHARACTER, INTENSITY, AND WAVE-LENGTH.			CHARACTER, INTENSITY, AND WAVE-LENGTH.		
136	G	10	4735.96	G	10	4735.87	G	10	4735.96
137	Head		4736.82	Head		4737.11	..	..	....
138	F	6	4743.79	G	9	4743.52	G	10	4743.76
139	..	..	....	F	4	4745.67	..	..	....
140	..	..	....	F	2	4758.67	..	..	....
141	..	..	....	F	1	4761.49	F	2	4763.52
142	..	..	....	F	4	4772.43	P	2	4773.29
143	..	..	....	F	3	4779.34	..	..	....
144	..	..	....			4782.33	..	..	....
145	Neb.		4784.59	W	5	4784.75	..	..	....
146	..	..	....			4789.54	P	2	4789.45
147	..	..	....	F	3	4791.18	..	..	....
148	..	..	....	Dif.	4	4799.69	..	..	....
149	..	..	....	P	3	4805.75	W	4	4806.84
150	..	..	....	..	..	....	F	2	4812.13
151	F	2	4816.03	G	4	4815.82	F	3	4816.24
152	P	2	4823.50	F	5	4822.80	F	4	4823.44
153	..	..	....	F	4	4827.82	F	3	4828.36
154	P	2	4832.72	F	5	4832.54	G	3	4833.00
155	..	..	....	F	3	4839.82	..	..	....
156	..	..	....	P	2	4848.93	..	..	....
157	..	..	....	F	3	4852.18	..	..	....
158	..	..	....	F	4	4854.78	P	4	4854.28
159	Head		4855.37	..	..	....	..	..	....
160	..	..	....	W	4	4865.66	F	3	4865.47
161	..	..	....	..	..	....	F	2	4868.48
162	F	2	4871.74	..	..	....	F	3	4872.02
163	P	2	4874.92	F	4	4875.54	F	3	4876.03
164	F	2	4881.46	G	4	4881.74	F	3	4882.13
165	F	1	4885.40	..	..	....	..	..	....
166	..	..	....	P	4	4891.02	W	4	4891.43
167	..	..	....	F	3	4900.72	..	..	....
168	..	..	....	..	..	....	F	4	4902.77
169	..	..	....	P	3	4905.33	..	..	....
170	..	..	....	F	2	4910.28	..	..	....
171	..	..	....	P	4	4914.40	..	..	....
172	Red Edge		4914.50	..	..	....	..	..	....
173	F	3	4921.44	G	4	4920.73	G	6	4921.12
174	F	4	4934.35	F	4	4934.22	F	6	4934.64
175	P	3	4940.12	..	..	....	..	..	....
176	..	..	....	..	..	....	F	3	4950.18
177	..	..	....	P	4	4957.16	F	3	4958.57
178	..	..	....	F	4	4966.86	..	..	....
179	P	4	4981.39	F	5	4980.33	P	2	4982.35
180	..	..	....	F	4	4986.42	..	..	....

TABLE IV. WAVE-LENGTHS. CLASS N—CONTINUED.

NO.	19 PISCIUM.			+76° 734.			+34° 4500.		
	CHARACTER, INTENSITY, AND WAVE-LENGTH.			CHARACTER, INTENSITY, AND WAVE-LENGTH.			CHARACTER, INTENSITY, AND WAVE-LENGTH.		
181	W	5	4988.20	..	..	....	..	..	....
182	..	..	....	F	4	4990.08	..	..	....
183	W	5	5006.56	F	4	4999.63	F	4	5000.70
184	F	4	5014.76	F	5	5014.44	F	3	5014.62
185	..	..	....	F	6	5038.96	..	..	....
186	Red Edge		5041.30	..	..	....	..	..	....
187	..	..	....	F	7	5095.29	..	..	....
188	..	..	....	Red Edge		5167.95	..	..	....
189	..	..	....	F	6	5182.71	..	..	....
190	..	..	....	F	3	5192.91	..	..	....
191	..	..	....	W	8	5205.82	..	..	....

RADIAL VELOCITIES

The accompanying table (Table V) of radial velocities contains the results obtained for 10 stars belonging to Class R. Although the list is not large enough to give more than an indication of the average radial velocity of the class, it furnishes the only data available at the present time.

Column 1 gives the star's designation; column 2, the plate numbers. The third column gives the quality of the stellar spectrum, S, and of the comparison spectrum, C, of the plate; G, good; F, fair; P, poor; W, wide; and Dif., diffuse. Column 4 contains the number of the lines used in each plate. The radial velocities determined from the individual plates and reduced to the sun are recorded in column 5, also the probable error based upon the internal agreement of the velocities given by the lines used in the reduction of the plate. Column 6 gives the adopted radial velocity of the star reduced to the sun and its probable error. The last column tabulates the residual radial velocity after deducting the component due to the motion of the sun through space, or the radial velocity of the star reduced to the sidereal system.

The number of lines for radial velocity determination of star — 10° 5057 recorded in the table is smaller than the number available for use on the individual plates, as only the lines giving the best results on all the plates were included. Making use of 27 lines of plate 2882 A, 30 lines of plate 2997 A, 31 lines of plate 2914 A, and 32 lines of plate 2915 A, the result gives practical agreement with the value given in the table. The star + 20° 5071 presented some difficulty on account of its broad absorption lines and the presence of bright lines near some of the lines of the standard table. The probable error of the velocity of this star indicates that the close agreement of the separate velocities derived from the three plates is in a measure fortuitous. The relative velocity of this star with reference to — 10° 5057 was determined by comparing the displacements of 20 lines in common and gave good agreement with the tabulated values.

The radial velocity for each star was obtained by weighting the plate velocities according to probable error and the quality of the plate. On account of the small number of available plates for each star, the probable error accompanying the adopted value of the radial velocity of the star was based upon the internal agreement of the lines of the individual plates instead of following the ordinary method of forming residuals from the mean velocity. For the determination of the residual radial velocities the apex of the sun's way was taken at the point, $\alpha = 270°$, $\delta = +30°$, and the velocity of the sun with reference to the sidereal system was taken to be 20 km. per sec. This is the position of the apex of the sun's way and value of the velocity of the sun through space favored by Boss for general use

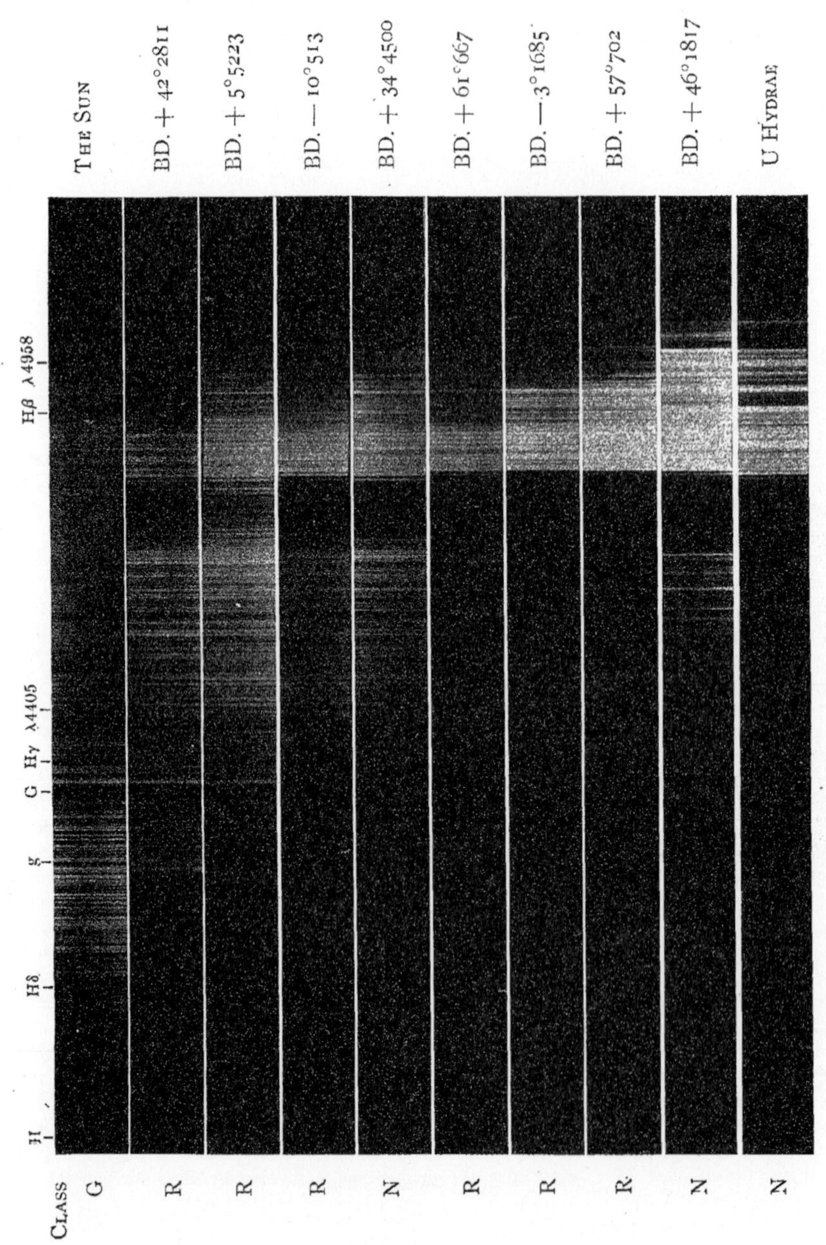

PLATE I. STELLAR SPECTRA ILLUSTRATING STEPS IN THE TRANSITION FROM THE SUN TO STANDARD CLASS N

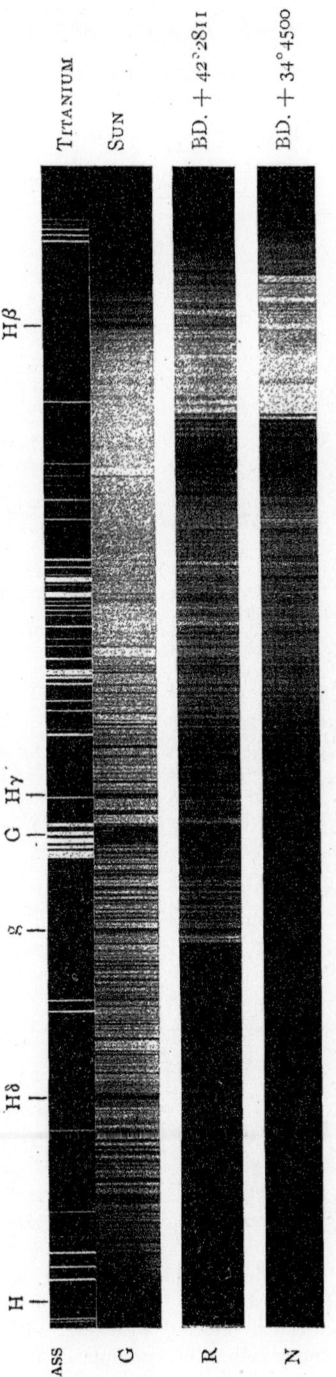

Plate J. Class G, Early Class R, and Early Class N Spectra, with Titanium Spark Comparison

TABLE V. RADIAL VELOCITIES, CLASS R.

STAR.	PLATE.	QUALITY.		NO. OF LINES.	PLATE VELOCITY TO SUN.	STAR VELOCITY TO SUN.	RESIDUAL RADIAL VELOCITY.
		S.	C.				
DM. + 42°2811	3128 B	F	F	32	−24.5 ± 1.3		
	3135 B	G	F	33	−26.0 ± 1.0		
	3144 B	G	G	37	−25.2 ± 1.2	−25.2 ± 0.8	− 6.
− 10 5057	2882 A	G	F	17	−43.2 ± 1.7		
	2887 A	G	G	18	−42.5 ± 1.3		
	2914 A	G	G	20	−42.6 ± 1.3		
	2915 A	G	G	21	−45.0 ± 0.6		
	2923 A	P	F	14	−43.6 ± 4.3	−43.8 ± 0.5	−30.
+ 5 5223	2988 A	F	G	26	−26.0 ± 1.5		
	2989 B	F	F	26	−26.4 ± 2.2	−26. ± 1.1	−24.
+ 20 5071	2966 C	F	G	19	−49.8 ± 1.6		
	Remeasured.				−48.4 ± 2.2		
	2967 A	D	F	12	−48.8 ± 5.2		
	2968 A	P	F	14	−50.1 ± 4.1	−49. ± 2.	−38.
+ 34 1929	3138 B	F	P	33	+27.8 ± 1.6		
	3143 A	W	G	26	+22.6 ± 1.5	+25. ± 1.	+20.
− 10 513	3055 A	P	F	12	+21.9 ± 3.9		
	3063 A	F	G	24	+19.8 ± 1.2	+21. ± 1.	+ 9.
+ 61 667	3054 C	F	G	16	− 6.9 ± 1.4		
	3088 A	W	F	7	− 4.1 ± 3.5		
	3089 A	F	F	21	− 8.8 ± 2.1	− 7. ± 1.	− 6.
− 3 1685	3094 D	G	F	25	+19.0 ± 1.8		
	3097 A	F	G	27	+17.6 ± 2.0	+18. ± 1.	+ 1.
+ 57 702	3044 A	W	G	16	−13.6 ± 2.6		
	3079 A	G	F	29	−10.6 ± 1.5	−11. ± 1.	−10.
+ 14 2048	3126 A	F	G	21	+ 3.5 ± 1.3		
	3127 A	G	G	16	+ 5.9 ± 2.1		
	3134 A	G	G	19	+ 2.6 ± 1.8	+ 4. ± 1.	− 5.
Average velocities considered positive						23. ± 1.	14.9

and represents a compromise between the results obtained by proper motion and radial velocity determination. (*Astr. Jour.* *28*, 167, 1914.) This direction was used by Campbell in his solution for solar motion by spectral types (*Lick Observatory Bulletin*, No. 196, 127, 1911.)

At the foot of the columns are given the averages of the radial velocities of Class R stars, 23 km. per second, and of the residual radial velocities, 15 km. per second. In this connection it is interesting to compare the average radial velocity of 8 stars of Class N determined by Hale, Ellerman, and Parkhurst and exhibited in Table VI. The average radial velocity of 8 Class N stars is 11 km. per second. The residual radial velocities were not given in their paper, but were determined by the method given above for the sake of comparison with the results for Class R stars. The average *residual radial velocity* of 8 stars with spectra of Class N is 13 km. per second. On account of the small number of stars of Classes R and N for which the radial velocities have been determined, their averages may only approximately represent the classes.

Average residual radial velocity of 10 Class R stars, 15 km. per sec.

Average residual radial velocity of 8 Class N stars, 13 km. per sec.

TABLE VI. RADIAL VELOCITIES, CLASS N.

STAR.	RADIAL VELOCITY.	RESIDUAL RADIAL VELOCITY.
74 Schj.	+ 5 km	— 9 km.
78 Schj.	— 1	— 8
115 Schj.	— 13	— 22
132 Schj.	— 28	— 38
318 Birm.	— 10	— 3
152 Schj.	+ 1	+ 10
19 Piscium	— 2	0
280 Schj.	— 25	— 16
Average (positive)	11	13.2

For the sake of comparison with other types the following table is inserted. Part of the data is taken from *Lick Observatory Bulletin,* No. 196, 126, 1911. The values for Classes R and N were added by the writer.

TABLE VII. RESIDUAL RADIAL VELOCITIES ACCORDING TO SPECTRAL TYPE.

SPECTRAL TYPES.	NO. OF STARS.	AVERAGE RESIDUAL RADIAL VELOCITY.
O and B	141	8.99
A	133	9.94
F	159	13.90
G and K	529	15.15
M	72	16.55
R	10	14.9
N	8	13.2

QUALITATIVE RESULTS

General Characteristics. The general features of the spectrum of Class R stars have been given in the section on spectrograms; here we shall discuss the details at greater length.

The most conspicuous feature of the region of the spectrum under consideration (violet end to λ 5000), as previously pointed out, is the broad absorption band with head at λ 4737, usually attributed to some form of carbon compound. The progression of intensity of this band in the spectrum of the different stars, suggesting an evolutionary series, has been used to establish the sequence, + 42° 2811, — 10° 5057, + 5° 5223 + 20° 5071, + 34° 1929, — 10° 513, + 61° 667, — 3° 1685, + 57° 702, + 14° 2048.

In general the spectrum having the strongest carbon absorption band shows the least light action in the violet. It is interesting at this point to inquire if other changes can be found accompanying the change in this underlying characteristic.

Naturally we expect the color index to indicate this transition. Data are lacking excepting for two stars of the list.

STAR.	COLOR INDEX.
— 10° 5057	1.09
+ 20° 5071	1.82

These two follow the proposed order. The visual colors of the 10 stars as recorded in our observational notes appear to be consistent with the sequence. The first one closely resembles the solar type.

Carbon. Accompanying the increase of intensity of the λ 4700 band, a peculiar transformation takes place in the bright region of the spectrum adjoining the head of the band. The absorption line at λ 4743.6 grows much stronger until at the middle of the series it resembles a new head of the band at λ 4745.1. Another line then appears at λ 4751.1, which follows a similar course and at the end of the series appears like a head of the band at λ 4752.8. No explanation is here offered.

In addition to λ 4737 other members of Group IV of the Swan spectrum, λλ 4715, 4697, 4684, are found in the spectra of some of the stars; in other cases, especially late in the sequence, they are not distinguishable on account of the strong absorption in this region. Group V, λλ 4381, 4371, 4365, is weak, if present; lines corresponding only to the second were measured on any of the plates, and they may be identifiable as a chromium line that is widened in sun spots.

Cyanogen Group II, λλ 4606, 4578, 4553, 4532, 4515, 4502, is represented in all of the stars by some of its lines. The intensity of the first of the group varies greatly, but not progressively; λ 4553 appears to grow stronger in the order of the sequence. The first of Cyanogen Group III, 4216, 4197, 4181, is strong; the second is present. In the case of the later stars, the spectrum is weak in this region and consequently the intensity of the lines cannot be compared from star to star. The "chief carbon line q"[17] λ 4268 does not change appreciably in intensity with the sequence, but was not measured in all of the stars.

Chromium. A large number of strong chromium lines appear in the spectra of Class R stars. Many of them are identical with the strong lines of Classes I and II of the electric furnace emission lines investigated by King.[18] We note especially λλ 4254.5, 4275.0, 4289.9, 4337.7, (4339.6-40.3?), 4352.0, 4497.0, 4530.9, 4580.3. No systematic change in intensity can be detected. Some of the strong furnace and arc emission lines, however, are not represented by absorption lines in the stellar spectra.

Vanadium. This element is also represented by numerous lines, the greater number of which are of King's classes I and II. The table of wave-lengths indicates the lines ascribed to Vanadium. No progressive change is noticeable.

Iron. Numerous iron lines are present, chiefly of King's Classes II and III.[19] The most prominent are λλ 4187.9, 4250.6 (blend), 4260.6, 4271.9, 4325.9, 4404.9, 4415.3, 4494.7, 4871.9 (blend), 4920.7. No systematic change is noticeable.

Titanium. The presence of this element is well attested. Several of the lines show a weakening or broadening in the spectra of the later stars. Lines of Classes I, II, and III are most numerous.

Calcium. The line at λ 4227 is strong and broadens, passing along the sequence. The H and K lines appear only on plates of the first star of the sequence.

Nickel. This element is probably present giving λ 4470.7 in some of the stars. It may contribute to λ 4714.6, which does not give accordant values of the wave-length in the series. λ 4866 is very uncertain.

Magnesium. λ 4352.1 may blend with chromium, λ 4351.9, to produce the strong line at λ 4352, which decreases in intensity along the series. λ 4481 is strong, apparently widening in the latter part of the series.

Hydrogen. Hydrogen lines appear on many of the plates, but they are not strong. Hγ grows poorer in the later stars, where it can scarcely be separated from a strong line at λ 4337.8 attributed to chromium. Hβ appears as a good line with intensity 5 in the spectrum of the first star of the series. It was not measured in the second; it is weak in others, and widens in the later stars of the list.

The displacement of some lines or shift with spectral type determined by Albrecht[20] is indicated in the series of Class R stars. Fifteen of the lines traced through Albrecht's *"Table of Wave-lengths Varying Progressively with Spectral Type"* show a change in the same direction passing along the series of Class R stars to Class N. Since the change in wave-length with spectral type is small, seldom exceeding 0.2 Å from F to K, our test establishes only the direction of the variation, on account of the probable error of ± 0.12 Å in wave-length determination for a single line on a plate.

Plate VIII shows graphically the change in wave-length of λ 4435 with spectral class.

The progressive change in intensity of various lines as we pass along the series has been noted for the different elements. Comparison of these lines and their changes in intensity with a list of lines, whose intensity changes with spectral type[21] from Miss Maury's Class VI to Class XVIII, indicates that, in general, the progressive change in intensity in our series corresponds with the direction given in the Harvard table.

Comparison with solar spectrum. The general resemblance of the spectra of Class R stars to

[17] Crew and Baker; *Ap. J. 16*, 67, 1902.

[18] Lines of Class I are relatively strong at a low temperature (1900°C) and strengthen slowly at higher temperature. Class II lines appear at the low temperature and strengthen rapidly with increase of temperature. *Ap. J. 41*, 1915.

[19] Class III lines are absent or faint at low temperature (1900°C), appear at medium (2200°C) and strengthen rapidly at higher temperature.

[20] *Cordoba Boletin*, No. 1, 1911.

[21] *Harvard Annals*, Vol. 28, p. 60.

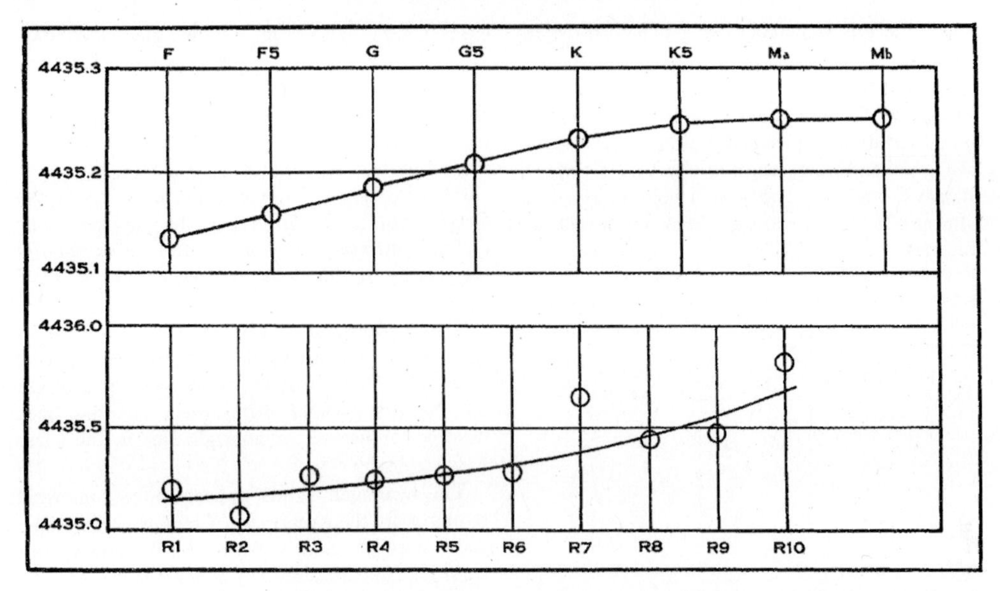

PLATE VIII. CHANGE IN WAVE-LENGTH OF λ4435 WITH SPECTRAL CLASS
OBSERVATIONS OF UPPER CURVE BY ALBRECHT
OBSERVATIONS OF LOWER CURVE BY RUFUS

the solar spectrum with reference to metallic lines harmonizes with the similarity of Types II, III, and IV, pointed out by other writers. Referring to star — 10° 5057, Parkhurst says:[22] "The spectrum resembles the solar type, with the addition of the dark λ 4700 band." He apparently considers that its spectrum differs greatly from the spectra of other stars of Classes N and R, which constituted his list for the determination of color indices, for he places it in a class by itself. We find, however, a very close resemblance between its spectrum and the spectrum of + 42° 2811, one of the recently discovered Class R stars which precedes it in our series. Its spectrum seems to fit well into the sequence adopted on page 136 above. We wish here simply to call attention to the close solar relationship of early Class R stars.

Hale, Ellerman, and Parkhurst have compared fourth type spectra with sun spot spectra and found that a large number of the lines widened in sun spots are strengthened in the spectra of fourth type stars. This result was based upon the region λ 5190 to the red end of the spectrum. From the work of Adams[23] we are able to make a similar comparison for Class R stars from λ 5000 to the violet end.

We have limited our count to the strongest lines of Adams' list, intensity at least 2, because with our slit width and dispersion, many of the faint lines do not appear. About two-thirds of the lines widened in the sun spots appear in Class R stars. Some others may be present, but concealed by the carbon and cyanogen absorption bands. We also note the omission of lines on the less refrangible side of the heads of these bands; e. g. opposite cyanogen λ 4197, the iron lines, λ 4198.2, slightly strengthened in spots; λ 4198.4-.5, a strong blend slightly weakened; λ 4198.8, slightly strengthened and λ 4199.3, strengthened in spots, do not appear on our plates. Also below λ 4447.3 the strengthened lines λ 4447.9 Fe. and λ 4449.3 Ti. are not distinguishable. Among the lines weakened in sun spots, we find many weak or absent in Class R stars. Al-

[22] *Ap. J.* 35, 131, 1912.

[23] *Ap. J.* 27, 45, 1908.

though there is some conflicting evidence the resemblance of the spectra of Class R stars and sun spot spectra seems to be well established.

Comparison with Class O. In the region of the spectrum under consideration, only the following coincidences occur in the bright lines of Classes O and R. The second column gives the number of Class R stars in which the bright line was measured.

CLASS R.	NO.	CLASS O.
λ 4464	4	4465-67
		4473-74
4507	1	4504-10
		4515-18
4538	3	4534-44
		4592-98
4617	1	4614-16
		4650-54
		4862

These coincidences are too few in number to establish any physical relationship. Both classes have bright lines, but this characteristic is shared with other classes.

In addition to the absence of some of the bright lines of Class O stars in the spectra of Class R, many bright lines found in the spectra of Class R stars are lacking in Class O.

There seems to be a shift in wave-length toward the red in the case of λλ 4589-91, 4818-20 and 4896-99, within the series of Class R stars.

The bright lines have not been identified. An explanation for the presence of some, at least, may be sought in the reversal of lines of known elements under certain conditions, rather than by the postulation of unknown elements.

Comparison with Class N. The chief difference between the spectra of stars of Class R and stars of Class N, from the violet end of the spectrum to λ 5000, is in the relative intensity of the spectrum on the two sides of the dark band with head at λ 4737. In general the spectra of stars of Class R extend farther into the violet than the spectra of Class N stars under similar conditions of exposure on stars of comparatively equal photographic magnitude. Ellerman's long exposure on 19 Piscium[24] shows the presence of violet light in this Class N star, giving a spectrum beyond the Fraunhofer H and K lines; and Parkhurst expresses the opinion concerning the spectra of certain stars of Class N, "It is probably a mere question of exposure to extend the other spectra to this region, except perhaps that of 152 Schjellerup." The difference, then, appears to be due to a difference in the quantity rather than in the quality of the violet light emitted by stars of the two classes.

The presence of Hβ as an absorption line in the spectra of many of the Class R stars, and its absence in Class N stars, or presence as a bright line, marks another difference. Hβ has been observed, however, as a bright line in the Class R variables.[25]

The cyanogen bands appear to be somewhat stronger in the spectra of Class N stars, especially λ 4553.6 and λ 4606. An unknown line λ 4443 (Ti spark λ 4444?) appears to be stronger in Class R than in Class N. On some of our plates it is very prominent, having a maximum line intensity of 10, while Hale does not mention it among prominent lines of Class N.

The progressive change in the wave-length of certain lines with spectral type passing from Class R to Class N has already been mentioned as taking place in the direction indicated by Albrecht.

The change in intensity of certain lines with spectral type has also been pointed out. These two features, however, could be better tested by the selection of some later Class N stars,[26] also by the observation of a larger number for wave-length determination.

Another noticeable difference is in the number and intensity of bright lines. The emission lines found in the spectra of Class R stars are in general very weak. In the case of the earlier stars, only a few faint ones were found, any one of which might be considered merely a slight increase in intensity of the continuous spectrum. Later in the series they become more numerous

[24] The Spectra of Stars of Secchi's Fourth Type, *Pub. of Yerkes Ob.*, Vol. II, page 260.

[25] *Harvard Circular*, 76.

[26] We have measured the plates of 19 Piscium, +76° 734, and +34° 4500, all of which are comparatively early Class N stars.

and are stronger, but are not so prominent on the plates of Class R stars as they are on Class N, especially on the plates of U Hydræ, the standard star of Class N.

Concerning the relative strength of carbon absorption in the two classes, we are able to compare the spectra of our series of Class R stars with the series of Class N stars of Hale, Ellerman, and Parkhurst.[27] Since the strength of the λ 4700 band was a determining factor in the arrangement of both sequences the series are practically duplicates. In both Classes R and N, we find stars in which the carbon absorption is relatively weak and others in which parallel degrees of intensity are evident down to the strong bands of $+57°$ 702 (R) and 152 Schjellerup (N). Hale, Ellerman, and Parkhurst placed $+57°$ 702 (R) at the end of their list of stars of type IV. It is evident, therefore, that the strength of carbon absorption is not a distinguishing feature between the two classes, but a factor which enters alike into the spectra of both types. We are thrown back, then, chiefly upon the criterion of general absorption in the violet to differentiate between the spectra of the two classes. This feature appears to be fundamental in the sequence B A F G K M. Although its application is difficult and fails to establish a definite line of demarkation between Classes R and N, the same difficulty is met in the case of other classes. In any natural system of classification, intermediate varieties frequently merge or overlap.

SUMMARY

Relation between Classes R and N. We shall now apply the accumulated data to the first part of our problem, viz., to establish a relationship between Classes N and R. Although the data are meager on some points and may be changed by later investigation, we shall use all in our possession. In Table VIII we tabulate a few results, using the solar type G as a basis of reference.

On all the points it appears that Class R precedes Class N, when the solar type is used as the point of reference.

The close resemblance of the spectra of Classes R and N, and the gradual transition from one to the other with indications of overlapping in the case of the data of individual stars, prove that the two classes are closely related.

These facts indicate clearly that stars belonging to Classes R and N form a continuous sequence with R preceding N.

The place of Classes R and N in the Evolutionary Sequence. We shall now apply our results to the second part of our problem, viz., the relationship between Classes R and N and the sequence B A F G K M. In approaching this problem, two alternatives immediately present themselves: Do the Classes R and N follow M and form one continuous evolutionary sequence, or do they constitute a separate branch of the sequence coordinate with K and M? A more detailed study of the spectra of Classes K and M would be valuable in this connection, but is outside the scope of the present investigation.

Let us first consider some general questions relating to the assumption that spectral type is a linear function, with time as the independent variable. Evidently we are not at liberty to introduce another independent variable, so we must postulate an equal mass of primordial matter for each star, possessing exactly the same properties, and *surrounded by the same conditions.* Then we might expect all the stars to pass through the same evolutionary stages. However, the unequal distribution of stars in space, the presence of nebulous matter in some regions, and the unequal masses of determined systems, indicate that the conditions imposed are imaginary rather than real.

An application of the theory of evolution in other realms of science affords room for the genus to develop into species along diverging branches, possessing common genetic characteristics and different specific characteristics. This type of development may also obtain in stellar evolution.

Hale[28] has summarized the common characteristics of stars of Secchi's types III and IV.[29] 1. Red color. 2. Tendency to variability. 3. Resemblance of dark lines. 4. Presence of lines widened in sun spots. 5. Similar physical con-

[27] *Pub. of Yerkes Obs.*, Vol. II, Plate VIII of *The Spectra of Stars of Secchi's Fourth Type.*

[28] *Pub. of Yerkes Obs.*, Vol. II, 385.

[29] Type III approximately includes Classes K and M type IV includes R and N.

ditions revealed by spectra. 6. Presence of bright lines. 7. Dark flutings; cyanogen flutings in common. 8. Connection of both types of spectra with spectra of solar stars. We may consider these to be the genetic characteristics.

The chief difference between the spectra of types III and IV is in the special absorption. Type III contains wide absorption bands sharp toward the violet and degraded toward the red, usually attributed to titanium oxide; type IV has similar bands, but reversed in appearance, being sharp toward the red, attributed to some form of carbon compound.[30] This constitutes the specific difference. We have, then, two types of spectra closely resembling each other, with respect to the line spectrum, with a different kind of absorption band superposed. These characteristics meet the conditions for coördinate branches of the evolutionary sequence.

The serious objection against this system of coördination raised by Pechule is that no examples of an intermediate type between the solar spectrum and type IV have been found. The spectra of the earliest stars of Class R seem to refute that objection. The carbon absorption of the first star of our series is comparatively weak, the spectrum extends as far as H and K, and the metallic lines give fair agreement with late solar type. The second star of the series according to Parkhurst has a spectrum resembling the solar type with the bands superposed. In this case the bands are stronger than in the preceding. The faintness of Class R stars and their scarcity lessen the probability of finding better intermediaries. Also, if the difference from the solar type were less, the probability of this difference being detected on a weak plate would be small.

The balanced condition of elements necessary to produce the Swan spectrum (distinguishing feature of Classes R and N) may lessen the probability that many stars exist with carbon bands. Baly[31] calls attention to the fact that the presence of a slight trace of oxygen in the source of light destroys the Swan spectrum due to carbon monoxide and produces the second band spectrum due to carbon dioxide.

However, in spite of these difficulties, as larger instruments are brought into use and the fainter red stars are more thoroughly studied, it is quite probable that examples will be found with weaker carbon bands than the first of the series photographed.

In addition to the qualitative similarity between types III and IV and the close correspondence between the earliest Class R stars and the solar type, we can make a comparison between the Classes R and K. These two classes should correspond quite closely, if the branching takes place following Class G. Perhaps R and K5 are more

TABLE VIII. COMPARISON OF DATA.

	G.	R.	N.
Color Index	1.02	1.7	2.5
In galactic region	58 per cent.	63 per cent.	87 per cent.
Number of variables		8 per cent.	20 per cent.
Residual radial velocity	15.15 km.	14.9 km.	13.2 km. per sec.
Shift in wave-length with type		Slight.	Increased.
Change in intensity of lines		Noted.	Same sense.
Bright lines		Few and weak.	More numerous and stronger.
Hydrogen, Hγ		Weak.	Weaker.
Hydrogen, Hβ		Present, and bright in variables.	Absent or bright.
Calcium, λ 4227	Present.	Widened.	Widened (Hale).
Cyanogen flutings	Absent.	Weak.	Stronger.

[30] Baly thinks the evidence is conclusive in favor of carbon monoxide. *Spectroscopy*, p. 444, 1905.

[31] *Spectroscopy*, p. 444, 1905.

nearly parallel. We shall use data for K5 when available. A comparison follows showing a close correspondence.

	K OR K5	R.
Color index	1.64	1.7
Percentage in galactic region	56	63
Residual radial velocity, G and K	15.15	14.9 km. per sec.
Percentage of variables	Small	8

The correspondence is maintained also by the close similarity of the absorption lines, the shift in wave-length of certain lines with spectral type, the change in intensity of certain lines, absence or weakness of bright lines, weakness of cyanogen flutings, widening of λ 4227, and presence of hydrogen lines.

The close resemblance of the spectra of early Class R stars to the solar type, the parallelism between Classes R and K, together with the fulfillment of the conditions for coordinate branches by the two great classes of red stars (Secchi's types III and IV) lead to the conclusion of the second part of our problem, that the evolutionary sequence is divided, Classes K and M forming one branch and Classes R and N forming the other.

PHYSICAL CONDITIONS

The question arises: What physical conditions differentiate between stars of Classes N and R? Hale has interpreted the physical conditions of fourth type stars. Carbon vapor lies close to the photosphere above which are gases producing the bright lines of the spectra. The thick layer of dense atmosphere produces a strong general absorption. On the basis of this interpretation, the atmosphere of Class R stars is not so thick nor so dense as that of Class N stars and produces less general absorption, permitting the escape of a larger proportion of violet rays, which suffer most from general absorption.

Kapteyn[32] has accumulated much evidence bearing upon the question of the change of spectrum due to the absorption of light in space. Parallax data are not available to determine whether this effect is evident as a differentiating factor between the stars of Classes R and N.

[32] *Ap. J.* 40, 187, 1914.

Another question may arise: How can a solar type evolve two different types of stars? This question suggests another, the burden of proof of which rests with the advocate of the linear evolutionary sequence with R and N following M. How can a star, in which titanium oxide gives the characteristic feature of the spectrum, change into a star in which carbon monoxide predominates? An attempt to answer the first of these two questions seems more probable of success.

Given two stars of solar type under the same conditions, with equal masses, equal volumes, the same constituent elements, and surrounded by the same conditions in space, and the evolution of two different types would appear to be improbable. However, two stars of solar type drifting in different directions, as proper motion indicates, through time and space unlimited, may eventually encounter dissimilar conditions and differentiation may take place.

Moreover, it is quite probable that a differentiation begins before the solar type is reached. Nascent stars will be changed according to the properties of their own constituent elements and the characteristic elements of the matter pervading the surrounding region of space. Both of these factors may vary in different stars. If one region of space or a certain set of conditions is more favorable to the production of carbon and another to the existence of titanium, we may have in different stars of the solar type the right relationship between the various elements for the evolution of two different types of stars, one giving a spectrum in which the carbon bands predominate, the other producing a spectrum characterized by the bands of titanium oxide.

It is a curious fact that we find both elements, carbon and titanium, present in both classes of stars, type III with titanium bands and type IV with carbon bands. The type of spectrum apparently is due to the adjustment between the various elements. Possibly the predominance of carbon vapor in the form of carbon monoxide in the star's atmosphere suppresses the absorbing power of titanium oxide or *vice versa*. The discovery of a stellar spectrum showing the presence of both kinds of bands, carbon and titanium, would be both interesting and instructive. On account of the delicate balance of elements that would perhaps be necessary to produce such a hybrid, its existence is quite improbable. The delicate adjustment between carbon and oxygen suitable for the production of the Swan spectrum, which has previously been mentioned, may account for the comparatively small number of stars belonging to Classes R and N.

CONCLUSIONS

The radial velocities of ten Class R stars have been determined, with an average probable error ± 1 km. These radial velocities range from — 49 km. to + 25 km. per second, and yield an average residual radial velocity of 14.9 km. per second.

Wave-lengths of heads of bands, absorption lines and emission lines of Class R stars have been determined, (probable error of the mean in ten plates ± 0.05 Å) for the region λ 4185 to λ 5000.

The following substances were identified: Carbon (carbon monoxide and cyanogen), hydrogen, chromium, vanadium, titanium, iron, sodium, calcium, magnesium, nickel, and manganese.

Spectrograms of five Class O stars were made for comparison with Class R. No close resemblance was found.

Spectrograms of five Class N stars were obtained, part of which were measured and reduced, for qualitative comparison with Class R stars.

The chief difference between the spectra of stars of Class R and stars of Class N is due to general absorption.

Sixty-three per cent. of Class R stars are in the galactic region (+ 30° to — 30° galactic latitude).

The average color index of five Class R stars (Parkhurst) is 1.7.

The number marked variable in the Harvard tables is 8 per cent.

There is a shift in wave-length and change in intensity of certain lines with spectral type through the R N sequence in the same order as G to M.

Bright lines are not so numerous nor so strong in Class R as in Class N.

Class R precedes Class N in the evolutionary sequence taken in the usual order B A F G K M.

There is a close resemblance between the solar spectrum and the spectra of the first stars of the Class R series.

A marked correspondence exists between Classes R and K in color index, distribution with reference to galaxy, residual radial velocity, tendency to variability, similarity of absorption lines, bright lines, cyanogen flutings, λ 4227, and hydrogen lines.

The evolutionary sequence divides at the solar type, Classes K and M forming one branch, and Classes R and N constituting the other.

Stars of Class R form the connecting links between Class N and the solar type.

The writer wishes to express his grateful acknowledgement to Professor R. H. Curtiss for supervision and direction throughout this investigation, to various members of the Observatory staff for assistance and encouragement, and to those who so kindly arranged the programs of work with the 37½-inch Reflector to make possible the observations on which this study is based.

Ann Arbor, Michigan, June, 1915.

THINGS KOREAN.

I. CO-OPERATION.

(A KOREAN STORY TRANSLATED BY W. CARL RUFUS)*

Once upon a time there was a rich magistrate who had four sons. He desired to bequeath his property to one of his sons in order that the inheritance might be handed down without division from generation to generation. After giving much consideration to the question day and night, when he was about sixty years old, he called his four sons to him, all of whom he equally loved, and said: "My days are now numbered and I desire to give my wealth, 600,000 *yen*, to one of you, my sons, who possesses the greatest ability."

* (This story came to me from North Korea, but it seems to have a German origin. Its transmigration has not been traced. W. C. R.)

The four brothers had been sent abroad for an education, and after completing their several courses returned to their native land. The time was at hand for their father to test their acquirements.

Accordingly he asked of each one, "What special ability have you acquired?"

The first replied; "I have great ability in the use of the telescope. Wherever I look, all is revealed."

The second answered, "I am very crafty in the art of stealing."

The third responded, "I have acquired great skill in the use of a gun."

The fourth said, "My forte is in the art of sewing."

Thereupon the father continued, "I shall now test your ability."

"My eldest son."

"Yes; father."

"Over on yonder South Mountain beneath that pine shrub what do you see?"

"An eagle is sitting on five eggs that she had laid."

"That will do," said the father.

Turning to the second son he commanded: "Go at once; stealthily approach the eagle and steal the five eggs."

The son departed immediately and returned with the eggs.

Then the father bade the third. "Set up the five eggs and prove your marksmanship by breaking every one."

The eggs were arranged as ordered and every shot hit its mark.

The fourth son was then commanded, "Sew up the five eggs and make them whole again."

Immediately this task was performed.

The father was more perplexed than he was before the test of skill. While he was further considering the matter, an imperial ordinance was proclaimed thruout the country. "My daughter has suddenly disappeared. Whoever finds and restores her shall be my son-in-law and shall receive a reward of 300,000 *yen*. Loyal subjects, I bid you,—Search."

The magistrate called his four sons together and told them concerning the ordinance. Of course they were very anxious to find the princess.

The eldest son immediately took his telescope and in the midst of the waters of the Pacific Ocean he beheld a terrible demi-dragon with the princess in its slimy coils gleefully sporting with the helpless maiden. He reported this thruout the country and great excitement prevailed.

While the people were frantic with helpless fear the four brothers embarked in a boat and hastened toward the place of the horrible scene. The second brother stealthily approached the monster and released the princess. While the boat was making its escape the sea-serpent began to follow to recover its prey. Nearer and nearer it came. Its voice was like thunder and its eyes flashed fire. The breath from its nostrils resembled an angry gale. It was almost upon its victims when suddenly the third brother arose with his gun and shot it fatally. In its death agony it ripped the boat into shreds and all were at the point of perishing. The fourth brother dexterously sewed up the boat and all were saved. They returned to their native land and the reward was bestowed.

Moral.—No important *work is too* difficult for united effort.

(Let us apply the saying of Toi-chi, "Don't find fault with the story, but learn its lesson." W. C. R.)

9.

THE CORRELATION OF MISSIONARY METHODS.

The primary object of Christian missions is "to make Jesus known to those who do not know him, and to persuade them to admit him to the control of their lives." This missionary ideal looks simple enough and the uninitiated with many of the more experienced may think that a single line of endeavor is all-sufficient. However, the history of modern missions and their wonderful progress during the past decades under the guidance of the Holy Spirit show that missionary endeavor is not uniform but multiform in its most effective methods.

The various missionary agencies have been classified as evangelistic, educational, medical, literary, industrial, and philanthropic; and sometimes is added the more subtle and perhaps most effective method of evangelization, consistent Christian living. While a Christ-like life is essential to each successful missionary, and he is expected to become "all things to all men," yet it frequently becomes desirable for him to choose and to specialize in one of the leading forms of missionary service. Whether these various activities are combined in the one successful missionary and are correlated by the singleness of his aim and the oneness of his personality, or are severally delegated to different members of the missionary body, a vital relationship exists.

As the immediate aim of Christian missions is to make Jesus known to those who do not know him the first and foremost method of procedure is *preaching in the vernacular*. This is not limited to conventional sermonizing in the church, when none is at hand; but includes conversation on the street, in the market, in the houses of heathen, "in season and out of season." With the awakening of a desire to know Jesus there comes the desire to study; but in pioneer missionary work, no books are ready, and the masses are unable to read; and since the foreigner is unable to tell the whole Gospel story to all the enquirers, *literary* work and *educational* work become essential; the Bible is translated and the people are taught to read. The new life in Christ Jesus creates a new appetite, which nothing less than a general Christian literature and a thorough Christian education can satisfy. To fail to meet this demand is to starve the new-born soul, or to turn it loose to feed on poisonous teaching. The story of the great Physician is incomplete without the presence of the *medical* missionary. Pathetic appeals to cure the sick have come to many of us, and in our helplessness we have turned with gratitude to the physician. The blind, deaf and dumb, the insane and incurables come to us, and a great opportunity is presented to *philanthropy* to reveal the Spirit of the Christ. The extreme poverty of the masses coming into the church at the present time presents little assurance that the new wants and new desires can be gratified, that the new hopes and new ambitions awakened by the new Life can be realized in full, until the economic condition is improved; and that field offers a great opportunity for *industrial* work, which the missionaries to Korea are not seizing without due deliberation. The Young Men's Christian Association of Seoul emphasizes this line of effort; while individual men of the various missions have contributed a full share of work.

In the last paragraph the reader may have noticed an omission: the *evangelistic* agency, in name at least, was omitted from the brief and modestly comprehensive enumeration of missionary methods. A short explanation may make the reason apparent.

An evangelist is "one who proclaims good tidings." In its original sense it means one who preaches the Gospel to those who have never heard before. This is a possible office in pioneer missionary work; but at the present stage of progress in Korea, with the care of organized groups, none is privileged to give the greater part of his time to this most fascinating and gratifying work. A later use of the term evangelist, denotes a function or a characteristic rather than an office or profession. Thus Paul exhorts Timothy to "do the work of an evangelist" in connection with his pastoral duties. Thus we speak of an evangelistic preacher, an evangelistic teacher, or an evangelistic physician. Thus we discuss methods to maintain or to develop the evangelistic spirit of our institutions. As this name was first applied to traveling Christian missionaries, who went from place to place, like Philip, the evangelist, who "evangelized" in Samaria, in the desert, and on the coast-land, the term "evangelistic" is now frequently applied to the itinerant missionary, although his work is often nearly, if not entirely, administrative, being limited to the development of established churches and to the organization of new groups "evangelized" by the native Christians. However, in so far as the itinerant proclaims the story of Jesus and reveals the Spirit of the Christ, he is entitled to be called an evangelist. In other words, in so far as any missionary, whether he be itinerant, medical, educational, literary, industrial, or philanthropic, is an ambassador of Christ and works in His name, he is an evangelist. The evangelistic agency, then, is broader than any single missionary method; it is not only fundamental to all, but permeates every one. Some missionaries and students of missions are inclined to justify other missionary activities, such as the educational and medical, by the contribution they make to the evangelistic work; but the writer believes that they find ample justification within themselves, inasmuch as they are imbued with the evangelistic spirit and express the evangelistic idea. The Gospel of Jesus is the great evangel, and whoever proclaims the Gospel and exemplifies the Spirit of the Master, whether it be in the school-room or in the hospital, whether it be with the pen, with the hammer, or with the pocket-book, is an evangelistic missionary. The evangelistic idea is the soul of the missionary enterprise; the life, that correlates the various members, and gives unity to the missionary body.

W. Carl Rufus,
Methodist North.

10.

THE OBSERVATORY OF SILLA.

W. CARL RUFUS.

The Observatory represented by the accompanying photograph (Plate XVII) was constructed in 647 A. D. We present its claim as the oldest structure extant and intact, built solely for the observation of the heavenly bodies.

During the early centuries of the christian era, long before the nations of Europe were a reality or America a dream, the Three Kingdoms in the peninsula of Korea struggled for supremacy. Silla in the southeastern part finally gained ascendency, chiefly through its peaceful arts rather than its military prowess. It cultivated the friendship of the powerful Tangs of the Celestial Empire and through this alliance its capital, Kyungju, became the seat of the highest civilization of ancient Korea.

Among the present evidences of its former glory we find numerous artificial hills marking the royal tombs, extensive ruins of temples and palaces, a nine-storied pagoda in which Queen Sun Tuk kept her jewels, a massive semi-circular embankment called the Half-Moon Fortress, the royal ice-house, the celebrated pair of jade flutes, a bell twelve feet high, ornate roof and floor tiles and other choice specimens of plastic art. Above all towering amidst the present ruins stands the Astronomical Observatory, the best preserved of all her ancient monuments.

According to the Mun-hun-pi-go, an authoritative Korean encyclopedia compiled by order of King Chung Jong, the Observatory was constructed by Queen Sun Tuk during the sixteenth year of her reign, 647 A. D. The findings of the Kyungju Historical Association confirm the date and history of the institution; so the time of its erection, its purpose and its use, are well authenticated. The site of the Observatory is one mile southeast of the present village of Kyungju, accessible by an automobile stage 40 miles east of the city of Taiku, which is on the main line of the Japanese Imperial Railway in Chosen about 200 miles south of Seoul. The photograph gives a good idea of its present appearance. Its symmetrical form built of well-dressed stone rises thirty feet high on a level plain. The round part, seventeen feet in diameter at the base and ten feet at the top, rests upon a square foundation and is crowned by a capital also square. Two layers of the foundation stone reveal a solid construction, as the upper layer entirely above ground is eighteen inches thick, the stones at the corners being six feet

PLATE XVII.

THE OBSERVATORY OF SILLA.

square. The round part contains 27 layers of well-hewn stone about twelve inches high, and the capital two layers of equal height. The square portions were evidently intended to face the four cardinal points, although we cannot vouch for their accuracy, as the base is not exactly square. An open window or doorway on the south side, two feet five inches wide by three feet high, whose bottom is twelve feet above the foundation, affords an entrance to the tower, which appears to be solid from the base to this height either by construction or later filling, but is hollow like a well from this point to the top, excepting obstructions due to the long tie stones whose ends appear in the picture in the nineteenth layer of stone, and a flat slab, 5 ft. x 2 ft. x 10 in., near the top which covers half the well and apparently provided a platform for observational work.

Formerly the top of the tower was held together and strengthened by the interlocking of the four long stones, 10 ft. x 9 in. x 12 in., forming the upper layer of the capital. One end of both of the tie stones, however, has broken at the mortise and the ends have disappeared, leaving the top stones and the under layer of the capital stones, 10 ft. x 12 in. x 12 in., unbound, and the upper four rows of the round part loose and uneven, their wedge-shaped forms being spread apart unequally.

At the time of our visit we scaled the exterior to the window, crawled thru, and climbed the rough interior to the summit, where the loose stones rocked and rattled with our movement, adding zest to our enjoyment.

No inscriptions were found on any part of the Observatory; nor could we discover any marks or carvings in the stones at the top designed as footings for the temporary mounting of portable instruments, similar to those visible in the astronomical mount formerly located within the East Palace grounds in Seoul. No astronomical instruments of Silla have been recovered to our knowledge, excepting a quadrant of an old sun-dial, with a radius of one foot, now lying in the open yard in front of the Kyungju museum. Our knowledge of the use of the Observatory, therefore, must be drawn entirely from history and from astronomical and meteorological records.

From the day of Ki-Tze, 1122 B.C., great attention was paid to celestial phenomena by the sovereigns of the land. Indeed, special devotion to the duties pertaining to the heavens was a mark of royal virtue extending back to the days of Yao of China, 2300 B.C. King and peasant accepted the common belief that the faithful observance of astrological rites and ceremonies by the royal seers would be rewarded by peace and prosperity for the entire country, while negligence in these duties would be followed by some visitation of disfavor by the gods. Accordingly the king's first responsibility was fidelity toward heaven including the faithful observation of the celestial bodies in order that the people might enjoy a beneficent reign. A royal Astronomical Board early established was a permanent feature of all the dynasties that rose and fell.

Even before the time of Silla solar eclipses were recorded, the first one well authenticated bearing the date 722 B.C. From 53 B.C. quite a complete record was kept and is preserved in the Mun-hun-pi-go. The motion of the moon and the planets was also chronicled. They noted the occultation of the brightest stars, the appearance of comets, visibility of Venus in the daytime, sunspots, meteors, clouds, storms, winds, earthquakes, floods, tidal waves, landslides, extreme temperatures, frost, dew, excessive rain and snow, and other physical phenomena whose identity is difficult, such as black days, blood-red moonlight, red rivers and seas, strange rumbling in the heavens and earth, red streaks extending from zenith to horizon, a white bow in the sun, and falling stars fighting in the court yard. Miraculous portents were frequent and the hosts of heaven often took part in human affairs. Temples, altars and spirit houses dotted the land for the worship of heaven and earth and the celestial bodies.

Quite natural it was that Queen Sun Tuk, rich, powerful and illustrious, should build a lasting structure devoted to the observation of the heavenly bodies and appoint a "Doctor of Astronomy" to direct the work of the Observatory.

It would be very interesting to possess a program of the work of Silla's Observatory, but we fear one will never be discovered. The original records seem lost beyond recovery. However, the second hand records of these early observations reveal the nature of the work.

Mr. Hulbert, a sympathetic interpreter of Korean history and authority on many Korean subjects, suggests that the tower was used for celestial observations in the daytime, apparently thinking that the hollow tower used as a tube would render the stars visible from the bottom even in the presence of sunlight. We are convinced, however, that the tower was not designed for daytime observation. The field of view from the bottom, limited to a small zenith distance, would not command the ecliptic which contains the twenty-eight zodiacal constellations or "Lunar Mansions" so prominent in the astrology of the ancients. The rising, culmination and setting of these asterisms, one star of each marking the definitive point would be outside the field. Likewise the planetary orbits which were so closely followed would be invisible. Similarly the circumpolar stars paying reverence to the "Emperor of Heaven", and the seven stars of the Dipper famous in all star lore could not be viewed; nor could they look with longing for the Old Man star of the south (Canopus), a glimpse of which insured a happy old age. The tube is also partly obstructed by binding stones near the middle and by a flat slab near the top. The rough interior and the open window also testify against midday work.

The stone platform at the top rather than a floor at the base of the tower was undoubtedly the goal of the observer, who climbed thru the open window as the setting sun announced the approach of the celestial hosts. There with the instruments of his invention he determined the position of the moon from night to night as it leaped from mansion to mansion. There he observed the planets entering their various houses, that he might ascertain the will of the gods. There he watched the heliacal rising of the constellations to usher in the seasons of seedtime and harvest. He stood there in wonder as the Celestial Dog devoured the luminary during total eclipse, and remained there in awe and trembling when a speeding comet portended evil to the land. Evening found him there to bid farewell to the orb of day and to welcome the evening star; midnight found him there studying the unsolved problems of the sky; dawn found him there to welcome the morning star and to bid farewell to the setting constellation of the night.

Among the early astronomical instruments used alike in China and Korea were the "transverse tube" and "turning sphere" mentioned in early literature. The first was a device evidently for determining the meridian altitude of a star, and the second was designed to assist in an explanation of the motions of the heavenly bodies.

The Shoo-king claims that the Chinese, and consequently the Koreans, were acquainted with the 365¼-day year long before the time of Eudoxus, and in other sources we are told that they made records of sun-spots about 1300 years before Galileo. In the museum at Seoul may be seen various astronomical instruments, but they appear to be later than the time of Silla. These include an armillary sphere, a clepsydra, a sun-dial, a moon-dial or month measure, a marble gnomic plane, a brass astrolabe, and a marble planisphere with 1460 stars.

The Mun-hun-pi-go contains a brief account of the status of astronomy at the time of Silla. "During the reign of King Hyo So the monk, To Cheng, went to the Tang country and returned with an astronomical chart which he presented to the king. The famous Tang astronomer, Lee Soon-pong, giving the chief facts concerning the heavens, taught that the heaven and earth are high at the mid-point and sloping on all sides. The sun and moon being alternately visible and concealed cause day and night. Bodies revolving about the north pole and always visible are said to be in the upper latitude, those revolving about the south pole are in the lower latitude, and those revolving around the equator are in the middle latitude." The Silla monks, for the purpose of investigating and explaining the motion of the celestial bodies, made an apparatus following the principles of the chart and showing the appearance of the heavens. From the description it appears that this device was a sort of armillary sphere which had an equatorial circle of 365 (possibly 365¼) degrees, an axis inclined at 35 degrees to the horizon circle, and a movable indicator attached to the center of the sphere. Some of the parts were adjustable, others removable; but we are not prepared to give a full explanation of its use from the description at hand. The clepsydra was used in Silla in the century following the erection of the Observatory. This instrument for time measurement was especially valuable for the astronomer working at night when the sun-dial was not available.

As we stood on the tower at night and gazed at the heavens partly veiled by clouds, our mind went back to the men who stood there nearly 1300 years ago. We had no instruments with us but a small geomancer's compass as we tried to get the bearing of the base, no invention excepting some sticks and cotton string as we tried to sight the polar star; and we stretched our hand across the ages and held these men in close companionship. Viewing the same heavens, facing the same problems, on common standing ground, we were one,—one in our desire to penetrate the vast unknown, one in our effort to peer into the great beyond,—and we felt as never before the unity of the human race. We are still waiting for enlarged vision and for the clouds to roll away. Sometimes we obtain a deeper insight as a Copernicus explains the mysteries of the universe; sometimes we get a clearer view as a Galileo brings the heavens nearer to our sight; sometimes our horizon is enlarged as a Newton dispels the clouds and reveals a new realm of light. Still we face the great unknown, and in spite of man's ingenuity in building large observatories and equipping them with the powerful instruments of modern times, the inscrutable heavens refuse to give up their last ray of light.

In the meanwhile time has wrought marvelous changes in the works of man. The Observatory of Silla, once the proud production of the hand of man, surrounded by the splendor of a rich and illustrious court, now stands a mere monument among the desecrated tombs of ancient royalty overlooking the ruins of a decadent race. The faithful stars in the heavens still shine with undimmed lustre and the planets continue to revolve in their prescribed orbits, but the star of Silla has set and her people have run their course.

Perhaps some poems bearing upon the Observatory will fittingly express our emotion as we muse upon this survival of the civilization of ancient Silla. Three post-Sillan poems were found in one of the volumes of the Kyungju Historical Association kindly loaned to us through the favor of Mr. Yang Hung-mook, the magistrate of Kyungju.

In the translations we have tried to interpret the spirit of the poems rather than the mere flesh and bones.

An Took, the author of the first poem, was a famous poet and scholar of the fourteenth century, but for some reason he did not occupy any official position. The writer of the second, Chyeng Mong-ju, was a famous official of the first rank and the last great patriot of the Koryu dynasty, whose blood was shed through treachery and may still be seen according to popular belief in the red spots of the stones of Blood Bridge near Songdo. The author of the last, Mai Kei-cho, was a prominent official of the fifteenth century, who met with disfavor and was banished to the island of Wee Ju. In the lives of these men as well as in the pathos of their poems we may read the tragedy of a race once branded the Hermit Nation but now called Chosen, a province of the Empire of Japan.

SILLA'S STAR TOWER.

AN TOOK.

Tho Silla's grandeur rose to mountain height
And fell beneath the crushing weight of time's
Unending change, her Tower stands. It cleaves
The blue, where once her royal sages peered
To read a message in the sky and bring
A boon to earth.
Alas! Alas! Who comes to fill their place?
We cry in vain.

THE OBSERVATORY.

CHYENG MONG-JU.

Beneath the Half-Moon Fortress, near Kei-rim's stately wood,
Where chimed the Jade Flute music, th' Observatory stood.
It witnessed Silla's glory; whose history and lore
Shall sing the nation's honor till time shall be no more.
Today o'er hill and valley there comes a mournful sigh:
The lonely Tower murmurs, "I grieve for days gone by."

SILLA'S OBSERVATORY.

MAI KEI-CHO,

The site of Silla's glory, her palaces and halls,
Her temples, grand, majestic, with ornate roof and walls,
Her battlements and statues widespread o'er hill and plain,
Lie hid in dismal ruin, 'neath shroud of grass and grain.
Yet o'er departed grandeur a sentinel stands true;
Unchanged by changing ages, it links the old and new.
Its rock-bound feet are planted beneath earth's yellow loam;
Its star-crowned head is circled by heaven's broad blue dome,
Its deep-set base so mighty, its granite crown so high,
It forms a lasting structure, it links the earth and sky.
Thrice happy ancient Silla, the land that gave thee birth!
The land that honored heaven and owned its rule on earth!
The faithful constellations and wandering planets all

In measured orbits traveled before thy monarch's fall.
The smallest star-lit cruiser that sailed the sky of blue
Was ordered by thy captain and guided by thy crew.
So peace and plenty caroled within each cottage door,
While seasons in succession heaped wealth in Silla's store.
Celestial gods delighted to aid her heroes bold;
While poets, priests and sages, massed wealth unmatched by gold.
Alas! Her day has vanished, her swords have turned to rust,
Her palace walls and temples lie mingled with the dust.
Her choicest wall engravings, her pottery and tiles,
Her sacred books and treasures, are scattered weary miles.

Amidst this desolation the Tower sends a beam
To flash through earth's dark midnight a ray of light supreme.
My life is far too fleeting to give sufficient praise;
So tears shall be my tribute and grief shall end my days.

R. M. S. Monteagle, en route to America.
July 24, 1917.

11.

THE OLD KOREAN MAGISTRATE.

W. CARL RUFUS, PH. D.

Before his final exit let us take a snap-shot of one of the most interesting characters of old Korea, the county magistrate. Already his official hat and robe have been laid aside, and soon will decorate a glass case in the museum. We look upon his departure with mingled feelings; sometimes we laugh; sometimes we weep; none of us would call him back; all of us would cherish a copy of his picture for memory's album.

First exposures, however brief, make lasting impressions on our mental kodaks. The details of our first visit to a magistracy, including the preliminary arrangements and necessary formalities, are largely forgotten; but the picture of the magistrate himself is indelible. Seated at one end of the audience room on a platform slightly elevated, crowned with the official horse-hair hat and robed in a purple silk gown trimmed with striking colors, he was the embodiment of the highest official dignity. No trace of changing emotion crossed his expressionless face during the process of introduction and the brief conversation that followed. The calm demeanor with which his dignity surrounded him made him appear to be entirely self-sufficient and utterly impervious. His carved features seemed fitted to accompany either an arbitrary judgment or a designed benignity. These lines appearing first in the development of the picture promise to be permanent.

His costume deserves more than passing mention, but we hesitate to begin the dissection lest we break the charm. The unity of the picture depends entirely on the harmony of the constituent parts, the black horse-hair hat, the silk robe with its trimmings and the Chinese boots. The *sa-mo*, official head-dress, is large enough to accord with the flowing silk robe; while its shiny, black-lacquered surface harmonises with the gay colors, and its sober hue preserves the picture from a gaudy appearance. The graceful curves of the *sa-mo* also tend to give a mild effect. The central horse-hair folium, curving backward gently as it rises, flanked on both sides by similar appendages somewhat smaller, provides a coronet scarcely less imposing than an imperial crown. The *nyong-po*, or official robe with long loose sleeves, forms the most attractive part of the costume. The purple silk background enhances the beauty of a maze of hand-embroidered trimmings of gold and green and scarlet; and makes the tortoise girdle stand out in bold relief. The most highly-prized decoration is the pair of ornamental badges, one conspicuous in front, the other on the back, marking the rank of the wearer. It consists of a richly embroidered piece of silk about six inches square, with the figure of a tiger in gay colors, if the owner belongs to the military party, or a stork to designate the civil class. The half-length court boots of black leather completes the picture of the full dress of the magistrate. Clad in this regalia his appearance fully accords with the highest official dignity and impresses the spectator sufficiently with his own inferior station. When he deigns to walk, his impressive manner begins to accentuate; but his lordly gait exceeds the power of a snap-shot to describe. Suffice to say that it furnishes a model for the pompous carriage and deliberate swagger of the Korean *yang-ban* (aristocrat) seen occasionally on the street; whose preference for his own style and rate of locomotion is sufficient to obstruct traffic by street car, automobile, or motor-cycle.

The picture, however, still lacks the most important feature of the magisterial insignia; without which even for one moment, all his gorgeous raiment and imposing strut would have no special value. The possession of the official seal constitutes *prima facie* evidence of magisterial authority. This article resembles a large brass block with flat base engraved with the official seal characters, and the upper part ornate with graven animals, flowers, trees, etc., fashioned to form a sort of handle. It is kept in a brass box of suitable proportions, which never passes out of the magistrate's sight during his waking hours and serves as a pillow when he sleeps. A special page carries the seal and accompanies the magistrate everywhere he goes in public and in private. When he desires to leave the room only for a moment the seal must be taken with him. Its loss was accompanied by removal from office. The seal affixed to a document frequently meant life or death to a subject within the jurisdiction of the magistrate. Often it meant poverty or riches, freedom or imprisonment, position or degradation, favor or doom. When the seal was once affixed the deed was irrevocable. On this account its safe keeping became imperative.

The magistrate was the government factotum of the county. He personified all the affairs of state pertaining to his realm, possessing absolute authority within his jurisdiction. His responsibility was also commensurate with his power. Imperial ordinances found their way first to the provincial governor, next to the county magistrate, whose underlings carried them to every hamlet. For the fulfilment of these decrees, the magistrate was unconditionally responsible. He was also held accountable for any crime committed within his territory. If a capital *kang-sang* * offense had been perpetrated on his district, the life of the magistrate might be required. Consequently one of his chief duties consisted of the detection and punishment of crime. In the performance of this function he was detective, prosecutor, judge and jury, all in one. This combination of power and responsibility afforded an unsurpassed opportunity for the swift administration of justice, or an equal chance for its deliberate miscarriage. The magistrate also, representing both sovereign and subject, might be tyrant or benefactor, as ocasion demanded; or with oriental ease and propriety he might act simultaneously in both capacities.

Preparation for official life consisted chiefly in literary training sufficient to pass the *kwa-ga*, state examination. The merit of the candidate was determined by his ability to take the subject assigned, shut himself in a booth, and write a composition after the style of classical Chinese, making copious quotations from Confucius, Mencius, and other ancient sages. The successful candidates passed immediately into the official class and received appointments to various positions; while

* Five cardinal relations among mankind are recognized; between sovereign and subject, father and son, elder brother and younger, husband and wife, friend and friend. A violation of these was a kang-sang crime.

the man awarded the highest place frequently landed immediately in a magistracy. The competitive examination during corrupt reigns degenerated into a sort of farce. The selected subject frequently contained an enigmatic meaning, which was known only to the favored candidates. Sometimes the offices were purchasable, a magistracy bringing the emperor from 6,000 to 10,000 yen. At such a time it became necessary for the magistrate to recuperate his finances rapidly by squeezing the people, before the royal treasury needed replenishing and his position was sold again. Skill in accomplishing this feat was not lacking in the successful magistrate during a corrupt administration. He farmed out the taxes to unscrupulous collectors, who extorted money and grain from the unfortunate possessors, to satiate as far as possible the combined greed of officer and underling. The possession of property or a show of prosperity sufficed to produce some charge against a civilian without rank or friend at court; while satisfactory evidence followed easily from bribed or frightened witnesses, or was educed from the lips of the accused by multitudinous devices for physical torture.

The experienced magistrate usually possessed a keen insight into human nature, which served him well in criminology. It frequently enabled him to handle a complicated situation in a masterful way by finding at once the crux of the matter. Often he accomplished this feat by introducing unexpectedly a new element in the problem in the form of an apparently unconnected event which gave him a key to the solution. Sometimes he suspected the criminal on account of strange behavior, and obtained evidence by out-facing him or confusing him with questions asked fiercely in thunderous tones. Current Korean stories abound with illustrations of the sagacity and prowess of the magistrate. Let us enlarge the field of our kodak to include a few of these stories in conclusion.

DISCOVERING A THIEF

The tranquility of the little village of Three Roads had been undisturbed for centuries. Little wonder that the news of a robbery in their very midst created such a sensation.

During the absence of Mr. Kim, the richest man of the community, his house was entered at night and a masked burglar burned the feet of Mrs. Kim until she revealed the hiding place of their money.

The next morning the whole populace searched in vain for any traces of the malefactor. No footprints appeared along the three highways nor in the fields surrounding the village. Evidently the culprit dwelt among their number. Suspicion rested upon the guest among them, the brother-in-law of the headman of the village.

Here was a dilemma, indeed. The headman should carry the case to the magistrate of the county for investigation, but his own family might be involved. Furthermore, hospitality demanded that his guest be sheltered from all harm. Finally he feigned illness and sent a deputation of villagers to the county seat.

The magistrate spent a day in profound thought. The next morning the official messenger rode into the village, assembled all the people and read the public proclamation:
"LET ALL THE TOWNSMEN OF THREE ROADS ARM THEMSELVES WITH WOODEN STAFFS AND MARCH TO THE MAGISTRACY."

Of course the sick headman and his guest were spared this humiliation. When the procession of men reached the gate of the official residence, they were commanded to march into the open court and to ground arms before the magistrate waiting to receive them. They marched in with foreboding. The order to halt was given; all brought their staffs to the ground and stood at attention. The magistrate cried with a loud voice. "*The man who stole the money has the longest staff.*" One of the staffs was seen to waver as its owner tried to push it down into the ground to make it appear to be shorter.

This man was accused; his house was searched and the money was recovered. After a severe paddling, he confessed his guilt and was sentenced to a long imprisonment.

No crime is too furtive for a sagacious magistrate.

TRAPPING A MURDERER

Long, long ago there was a famous magistrate, Hahn Eung-pil, who had successfully ruled many counties. When he was magistrate of Hongju, one day he received a difficult petition.

Two brothers, both of whom were widowers, lived in the country about one mile apart. One day the younger brother said to the older: "I am hungry for some bread. I have made the flour already, but I do not know how to make the bread. If you will kindly let my niece come and teach me I will make the bread with her."

The elder brother consented and sent his daughter to her uncle's house. At night he awaited her return, but she did not come. He spent a restless night, but morning came and his daughter had not returned. He started for his brother's house in a rage and about half way met his brother.

"Why did you not send her home?" he asked abruptly.

The younger brother replied angrily, "Why did you not send her to me?"

When her father heard this he became very anxious. Together the brothers searched the neighborhood for the missing girl. Arriving in a secluded mountain valley they found her dead body with a knife driven into it. They turned pale at the dreadful sight. Immediately they went to Hongju to the magistrate and told their story, adding that they did not know who had killed her, and petitioning him to come to their assistance.

The magistrate answered them saying: "There is no evidence. How can I find out?" and he bade them depart. Soon he recalled them and said: "Altho it is a very difficult case, I will go and make an examination," so he went alone to the mountain valley and made a careful investigation.

He then feigned madness and wandered about all day. In the evening he went to an ale house kept by an old woman and lodged there alone. His hostess did not know that she was entertaining the magistrate. In the morning he returned home early, and shortly afterward sent an officer to arrest the old woman. When she arrived the magistrate commanded in a loud voice: "Confess your crime, you reprobate."

The old woman trembling like a leaf replied: "I have not committed any crime. Please tell me what you mean."

"After I returned home did no one come to your house before breakfast? Answer me, straight!" he commanded.

The woman replied: "A young man came after you left and told me that the magistrate had slept in my house, that he was here examining a case and returned home early in the morning. He also asked if I had heard him say anything about the case."

So the magistrate sent an officer to arrest the young man. When the paddles were applied the young man confessed his crime.

The magistrate settled many other difficult cases, and his fame increased.

A LAME THIEF'S TOKE

Many years ago there were only two houses in a small mountain valley of Kang Won Do. In one of the houses lived a lame man. One day the other man's toke(large earthen jar) disappeared while he was asleep. After searching in vain for some time he went to the lame man's house and there to his astonishment he found his toke.

"Oh," he exclaimed, "that is my toke; why did you steal it?"

But the lame man remonstrated: "No; that is not your toke. How could I steal it? I am a lame man, as you know."

Of course argument was in vain; but the toke was just like the lost one, and the owner desired to have it restored. He returned home and pondered over the matter for several days. Then he went to the magistrate of the county and told his story.

The magistrate ordered him to bring the lame man and the toke. When they arrived before the magistrate he accosted the lame man in a loud stern voice: "I hear that you are a thief. You stole this toke from that man's house a few days ago."

But the lame man replied: "No, sir; I am a lame man, as you perceive. How could a lame man steal it and walk a mile! It is not that man's toke; he has wronged me."

Then the sagacious magistrate said pleasantly: "Very well; if it is yours, you are free; you may go."

So the lame man was very happy. He lifted the toke with both hands, placed it on his head securely and started to limp for home. The magistrate called him back and fairly roared: "Give yourself up, you thief. So it was not you? How could you carry it? You can not walk, you say?"

Then the lame man confessed all. The fame of the magistrate spread thruout the whole country.

A FAITHLESS FRIEND

About 300 years ago in a city of this land there lived two merchants, Mr. Chang and Mr. Yi. They were neighbors and very close friends. Their families loved each other and helped each other, sometimes living in the same house. Among all the members of the household Chang and Yi were the most faithful to each other. One day when business was dull in their country, Mr. Yi said to Mr. Chang, "Let us go to some foreign land and make money."

Mr. Chang replied, "That is a good idea."

So they sailed for China and reached a certain port safely. There they were very succeseful in business, made a fortune in a few years and started to return home. After they had sailed two or three days Mr. Yi was filled with avarice, as he gloated over the boxes of gold and silver; so he planned to have all the treasure for himself alone. At last he decided to kill the man who had been his bosom friend. He called himto the stern of the boat and kicked him into the water. A few days later he arrived in their home port and landed his treasure boxes.

He immediately went to Mr. Chang's house, opened the gate and enquired, "Is Mrs. Chang at home?" She heard this well known voice with surprise, and hurried out to meet her husband's friend. She and the children had expected their return for some time. They saluted each other heartily; but she did not catch sight of her husband, so she asked, "Where is my husband?"

Mr. Yi replied, "He landed two days before I did, and said he was going home immediately."

She was very much astonished at this. For several days she watched day and night for her husband's return, but he did not come. So she became very anxious, wept bitterly and mourned for him.

At last she went to a certain magistrate of that district, told her story, and begged him to find her husband. She gave him all the particulars from the beginning to the end. The magistrate considered the matter for several days and then sent for Mr. Yi. He looked at Mr. Yi with piercing eyes and asked him in a loud stern voice: "You went to China with Mr. Chang; did you not?"

"Yes; I did," was the reply.

"You stayed in the same place with him in China; did you not?"

"Yes."

"You returned safely. Where is Mr. Chang?"

Mr. Yi answered, "I do not know."

Then the magistrate asked Mrs. Chang, "What did he say when he opened your gate?"

Mrs. Chang replied, "He asked, 'Is Mrs. Chang at home?' "

Then the magistrate gave Mr. Yi a look and thundered, "Why did you not call her husband's name?"

Mr. Yi had no reply to offer.

The magistrate commanded the officers to put him in prison and tortured him for many days. Finally the secret was disclosed.

All secret crime will be discovered at last.

SELF-INFLICTED NEMESIS

A famous magistrate of Kang Won province once received information concerning a very perplexing murder case.

A bride had been killed on the night of her wedding and her father had the new husband arrested. The magistrate commanded the accused man to tell all he knew about the case.

"I know nothing at all," he replied. "In the dead of the night of the terrible deed, I was very thirsty and went out to get a drink. It was raining that night as you know. When I returned I noticed a peculiar odor, but I went to sleep. In the morning I first discovered what had happened."

The magistrate pondered these words for many hours. At last he concluded that the husband was innocent. How could he find the guilty man?

The next evening he called a pretty girl, covered her with a white shroud, and commanded her: "From this evening you must go to the mountain every night and cry out, 'Where is the man who killed me? Where is the man who killed me?'"

She obeyed the command; and all the people of the country were afraid of the voice. They said to one another, "This is the ghost of the murdered girl." The guilty man also heard the voice and could not sleep.

Policemen had been appointed to watch for any person who might come out at night and act suspiciously. About a week passed by, but no one ventured near the apparition. One rainy night the man who performed the deed could endure the voice no longer. It seemed to pierce him like a sharp knife. At midnight he came out into the deserted street, with a white cloth around him, carrying wine and food to sacrifice to the spirit. He was arrested and brought before the magistrate.

"Why did you kill her?" thundered that officer.

"O, ye gods," moaned the heart-broken man. "She was my sweetheart. She and I planned together to murder her husband that night."

"Hum! How was that?" asked the magistrate fiercely.

"We loved each other truly for two years, but her parents would not consent to our marriage. She asked me to kill her husband on that night. She was to give a signal by opening a door when he was sound asleep. I was waiting in the kitchen in the dark when a door opened and someone passed out. I went in stealthily with my knife drawn and stabbed some person lying on the floor. In the morning I learned that I had killed my love." With these words the bereaved man broke down and wept bitterly.

Finally the just magistrate replied: "When you plan to harm another how easy it is to hurt yourself."

THE PROHIBITION OF TOBACCO.*

When God, omniscient and omnipotent, created all things, he especially loved men and women, providing them with superior bodies and immortal souls, and giving them dominion over all other creatures. He supplied good things to drink, to eat and to use ; but in spite of this some men and women use tobacco.

This habit has prevailed in all ages and among every tribe on earth, until some people think tobacco is indispensable. Yet it is very injurious, according to the four following considerations.

1. In the first place tobacco injures the body because the smoke makes the heart beat irregularly and feebly. The lustre of the eyes and the glow of the epidermis are lost. When the smoke goes thru the air-cells of the lungs it is very injurious. Tobacco prevents the perfect development of the bones and muscles, so boys who are addicted to the habit become weak and stunted. Tobacco sometimes causes diseases of the organs of taste and hearing. It weakens the stomach and impairs digestion. It also injures the nervous system, stultifies the brain, causing headache and lethargy, and dulls the reason and memory.

Even the poisonous snake succumbs, when it is fed the smoking sap of the pipe. So it is with men. The poison spreads thru the entire body, prevents its development, hinders its use, and impairs the mind. Finally nothing remains but death, like the poisonous snake.

2. Secondly, tobacco hinders a young man's career. If any one desires to become a public benefactor, he must not use tobacco ; because it not only injures the body, but also prevents the achievement of worthy deeds. A man born into this world has responsibilities to society and duties to his country ; but the tobacco habit destroys his valuable body and makes it useless. Bodies and brains worthy of learned scholars and statesmen become dwarfed and dull, fit only for ignorance and disgrace.

In this competitive period of the twentieth century, every man desires to succeed or to become a leader ; he disdains to be a slave or an inferior. Yet many men become slaves of this little weed, chained in its bondage, so they cannot use their bodies as they will. With benumbed sensibilities they remain contented with their loss of liberty and regard their tyrant more desirable than their food. Thus they cannot perform a man's daily work or fulfil a man's responsibility in life. Lazy in body and mind they disregard important engagements and

* An essay written by a Korean student and translated by Dr. W. Carl Rufus.

spend the time which is more valuable than gold merely in blowing curls of poisonous smoke. Under such conditions as these how can they plan great affairs of state or become the leaders of society?

3. Thirdly, the tobacco habit is detrimental to the financial welfare of the country. Consider the enormous expense! Suppose two-thirds of our 20,000,000 population use tobacco; estimating their expenditure at two *sen* per day, the total consumption for one year reaches the incomprehensible sum of 100,000,000 *yen*. Think of the land that is wasted! On an average of one *tsubo* per man a total of more than 10,000,000 *tsubo* of good farm is wasted every year to raise an obnoxious plant to undermine the national prosperity and destroy the character of our citizens.

The money expended foolishly would feed all the poor and needy of our country and the land used perniciously would supply all the homeless of our race. Then we should have a happy country without a wandering beggar or a hungry child. But in spite of this we continue to live complacently and waste the national wealth in lavish fumes.

4. In the fourth place, smoking is injurious to souls. Sin steals in thru the use of tobacco. A young man, who was beginning to smoke, hid his cigarette when he met his master; thus he learned to be a cheat and a fraud. But all men know that a bad habit can not be concealed from God, so they insult him and learn to disregard his presence and become fearless in evil deeds.

Moreover the effect of a man's evil conduct remains after he has departed. The sin of a father visits the third or fourth generation of his sons. So a smoker not only injures his own body and soul, but also transmits a degenerated body and impaired mind to his sons; and in this way future generations easily acquire diseased bodies, impure minds and depraved souls.

It is also written: "Your bodies are the temple of the Holy Spirit." How then can we defile our bodies? It is a sin against the Holy Spirit. It is a device of Satan to injure men's bodies and to destroy their souls. But men are falling into this trap daily, and finally they go the way of the lost.

How sad! How shameful! Men do not realize that the tobacco habit means the same as stunted bodies, lost opportunities, wasted finances and lost souls. The pipe is a little insignificant thing, but it devastates countries and makes inefficient men. An Oriental maxim says: "Hundreds of blind men can not compare with a single Lee Loo, and hundreds of deaf men can not compare with a single Sa Kwang." (Men noted for keen sight and hearing.) Therefore thousands of smoking men are not as valuable to their country as one perfect individual.

Fellow countrymen, it is my hope that our bodies may be superior to others, that our country may be more wealthy than others, that our people may be more godly than others. If we, 20,000,000 strong, should prohibit the use of tobacco and become perfect in body, mind and soul; we could be an example for all the Orient and Occident. Let us consider it carefully, work for it incessantly, and expect it confidently.

13.

A HUMAN ADDING MACHINE.

A Human Adding Machine

W. Carl Rufus, Ph. D.

An item in the Seoul Press, Feb. 15, 1917, under the caption, "A Korean Mathematical Genius," contains the statement: "It is said that he (An Myengwhan) can add up twenty-five items of four figures each in seven seconds by mental calculation. By using an abacus, the time required by him in making the same addition is eight seconds." This report prompted the present writer to seek an interview with the subject of the article, a Korean lad sixteen years of age in the employ of the Land Investigation Bureau. An appeal to Mr. Yamagata, Editor of the Seoul Press, secured his kind assistance in making arrangements for a meeting. Mr. Suzuki, Director of the Bureau, and Mr. Akazaki, Head of the Section in which the lad is employed, kindly consented; and Mr. Oishi, Secretary of the Bureau, who speaks English fluently, gave his courteous cooperation. Professor Pack of the Chosen Christian College assisted at the time of the interview in making some simple tests.

The thoro organization of the work of the Land Investigation Bureau thru the principle of the division of labor has provided several thousand employees with specialized tasks. The field work of the surveyors thruout the entire peninsula, which was recently completed, provides material for the making of maps and plats showing the smallest land divisions. Three-hundred planimeters operated by Korean young men and women trace the boundaries of these small plats and indicate their area in units of three tsubo. (One tsubo is equal to 36 square feet). Three independent measurements are made and recorded without comparison. When the error from the mean exceeds one percent the area in remeasured. These measurements then appear side by side in three columns of twenty-five items each on a single sheet. One section of the employees spends its time adding these three horizontal numbers and recording the total, which represents the average determined area directly in tsubo. One young man turns off a sheet in thirty seconds, i. e. he finds and records twenty-five sums each composed of three addends consisting of one, two or three figures each in half a minute. Checks and counter-checks test the accuracy, which is taken into consideration in connection with the rapidity in determining the scale of wages.

It falls to the lot of An Myengwhan and his associates to take the totals copied twenty-five in a column on a separate sheet and to determine their sum. At their daily work they employ the abacus and become very proficient in its use. An excels in combined rapidity and accuracy as his wage, the highest received, seventy sen per day, bears testimony. His special ability has twice been rewarded; once last year by Count Terauchi, again recently by the new Governor-General, who gave him a silver wrist watch.

An is a modest appearing boy of sixteen, bright and attractive, slight of stature and not rugged in health. His underdeveloped physique is probably due to sedentary habits and lack of exercise: height, four feet eight and one-half inches; weight, eighty pounds. His previous training was limited to the Government Common School of four years, from which he graduated four years ago without revealing any exceptional mental ability. Left fatherless soon afterward he entered the employ of the Land Investigation Bureau to provide for a family of four. His family history reveals nothing to indicate inherited ability of a special nature. Faithful in his work his habit of application and power of concentration have developed the special skill which he possesses.

In the use of the abacus he has dispensed with one row of beads out of the five rows in the lower part of the frame, finding them unnecessary in the process of addition. The other employees, however, use the standard type. Thru the use of the abbreviated form An gains a few seconds in every addition on account of the smaller number of beads to manipulate. In mental addition without the abacus, he begins at the top of the column of twenty-five numbers consisting of two, three or four digits each, his eyes running down rapidly until the bottom is reached when the answer is written down. His average time during the test we made was about ten seconds, the shortest one being eight. He was under a little disadvantage and nervous tension due to the presence of strangers, which may have lengthened the time. No mistake was found in the sums obtained from the sheets he was accustomed to handle. Making use of some specially prepared typewritten columns he made no mistake in single, double, and triple columns, altho the new form of the figures and closeness of type noticeably affected him and lengthened the time. The solid columns of four digits in each number in typewritten form required twenty-five seconds and some mistakes were made. One he supected during the process and announced that he thought the answer was wrong. Another one contained combinations designed to introduce a conflicting train of thought: in sets of five the first and second totals gave nines in the four places from thousands to units, while the third gave three nines and an eight. This sufficed to interrupt his calculation and to cause a mistake.

His mental process in addition appears to consist of a moving picture of the position of the beads of the abacus as he forms the partial sums from the top of the column to the bottom, while he operates mentally upon his instrument with the fingers of his imagination. The record time required by mental calculation alone being shorter than the time with the use of the abacus indicates that the mental process outstrips the time required for the mechanical manipulation of the beads. It is interesting to note also that he begins with the left digit and works to the right.

Easy tests revealed a good memory and an excellent sense of order. Glancing at a table on which ten articles were arranged he turned his back and named eight. Another brief glance and he was asked to give them in order. All ten objects were named, only one pair having their places interchanged. In addition he holds several numbers in mind at once, as was revealed by an upward look away from the paper just before writing the answer to a solid block of four columns.

Sometimes when walking along the street he performs addition; and frequently at night, as might be expected, he sees columns of figures before his closed eyes. Occasionally he feels a slight pain in his temples, at other times there is a tendency to numbness in his whole body. Once in a while his nose bleeds. His habits are quite regular. He admits using tobacco, "Just a little," but he never drinks. He has no favorite amusements; indeed he claims that he is not fond of games and takes no recreation.

A phrenologist might find some special "bumps;" but he seems to possess the ordinary Korean "round head." Size, 20.5 inches around, forehead to back; 6.3 inches broad; 7.0 inches front to back; 25 inches around chin to apex. The frontal lobe is deficient, the upper part of the forehead having a decided slant. A slight depression is noticeable on the top of the head, which is otherwise very regular in outline.

The lad possesses exceptional skill in the addition of numbers. His rapidity and accuracy under ordinary conditions suggest the title of this article, "A Human Adding Machine." Whether he could develop equal skill even in the other ordinary arithmetical operations remains unknown. As he is entirely innocent of the logical processes and analytical methods of mathematics, we cannot say without further evidence that he might become a mathematical genius.

TOBACCO IN CURRENT KOREAN STORIES

W. CARL RUFUS

The interesting article, "Tobacco in Korea," in the June number of the Korea Magazine, calls to mind the following current Korean stories on that subject. As they are undoubtedly of Korean origin, they may be of interest to your readers.

THE ORIGIN OF TOBACCO

Long, long ago there lived a beautiful dancing-girl in the province of Kyung Sang, the most famous singer of her day. Her face was as pretty as a rose, her form was charming, and her movements were models of grace. She also possessed a very kind and loving spirit, so she longed to be married and to have a home and family of her own. However, no young man could be found who was worthy of her superior charms and ability. So when she was not engaged in entertaining, she lived alone in her room for several years and continued to study and to meditate.

Sometimes in the silent hours her heart would almost fail with the fear that she might spend her years and the longing of her life remain unsatisfied. Still her hope was bright and beautiful. As the time passed she continued to ask herself, "How can I fulfil my heart's desire?" Finally she became inspired with the thought: "I must be the whole world's lover. If I can not realise my own desires, I will give myself for the enjoyment of others."

Afterward she became ill and believing that the end was near made her last request to her mother. "When I die please let me lie on the bosom of yonder hill." Then she bade the world a fond farewell.

Her mother sincerely mourned her death and faithfully carried out her last desire, caring for her grave through the summer months. In the autumn one day when she visited her daughter's tomb she found a wonderful plant. "Oh, this is my daughter's spirit," she said to herself, "I must love it as I did her." So she cut off some of the leaves of the plant and took them home.

She called the people of the village and said: "I found a miraculous plant on my daughter's tomb. Do you know what it is?"

They replied: "We do not know what it is. Oh, it is wonderful! Surely it is a miracle!"

They tried to eat some of it and to make a drink of it; but it was not good to their taste. Then they put some of the leaves in the fire and the odor was very fragrant. So they called it tobacco.

Many people love tobacco and carry it in their bosom; so the desire of the singer was fulfilled.

THE TOBACCO HABIT

Chang You, a brilliant student, having completed his studies in a Buddhist monastery, went up to Seoul and took the examination. On account of his ability and wisdom he received the highest standing among a thousand candidates. In a short time he obtained an official position. No one could compare with him in wisdom and etiquette.

When he was twenty years of age he married the beautiful, talented daughter of Minister Min and they had a happy family. This marriage was considered very extraordinary, for he began life as a farmer's son.

After several years, when he became prime minister, he promulgated a new law among the people: "Henceforth no one in this country shall use tobacco."

His wife was very much grieved when this law was announced, for she was a smoker and could not break the habit. One day she asked her husband: "Why did you forbid the people to smoke, altho they do many other things that are worse ?"

Chang replied: "If a young man use tobacco it injures his opportunity for advancement. It is the enemy of our country. We must try to stop the habit." So he would not give her permission to smoke.

She was so fond of tobacco that she preferred to smoke rather than to eat food. After a few months of grieving she became very ill and called her sons to bid them farewell. "My sons," she said, "I am about to die. Remember my dying words and fulfil my last request."

Her sons broke into sobs and clasping her hands they moaned: "Oh what shall we do! We can not endure this sorrow. Oh, this bitter world!"

Then she continued: "After I die you will find a green plant growing on my grave. Take the seeds when they are ripe and divide them among the people as a remembrance of me. Altho my flesh shall decay and turn to water and my bones shall decay and turn to yellow earth, yet my spirit shall find a lasting dwelling place. So do not be anxious for me. Serve your father faithfully, as I have done." After giving this message she passed away.

The sons were faithful to their mother and remembered her request. After a few months they went to her grave and found a miraculous plant growing there as she had prophesied. It was a superior plant for smoking. They took the wonderful leaves and gave some to their father. They also scattered the seeds thruout the kingdom. Minister Chang truly mourned in his heart for his faithful wife, and became very much perplexed by this extraordinary occurrence.

So his wife is numbered among the women of Korea, whose last words are worthy to be remembered, and to be considered rare and wonderful. Thus it is with all who have a supreme desire in life.

———

15.

THE REVEREND A. F. DE CAMP,
EDITOR KOREA MISSION FIELD.

Seoul, Chosen, June 2, 1917.

My dear Brother:

We deeply appreciate the kind spirit manifested in the item of the June Mission Field concerning our home-going; but we fear that a wrong impression is current regarding our personal attitude with reference to the reason for our return.

The place we are prepared to fill in the educational work is not "So high up" that it is beyond the reach of the Koreans; but the *kind* of work for which we made special preparation,Mathematics and Astronomy, has been minimized in the curriculum of the Chosen Christian College, in order that practical and vocational subjects may be emphasized in harmony with the government educational ordinance defining the status and purpose of a special school. The wisdom of the policy pursued is apparent to anyone interested in the success of mission educational work in Chosen; so we do not have a word of protest. We merely face the fact that our *kind* of work, rather than our *grade* of work, is not demanded.

For example, a teacher of German or Greek might find that his services were not required in the Dead Sea basin. We would look for the reason, however, not in the altitude of the pedagogue, but in the latitude and longitude of his surroundings.

In educational work a high altitude with thin air and bald peaks, rigid with cold and stiff frigidity, is unfit for human habitation. We despise a "higher-than-thou" pose in education as well as in religion. "Let us study it together," is the real teacher's attitude toward his pupils and subject. "Thou that teachest another, teachest thou not thyself?" is his daily question.

Please pardon a personal reference. I began teaching Arithmetic when five years of age, teaching an aunt five years older; and I am now teaching Arithmetic to pupils in the Seoul Foreign School, also I am learning something every day. "How is it possible for you to learn anything in elementary Algebra now," asked one of my Korean boys, "as you have studied it for 25 years?" "Do not imagine that you will ever know it all, my lad," was the only explanation.

This attitude sometimes begets a responsive and receptive mode on the part of the student. "Can you hear the 'harmony of the spheres?'" I asked a Korean student of Astronomy, "No, not yet," was his reply; "But I expect to be able to when I learn a little more."

I have never felt above the task of teaching the Korean boys; the fact is I have never felt equal to the task. With the language difficulty, racial differences, fundamental polarity in methods of thought, and a thousand and one minor obstacles that every missionary continually feels but seldom expresses, I have constantly felt unable to face daily duties in human strength alone.

The only purpose of this confession is to correct, as far as possible, any wrong impression that may be current concerning the reason for our return to America.

The impelling reason, in so far as I am able to frame it, may sound rather commerciallized. We have a certain *kind* (not quality) of goods to offer and according to the law of supply and demand we find it necessary to seek another market.

We shall continue to take the keenest interest in all phases ot activity working for the advancement of this people and for the cause of Christ in this land. We shall continue to help as we shall be able by hand and heart every Korean with whom we come in contact in any way, and all the missionaries and friends of Korea whose pleasant companionship and cooperation have been an inspiration in the past, and whose association whenever and wherever it may be possible is a cherished hope and promise of future joy. In this way we may be able to contribute an acceptable mite to the Master to hasten the day of the coming of the Kingdom in Korea.

Very sincerely yours,

W. CARL RUFUS.

16.

ANTI-FOREIGN TABLET

ANTI FOREIGN TABLET.

W. CARL RUFUS.

Permission was obtained from Mr. T. Okuda, the interesting and obliging Curator of the Kyungju Museum, to photograph one of Tai Won-kun's anti-foreign tablets, now on exhibition back of the Museum. He also brought a box and assisted in finding stone wedges to build a temporary mount for our photographic apparatus, which consisted of an old 3¼ ×4¼ kodak.

The following translation we believe faithfully gives the intent of the inscription. Students of Chinese may get the meaning directly from the picture.

WHEN FOREIGN SAVAGES INVADE THE LAND, WHOEVER DOES NOT FIGHT AGAINST THEM, WHOEVER MAKES PEACE OR GIVES THEM QUARTER, THAT MAN IS A TRAITOR TO HIS COUNTRY.

I WARN MY DESCENDANTS FOR TEN THOUSAND YEARS.

MADE IN 1866. ERECTED 1871.

17.

KYUNG-JU OBSERVATORY

Built in 647 A. D. Believed to be the oldest Observatory in existence

A TRIP TO KYUNGJU.

W. CARL RUFUS.

"This is what I call thrilling." Moon Sung-chan, my Korean student secretary, held to the seat in front of us with both hands; as the automobile for Kyungju, the capital of ancient Silla, whirled eastward from Taiku.

"Did you ever ride in an auto before?" we enquired.

"No; but I once rode in a Chinese cart drawn by six mules. I thought that was exciting, but it isn't in it with a seven passenger Ford."

A Korean yangban occupied the front seat with the driver. In front of us were a Japanese cavalry officer, and two employees of the Oriental Development Company, one a Japanese and the other a Korean. Mr. Moon and I brought up the rear with a Korean dancing-girl from Seoul, who I wrongly suspected was traveling with the officer.

"This is a good lesson in Physics," Moon remarked later, as he lurched against me after a similar encounter with the demure passenger on his other side.

"How is that?" I asked.

"We have to study the center of weight," he explained.

We came to a bridge which prompted the question by the eager student, "What is the longest bridge in the world?" and the poser, "How long is *Cambridge*?"

The next river had no bridge but we crossed safely on a ferry poled by a single keeper and our chauffer.

Fields of ripening barley stretched along the valley, patches of various shades of green and yellow; also muddy paddy fields, with here and there a one-ox plow and wooden harrow, or an occasional group of laborers both men and women wallowing in the mud transplanting rice seedlings to the music of a folk-lore song. Small fields of wheat, patches of potatoes and tall green flax, helped to enliven the checkered scene.

The two O. D. C. employees dropped off at a small village and Mr. Moon jumped at the chance to climb over the back of the seat and ride with the cavalry officer; who asked, jerking his head to the rear, "Does she belong to him?" Another mistake. The officer then enquired her residence, destination, and why she was traveling alone.

"Oh, that is all right," ventured Mr. Moon. "It was not proper according to the old custom, but it is all right for the 'new woman' of Seoul."

We passed a galloping one-horse buss on the way. Later we stopped to pick up an old farmer and his daughter-in-law, then I also climbed into the middle seat. An interesting conversation followed on the European war, Chinese revolution and Japanese politics. Bang! No, it was not a cannon report, just a Goodrich tire. We dismounted, stretched our limbs, and the dancing-girl rearranged her attire. The lumbering buss hove in view, raised a dust, and was lost on the winding road. All aboard! Soon huge artificial hills, resting places of Silla's kings, rose in view and announced our destination.

A Japanese inn-keeper accosted us in quite acceptable English, "Come to my hotel." We accompanied him and learned that he had lived in America several years ago, made some money, joined the Klondike rush, and returned a penniless wanderer.

We sent our card to the magistrate, Mr. Yang Hung-muk, a former Pai Chai student, who called upon us immediately, kindly offering to assist in any way to make our visit pleasant and profitable. We explained to him that our chief object was to see the old "Observatory" and to obtain all the information possible concerning it. With our limited knowledge of Korean history and literature we had found little reference to this monument of the civilization of ancient Silla. We had heard, however, that he was an active patron of the Kyungju Historical Society, and were confident that his kind influence would enable us to gain access to the findings of the organization concerning our special subject of investigation.

He graciously offered to have the books of the society containing reference to the Observatory sent to the hotel for our perusal; but expressed his doubt that they contained any information additional to the records in the Mun-hun-pi-go with which we were already familiar.

At our leisure during the visit the books of the society were diligently searched and in addition to confirming historical information previously obtained, we found three short post-Sillan poems bearing on the Observatory, whose beauty of poetic conception and depth of pathos are excellent.

After lunch we went to the Museum to look up and to photograph an anti-foreign tablet erected by Tai Won-kun about fifty years ago. The curator assured us that there was nothing of the kind in the institution, but following a clue previously obtained we found the object back of the main building under the trees near the wall of the compound. A picture and free translation of the inscription were previously sent to the KOREA MAGAZINE.

After securing the photograph we walked to the Observatory, three li southeast of the village, part of the way along a new road, evidence of Japanese occupation, passing several artificial hills, the tombs of ancient royalty; on one of which a cow was grazing peacefully and on another were a goat and two capering kids.

At a bend in the road the Tower came in view. The accompanying picture gives a correct impression of its present appearance. The symmetrical form built of well-dressed stone rises thirty feet high on a level plain. The round part 17 feet in diameter at the base and 10 feet at the top rests upon a square foundation and is crowned with a capital also square. Two layers of the foundation stone reveal a solid construction, as the upper layer entirely above ground is 18 inches high, the stones at the corners being 6 feet square. The round part contains 17 layers of well-hewn stone about 12 inches high, and the square capital 2 layers of equal height. The square portions were evidently intended to face the four cardinal points, but we cannot vouch for their accuracy as the base is not exactly square. An open window or doorway on the south side 2 feet 5 inches wide by 3 feet high, whose bottom is 12 feet above the foundation, affords an entrance to the tower; which appears to be solid from the base to this height either by construction or by later filling, but is hollow like a well from this point to the top, excepting obstructions due to the long tie stones whose exterior ends appear in the picture in the 19th layer of stone, and a flat slab, 5 ft. × 2 ft. × 10 in., near the top which covers half the well and apparently provided a platform for observational work.

Formerly the top of the tower was held together and strengthed by the interlocking of the four long stones, 10 ft. × 9 in. × 12 in., forming the upper layer of the capital. One end of both of the tie stones, however, has broken at the mortice and the ends have disappeared, leaving the top stones together with the under layer of the capital stones, 10 ft. × 12 in. × 12 in., unbound, and the upper four rows of the round part loose and uneven, their wedge-shaped forms being spread apart unequally.

We scaled the exterior to the window, crawled thru, and climbed the rough interior to the summit, where the loose stones rocked and rattled with our movement, adding zest to our enjoyment.

A delightful view rewarded our effort. The winding valley varying in width and filled with fields of ripening barley and muddy paddy fields was encircled by distant mountains. Dozens of tombs (Mr. Moon counted thirty-four) were scattered far and near. Less than half a mile to the east is the Half-Moon Fortress, a high artificial semi-circular ridge, built as a defense from warlike neighbors by the peace-loving sovereigns of Silla. In this embankment may be found a royal ice house, 60×20×20, whose ceiling is composed of massive stone arches supported by solid walls. Nearer in the south is the celebrated Keirim forest, where a native attracted by the crowing of a cock found an egg from which came forth the first sovereign of the kingdom. Beyond the forest rises the bare head of South Mountain in striking contrast to the verdant green. "School" village to the right, containing an interesting Confucian temple, quietly nestles among the trees. A broad sweep to the green hills in the west takes in the roadway lined with trees winding its way to Kyungju. A long vista to the north is filled with rural scenes and activities, barley fields to the northeast even covering the sites of ancient temple and palace, where the bells once called to worship and the Jade Flute music called to play.* The nine-storied pagoda built 1283 years ago by Queen Sun Tuk in which to keep her jewels, has recently been repaired and marks a historic site. Near the pagoda may be seen a temple which contains a modern golden Buddha weighing 5,360 pounds; this image, however, according to our informant is merely a finger when compared with its predecessor six times the height of a man and weighing 306,700 pounds, which was constructed during Silla's prime. The well-made road from Kyungju passes at the base of the Tower and continues eastward to Ool-san, while a branch extends southward along the edge of the Keirim forest. Just across the road stands a native sool house. In the fields bands of scantily clothed natives were at work; along the roads leisurely trudged men with jiggies on their backs and women with loads on their heads; a yangban passed by on a donkey; and men tugged at a load of logs on a clumsy wagon evidently carting the material for road construction beyond the Keirim forest.

No inscriptions were found on any part of the Observatory. Nor could we discover any marks or carvings in the stones at the top designed as footings for the temporary mounting of instruments, similar to those visible in the former Astronomical Mount within the East Palace grounds. No astronomical instruments of Silla have been recovered to our knowledge, excepting a quadrant of an old stone sundial with a radius of one foot now lying in the open yard in front of the Kyungju museum. Our knowledge of the use of the Obervatory, therefore, must be entirely drawn from history and from astronomical and meteorological records.

According to the Mun-hun-pi-go the Observatory was constructed by Queen Sun Tuk during the sixteenth year of her reign, 647 A. D. We believe that it is the oldest structure extant and intact built solely for the observation of the heavenly bodies. From other sources we are told that the Chinese, and consequently the Koreans, were acquainted with the 365¼-

* The celebrated pair of "Jade Flutes" now on exhibition in the Prince Yi Museum, Seoul, are said to have produced exquisite music when played within Silla's bounds, but in foreign hands they refused to make a sound.

day year long before the days of Eudoxus and made records of sun spots centuries before the time of Galileo.

After wandering amidst the ruins and visiting the sites previously referred to we returned to the inn at sunset tired but well pleased with the experience of the day. Clouds and rain in the evening prevented our return to the Tower to view the heavens and to make some simple observations so we retired early. A geisha performance in the restaurant next door prevented sleep before one o'clock. The next morning we visited the museum, a description of which would be superfluous. Suffice it to say that Mr. T. Okuda, the curator, who speaks English quite fluently, gave a very interesting and instructive description of the articles on exhibition recovered from the ruins and grave sites of Kyungju, which greatly enhanced our knowledge and appreciation of the civilization of ancient Silla. The Big Bell bears close inspection of its master workmanship, also the choice specimens of plastic art including ornate roof and floor tiles, wall decorations and urns for human ashes, as well as the ordinary pottery, all of which has a hard metallic ring. We were especially interested in the geometrical designs, in which the circle forms a prominent feature, being divided in different specimens in equal parts ranging in number from six to twenty-five. Some of the oldest grave relics indicate a race of large stature, the skeleton of one sovereign measuring eight feet.

In the evening we returned to the Observatory to make some simple measurements upon the polar star; but clouds interrupted our observations. As we stood waiting for the clouds to roll away, our minds went back to the men who stood there nearly thirteen hundred years ago. We had no instruments excepting a meagre outfit chiefly of our own invention, as we tried to sight Polaris; so we had a fellow feeling for those ancient astronomers. Viewing the same heavens, facing the same problems, on common standing ground, we were one,—one in our desire to penetrate the vast unknown, one in our effort to peer into the great beyond,—and we felt as never before the unity of the human race. We are still waiting for enlarged vision and for the clouds to roll away.

In the meanwhile time has wrought great changes in the works of man. The Observatory of Silla once the proud production of the hand of man surrounded by the splendor of a rich and illustrious court, now stands a mere monument among the desecrated tombs of ancient royalty overlooking the ruins of a glorious past. Perhaps the post-Sillan poems previously mentioned will fittingly express our emotion as we muse upon this survival of the civilization of ancient Silla. In the following translations we have tried to interpret the spirit of the poems rather than the mere flesh and bones.

An Took, the author of the first, was a famous poet and scholar of the fourteenth century, but for some reason he did not occupy any prominent official position. The name of the writer of the second as given in the findings of the Kyungju Society, Po Eun Chyeng ( ) may contain a typograpical error in the first character; for it is given Kook Eun Chyeng ( ) in a collection of Korean poems, and is identified with Chyeng Mong-choo, the last great patriot of Koryu, who fell at the famous Blood Bridge near Songdo. The author of the third poem, Mai Kei-cho, was a prominent official of the fifteenth century, who met with disfavor and was banished to the island of Wee Ju; but he was afterward permitted to return and spent his remaining days in private life. In the lives of these men, as well as in the sweet pathos of their poems we may read the tragedy of a race once branded the Hermit Nation, but now known as Chosen a province of the Empire of Japan.

SILLA'S STAR TOWER.

AN TOOK.

Tho Silla's grandeur rose to mountain heights
And fell beneath the crushing weight of time's
Unending change, her Tower stands. It cleaves
The blue, where once her royal sages peered
To read a message in the sky and bring
A boon to earth.
Alas! Alas! Who comes to fill their place ?
We cry in vain.

THE OBSERVATORY.

CHYENG MONG-CHOO.

Beneath the Half-Moon Fortress,
Near Keirim's stately wood,
Where chimed the Jade-Flute music,
The Observatory stood.

It witnessed Silla's glory;
Whose history and lore,
Shall sing the nation's honor,
Till time shall be no more.

To-day o'er hill and valley,
There comes a mournful sigh:
The lonely tower murmers,
"I grieve for days gone by."

SILLA'S OBSERVATORY.

MAI KEI-CHO.

The site of Silla's glory,
Her palaces and halls,
Her temples, grand, majestic,
With ornate roof and walls.

Her battlements and statues,
Widespread o'er hill and plain,
Lie hid in dismal ruin,
'Neath shroud of grass and grain.

Yet o'er departed grandeur,
A sentinel stands true;
Unchanged by changing ages,
It links the old and new.

Its rock-bound feet are planted
Beneath earth's yellow loam,
Its star-crowned head is circled
By heaven's broad blue dome.

Its deep-set base so mighty,
Its granite crown so high,
It forms a lasting structure,
It links the earth and sky.

Thrice happy ancient Silla,
The land that gave thee birth!
The land that honored heaven,
And owned its rule on earth!

The faithful constellations
And wandering planets all
In measured orbits traveled
Before thy monarch's fall.

The smallest starlit cruiser
That sailed thy sky of blue
Was ordered by the captain
And guided by thy crew.

So peace and plenty caroled
Within each cottage door,
While seasons in succession
Heaped wealth in Silla's store.

Celestial gods delighted
To aid her heroes bold,
While poets, priests and sages,
Massed wealth unmatched by gold.

Alas! Her day has vanished,
Her swords have turned to rust,
Her palace walls and temples
Lie mingled with the dust.

Her choicest wall, engravings,
Her pottery and tiles,
Her sacred books and treasures,
Are scattered weary miles.

Amidst this desolation
    The Tower sends a beam
To flash thru earth's dark midnight
    A ray of light supreme.

My life is far too fleeting
    To give sufficient praise;
So tears shall be my tribute
    And grief shall end my days.

18.

THE KWAGA.

W. CARL RUFUS.

The national competitive examination for official rank, like many Korean institutions, came from China during the palmy days of Silla's supremacy. King Wun Sung (784-799) is credited with the honor of introducing "The Kwaga" into this country in order to surround himself with the ablest scholars and to strengthen the bonds of union between his realm and the Celestial Kingdom.

At the time of its inception and later during honest administrations the state examination provided an open door for the humblest subject of the realm to aspire to the highest position by the side of the king himself. Like all other Korean institutions it suffered a checkered career, sometimes during a corrupt reign even sinking to a means of showing favoritism by trickery and fraud.

Frequently its use was discontinued and it dropped out of sight for years. Indeed so soon was it discountenanced in Silla that we are told competitive examinations were *renewed* by King Kyung Chong in 976. In 1024 candidates were admitted according to population, three from a thousand-house village, two from a village of five hundred and one from a smaller place. So numerous did the candidates become that several examinations in succession were necessary.

Although the *kwaga* was fundamentally Confucian, King Sun Jong in 1084 instituted an examination Buddhistic in its essential elements. He attended the exercises in person and in the procession had a Buddhist volume carried in front of him. So highly honored were the successful candidates or so low had military prestige fallen, that military rank was conferred upon some unsuccessful candidates as a consolation prize.

The Chinese Classics, however, continued to assert their supreme importance and formed the back-bone of the examination system. About the middle of the fourteenth century King Chung Mok added to the ordinary procedure by requiring the exegesis of obscure and difficult passages and made excellence in penmanship an additional criterion of scholarship. His most striking innovation was the requirement of an essay on "The Most Vital Current Issue."

At times during the Ming influence successful candidates in the Koryu *kwaga* were required to go to Nanking for further examination. Near the end of that dynasty the institution fell into disrepute on account of questionable practices in connection with it. At this time mere infants were sometimes decorated with a literary degree, which Mr. Hulbert fittingly designates the "Pink Baby-Powder Degree."

Sindon, the monk raised to power by General Yi, founder of the last dynasty, practically did away with the *kwaga* for several years during Koryu's decline; but it was restored and became a prominent feature of the new regime. King Chung Jong, patron of learning and literature, emphasized its value and instituted the decennial examination, a measure designed to give special prominence and reward to the best scholars of the country. During the latter days of the Yi dynasty the institution suffered decline and it was discontinued in 1894.

The following stories typify the memory of this age-long national institution, that lingers in the Korean mind.

Justice in Official Examinations.

King Se-chong encouraged learning throughout his realm and was kind and compassionate toward all his subjects. Frequently at night he visited the homes of the people to learn their condition of life and find out if there were any just causes for complaint. Truly, he was a virtuous and illustrious sovereign.

One dark night he went out on the street. Nothing could be seen but the sparkling stars; no sound could be heard but the barking of the dogs. About midnight he saw a bright light shining in a small hut. He approached quietly and listened. Looking through a crack he saw two young men discussing composition. He went in, bowed to them and looked around the room. On the eastern side he noticed an inscription: "This year there will be sorrow, because two frogs are lacking."

Failing to understand the meaning he enquired of the scholars, but they pleaded their ignorance. The King repeated his request so eagerly, that they explained the meaning of the inscription.

Once upon a time there was a contest between an oriole and a heron as to which possessed the more beautiful voice. Each one was proud of its own ability and there seemed to be no end to the contest. At last they decided to refer the matter to the eagle, the king of the birds.

The heron, thinking over the affair, began to realize that his voice was inferior; but he greatly desired to win. He pondered the matter through the night. At daybreak he flew away. Where do you suppose he went? Up from his nest into the sky he soared; then he came down near a lake where there were many frogs. He caught two frogs and went joyfully to offer them to the eagle. The greedy eagle accepted the gift and promised his assistance. Poor oriole, what will be your fate!

When the time came for the judgment the two birds sang with loud voices before the eagle. The sweet notes of the oriole came out clearly from his swinging perch on a willow branch. The heron stood on his stilts, stretched his long neck and uttered a few harsh notes.

The eagle plumed himself and said gravely: "Since you have honored me by selecting me to act in this capacity, I must judge righteously. The oriole's song is sweet, but it is not true. The heron's song is not sweet, but it is cheerful. I decide in favor of the heron."

Then the scholar said: "Our inscription is like the oriole's complaint; 'This year there will be sorrow at the time of the examination, because we do not have two frogs.' Although we have sufficient knowledge, we are poor and can not offer gifts to the examiners; so other candidates will receive favor and secure positions of rank, while we can only chant our sorrow."

The King, surprised by this complaint, returned to the palace. The next day he ordered an examination to be held for all the scholars. He gave the subject for composition. "A Complaint, two Frogs are Lacking." The two scholars previously visited were present and wrote excellent compositions, but no other candidates could understand the meaning of the subject.

The king gave them good marks and raised them to a high rank as officials. Afterward he was very judicious in the choice of scholars for official positions.

A STRANGE HOUSEHOLD.

Many years ago a young man, who had lost his father, sat in the evening twilight playing on his flute. A friend passing by chided him for his apparent unfilial conduct during the season of mourning. The dutiful son, however, showed that his mouth was gashed and full of blood, as a proof of his fidelity. So he continued his lonely pastime.

A Buddhist nun attracted by the plaintive notes came and took up her abode in the mourner's hut back of Back Oak mountain. Similarly an old man bereft of friends and home joined the strange household. The three kindred spirits without other occupation passed their time with flute and dance and mournful chant. Their lonely surroundings lent an added charm to the sense of sorrow. In the night they could hear only the sound of the water of the mountain brook, and they could see only the light of the silver moon. Yet the heart of the mourner remained unsatisfied. In vain his tears unchecked flowed down his cheeks. His sigh was like a storm. Reading the classics or composing lamentations gave him no relief. His troubled mind knew no passion, but sorrow unalloyed. How beautiful were his mourning days! How pure the service for his father!

One evening the sun set in fiery glory under the western mountains. The dark night settled down and enshrouded the little cottage. The biting wind mingled its doleful noise with the sound of the rushing water like the voice of an angry beast. The fir trees swayed as specters ogling the dismal scene.

King Chul-chong, walking out at night incognito, as was his custom to learn the condition of his people, reached the little hut. Quietly he approached and looked thru a hole in the paper window. The scene surprised him: a mourner was piping, a nun was dancing, and a white-haired man was chanting. He entered the room and was taken for a traveler. They ceased their mourning and asked him why he was out so late. Presently the King enquired concerning the strange things he had seen, and the old man replied :

"To-day is my birthday ; but we are so poor that we had no food for a feast, so my dutiful daughter-in-law cut off her hair and sold it. My son here had no new clothes, so he put on this mourning dress. When you came we were playing at merrymaking."

When the King heard this pitiful story he was very sad and thoughtful. Finally he asked, "Why have you not tried the official examination ?"

The old man continued : "Our family has always been ill-starred. I often tried the examination, but never met with good fortune. I spent all my property attending them, but always failed to pass. It seemed like the disappearance of flies in the mouth of a toad. Finally, I was reduced to these circumstances."

The King consoled the pitiable old man. "Kang Tai-kong who fished with a straight hook, met with good fortune. Kan Yung, altho he was only a farmer, became renowned thruout all China for his righteousness. I believe that your exemplary family will meet a change of fortune." He then bade them all farewell, and returned to the palace.

After a few days he sent a servant to this poor house with new clothes, a sum of money, and other necessities for attending an examination. They were delighted with the presents, but they did not know the donor. It seemed like a pleasant dream.

The King appointed an examination day and scholars

flocked in from every province. The subject set for the examinatión was: "Mourner play, nun dance, old man chant." The mourner of the little hut immediately recognized his opportunity. His hand fairly danced as his brush traced the characters of his inspired composition. His feet merely touched the air as he flew with his production to offer it before the king. His gracious majesty accepted it and ordered the chief authorities to award him the first place. He rapidly arose in rank and finally became prime minister. All his trouble and sorrow ceased and good fortune favored him forever.

RELATIVIVY IN ASTRONOMY.

W. CARL RUFUS

The Einstein theory of general relativity deals with space-time systems for cördinating physical phenomena. It assumes that the laws of nature, mathematically expressed, must remain invariant for all transformations of coördinates. Many striking and far reaching deductions follow, which have important astronomical consequences. We shall approach the subject from the astronomical point of view.

Various systems of space cöordinates and different methods of time measurement have been used by astronomers to define the motion of a celestial body. The Ptolemaic theory of celestial motions, second century A. D., assumed a stationary earth in the center of the universe, which revolved about it. Fourteen hundred years later Copernicus published the theory that the sun is the motionless center, about which the earth and other bodies revolve. Herschel's theory, that the sun and attendant planets travel through space toward the constellation Hercules, has received recent verification, slightly changing the direction toward the boundary of Lyra, and assigning a velocity of approximately 20 kilometers per second. Thus the assumed criterion of position in space has changed during eighteen centuries from the earth to the sun and thence to the stars. The next criterion has appeared on the horizon,—the spiral nebulae! Their large number, estimated at 500,000, their high velocities, some exceeding 500 kilometers per second, one with record speed of over 1000, and the theory that they are distant stellar universes, offer a basis for the determination of the velocity of our own sidereal system. How tenaciously we cling to the assumption that a final frame of reference may be found!

Various systems of time-reckoning have also held their sway. Numerous mechanical devices to control the rate of motion have been invented to determine the flight of time. The clepsydra and hour glass of the ancients, the balance, weight and pendulum clocks of medieval times, the chronometer escapement and electric remontoire of the present day,—all have been discarded for lack of accuracy or relegated to a subordinate position. Among the natural time-keepers of the ancients the sun-dial has given place to the "fictitious sun." Also the heliacal rising and setting of the constellations, which marked the return of the seasons, have served their day and generation, while the present seasons are regulated by the passage of the sun, through the constantly shifting point of intersection of two imaginary circles of the celestial sphere. Today the most reliable time keeper is this same vernal equinox, a product of the mind, as it pursues its unseen course around the starry dial of the sky once in every twenty-four sidereal hours. As this point cannot be observed directly, frequent observations of the transits of the stars over the meridian, another imaginary circle, are made for time reductions. As the positions of the stars with reference to the vernal equinox are constantly changing, their places must be carefully measured, so the problem of time reckoning depends finally upon space measurement to determine corrections to be applied to the most accurate mechanical time keepers of human invention. Even this celestial clock has been suspected of change, and proof of its absolute constancy is impossible. Thus the same fundamental difficulty confronts the effort to fix a natural frame of space-coördinates and to establish a system of time reckoning,—unceasing motion; nothing is found at rest. A snap-shot of the universe is possible, but not a time exposure.

The postulate of a stationary ether pervading space and penetrating matter, but permitting bodies to pass through it undisturbed, gave new hope in the search for a satisfactory frame of reference in addition to providing a medium for the propagation of light. However, all attempts to discover any effect due to the velocity of bodies relative to this mental concept met with disappointment. The celebrated experiment of Michelson and Morley deserved success. They measured the velocity of light in the direction of the earth's orbital velocity, opposite to it and at right angles, but no difference was found; although one-fourth the effect determined on the hypothesis of a stationary ether could have been detected. This proved to be a severe strain on the mental framework designed to hold together the facts of space and time.

To reconcile the persistent failure of experiments to detect motion relative to the ether FitzGerald proposed a so-called contraction theory. If ether penetrates matter it may change the dimensions of the apparatus rotated in different directions and thus nullify the velocity effect. Lorentz showed that a contraction in the direction of velocity in the ratio

$$1 : \left(1 - \frac{v^2}{c^2}\right)^{\frac{1}{2}}$$

was sufficient, where v is the velocity of the body and c the velocity of light. As experiments using apparatus of different materials gave the same result, a new theory of matter followed, assuming that the elementary particle, the electron, spheroidal at rest, possesses the property of contraction in the direction of its flight through the ether.

Henceforth, the failure of the Michelson-Morley and similar experiments was not an accident, but followed from the nature of the constitution of the universe. No explanation was offered to remove the fundamental difficulty, which dodged behind the electron and became inherent in the electrical theory of matter.

The admission, that the absolute velocity of a body through the ether cannot be determined by physical experiment, involves another, —no absolute standard of time and space measurement can be found. A brief consideration may help to make this clear. Let us assume the Ptolemaic system of reference, a stationary earth. Let A and B be two points at rest in that system (Ann Arbor and Boston, an apparent anachronism). Let a light signal sent from A at the instant t_1 arrive at B and be reflected at the instant of arrival t_2 and the return signal reach A at the instant t_3. Then on the assumption of the constant velocity of light c, we have

$$t_2 = \frac{t_1 + t_3}{2} ,$$

which defines two simultaneous time instants. In this way a zero for time measurement may be found for every place in the system at rest and a common unit is possible.

Now assume that A and B have a common velocity, v, in the direction AB, (west to east, Copernican system), and represent the distance AB by l, a constant for this part of the experiment as the velocity is constant. Repeat the above experiment, representing the corresponding instants of time by t_1', t_2', t_3'. Then

$$t_2' - t_1' = \frac{l}{c-v} \qquad \text{and} \qquad t_3' - t_2' = \frac{l}{c+v}$$

Eliminating l,

$$t_2' = \frac{t_1' + t_3'}{2} + \frac{v}{2c}(t_3' - t_1') .$$

In this case time is a function of velocity; which must be known, therefore, before time can be determined.

Applying the conclusion to axes fixed in the ether, since velocity cannot be found, time cannot be measured by an absolute unit, in other words it is not an absolute or independent conception. Likewise, space measurement, as it requires the distance between two points taken simultaneously, is dependent upon velocity; and space also loses its place as an independent concept. Two ideas here appear distinctly, the mutual relationship of space and time and the dependence of their value upon the system of coördinates adopted. This brings us near the central thought of relativity.

In 1908 Minkowski advanced the conception of space and time as a four-dimensional continuity to serve as a frame of reference. In his own words: "Henceforth time by itself and space by itself are mere shadows, they are only two aspects of a one and inseparable method of coördinating the facts of the physical world." In this system successive points occupied by the center of the sun (or any other material point) form a one-dimensional continuity called the *world-line* of the point. A light vibration set up by the sun has its world-line, which, projected on three dimensional space, becomes a ray of light. An observation consists of an intersection of world-lines; e. g., at the instant of contact of a solar eclipse, the world-line of a light vibration sent out by a point on the world-line of the sun's limb having intersected the world-line of a point on the edge of the moon strikes the world-line of the observer. Concerning the world-lines between the points of intersection, no knowledge can be obtained.

The space-time four-dimensional system of coördinates used to define physical phenomena must also express the fundamental laws of nature, which are not dependent upon the selection of one out of an infinite number of different systems. This leads to Einstein's postulate of general relativity; which, as previously stated, requires that the laws of nature must remain invariant for all transformations of coördinates.

Let the coördinates be x_1, x_2, x_3, x_4. Considering x_1, x_2, x_3 the space dimensions, x_4 the fourth dimension represents time. The length of a line measured on this system must remain unchanged when transformed to another arbitrary system x_1', x_2', x_3', x_4'. In the derivation of transformation formulae this fundamental condition is imposed, which fully determines the metric properties of the four-dimensional space-time systems involved. Similarly the laws of nature expressed as functions of the coördinates in one system become invariant.

The union of space and time in a single system and the postulate of general relativity have changed the status of gravitation from a force to something resembling a property of the four dimensions. Gravitation at a given point in a frame of reference is measured by the acceleration it produces. Suppose that a system be chosen in which the Woolworth building is at rest. Then at a given point, say in the elevator shaft, a body receives a certain acceleration. Now transform to coördinates in a descending elevator car, which at the given point possesses the given acceleration. Then with reference to the new system no gravitational effects on the body can be determined. However, according to the principle of relativity we can not choose arbitrarily between these systems. So gravitation, which is dependent upon the choice, partakes of the fundamental nature of the space-time complex. Professor W. de Sitter says: "It becomes almost a property of space." This follows from the separation of the time coördinate from the space coördinates in the differential equations of motion in a gravitational field, which may be done by selecting the time unit for the fourth coördinate so the velocity of light is unity in free space, i.e., free from matter and gravitation; then $x_4 = ct$.

Einstein has derived a new expression for the law of gravitation which is rather complicated, involving ten equations, of which only six are independent. A first approximation neglecting terms of higher orders gives the ordinary Newtonian law. The interesting point is, however, not so much in this relationship as in the fact that these equations are the ones previously mentioned which determine the metric properties of the space-time system of coördinates.

Among the astronomical consequences pointed out, one has achieved a signal triumph. By an application of the new theory to planetary orbits an expression for the secular motion of the perihelion in the plane of the orbit was determined, which gives satisfactory agreement with the observed data, removing the long standing discrepancy between the theoretical and observed longitude of the perihelion of Mercury's orbit, which for centuries baffled the skill of the greatest mathematical astronomers and astronomical mathematicians. Seeliger succeeded in a plausible explanation on the assumption of nebulous matter surrounding the sun, but Einstein's is free from such assumption. Last fall Sir Oliver Lodge proposed an explanation based on the electrical theory of matter, and an assumption of a certain space velocity of the solar system. However the application of the same principles introduced discrepancies in the orbits of Venus and the Earth. Einstein's theory gives quite satisfactory results for the four smaller planets, and appears to be universal in its application.

As the measure of time varies with the gravitational field, the frequency of a light disturbance for a given wave-length will vary. Spectral lines of light originating in the strong gravitational field of the surface of the sun should have a displacement toward the red equivalent to 0.634 kilometers per second. The actual displacement of some solar lines toward the red appears too irregular to confirm the theory. Investigations at Mount Wilson on lines free from pressure shift failed to discover a displacement of the required order. In the case of B-type stars there is better agreement, although further evidence is needed.

Another interesting observation to test the theory awaits an opportune time. A slight deflection of a ray of light passing through a strong gravitational field has been determined theoretically. In the case of a stellar ray just grazing the sun the total double deviation due to entering and leaving the field ($-\infty$ to $+\infty$) is $1''.75$. If the separation of two stars near opposite limbs of the sun can be measured at the time of the approaching total eclipse of the sun, June 8, 1918, either directly or by photography, the difference due to deflection by the gravitational field ought to be easily detected, as it should be nearly twice the quantity just given, depending upon the apparent distances from the sun's limb. Coronal effects may be expected to add difficulty to the observation.

The principle of relativity affords an opportunity to offer a new theory concerning the source of the sun's radiation. If energy due to velocity through space can be transformed into radiant energy, a slight negative acceleration which cannot be detected would be sufficient to provide the solar system with light and heat for unknown future aeons.

The postulate of general relativity is independent of the ether hypothesis, nor does it depend upon any theory of matter. So the ether may be bowed out of the universe it has served so long and so well, and the search for a theory of matter that will explain the nature of gravitation may continue ad finitum or ad infinitum.

Ann Arbor, Michigan.

20.

THE JAPANESE EDUCATIONAL SYSTEM FOR KOREANS.

W. CARL RUFUS, PH.D.

In September, 1872, the Japanese Emperor promulgated the first Education Code. In the preamble he lauded the value of learning, and set forth the ideal of the new national system of education: "It is intended that henceforth universally, in a village there shall be no house without learning, and in a house no individual without learning." An ambitious program for abolishing old schools and founding new was adopted in order to provide equal educational opportunities for all. The propagation of the new education became one of the most important functions of the state. Unforeseen difficulties were encountered, but with characteristic loyalty and devotion, the Japanese people have provided within fifty years a comprehensive national system of education which compares favorably with the best the world has produced.

Imperial rescripts determine the main features of the system and the Department of Education under a Minister of State directly responsible to the Emperor controls the details. The famous Imperial Rescript on Education published in 1890 forms the basis of all Japanese education of the present day. Its fundamental importance may justify quoting the entire text.

Imperial Rescript on Education

"Know ye, Our subjects:

"Our Imperial Ancestors have founded our Empire on a basis broad and everlasting, and have deeply and firmly implanted virtue; Our subjects ever united in loyalty and filial piety have from generation to generation illustrated the beauty thereof. This is the glory of the fundamental character of Our Empire, and herein also lies the source of Our education. Ye, Our subjects, be filial to your parents, affectionate to your brothers and sisters; as husbands and wives be harmonious; as friends true; bear yourselves in modesty and moderation; extend your benevolence to all; pursue learning and cultivate arts, and thereby develop intellectual faculties and perfect moral powers; furthermore, advance public good and promote common interests; always respect the Constitution and observe the laws; should emergency arise, offer yourselves courageously to the State; and thus guard and maintain the prosperity of our Imperial Throne coeval with heaven and earth. So shall ye not only be Our good and faithful subjects, but render illustrious the best traditions of your forefathers.

"The Way here set forth is indeed the teaching bequeathed by Our Imperial Ancestors, to be observed alike by Their Descendants and the subjects, infallible for all ages and true in all places. It is Our wish to lay it to heart in all reverence, in common with you, Our subjects, that we may all attain to the same virtue."

The spirit of the rescript represents not only the educational ideal, but also the determining feature of the national life of Japan; and what is more significant it shows that the two are identical. The glory of this "fundamental character" set forth in the rescript, or the real essence of the Empire, consists of the relation between the Imperial Line of beneficent paternal sovereigns and united loyal filial subjects. Furthermore, according to the rescript this relationship contains the source of Japanese education, i. e., it supplies at once the educational motive of the sovereign and the educational ideal of the subject. Thus the central principle of government education coincides with the intense national spirit of the race and reaches fruition in deeds inspired by the patriotic principles of loyalty and filial piety.

Another word of introduction seems necessary before we come to our main subject.

The national policy of Japan in Chosen is the complete assimilation of the Korean race, and every agency of the highly centralized Government General is directed toward that end. Military administration in the peninsula has achieved political unity with Japan proper. Extensive administrative and judicial reforms are leveling the civic status of the two races, altho this work is not yet complete. Government ownership and operation of various monopolies, its control of other industries under the Monopoly Bureau, and its paternal attitude toward all private enterprise are rapidly unifying the economic conditions.

Students of social conditions realize, however, that complete assimilation can not be effected by these outward forces alone, but depends upon inner and more vital forces for final achievement. External bands of iron may hoop a barrel of staves, but a solid block adheres thru inner vital power. Thoughtful Japanese officials realize the necessity of moral union, or in western phrase spiritual union, as a basis for harmonious and permanent assimilation. At the present time Japanese religious organizations in Chosen have comparatively little influence among the Koreans and can not supply the necessary moral basis for union, so the government is dependent upon its educational system to provide the moral or spiritual cement.

The vital principle of the national system of education, as set forth in the Imperial Rescript, provides an ideal basis for suceessful assimilation. Accordingly, the Chosen Educational Ordinance, enacted by Imperial decree, August 23, 1911, sounds this dominant note: "The essential principle of education in Chosen shall be the making of loyal and good subjects by giving instruction on the basis of the Imperial Rescript concerning Education." And Governor General Terauchi laying down the guiding principles to be observed in the development of education for the Koreans emphasized these essential characteristics: "The future education of Koreans should be based on the fundamental principles laid down in the Imperiai Rescript concerning Education in order to build up in the younger generation character and knowledge that would fit them to be loyal subjects of Imperial Japan; that the common school system should be primarily founded on a solid basis which would make the annexed subjects assimilate healthy mental development, suited to the actual conditions of Korea; that practical education, such as technical training, should be encouraged; and that higher professional education should be gradually provided for. Thus the educational system of Korea is intended to make the younger generation loyal subjects of the Empire by serving the State and by elevating themselves or their families according to their abilities acquired by education." (Annual Report, December 1911, page 8). These three features are continually emphasized; the making of loyal subjects, the adaptation to the times and conditions, and the importance of vocational education. Concerning the first two Mr. Sekiya, Director of the Bureau of

Education, says: "These two items are most important in connection with education in Chosen. Consequently, all persons, irrespective of their being official or private who concern themselves with the Korean education shall not neglect them for a moment."

Following these guiding principles the Ordinance of 1911 outlined a new system of education for the Koreans, instead of transplanting the Japanese system in Korean soil. Provision was made for common, industrial and special education. In the main the common education is an adaptation of the Japanese elementary system to the needs of the times and the conditions in Korea. It consists of the Common School of four years for boys, which corresponds roughly with the primary schools of six years in Japan, and the Higher Common School of four years, which corresponds with the Japanese Middle School of five years. The Proclamation of the Governor General states: "The proper object of common education rests in that children shall be taught in the national language, moral virtues inculcated, the acquisition of a personal character suitable to a member of our nation, and additionally to give such knowledge and art as are essential for the gaining of a livelihood." Industrial schools with a curriculum of two or three years are open to graduates of the lower Common Schools. "The industrial education shall have as its aim not only the training in knowledge and art required in the branch of industry concerned, but also [it shall] undertake to accustom pupils to the habit of diligence." Normal courses supplement the Higher Common School course for the training of teachers for Common Schools. Provision was also made for the organization of Special Schools. The Ordinance states that, "A Special School gives to boy students education in higher branches of science and art." "As for the institution of a school belonging to this category, it is considered to be the natural order of things to take it up after due development of common education. For this reason the preparation of detailed regulations for such a school has been reserved for the future."

The Ordinance recognized the existence of Private Schools and urged that, "Those concerned should be induced to understand and appreciate the essential principles of education in Chosen and the ways and means of carrying it out, so that they may not commit blunders in the management of their schools."

During the four years succeeding annexation a large number of public Common Schools were established by subsidies from the Imperial Donation Fund, so the total number in 1914 reached 368. Two Higher Common Schools for boys and one for girls, and one Special Law School, were also maintained at that time. The time seemed opportune to take a step in advance, so a new ordinance was promulgated March 24, 1915, containing regulations for Special Schools, and additional regulations for Private Schools. In accordance with the program outlined at that time the number of Special Schools was increased so there are four at present, Law, Medicine, and Technology in Seoul and Agriculture in Suwon. These schools are open to graduates of the Higher Common Schools, i. e., at the end of eight years of common education. These are the schools now depended upon to make loyal and good subjects,—Common, 400; Higher Common, 3; Industrial, 80; and Special Schools, 4. To accomplish the purpose three features are emphasized, the teaching of the Japanese language, the inculcation of national virtues through the national system of morals, and the encouragement of industrial education.

The national language occupies a large place in the common education, ten hours per week for four years in the Common School, and eight hours per week for the first two years and seven per week for the last two years of the Higher Common School. In other words over one-third of the Common School course and just one-fourth of the Higher Common School course is devoted to the study of Japanese. The value accorded to this subject in education and in the process of assimilation appears in the following quotation from instructions to Private Schools: "As the Japanese language is the dwelling place of the spirit of the Japanese people and can not be omitted in obtaining knowledge and ability it is expected that the correct use and practical application thereof will be unrestricted in any curriculum." The Japanese language is used exclusively in the Government Higher Common Schools and in some of the lower schools. All of the text-books for the Higher and a part of those prepared for the Lower are in the national language. To emphasize the importance of this subtect the revised Regulations for Private Schools, 1915, requires that: "Teachers of a private school giving a common, industrial or special education shall be those well versed in the national language." A period of five years was given, however, in which preparation may be made. Not only in the common schools but also in the industrial and special schools great emphasis is placed upon the national language.

The *subject of morals* stands in first place in every curriculum, altho it is not first in number of hours. The national system of ethics or secular morality is the unique feature of Japanese education. The teaching of morals emancipated from all religious influences, and enforced by the State, is the Japanese hope of moral betterment. Text-books based upon the principles of the Imperial Rescript on Education have been compiled by a special commission. In Korea an adaptation has been made and books have been prepared for use in the lower Common Schools. The lessons are as follows:

Book 1. School, Good Pupils, Be Active, Friendship, The Story of Sama On-kong, Do not Quarrel, Falsehood, Washington and his Hatchet, Parents' Joy, Our Bodies, Possessions of Self and Others, Care of Personal Effects, Appreciation of Material Things, Promises.

Book 2. Kindness to Living Things, Neighbors as Cousins, Do Nothing to Injure Others, Politeness, Friends, Faults of Others, Harmonious Family, The Virtue of Patience, Treatment of Servants, Uprightness, Cleanliness, E-koong Chunduk, (Overcoming Difficulties).

Book 3. Regulations, Manners, The Peacock and the Crow, Work while you Work and Play while you Play, Franklin, Reputation of Others, Emulate Perfect Man, Generosity, Superstition, Benevolence, Economy.

Book 4. Self-help, Vocation. Cooperation, Public Service, Sanitation, The Imperial House, Taxation, Difference between Public and Private Affairs, Charity, Treatment of Animals, Red Cross Society, Friends.

The story of *Sama On-kong* is typical of the material and the method of presentation.

"Once upon a time there was a wise man, whose name was Sama On-kong. When he was a young boy, one day as he was playing with his playmates, one of them fell into a large earthen jar full of water. The other boys were frightened and cried loudly, but they did not know what to do. Sama On-kong ran quickly and brought a large stone. What do you think he did with it? He broke the large jar with the big stone. The water ran out quickly and the boy came out safely. The boy shed some tears and thanked him many times for saving his life. All the playmates were happy because the boy's life was saved, but they were sorry that the jar was broken; so Sama On-kong said, 'Life is more precious than the earthen jar.' "

The text books for Korea omit many lessons on patriotic subjects given in Japan proper such as Their Majesties, the Tennyo and the Kogo; Ancestors; Loyalty; Patriotism; Duties of Subjects; The Flag of the Rising Sun, etc. The lesson on The Imperial House is inserted and may be of interest. The translation was made by a Korean and is left without correction.

THE IMPERIAL HOUSE.

"Our country is an empire which has an Emperor of one line ten thousands of generations.

"The period from the first divine Emperor Chun Cho down to the present Emperor is extremely far. The Emperor Sin Moo of the human dynasty settled his capital in the mainland (Pon Ju) and henceforth more than 2500 years were passed.

"The Imperial Lineage is eternal with the heaven and the earth, and it is not discontinuous like the cotton thread. The obligations of the Emperors and ministers were fixed and unchangeable. This is a unique thing in the world and the majesty of Japan is become of this unique thing.

"Thus the Japanese Imperial House has been governing the nation from its foundation.

"The Emperor Yuk Tai loved his people like little babies and the people served him as their kind father. Long ago In-duk Emperor saw that the curling up of the smoke of the houses was rare and freed them of their taxes of three years. The Emperor Che Ho took off his purple robe at night and looked after his people going to death of hunger and cold. There were many such cases in the lives of the old Emperors and we can not tell about them all.

"Since the foundation of Japan she has never received any negligence from the foreign countries because of the majestical virtues of her Emperors in succession. Now her civilization is progressive and her fortune is increasing so she sat down on the seats of the powers of the world. This is due to the majestical morality of the Emperor. The Present Emperor has both literary and military ability and his kindness is very deep so his people are very grateful.

"He published an edict of the Korean peers and gave honorable rank to the noble men and made the land taxes light and foster the strength of the people. Sometimes he gave rewards to the filial sons and devoted widows. He published an edict of amnesty for the prisoners. Besides, he also established charity hospitals in every province and healed the people who are sick. He gave funds to every district and had the people prepare their properties, education, and relief for the famine.

"Thus he strove to get the permanent welfare and profit for the Chosen people, and will there be anyone among us who became citizens of this country, ungrateful for such greatest and kindest benefit?

"We carried on our heads the unique Imperial House in this world and since we became the subjects of the Great Japanese Empire, we may decide to respond to the greatest mercy and virtues of the Imperial House and become good subjects."

Patriotism is emphasized upon school holidays by the ceremony of reading the Imperial Rescript, singing national songs and bowing before the Emperor's picture. This last act has been branded as worship by some parties in Korea;

but the idea seems to be growing that it is merely reverence due to the recognized ruler of the nation. In the lesson on the Imperial House, however, there does seem to be sufficient material for teaching the divine origin of the Imperial Ancestors and thru the unbroken (?) succession, the divinity of the present Emperor, giving a basis for promoting the Emperor cult.

The lesson on Superstition or the Belief of Fools is directed against ghosts and goblins, but it leaves little foundation for any form of religious faith. Superstition here seems to mean belief in the supernatural. The whole trend of the teaching is materialistic and ends with the Confucian quotation, "Wise men are not superstitious," i.e., do not believe in spirits.

All private schools as well as government schools must include the national system of morals in their curricula under the new regulations and all religious teaching must be excluded. This is in accordance with the second emphasized feature of the system, the inculcation of national virtues.

The third special feature is the emphasis upon practical subjects and vocational training. Effort along this line is greatly needed and is meeting with remarkable success. The Ordinance says: "The education given in an Industrial School should lay special importance on practice and should avoid too much teaching of theories. It should agree with local needs and conditions and be practical, so that the pupils may acquire knowledge and art indispensable to daily life and afterwards contribute to the improvement and development of industry." The utilitarian aim of the national system of education is here seen at its best. The Japanese deserve great credit for the excellent educational work begun looking toward better industrial and economic conditions among the Koreans, and in giving to this people the kind of training greatly emphasized and highly prized in Japan proper.

Elementary agriculture and commerce are taught in the Common Schools. These subjects with industry, law, economy, and manual work, are also given in the Higher Common Schools. Well-equipped industrial and technological schools have been established, as well as the Law, Medical, Technological and Agricultural Colleges. Thus we see that proficiency in industrial and vocational subjects and the habit of diligence are given due prominence in the educational ideal and are considered indispensable in suitable subjects of the Empire.

We now turn from the three emphasized features of the system to note an apparently neglected field. No provision has yet been made for higher education. The Report of the Governor General for 1911 says, "A higher education than that obtainable in the peninsula is open to Koreans by proceeding to Japan as hitherto." The common educational system for the Koreans, however, does not articulate with the national system for the Japanese, so a student can not pursue his course above the Higher Common School without serious loss thru readjustment; moreover, whereas admission to Japanese higher schools is obtainable only thru examination, and candidates are far more numerous than the capacity of the institutions, the Korean student with the double disadvantage, an acquired language and preparation not specially adapted to the system, finds it practically impossiple to enter the government institutions in Japan, unless they are sent upon the recommendation of the government officials. Private schools may be found willing to admit them, but this does not give them access to the Imperial Universities, the crowning feature of the national system, which should be made equally accessible to every competent subject of the realm before the process of assimilation can be considered to be complete.

Time alone will prove the wisdom of the educational policy of the Government for the Koreans. The ideal is plainly utilitarian with special emphasis upon loyalty to the Imperial House and vocational efficiency. This ideal may seem rather narrow to the Westerner, whose educational ideal has been modified in turn by the historic ideals, culture, efficiency, discipline, knowledge, development, character, citizenship, altruism, and is at present a product of these various factors synthesized under the term world-citizenship or christianized into brotherhood. Emphasis upon the national language, national morals, and industrial training, may be expected to produce good subjects, but it can scarcely be expected to produce intelligent world-citizens possessing initiative and character. Rather it magnifies the materialistic and utilitarian, is content with mediocrity instead of aiming at the highest achievement, exalts service to the state above service to humanity, emphasizes loyalty to the Emperor rather than loyalty to truth and righteousness, and aims at a selfish patriotism instead of world-wide altruism. The policy is undoubtedly right in adapting the education to the times and conditions, and a visible goal attainable within a few years may prove to be of greater value than a higher ideal so far away that years of effort would be necessary to attain only partial success.

A GRAPHICAL SOLUTION OF THE ASTRONOMICAL TRIANGLE.

W. CARL RUFUS.

The transformation of celestial coördinates from the horizon system to the equator system, or vice versa, and other problems involving the solution of the astronomical triangle*, form an important part of the work of elementary practical astronomy. The simple relationship between the two systems of coördinates and the parts of the triangle frequently appears hopelessly complicated to the beginner, and the application of the appropriate formulae of spherical trigonometry adapted to logarithmic computation sometimes adds to his bewilderment. The following graphical solution provides a simple method of approach to the problem, and gives an approximate result generally within 30′ with ordinary care and skill. In addition to ordinary drawing instruments, parallel rulers † are necessary for the last case.

* The triangle formed on the celestial sphere by the observer's meridian, the star's hour circle and vertical circle, i. e. the triangle whose vertices are the pole, zenith and star.

† The Solution of Spherical Triangles for the Mathematical Laboratory, Herbert Bell, p. 51.

The accompanying figure was drawn by Mr. Carl T. Hogan, a student of civil engineering in the University of Michigan, who obtained excellent results in the solution of typical problems by the graphical method.

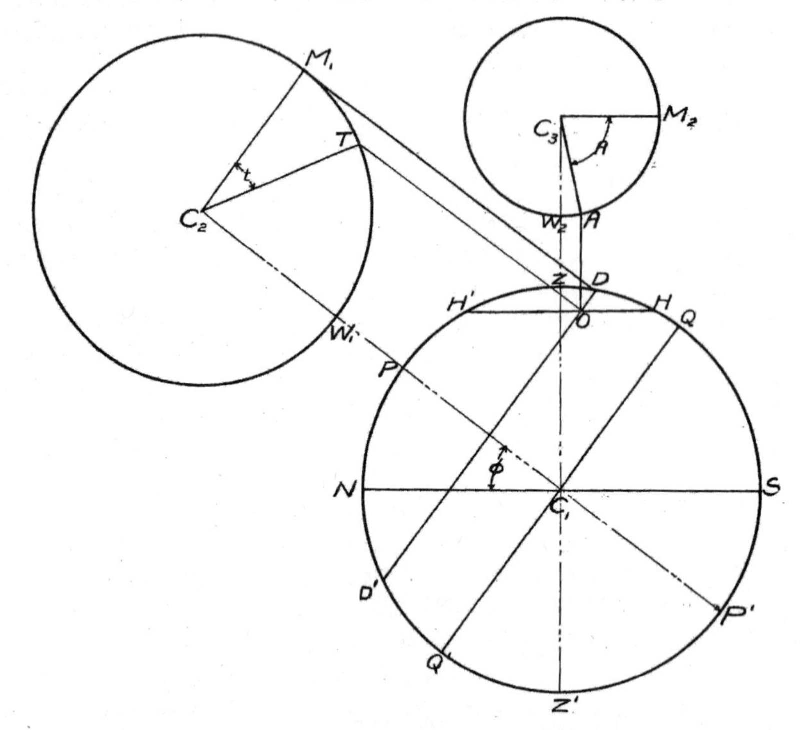

The largest circle, center C_1 represents the celestial sphere orthogonally projected on the plane of the observer's meridian. To visualize the underlying conception, a celestial globe or armillary sphere may be adjusted to represent the conditions of the problem. Then receding towards the west, let the observer imagine himself in the plane of the horizon of the globe looking back from an infinite distance. The horizon circle, equator, declination and altitude circles, will then appear as straight lines traced on the plane of the meridian.

N S = the horizon; N, north, S, south.
Q Q' = the equator.
P P' = the axis of rotation: P, north pole; P', south pole.
Z Z' = the plumb line: Z, zenith, Z', nadir.
O = star or object.
arc S H = h, altitude of star.
H H' = altitude circle, parallel with horizon.
arc Q D = δ, declination of star.
D D' = declination circle, parallel with equator.
arc Q Z (declination of zenith) = arc N P (altitude of pole) = ϕ, geographical latitude of observer.

The second circle represents the star's declination circle as seen from an infinite distance beyond P, the north pole. Its center C_2 lies on the axis produced, and its diameter equals D D′. The relation to the primitive circle may be seen by imagining its plane turned through an angle of 90° on a diameter parallel with D D′.

M_1 = projection of D, south intersection with the meridian.
W_1 = west point.
arc M_1 T = t, hour angle of the star.

Similarly the third circle represents the star's altitude circle as seen from an infinite distance above Z, the zenith, with center C_3 on the plumb line produced and diameter equal to H H′. It is also turned through an angle of 90° from its position in circle 1.

M_2 = projection of H, south intersection with the meridian.
W_2 = west point.
arc M_2 A = A, azimuth of the star.

We shall consider only the most frequent cases arising in elementary practical astronomy.

Case 1. Transformation of Coördinates.

(a) Given, latitude ϕ, declination δ and hour angle t, to find altitude h, and azimuth A.

Construct the primitive circle with center C_1 and horizon N S, laying off arc N P = ϕ to define the axis P P′ and drawing the plumb line ZZ′ and the equator QQ′ perpendicular respectively to N S and PP′.

Lay off arc QD = δ and draw DD′, the trace of the declination circle, parallel with the equator.

Construct the declination circle with Center C_2 on the axis produced and radius equal to one-half D D′.

Draw D M_1 parallel with the axis; M_1, being the point of tangency with circle 2, and representing the point of intersection with the meridian. Lay off arc M_1 T = t, the hour angle of the star.

Draw T O parallel with the axis: O the point of intersection with D D′ gives the position of the star projected on the primitive circle.

Through O parallel with the horizon draw H H′, the trace of the altitude circle. Then the arc S H gives the measure of the star's altitude h.

To find the azimuth draw the altitude circle with center C_3 on the plumb line produced and diameter equal to H H′. Locate M_2 and A, projections of H and O respectively. The arc M_2A = A, the azimuth.

(b) Given latitude ϕ, altitude h and azimuth A, to find declination δ and hour angle t.

The preceding construction may be followed, reversing the order of the use of circles 2 and 3 and related coördinates.

CASE 2. Given latitude ϕ, declination δ, and altitude h, and knowing whether the star is east or west of the meridian, to find hour angle t, and azimuth A.

Construct circle 1. Lay off. arc Q D = δ and draw D D′ parallel with the equator. Similarly arc S H = h and H H′ parallel with the horizon. The intersection of D D′ and H H′ determines O.

Draw the declination and altitude circles and the projection of O will determine t and A respectively, due attention being paid to the quadrant.

CASE 3. Given declination δ, hour angle t and altitude h, to find the latitude ϕ. Azimuth A may also be obtained.

Construct circle one, drawing Q Q′ arbitrarily, and P P′ perpendicular to Q Q′ through C_1. Lay off Q D = δ and draw D D′.

The declination circle may now be constructed and with arc M_1 T = t the point T is determined. The projection of T on D D′ gives the point O.

Parallel rulers may now be used to determine ϕ. With one edge at C_1 and the other at O, rotate the parallel rulers until they cut off an arc on the circumference of circle 1 equal to the given altitude h. The edges of the rulers on C_1 and O will determine the trace of horizon SN, and of the altitude circle H H′. The arc N P measures the latitude ϕ.

The altitude circle C_3 may be drawn; the projection of O will give A. Then the arc M_2A measures the azimuth.

THE ROLE OF ASTRONOMY IN THE DISCOVERY OF AMERICA.

W. CARL RUFUS.

Lalande*, a famous French astronomer, wrote: "It is to astronomy that we are indebted for the first voyages of the Phoenicians, and the earliest progress of industry and commerce; *it is moreover to it, that we owe the discovery of the New World.* Christopher Columbus had an intimate knowledge of the sphere, since it gave to him that assurance and inspired in him that confidence with which he directed his route toward the west, certain of reaching by the west the continent of Asia or of finding there a new."

Another writer gives credit to the science of astronomy in the great discovery through a different channel. Rudio† says: "The silent work of the great Regiomontanus in his chamber at Nuremberg computed the ephemerides which made possible the discovery of America by Columbus."

At an early age Columbus began to devote himself to the study of cosmography. His son Ferdinand‡ writes: "In his tender years he applied himself so much to study at Pavia, as was sufficient to understand cosmography; to which sort of reading he was much addicted, for which reason he also applied himself to astrology and geometry, because these sciences are so linked together that the one cannot subsist without the other; and because Ptolemy, in the beginning of his cosmography, says that no man can be a good cosmographer unless he be a painter too, therefore he learned to draw in order to describe lands, and set down cosmographical bodies, planes or rounds."

From this passage it appears that Columbus concentrated his attention at the university of Pavia upon cosmography and cognate subjects. He probably studied Sacrobosco's "Sphaera Mundi," an elementary treatise on astronomy written by John Holywood, which enjoyed great popularity for several centuries and was one of the first astronomical books made more widely available by printing. We also note in the quotation that Ptolemy was studied at Pavia. This accords with the

* Astronomie, Third Edition 1792. Introduction p. xv. The italics are mine.
† Quoted by Sedgwick and Tyler, A Short History of Science, p. 191, 1918.
‡ Life of Colombo Cristoforo, Punkerton, Voyages and Travels, Vol. 9, p. 6.

practice in other European universities of that day. Before the time of Columbus, Purbach (1423-1461) at Vienna, a center of mathematical and astronomical learning, recognized the necessity of mastering the works of Ptolemy, and even advocated recourse to the original Greek versions, although his early death prevented carrying out his plans for obtaining manuscript copies from Italy. His pupil, Johann Muller, better known by his Latin name, Regiomontanus, succeeded in collecting many Greek manuscripts and copies of scientific words of the early Greek masters, and studied them in the original. He was thus enabled to improve and to complete Purbach's "Epitome of Astronomy." Turning printer to popularize his works he also published Purbach's book on planetary theory, issued almanacs which gave useful information, phases of the moon, eclipses, planetary data for astrological purposes, etc., and prepared a volume of ephemerides of the sun, moon, and planets, for the period 1473 to 1560, to be used in determining position at sea by a new method of lunar distances. The excellence of the instruments that he used in making observations and improved methods of computation combined to produce tables of greater accuracy than others in use at that time, which was a great boon to Columbus and other navigators.

A reputed pupil of Regiomontanus, Martin Behaim, a native of Nuremberg, also deserves mention in connection with the astronomical equipment of Columbus for the voyage of discovery. Drawn to Portugal as a trader he became a member of a commission appointed by King John for improving methods in navigation. His chief contribution was the improvement of the astrolabe and its application to navigation about 1480, making it possible to determine the distance from the equator by the altitude of the sun. Quite significant in this connection is the following statement:¶ "Shortly after this valuable invention Columbus submitted to to the king of Portugal his proposition of a voyage of discovery."

Columbus' belief in the sphericity of the earth was fortified by current teaching drawn from the ancient Greeks. Thales, chief of the Seven Sages, believed that the earth was round; although his vague speculations provided weak support for the theory. Pythagoras and his followers perpetuated the belief and strengthened their position by drawing analogy from the sphericity of other celestial bodies. Philolaus even attributed the motion of revolution to the earth in common with other bodies around an imaginary central fire; and Aristarchus maintained that the earth revolves around the sun, although we know

¶ Introduction to Select Letters of Columbus in Hakluyt Society's Narratives of Voyages quoted by S. J. Johnson, Observatory **26**, 388.

practically nothing concerning the grounds of his belief. Aristotle taught that the sphericity of the earth may be observed at the time of a lunar eclipse, because its shadow is an arc; furthermore its sphericity and its smallness in comparison with the heavenly bodies are deduced from the fact that southern stars visible in Egypt are not visible in countries farther north, while stars always above the horizon in northern countries are seen to set in countries to the south. He clearly interpreted these phenomena and emphasized the smallness of the earth, otherwise a small change of position of the observer would not produce so great an effect. "It seems, therefore, not incredible that the region about the Pillars of Hercules (Gibraltar) is connected with that of India, and that there is thus only one ocean." This passage from the great philosopher handed down through many generations exerted a strong influence upon Columbus.

Eratosthenes made a scientific estimate of the size of the earth based upon the difference in the zenith distance of the midday sun at summer solstice as seen from Alexandria and from Syene located due south in Upper Egypt. The difference in altitude, one-fiftieth of a complete circumference, he correctly inferred corresponded with the ratio between the distance apart of the two stations and the circumference of the earth. The measurement of the distance led to a fair determination of the size of the earth, one authority maintaining that the result was less than one per cent in error.

In his celebrated Syntaxis or Almagest, Ptolemy recorded the chief astronomical knowledge of the Greeks. He accepted the doctrine of the sphericity of the earth and lays it down in Book I, supporting it by various considerations. He presents arguments concerning the central position of the earth in the universe and its immobility, arguments good in themselves, which led to a false conclusion on account of a lack of knowledge of the infinite extent of the celestial sphere. He recognized, however, that the earth is small compared with the heavens. "The earth is but as a point in comparison to the heavens, because the stars appear of the same magnitude and the same distance inter se, no matter where the observer goes on the earth." He accepts the estimate of the size of the earth made by Posidonius, which was notably too small.

The Arabs, preservers of Grecian science during the thousand years of the stationary period of European science, also accepted the doctrine of the sphericity of the earth, and Al Mamun ordered two men to verify

‖ This work was quoted by Columbus in his letter to the Spanish monarchs in 1498. A copy annotated by Columbus is said to be among the treasures of the library of Seville.

Ptolemy's value of the size of the earth, which resulted in a questionable verification of the inaccurate figures.

With the return of Greek science from Arabia to Europe in the twelfth century some attention was again paid to astronomy and other branches. In the thirteenth century Roger Bacon laid the foundations of experimental science. He followed Ptolemy (recovered from the Arabs) in general concerning ideas about the universe, although he severely criticized some arbitrary assumptions and the complexity of the system of cycles, epicycles, etc. He believed in the sphericity of the earth, and in the chapter on Geography in his Opus Majus he discusses the question how large a part of the earth is covered by the sea. Comparing the works of Aristotle, Seneca, and Ptolemy, he reaches the conclusion that the ocean between the east coast of Asia and the west coast of Europe is not very broad.

This work came into the hands of Cardinal Pierre d'Ailly, who reached a similar conclusion by a widely different process. The second book of Edras, considered apocryphal by Protestants, was formerly held as a part of the sacred canon. In a summary of the works of creation occur the following passages:

"Upon the third day thou didst command that the waters should be gathered in the seventh part of the earth; six parts hast thou dried up to the intent that of these, some, being planted of God and tilled, might serve thee."

"Upon the fifth day thou saidst unto the seventh part where the waters were gathered, that it should bring forth living creatures, fowls and fishes, and so it came to pass."

Believing in the sphericity of the earth and in the authenticity of these texts, which evidently taught that only one-seventh of the earth is covered with water, d'Ailly concluded from his knowledge of the extent of land surface that the globe must be much smaller than was generally supposed and consequently that the land of "Zipango" on the extreme east coast of Asia must be quite near to Europe. In his book, "Imago Mundi," a part of Bacon's work above mentioned was copied almost literally without giving credit to its author. He emphasized as his own conclusion the smallness of the earth and the nearness of Japan to Europe or the short distance between the west coast of Europe and the east coast of Asia. The Imago Mundi written in 1410 was first printed in 1490. A copy coming into the possession of Columbus made a strong impression upon him, and the argument, supported as it was by texts believed to be inspired, was probably used to good advantage in securing royal favor for his enterprise. Thus Roger Bacon through the plagiarism of d'Ailly, although two hundred years had passed since his death, and a theological error held by the same good cardinal (d'Ailly) conspired to contribute to the success of Columbus.

On the eventful voyage the distance proved to be greater than was formerly believed. Columbus kept two logs, a false one which showed the faint-hearted sailors a shorter distance from Spain, and a secret one which revealed to him the true distance they had traveled. For the first time the variation of the compass was noted; the needle no longer pointed to the North Star. Difficulties multiplied, but the sturdy commander kept his fleet headed west, confident that he would reach the east.

The boldness of the mariners of the fifteenth century had been increased by the general introduction of the compass into Europe during the preceding century. Before that time the navigator contented himself chiefly by "coasting it along", out of sight of land for a short distance only. Driven from the shore by an untoward wind or lured away by the spirit of adventure, he directed his ship as best he could by reference to the position of the heavenly bodies or the direction of the prevailing winds. During cloudy weather and changing winds he was at the mercy of the elements. But the compass furnished a guide as trustworthy as the North Star itself. What must have been Columbus' feeling of dismay when the needle failed to point due north! Reliance upon the astrolabe and the tables of Regiomontanus must have been the last resort; as he recognized that observations upon the heavenly bodies provided the most trustworthy method of determining the ship's position and its course. His knowledge of cosmography gave him the confidence necessary to set his sail boldly to the west, and his reliance upon the faithfulness of the celestial bodies kept his direction steadfast until his goal was reached.

Thus we see that astronomy contributed the two most important principles upon which Columbus relied for the success of his undertaking, the sphericity of the earth and its relative smallness. It also provided him with improved tables, instruments and methods in navigation. And last, though not least in significance, it inspired him with steadfastness of purpose, assurance of success, and devotion to his task, akin to the unchanging law of the heavens and the faithfulness of the stars.

Detroit Observatory,
Ann Arbor, Michigan.

A Note on the Size of the "Hydrogen Envelop Star"—Campbell's[1] hydrogen envelop star, B. D. +30° 3639, according to Wright[2] is a Wolf-Rayet star with a gaseous nebula for an envelop or a planetary nebula with a stellar nucleus. The approximate size of this interesting object may be found from available data.

The apparent diameter of the hydrogen envelop has been determined with the aid of a spectroscope by Campbell visually and by Wright photographically. The values obtained, 5″ and 7″ respectively, agree excellently, considering the difference in the methods employed tending to make the former too small and the latter too large, as pointed out by Wright. For this reason the mean value, 6″, represents the apparent diameter of the hydrogen disk with a higher degree of precision than is mathematically evident.

The parallax of the star was determined theoretically by Gyllenberg.[3] On account of the difficulties involved it is quite remarkable that the distance of such an object should be known even approximately. Several assumptions in the method employed, e. g., that

[1] *Astron. and Astroph.*, **13**, 462, 1894.

[2] *Ap. Jour.*, **40**, 469, 1914.

[3] "The Distribution in Space of Stars of the Spectral Type O," p. 13, 1917. *Arkiv. for Matematik, Astronomi och Fysik*, Band 11, No. 28.

the stars of Class O have equal individual temperatures as well as masses, may be open to question; but the value obtained for the parallax, 0″.006, will be accepted for the purpose of this note.

The size of the hydrogen envelop follows directly from the apparent diameter and the parallax, giving 6÷0.006 or 10,000 astronomical units for the true diameter. The radius of the envelop is accordingly about 170 times the distance of *Neptune* from the Sun or 1/55 the distance of the nearest star.

The absolute magnitude of a Class O star according to Gyllenberg is −2.78 at a distance of one Siriometer or 1,000,000 astronomical units. At the distance of the Sun the magnitude would be −32.9. Using −26.5 (Abbot) as the magnitude of the Sun, we find that the star is about 400 times brighter than our luminary.

W. CARL RUFUS.

24.

Minor Contributions and Notes

FIVE Oe5 STARS WITH VARIABLE RADIAL VELOCITIES

ABSTRACT

Class Oe5 stars with variable radial velocities.—As in the case of most of the stars of this spectral class which have been investigated, it has been found that *9 Sagittae*, *A Cygni*, *B.D.+37°1146*, *B.D.+44°3639*, and *B.D.+56°2617* have variable velocities and therefore probably belong to binary or multiple systems. Measurements of twenty-nine plates, scattered over a period of several years, are given in a table and show variations for the different stars amounting to from 20 to 160 km/sec., variations which are from 8 to 60 times the probable error. In addition, variations of about 10 km/sec. were found for *B.D+52°726* and *19 Cephei.*

During the progress of a radial velocity program at the Detroit Observatory of stars of spectral class Oe5 the following were found by the writer to have variable velocities. The table is self-explanatory. The radial velocity is reduced to the sun.

The lines measured for the radial velocity determination include hydrogen β, γ, δ, ϵ, ζ, the ζ Puppis series γ', δ', ϵ', ζ', helium $\lambda\lambda$ 4713, 4388, 4144, 4026, 4009, and the four lines whose wave-lengths were determined by Frost[1] in 10 Lacertae, a star of the same spectral class, $\lambda\lambda$ 4685.90, 4116.33, 4097.55, 4089.12. The H and K lines of calcium were also measured, but in general their range of displacement is small.

The width of the hydrogen lines, the diffuse character of the ζ Puppis series, changes in the relative intensities of various lines, and apparent shifts in the center of absorption make the determination of velocity rather difficult. Some of the lines of the third plate of A Cygni appeared to be doubled, but consistent velocities could not be obtained. The radial velocities referred to the sun have been determined to the nearest tenth of a kilometer per second, although the probable error for a single plate based upon the agreement of the lines used is about two or three kilometers. Two

[1] *Astrophysical Journal*, 40, 268, 1914.

252

other stars of the program, B.D.+52°726 and 19 Cephei, gave ranges of ten kilometers on five plates each, only two kilometers less than the range in the case of 10 Lacertae.

Including six other stars of class Oe5 having variable radial velocities, ξ Persei, θ^1 Orionis (C), ι Orionis, S Monocerotis, τ Canis

Star Position 1900 Phot. Magnitude	Date	Julian Day	Radial Velocity	Quality of Plate
		242	km	
B.D.+37°1146	Oct. 13, 1917	1,515.824	− 2.3	Weak
	Dec. 11, 1917	574.755	−20.3	Fair
5^h14^m0	Feb. 1, 1919	991.733	− 2.8	Fair
+37°20′	Feb. 5, 1919	995.653	− 1.8	Fair
6.71	Feb. 18, 1919	2,008.599	+ 0.3	Fair
	Mar. 27, 1920	2,411.656	− 8.9	Weak
	Mar. 29, 1920	2,413.635	−10.4	Fair
9 Sagittae	June 18, 1918	1,763.760	+ 9.7	Good
	July 8, 1918	783.674	+17.1	Fair
19^h47^m9	July 12, 1918	787.764	− 7.9	Fair
+18°25′	Aug. 3, 1918	809.726	− 2.1	Fair
6.29	Aug. 5, 1918	811.692	− 2.5	Fair
B.D.+44°3639	July 19, 1918	1,794.762	−17.5	Fair
	July 25, 1918	800.736	−12.9	Fair
20^h53^m1	Aug. 2, 1918	808.726	+22.2	Weak
+44°33′	Aug. 5, 1918	811.762	+ 9.2	Good
6.01	Aug. 9, 1918	815.687	+16.4	Fair
	Aug. 10, 1918	816.740	+17.1	Fair
A Cygni	Nov. 8, 1915	0,810.635	+28.8	Fair
	Aug. 3, 1919	1,809.793	−27.9	Fair
21^h14^m8	Aug. 5, 1918	811.816	?	Fair
+43°31′	Aug. 7, 1918	813.683	+ 7.	Poor
6.06	Aug. 12, 1918	818.703	−54.0	Fair
B.D.+56°2617	Nov. 9, 1915	0,811.600	+92.6	Good
	July 20, 1918	1,795.858	−57.2	Fair
21^h35^m9	July 25, 1918	800.812	−30.4	Fair
+57°2′	Aug. 7, 1918	813.753	+56.5	Poor
5.64	Aug. 10, 1918	816.792	+87.5	Fair
	Aug. 12, 1918	818.758	−65.2	Fair

Majoris, and 10 Lacertae, it appears that a very large proportion of the stars of this class that have been investigated have variable velocities; and a star of class Oe5 with a constant velocity may prove to be the exception rather than the rule.

It is interesting to note also that eight out of fourteen Oe5 stars here observed belong to well-known visual binary or multiple systems, λ Orionis, θ^1 Orionis, δ Orionis, S Monocerotis, τ Canis

Majoris, B.D.+56°2617, 19 Cephei, and 10 Lacertae. Including the two mentioned above with velocity ranges of ten kilometers and interpreting variable radial velocity stars as spectroscopic binaries, the entire number, fourteen, belong to binary or multiple systems.

W. CARL RUFUS

DETROIT OBSERVATORY
ANN ARBOR, MICH.
April 16, 1920

25.

A POSSIBLE EXTENSION OF THE CALCIUM ENVELOPE HYPOTHESIS

W. CARL RUFUS

The calcium envelope hypothesis to explain the small velocity range determined by the *H* and *K* lines of calcium in certain spectroscopic binaries may be extended and tested for other high-level elements, *e.g.*, hydrogen. The hydorgen envelope, presumably occupying a lower level than the calcium, would not be expected to show such a great difference in velocity range from the mean value; but we may expect to find cases in which a smaller range is indicated by the hydrogen lines than by the heavier elements.

χ Aurigae* affords a good opportunity to make a simple comparative test. Only two hydrogen lines $H\gamma$ and $H\delta$, entered in the radial velocity determination, so their effect upon the form of the velocity curve is not great compared with the eleven lines of helium, silicon, carbon and magnesium. We may therefore directly compare the mean radial velocity, V_m, determined by the use of the thirteen lines as given by Young, with the velocity V_h, determined by the hydrogen lines alone, observing the assigned weights. The 88 plates give a set of 88 values of V_m and a corresponding set of values of V_h. The 88 residuals, $V_h - V_m$, should show a systematic distribution when arranged with respect to phase, provided the velocity range determined by the use of the hydrogen lines alone differs appreciably from the mean.

Using time intervals as abscissae and the residuals as ordinates a test for systematic distribution was made with very interesting results. Rejecting a few discrepant values depending upon only one hydrogen line the residuals are well distributed with reference to a curve about two kilometers higher at minimum velocity and three kilometers lower at maximum than the zero residual axis.

*Orbit of the Spectroscopic Binary χ Aurigae: R. K. Young, Pub. of Dom. Obs. Vol. IV., No. 1, 1916; This JOURNAL **10,** 358, 1916.

In terms of velocity range this indicates that the range determined by hydrogen alone is five kilometers less than the mean. As the observed difference is about one-eighth the mean value, 41 kilometers, it appears to be large enough to establish its reality. It will readily be seen that the difference in amplitude would be increased by using a velocity curve obtained by excluding the hydrogen lines as was done by Young in the case of the *H* and *K* lines of calcium.

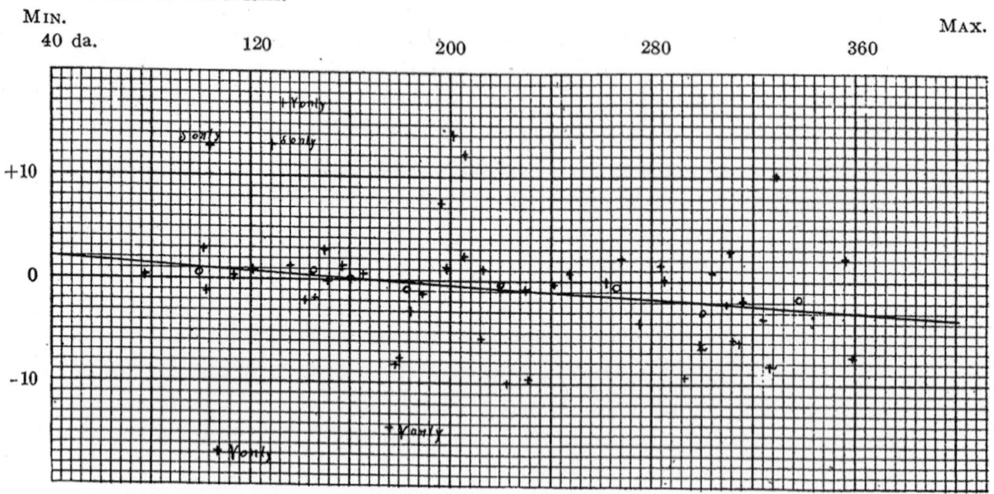

A single case is insufficient to establish the theory, but it suggests a possible extension of the calcium envelope hypothesis to include the element hydrogen. The method employed is very simple in application when velocities by individual lines are published for spectroscopic binaries similar to the case selected.

DETROIT OBSERVATORY,
ANN ARBOR, MICH.,
Mar. 12, 1920.

PROPOSED PERIODS IN THE HISTORY OF ASTRONOMY IN AMERICA.

By W. CARL RUFUS.

We propose to divide the history of astronomy in America into periods to facilitate further study of the subject. In order that the work may contribute to the desired end we must state the purpose of a systematic study of the subject, propose a method of division that offers advantages in realizing the purpose, and apply the method to the subject matter already at hand.

The primary purpose of the study of the history of astronomy in America, as herein conceived, is to establish a systematic account of the origin and development of astronomical ideas in America, giving full credit to imported ideas, but placing special emphasis upon American contributions. Closely related to the main purpose are the correlation of the chief movements of astronomy in America with similar movements abroad, their articulation with broader movements of science at home and abroad and their connection with the general progress of civilization. The importance of the ascertainment of facts, however, must be recognized as fundamental, like the accumulation of raw material. The oft-repeated illustration of a stately edifice, pre-existing in the mind of the architect, needs correction at one point. The selection of material is pre-determined by the plan of the architect; the true historian must use every ascertainable pertinent fact. First then comes the accumulation of facts, to be sorted, sifted, refined if necessary, but not one to be rejected. Provisional blue prints, like the present proposed outline, must be subject to revision, in order that the growing structure may reveal, not the pre-conceived plan of the architect, but the harmony inherent in the ideal edifice where truth resides.

In the main purpose of the study of the history of astronomy in America along with the accumulation of facts should be emphasized the organization of material in accordance with the provisional plan. The difficulty of selecting a basis for unity of treatment is recognized by every one who has attempted such a task. In this day of insistent demand that science must serve the nation, one is tempted to propose as a central theme, the service of astronomy to America. Material abounds for the development of such a plan. We may take, for example, the role of astronomy in the discovery of America. Astronomy contributed largely to the preparation of Columbus for his task and to the technical equipment for his voyage. The importance of the ascertainment of pertinent facts for immediate application in a study of this nature also receives due emphasis. Though such a plan appears attractive we fear it would prove to be artificial. To escape that danger we must look for a unifying theme inherent in the work. Unity of treatment must be secured, therefore, by tracing the genesis and growth of astronomical ideas sought for their own sake, for the pure love of science and the true joy of finding. Then the work of each individual finds a harmonious place in the growing structure and each personal contribution will adorn the final product.

Many incidental benefits may be expected to arise from an observance of the secondary purposes. Articulating movements in astronomy in this county with similar movements abroad calls attention to the international character of the subject and illustrates the advantages gained by cooperation. Correlation with movements in other sciences shows the value of the interchange of ideas and the interdependence of cognate sciences. In this way the need of team work on a broad scale, international and interscientific in is scope, is recognized. Astronomy has led the way in the organization of international forces for scientific work, and has thus contributed to world unity. Relating to world progress lifts the individual task or achievement to a higher plane enhancing its value; and at the same time leaves no room for pride of achievement, which is so fatal to scientific work. It would seem therefore from these various considerations that such a study tends to teach the value of mutual dependence and mutual helpfulness, essential factors in the spirit of democracy toward which the nations painfully plod.

Any method of organizing the subject matter into an articulate story of the progress of astronomy in America faces the question of analysis as well as synthesis. How shall the subject be divided? Any historical account requires due recognition of a chronological order, within which a variety of methods of treatment may be employed. Thus the division into time periods demands first consideration. We summarily dismiss any plan for division by centuries, half-centuries or decades and all other plans imposed from the outside.

A brief study of the history of astronomy in America reveals the chief movements that have marked the extraordinary progress of that venerable science in the new world. These movements characterize various epochs or stages in the development of the science and provide a means of dividing the subject into periods as a basis for further study.

The attempt to outline the proposed periods on this basis meets with difficulties. Occasionally political or social events cast their shadow upon the dial of scientific progress and provide a rough means of determining and characterizing corresponding epochs, as the stationary period of the medieval age and the scientific revival of the Renaissance. Sometimes an important event occurs in science, like the invention of the telescope, which opens the way for a new period of discovery; or it may be the statement of a new far-reaching law, like Newton's law of gravitation, which marks the conclusion of a long period of induction and provides a basis for new activity. Such events, political or scientific, are not isolated occurrences; their origin lies in the ancestral past and their end fashions the future. Thus it appears that an epoch-making event suitable for a beginning or an end may seem better adapted to serve as the center of a movement.

Origins or starting points, however, have special value in the interpretation of scientific progress. New laws and principles, like nascent elements, seem to possess extraordinary virtue, producing new conditions and instituting new movements. The beginning of such a process of change or development affords the best opportunity to study its fundamental principles and leading characteristics. Consequently we shall follow this clue in the proposed outline, giving special attention to the rise of the chief movements as a basis for the division of the subjects into periods. In this way the force of the new movement will determine and characterize the period until another new force arises. We may expect to find, however, that the old forces continue to act and the old movements remain uninterrupted, although new ones occupy the center of the stage.

The general rule for the division into periods must not be applied too rigidly, nor should the dividing lines that mark the periods be drawn too sharply, lest they violate the purpose they should serve. Paradoxical as it may seem, history is divided into epochs in order that its unity may be more evident. Epochs are not severed segments of the thread of human history; they are links in the chain of progress. Their function is to unite rather than to divide. So the periods suitable for our subject may appear to overlap beyond our power to extricate; but they will serve our purpose if they assist in preserving the continuity of the story of the progress of astronomy in America. Perhaps this can best be accomplished by outlining the periods approximately, permitting some to be influenced by political events, without attempting to fix the limits too exactly, adopting decennial dates in general instead of year, month and day, and by keeping in mind constantly that each period depends upon its predecessors for its initiation and reaches completion by establishing a vital relationship with its successor.

Another word of explanation seems necessary before the proposed periods are presented. In this pioneer work no attempt has been made to find parallel periods in the history of other particular sciences or of science in general in America. The author confesses too great ignorance of the broader field, which is still in its infancy, to attempt such a comparison. Moreover, the contributions from each special field should depend upon and be determined by the achievements within the field rather than by influences from without. Too great reliance has not been placed upon opinions expressed in articles written to cover special phases of the subject. Consequently equal privilege is cordially extended to others to accept or to reject the periods proposed in this paper. Co-operation, including friendly criticism, is necessary to accomplish an acceptable work. Since astronomy is a pioneer subject by nature we may expect to find that other branches accompany or follow its lead. It is the hope, therefore, that the proposed periods in the history of astronomy in America will shed some light on similar questions in other fields.

Proposed Periods in the History of Astronomy in America.

The second page of the chart belongs to the right of this page.

Introductory Period, 1490-1600.	Colonial Period, 1600-1780	Apparently Stationary Period, 1780-1830.
		Beginning of *Mathematical Astronomy* Nathaniel Bowditch; Translation of Mechanique Celeste, completed 1817, publication 1829—.
		Plans for observatories; National, F. R. Hassler, J. Q. Adams. Harvard; John Lowell, W C. Bond, Corporate action 1815.
		Astronomical contributions to American Phil. Society, American Academy of Arts and Sciences, American Jour. of Science.
	Beginning of *Observational Astronomy* Thomas Robie. John Winthrop. David Rittenhouse. First observatory. Transit of Venus.	Observations; Eclipses, comets, Mercury's transits, Jupiter's satellites. Samuel Williams, John Lukens, D. Rittenhouse. Dorchester observatory, W. C. Bond, about 1823.
	Teaching of Astronomy Theologues as tutors. John Winthrop, Hollis Professor, 1738. Nehemiah Strong, "Astronomy Improved", 1784.	Rising generation of future astronomers; Yale, West Point, Harvard. "An Elementary Treatise on Astronomy", John Farrar, 1827.
	Development of American scientific consciousness: Franklin, Junto. American Philosophical Society, Amer. Academy of Arts and Sciences.	Interest of statesmen; Washington, John Adams, Jefferson, J. Q. Adams. American Journal of Science, 1818.
Application of astronomy in *Navigation*.	Navigation schools; Capt. Woodbury, B. West. Thos. Godfrey (below).	"Practical Navigator", Bowditch. Coast and Geod. Survey.
In the discovery of America, Columbus. In exploration and settlement, Thomas Hariot, 1585.	Astronomy in surveying; Jacob Taylor, Mason and Dixon. Almanacs; S. Danforth, Taylor, Ames, Franklin.	Public land surveying; Andrew Ellicott, Jared Mansfield. U. S. Almanac, Thomas' Almanac.
In equipment; Tables of Regiomontanus, The improved astrolabe of Behaim; Compass, cross-staff, "perspective glass", spring clocks.	Inventions: reflecting sextant, Godfrey, 1730; collimator, David Rittenhouse. Independent discovery of use of spider threads, making of instruments and orrery, Rittenhouse.	Beginning of telescope construction in U. S. Amasa Holcomb. Making of instruments, Benjamin Rittenhouse. Chronometers, W. C. Bond.

1830-1860.	1860-1890.	1890-
Theory of Neptune, Moon, Saturn's rings; B. Pierce. Neptune theory, Walker. Tides, William Ferrel. Meteors; D. Olmstead, Twining, Herrick.	Theory of Uranus, Neptune, Moon; Newcomb. Lunar theory, G. W. Hill. Meteors and comets, Daniel Kirkwood, H. A. Newton.	Newcomb; Planetary theory, Astronomical Constants. E. W. Brown, Lunar Theory. F. R. Moulton, Planetesimal hypothesis.
Rise of observatories; North Carolina, Williams, Western Reserve, Philadelphia High School, West Point, Dana House —.	Dearborn 18″ refractor, '62. H. Draper 28″ mirror,'70. Naval 26″ refractor, '73. Lick 36″ refractor, 1887. Spectroscopic equipment.	The construction of large instruments; Lick, Lowell, Yerkes, Ann Arbor, Mt. Wilson. Southern stations.
Sidereal Messenger, 1846—'48, O. M. Mitchell. Astronomical Journal, B. A. Gould, 1849-'61, '86— Astronomical Notices, '58-'62, F. Brunnow.	Observatory publications, Naval, Harvard. Sidereal Messenger, 1882-1891, W. W. Payne. Astronomical Journal resumed, 1886.	Astronomy and Astrophysics, 1892-'94. Popular Astronomy, 1893-. The Astrophysical Journal, 1895-.
American discoveries: Comets; return of Halley's, div. of Biela's, one by Miss Mitchell. Hyperion; W. C. Bond,'48. Saturn's dark ring; G. P. Bond,'50; Asteroids.	Aster.; Watson, Peters. Sirius dark companion, A. G. Clark, 1862. Mars' satellites, Hall,'77. Double stars, Burnham. First spectroscopic binary, E. C. Pickering, '89.	Satellites: Jupiter; 5th, Barnard, 6th and 7th, Perrine, 9th, Nicholson. Saturn; 9th and 10th, W. H. Pickering. Double stars; Aitkin, Hussey.
Numerous elementary texts; Olmstead, W. A. Norton. American editions of Herschel's Astronomy. Practical Astronomy; Elias Loomis, J. Gummere.	Astronomy in graduate schools. Chauvenet, Spherical and Practical Astronomy. Watson, Theoretical Astronomy. C. A. Young, texts.	Practical Astronomy, W. W. Campbell. Celestial Mechanics, F. R. Moulton. Union of teaching and research.
The National Institution for the Promotion of Science,'40, succeeded by American Association for the Advancement of Science, '50. Smithsonian Institution.	National Academy of Sciences, 1863. Astronomical Society of the Pacific, 1889. International cooperation, Paris conference, 1887.	Astronomical and Astrophysical Society of America, '99, succeeded by American Astr. Society. Internat'l. Solar Union. International Astronomical Union.
Naval Observatory, 1844. Sumner's method, 1843. Naval expeditions.	Naval expeditions; eclipses, transits of Venus. Cartography.	Eros campaign. Radio time service. Radio distance finder.
Coast and Geodetic Survey reorganized, 1832. Bache, 1843. Nautical Almanac, 1849.	Corrected long. difference, Greenwich-Paris. Transcontinental arc. Earth form and size, Pierce, Hayford.	Field transit micrometer. U. S. Standard Dictum, '01, made North American Standard Dictum, 1913.
Talcott, zenith telescope. Invention, chronograph. (Amer. method of lat. & long. determination.) Instruments; Wurdemann, Draper, Rutherford, Fitz, Clark, Spencer.	Inventions: Meridian photometer, E. C. Pickering; almucanter, Chandler; Bolometer, Langley; Spectroheliograph, Hale; Ruling gratings; Rutherford, Rowland.	Spectroscope improvement; Allegheny, Lick. Interferometer and gratings, Michelson. Instruments; Clark, Brashear, Spencer, Warner and Swasey, Ritchie.

This page belongs above the second page of the chart.

Popular Period, 1830-1860.	New Astronomy Period, 1860-1890.	Correlation Period, 1890-.
		Beginning of *Quantitative Astrophysics* Radial velocity: Stars; Lick, Yerkes. Nebulae, Keeler, 1890. Spectroscopic binaries; E. C. Pickering, 1889. Frost and Adams. Campbell, catalogues. Parallax by spectroscope, Adams. Stellar radiation; Coblentz, Stebbins. Astronomical measurement by interferometer, Michelson.
	Beginning of *Astrophysics* Classification of stellar spectra: L. M. Rutherford, Henry Draper, E. C. Pickering.	Draper Catalogue, 1890. Henry Draper Cat. 1918-. Quantitative method of classification, Adams. Correlation of spectral class with velocity; Campbell, Kapteyn, Boss.
	Evolutionary sequence; Pickering, Hale.	Russell's theory. Branching of sequence.
	Solar Physics; Reversing layer, Young. Normal spectrum, Rowland. Solar constant, Langley.	Magnetic field in sunspots, Hale. Solar constant, Abbot. Correlation solar with terrestrial phenomena.
	Photometry, Pickering. Variables, Chandler.	Selenium cell and photoelectric cell photometry.
Beginning of *Practical Astronomy* James M. Gillis, S. C. Walker, J. H. Coffin, J. S. Hubbard.	Uranometria Argentina, B. A. Gould. Meridian astronomy. Latitude variation, Chandler. Parallax; Elkin, Hall.	International cooperation in A. G. catalogue; Dudley, Naval, Harvard. Preliminary General Catalogue, Lewis Boss.
Popular interest: Yale 5", 1830; eclipse, '31; starshower,'33; Halley's. Lectures, Mitchell. Local astr. societies.	Popular interest in astronomy and in science in general interrupted by war. Astronomical bequests.	Interest of men of wealth; Lick, Yerkes, Hooker. Cooperation of industry and science.
Pioneer astronomical photography: J. W. Draper; ultraviolet, 1837, Moon, 1840. Rutherford, G. P. Bond.	Photography of stellar spectra, H. Draper, '72. Stars, nebulae, Milky Way; Barnard.	Photographic discovery; Comets, asteroids, novae, variables. Planetary photography. Parallax, Schlesinger.

The main features of the chart of "Proposed Periods" are readily seen. Beginning at the left and near the bottom is the Introductory Period 1490-1600. Each period to the right increases in height one step for the introduction of new movements in astronomy in America. Any movement, e. g., the rise of observational astronomy, which occurs in the Colonial Period may then be traced toward the right through all the following periods and the most important American contributions are indicated. In general continuity is preserved by movement toward the right and the expansion of the subject by the increasing height, so progress is revealed in a two-dimensional form. To correlate with other movements, e. g., the development of astronomy in Europe, a horizontal space may be added at the bottom of the chart.

At this time we are chiefly concerned with the new movements in astronomy in America or the outstanding features that determine and characterize the periods. In succession the proposed periods are,— Introductory 1490-1600, Colonial 1600-1780, Apparently Stationary 1780-1830, Popular 1830-1860, New Astronomy 1860-1890, and Correlation 1890—. Carrying out our architectural analogy we may give a metaphoric interpretation. 1. *Selecting a site.* This includes the period of discovery and exploration. 2. *Preparing the way.* Colonization preceded a beginning in observational astronomy, the only work in astronomy for its own sake during this period. 3. *Laying the foundation.* Establishing the new republic interrupted scientific work. Bowditch, however, quietly and unostentatiously, but with painstaking perseverance, did fundamental work in mathematical astronomy, laying the foundation for the strong school of American mathematical astronomers. 4. *The first story.* A popular wave swept the country, accompanied by the rapid rise of observatories and the first important American discoveries in astronomy; while Gilliss assiduously recorded transit observations and established the first observatory for practical astronomy in the United States. 5. *The rising structure.* Great progress was made in all branches of astronomy during this period, which was characterized chiefly by the rise of astrophysics. 6. *The towering edifice.* America reaches preeminence in the field of astronomy excelling in the construction of large observatories; but the distinctive feature of the period is the introduction of quantitative methods in astrophysics, making possible the work of correlation among the various branches.

We shall now attempt to justify the selection of the proposed dates. A full and complete treatment of the subject would involve a detailed application of the entire analytical process, which the space limit prevents. Only the most definitive features may be presented. Greater attention to details will be given in the early periods.

We frankly confess that the introductory and colonial periods are not determined primarily by astronomical considerations alone. The fact appears to be that astronomy for its own sake was not seriously cultivated in the colonies until after the beginning of the eighteenth century. In the wilds of the new world men had stern tasks to perform, which left them little time to devote to science. There were forests to fell, to clear the land for cultivation, and to obtain timber to palisade against the ravages of the red man, rightful claimant of the land. There were roads to build, rivers to bridge and mountains to cross in the trek of civilization. Furthermore, new political, social and religious problems clamored for solution in a virgin soil. We must look, therefore, to the daily life of the pioneer and to the common task of the colonist, for the first indications that astronomy was taking root in America. For this reason we make political events definitive in the earliest periods, also taking into consideration the chief applications of astronomy affecting American life and emphasizing the first glimmerings of the true scientific spirit manifested in the astronomy of the new world.

The Introductory Period, 1490-1600. Astronomy played an important part in navigation during the period of discovery and world-wide exploration. We have already mentioned its role in the discovery of America. Columbus believed the astronomical doctrines of the sphericity of the earth and its relative smallness, and concluded that he could reach the east by sailing west. In addition to the primitive compass, the cross-staff and the medieval portolano, his equipment for the voyage of discovery probably included the tables of the great astronomer, Regiomontanus, and the improved astrolabe of Behaim for determining position at sea.

Thomas Hariot, English mathematician and astronomer, accompanied a band of colonists sent out by Raleigh (the second expedition to Virginia) which settled upon Roanoke Island, North Carolina, 1585, and remained about one year. This accorded with the custom of the time, as a scientist frequently was selected and sent out with an exploring or colonizing party. Hariot afterward wrote, "A Brief and True Report of the New Found Land of Virginia." His function was that of "discouverer" and his equipment included mathematical instruments, a sea compass, a loadstone, "a perspective glass whereby was showed many strange things," and spring clocks. During his stay in America he recorded the observation of a comet.

The year 1600 may be taken as an approximate dividing line between the century of discovery and exploration following Columbus and the succeeding colonial period.

The Colonial Period, 1600-1780. Astronomy was cultivated in the new world during early colonial days chiefly for its application in the making of almanacs, in land surveying and in navigation.

The first book issued by the first printing press in America, 1639, was "An Almanack, Calculated for New England by Mr. Pierce, Mariner." No copy is extant as far as known. The number of almanacs increased rapidly and the contents multiplied. To the calendar and list of eclipses were added solar, lunar, and planetary data, astrological predictions and weather forecasts. Later were included proverbs, jests, humorous stories, wise sayings, history, medicine, politics and science; so the original calendar became a compendium of universal knowledge. Samuel Danforth was the first colonial almanac maker of special note. Jacob Taylor, a colonial surveyor, prepared the astronomical calculations for an almanac published from 1702 to 1746. Nathaniel Ames neglected his medical profession to study the heavens and to make calculations for his popular production, "An Astronomical Diary and Almanac." His work just preceded "Poor Richard's Almanac," which became more famous, although Tyler (History of American Literature) considers that the annual of Ames excels Franklin's in many respects. "Poor Richard's Almanac" was the first American publication that broke through colonial boundaries. Scraps of wisdom, satire, and keen sallies against rival almanacs constituted its chief merit.

Among other names connected with early almanac making are John Winthrop II, Oakes, Cheever, Chauncey, Brigden, Flint, Dudley, Holyoke, Clough, Sherman, Brattle, Cotton Mather, Nathaniel Mather, Strong, Travis, Green and Tulley. Benjamin West's almanacs contained more than the ordinary amount of astronomical information.

Surveying became important in determining proprietary rights and fixing colonial boundaries. Jacob Taylor, previously mentioned, was one of the first of a long and honorable list of colonial surveyors including college professors, ministers, practical astronomers, state officials, and two future presidents of the United States, Washington and Jefferson. Mason and Dixon, Englishmen, were sent for in 1763 to settle a boundary dispute between Pennsylvania and Maryland. Trained under Bradley at the Greenwich Observatory, Mason was a skilled observer. They transmitted to the Royal Society of London the measurement of an arc in latitude 39° 12′ north, thus contributing to the solution of the problem of the form and size of the earth. They also considered the variation of gravity from Greenwich, made lunar eclipse observations and observed phenomena of Jupiter's satellites. Their work was interrupted by the hostility of the Indians, who at an earlier date, 1709, resented encroachment upon their territory by burning at the stake Lawson, Surveyor-General of Carolina, and as late as 1782 the Sandusky Indians similarly tortured to death Colonel William Crawford, also engaged in surveying. David Rittenhouse of Pennsylvania carried out extensive surveys and might have qualified for the work of Mason and Dixon, but outsiders were deemed desirable to settle the long-standing dispute. Other surveyors are Cadwallader Colden, Andrew Porter, Joseph Neville, John Lukens, Robert T. Paine, Thomas Hutchins, John Page, Thomas Lewis, Andrew Ellicott, and Jared Mansfield.

Thomas Godfrey of Philadelphia invented the reflecting sextant in 1730 and it was applied in navigation during the same year. A year later Hadley in England was credited with a similar invention, which may have originated in Newton's drawings and description of such an instrument in 1700. Navigation schools contributed to the interest in astronomy and secured at least one patron of the science, Benjamin West of Rhode Island.

The early colonial colleges included astronomy in their curricula. At Harvard it occupied a place in the last quarter of the last year, a crowning feature of the college course. The quality of the instruction, however, does not appear to have corresponded with this exalted position. Any educated theologue was considered to be eminently qualified to teach mathematics and astronomy. Gassendi's Astronomy, which antedated Newton's greatest contribution to science, was used in Harvard and in Yale fifty years after the publication of the Principia. In 1738 John Winthrop became Hollis Professor of Mathematics and Natural Philosophy at Harvard and introduced Gravesand's Philosophy, which taught Newtonian principles. Nehemiah Strong, Professor of Mathematics and Natural Philosophy in Yale, expounded the law of gravitation and its application in planetary problems. Three lectures given in 1781 were printed in 1784 under the title, "Astronomy Improved." The salutary effect of astronomical teaching in dispelling astrological notions and colonial superstitions may easily be seen in this movement among the colleges, especially through the influence of "preacher astronomers."

Observational astronomy in America began early in the eighteenth century. The first observations to attract attention were made by Thomas Robie. Immersions and emersions of Jupiter's satellites were observed in 1717 and the longitude of Harvard west of Upminster was determined. He also observed solar and lunar eclipses with his "eight-foot telescope" and communicated his results to the Royal Society of London.

John Winthrop, Professor of Mathematics and Natural Philosophy of Harvard, observed the transit of Mercury, April 27, 1740, with a 24-foot telescope. The unstable mounting and a disturbing wind gave some difficulty, but his data were published by the Royal Society. In 1761 the "Province Sloop" was provided at public expense to transport Winthrop and party to Newfoundland to observe the transit of Venus. The solar parallax determined gave a low value, 8″.25, later revised by Winthrop including all available data and increased to 8″.68. His work on the transit of Venus in 1769, observed at Cambridge, also gave rather poor results. However, his various observations on eclipses, earthquakes, sunspots, meteors, comets, lightning, aberration of light and variation of the magnetic needle, together with numerous scientific contributions, establish his priority as the greatest scientist of the colonial period and America's first astronomer.

Surpassing Winthrop in mechanical ingenuity and observing skill came David Rittenhouse, a self-made astronomer, a real product of American genius and toil. In his farm shop at Norriton, Pa., he manufactured clocks, constructed a celebrated orrery purchased by Princeton and made various astronomical instruments. This place was selected by the American Philosophical Society as one of the three sites for the observation of the transit of Venus in 1769. Rittenhouse made the preliminary calculations for the transit, determined the latitude and longitude of the station, rated the clocks, and looked after the necessary details. Data obtained by the Norriton station combined with Greenwich data for the same transit gave a determination of the solar parallax, 8″.805, in striking accord with the present adopted value, 8″.802. Rittenhouse moved to Philadelphia where he erected an observatory about 1782, a small octagonal building of brick in the garden adjacent to his residence. The Revolutionary War interrupted plans to erect a large observatory in Philadelphia with Rittenhouse as first director. Lord North, prime minister of England, and Maskelyne, the astronomer royal, were solicited for their cooperation in the project in 1775, but the war clouds were already gathering.

Other observers whose work deserves at least passing mention are Rev. Phillips Payson, President Joseph Willard (Harvard), Mr. Danforth, Mr. Appleton, Mr. Owen Harris, Benjamin West, Joseph Brown, Dr. William Smith, Hugh Williamson, John Lukens, Joseph Shippen, John Ewing, Owen Biddle, Joel Bailey, Richard Thomas, Thomas Coombe and Samuel Williams.

During the greater part of this period colonial science looked to England for its inspiration and courted the favor of the Royal Society as its patron. Benjamin Franklin deserves chief credit in the development of an independent spirit and in the creation of an American scientific consciousness. His Junto, 1727, a coterie of scientific friends, was the precursor of the American Society for the Advancement of Natural Knowledge, which he succeeded in organizing in 1743, although it had a precarious existence until its reorganization in 1769 under the name of the American Philosophical Society. In 1780, before the smoke of battle had cleared away and independence was assured by treaty, the American Academy of Arts and Sciences was incorporated with John Adams as chief promoter and many public men including George Washington as members.

A creditable beginning in astronomy was made during the colonial period. Godfrey and Rittenhouse exemplified the American trait of mechanical ingenuity; the former by the invention of the reflecting sexant, and the latter by the construction of instruments previously mentioned, the invention of the collimator, a device for establishing a meridian without a distant mark, and by the independent discovery of the use of spider lines in the focus of a transit instrument. Keenness of observational power was also displayed by Rittenhouse, who noted the entire circular outline of Venus when a part was off the sun and suggested an atmosphere of Venus, a fact that was verified a hundred years later by the observation of Lyman and subsequent explanation by Russell. Samuel Williams during a solar eclipse in 1780 noted "luminous drops," the phenomenon known as Bailey's beads from the description given by Bailey of his observations over fifty years later in 1836. In general the early observers working under disadvantages, making the best of circumstances, striving after the highest quality of results with inadequate equipment, exemplified those indispensable characteristics essential for success in the quest for scientific truth.

The year 1780 is the decennial date that ends the colonial period.

(To be continued.)

PROPOSED PERIODS IN THE HISTORY OF ASTRONOMY IN AMERICA.

By W. CARL RUFUS.

(Continued from page 404.)

The Apparently Stationary Period, 1780-1830. The Revolutionary War interrupted the peaceful pursuit of science, but heroic efforts were made, especially by the Philadelphia astronomers, to continue their work. During the war eclipses were observed and in 1782 another transit of Mercury. At the death of Rittenhouse, 1796, the center and mainspring of the movement expired; and his observatory, the only one in the country, closed its doors.

Depreciation of the Apparently Stationary Period, however, should not go unchallenged. Foundation work in astronomy was silently progressing. A few of the old school kept alive the spirit of observational work by various minor activities on eclipses, comets and Jupiter's satellites; while a new generation of astronomers was forthcoming, foremost of whom was W. C. Bond in his private observatory at Dorchester, founded about 1823. At the same time Nathaniel Bowditch laboriously persevered with the translation of Laplace's "Mechanique Celeste," which he completed in 1817, although the first volume did not appear until 1829. His explanatory notes comprised a real commentary on this classic, rendering it intelligible to readers of English with ordinary mathematical ability. He thus became the head of the mathematical school of astronomers in America, which has made valuable contributions to the subject.

Plans for observatories also indicated the progress of the foundation work. Thwarted again and again the campaign for a national observatory was continued from the time that Joel Barlow included it in his Prospectus of a National Institution 1806, by F. R. Hassler, James Monroe, William Lambert, J. Q. Adams and others, until success came in the following period. Plans were also in progress in Harvard College where corporate action was taken and Bond was commissioned to visit European institutions to study plans and instruments. The colleges also contained a rising generation of future astronomers. Olmstead at Yale succeeded in drawing about him a strong group of men, who helped to usher in the new period. From this institution came Chauvenet, Stanley, Mason, Loomis and Lyman. John Farrar at Harvard contributed to this movement by his teaching and his textbook, "An Elementary Treatise on Astronomy," 1827. Benjamin Pierce was one of his pupils. West Point also provided its full quota, —Courtenay, Norton, Mitchell and Bartlett.

From the days of Rittenhouse, astronomical contributions to American scientific organs constituted an important part of their publications. This work began with Volume I of the Transactions of the American Philosophical Society in 1771, which was chiefly astronomical. The orrery of Rittenhouse occupied first place. Much space was devoted to the transit of Venus. An interesting essay on comets by Hugh Williamson was also included. Not until 1786, after the war had subsided, did Volume II appear, which is also largely astronomical. The American Academy of Arts and Sciences founded in 1780 laid emphasis upon "Useful Knowledge," but many astronomical papers were published. The American Journal of Science, 1818, provided another organ of publication. Among other early astronomical contributors are Samuel Williams, Rev. James Madison, president of Williams and Mary, Andrew Ellicott, William Lambert, Joseph Willard, Manassah Cutter, and Benjamin West.

The impetus given to astronomy by the excellent work of F. R. Hassler, in the broad foundation plans of the Coast and Geodetic Survey deserves mention, although the war of 1812 and political complications postponed full fruition until the reorganization in 1832.

The continued interest of American statesmen in education and science from the time of Franklin and Washington also contributed to the foundation work by building these essentials of democracy into the fabric of American institutions. John Adams promoted the American Academy of Arts and Sciences, Jefferson served as president of the American Philosophical Society, J. Q. Adams is said to have prized the presidency of the American Academy more than the chief magistracy of the nation. His special interest and effort in the campaign for a national observatory are noteworthy.

So we find that the Apparently Stationary Period witnessed real foundation work especially in the introduction of mathematical astronomy, in interest in observations and plans for observatories, in producing future astronomers, and in the sympathy and support given by the leading men of the nation.

The Popular Period, 1830-1860. We have placed the end of the Apparently Stationary Period of astronomy in America at an earlier date than other writers have set for the revival of intellectual activity. Silliman in the Priestly address gives 1845 as the date of the renaissance. Newcomb fixes it at 1840. Young from the standpoint of Astronomy gives 1836, the year of the founding of Williams College Observatory. Unmistakable signs of increased activity in astronomy, however, preceded 1830. The first volume of Bowditch's translation of Laplace appeared in 1829. The Clark gift at Yale was made and a 5-inch telescope ordered in 1828. Upon its arrival in 1830 and immediate application enthusiasm for astronomy was manifested not only in Yale, but also in many parts of the country. North Carolina established the first college observatory in the same year. The Depot of Charts and Instruments in Washington, subsequently the camouflage of astronomical activity, was so established in that year. A solar eclipse in 1831, the great star shower of 1833, and the predicted return of Halley's Comet in 1835, added to popular as well as scientific interest. The work of Olmstead and Twining on meteors and the discovery of Halley's Comet upon its return by Olmstead and Loomis before it was observed by European astronomers, indicate that astronomy in America was well launched on the new period before the middle of the decade. The great demand for Elihu Burritt's "Geography of the Heavens," 1833, requiring a third edition by 1835, and the unprecedented circulation of the New York Sun, due to the celebrated Moon Story by Richard Adams Locke in 1835, show that the popular movement was likewise in full swing by that time. We accordingly place the date of the beginning of the Popular Period at 1830.

The characteristic new movement in astronomy in America during this period was the beginning of practical astronomy. Holden* mentions Coffin, Hubbard and Walker as the fathers of (practical?) astronomy in the United States; but we give the palm in practical astronomy to James M. Gillis. From the standpoint of number and quality of observations he deserves first place. Records made in a little 13 x 14 ft. building, 1200 feet north of the Capitol, form the first volume of observations published in this country. Furthermore, although he was not the first director, his work as founder of the National Observatory at Washington, the first practical working observatory in the United States, establishes his supremacy in the field of pioneer practical astronomy in this country.

*Handbook of Lick Observatory, p. 116.

Two valuable contributions to practical astronomy were made by Americans during this period, the invention or reinvention and application of the zenith telescope to latitude determination by Talcott in 1834; and the invention of the chronograph and application to longitude determination in 1848 by the co-operation of several men including Wilkes, Bache, Walker, Locke, Saxton and Bond. These contributions adopted abroad were known respectively as the American method of latitude determination and the American method of longitude determination.

The rapid rise of observatories also characterizes this period. Following the lead of North Carolina, observatories were constructed in rapid succession at Williams College, Western Reserve, Philadelphia High School, West Point, Washington, Georgetown College, Cincinnati, Harvard, Amherst, Ann Arbor, Albany, Hamilton College and at other places by private owners.

Pioneer work in celestial photography owes much to Americans. J. W. Draper, G. P. Bond and L. M. Rutherford were the chief contributors. Time prevents us also from following the development of mathematical astronomy under Walker, Pierce and others, the success in instrument making by Yale students, and by Fitz, Clark, Spencer, Draper and Rutherford. In observational work American discoveries began to attract the attention of Europeans. Cometary discovery included the return of Halley's and the division of Biela's, which was first noted in America by Herrick and Bradley of Yale. Bond discovered Hyperion in 1848 and Saturn's dusky ring in 1850. In navigation Sumner's method, 1843, was the chief American contribution. The Coast and Geodetic Survey was reorganized in 1832 under Hassler, and his successor, Bache, drew about him a strong group of astronomers as advisers giving inspiration and direction to astronomical activity. Three astronomical periodicals were also founded, two of which were short lived, the Sidereal Messenger of Mitchell, 1846-48, and the Astronomical Notices of Brunnow, 1858-62; the third was the Astronomical Journal founded by B. A. Gould in 1849, published until 1861 and re-established in 1886.

During the Popular Period American Astronomy was well started on its building program, at least the first story was completed.

New Astronomy Period, 1860-1890. The rise of astrophysics is the characteristic movement. At the beginning of the period the popular interest was interrupted by war and the development of science in the United States was practically arrested. The American Association for the Advancement of Science, which under ordinary conditions held annual meetings, suffered a six years' intermission. Astronomical periodicals suspended publication. Astronomy lost one of its most ardent devotees, O. M. Mitchell, who died in service in 1862. Lieutenant Maury, director of the National Observatory, fled from his post at the outbreak of hostilities, leaving behind proof of treasonable correspondence. The undivided effort of the North was necessary to save the threatened union. In the midst of hostilities the cause of science also suffered the loss of the Smithsonian building by fire. It is said that Lincoln, watching the flames, exclaimed, "Gentlemen, yonder is a national calamity. We have no time to think about it now; we must attend to other things."

The war brought an occasion, however, for the organization of men of science to give technical scientific advice to the government, a need pointed out by Bache in 1851, and met at that time of stress by the founding of the National Academy of Sciences in 1863. Papers presented in 1864 included astronomical numbers by Gould, Pierce and Rutherford.

The early work of J. W. Draper in spectrum analysis deserves greater credit than is usually given. In 1837 he discovered the ultraviolet region by photography, and according to Goode,* "as early as 1847 had already laid the foundations of the science of spectroscopy, which Kirchhoff so boldly appropriated many years later." However, it was not until 1859 that the movement took on special significance. L. M. Rutherford made an early classification of stellar spectra in 1862 preceding the work of Secchi. Two of his classes corresponded with two of Secchi's, but the third was based upon insufficient evidence due to deficient instrumental equipment. The work of classification done abroad by Secchi and Vogel was improved by Henry Draper and at his early death provision was made to continue the work at Harvard. Under the guidance of E. C. Pickering the excellent system known as the Draper classification was perfected, which has been adopted for international use. Draper was the first to succeed in photographing a stellar spectrum, that of Vega in 1872. The Draper catalogue of 10,351 stars published in 1890 concludes an epoch in the work of classification, which was one of the chief movements of the period. During the progress of the work it was noted that the great majority of the stellar spectra could be arranged in a linear sequence, beginning with bluish white and white stars, then passing through yellow to red, forming a continuous sequence showing intergrades for classes B A F G K M. This series became known as the Harvard sequence and Pickering interpreted it to represent a stellar evolutionary sequence.

Solar physics developed rapidly during this period. C. A. Young and Vogel independently measured the shift of lines due to the sun's rotation, thus establishing the Doppler principle on an observational basis. Young also detected the bright coronal line in 1869, photographed solar prominences in 1870, and discovered the reversing layer by observing the flash spectrum. Rowland with his concave gratings and Langley with his newly-invented bolometer advanced our knowledge of the sun by the application of these instruments.

During this period American astronomers made many important dis-

---

*The Beginning of American Science, p. 455.

coveries. Burnham began his work on double stars. The discovery of comets and the discovery of asteroids by Watson, Peters, and others, were eclipsed by the discovery of the dark companion of Sirius by A. G. Clark in 1862 and the more remarkable discovery of the satellites of Mars by Hall in 1877. This achievement was made possible by the excellent work of the Clarks on large lenses, another phase of the development of the period culminating in 1888 by the production of the 36-inch Lick refractor. One of the greatest features of the period was the invention and improvement of instrumental equipment. The gratings of Rutherford, the best produced in his day, were excelled by Rowland, who developed the ruling engine to a high grade of perfection. His concave grating made possible the excellent chart of the normal solar spectrum produced in 1885. Pickering's meridian photometer, the almucantar of Chandler and the bolometer of Langley also belong to the inventions of this period. The spectroheliograph of Hale was invented near the end of the period.

Mathematical astronomy was advanced by the work of Newcomb on planetary theory, while G. W. Hill made important contributions to lunar theory. Kirkwood, as early as 1861, suggested the cometary origin of meteoric swarms, a work more fully elaborated by H. A. Newton. The theory of eclipsing variables was proposed by Pickering in the study of the Algol system. S. C. Chandler, in addition to work on variables, attacked the problem of latitude variation, reaching valuable results in the following period. The Coast and Geodetic Survey corrected the adopted longitude difference between Greenwich and Paris and other important centers, thus establishing the supremacy of the American method of longitude determination.

B. A. Gould contributed the Uranometria Argentina in 1879. Valuable stellar parallax results were obtained by Elkin, Hall and others. The method of celestial photography was successfully applied to the stars, and the nebulae, and Barnard's excellent work on the Milky Way began in 1889.

The Sidereal Messenger, 1882-1891, was the only American astronomical periodical of the period, in addition to the Astronomical Journal suspended 1861-1886. We may close this rapid and incomplete summary of the period by mentioning the organization of the Astronomical Society of the Pacific in 1889.

The position of America in astronomy was firmly established during the period. At the Paris Conference in 1887 Simon Newcomb, recognized leader in this country, occupied a high position of influence and authority. International co-operation in astronomy was beginning to function and America was prepared to take a prominent part.

The Correlation Period, 1890—. Much consideration has been given to fix the date and to select a designation for the last period. The work in astrophysics during the preceding period, the New Astronomy Period, was chiefly qualitative. Classification was the main contribution. About 1890 began a new movement which we have designated "the beginning of Quantitative Astrophysics," lacking a better name. That movement made possible the determination of physical quantities as well as physical qualities of the celestial bodies, and provided a basis for the correlation of the results of the old astronomy and the new. So we venture to fix 1890 as the date and to adopt the name, the Correlation Period.

Among the most important applications of the quantitative method are the determination of radial velocity, the orbits of spectroscopic binaries, parallax by the spectroscopic method, the quantitative method of spectral classification, the measurement of radiation from the stars, and last but not least, the determination of the size of a star by means of the interferometer, as announced at the 1920-21 session of the American Association by Professor Michelson, by a method which also had its origin in 1890.

Another characteristic feature of this period is the construction of a new type of large observatories, which may be said to have begun with Lick in 1888, followed by Lowell, Yerkes, Ann Arbor, and Mt. Wilson.

The classification of stellar spectra has completed another stage. Pickering added classes O, P and R for the Wolf-Rayet stars, gaseous nebulae and carbon stars with more than ordinary intensity of violet light. The Henry Draper catalogue containing 222,000 stars is now in process of publication, the first volume having appeared in 1918.

Campbell and Kapteyn independently found in 1910, by correlating radial velocity with the stellar sequence, that velocity is a function of spectral class. Other correlated quantities are temperature, color index, distribution with reference to the galaxy, percentage of binaries, eccentricity of their orbits, separation of components, length of period, percentage of variables and length of period of variability.

The correlation of absolute magnitude with the Harvard sequence by Russell, following Hertzsprung, and subsequent work at Mt. Wilson and elsewhere shows that the so-called later types are divided into two classes, giants and dwarfs, and has given rise to a new theory of stellar evolution with the red giants at the beginning of the series on an ascending temperature branch, which passes through yellow and white stars to the maximum, then descends in the opposite order with red dwarfs at the end.

American astronomical discovery has kept pace with the advance in other lines. Jupiter's fifth satellite was discovered by Barnard, 1892, the sixth and seventh by Perrine, 1904 and 1905, the ninth by Nicholson in 1914. Saturn's ninth and tenth are credited to W. H. Pickering, 1899 and 1905. Aitken and Hussey have maintained America's lead in double star discovery and measurement.

The final period has also been characterized by co-operation in astronomical work which has paved the way for broader co-operation in research, international in its scope. We can merely mention the part taken by Dudley, Washington and Harvard observatories in the Astronomische Gesellschaft catalogue, the founding of the International

Solar Union, the precursor of the International Astronomical Union, and the culminating organization of the International Research Council in which American astronomers were especially active and prominent. When the artificial and unscientific bars put up by the Allies are removed and the scientists of the Central Powers are admitted and give support to the organization, a world scientific consciousness will be the result.

This brief survey indicates that at the beginning America was a debtor to astronomy for the part it played in discovery and to the old world for transplanted scientific ideas. American astronomers have now reached a stage in which the debt may be paid, at least in part, not merely by their valuable contributions to the science of astronomy; but also by their leadership in world organization for scientific progress, they may pave the way for a broader world union for the welfare of mankind.

THE RADIAL VELOCITIES OF TEN Oe5 STARS.

By W. CARL RUFUS.

Variable radial velocity appears to be a characteristic of the stars of spectral class Oe5. Among the ten stars of the accompanying table five were recently announced by the writer as having variable radial velocities[1] and two others gave a velocity range of ten kilometers per second. Of the three remaining cases two stars, S Monocerotis and 10 Lacertæ, have previously published velocity ranges[2] of about 25 and 12 kilometers respectively; while the third[3], λ Orionis (A), has a Yerkes unpublished radial velocity of +36 kilometers per second, but our results from five plates show a small range, eight kilometers per second, which may not be entirely due to errors of measurement, as the probable error of a single plate of average quality (3390) is only 1.1 kilometers per second.

In addition to the ten stars of the "Table of Velocities" four other stars of class Oe5 are spectroscopic binaries with large velocity ranges, ξ Persei, θ^1 Orionis (C), ι Orionis and τ Canis Majoris.

Columns 1, 2 and 3 of the table give the designation of the star, the number of spectrograms measured and reduced, and the maximum and minimum radial velocities observed. The fourth column gives the mean radial velocity reduced to the sun for six of the stars having a velocity range not exceeding about 20 kilometers, to which is appended the center of mass velocity of ξ Persei[4] and ι Orionis[5]. The last column tabulates the residual radial velocity after eliminating the component due to the motion of the sun. The average of this column gives a first rough determination of the space velocity of stars of class Oe5.

TABLE OF VELOCITIES.

Star	No. of Plates	Velocity Range km per sec.	Mean Radial Velocity	Residual Radial Velocity
B. D. +52° 726	5	— 0.9 to —10.3	— 5.9	— 6
B. D. +37° 1146	7	+ 0.3 to —20.3	— 6.6	—14
λ Orionis (A)	5	+39.5 to +31.9	+35.3	+18
[λ Orionis (B)	1		+34.1]	
S Monocerotis	5	+39.6 to +18.3	+28.6	+12
9 Sagittae	5	+17.1 to — 7.9		
B. D. +44° 3639	6	+22.2 to 17.5		
A Cygni	5	+28.8 to —54.0		
B. D. +56° 2617	6	+92.6 to —65.2		
19 Cephei	5	— 9.7 to —19.2	—14.4	— 1
10 Lacertae	6	— 5.1 to —16.6	—10.4	+ 1
		APPENDED LIST.		
ξ Persei		Center of mass velocity	+15.4	+10
ι Orionis		Center of mass velocity	+21.3	+ 2
Average residual radial velocity of 8 Oe5 stars (considered positive)				8

[1] *Astrophysical Journal*, **51**, 252. May, 1920.
[2] Frost and Adams, *Ibid.*, **19**, 154, 1904; Frost, *Ibid.*, **40**, 268, 1914.
[3] Kapteyn and Adams, *Ibid.*, **32**, 84, 1910.
[4] *Publications of the Dominion Observatory*, **1**, 370, 1912.
[5] Plaskett and Harper, *Astrophysical Journal*, **30**, 379, 1909.

"ASTRONOMY IMPROVED."

By CARL RUFUS.

A copy of "Astronomy Improved," by Nehemiah Strong, printed at New Haven in 1784, was obtained from the Library of Congress through the Interlibrary Loan. The title page (see illustration) indicates the nature of the contents. "Published for the Use, and at the Desire of the Students," it has been styled the first American textbook in astronomy. Limited to a special field of gravitational astronomy, the subject matter is presented in a systematic and thorough manner, illustrations and examples following analysis. The author adds at the end of Lecture II: "I have aimed at such an arrangement of thought, and methodizing of the subject, as I supposed most easy and natural; and though it be *new and different** from any I have ever yet met with, is yet wholly consistent with, and an *improvement** upon, the

*The italics are mine.

Aſtronomy Improved:

OR,

A NEW THEORY

OF THE HARMONIOUS REGULARITY OBSERVABLE

IN THE

MECHANISM OR MOVEMENTS

OF THE

PLANETARY SYSTEM.

IN THREE LECTURES,

Read in the Chapel of YALE-COLLEGE, in NEW-HAVEN.
Begun February 17, 1781.

EXHIBITING

A NEW AND ACCURATE METHOD,

For inveſtigating the VELOCITIES, DISTANCES and PERIODS of the PLANETS; founded on the Nature of Gravitation, and Mathematical Relations and Dependencies between their Diſtances, Velocities and Periods: As alſo for finding the QUANTITIES of MATTER in the PRIMARY PLANETS; and the Figure of the MOON's ORBIT in open Space.

BY NEHEMIAH STRONG, M.A.
Profeſſor of Mathematics and Natural Philoſophy in that College.

Publiſhed for the Uſe, and at the Deſire of the Students.

Who hath comprehended the Duſt of the Earth in a Meaſure, and weighed the Mountains in Scales and the Hills in a Balance.
Prophet ISAIAH.

The Works of the LORD *are great, ſought out of all them that have Pleaſure therein.*
PSALMIST.

NEW-HAVEN: *Printed by* Thomas & Samuel Green. 1784.

TITLE PAGE OF *"Astronomy Improved."*

same grand astronomical principles, which have hitherto obtained among the greatest masters of astronomy." This passage suggests the reason for adopting the title.

The author, Nehemiah Strong, (1729-1807) attended Yale, graduated in 1755, tutored and preached for several years, then became the first occupant of the new chair of Mathematics and Natural Philosophy at Yale, a position which he filled creditably from 1770 to 1781, when he resigned on account of salary diffculty and turned his attention to law. He also prepared calculations for almanacs, an evidence at that time of profound erudition. He was called "a man of vigorous understanding." It was the course of astronomical lectures, however, delivered in Yale in 1781 and published in 1784, which gave him more than a passing reputation.

The treatise was dedicated "To the Reverend Ezra Stiles, D. D., President of Yale-College, and Professor of Ecclesiastical History in the same." It consisted of three lectures which we shall consider briefly. The title, Astronomy Improved, gives way to the page heading, Astronomical Lectures.

Lecture I has the caption: "Concerning the Nature and Operation of the Power of GRAVITATION and ATTRACTION—its Influence in regulating and adjusting the Motions, Periods, etc., of the PLANETS; with a new and ready method for investigating the same, etc." The purpose is clearly stated at the beginning: "I propose, in this Lecture, to entertain you with a Dissertation upon the subject of the Attraction of Gravitation, and the Laws relating thereto—and show its operation upon the Planets, and other bodies of the Solar System, in regulating and adjusting their Motions and Revolutions, Periodic Times, Velocities, Distances, etc., in respect of the Sun, their central body: As also the Mathematical Relation on which their *Velocities, Distances, Periodic Times,* and *Gravitations* toward the Sun, mutually bear to each other: Necessarily resulting from the very Nature of Attraction, and the Laws of Circular Motion."

The definition of gravitation given has scarcely been improved: "By Gravitation, we mean, that principle which taking place universally in all Material Substances, gives them a constant bias or *tendency* towards each other, by which they are inclined to come together if separate, or continue so when united."

A digression of several pages is evidently designed to ward off the attacks of ecclesiastical critics. The wisdom of this course may be appreciated by considering the Prince controversy with Winthrop of Harvard. Strong desired to support the orthodox belief in the immanence of God, so he contends that "this Universal Principle of Gravitation depends solely upon, or originates from an established ORDER or CONSTITUTION of the Supreme Author and Governor of the Universe; being constantly upholden and supported, by a certain regular and uniform agency of **GOD** himself, resulting from the simple and constant **FIAT** of his own meer volition." This recalls Herschel's definition, "Gravitation is the exerted will of God."

Returning to the subject the author considers the doctrine of gravitation from the standpoint of the "Quantity of Matter," emphasizing the fact that the attraction of two bodies is mutual, and stating the law that it is in exact proportion to the quantity of matter in each.

Then concerning distance (mass constant) he states that the actual force of attraction is inversely as the square of the distance. No symbols are used. The law of gravitation may be more precisely and clearly stated by the familiar formula

$$A = G \frac{m_1 m_2}{d^2}$$

where A, the attraction, is measured in force units, m_1 and m_2 are the masses of the two bodies, d is the distance between their centers and G is the constant of gravitation, believed to be a constant of nature, the numerical value of which depends upon the units of distance, mass and time employed. The author does not mention the name of Newton in connection with the law of gravitation. A similar omission may be noted concerning Kepler's third law relating distance and period of revolution. The only reference to authority is to Martin's Philosophy.

Proposition I is next considered. "The Quantity of Matter in the Central Body being supposed as given, or to be permanently the same; to find the Periodical Time by the Distance, and the Distance by the Periodical Time; applicable to the Sun and Primary Planets." The following principle is used; the periodical time must be in the compound ratio of the extent of the circle directly and of the velocity inversely. In the discussion and computations two auxiliary quantities are employed, tardity and levity, (see second illustration) which appear to be quite as important as period and distance. The following quotation will introduce these "articles." "It is well known, that the Levity, or diminution of Gravity, is directly as the square of the Planet's Distance from the Sun: Consequently, the Distance is the square root of the Levity. But it will be found that the decrease of *Velocity,* or the Tardity of Motion in Revolving Bodies, is always as the biquadrate root (the square root of the square root) of the Levity. Hence, should we assume any Comparative Distance of a Planet from the Sun, and square the same, this will give the Comparative Levity, or diminution of Gravity, in respect to that of another, to which it is compared: And the biquadrate root of that Comparative Levity will give the Comparative Tardity, or slowness of its Motion, in respect to the other." An illustrative problem is given. Assuming a planet whose distance from the sun is four times as great as the earth's, he finds that the geometrical series,—2, 4, 8, 16, represents the Comparative Tardity, Distance, Period and Levity. This may be taken to illustrate the remark: "There is an admirable consent and harmony subsisting between the Velocities, Distances, and Periodical Times, with the Power of Attraction, or their Gravitation towards their Central Body, at their respective Distances, even beyond what has ever as yet been treated of, by any astronomical writer whatever."

The author recognizes that Proposition I "depends upon this grand

and universal principle, that when we have the comparative distance of one planet in respect of another, of whatever number that comparative distance is the cube root, the square root of the same number will be the comparative time of its revolution." This is the Harmonic Law of Kepler, which does not take account of the masses of the planets.

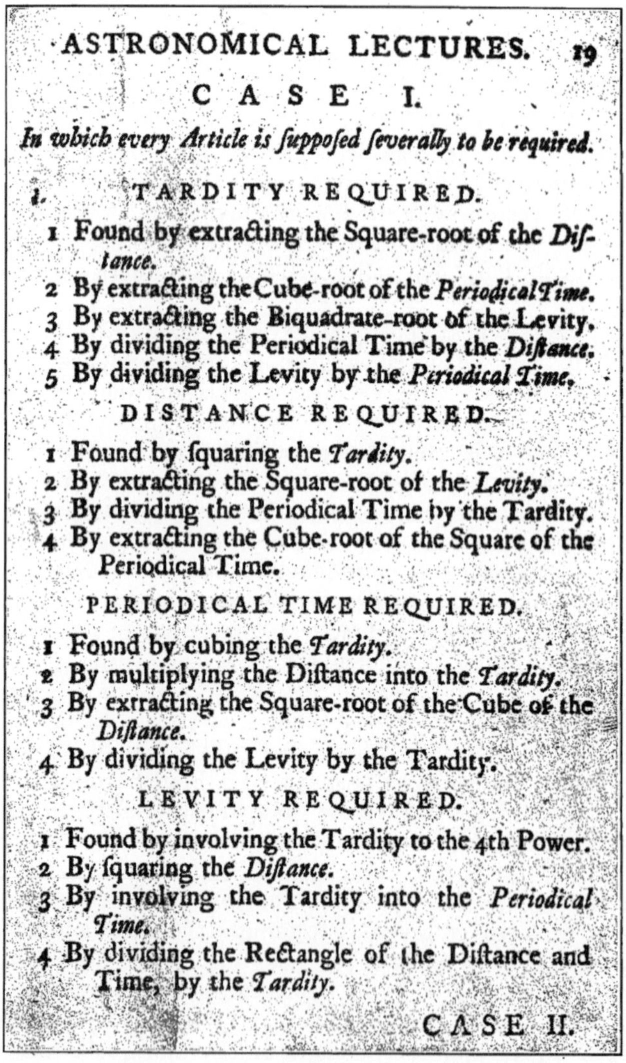

ASTRONOMICAL LECTURES. 19

CASE I.

In which every Article is ſuppoſed ſeverally to be required.

1. TARDITY REQUIRED.

1 Found by extracting the Square-root of the *Diſtance.*
2 By extracting the Cube-root of the *Periodical Time.*
3 By extracting the Biquadrate-root of the Levity.
4 By dividing the Periodical Time by the *Diſtance.*
5 By dividing the Levity by the *Periodical Time.*

DISTANCE REQUIRED.

1 Found by ſquaring the *Tardity.*
2 By extracting the Square-root of the *Levity.*
3 By dividing the Periodical Time by the Tardity.
4 By extracting the Cube-root of the Square of the Periodical Time.

PERIODICAL TIME REQUIRED.

1 Found by cubing the *Tardity.*
2 By multiplying the Diſtance into the *Tardity.*
3 By extracting the Square-root of the Cube of the *Diſtance.*
4 By dividing the Levity by the Tardity.

LEVITY REQUIRED.

1 Found by involving the Tardity to the 4th Power.
2 By ſquaring the *Diſtance.*
3 By involving the Tardity into the *Periodical Time.*
4 By dividing the Rectangle of the Diſtance and Time, by the *Tardity.*

CASE II.

ILLUSTRATION II.

On page 19 (reproduced) to emphasize the "harmony," making five rules under each article, we propose to add: under Distance—5 By dividing the Levity by the Square of the Tardity; under Periodical Time—5 By extracting the Biquadrate Root of the Cube of the Levity;

under Levity—5 By extracting the Cube-root of the 4th Power of the Periodical Time. Of course the discerning reader may add other rules for mental amusement, e. g. Levity—6 By dividing the Square of the Periodical Time by the Distance.

Lecture II continues the same subject. At the beginning the question is proposed: "How long a time would a meteor, or any other revolving Body take in going round the Earth just above its surface; and with what Velocity must it move so as to go round the Earth in a true Circle, without falling to it, by the force of its own Gravitation, or the Earth's Attraction?" The distance of the moon is 240,000 miles and the meteor's distance (from the earth's center) is 1/60 of the moon's distance. The following quantities are found:

Tardity	Distance	Periodic Time	Levity
7.746	60	464.76	3600

"Here we see that the comparative time of the Moon's revolving, to that of the meteor, is 464.76; that is, the Moon's period is so much larger than that of the meteor: Hence if we divide 27 days, 7 hours, 43 minutes, the Moon's periodical time, by that number, we shall have 84 minutes and 39 seconds for the time required for the meteor to revolve round the earth at the proposed distance; and the velocity with which it moves, must be 7.746 times greater than that of the Moon in her orbit (as appears by the table above) which would be at the rate of 24½ miles in one second." There is evidently an error in the velocity which should be about 4.9 miles per second. The argument is correct, however, and the correct comparative value of the velocity is used in the interesting comment which follows: "This velocity is 17 times the velocity of the equatoreal part of the earth; so, if the earth's rotation increased 17 times, bodies at the equator would have no weight." 17 is the ratio of the earth's period of rotation to the meteor's period of revolution, so the velocity may not have been used.

Proposition II is presented next. "The Distance from the central Body being supposed to be given, or to be Permanently and Invariably the same, but the Quantity of Matter in the central Body, and the Periodical Times variable; to investigate the Quantity of Matter in the central, requisite to give a Motion to the revolving Body, that shall complete the Revolution, at the stated Distance, in any proposed Time: And also the reverse of this, viz. To investigate the Time requisite for a Body to complete its Revolution, at the stated Distance, answerable to any Quantity of Matter proposed for the central Body; or in other words, Supposing the Distance to be fixed and invariable, to find the Quantity of Matter in the central Body by the Time of revolving; or the Time by the Quantity of Matter in the central Body." This depends upon the universal principle: "That when the Distance of a revolving, from its central Body, is considered as permanently the same, the Quantity of Matter in the central Body must be directly as the Square of that Velocity required to carry it round in the proposed time; or (which amounts to the same thing) inversely as the Square of the Time."

Proposition III again changes the constant. "The Periodical Time being permanently fixed, or the same, but the Quantity of Matter in the central Body, and the Distance of the revolving Body variable; to find the Quantity of Matter in the central, sufficient to carry the revolving Body round at any proposed Distance; and the reverse of this, To find a Distance answerable to any given or proposed Quantity of Matter in the central Body, at which the Body must revolve in the Stated Time." This depends upon the theorem: "The Quantities of Matter in central Bodies are in the direct Ratio of the comparative Cubes of the Distance of the revolving from the central Body, when the Periodical Times are given or permanently the same."

It will be noted that mass is constant in the first proposition, distance in the second, and period in the third; and of the two remaining quantities in each case, one is known or assumed, from which the other may be found. Applications of the propositions are made. Another interesting problem is solved. Given two bodies, the central body two inches in diameter and the revolving body one-tenth of an inch in diameter, with their centers one foot apart and densities equal to the mean density of the earth. Find the period of revolution. The result is 25 hours 29 minutes.

Lecture III contains remarks on the matters contained in the foregoing propositions. The first remark concerns the determination of Quantities of Matter in the Primary Planets, such as have secondaries. "For strange as it may seem to the unlearned, it is a real and demonstrable truth, that after knowing the Distances and Periodical Times of a Primary and its Secondary Planet, in regard of their respective central Bodies, we may really, and in a true philosophical sense, estimate, or as I may say, even weigh the Quantity of Matter in each; or at least, investigate the proportion which the Quantity of Matter in the one bears to that in the other." The use of the word, "weigh" was evidently designed to emphasize the sublimity and grandeur of the achievement by its association with the text of scripture quoted in this connection and printed on the title page.

The quantity of matter in the sun is found to be

4422.25 × Saturn.
1142.44 × Jupiter.
358062 × The Earth.

Data were lacking for other determinations of mass. Uranus, discovered in 1781 by Herschel, did not disclose its two satellites, Oberon and Titania, until 1787.

The second remark of Lecture III pertains to the problem of finding a point between the earth and sun at which the moon would be equally attracted by the two bodies. The point is found to be 161,185 miles from the earth's center. As the actual mean distance of the moon from the earth is 240,000 miles, at the time of new moon it is actually 78,815 miles nearer the sun than the determined point. This raises the question, why does the earth not lose its moon? The query is emphasized by the statement that at the critical point the sun's attraction for the moon is twice as great as the earth's attraction for it. The vividness of the question deserves a conclusive answer. Here it is. "When any system of Bodies, is by any means dislocated or disturbed; or, their situation, in respect of each other, altered, by an

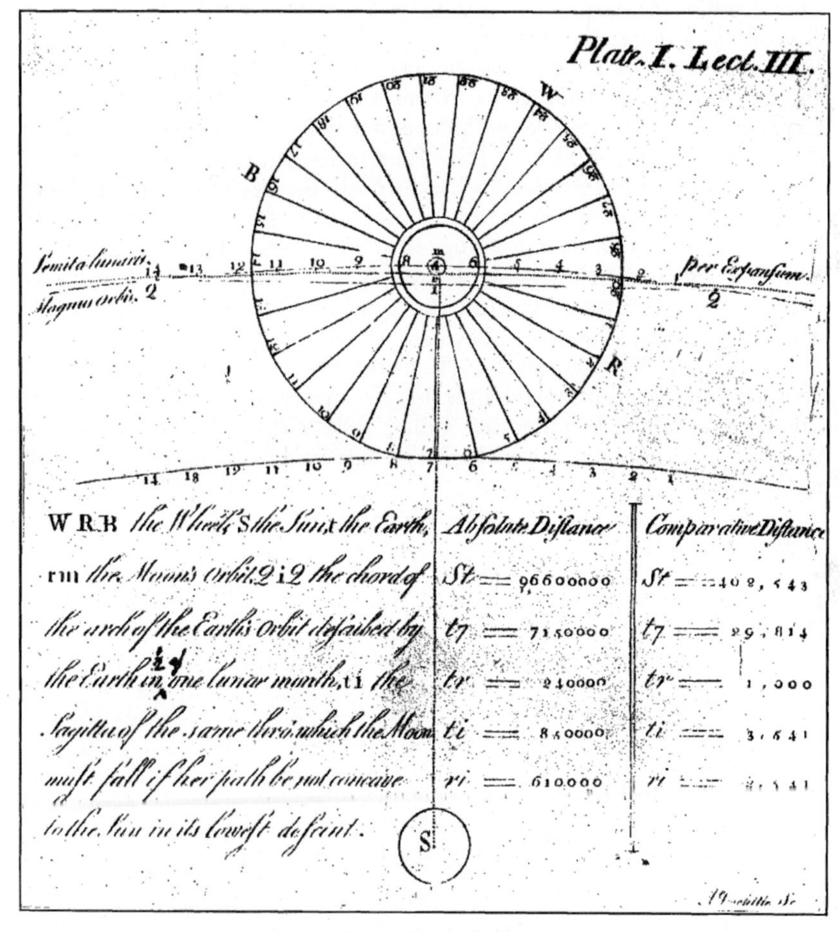

ILLUSTRATION III.

extraneous impulse common to them all, this does not essentially alter their motions in respect of themselves, so but that they will circulate as if there were no such impulse." Reference is also made to the mean relative distances, which must be taken into consideration.

An excellent piece of work follows, concerning the figure of the moon's path, or more specifically: "The Figure of the Moon's Path or Track, as a concomitant of the Earth in its way round the Sun, in respect, not of the Earth, but of the Sun, or in absolute Space." Here the sun appears to be considered at rest in space. It will be recalled in this connection that Herschel's preliminary results on the sun's motion in space were published in 1783 and were accepted with some distrust by contemporary astronomers. Strong sets out to prove that in every part of its orbit the path of the moon is concave toward the sun; "so that in none of her Gyrations, round the Earth, does she ever describe any loops, by crossing her own track, or even form any Prominencies, toward the Sun, in her greatest excursions toward it; and could we have a fair view, of this Path of the Moon, in the Wide Expanse, or open Space, it would not sensibly differ from a true and even orbit round the Sun." (See illustration III).

The last subject discussed is the form of the orbits of the satellites of Jupiter with respect to absolute space (the sun). The two inner satellites describe paths consisting of arches connected by loops formed by the crossing of their own tracks. The two outer ones (only four were known) form arches without the loops. Plate II of the text, not here reproduced, illustrates this part of the work.

The entire treatise consists of 52 pages, including the title page and dedication, two additional plates herein mentioned, and a page of Corrigenda, which includes the author's apology: "Besides, there are lesser slips in pointing, etc. which the discerning reader will overlook with candor."

NEW SILICON LINES IN CLASS B STARS.

By W. C. Rufus, R. A. Sawyer and R. F. Paton.

Silicon has long been recognized as an element the spectrum of which is very difficult to obtain in the laboratory. It has further been noted by Lockyer and others that very marked changes in the relative intensities and appearance of silicon lines were produced by variation of the mode of excitation. In fact the lists of lines given by different observers show wide variations in the number and wave-lengths of the lines listed.

The presence of silicon absorption lines in stellar spectra was early noted by Lockyer and Huggins. At the present time nearly all of the strongest lines of silicon from λ3700 to λ6600 have been identified in stellar spectra. The progressive change of intensity of certain silicon absorption lines with stellar spectral class has been established by Pickering and others. For example, λ4089 and λ4116 reach maximum intensity in Class B0 and decrease rapidly, while λ4128 and λ4131, stronger in the vacuum spark than the preceding, are absent or very weak in Class B0 and increase in intensity throughout the succeeding subdivisions of Class B. It has also been noted that certain stars of the subclasses have stronger silicon lines than others of corresponding classification, also Frost and Adams have pointed out that these same stars show a corresponding increase in the intensity of the oxygen and nitrogen lines. The anomalous behavior of silicon emission in P Cygni, a Class B star with bright lines in its spectrum, has been discussed by Merrill and others. In the spectrum of this star bright silicon lines, non-centrally superposed on broad absorption lines, show a displacement too great to be ascribed entirely to the Doppler effect.

A recent laboratory investigation of the silicon spectrum by Rufus and Paton, using as a source the vacuum spark, has revealed the existence of a very large number of new lines, extending the list of known lines about fivefold. That is, there were emitted under the violent excitation of the silicon radiations not excited by ordinary modes of excitation.

It has seemed to us of interest to examine the lists of lines found in the spectra of Class B stars to see whether any of the unidentified stellar lines show coincidences with new silicon lines. The large number of such coincidences in the case of ρ Leonis found by one of us is given in the lower part of the accompanying table.

TABLE I.

SILICON LINES IN ρ LEONIS.

Sawyer and Paton	I	ρ Leonis	I	S and P—ρ
4088.88	6	4089.06	4½	—0.18
4116.15	6	4116.19	1	—0.04
4128.11	8	lacking		
4130.96	10	"		
4552.50	20	4552.63	5	—0.13
4567.66	16	4567.79	3	—0.13
4574.66	12	4574.74	2	—0.08
4813.28	3	4813.6	s	—0.3
4819.57	4	4819.2	½	—0.4
4828.84	6	lacking		
COINCIDENCES WITH NEW SILICON LINES.				
4304.15	0	4304.0	1	—0.15
4372.33	1	4371.9	½	—0.4
4638.36	1	4638.60	1	—0.24
4665.76	1	4665.6	s	—0.2
4709.20	1	4709.4	s	—0.2
4800.43	1	4800.1	s	—0.3
4837.97	1	4837.8	½	—0.2

The first part of the table exhibits ten previously known silicon lines. Columns 1 and 2 give the wave-lengths and relative intensities in the vacuum spark, columns 3 and 4 contain the wave-lengths and relative intensities in the star as determined by Dawson, and column 5 gives the differences in wave-lengths, spark minus star. The relative intensities in the spark and in the star show an utter lack of correspondence; consequently, since silicon series relationships have not been definitely established, a consideration of line intensities will give little or no aid in determining identities between silicon spark lines and stellar absorption lines. The differences in wave-lengths of previously known lines found in the spark and in the star led to the adoption of 0.4 A as the provisional maximum limit in recording coincidences. There is little reason to doubt that the seven close coincidences in the case of ρ Leonis represent new identifications. Five of these seven lines are members of pairs with the same frequency difference as the pair 4088.88 — 4116.15.

As a stellar source of light reveals a mixture of various elements, under different conditions in individual stars, it may be of interest to include some of the so-called impurities of the silicon spark spectrum in relation to the Class B stars. Of the seven lines attributed to oxygen from λ4076 to λ4661 in the spectra of δ Orionis and ϵ Orionis by Curtiss, all excepting the last one are found among our impurities. In a similar region of the spectrum twenty-one lines in the spark are attributed to oxygen, of which all excepting three are given by Henroteau and Henderson in their table of lines of Class B stars. Four nitrogen lines in the spark are all found in the stars. λ4607.30 in the spark was rejected from the list of silicon lines and ascribed to nitrogen altho its intensity (2) being so much greater than the intensity (0) of the other nitrogen lines leads to the conclusion that silicon probably contributes to the strength of the radiation. Hα, Hβ and carbon λ4267 are also found among the impurities. The presence of such a large number of Class B stellar lines among our impurities strengthens the conviction that the vacuum spark source closely approaches the condition of the early type stars.

In addition to the seven coincidences between new silicon lines and absorption lines in ρ Leonis, ten have been found with other unidentified absorption lines of Class B stars at wave-lengths 3230.43, 3779.47, 4141.04, 4494.02, 4598.21, 4619.60, 5219.05, 5448.46, 5639.13 and 5796.71. It is quite probable that many of these stellar lines are due to silicon absorption.

Among coincidences noted between previously known silicon lines and stellar absorption lines not identified by the observers, λ3806.60, the strongest silicon spark line in this region, corresponds with λ3806.4 observed by Kohl in γ Orionis the only unidentified line measured by him in the ultra-violet. Pickering's line λ3790.0, not found by Kohl, may be due to λ3791.13 of the spark. The absorption line λ4198.34 found by Curtiss in *β* Lyrae shows close correspondence with λ4198.25.

It was not our original intention to include a study of coincidences between the silicon spark lines and stellar emission lines. However, a few remarkable cases seem worthy of mention in this connection.

Three formerly known silicon lines λ3853, λ3856 and λ3862, which show some disagreement in wave-length in the spark, are represented in the spectrum of *β* Lyrae, a Class Bp spectroscopic binary, by three bright lines λ3853.61, λ3856.45 and λ3862.55 measured by Curtiss. Our wave-length for these lines are 3853.01, 3856.09 and 3862.51. Although there is a greater discrepancy in two of the lines than we have admitted in the case of absorption lines, the anomalous behavior of the radiation, both in the spark and in the star, gives strong evidence in favor of the identification. Two new silicon lines λ4657.20 and λ5185.64 may be represented by emission lines in *γ* Cassiopeiae; while others appear suspicious.

A very remarkable set of coincidences between the silicon spark lines and the radiations of the Wolf-Rayet stars, *γ* Velorum and H. P. 1311, has been noted (by W. C. R.). Between λ3890 and λ5800 of the stellar spectrum there are as many as eighteen coincidences between measured lines, including both emission and absorption, and measured edges of lines, as given by Pickering.

The large number of coincidences between the new silicon lines and the absorption lines of Class B stars, especially *ρ* Leonis, and the coincidences between the silicon spark lines and emission lines of early type stars lead to the conclusion that silicon plays a more important part in stellar radiation than has usually been ascribed to it.

A more extensive study including other stellar spectral classes might lead to interesting results.

THE ASTRONOMICAL SYSTEM OF COPERNICUS.

By W. CARL RUFUS.

The problem of representing the motions of the heavenly bodies baffled the world's greatest thinkers for two thousand years. Its solution required the combined effort of a host of observers, geometers, theorists and computers, from the days of the Greek philosophers to the time of Newton. The pioneer of the international group of scientists, who solved the problem, was Copernicus, a Pole (1473-1523). He was followed by Tycho Brahe, a Dane (1546-1601); Kepler, a German (1571-1630); Galileo, an Italian (1564-1642); and Newton, an Englishman (1643-1727). The law of gravitation, which is the key to the solution, has been universally considered to be the greatest scientific generalization of the human mind.[1]

The solution of the problem demanded an underlying astronomical system in harmony with the facts of nature and the construction of the universe, not merely an arbitrary system that would "save the phenomena." The heliocentric system of Copernicus met that requirement in general, although Kepler's elliptical orbits were an indispensable correction.

Three of the most important astronomical systems[2] were advocated by Ptolemy (2nd century B. C.), by Copernicus and by Tycho Brahe.

The Ptolemaic system is geocentric. Developed by the Greek philosophers it held undisputed sway from the second to the sixteenth century. The motionless earth at the center is surrounded by the four sublunary elements, which we need not consider, and is encircled by the spheres of the seven planets of the ancients in the order indicated, —Moon, Mercury, Venus, Sun, Mars, Jupiter and Saturn. Outermost is the sphere of the stars. The last sphere rotates daily about the earth from east to west imparting its motion to those within, and in this way carrying all the heavenly bodies around the earth once a day. The spheres of the planets rotate in the opposite sense; the greater the distance, the longer the period, Saturn, approximately 30 years, Jupiter, 12 years, Mars, 2 years, 1 year for the Sun, Venus and Mercury, and one month for the Moon. Some details of the motions will be considered later.

[1] If Einstein's theory of generalized relativity should meet the tests of astronomy and physics for the next two hundred years, this statement will need to be modified.

[2] Excellent illustrations may be found in Cellarius' Harmonia Macrocosmica, 1708.

The system of Copernicus is heliocentric. The Sun is motionless at the center, around which revolve the planets, Mercury, Venus, Earth, Mars, Jupiter and Saturn. The Moon revolves about the Earth and accompanies it in its journey around the Sun. Surrounding all is the sphere of the stars which is at rest, its rotation from east to west being replaced by the rotation of the earth on its axis in the opposite direction.

The system of Tycho Brahe is an ingenious compromise. The earth is motionless at the center surrounded by the orbit of the Moon and the orbit of the Sun. The Sun is encircled by the orbits of the remaining planets, Mercury, Venus, Mars, Jupiter and Saturn. The sphere of the stars is outermost and rotates daily about the central Earth.

The fundamental principles of these three astronomical systems developed side by side during the constructive period of Greek astronomy, but the Ptolemaic finally prevailed.

Before the Greek period the ancient races, including Chaldaean, Egyptian, Indian and Chinese, had made extensive observations chiefly for astrological use. They possessed a remarkably accurate knowledge of the apparent movements of the sun, moon and planets, including the length of their periods. The Chaldaeans discovered the saros, or restitution period, which they used in predicting lunar eclipses. The Babylonians added a more refined method of celestial measurements introducing the sexagesimal system which is used today. Assuming the constant value of the sidereal day they determined the length of the natural time units. Hipparchus (2nd century B. C.), the greatest Greek astronomer, obtained from them the lengths of the sidereal, synodic, anomalistic, and nodical months. In their observations they used the sundial, clepsydra, astrolabe, and gnomon. Little was contributed by the Egyptians bearing upon our problem, excepting their system of earth measurement or geometry; which was improved by the Greek mathematicians and provided a method of attacking celestial motions.

The observed motions of the heavenly bodies which challenged the mind of man included the daily rotation of the entire celestial sphere from east to west carrying the fixed stars and other heavenly bodies; the monthly revolution of the moon eastward through the zodiacal constellations, accompanied by change of appearance; the annual revolution of the sun, accompanied by change in midday altitude associated with the seasons; and the periodic revolutions of the planets, whose apparent paths have stationary points and retrogressions producing loops or convolutions.

Plato, (about 428-347 B. C.) according to Sosigenes,[3] "set it as a problem to all earnest students to find 'what are the uniform and ordered movements by the assumption of which the apparent movements

[3] Heath, Aristarchus of Samos, p. 140.

of the planets can be accounted for'." Eudoxus (409-356 B. C.), a pupil of Plato, was the first to make an hypothesis and to test its scientific value by the agreement between theory and observation. His assumption of uniform circular motions to explain the movements of celestial bodies was retained two thousand years; Copernicus made use of it in his astronomical system. The homocentric spheres of Eudoxus with the earth at the center accounted for the most outstanding features of planetary motion, but failed to account for the varying distance. Aristotle, however, adopted this system and gave the spheres material existence.

The system of Philolaus (5th century B. C.), a Pythagorean, removed the earth from the center and put in its place an imaginary central fire, around which revolved the spheres of the planets among which was placed the earth. To complete the perfect number ten, an imaginary counter-earth was added. The velocities of the bodies depended upon their harmonic distances in the Pythagorean system, the nearer being the slower and giving out a lower tone. Thus the "music of the spheres" originated. The system was purely imaginary. The significant features are that the earth was removed from the central position and was put in motion with the planets.

Hiketas, and Ekphantus (5th century B. C.), other Pythagoreans, rejected the system of Philolaus and advanced the idea that the heavens, sun, moon, and planets, are standing still, while the earth turns like a wheel from west to east.

The first limited heliocentric idea was clearly given by a Platonic scholar, Heraclides of Pontus, (4th century B. C.). In his system the earth rotates on its axis at the center of the world. The sun revolves about the earth; also the outer planets are geocentric. The unique feature is that Mercury and Venus revolve about the sun. This system is sometimes called the Egyptian. Copernicus referred to it as the system set forth by Martianus Capella (5th century A. D.). It solves the question of the relative distances of Mercury and Venus, which had given much difficulty to the ancients. It also explains why they always appear within a limited angular distance of the sun. The heliocentric idea was extended to include Mars by Riccioli (1598-1671) and to include all the planets by Tycho Brahe as previously seen, although Tycho did not adopt the rotation of the earth. Schiaparelli[4] concludes that Heraclides was the inventor of the system of Tycho, or was acquainted with it. His speculations go farther and credit Heraclides with originating the Copernican hypothesis. Heraclides used two epicycles with centers at the sun to define the motion of Mercury and Venus.[5]

Aristarchus of Samos (3rd century B. C.) deserves full credit for

[4] I precursori di Copernico.

[5] Heath, Greek Mathematics. Vol. I, p. 317.

originating the heliocentric hypothesis. Heath,[6] who made an exhaustive study of the subject, concludes: "There is not the slightest doubt that Aristarchus was the first to put forward the heliocentric hypothesis." Copernicus seems to have known something of the work of Aristarchus to which he referred in a passage in his manuscript of De Revolutionibus, which he afterward suppressed, and in other writings, e. g. the letter of Lysius. Archimedes, a contemporary of Aristarchus, gives conclusive evidence concerning the hypothesis. Referring to a work by Aristarchus he says: "His hypotheses are that the fixed stars and the sun remain unmoved, that the earth revolves about the sun in the circumference of a circle, the sun lying in the middle of the orbit, and that the sphere of the fixed stars, situated about the same center as the sun, is so great that the circle in which he supposes the earth to revolve bears such a proportion to the distance of the fixed stars as the center of the sphere bears to its surface." Archimedes, a keen mathematical critic, here objects to the use of the ratio of a point to a spherical surface. There is no question, however, concerning the content of the heliocentric hypothesis. Even the comparison of the size of the earth's orbit with the sphere of the stars bears a close resemblance to the doctrine of Copernicus. Seleucis, a Babylonian, about a century later, also maintained the truth of this system.

Apollonius extended the use of epicycles to the outer planets, but it involved the assumption of a moving point as center of the epicycle not marked by a moving body. Eccentrics as deferents were also applied to the outer planets. Apollonius recognized that the motion of the center of the eccentric moved in the same direction and at the same speed as the sun. Combined with the heliocentric epicyles of Mercury and Venus a system resembling that of Tycho Brahe would result, with one improvement, the daily rotation of the earth. Heath concludes that this system was anticipated by some one between the time of Heraclides and Apollonius or perhaps by Apollonius himself and adds: "If it was, then Apollonius (coming after Aristarchus of Samos) would be exactly the Tycho Brahe of antiquity." We might add that Ursus[7] (?-1600) ascribed Tycho's system to Apollonius.

Hipparchus (2nd century B. C.) improved the theory of solar and lunar motion and developed a system of eccentrics and epicycles which satisfied their apparent motions. According to Ptolemy he was the first to point out the difference between the value of the maximum anomaly and the radius of the epicycle. On account of the lack of satisfactory observations, he gave up planetary theory, made observations, and accumulated records for his successors.

Ptolemy (2nd century A. D.), the last great astronomer of the

[6] Aristarchus of Samos, the Ancient Copernicus, p. 301.

[7] Reymers Bar, Referred to by Sherburne. The Sphere of Manilius, Appendix, p. 135.

Greeks, perfected the geocentric system, improved lunar theory by adding evection, and extended the detailed application of epicycles and eccentrics to the planets. He proved the identity of the hypotheses of eccentric and epicycle previously indicated and used an eccentric deferent for the first inequality of motion, or the equation of the center. He also introduced the equant, which violated the principle of uniform circular motion, as the motion in the deferent is uniform not about its center nor about the earth but about the equant. But he brought about an agreement between theory and observation that was not seriously questioned until the time of Copernicus. In his system, he placed the centers of the epicycles of Mercury and Venus on a line between the earth and the sun. After Ptolemy came the stationary period in the history of astronomy in Europe.

Greek astronomy traveled eastward and found adherents in India and Arabia. In India, one significant feature was added to the epicycle. Its radius was variable, being greatest at perigee and apogee and least at 90 degrees from these points. The result was an oval or elliptical epicycle. Aryabhata (b. 476 A. D.) also held the doctrine of the rotation of the earth; but this was rejected by Brahmagupta. The revolutions of the planets were geocentric, however, and their motions inextricably related to the complicated theogony of the Hindus.

Indian astronomy influenced by the Greeks appears to have been the precursor of Arabian medieval science. Later the Arabs obtained original Greek works including the Syntaxis of Ptolemy, the ancient astronomical classic. Little was added by them and nothing that bears directly on our subject excepting the fact that Albategnius, (?-929), placed Mercury below the sun and Venus above.

Alfonso X of Castile, (1223-1284), and his astronomers in the production of his celebrated tables were dependent upon the Ptolemaic system. The elliptical form of the deferent of Mercury in an illustrative figure is interesting.

Astronomy was the first science to respond to the revival of learning in Europe during the fifteenth century. Nicolaus de Cusa (1401-1464) in his mystical philosophical work, De Docta Ignorantia, (1440), appears to hold that the earth is moving. The universe is infinite so it has no center and no circumference. An observer on the earth, on the sun, or on any other body, would consider himself at rest and all other objects in motion. This has a very modern relativity aspect.

Peurbach (1426-1461) and his more illustrious pupil, Johann Muller (1436-1476), (Regiomontanus), reverted to Ptolemy and recovered Greek writings to supplement Arabic translations.

Calcagnini of Ferrara, (1479-1541), a contemporary of Copernicus, taught the daily rotation of the earth and attempted to explain all apparent motions of the celestial bodies by tiltings of the earth leaving it at the center of the universe. Vague, speculative ideas concerning the motions of the earth were held by others.

It remained for Copernicus to give definite form and content to these speculations and to develop a complete system of astronomy, in which the motions of the earth played the decisive part in solving the problem of celestial motions.

The training of Copernicus was cosmopolitan and gave him balance and breadth of view as well as technical preparation for his task. At the University of Cracow (1490-1494) he had the best teacher of mathematics and astronomy in northern Europe, Albert of Brudzew, (?-1495), who was familiar with all the details and difficulties of the Ptolemaic system. He used the works of Peurbach and Regiomontanus and wrote a commentary on Peurbach's *Theorica Novae Planetarum.* At Bologna (1497-1500), as a student of canon law, Copernicus studied Greek, read Plato, and became intimately acquainted with Novara, the astronomer. Here he made his first recorded observation, an occultation of Aldebaran, March 9, 1497. During the jubilee year, 1500, in the city of Rome, he gave lectures on "mathematics," which meant astronomy, but it is not clear what position he held. Here he observed a lunar eclipse. In 1501, he entered Padua to study law and medicine. He probably discussed planetary motions with Fracastoro, who held a chair of logic, and afterwards attempted to revise and to revive the theory of homocentric spheres.

Nine years in Italian centers of learning, where astronomy held an eminent place, gave him possession of the best astronomical knowledge and the most advanced theories of the day. Berti,[8] tracing the effect of his Italian training upon his nascent ideas, emphasises the great influence exerted by Novara with whom Copernicus lived in Bologna according to the prevailing custom of pupil and teacher. He infers that it was under the guidance of Novara that Copernicus began to collect the materials which he used later to construct his system. He also says: "It is beyond doubt that the frequent discourses which our (Italian) scholars made with more or less clarity, contributed to set his attention on the motion of the earth." He concludes, however, that "The system of Copernicus is the signal work of his own mind. *Esso e suo, tutto suo.* (It is his, entirely his.) Great systems, such as this one, are not piecings together of anonymous works."

When Copernicus returned from Italy in 1506, he was a learned mathematician, a doctor of canon law, and a doctor of medicine. He had previously been appointed a secular canon of the church and in the following year became permanent physician to his uncle, the Bishop of Ermland. Astronomy was his avocation.

Not only was Copernicus well prepared for his work, but the time was opportune. Revolutionary changes were in vogue. Gutenberg's invention had provided movable type and printing presses were busily

[8] Copernico e le vicende del Sistema Copernicano in Italia, kindly reviewed by Professor McLaughlin.

engaged spreading new ideas. Columbus discovered a new world and the ships of Magellan circumnavigated the globe. Savonarola preached his prophetic warnings and Martin Luther nailed his theses to the Wittenberg cathedral door. Aristotle's authority in science was beginning to be questioned. The old everywhere was being challenged and the new was being tried.

Copernicus, in his introductory letter of De Revolutionibus to Pope Paul III, says that he became dissatisfied with the complicated astronomical systems of his day. He began to doubt concerning the motions of the sun, the moon and the planets, because mathematicians disagreed in their results and were even unable to prove by observations the constant length of the year. Some used concentric circles, others eccentrics and epicycles and contradictions to the first principles of uniform motion were introduced. To quote: "Nor have they been able to discover or calculate from these (methods) the main point, which is the shape of the world and the fixed symmetry of its parts; but their procedure has been as if someone were to collect hands, feet, a head, and other members from various places, all very fine in themselves, but not proportionate to one body, and no single one corresponding in its turn to the others, so that a monster rather than a man would be found from them." He thought that "something essential" had been omitted, some harmonizing factor, and set about to find it. Distrusting current methods and their disgusting inconsistencies he turned to the old philosophers and found that some held the opinion that the earth moves. Taking this as a starting point he began to construct his system.

We do not know when he first conceived the heliocentric idea. Undoubtedly he held it as an hypothesis when he returned from Italy in 1506. It is quite probable that he had heard of speculations concerning the mobility of the earth in Cracow and may have gone to Italy to study Greek to be able to read the philosophers. The details of the system were worked out, put in manuscript form, and lay in the study according to his own words "not nine years but going on four times nine." In that case, as De Revolutionibus appeared in 1543, the system must have been perfected soon after his return from Italy. His "Commentariolus," a manuscript for private circulation setting forth the essential principles of his system without the proofs, was prepared about 1530. In 1531, on account of his absurd ideas, he was ridiculed on the stage at Elbing, where he was well known. However, concerning slanderers and idle talkers he says: "I care not at all; I will even despise their judgement as foolish." He desired the candid opinion of able critics and had confidence that ingenious and learned mathematicians would sustain him if they were willing to recognize and weigh the matters adduced to demonstrate his system. But he adds very suggestively: "Mathematics are written for mathematicians."

Copernicus attacked the problem of the motion of the heavenly bodies with the same kind of observational material at hand, similar means of observation, and with the same geometrical method of approach, which were used by the Greek philosophers and became the common inheritance of Indians, Arabs and Europeans. He retained the venerable assumption of uniform circular motions, discarding the equant of Ptolemy which violated that principle. He retained eccentrics and epicycles, some of which acquired new significance. He made some observations but was not an accurate observer.

What then was the secret of his success? In a quotation above one expression is a revelation. He refers to "*the main point,* which is the shape of the world, and the fixed symmetry of its parts." His problem was not to save the phenomena, but to reveal nature. When he found the true system, to be sure, the phenomena took care of themselves. What was the failure of the Ptolemaic system? When the centers of the epicycles of Mercury and Venus were removed from the sun to imaginary moving points reality ceased to be the goal. The simplicity of natural processes was eclipsed by complex artificiality. We must remember that Copernicus retained too much, even more than was necessary, of this scaffolding, which Kepler finally removed.

In the system proposed by Copernicus the world is spherical. The earth is also spherical as held by the Greeks after Pythagoras. Copernicus departs from the idea of the sublunary elements and makes earth and water constitute one sphere. His use of circular motions is justified by these words: "We must confess that the celestial motions are circular, or compounded of several circles, since their inequalities observe a fixed law and recur in value at certain intervals, which could not be, except that they were circular; for a circle alone can make that which has been, recur again." He then uses the Aristotelean argument of the unchangeable mover or motive power to account for the uniformity of the motion. He makes a clear analysis of relative motion and applies it to show that the diurnal rotation of the celestial sphere may be explained equally well by a rotating sphere and a stationary earth or by a stationary sphere and a rotating earth, as taught by Heraclides and Ecphantus. He thinks that it is more reasonable to believe in the daily rotation of the earth a mere point in comparison, than to maintain that the sphere of the stars is revolving at an inconceivable speed.

In removing the earth from its central position he had the example of Philolaus and others, although he presents original reasons. The center was "the natural place" as Aristotle had proved, since all parts tend to the center; but Copernicus extended that principle and found other centers in the sun, moon and planets. Then if the earth is moving out of the center its motion must be revealed by the principle of relative motion in the apparent motions of the other bodies. The problem of fixing the orbits of Mercury and Venus may have given Copernicus his clue to the heliocentric motion of the planets. After discussing the difficulty he says: [9] "Therefore, I think the opinion set forth by Martianus Capella and some other Latin writers is not to be despised. For he supposes that Venus and Mercury travel round the sun and therefore cannot get farther away from it than the convexity of their orbits allows, since the latter do not surround the earth. The sun, therefore, is the center of their orbits." This as we have seen was the unique feature of the system of Heraclides. He continues: "If we take occasion of this to refer Saturn, Jupiter, and Mars, to the same center, bearing in mind the great extent of their orbits which enclose the two planets as well as the earth, we shall not fail to find the true order of their motions."

He next places the earth with the moon as satellite between the orbits of Venus and Mars where a great space was left and makes it revolve about the sun. Again applying relative motion he reaches the conclusion that what appears to be a motion of the sun is in truth an annual revolution of the earth and thus the motionless sun occupies the center of the universe. This arrangement accounts for the stationary points, retrograde arcs, and convolutions of the planetary orbits; these irregularities are therefore merely apparent, while the true orbits are simple and natural.

Two motions of the earth, however, were insufficient for Copernicus, a third was necessary to take care of the direction of the axis of rotation of the earth. For this third assumption he has been harshly criticized by his opponents and partially pardoned by his followers. Dreyer[10] is "almost reconciled" to the "needless third motion of the earth," because in its consideration Copernicus contributes the correct explanation of the precession of the equinoxes. We are not only entirely reconciled; but we believe that this third assumption was a master stroke of his genius. His problem was to find out the mechanism of the universe; this he attempted to do by interpreting observational data on the hypothesis of motions of the earth. The first motion of the earth, its diurnal rotation, took care of the apparent motion of the outermost sphere of the stars. The second motion of the earth, its annual revolution about the sun, took care of the sun's apparent orbit, and in connection with the heliocentric revolution of the planets it explained their peculiar apparent motions. There remained one unexplained phenomenon, the precession of the equinoxes, discovered by Hipparchus, which might have been taken care of by a motion of the outer sphere; but Copernicus faced the problem of explaining it by a third motion of the earth, and that was accomplished. It is unfortunate that this motion is so involved in the method of defining the motion that the main point has not been more clearly emphasized. Copernicus was limited in his mathematical analysis to the geometrical

[9] Dreyer, History of the Planetary Systems, p. 326.
[10] History of the Planetary Systems, p. 329.

method of his day. This was based upon the Aristotelian doctrine of solid revolving spheres, so the frame of reference was fixed in the moving sphere. Consequently, in defining the direction of the axis of the earth, Copernicus used for the initial line the radius vector of the center of the earth.[11] His keen analysis detected the difference between the annual component due to the moving radius vector and the small component due to precession, which is correctly explained by the third motion of the earth. This is a real motion and is so accepted by astronomers today. A complicated fourth motion due to nutation has also been added.

The system of Copernicus, when applied to planetary motions, provided a means for a true interpretation of the chief geometrical constructions. For example, in the case of the inner planets, the deferent of Ptolemy became unnecessary, while the imaginary epicycle became the real orbit. In the case of the outer planets, the first epicycle of Ptolemy, which was merely a counterpart of the earth's orbit, became unnecessary, which led to simpler constructions. Inequalities were taken care of by eccentrics and epicycles, with this essential difference; they represented residuals or corrections to real quantities, which, in the words of Copernicus: "observe a fixed law and recur in value at certain intervals." The resultant true orbit referred to the sun, was free from the convolutions which were readily explained as apparent motion due to the combined motion of earth and planet. This sense of reality became evident also because the system provided a means of determining the relative distances of the planets from the sun or the relative sizes of the orbits; which was not done by Ptolemy; because each geocentric orbit was determined independently of the others and the essential unifying factor lay hopelessly concealed. That undiscovered quantity was the radius of the earth's orbit about the sun, which was involved in each geocentric orbit, being represented by the radius of the deferent in the case of the inner planets and by the radius of the epicycle in the case of the outer planets. The heliocentric system was necessary to reveal this common quantity and to interpret its true meaning.

To obtain the mean distances of the planets from the sun, Copernicus needed an observation of each outer planet at opposition and at one other position and an observation of each inner planet at greatest elongation. In the observations made by Copernicus and recorded in "De Revolutionibus" there are three at opposition of each outer planet and one at another position, but there is none of the inferior planets at elongation, the observations of others being used in this case. He observed an occultation of Venus; but left no recorded observation of Mercury. That does not mean that he never saw Mercury, a statement that persists even among astronomers.

[11] Diagram, De Revolutionibus, p. 32, Thorn, 1873.

The values of the mean distances compared with modern values are as follows:

	Copernicus	Young
Mercury	0.3763	0.3871
Venus	0.7193	0.7233
Earth	1.0000	1.0000
Mars	1.5198	1.5237
Jupiter	5.2192	5.2028
Saturn	9.1743	9.5389

The observations of Copernicus were made with a "triquetrum," a Ptolemaic instrument for measuring zenith distances, which he constructed of three strips of deal. The first stood upright, with a second hinged near its top to direct toward the star, and a third extending from the first to the second and graduated to read the angle between them. He did not obtain a high degree of accuracy, which seemed to trouble his disciple, Rheticus. One fundamental star was in error 40′. All he hoped to attain, however, was approximate agreement between observation and theory sufficient to test the truth of his system. He told Rheticus that he would be as happy as Pythagoras when he discovered his theorem, if he could get agreement between his theory and observations within 10′ of arc.

He made maximum use of his own observations and others. From determinations of the apogee of the outer planets based on Ptolemy's observations and his own, he discovered[12] the motion of the line of apsides. His values were in error, however, as he kept too close to the old geocentric theory, using apogee instead of aphelion and referring the motion of the line of apsides to a line through the center of the earth's orbit instead of a line through the sun. Kepler made the necessary corrections.

Although Copernicus obtained the relative distances of the planets with fair accuracy and could thereby represent the system on an arbitrary scale, he went far astray regarding the absolute values. For the sun's mean distance, using data from Ptolemy with slight modifications, he obtained 1142 times the earth's radius, a value less than 1/20 of the true distance.

An inherent defect in his system was the use of epicycles, or uniform circular motions, as it is impossible to select a system that will correctly represent at the same time both the direction and the distance of a moving body. His system also appeared complex, requiring 34 circles in all; 4 for the moon, 3 for the earth, 7 for Mercury, and 5 for each of the remaining planets. Some of these were involved in correcting planetary motions due to his referring them to a line related to the earth. He had not entirely freed his heliocentric theory from the imperfection of the geocentric. Copernicus, however, appears to be elated with the reduction of the number of circles for he says:

[12] Albategnius discovered that the apogee of the sun had changed from the position given in the Almagest. Berry, A Short History of Astronomy, p. 79.

"Thus altogether 34 circles suffice to make plain the entire structure of the world, the whole round-dance of the stars.[13]

In contrast to this "complex" system which reaches the enormous (?) number of 7 circles to explain Mercury's motion, we may compare the modern analytical method. With Kepler's elliptical form of orbit and employing series composed of circular functions to take care of inequalities, Brown finds it necessary in defining the motion of the moon to employ 1500 terms!

Two real objections confronted the system. If Mercury and Venus revolved about the sun they ought to show phases like the moon. If the earth revolved about the sun, the stars should change their apparent position, i. e. they should have an annual parallax. Copernicus merely replied: "Have patience, time will tell." Galileo's telescope revealed the first. Nearly 300 years elapsed before Henderson and Bessel removed the last objection.

The astronomical system of Copernicus as he left it did not completely solve the problem of the motion of the heavenly bodies. With the sun at the center of planetary motion it provided a firm foundation for future work. More accurate and more systematic observations were needed to provide the data for a purely formal solution. Tycho Brahe, although he did not adopt the Copernican system, supplied this demand. A keener scrutiny of the observational data, combined also with a speculative daring untrammeled by the traditions of the past, was necessary to break from the metaphysical assumption of uniform circular motion and to give the true form of planetary orbit. This was done by Kepler, whose empirical laws of planetary motion based upon the ellipse gave the formal solution or definition in terms of space and time. And yet the problem was not completely solved. The baneful effect of authority in science had to be finally overpowered and nature itself enthroned as the true source and final arbiter of natural law. Galileo's dramatic appeal at the leaning tower of Pisa from the authority of Aristotle to the authority of nature paved the way. Inheriting only medieval erroneous or obscure ideas he swept them aside and laid the foundation of dynamical physics. New mathematical methods had to be devised, analysis developed, and computation improved, to keep pace with the accuracy of accumulated data. These needs were met by the generalized coëfficients of Vieta, the coördinates of Descartes and the logarithms of Napier. Finally, a master genius had to gather up all these related factors, data, dynamics and analysis, improve them where they proved inadequate for his task and apply them on the foundation laid by Copernicus and perfected by Kepler to obtain the final analytical solution in terms of physical quantities. This was done by Newton who found the law of gravitation, which binds the heavenly bodies together, defines their motions and consti-

[13] Prowe, Nicolaus Coppernicus, Vol. II, p. 292.

tutes the "essential something" which escaped the ancient philosophers and Copernicus helped to find.

THE REGISTRATION OF EARTHQUAKES AT THE DETROIT OBSERVATORY, ANN ARBOR, 1916-1921

By W. CARL RUFUS

The form of record previously used in these Publications has been followed. Columns one and two give the serial number of the shock and the date of its occurrence. The third column indicates the component and the instrument with which it was recorded. B-EW and B-NS refer respectively to the east and west component and the north and south component of the Bosch instruments. W-EW and W-NS refer to the corresponding components recorded with the Wiechert horizontal seismograph. The use of the Wiechert vertical instrument has been discontinued on account of its inefficiency.

The symbols at the head of columns four to ten inclusive are as follows:

P, time of arrival of longitudinal waves.
S, time of arrival of transverse waves.
L, time of arrival of long or surface waves.
M, time of maximum.
F, end of record on seismogram.
A, greatest excursion of the pen from the zero line.
Δ, distance from epicenter to station, determined from records.

In the remarks following the record some additional symbols have been used corresponding with those adopted by the International Seismological Association.

O, time of disturbance at epicenter.
PR_1, time of arrival of once reflected longitudinal waves.
PR_2, time of arrival of twice reflected longitudinal waves.
SR_1, time of arrival of once reflected transverse waves.
SR_2, time of arrival of twice reflected transverse waves.

All times are given in Greenwich Civil Time, midnight to midnight.

The magnifications and periods of the instruments are as follows:

	MAGNIFICATION	PERIOD
B — EW	40	11.5 sec.
B — NS	50	12.0
W — EW	80	4.9
W — NS	80	6.0

Dr. Paul W. Merrill read the seismograms and kept the record from January 1, 1916 to May 31, 1916; Dr. C. C. Kiess from June 1, 1916 to June 19, 1917; and the writer with the assistance of Mr. H. R. Carpenter from June 20, 1917 to December 31, 1921.

REMARKS

177. On B — EW P is about at the beginning of the sheet. Waves almost perfectly regular and smooth for 15 minutes at M. W — NS is quite insensitive. Difficult to place L in this quake. F runs into feeble microseisms.

179. Another group of long waves appears on B — EW and W — EW at 7^h 41^m.

181. Long waves in midst of microseisms. Plain on W — EW, probably a real quake.

182. Δ is determined from the interval L — S.

Jan. 26. Slight shock as sheets were being changed, 13^h 25^m.

Jan. 31. Flat distant shock, 18-19 hrs.

Feb. 1. Flat distant shock, 8^h 30^m, on all components.

(183. The phases of this shock as recorded appear discordant. A reexamination of the record by the writer gave the following results.

	W — EW		W — NS	
P	22^h	2.0^m	22^h	2.1^m
S	22	10.4	22	10.6
S R_1	22	15.2		
S R_2	22	17.7		
L	22	22.8	22	22.7

On this interpretation the distance is about 7.2 mgm.)

184. The short waves are superposed on L.

185. Long flat shock. Phases not well marked.

NO.	DATE	INST. COMP.	P	S	L	M	F	A	Δ
	1916		h m	h m	h m	h m	h m	mm.	mgm.
177	Jan. 1	B — EW	13 40?	13 50.5	14 10?	14 24.0	16 0	23.0	10.5
		B — NS		13 50.3	14 10?	14 24.6	16 0	19.0	
		W — EW	13 37.1	13 50.3		14 25.0	16 4.0	5.4	
		W — NS				14 24.8	14 52	1.0	
178	Jan. 13	B — EW			Trace				
		B — NS	6 40.0?	6 46.2?		6 58.0		0.2	
		W — EW				6 57.8		0.2	
179	Jan. 13	B — EW			7 23.7	7 30.4		3.8	
		B — NS	7 7.7?		7 24.8	7 29.4	8 5	1.4	
		W — EW		7 12.9?	7 24.2	7 30.2	8 0	1.0	
		W — NS			7 24.2	7 29.7	7 50	0.4	
180	Jan. 13	B — EW			8 59.5?	9 29.5	11 0	5.8	
		B — NS	8 36.0?		8 58.8?	9 30.4	Micros?	5.0	
		W — EW		8 42.4?	8 59.7	9 29.7	11 0	1.8	
		W — NS				9 30.4	10 0	0.6	
181	Jan. 19	B — EW			20 0?	20 5	20 12	0.3	
		B — NS			Trace				
		W — EW			20 0	20 5	20 20	0.2	
182	Jan. 24	B — EW		7 27.0	7 35.2	7 46	8 12	0.6	7.7?
		B — NS	7 16.1?	7 26.3	7 35.5	7 44	8 25	1.0	
		W — EW	Record in-		7 36.3	7 49	8 21	0.6	
		W — NS	distinct		Slight trace				
183	Feb. 6	B — EW	22 10.4?	22 17.7?	22 22.8	22 31.8	23 23	5.0	
		B — NS	22 10.6		22 22.7	22 28.3	23 23	2.0	
		W — EW	22 10.4	22 17.8?	22 22.7	22 31.7	23 28	1.6	
		W — NS				22 28.0		0.2	
184	Feb. 15	B — EW		11 50.1	11 56.8	11 58.5	12 27	4.0	4.5
		B — NS	11 43.8	11 50.1?	11 57.0	12 2.4	12 26	2.0	
		W — EW		11 50.1	11 56.9	11 59.0	12 28	6.0	
		W — NS			Trace only				
185	Feb. 20	B — EW		18 4.8?	18 14.5	18 31	19 12	1.6	
		B — NS		18 4.8	18 14.5	18 25	19 14	1.4	
		W — EW		18 4.8	18 14.5	18 31	19 26	1.0	
186	Feb. 27	B — EW	20 27.4	20 34.8	20 38.1	20 40.1		37.0	3.9
		B — NS	20 27.5	20 32.9	20 38.0	20 45.0		Off paper	
		W — EW	20 27.5	20 34.8	20 38.4	20 40		4.0	
		W — NS	20 27.6	20 33.0?	20 37.4	20 40		1.0	
187	Mar. 12	B — EW				7 48			
		B — NS				7 47			
		W — EW				7 47			

NO.	DATE	INST. COMP.	P	S	L	M	F	A	Δ
	1916		h m	h m	h m	h m	h m	mm.	mgm.
188	Mar. 16	B — EW				23 4		0.4	
		B — NS				23 2		0.4	
		W — EW				23 2		0.4	
		W — NS				Trace			
189	Mar. 28	B — EW				7 55			
		B — NS				7 57			
		W — EW				7 57			
190	Mar. 29	B — EW				19 11			
		B — NS				19 12			
		W — EW				19 11			
191	Mar. 31	B — EW		11 27.8		11 30.6	11 51	6.0	
		B — NS		11 27.6	11 30.2	11 31.0	11 51	3.2	
		W — EW		11 27.9		11 30.6	11 44	2.0	
		W — NS				11 31.2		0.2	
192	Apr. 2	B — EW			8 39.6	8 40.2	8 51	0.4	
		B — NS			8 39.7	8 40.0	8 53	0.6	
		W — EW			8 38.8	8 40.5	8 50	0.4	
193	Apr. 7	B — EW	9 45.5			10 52.1	11 21	2.4	
		B — NS	9 46.2			10 53.8	11 20	0.8	
		W — EW	9 45.7	10 1.4?		10 52.0	11 23	0.6	
194	Apr. 11	B — EW				3 57			
		B — NS				3 56			
		W — EW				3 57			
195	Apr. 15	B — EW			14 3				
		B — NS			14 5				
		W — EW			14 2				
196	Apr. 18	B — EW	4 11.2	4 18.8	4 32.1	4 33.3	5 22	4.8	6.6
		B — NS	4 11.1	4 18.8	4 29.6?	4 32.2	5 12	4.6	
		W — EW	4 11.1	4 18.8		4 33.4	5 20	3.0	
		W — NS	4 11.3	4 18.7		4 33.4			
197	Apr. 24	B — EW	4 32.5	4 36.7?	4 37.6	4 38.1	5 20	6.8	
		B — NS	4 32.3	4 37.2	4 38.0?	4 39.0	5 20	9.0	
		W — EW	4 32.6	4 37.0?		4 39.0	5 16	2.0	
		W — NS	4 32.7	4 37.4					
198	Apr. 24	B — EW	6 8.5		6 15.8	6 26.0	7 13	31.0	
		B — NS	6 7.9	6 13.5	6 18.1	6 22.0	7 20	47.4	
		W — EW	6 8.5		6 16.1	6 26.0	7 23	3.4	
		W — NS			6 20.0	6 22.5	6 27	0.6	
199	Apr. 26	B — EW	2 27.9	2 31.1?	2 35.3	2 36.2	3 15	32.2	
		B — NS				2 42.1	3 22	5.6	
		W — EW	2 28?	2 33.3	2 35.6	2 39.0	3 14	3.0	
		W — NS				2 42.0			

NO.	DATE	INST. COMP.	P	S	L	M	F	A	Δ
	1916		h m	h m	h m	h m	h m	mm.	mgm.
200	Apr. 26	B — EW				18 41			
		B — NS				18 53			
		W — EW				18 41			
201	Apr. 26	B — EW				19 37			
		B — NS				19 42			
		W — EW				19 38			
202	May 10	B — EW	21 48.9	21 51.1	21 53.1	21 55.9	22 12	4.8	
		W — EW	21 48.9	21 51.1	21 53.5	21 55.8	22 6	1.4	
203	May 11	B — EW			10 19.0	10 19.2	11 36	1.6	
		B — NS			10 19.4	10 20.2		9.4	
		W — EW			10. 19.3	10 19.8	11 41	1.0	
		W — NS				10 20.4			
204	May 26	B — EW				9 13			
		W — EW				Trace			
205	June 2	B — EW	14 3.8	14 9.0	14 10.3	14 10.4	14 23.0	0.5	3.0
		B — NS	14 3.8				14 33.0		
		W — EW	14 3.9						
		W — NS	14 3.9						
206	June 25	B — EW	17 34.8				17 43.8		
		B — NS	17 34.8				17 43.3		
207	June 30	B — EW	3 13.7				3 44.9	1	
		B — NS	3 13.4	3 16.8		3 20.0	3 45.2	3	2.4
		W — EW	3 13.4	3 16.8		3 20.1		0.5	2.4
208	Sept. 23	B — EW	5 49.0	5 53.7	5 55.5	5 56.2	6 6.4	0.5	2.4
		B — NS	5 48.5	5 53.4		6 2.2	6 11.4	0.75	3.9
		W — EW	5 48.5	5 53.5			6 11.0	< 0.5	4.0
209	Oct. 18	B — EW	22 5.3		22 6.6	22 6.8	22 10.2	1	0.4
		B — NS	22 5.8		22 6.8		22 10.3	< 0.5	0.3
		W — EW	22 5.9			22 6.9		2.5	
		W — NS	22 5.8	22 6.5	22 6.9	22 7.0	22 9.9	0.5	0.3
210	Nov. 10	B — EW	9 24.4	9 26.1	9 27.5	9 28.0	9 41.0	0.5	1.0
		B — NS	9 24.0			9 26.4	9 38.2	small	
		W — EW	9 24.3	9 26.1	9 27.5	9 27.9	9 41.0	0.5	1.0
211	Nov. 21	B — EW	6 33.4	6 36.6	6 41.1	6 43.2	6 60.4	0.5	2.5
		B — NS	6 34.1			6 46.6	6 59.2	small	
		W — EW	6 34.0	6 36.6	6 42.0	6 43.0	6 59.6	0.5	2.5
212	Nov. 30	B — EW	3 22.5	3 27.0	3 30.7	3 35.7	4 4.2	1	2.8
		B — NS	3 22.6	3 27.1	3 31.2		4 4.6	small	3.0
		W — EW	3 22±	3 27.1	3 30.8	3 34.6	4 4.5	small	2.3
		W — NS	No trace						

NO.	DATE	INST. COMP.	P	S	L	M	F	A	Δ
	1917		h m	h m	h m	h m	h m	mm.	mgm.
213	Jan. 30	B — EW	2 55.3	3 4.4	3 18.1	3 { 22.6 / 26.5 }	5 9.7	25	7.7
		B — NS	2 55.6	3 4.4	3 18.2	3 29.4	5 4.0	32	7.7
		W — EW	2 55.4	3 4.4	3 18.1	3 21.5	5 8.9	4	7.7
		W — NS			3 19.3				
214	Feb. 20	B — NS	19 34.3	19 36.2	19 37.5	19 43.5	21 0±	60	1.0
		W — EW	19 34.0		19 38.1	19 42.0	21 0±	33	
		W — NS	19 34.1		19 41.4?				
215	Apr. 9	B — EW	20 54.2±						
		B — NS	20 54.2±			20 55.3			
		W — EW	20 54.2±			20 55.0			
		W — NS	20 54.2±			20 55.0			
216	Apr. 28	B — EW	16 17.1		16 17.5	16 17.6	16 20.3	1	0.1±
		B — NS	16 17.2±						
		W — EW	16 17.0		16 17.5	16 17.6	16 18.9	2	0.1±
217	May 1	B — NS	18 46.0	18 56.6	19 22.3	19 30.9	21 1.4	15	11.6
		W — EW	18 46.0	18 55.7	19 22.2	19 30.4	20 59.2	3	11.5
218	May 9	B — EW	16 53.3				17 9.8		
		B — NS	16 45.1				17 8.3		
		W — EW	16 53.0				17 8.0		
219	May 16	W — EW	14 57.7	17 19	17 54.5		19 7.0		
220	May 31	B — EW	8 56.7	9 3.7	9 13.1	9 17.8	10 10.0	7	5.3
		B — NS	8 56.9	9 4.6	9 13.5	9 17.3	10 10.0	2	5.4
		W — EW	8 56.4	9 3.4	9 13.4		10 15.0	0.5	
221	June 1	B — EW	17 2.5				17 13.0		
		B — NS	17 2.8				17 10.5		
		W — EW	17 2.6				17 47.5		
222	June 8	B — EW	1 1.2	1 2.9	1 6.0	1 8.8	2 3.2	12	1.4
		W — EW	1 1.1	1 3.1	1 6.1	1 8.2	1 59.4	1	1.6
223	June 11	B — EW	4 42.2				5 25.7		
		B — NS	4 48.6				5 13.7		
		W — EW	4 49.2				5 17.9		
224	June 24	B — EW			20 13.8	20 15.1	21 10	0.3	
		B — NS				20 15.4		0.2	
		W — EW			20 13.3	20 14.6		0.1	
225	June 26	B — NS	6 4.4	6 15.9	6 37.3	6 44.4	8 19.7	11.0	10.9
		W — NS			6 37.0	6 43.5		0.2	
226	June 27	W — EW		12 49.1?	12 53.7	12 56.0		0.3	

NO.	DATE	INST. COMP.	P	S	L	M	F	A	Δ
	1917		h m	h m	h m	h m	h m	mm.	mgm.
227	June 29	B — EW				16 25.0		0.5	
		B — NS		16 12.8?		16 25.4		0.3	
		W — EW				16 24.5		0.2	
228	July 4	B — NS				1 12.5			
		W — EW				1 18.5			
229	July 13	B — EW				5 24.0			
230	July 20	B — EW				15 0.3			small
		W — EW				14 59.5			
231	July 21	B — EW				18 41.8		2.4	
232	July 21	B — EW			21 23.9?	21 24.5		15.1	
233	July 25	B — EW		3 34.9	3 47.9	3 53.7		0.2	
		B — NS				3 52.6			
		W — EW		3 35.3	3 47.6	3 49.3		0.1	
234	July 27	B — EW	1 7.8	1 12.4	1 18.1	1 21.5	3 46	17.3	3.4
		B — NS	1 8.0	1 12.6	1 17.9	1 21.6	3 45	2.8	
		W — EW	<1 9.0	1 12.7	1 18.2	1 21.8	2 1	1.5	
235	July 27	B — EW		3 13.6					
		B — NS				3 40.2			
236	July 29	B — EW	22 19.0?			22 59.7	23 16	0.2	
		W — EW				22 52.0		0.2	
237	Aug. 5	B — EW			16 48.4	17 1.5	18 3	0.3	
		B — NS				17 1.4		0.1	
238	Aug. 30	B — EW	3 32.3	3 37.2	3 40.8	3 45.7	4 6.5	0.2	
		W — EW		3 37.7	3 41?	3 41.0		0.1	
239	Aug. 30	B — EW	4 27.6		4 46.0	5 18.0	6 1	0.3	
		W — EW	4 27.0			5 16.0	6 9	0.1	
240	Aug. 31	B — EW	11 40?	11 46.6	11 53.6	11 58.8	13 19.5	2.0	4.6
		W — EW	11 41?	11 47.0	11 54.0	11 59.0	13 +	0.9	
241	Sept. [illegible]	B — EW			4 0.3		4 27.0	0.2	
242	Oct. 19	B — EW	16 41.5	16 49.1	16 55.0	16 56.1	17 37.5	0.5	
		B — NS	16 42.8	16 48.4	16 55.3	16 58.0	17 9.8	0.3	
243	Oct. 22	B — EW		7 33.6?	7 36.4	7 38.3		0.2	
		B — NS			7 38.0	7 47.0			
244	Nov. 4	B — EW				13 39		0.2	
		W — EW		13 20.8?		13 34		0.1	

NO.	DATE	INST. COMP.	P	S	L	M	F	A	Δ
	1917		h m	h m	h m	h m	h m	mm.	mgm.
245	Nov. 7	B — EW						0.5	
		B — NS		1 47.7?	1 48.6	1 49.4	2 1.6	0.4	
		W — EW						0.2	
		W — NS						0.1	
246	Nov. 8	B — EW						0.5	
		B — NS		6 3.5?		6 6.9	6 13	0.3	
		W — EW						0.2	
247	Nov. 14	B — EW			About	10 0		0.2	
248	Nov. 16	B — EW	3 39.4	3 49.2	4 8.3	4 23.0	6 19	1.5	9.6
		B — NS		3 49.3	4 8.0	4 29.0	6 12	0.7	
		W — EW	3 39.2	3 48.6	4 9.2	4 22.4	5 50	0.4	
249	Dec. 21	B — EW		18 9.5	18 { 17.7 19.2	18 27.8	19 10	9.0	5.0
		B — NS	18 2.8	18 9.5	18 { 17.4 19.1	18 22.0	19 11	6.9	
		W — EW	18 2.9	18 9.4	18 { 17.3 19.1	18 22.3	19 43	0.9	
		W — NS			18 19.0	18 21.6		0.1	
250	Dec. 21	B — EW			21 15.5	21 22.0	21 49.3	0.9	
		B — NS			21 15.0	21 21.5	21 45.5	0.2	
		W — EW			21 14.9	21 25.0	21 41.5	0.1	
251	Dec. 28	B — EW		21 29.4	21 { 38.2 42.8	21 48.0	22 21.0	5.0	
		B — NS		21 29.9	21 { 38.4 44.2	21 49.8	21 50	3.0	
		W — EW			21 37.4	21 47.8		0.5	
252	Dec. 29	B — EW	22 59.9?	23 1.7		23 15.5	24 22	6.5	
		B — NS	22 56.6	23 1.3	23 6.6?	23 16.9	23 58	7.0	
		W — EW	22 56.7	23 1.5		23 12.2	24 13	1.1	
		W — NS	22 56.6			23 20.2		0.2	
	1918								
253	Jan. 4	B — EW	4 36.2	4 42.5	4 44.7?	4 49.0	5 31	0.6	
		B — NS		4 43.7?		4 50.0		0.1	
		W — EW	4 36.9	4 43.2	4 44.9	4 49.0		0.2	
		W — NS	4 36.0	4 42.6	4 48.9?	4 50.0	5 11	0.1	
254	Jan. 25	B — EW	1 26.7	1 33.3	1 36.8	1 41.9	2 10	0.5	
		B — NS	1 25.8	1 32.7	1 36.4	1 39.0		0.5	
		W — EW	1 26.8	1 33.4	1 36.8	1 37.0	2 15	0.2	
		W — NS	1 26.8	1 33.4	1 37.0	1 40.0		0.1	
255	Jan. 30	B — EW	21 31.0	21 40.4	21 58.4	21 59.0	22 25	0.6	8.7
		B — NS	21 30.5	21 40.3	21 55.9	22 0.1	22 33	0.2	
		W — EW	21 31.0	21 40.5	21 57.7	21 59.0	22 25	0.2	
		W — NS	21 30.6	21 40.5	21 57.0	21 58.0	22 35	0.1	

NO.	DATE	INST. COMP.	P	S	L	M	F	A	Δ
	1918		h m	h m	h m	h m	h m	mm.	mgm.
256	Feb. 3	B — EW			14 56	15 8		0.1	
		W — EW			14 56		15 24	0.1	
		W — NS			15 0?		15 23		
257	Feb. 4	B — NS		20 51?	20 54				
258	Feb. 12	B — EW	1 38.2?		1 38.9	1 39.3	1 46.1	0.2	
		B — NS	1 38.1?		1 38.9	1 39.0	1 45.0	0.3	
		W — NS	1 38.3?		1 38.8	1 39.2	1 45.0	0.2	
259	Feb. 12	B — EW	19 31.4		19 31.9	19 32.4	19 55	0.1	
		B — NS	19 31.4		19 31.8	19 32.2		0.2	
		W — NS	19 31.3		19 31.9	19 32.2			
260	Feb. 12	W — NS			19 43.3	19 44.5	19 54		
261	Feb. 12	B — EW	20 15.6†	20 17.7	20 18.2	20 18.9	20 35	0.3	
		B — NS		20 17.5	20 18.1	20 18.5	20 30	0.5	
		W — EW		20 17.6	20 18.3	20 18.5	20 32	0.1	
		W — NS		20 17.6	20 18.3	20 18.5	20 35	0.1	
262	Feb. 13	B — EW	6 23?	6 32.2	6 59.1	7 5.0		0.5	12+
		B — NS	6 22.2	6 31.6*	7 0.5	7 10.0	8 30		
		W — EW	6 22.5	6 32.3	6 59.0	7 5.0		0.5	
		W — NS		6 35.9	7 0.1	7 10.2	8 32	0.5	
263	Feb. 24	B — EW			23 9	23 18.6	23 34	0.2	
264	Mar. 16	W — EW	13 55.4*	13 56.2	13 57.4			0.5	
		W — NS	13 55.4		13 57.4			0.5	
		B — EW	13 55.4	13 56.2	13 57.4			1.0	
		B — NS	13 55.5		13 57.5			0.5	
265	Mar. 19	W — EW			0 50		1 26		
266	Mar. 21	W — NS	17 5.7?		17 21.5	17 21.5	17 35		
		B — EW	17 5.0?		17 20.0	17 20.0	17 37		
		B — NS	17 6.0?			17 20.0	17 39		
267	Apr. 10	W — NS			1 11.6		1 13	0.5	
		B — NS			1 11.6		1 13	0.5	
268	Apr. 10	W — NS			2 15				
269	Apr. 15	B — EW	8 36.2		8 50.0	8 51.0	9 11	0.5	5.0
		B — NS	8 36.1		8 50.7	8 52.6		0.4	
		W — EW	8 36.2		8 50.2	8 51.2		0.2	
		W — NS	8 36.2	8 42.7	8 49.6	8 51.0		0.6	
270	Apr. 17	W — NS	6 56?		7 1.2	7 3.0	7 20	0.2	
		B — EW			7 1.5	7 3.0	7 3	0.2	

NO.	DATE	INST. COMP.	P	S	L	M	F	A	Δ
	1918	h m	h m	h m	h m	h m	h m	mm.	mgm.
271	Apr. 21	W — EW	22 38.3	22 43.2	22 47.0	22 50			3.0
		W — NS	22 38.4	22 43.1	22 46.8	22 47.1			
		B — EW	22 38.3	22 43.0	22 47.2	22 49.4			
		B — NS	22 38.4	22 43.2	22 46.4	22 47.2			
272	Apr. 27	B — NS			15 1.5	15 5.0		0.2	4.2
		W — NS	14 51+	14 56.8	15 1.6	15 4.0		0.3	
273	May 6	W — EW		5 10.4	15 12.4	15 11.6		0.3	
		W — NS		5 10.3	15 12.1	15 11.6		0.6	
		B — EW		5 10.4	15 12.3	15 11.4		0.4	
		B — NS		5 10.4	15 12.1	15 11.4			
274	May 16	B — EW				21 44.1		0.5	
		B — NS	21 32.3	21 36.0		21 42.2		0.2	
		W — EW	21 32.2		21 41.8	21 42.0		0.2	
		W — NS	21 32.2	21 35.2?	21 41.5	21 42.4		0.6	
275	May 20	B — EW	14 45.3	14 53.1	15 1.6	15 5.6	17 0	6.0	5.8
		B — NS	14 45.7	14 45.7	15 1.9	15 3.4	16 45	2.0	
		W — EW	14 45.6	14 53.4	15 1.8	15 5.9	17 0	0.8	
		W — NS			15 1.6	15 3.0		1.1	
276	May 20	B — NS	18 6.8	18 16.0					
		W — NS	18 6.4		18 27.9	18 29.0	19 30	0.2	7.8
		W — EW	18 6.5		18 28.7	18 33.8	19 30	0.3	
277	May 22	B — NS		6 56.6	7 5.0	7 5.0		0.1	3.2
278	May 23	B — EW	12 3.8	12 8.6	12 11.8	12 14.4	13 38	25.0	3.3
		B — NS	12 3.9	12 8.7	12 11.5	12 13.5	13 40	71.5	
		W — EW	12 3.8	12 8.2	12 11.9	12 13.2	13 46	3.6	
		W — NS	12 3.9	12 8.7	12 11.7	12 14.4		24.8	
279	May 25	W — EW		19 50.2	20 3.0	20 4.0		0.1	8±
		B — EW	19 42.1	19 50.8	20 3.7	20 4.3	20 33	0.5	
		B — NS	19 41.4	19 50.9	20 4.3	20 6.7		0.2	
280	June 3	B — NS	0 24.3		0 29.2		0 45	0.1	
281	June 4	B — NS	17 40		18 5				
282	June 7	B — EW	21 33.2	21 39.6	21 45.1	21 46.3	22 43	4.2	4.5
		B — NS	21 33.1	21 39.3	21 44.7	21 45.3	22 35	2.2	
283	June 11	B — EW	12 42.5	12 46.0	12 51.5	12 57.3	13 11	0.4	4.2
		W — EW	12 42.1		12 52.0	12 57.3	13 17	0.2	
		W — NS	12 41.3	12 47.0	12 52.5	12 57.2	13 20	0.2	
284	June 12	B — EW	4 31.0	4 36.2	4 44.2	4 45.1	5 0	0.2	

NO.	DATE	INST. COMP.	P	S	L	M	F	A	Δ
	1918		h m	h m	h m	h m	h m	mm.	mgm.
285	June 13	B — EW	9 4.2	9 8.9		9 11.5	10 30	0.5	3.0
		W — EW		9 8.5	9 11.6	9 11.7	10 21	0.2	
		W — NS	9 4.5	9 9.1	9 11.6	9 11.7		0.1	
286	June 16	B — NS	12 33.5	12 38.2		12 42.0	13 4	0.4	3.0
		W — EW		12 38.3		12 42.0			
		W — NS	12 33.6	12 38.3		12 42.1	13 4	0.1	
287	June 17	B — NS	16 43.2		16 45.5				
288	June 22	W — NS	22 12.1	22 16.2		22 26	22 49	0.2	
289	July 2	B — EW	11 24		11 30				
290	July 3	B — EW	7 10.5	7 22.7	< 7 52.0	7 56	9 34	0.6	12 ±
		B — NS	7 11.2	7 21.?	7 50.0		9 25	0.2	
		W — EW	7 11.1		7 50.9				
291	July 8	B — EW			11 11	11 23	12 16	1.0	
		B — NS	10 40.4	10 51.1		11 22	12 10	1.1	
		W — EW	10 40.1		11 11	11 24	12 7	0.3	
		W — NS	10 40.0	10 52.5		11 23.6	12 7	0.2	
292	July 15	W — EW	0 29.4		0 39.7	0 43.2	1 29	0.9	4.4?
		W — NS	0 29.4		0 39.5	0 42.0	1 47	4.1	
		B — EW	0 29.1		0 40.8	0 43.0	1 42	4.9	
		B — NS	0 29.3	0 36.0	0 40.0	0 41.6	1 50	19.0	
293	July 21	B — EW	6 39.4	6 49.7	7 8.7	7 14	8 29	0.5	10.2
		B — NS	6 39.7		7 10	7 18		0.2	
		W — EW	6 39.5		7 9	7 4	8 10	0.2	
		W — NS	6 39.4		7 11				
294	July 31	B — EW	14 43.4	14 48.2	14 53.9	14 55.4	15 26	0.6	4.6
		B — NS		14 48.0	14 55.4	14 56.3	15 15	0.4	
		W — EW		14 48.3	14 54.0	14 54.4	15 25	0.2	
		W — NS	14 42.6	14 48.9	14 55.1	14 55.6	15 12	0.1	
295	Aug. 8	B — EW	10 18.3		10 38.1	10 53	11 22		
296	Aug. 15	W — EW	12 38.8		12 56.6	13 14	15 16	0.6	
		W — NS	12 37.9	12 46.1	12 56.9	13 14	15 0	0.6	
		B — EW	12 38.8		12 58.1	13 0	14 56	2.7	
		B — NS	12 38.6	12 46.6	12 56.1	12 57.3	14 55	3.1	
297	Aug. 17	B — EW		7 12.4					
		W — NS		7 12.4					
298	Aug. 23	W — EW			9 58.7				
		B — NS			10 ±				
299	Sept. 4	B — EW			20 10 ±				

NO.	DATE	INST. COMP.	P	S	L	M	F	A	Δ
	1918		h m	h m	h m	h m	h m	mm.	mgm.
300	Sept. 7	B — EW	17 28.4			18 3	22 0	15.0	6.9
		B — NS	17 28.0		17 48	18 3	23 26	16.5	
		W — EW	17 28.6		17 48	18 3	23 12	2.3	
		W — NS	17 28.9		17 49	18 3	21 30	1.6	
301	Sept. 11	B — EW			< 4 4				
		B — NS			4 2.4				
		W — EW			4 3.5				
		W — NS			4 3.7				
302	Sept. 14	B — EW		17 26.3	17 45.0		18 10	0.1	9.±
		B — NS	17 15.5						
		W — EW	17 15.5						
303	Sept. 29	B — EW	12 19.3	12 29		12 30		0.2	
		B — NS	12 19.7			12 30		0.1	
		W — EW	12 19.5			12 29.9			
		W — NS	12 19.7	12 29.0	12 42?			0.1	
304	Oct. 11	B — EW	14 20.4	14 25.1					
		B — NS	14 20.3	14 25.0	14 28±				3.0
		W — EW	14 20.4	14 25.0	14 28.7	14 35.0		7.0	
		W — NS	14 20.3	14 25.0	14 28.7	14 35.5		9.7	
305	Oct. 11	B — EW	17 9.6			17 23		0.6	
		B — NS	17 9.4			17 23		0.3	
		W — EW	17 9.5		17 17.0	17 24		0.3	
		W — NS	17 9.5		17 18.0	17 23		0.4	
306	Oct. 18	B — EW				21 54		0.1	4.2?
		B — NS				21 54			
		W — EW	21 37	21 43.7	21 48.4	21 54	22 15	0.1	
		W — NS	21 37.2	21 43.0	21 48.2	21 54	22 16		
307	Oct. 19	W — EW	3 29.1	3 33.8	3 38.6	3 42.3	4 20	0.4	3.0
		W — NS	3 29.0	3 33.8		3 42.0	4 30	0.3	
		B — EW	3 30±	3 33.6		3 40.0	4 15	1.6	
		B — NS	3 29.3	3 33.9		3 40.0	5 20	1.1	
308	Oct. 25	B — EW	3 48.5	3 53.3	3 55.7	4 3.0	5 0	0.5	3.0
		B — NS	3 48.7	3 53.4	3 56.0	4 4.0	5 2	0.3	
309	Oct. 27	B — EW		15 54.6	16 24±				
		B — NS		15 54					
310	Oct. 27	B — EW		17 27.1?	18 1.0	18 12		0.4	
		B — NS		17 27.0?	18 0.5	18 13		0.2	
		W — EW	17 16.9		18 2.0	18 12	19 30	0.2	
		W — NS		17 27.2?	18 1.0	18 15	19 25	0.2	
311	Oct. 29	B — EW		11 32	11 45	12 50		0.3	
		B — NS		11 31	11 45	12 50		0.2	

NO.	DATE	INST. COMP.	P	S	L	M	F	A	Δ
	1918		h m	h m	h m	h m	h m	mm.	mgm.
312	Nov. 2	B — EW		10 27.5	10 35.6	10 37		0.2	
		B — NS		10 25.0	10 35.1	10 37		0.2	
313	Nov. 3	B — EW			12 20	12 26		0.3	
314	Nov. 8	B — EW	4 49.3	4 59.0	5 15.8	5 21.3	7 50	9.0	8.7?
		B — NS	4 49.2	4 59.0	5 15.0	5 29.5	8 0	6.8	
315	Nov. 12	B — EW	21 50.9	21 55.3	21 57.7	22 3.0		1.2	2.9
		B — NS	21 51.0	21 55.3	21 57.6			0.6	
316	Nov. 18	B — EW		19 0.8	19 40.0	19 46		1.1	
		B — NS		19 0.9		19 52	22 ±	0.8	
317	Nov. 30	B — EW		7 16		7 31		0.4	
		B — NS		7 16		7 32		0.2	
318	Dec. 2	B — EW	9 56.0	10 2.9	10 9.8	10 11.2	11 15	0.6	5.2
		B — NS		10 2.8	10 10.0	10 11.0		0.3	
		W — EW	9 55.9	10 2.8	10 9.8	10 11.0	11 15	0.4	
		W — NS	9 56.0	10 2.8	10 10.0	10 10.5		0.2	
319	Dec. 4	B — EW	11 58.5	12 7.3	12 18.6	12 20.0		3.5	7.8
		B — NS	11 58.4	12 7.8	12 18.4	12 28.0		4.0	
		W — EW	11 58.6	12 7.3	12 18.7	12 20.0		1.1	
		W — NS	11 58.5	12 7.8	12 19.0	12 28.0		2.0	
320	Dec. 6	B — EW	8 46.5	8 51.6	8 53.9	8 57.7	10 0	16.5	3.0
		B — NS	8 46.4	8 51.5	8 53.6	8 57.4	9 50	25.4	
321	Dec. 6	B — EW		12 15		12 19	12 35	0.4	
		B — NS			12 18.5	12 19	12 40	0.6	
322	Dec. 9	B — EW		18 32.6	18 37.0	18 41		0.2	
		B — NS		18 32.5	18 36.0	18 40		0.1	
		W — EW		18 32.3	18 35.4	18 40.5		0.1	
323	Dec. 9	B — EW			19 24	19 28	20 20	0.5	
		B — NS			19 23	19 31		0.3	
		W — EW			19 22	19 27	20 15	0.2	
		W — NS			19 23	19 30		0.2	
324	Dec. 21		9 33	(See	Remarks)				4.8?
325	Dec. 23	B — EW		19 55.2	19 59	20 5	20 30	0.5	
	1919								
326	Jan. 1	B — EW	1 53.9?		2 20				
		B — NS	1 54.5?						
327	Jan. 1	B — EW	3 18.0?	3 23.5	3 26.0	3 27.0	6 5		3.0±
		B — NS	3 17.7	3 22.2?	3 26.2		6±	22.5	
328	Jan. 8	B — EW				2 6	2 15	0.1	

NO.	DATE	INST. COMP.	P	S	L	M	F	A	Δ
	1919		h m	h m	h m	h m	h m	mm.	mgm.
329	Jan. 17	B — EW	11 56.?	12 ·0.4		12 0.5	micros	0.5	3.4?
		B — NS	11 55.6	12 0.5		12 0.7		0.2	
		W — EW	11 55.4	12 0.5		12 0.7		0.1	
		W — NS	11 55.5	12 0.5		12 1.0		0.1	
330	Jan. 27	W — EW			22 12				
331	Jan. 31	B — EW	23 59.5?		0 2.3	0 3.2	0 22	0.5	
		B — NS	23 59.3?		0 2.1	0 2.5		0.5	
332	Mar. 2	B — EW	3 41.2?	3 49.8	4 3.2?				
		B — NS		3 49.9					
		W — EW		3 49.8	4 6.3				
333	Mar. 2	B — EW		12 8.2	12 21.0	12 23.4		0.4	8±
		B — NS	11 58.5?	12 8.5	12 20.3	12 23		0.5	
		W — EW		12 8.2	12 20.7	12 23.2		0.2	
334	Mar. 9	B — EW		3 42.6	4 3.5	4 9.		0.2	
		B — NS		3 42.8	4 3.9	4 9.		0.1	
335	Apr. 17	B — EW		11 51.4	12 4.9	12 33	14 10	0.6	8.5?
		W — EW	11 41.7?	11 51.5	12 5.1	12 33	14 15	0.2	
336	Apr. 17	B — EW	20 59.0	21 4.2		21 12.7	22 20	15.5	3.6
		W — NS	20 58.8	21 4.1	21 10.5?	21 12.6	22 10	2.6	
337	Apr. 18	B — EW		21 12.1	21 17.6	21 18.6	22 20	2.0	3.5
		W — EW		21 12.4	21 17.5	21 18.0	22 30	1.0	
		W — NS		21 12.3	21 17.4	21 18	22 20	1.2	
338	Apr. 21	B — EW			11 00				
339	Apr. 28	B — EW	6 54.7?	7 0.4?	7 2.4	7 2.7		0.6	3.1
		B — NS		6 59.2?	7 2.4	7 6.0	7 55.0	0.5	
		W — EW		6 59.0	7 2.3	7 3	8 20	0.5	
		W — NS		6 59.4	7 2.7	7 5.9	8 10		
340	Apr. 30	B — EW	7 30.2?		8 0.4	8 27	12 0	21.0	12.0
		B — NS		7 42.8	8 0	8 22	12 0	16	
		W — EW	7 31?		7 59.8	8 27	12 0	4.8	
		W — NS		7 42.9	7 59	8 26	11 45	3.1	
341	May 2	B — EW	2 31?		2 49	3 3	4 20	0.8	
		W — EW	2 33?		2 50	3 3	4 30	0.5	
342	May 3	B — EW	1 4.7	1 15.4	1 32.3	1 38.1	3 50	1.4	9.4
		W — EW	1 4.7	1 15.2	1 32.0	1 38	4 0	0.6	
		W — NS	1 4.7	1 15.1	1 32.0	1 42	3 30	0.7	

NO.	DATE	INST. COMP.	P	S	L	M	F	A	Δ
	1919		h m	h m	h m	h m	h m	mm.	mgm.
343	May 6	B — EW	20 1.3	20 11.2	20 31.7	20 45	23 0	3.5	9.8
		B — NS	20 1.1?		20 32.0	20 46	23 10	1.8	
		W — EW	20 1.4		20 31.8	20 45	23 10		
		W — NS	20 1.5		20 32.0				
344	May 7	B — EW	5 36?	5 45.6	6 10.	6 22		0.4	
345	May 18	B — EW	10 42.2						2.5
		B — NS	10 42.4	10 44.8	10 48.4				
346	May 20	B — EW			4 37.3	4 38		0.2	
347	May 22	B — EW			12 30				
348	June 29	B — EW	23 20.4	23 25.3	23 28	23 29	0 15	1.3	3.1
		B — NS	23 20.7	23 25.6	23 28.5	23 30	0 30	1.4	
		W — EW	23 20.5	23 25.3		23 30	0 20	0.5	
		W — NS	23 20.7	23 25.4	23 29.3	23 30		0.7	
349	July 6	B — EW		7 15.7		7 21	8 0	0.5	3.5
		B — NS				7 20		0.3	
		W — EW		7 15.5					
		W — NS	7 10.7	7 15.9	7 19.3	7 21	8 0		
350	July 8	B — EW		21 31.4		22 11	23 10	1.2	
		B — NS	21 24.6?		21 53	22 14		0.6	
		W — EW			21 51	22 10	23 30	0.5	
351	July 9	B — EW	19 32.2	19 35.3?		19 38.8	20±	0.6	
		B — NS		19 35.9?		19 38.9		0.5	
		W — EW			19 37.2?	19 38.5	20 15±	0.2	
352	July 17	B — EW	16 25.9		16 37			0.5	3.7
		B — NS	16 26.1	16 31.4	16 37.5	16 41.2		0.5	
		W — EW			16 37.1?				
		W — NS	16 27.1?						
353	July 22	B — EW		22 12.2	22 14.5	22 14.9	22 35	0.7	2.9
		B — NS	22 7.3	22 12.2					
		W — EW	22 7.5	22 12.2	22 14.5	22 15.0			
		W — NS	22 7.5	22 12.2		22 15.7			
354	Aug. 18	B — NS	17 20.5?		17 40				
		W — NS	17 20.7?						
355	Aug. 31	B — EW	17 38.5	17 51	Uncertain	18 30	19 30	1.5	
		B — NS			18 2				
		W — EW	17 38.8	17 51.5		18 32		0.5	
		W — NS			18 12				
356	Sept. 6	B — NS	9 30.1	9 37.1	< 9 43	9 49	10 30	0.4	5.3
		W — EW			9 42.8	9 48.8		0.2	
		W — NS			9 42.8	9 48.8	10 20		

NO.	DATE	INST. COMP.	P	S	L	M	F	A	Δ
	1919		h m	h m	h m	h m	h m	mm.	mgm.
357	Sept. 13	B — EW			12 50±				
		B — NS			12 50±				
358	Sept. 15	B — EW			17 26±				
359	Sept. 27	B — EW			4 00±				
360	Oct. 3	B — EW				10 40	11 0	0.3	
361	Oct. 10	B — EW		1 19.7	1 25.3	1 27.0		0.5	
		B — NS			1 25.3	1 27.2		0.3	
		W — EW		1 19.8	1 25.4	1 27.0		0.2	
		W — NS			1 25.5	1 26.5		0.2	
362	Oct. 12	B — EW			23 0				
363	Oct. 27	B — EW			4 0				
364	Nov. 6	B — EW	lacking						
		B — NS	7 15.8		7 27±	7 28.6	7 50		
365	Nov. 18	B — EW			22 30+				
366	Nov. 20	B — EW			15 0+				
367	Dec. 5	B — NS		0 28.6	0 33.3		0 49		
		W — EW		0 28	0 33.5	0 35			
368	Dec. 14	B — EW			2 16				
	1920								
369	Jan. 4	B — EW	4 27.5	4 32.2	4 35.5	4 40.5	5 20	0.75	3.0
		B — NS	4 27.7	4 32.1		4 40.0	5 20	0.50	
		W — NS	4 27.7	4 32.5				0.25	
370	Jan. 30	B — EW	18 35.6	18 41.8	18 44.9		19 02.3		3.4
		B — NS	18 35.7	18 41.6	18 44.7				
371	Feb. 2	B — EW	11 41.2		12 31.7	12 36.5	14 14.0	1.50	13.0
		B — NS	11 41.4		12 31.9	12 36.5	14 13.0	1.10	
		W — EW			12 31.8				
		W — NS			12 31.8				
372	Feb. 7	B — EW			12 9.1	12 9.7			
		B — NS			12 9.2	12 10.0			
		W — EW			12 9.2				
373	Feb. 10	B — EW	22 13.0	22 17.1	22 19.5	22 28.3	23 39.0	0.65	2.7
		B — NS	22 13.1	22 17.3	22 19.4	22 28.1	23 35.0	0.15	
		W — EW	22 13.0	22 17.2	22 19.0				
		W — NS	22 13.0	22 17.2	22 19.1	22 28.4			

NO.	DATE	INST. COMP.	P	S	L	M	F	A	Δ
	1920		h m	h m	h m	h m	h m	mm.	mgm.
374	Feb. 12	B — EW			0 44.5				
		B — NS			0 44.5				
		W — NS		0 40.0	0 44.6				
375	Mar. 20	B — EW	18 46.1	18 55.2	19 8.8	19 13.7		0.50	7.7
		B — NS	18 46.2	18 55.6	19 8.6	19 9.6	20 40.0	0.70	
		W — EW			19 8.8				
		W — NS		18 55.2	19 8.8	19 9.7		0.25	
376	Mar. 23	B — EW		15 33.5	15 37.9				3.9
		B — NS	15 28.0	15 33.1	15 37.9	15 43.7	16 13.0	0.25	
		W — EW	15 27.9	15 33.0	15 37.9				
		W — NS	15 27.9	15 33.1	15 37.9				
377	Mar. 29	B — NS	5 14.8	5 20.2	5 24.7	5 28.9	6 39.0	9.00	3.9
		W — EW		5 20.1		5 28.0		1.00	
		W — NS		5 20.1	5 24.8	5 28.0		1.50	
378	Apr. 18	B — EW			21 28.8				
		B — NS			21 29.0				
379	Apr. 19	B — EW	21 12.4	21 16.5	21 18.6		21 47.0		2.8
		W — EW	21 12.0	21 16.7	21 18.6				
		W — NS	21 12.4	21 16.6					
380	May 7	B — EW			22 28.2	22 46.1	23 52.0	1.00	
		B — NS			22 28.2				
		W — EW			22 28.4				
		W — NS			22 27.7	22 46.9			
381	May 31	B — EW	2 9.9	2 20.7	2 50.9		3 4.0		12.6
		B — NS	2 9.4	2 20.3	2 50.8				
		W — EW	2 10.0	2 21.4					
382	May 20	B — EW			8 20.8				
		B — NS			8 21.3				
		W — NS			8 20.6				
383	May 30	B — EW			21 3.3				
		B — NS			21 3.3				
384	June 2	B — EW	22 17.1	22 21.9	22 25.1	22 17.7	23 0.0	0.75	3.3
		B — NS	22 16.9	22 21.8	22 24.8	22 17.5		0.75	
		W — EW	22 17.1	22 21.1					
		W — NS	22 16.4	22 21.7	22 24.1				
385	June 4	B — EW	15 40.4	15 47.3	15 50.7		16 48.0		5.4
		B — NS	15 40.3	15 47.1	15 50.7		16 52.0		
		W — NS	15 40.0		15 50.7				

17

NO.	DATE	INST. COMP.	P	S	L	M	F	A	Δ
	1920		h m	h m	h m	h m	h m	mm.	mgm.
386	June 5	B — EW	4 39.4	4 49.8	5 20.1	5 { 21.5 33.1	6 31.0	1.25 1.00	13 .
		B — NS	4 39.7	4 49.6	5 21.6	5 { 28.7 33.7	6 33.0	1.00 1.50	
		W — EW			5 21.3				
		W — NS			5 21.3				
387	June 18	B — EW	10 25.0						
388	June 22	B — EW	22 3.2						
389	July 2	B — EW	19 37.6				20 0.0		
390	July 7	B — EW	18 48.3	18 54.8	19 1.9	19 1.3	19 39.0	3.50	5.0
		B — NS						2.50	
		W — EW			19 1.9	19 2.5		1.50	
		W — NS				19 5.9		0.50	
391	July 16	B — EW	17 23.8	17 28.3	17 22.3		18 53.0		2.8?
		B — NS			17 22.6				
392	July 26	B — EW	5 21.0	5 28.4	5 38.6				
		W — NS	5 20.6		5 38.2				
393	Aug. 3	B — EW	20 7.0	20 17.8	20 30.2	20 38.7	20 30.0	0.50	8.0
		B — NS	20 7.2	20 17.9	20 29.8	20 38.2	20 28.0	0.50	
394	Aug. 15	B — EW	8 34.4	8 44.7	9 7.2				10.6
		B — NS		8 44.6	9 7.1				
395	Aug. 26	B — EW	23 8.5	23 17.0	23 28.8		0 11.0		7.1
396	Sept. 4						16 45		
397	Sept. 8	B — EW	2 4.3	2 11.0	2 31.1				10.5
		B — NS		2 10.7	2 30.9				
398	Sept. 9	B — EW	19 13.9		19 43.7		21 15.0		
		B — NS			19 43.7		21 15		
399	Sept. 21	B — EW	18 4.1						
		B — NS	18 3.9						
400	Sept. 24	B — EW	17 0.6						
		B — NS	17 0.7						
401	Sept. 27	B — EW	5 38.7						
		B — NS	5 38.8						
		W — EW	5 38.6						
402	Oct. 1	B — EW			19 0.8				
		B — NS			19 0.8				

NO.	DATE	INST. COMP.	P	S	L	M	F	A	Δ
	1920		h m	h m	h m	h m	h m	mm.	mgm.
403	Oct. 5	B — EW			19 20.6				
		B — NS			19 20.4				
404	Oct. 7	B — EW	21 4.0	21 11.6	21 19.4	21 22.2	21 56		5.6
		B — NS		21 11.8	21 19.7		21 58		
405	Oct. 8	B — EW	16 56.9	17 1.7	17 5.9	17 8.2	18 0.0	0.50	3.5
		B — NS		17 1.8	17 6.1	17 8.8	18 0.0	0.50	
		W — EW			17 5.7				
		W — NS	16 57.1						
406	Oct. 18	B — NS	8 23.5	8 33.4	8 57.5		9 50		11.2
407	Oct. 22	B — EW	12 20.4	12 28.9	12 36.5				5.7
		B — NS	12 20.5	12 29.1	12 36.5				
		W — EW			12 36.5				
		W — NS	12 20.5	12 29.2					
408	Oct. 28	B — EW			7 56.7				
		B — NS			7 56.7				
409	Oct. 28	B — EW	13 1.4	13 10.5	13 25.8				8.4
		B — NS	13 1.1	13 10.6	13 26.2				
		W — NS		13 10.4	13 26.8				
410	Nov. 4	B — EW	2 22.3						
		B — NS	2 22.5						
411	Nov. 6	B — EW			10 54.3				
		B — NS			10 54.3				
412	Nov. 12	B — EW			6 12.9				
		B — NS			6 12.8				
413	Nov. 16	B — EW	8 38.2	8 44.1	8 50.1	8 51.2	9 36.0	5.00	4.3
		B — NS	8 38.2		8 50.4		9 36.0		
		W — NS	8 38.2	8 44.5	8 50.4				
414	Nov. 29	W — EW	8 12.0						
		W — NS			8 25.4				
415	Dec. 10	B — EW		4 47.5	5 2.3		6 0		8.3
		B — NS	4 37.5	4 47.4	5 2.2		6 0		
416	Dec. 11	B — EW	21 28.1	21 34.0	21 38.0				3.7
		B — NS	21 28.5	21 33.6	21 38.2				
417	Dec. 16	B — EW	12 20.0	12 30.2	12 51.4	13 7.9	15 0	28.00	10.3
		B — NS	12 19.9	12 30.3	12 51.8	13 7.9	15 0	43.00	
418	Dec. 17	B — EW	19 10.0	19 23.0	19 38.1				8.4
		B — NS	19 10.2	19 22.2	19 38.4				

NO.	DATE	INST. COMP.	P	S	L	M	F	A	Δ
	1920		h m	h m	h m	h m	h m	mm.	mgm.
419	Dec. 25	B — EW			12 28.7		13 0		
		B — NS			12 28.7		13 0		
	1921								
420	Jan. 2	B — EW	7 32.1						
		B — NS	7 32.5						
421	Jan. 8	B — EW	6 42.8	6 47.1	6 51.8	6 53.1			3.7
		B — BS	6 42.6	6 47.1	6 51.6				
		W — NS	6 42.6						
422	Jan. 9	B — EW		13 12.2	13 22.8				6.5
		B — NS		13 12.1					
423	Jan. 20	B — EW	21 9.6	21 15.0	21 19.3				
		B — NS	21 9.4						
424	Feb. 4	B — EW	8 28.8	8 33.8	8 36.4	8 40.8	9 39		3.2
		B — NS	8 28.7	8 33.6	8 36.4	8 45.0	9 39		
		W — NS	8 28.8	8 33.7	8 36.4				
425	Feb. 6	B — EW			5 22.1				
		W — EW			5 22.0				
426	Feb. 11	B — EW			0 48.0				
		B — NS			0 48.1				
427	Feb. 11	B — EW			22 57.3				
		B — NS			22 57.8				
428	Feb. 14	B — EW			1 48.8				
		B — NS			1 48.6				
429	Feb. 19	B — EW			15 55.7				
		B — NS			15 55.5				
430	Feb. 19	B — EW			18 51.9				
		B — NS			18 51.9				
431	Feb. 21	B — EW			12 0.1				
		B — NS			11 59.9				
		W — EW			12 0.0				
432	Feb. 21	B — EW	16 6.7		16 14.3	16 16.8			3.0
		B — NS	16 7.0		16 14.2	16 17.3			
		W — EW	16 6.8	16 11.7	16 14.5	16 16.7			
		W — NS			16 14.5				
433	Feb. 21	B — EW				19 44.5			
		B — NS				19 44.2			
		W — EW				19 44.2			
434	Feb. 27								

NO.	DATE	INST. COMP.	P	S	L	M	F	A	Δ
	1921		h m	h m	h m	h m	h m	mm.	mgm.
435	Mar. 6	B — EW		7 35.7	7 39.9	7 41.5		5.00	3.5
		B — NS		7 35.7	7 39.9	7 41.3		14.00	
		W — EW			7 39.9				
		W — NS		7 35.6	7 39.5	7 41.7			
436	Mar. 12	B — EW		10 44.3	10 50.2				4.6
		B — NS		10 44.5	10 50.3				
		W — NS			10 50.0				
437	Mar. 16	B — EW			12 34.7				
		B — NS			12 35.0				
438	Mar. 21	B — EW			4 24.9				
		B — NS			4 24.4				
439	Mar. 24	B — EW			9 45.3				
		B — NS			9 45.2				
440	Mar. 24	B — EW			10 26.1				
		B — NS			10 26.0				
441	Mar. 24	B — EW		15 2.8	15 19.1				8.6
		B — NS		15 3.0	15 19.6				
442	Mar. 25	B — EW			0 49.5				
		B — NS			0 49.5				
443	Mar. 28	B — EW	7 55.5	8 0.5	8 2.7	8 3.6		11.5	3.1
		W — EW			8 3.2	8 3.5		2.5	
		W — NS			8 2.8				
444	Mar. 29	B — EW			22 49.1				
		B — NS			22 49.4				
445	Apr. 1	B — EW			5 17.9				
		W — EW			5 17.9				
446	Apr. 1	B — EW			12 58.7				
		B — NS			12 58.4				
		W — EW			12 58.9				
		W — NS			12 58.9				
447	Apr. 2	D — EW			10 5.2				
		B — NS			10 5.3				
448	Apr. 5	B — EW			0 37.6				
		B — NS			0 37.5				
449	Apr. 10	B — EW			14 0.0	14 2.0		2	4.3
		B — NS	13 48.8	13 55.1	14 0.1	14 1.3		1	
		W — EW			14 0.0				

NO.	DATE	INST. COMP.	P	S	L	M	F	A	Δ
	1921		h m	h m	h m	h m	h m	mm.	mgm.
450	Apr. 12	B — EW			7 52.6				
		B — NS			7 52.1				
		W — EW			7 52.6				
451	Apr. 20	B — EW			19 5.9				
		B — NS			19 5.9				
452	Apr. 25	B — EW			18 47.1				
		B — NS			18 46.8				
		W — EW			18 46.8				
453	May 1	B — EW	5 45.4	5 50.8	5 57.0	5 57.9	7 20	13.00	4.4
		B — NS	5 45.0		5 56.9	5 57.9	7 20	5.00	
		W — EW	5 45.2		5 57.4				
		W — NS	5 44.8		5 56.9				
454	May 14	B — EW			21 20.6				
		B — NS			21 20.5				
455	May 14	B — EW			22 25.3				
		B — NS			22 25.1				
456	May 20	B — EW			1 26.8				
		B — NS			1 28.9				
457	May 21	N — EW			9 1.5				
		B — NS			9 1.7				
458	May 28	B — EW			22 12.9				
		B — NS			22 12.8				
459	June 4	B — EW			1 42.8				
		B — NS			1 42.6				
460	July 25	B — NS			19 31.2				
		W — EW			19 34.8				
		W — NS			19 32.0				
461	July 25	B — NS			19 57.5				
		W — EW			19 57.7				
		W — NS			19 57.7				
462	Aug. 14	B — EW			14 1.7				
		W — EW			14 1.5				
463	Aug. 16	B — EW			18 20.4				
		B — NS			18 19.8				
		W — EW			18 19.9				
		W — NS			18 20.1				
464	Aug. 19	B — EW			8 39.5				
		B — NS			8 39.2				

NO.	DATE	INST. COMP.	P	S	L	M	F	A	Δ
	1921		h m	h m	h m	h m	h m	mm.	mgm.
465	Aug. 21	B — EW			1 8.3				
		B — NS			1 8.5				
		W — EW			1 8.3				
		W — NS			1 8.2				
466	Aug. 23	B — EW	20 24.8	20 31.9					3.9
		B — NS			20 34.9				
467	Aug. 29	B — NS			19 7.7				
468	Sept. 5	B — EW			20 43.4				
		W — EW			20 48.1				
		W — NS			20 42.8				
469	Sept. 8	B — EW			19 40.6				
		B — NS			19 40.8				
470	Sept. 11	B — EW	4 21.3	4 35.4	5 13.4	5 24.8	7 28.0		17?
		B — NS	4 21.5	4 35.2	5 13.7	5 26.1	7 19.0		
471	Sept. 13	B — EW			2 41.9				
472	Sept. 19	B — EW			4 40.1				
		B — NS			4 40.1				
473	Sept. 20	B — EW			1 10.6		2 6.0		
		B — NS			1 10.3				
474	Oct. 15	B — EW			5 57.0		6 50.0		
		B — NS			5 57.2				
475	Oct. 20	B — EW		6 22.9					7.9
		B — NS	6 13.6	6 22.9			7 27		
		W — EW	6 13.6	6 22.9					
		W — NS	6 13.6	6 22.9					
476	Nov. 2	B — NS	3 49.3		3 56				
477	Nov. 2	B — NS	8 22			8 30			
478	Nov. 11	B — EW	18 56.7	19 6.9	19 23?	19 44	21 15	1.0	9.0
		B — NS	18 56.8	19 7.0		19 44	21 10	0.6	
479	Nov. 13	B — EW			8 53				
		B — NS	8 49		8 53.5				
480	Nov. 15	B — EW		21 0.1		21 20	22 30	0.6	9.0
		B — NS	20 49.8	21 0.0	21 16	21 26	22 40	0.5	
481	Dec. 18	B — NS			11 30				
482	Dec. 18	B — EW	15 37.2	15 43.3		15 43.4	17 30	10.1	4.3
			15 37.1	15 43.3		15 43.4	17 40	6.0	

(186. The phases marked S on the EW components are probably S R_1.)

187. A small disturbance lasting about 15 minutes.

188. A small disturbance lasting about 8 minutes.

Mar. 31. Very slight disturbance (microseismic?) about 17^h.

Apr. 2. Very slight disturbance (microseismic?) about 19^h 12^m on B — NS: trace only on B — EW.

193. No record on W — NS, pen insensitive.

194. Small record covering 10 minutes. Actual quake?

195. Some very slow waves.

Apr. 21. B — EW shows some flat waves not very regular. W — EW quite a distinct disturbance, looks like a distant quake. M at 12^h 16^m.

May 9. B — NS shows a few undulations about 16^h.

205. B — NS record defective. W records not black enough to be legible.

206. Impossible to differentiate phases on B records. On W records the tremors are very faint and confused with those due to trains.

207. No record discernible on the W — NS. F on W — E lost in tremors due to trains.

208. No trace on W — NS or W — V. P on B — EW confused with train tremors.

Oct. 3. Earthquake recorded on B — NS and W — EW but time not determinable. Pen on B — EW not tracing. Clock stopped.

209. The W — EW record is marred so that the times of S and L may not be read.

210. The beginning of the B — NS record cannot be accurately read, because of other disturbances; passing trains? F on W — EW cannot be accurately read for the same reason. No motion of the pen is discernible on W — NS, except a very feeble trace of the long waves. No trace on W — V.

212. Faint trace on W — V, but not legible. P on W — EW cannot be read because the sheet was marred.

213. Beautiful record with all phases distinctly marked except on the W — NS. No record on the W — V. There are two well marked epochs of maximum amplitude on the B — EW.

214. Microseisms prevent F from being accurately read. The pen left the B — NS record at 19^h $43^m.5$ interrupting the trace until 19^h $53^m.0$. The drum of B — EW was not rotating when the disturbance started. Consequently only the last phases are recorded of this component. No trace on W — V. W — NS record incomplete. S on W — EW indistinguishable from P.

215. This is the local shock reported in the St. Louis, Mo., newspapers. The phases are not discernible, the beginning and ending being lost in the microseismic tremors. The record on the B — EW is not discernible from the microseisms.

216. The phases are very poorly defined. No record appears on the W — NS and that on the B — NS is very feeble.

217. On both components of the B instruments and on the W — EW the record is well traced out and the phases well defined. The time marker of the B — EW was not operating. No record appears on the W — NS.

218. This disturbance is a series of sinusoidal waves of very small amplitude and of 20 seconds period. There are no well marked phases.

219. Maxima occur at 17^h 57^m, 18^h 20^m, 19^h $57^m.5$, 20^h $24^m.0$. There is no record on the W — NS or on either of the Bosch sheets. The preliminary tremors continue irregularly until 17^h 20^m when they become more vigorous and continuous (microseisms).

220. The phases are well marked. No record on W — NS sheet.

221. This disturbance is very feeble. The phases are not distinguishable.

223. These are very feeble oscillations, less than 0.5 mm. in amplitude. No phases are indicated.

225. Pen on W — EW not working properly. B — EW stopped June 25, at 23^h 3^m.

226. Beginning cannot be identified, B — EW not running.

228. Probably a slight quake. Discerned among microseisms by length of period.

229. Similar to July 4.

231-232. Probably not seismic disturbances as no records occur on the other instruments. (Faint trace afterward found on W — EW corresponding with 21^h $24^m.5$). The period on B — EW agrees with the period of the instrument. The damping is gradual showing no continuation of disturbance.

233. B — NS merely gave a lateral movement at the maximum, but did not oscillate.

234. W — NS had very faint waves only at the time of maximum. W — EW record damaged at P.

235 A long flat series of waves, with no distinct main, beginning soon after the end of the preceding shock. The flat waves of about 20 sec. period certainly do not belong to the tail of the first quake.

237. Beginning lost in change of records at 16^h 19^m. W — EW record of quake not distinguishable among the microseisms.

239. B — NS has slight motion but time cannot be read because the record is poorly smoked.

241. No phases distinguishable. Long waves begin gradually, period 17^s to 20^s.

242. W — EW not running.

243. Long flat waves $7^h\ 38^m$ to maximum at $7^h\ 47^m$, then gradually decreasing.

244. Long flat shock. Period about 17^s.

245. Time marker of B—EW, W—EW and W—NS not working. Fair agreement in estimated time. Main lasted about $1^m.6$.

246. Time markers of B — EW, W— EW not working. Good agreement estimated. A peculiar disturbance. Waves 6 — 8 seconds, no long waves. During the first part waves of shorter period superposed. Beginning not clearly defined.

247. Time marker not working. Long period, flat waves persisting about 15 minutes.

249. W — V had slight response at $18^h\ 14^m$ followed by feeble oscillations. Two sets of long waves. The faster about 220 km. per min., the slower 200 km. per min. The slower waves were the stronger.

251. Distance probably about 5.0 mgm. Phases similar to Dec. 21 quake.

252. Strong short waves are superposed on the long, which make L very uncertain. This is the Guatamala quake. The interval P to S gives fair determination of distance.

253. "Parallax" of B — EW not known accurately, 0.5^m correction was used. F is mingled with micros. B — NS gave a feeble response. Phases on the EW components not clearly defined.

254. The intervals P to S and S to L appear discordant in this shock.

255. The time of the disturbance at the epicenter $O = 21^h\ 18.7^m$. A very strong impetus at S produced an amplitude of 1.5 mm. on B — EW.

256. Long flat waves. Beginning and end lost in micros. W — EW tracer out of position; record superposed on W — NS. The W — NS record is very peculiar. The period is discernable by a succession of dots on the sheet, where no amplitude is seen. (Instrumental effect from W — EW?)

259. Perhaps includes a second shock about $19^h\ 45^m$.

Feb. 12. Possibly a shock at $17^h\ 19^m$ lasting a few minutes, visible on EW instruments and on W — NS.

Feb. 13. A slight shock about $3^h\ 57^m$ to $4^h\ 5^m$, no phases apparent.

262. May be PS instead of S. Other maxima occur at $7^h\ 18.3^m$ and $7^h\ 28.2^m$ on the NS components.

264. A series of impulses followed by irregular waves gradually weakening occurred shortly after records were changed.

267. May not be seismic.

269. S not clearly defined. Distance from W — NS.

270. $O = 22^h\ 32.4^m$.

271. The amplitude was so great that the pen left the sheet on W — EW and the Bosch records.

272. F lost in micros.

273. The maximum appears before the long waves are detected.

276. $O = 17^h\ 55.4^m$. B — EW ran down before the second shock began.

277. Wiechert not working properly. B — EW record shows instrumental defects. O about $18^h\ 57.1^m$.

279. B — EW "parallax" uncertain. F in micros.

280. B — EW and Wiechert time markers not working.

282. PS is much stronger than S on both components. Good record on Wiechert horizontal, but time marks are lacking. $O = 21^h\ 25.8^m$.

284. Slight trace on Wiechert horizontal.

285. $O = 3^h\ 58.7^m$. Δ and O determined from W — NS record which is clearly defined though amplitude is small.

289. May not be seismic.

290. No distinct main. Phases on B — NS not clearly defined. W — NS poorly smoked.

291. Phases uncertain.

292. W — NS First impetus produced an oscillation whose amplitude continued nearly constant for two minutes then decreased. PS appears stronger than S on the EW components.

293. $O = 6^h\ 26.3^m$. Long smooth waves continue for about an hour on B — EW. B — NS poorly smoked. S not clear on B — NS and Wiechert.

294. B — NS time mark uncertain due to lateral displacement and poorly smoked paper.

295. Wiechert not running.

Aug. 15. A second shock occurred while the sheets were being changed.

297. P and L not clearly defined. Wiechert EW poorly smoked.

298. Impetus followed later by some long waves. No phases.

299. Slight quake. Time markers not working on B — NS and Wiechert.

300. Sheets changed during quake excepting on B — NS. Distance determined from P and L. S not identified. An impetus at 18^h 38.4^m is prominent on the Bosch records, also a second maximum at 18^h 7^m ±.

301. A slight disturbance lasting several minutes.

302. B — NS gives a thickening of the line at P. Record poorly smoked beyond that point.

Sept. 30. Quake occurred about 14^h to 14^h 30^m. Record changed during the disturbance. A second quake giving a long flat record took place 19^h to 20^h, phases not defined.

304. O = 14^h 14.3^m.

305. Phases not clearly defined.

307. The time of the emergence of the long waves is not certain.

308. Wiechert not running. O = 3^h 42.8^m.

309. Records removed at 16^h 28^m, disturbed earlier. Wiechert stopped Oct. 26, 23^h 42^m, set Oct. 27, 22^h 26^m.

310. Phases are not distinguishable.

311. Wiechert not running.

315. O = 21^h 45.4^m.

316. A series of impulses appear on the records at 19^h 0.7^m, 19^h 3.4^m, 19^h 4.3^m and a change in the form of wave at 19^h 21.2^m.

Nov. 22. Records changed at 16^h 30^m. Disturbance follows but no phases can be read.

318. O = 9^h 47.4^m.

319. Sheets changed at 14^h 50^m, tremors still visible.

320. O = 8^h 40.7^m. Time markers not working on Wiechert.

324. Time markers not working. P about 9^h 33^m and distance is 4.8 mg. by scale.

326. Wiechert time markers not working. Distant shock; phases not well determined.

327. Phases do not appear to agree on the two components. A series of impeti occur on the NS record at 3^h $27^m.3$, $31^m.9$, $36^m.7$, $39^m.4$, and $42^m.7$. Parallax of NS uncertain.

329. L uncertain. Waves with period of 9 seconds began about 12^h 2^m.

330. Bosch E — W not running.

341. NS component very weak.

343. PS. appeared stronger than S which was not clearly defined.

347. Phases not discernible.

June 29. Italian quake record not obtained as sheets were changed about 15^h 15^m — 20^m.

349. O = 7^h 4^m1. The phases are not clearly defined on W — NS.

350. P is masked by micros.
W — NS record rubbed.

351. An amplitude as great as the recorded M occurred at 19^h $36^m.8$. W — NS record is faint, but continues until 20^h 10^m ±.

352. Δ determined by P and S.

353. O = 22^h $1^m.3$. B — NS stopped after S.

354. An impetus is visible on the NS components at 17^h $20^m.5$; may not be P.

August 27. A disturbance occurred about 5^h 45^m and lasted an hour, but no phases are discernible.

355. Interpretation is difficult.

357. Impossible to interpret.

360. Heavy microseisms prevent reading the earlier phases.

362. Long waves continue for about thirty minutes. A distant shock, but the phases are not clear.

363. A distant quake, but the phases are obscured by micros.

365-366. Phases not discernible.

368. The long waves continued for about twenty minutes.

369. Beginning of long waves not definitely defined.

370. Micoseisms. No distinct maximum.

371. Very probable that "e" occurred sooner. Apparently two quakes; one lapping over the other. No secondary waves perceptible. Δ determined from P and L waves, as interpreted.

372. Long waves were only ones which showed any degree of definition. Other waves were lost in microseisms. F likewise lost.

374. A difficult record. Preliminary waves entirely and secondary waves nearly lost in microseisms.

375. Beginning of preliminary waves not sharply defined. Long waves followed those recorded.

376. Emergence of P waves not definite.

377. B — EW out of order.

378. Microseisms.

379. B — NS tracer was not working properly.

380. Entire record composed of long waves.

381. Interpretation doubtful. P and S waves not prominent.

382. Microseisms.

383. Microseisms.

384. Nothing shown on W — EW. L waves determined from P and S waves. PR_1, PR_2, and SR_1 afforded excellent check.

386. Emergence of P waves not well defined. Long waves followed the second maximum.

387. Time marker on B — NS was not working. Nothing shown on W — EW nor W — NS.

388. Time marker on B — NS was not working. Nothing shown on W — EW nor W — NS.

389. Microseisms shown on B — NS but time marker still not working. Nothing shown on W — EW and W — NS.

390 Time marker on B — NS not fixed to date.

391. A faint shock. Weichert instrument not working properly. Δ is perhaps in error due to insufficient data.

392. A weak shock.

Sheets were off from $1^h\ 33^m$, Aug. 20, 1920. to $17^h\ 30^m$, Aug. 20, 1920.

395. Time markers failed to work properly on B —NS, W — EW and W — NS.

396. Instruments not running during the first part of the disturbance.

397. Δ determined from L and S.

401. Microseisms.

406. E. W. component not working.

407. F was lost in microseisms.

Machines stopped from $3^h\ 30^m$ Nov. 25, 1920 to 22^h Nov. 26, 1920, and from $4^h\ 12^m$ Nov. 27, 1920 to $16^h\ 45^m$ Nov. 28, 1920.

414. Time markers on B — EW and B — NS not working.

415. Microseisms present made interpretation rather difficult.

416. F lost in microseisms.

417. Several long waves followed the maximum at intervals through fourteen hours.

418. Microseisms throughout the record. Amplitude of quake about the same as that of microseisms.

419. Microseisms throughout record.

420. Very faint.

423. Continuous microseisms present. Quake difficult to interpret.

430. Long waves occurred at $19^h\ 15^m$ and at $19^h\ 25^m.6$.

432. A maximum occurred at $16^h\ 36^m.7$ on all records. The interpretation given may be questionable for microseisms were present quite continuously.

433. Very similar to 431.

434. A quake occurred the latter part of Feb. 27. The time markers were out of order, so an accurate interpretation of quake was not possible.

441. No preliminary waves were shown.

442. Long waves followed at $0^h\ 51^m.2$, $0^h\ 53^m.9$ and $0^h\ 58^m.4$.

443. B — NS was not working.

444. Waves very faint and not well defined.

451. Long waves started at about $18^h\ 9^m.2$ and continued for some time.

453. S waves not well defined. Interpretation may be slightly in error because time markers failed to work properly. E. W. components gave best results.

455. Waves of varying lengths followed.

456. Very faint.

457. Precipitation in fixing liquid blurred the sheets, so marks were difficult to see.

458. Emergence about $22^h\ 09^m.0$.

The machines were dismounted June 14 in order to paint the seismograph room and to clean and repair the instruments. They were re-assembled July 14, 1921.

460 and 461. B — EW component was not working well.

462. Sheets on the B — NS component were scorched while being smoked.

465. Very faint.

466. Emergence at $20^h\ 17^m.5$. Values corresponding to PS, SR, and SR_2 checked well with other phases.

467. Not typical long waves; time marker on B — NS component not working.

468. Time marker not working on B — NS component. L waves at $20^h\ 36^m.6$, $20^h\ 47^m.9$ on B — EW component.

469. Emergence at $19^h\ 32^m.6$ on B — EW component.

471. Time marker not working on B — NS component. Waves show on this component, but they are not as pronounced as on B — EW component.

473. NS waves are the weaker ones.

475. Emergence of L waves not well defined. PR_1 and SR_2 checked well with other phases.

477. A second maximum followed at 7^h. Weak on EW component.

478. O about 18^h $44^m.5$. Short waves appear at 19^h 55^m following the main shock: perhaps another quake.

480. O about 20^h $37^m.6$.

Nov. 23. A strong impetus of unknown origin, probably not seismic, occurred at 20^h 32^m.

482. No distinct main.

33.

TYPICAL STELLAR SPECTRA

By W. CARL RUFUS

The purpose of this work, the photographic enlargement and reproduction of typical stellar spectra, is to present by a series of plates the chief classes of stellar spectra and to illustrate the changes of the chief spectral characteristics with the sequence,

$$P\ O\ B\ A\ F\ G\ {}^{K\ M}_{R\ N}$$

The spectrograms used for the enlargements were made with the one-prism spectrograph attached to the 37½-inch reflecting telescope of the Observatory of the University of Michigan. At the beginning of the work selections were made from spectrograms on hand, that had been obtained in connection with the regular observational programs. It was soon found, however, that these were unsatisfactory in general on account of differences in slit width, differences in the emulsions of the photographic plates used, and change in the dispersion of the spectrograph when the new prism was installed. Consequently a number of new spectrograms were made, using as far as practicable an adopted slit width and Seed 23 plates. For faint stars a wider slit and a coarser emulsion were necessary.

The region of the spectrum selected for enlargement extends from about λ 5100 to about λ 3900, which includes the lines N_1 and N_2 of the hypothetical element nebulium near the end of greater wave-length and the H and K lines of calcium near the end of shorter wave-length.

On account of the difference in sensitivity of the photographic plates for rays even of this limited range of spectrum, and on account of the greater difficulty due to the difference of the relative intensity of the violet light in spectra of the various classes, several devices were used in the attempt to produce a photographic spectrum showing detail throughout the entire selected region. For example, in order to obtain a spectrogram of a red star strong enough to show the H and K region without overexposing the region near Hβ, the slit of the spectrograph was kept in the ultra-violet part of the spectral image of the star, thus taking advantage of the elongation of the image produced by atmospheric refraction. In this case the guiding was done by keeping the image of the slit entirely free from the visible image of the star on the side of shorter wave-length. Shading regions of the enlarged positive during the exposure to produce the final negative and shading parts of the negative during the exposure to make the prints were also necessary.

These artificial devices, added to the inherent difficulties, tended to complicate the problem of preserving the relative intensities of lines in a single spectrum and especially in representing the progressive changes in intensity of several separate characteristic spectral features from one class of spectrum to the one following in the spectral sequence. From the nature of the work, therefore, the resulting reproductions represent compromises among these conflicting elements of the problem, and the intensities of the spectral characteristics here presented must be considered qualitative rather than quantitative.

Twenty-eight spectrograms reproduced in the accompanying plates have been selected and arranged to represent the chief classes of stellar spectra and to indicate the changes of the chief spectral characteristics with the sequence. It is well known that the vast majority of stellar spectra fall into this sequence, which is based upon the principle of relationship by resemblance. Only a surprisingly small number of peculiar spectra show no affinity for the members of this orderly series.

At the left of each spectrum reproduced in the accompanying plates, L, M, N and O, is given the class of spectrum according to the Henry Draper classification, now generally adopted;

and at the right is the designation of the star whose spectrum is reproduced, generally the one selected by the Harvard observers as the typical star. Plate L contains one nebular spectrum and one of each of the subdivisions of Class O. Plate M extends from Class B to Class G giving examples of spectra at intervals of five least divisions of the sequence, ten divisions marking the transition from one class to the next, e.g. from B to A. Plate N represents the end of the main branch of the sequence, including Classes G5 to K5 and all the subdivisions of Class M. Plate O represents the other branch of the sequence, G R N, containing enlargements selected from those made by Professor Curtiss and used to illustrate the author's article, The Spectra of Class R Stars, in Volume II of these *Publications*. The spectra of Plate O extend to a longer wave-length than the spectra of the preceding plates, but are cut off at the violet end just beyond the line H of calcium. At the top and bottom of each plate characteristic lines are designated.

The general characteristics of the spectral sequence are also well known and may be briefly summarized to serve the present purpose. The accompanying figure, Characteristics of the Spectral Sequence, graphically represents some of the chief features from the qualitative standpoint. The classes of spectra are the abscissæ and the relative intensities of selected spectral features are the ordinates. Below the horizontal line are emission or bright line features and above it are absorption lines and bands.

The behavior of hydrogen is especially interesting, as lines of only this element may be traced throughout the entire sequence. The emission lines of hydrogen appear in the spectra of gaseous nebulæ, only one of which is reproduced, and in the bright line spectra of the Wolf-Rayet stars, Classes Oa, Ob and Oc. The emission lines of hydrogen are replaced in Class Od by corresponding absorption lines, which increase in intensity with the sequence reaching a maximum in Class Ao, then decrease through the following classes of the sequence with bright lines appearing again near the end. The H and K absorption lines of calcium appear in Class O, even in the spectra of

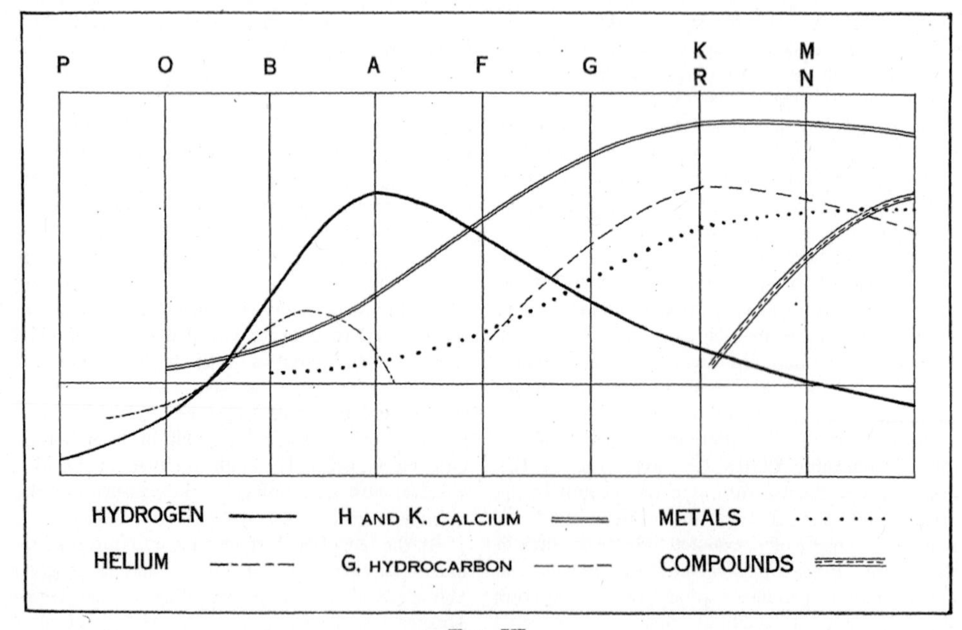

Fig. VI

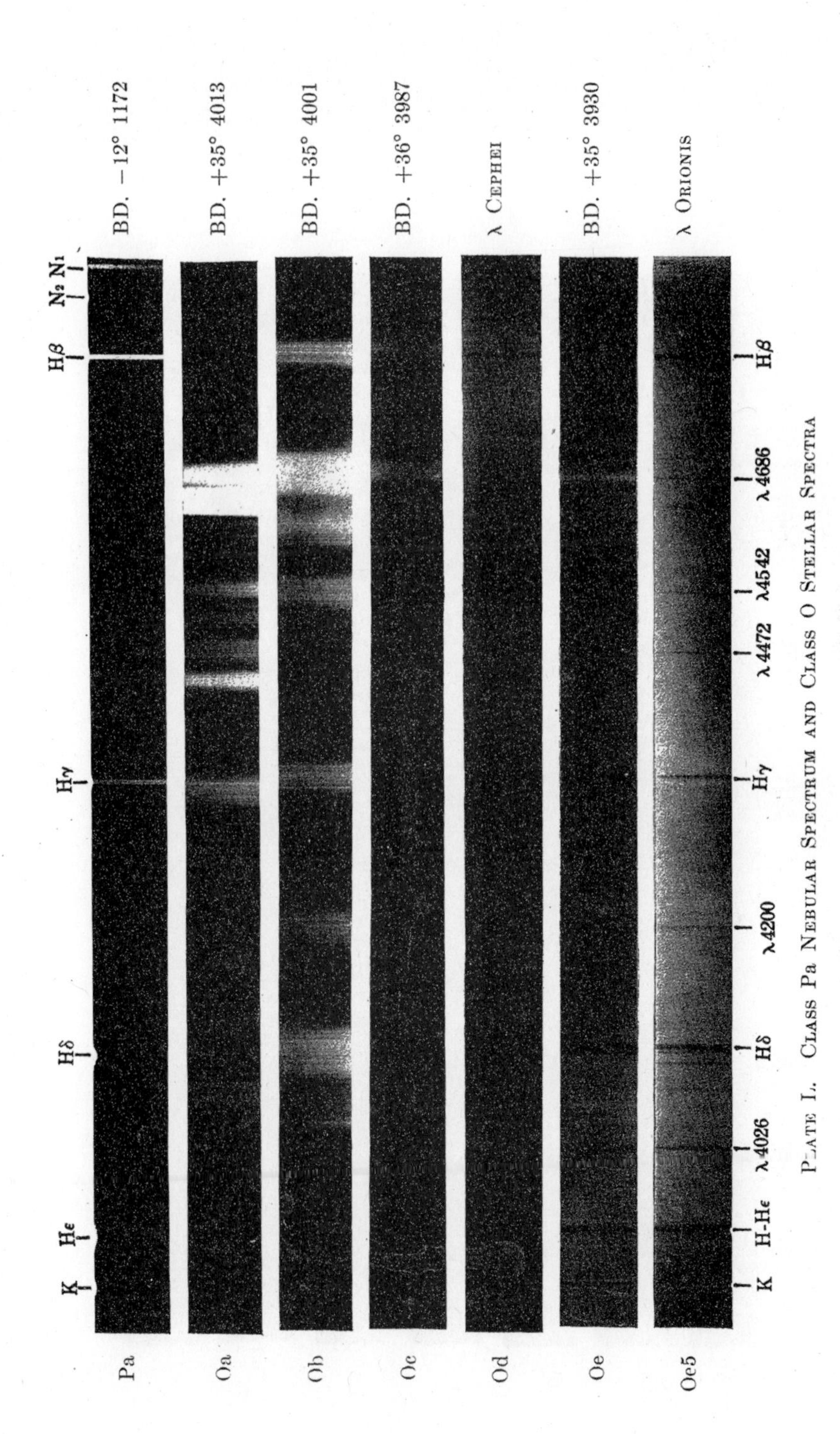

Plate I. Class Pa Nebular Spectrum and Class O Stellar Spectra

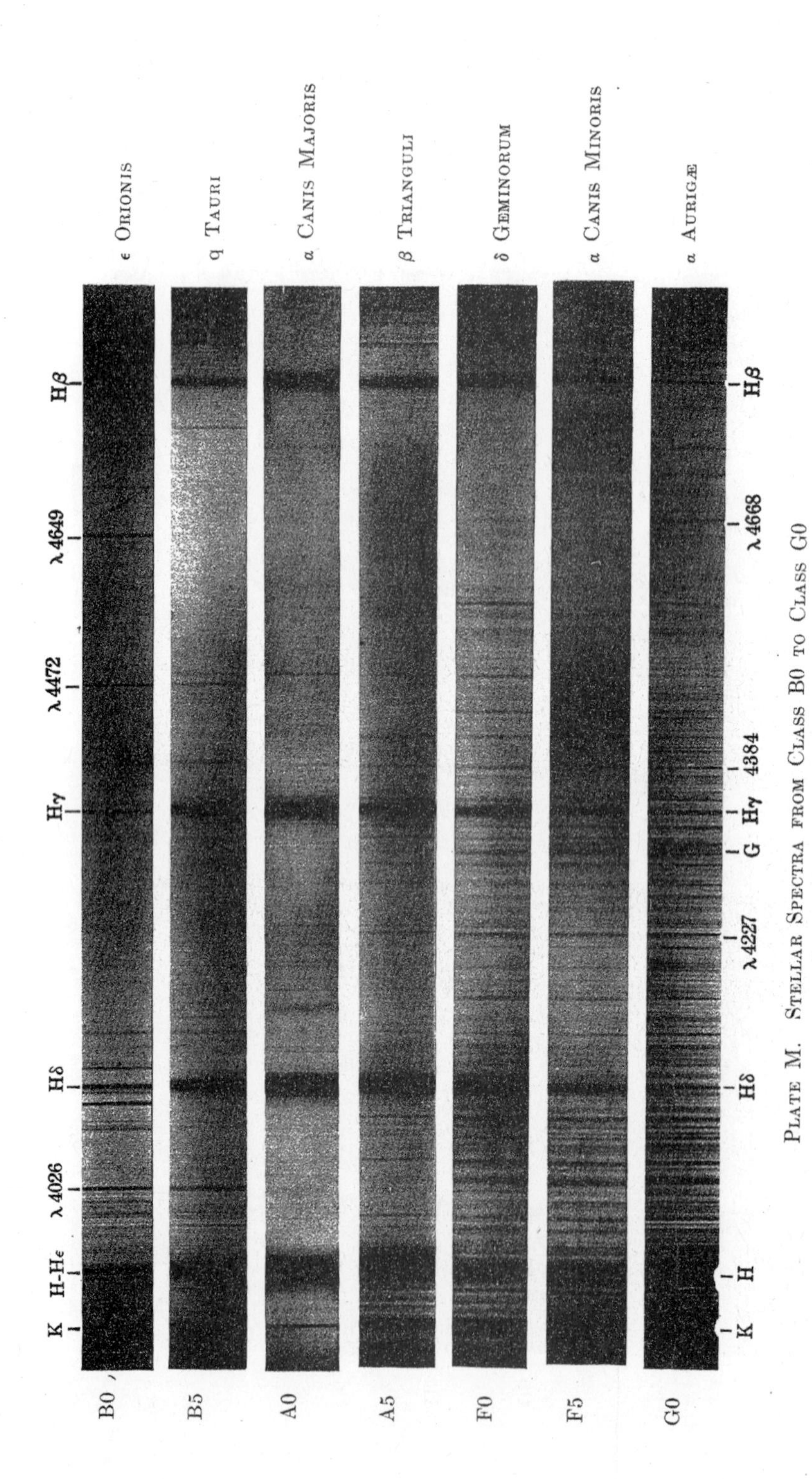

Plate M. Stellar Spectra from Class B0 to Class G0

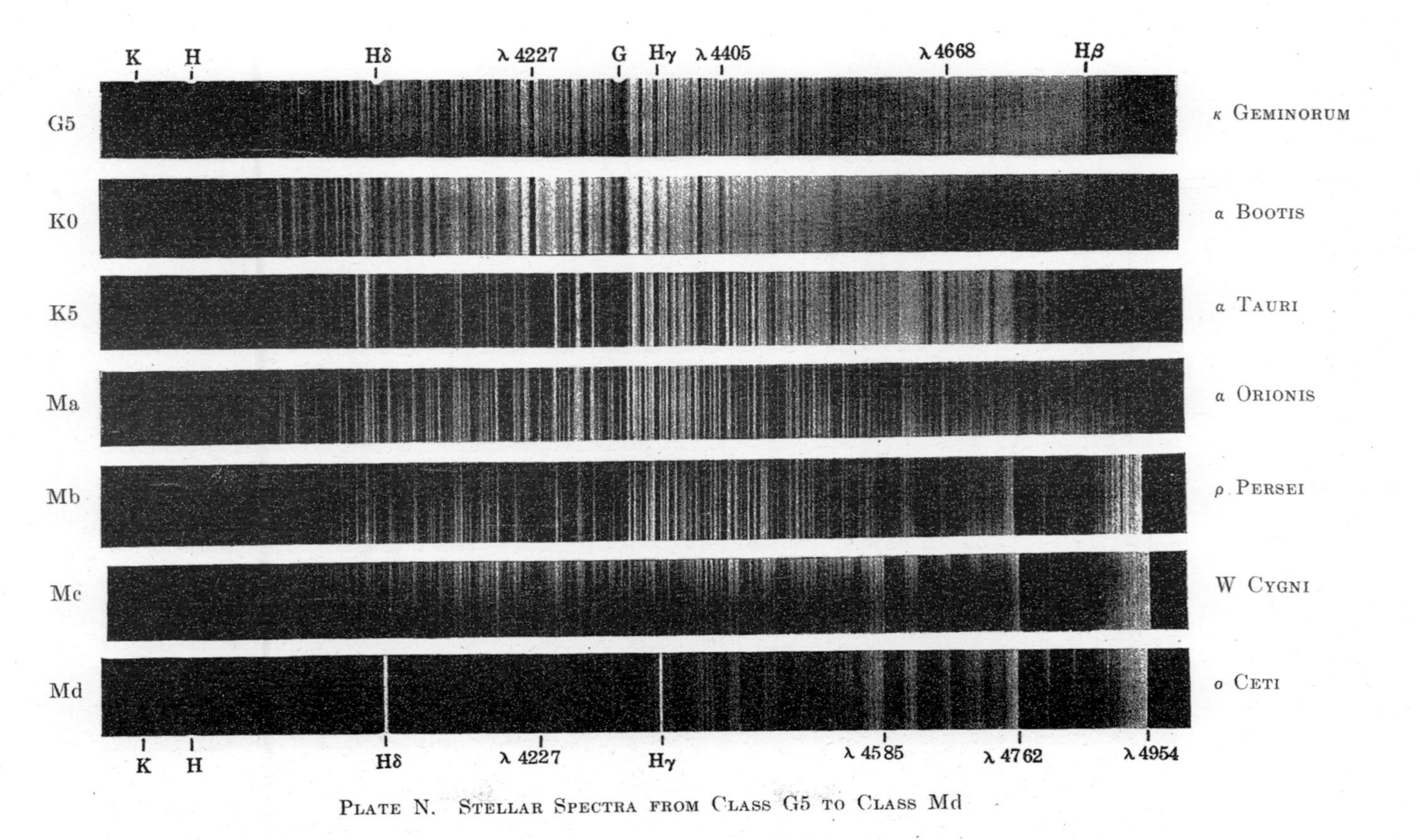

Plate N. Stellar Spectra from Class G5 to Class Md

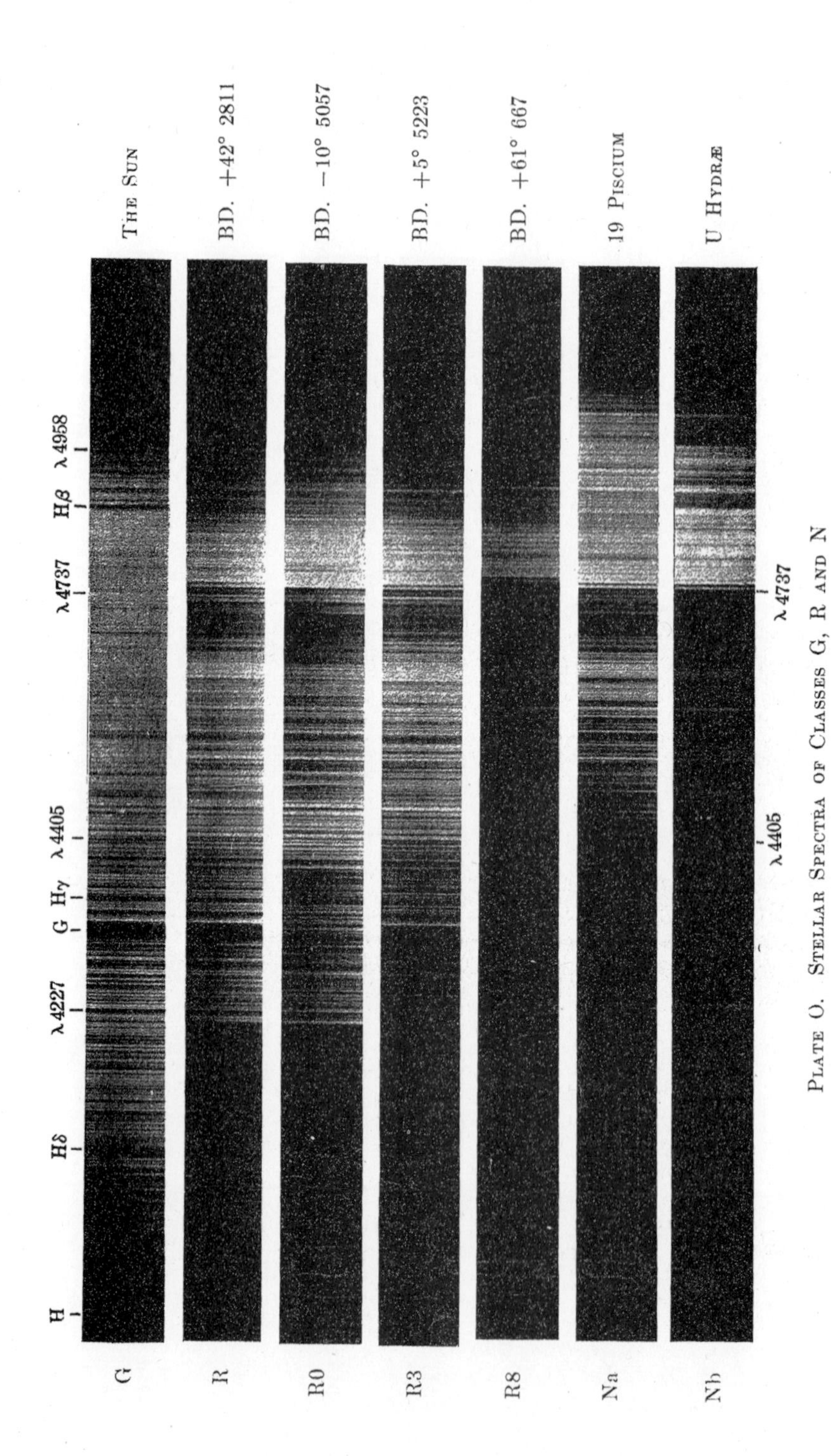

Plate O. Stellar Spectra of Classes G, R and N

some of the "bright line" stars, when sufficient exposure is given to produce a continuous spectrum in this region. The H and K lines continuously increase in intensity as far as Class K and remain strong in Class M. Sufficient exposure indicates their presence as strong lines in the spectra of some stars of Class R and Class Na; but in spectra of Class Nb weakness of the violet light renders their detection difficult and in some cases impossible. As the spectrograms used for Plate O were made for radial velocity and wavelength determination and not primarily intended for this work, the artificial strengthening of the relative intensity of the violet end is lacking. The other general features indicated by the figure may be followed through the plates representing the sequence.

REMARKS CONCERNING PLATE L

In addition to the hydrogen bright lines in the spectrum of the planetary nebula, BD. $-12°$ 1172, the bright lines N_1 and N_2 of the hypothetical element nebulium are also conspicuous. Numerous bright lines and bands characterize Classes Oa, Ob and Oc. The ordinary lines of the elements hydrogen and helium are present, also the ζ Puppis series now attributed to helium, the Fowler line λ 4686 also attributed to helium, and numerous unidentified lines and bands. Especially strong in Class Oa are the wide bands with centers at approximately λ 4650, perhaps due to carbon and λ 4686 previously mentioned. λ 4441 is also strong in Class Oa but is not found in the other classes. In Class Ob λ 4686 is the special feature, while λ 4650 is lacking. The hydrogen bright lines are stronger than in the preceding class. The ζ Puppis lines λ 4542 and λ 4200 are prominent. Class Oc has a comparatively strong continuous spectrum which renders contrast difficult. The bright lines are weaker and narrower than in Classes Oa and Ob. λ 4686 is the strongest band. λ 4059 is strong and quite sharply defined. The H and K absorption lines appear stronger than in Ob. On some of our spectrograms of Class Oa, K is visible but H is lacking.

The transition from Class Oc to Class Od represents a change from a typical bright line to a typical absorption line spectrum. Indications of the changing process are suggested, however, in Class Oc by the absorption lines at the centers of some of the bright bands, expecially the ζ Puppis series, λ 4026, λ 4200 and λ 4542. A similar feature is seen in the region corresponding to the position of the band G of the solar spectrum. The reversal of λ 4026 may be traced back through Classes Ob and Oa, while bright borders of this line and others persist in Class Oe, which in our reproductions shows a closer resemblance to Class Oc than the intervening spectrum of Class Od.

Our spectrograms of λ Cephei, Class Od, show a slight strengthening of the spectrum at λ 4686 and λ 4638. The background of the reproduction is dark in order that these emission features may be preserved, but they are not clearly evident. Hydrogen dark lines are the most prominent features of Class Od and the following Classes Oe and Oe5. The ζ Puppis series, named after the other type star of Class Od, is strong in this class and the following ones. The ordinary helium lines are also present but not strong, increasing in intensity in Classes Oe and Oe5 as brought out clearly by λ 4472.

REMARKS CONCERNING PLATE M

The increase in the intensity of the hydrogen lines to Class Ao and the decrease through the following classes constitute one of the main features. The increase of calcium absorption is indicated by the lines H, K and λ 4227. Helium decreases in intensity from Class Bo as noted by λ 4472 and λ 4026. The carbon line, λ 4649, is also at maximum intensity in Class Bo. λ 4481 of magnesium increases in strength from Bo to Ao where it becomes the most conspicuous line excepting the hydrogen series and K of calcium. The increase in the intensity of metallic lines may be illustrated in numerous cases, for example, λ 4384 and λ 4668. The increase in the number of metallic lines is also a special feature. The development of the band G may be traced.

REMARKS CONCERNING PLATE N

The hydrogen series is no longer prominent. H and K are broad and strong, but due to the weakness of this region of the spectrum it was difficult to show their intensity compared with other lines. The calcium line λ 4227 is prominent and increases in intensity through Classes G and K. The band G is conspicuous and appears almost continuous in Classes G5 and K0 with weaker absorption at the center; but becomes weaker and loses continuity in the following classes. The increase in the intensity of the iron line λ 4405 is noteworthy. Other iron lines showing large change in intensity with spectral class from F to K or M are λ 4326 between Hγ and G, λ 4352 blended with magnesium, seen just at the right of Hγ, and λ 4383 at the left of λ 4405, making with it a conspicuous pair in Class K5, both components of which are strengthened by blending with close lines. These four iron lines and the calcium line λ 4227 are used by Adams and Kohlschütter in comparison with Hγ to form intensity ratios in their quantitative method of spectral classification. λ 4872 and λ 4958 compared with Hβ are also used in the same way. The lines strengthened in high luminosity stars, λ 4216, λ 4395 and λ 4408, blended with λ 4405 in our reproduction, may be noted in the spectrum of α Orionis.

The banded appearance typical of all Class M spectra begins to show in Class K5 and is most strongly marked in the last subdivision Md. The beautiful spectrum of *o* Ceti is also enriched by the presence of bright hydrogen lines, as well as the characteristic titanium oxide bands.

REMARKS CONCERNING PLATE O

The strong absorption band with head at λ 4737 usually attributed to carbon monoxide is one of the chief characteristics of Classes R and N. In general the band G is strong on plates showing this region of the spectrum, although it is lacking in the spectrum of the star BD. −10° 5057, which was selected at Harvard as the type of Class R0. We have preceded the reproduction of the spectrum of that star by another BD. +42° 2811, which shows a closer resemblance to Class G than the selected type, with regard to strength of the violet light, intensity of the hydrogen lines, and weakness of carbon absorption. λ4227 is strong in all Class R spectra photographed in that region. A drop in the intensity of the continuous spectrum at λ 4216 and another at λ 4396 are noticeable, Class N spectra being very weak on the violet side of the latter. Bright lines are present in some of the spectra of Class R stars and in Class N stars, but are not conspicuous. Our series ends with Class Nb; but another class, Nc, has been proposed at Harvard, the spectra of which show no light of wave-length shorter than Hβ.

34.

NEW SILICON LINES IN CLASS B STARS

By W. C. RUFUS, R. A. SAWYER and R. F. PATON

It has long been recognized that the spectrum of silicon is very difficult to obtain in the laboratory. It has further been noted, by Lockyer and others, that very marked changes in relative intensity and appearance of the silicon lines are produced by varying the mode of excitation. It is also well known that results by different observers show wide variations in the number and wave-lengths of the lines measured.

The presence of silicon absorption lines in stellar spectra was early noted by Lockyer and by Huggins. At the present time nearly all the strongest silicon lines from λ 3700 to λ 6600 have been identified in stellar spectra. The progressive change in intensity of certain silicon absorption lines with stellar spectral class has been established by Professor Pickering and others. For example, λ 4089 and λ 4116 reach maximum intensity in Class B0 and decrease rapidly; while λ 4128 and λ 4131, which are stronger in the vacuum spark than the preceding, are absent or very weak in Class B0, and increase in intensity throughout the succeeding subdivisions of Class B. It has also been noted that certain stars of the B subclasses have stronger silicon lines than others of the same decimal classification, and Professors Frost and Adams have pointed out that these same stars show a corresponding increase in the intensity of the oxygen and nitrogen lines. The anomalous behavior of silicon emission in P Cygni, a Class B star, having bright lines in its spectrum, has been discussed by Dr. Merrill and others. In the spectrum of this star bright lines, non-centrally superposed on broad absorption lines, show a displacement too great to be ascribed entirely to Doppler effect; while the displacement of the silicon emission lines does not agree with that of the other elements.

An investigation of the silicon spectrum has recently been made in the Physical Laboratory of the University of Michigan, by Professor R. A. Sawyer and Dr. R. F. Paton, using as a source the vacuum spark. Under the violent excitation used, there were emitted silicon radiations not previously observed. Many new silicon lines were revealed, increasing the known number about five fold.

It seemed to us of interest to compare the unidentified lines in the spectra of Class B stars with the newly found silicon lines for possible coincidences. In the spectrum of Rho Leonis, between λ 4089 and λ 4838, seven new coincidences were found by Professor Rufus, which are indicated in the lower part of the accompanying table. The first part of this table gives ten previously known silicon lines, of which seven were measured in the spectrum of this star. The first and second columns of the table give the wave-lengths and intensities of the lines in the vacuum spark, the third and fourth columns give the wave-lengths and relative intensities of the lines as measured in this star by Mr. B. H. Dawson[1], and the last column gives the differences of wave-lengths, spark minus star. The wave-lengths are expressed in Angstrom units in the International system. The relative intensities of the lines in the spark and in the star show an utter lack of correspondence; consequently, since silicon series relationships have not been definitely established, a consideration of the line intensities will give little or no aid in determining identities between silicon spark lines and stellar absorption lines. The differences in wave-lengths of previously known lines found in the spark and in the star led to the adoption of four-tenths of an Angstrom unit as the provisional maximum limit in recording coincidences. There is little reason to doubt that the seven close coincidences in the case of Rho Leonis represent new identifications. Five of these seven lines are members of pairs having the same frequency difference as the pair, λλ 4088.88 — 4116.15.

Since a stellar source of light reveals a mixture of various elements, existing under different con-

[1]*Publications Detroit Observatory*, Vol. II, p. 159, 1916.

ditions in different stars, it may be of interest to consider some of the impurities of the silicon spark spectrum in relation to Class B stars. Of the seven lines attributed to oxygen by Professor Curtiss[2], from λ 4076 to λ 4661, in the spectra of δ Orionis and ϵ Orionis, all excepting the last one are found among our impurities. In a similar region of the spectrum, from λ 4076 to λ 4709, twenty-one lines in the spark are attributed to oxygen, of which all excepting three are given by Dr. Henroteau and Mr. Henderson[3] in their table of the lines in Class B stars. Four nitrogen lines in the spark are all found in the stars. Hα, Hβ, and the carbon line at λ 4267 are also found among the impurities. The presence of such a large number of Class B stellar lines among the impurities strengthens the conviction that the vacuum spark source closely approaches the condition of the early type stars.

SILICON LINES IN THE SPECTRUM OF RHO LEONIS

SPARK	INTENSITY	STAR	INTENSITY	Δλ
COINCIDENCES WITH SILICON LINES PREVIOUSLY KNOWN				
4088.88	6	4089.06	4½	−0.18
4116.15	6	4116.19	1	−0.04
4128.11	8	Lacking		
4130.96	10	Lacking		
4552.50	20	4552.63	5	−0.13
4567.66	16	4567.79	3	−0.13
4574.66	12	4574.74	2	−0.08
4813.28	3	4813.6	s	−0.3
4819.57	4	4819.2	½	+0.4
4828.84	6	Lacking		
COINCIDENCES WITH NEW SILICON LINES				
4304.15	0	4304.0	1	+0.15
4372.35	1	4371.9	½	+0.4
4638.36	1	4638.60	1	−0.24
4665.76	1	4665.6	s	+0.2
4709.20	1	4709.4	s	−0.2
4800.43	1	4800.1	s	+0.3
4837.97	1	4837.8	½	+0.2

[2]*Publications Detroit Observatory*, Vol. I, p. 120, 1915.
[3]*Publications Dominion Observatory*, Vol. V, p. 5, 1920.

In addition to the seven coincidences between new silicon lines and absorption lines of Rho Leonis, ten have been found with other unidentified absorption lines of Class B stars at wave-lengths 3230.43, 3779.47, 4141.04, 4494.02, 4598.21, 4619.60, 5219.05, 5448.46, 5639.13, and 5796.71. It is quite probable that many of these stellar lines are due to silicon absorption.

Among coincidences noted between previously known silicon lines and stellar absorption lines, not identified by the observers, λ 3806.60, the strongest silicon vacuum spark line in this region, corresponds to λ 3806.4, observed by Dr. Kohl[4] in γ Orionis, the only unidentified line measured by him in the ultra violet. The line at λ 3790.9, given by Professor Pickering[5], corresponds to λ 3791.13 in the spark. The absorption line λ 4198.34, found by Professor Curtiss[6], in β Lyræ, agrees closely with λ 4198.25 of the spark.

It was not our original intention to include a study of coincidences between the silicon lines and stellar emission lines. A few remarkable cases, however, seem worthy of mention in this connection.

Three previously known silicon lines, λ 3853, λ 3856, and λ 3862, which show some disagreement in wave-length in the spark, are represented in the spectrum of β Lyræ, a Class Bp spectroscopic binary, by three bright lines, λ 3853.61, λ 3856.45, and λ 3862.55, measured by Professor Curtiss[6]. Our wave-lengths of these lines are as follows: λ 3853.01, λ 3856.09, and λ 3862.51. Although there is a greater discrepancy in two of these lines than we have admitted in the case of absorption lines, the anomalous behavior of the radiation both in the spark and in the star gives strong evidence in favor of the identification. Two new silicon lines, λ 4657.20 and λ 5185.64, may be represented by emission lines in γ Cassiopeiæ[7]; and others appear suspicious.

A remarkable set of coincidences has been noted between the silicon spark lines and the radiations of the Wolf-Rayet stars, γ Velorum and H. P.

[4]*Astronomische Mitteilungen der Sternwarte zu Göttingen*, XVI, p. 23, 1913.
[5]*Harvard Observatory Annals*, Vol. XXVIII, p. 235, 1897.
[6]*Publications Allegheny Observatory*, Vol. II, p. 87, 1911.
[7]*Publications Detroit Observatory*, Vol. II, p. 13, 1916.

1311, as given by Professor Pickering[8]. Between λ 3890 and λ 5800, there are at least eighteen coincidences between measured lines, including both emission and absorption, and measured edges of lines.

The number of coincidences between the new silicon lines and the absorption lines of Class B stars, and between the silicon spark lines and the emission lines of early type stars, seems to indicate that the vacuum spark source closely resembles the condition of these stars and that silicon plays a more important part in stellar radiation than has usually been attributed to it.

University of Michigan, December, 1922.

[8]*Harvard Observatory Annals*, Vol. XXVIII, pp. 244' 248, 1897.

35.

ATMOSPHERIC PULSATION OF CEPHEIDS;
A METHOD OF ATTACK.

BY W. CARL RUFUS.

A new method of attacking the problem of Cepheid variation is proposed. The radial velocities of concentric atmospheric layers may be determined separately by selecting lines of the spectrum originating at different heights. The velocity differences plotted against phase represent systematic relative motion of the layers with accompanying expansion and compression of the atmospheric gases. Resulting periodic changes in temperature, density, radiation and absorption may be correlated with the light variation and change of spectrum. A lag of phase of the upper layers accounts for the retardation of the time of light maximum.

Preliminary results on S Sagittae by Mr. J. A. Aldrich and on η

Aquilae by the writer prove the practicability of the method. Material on hand in the various observatories may be used as a further test. The method is applicable also to long-period variables and to other astrophysical problems.

36.

ATMOSPHERIC PULSATION OF η AQUILAE.

BY W. CARL RUFUS.

The Velocity-Curves. The mean velocity-curve using lines of all atmospheric levels shows a prominent "Stillstand" beginning at phase $2^d.5$ and lasting about one day. Velocity-curves for low, intermediate, and high levels, using selected lines originating at known heights in the atmosphere of the sun, and separate curves for hydrogen and strontium, have been determined. The "Stillstand" is more prominent for the high-level and the low-level curves; but is lacking for the intermediate level. The curves for the isolated elements emphasize the secondary maximum. The hydrogen curve shows a lag of phase, which increases to about one day at the time of maximum velocity.

ATMOSPHERIC PULSATION OF THE CEPHEID VARIABLE, η AQUILAE[1]

BY W. CARL RUFUS

OBSERVATORY OF THE UNIVERSITY OF MICHIGAN

Communicated, April 22, 1924

A new method of analyzing variable radial velocity data by a systematic study of line displacements from different elements and at different levels of a star's atmosphere has been developed and applied. The usual method of selecting lines giving consistent displacements has masked an effect here tentatively called atmospheric pulsation. A difference in the velocities from the hydrogen and the helium lines in the star,[2] B.D. + 56° 2617, led to the idea of isolating the velocities of high-level elements. Application was made in the case of χ Aurigæ by isolating the hydrogen lines and a systematic distribution of the hydrogen velocity residuals with respect to phase was found.[3] Based upon the isolation of velocities at three levels in the star's atmosphere the method[4] adapted to the problem of Cepheid variation was first applied by Mr. J. A. Aldrich in a study of S. Sagittæ.[5] The method is also applicable to long-period and irregular variables, to secular and periodic changes in peculiar spectra, and to other astrophysical problems.

The Method as Applied in η Aquilae.—Velocity-difference curves correlated with the light variation and other periodic changes characterize the method here applied. The radial velocities of concentric layers of the star's atmosphere are determined separately by isolating certain elements, and by grouping lines of the spectrum originating at assumed levels based upon the determination of their heights in the sun by St. John[6] and by Mitchell.[7] The approach of two layers indicates compression of the intervening gases and recession indicates expansion. Resulting changes in temperature, density, radiation, and absorption, may be correlated with the light variation and changes of spectrum to explain many of the anomalous characteristics of Cepheid variation. Inasmuch as spectroscopic work is limited to surface radiations characterized by atmospheric effects, a new method of analysis to determine changes of atmospheric conditions should yield results of fundamental significance.

The Velocity Curves.—Forty-two plates of η Aquilæ made with the single-prism spectrograph of the Observatory of the University of Michigan were used. The mean velocity curve from lines of all levels has an amplitude of 40 km. The chief feature is a "hump," not obtained by Wright,[8]

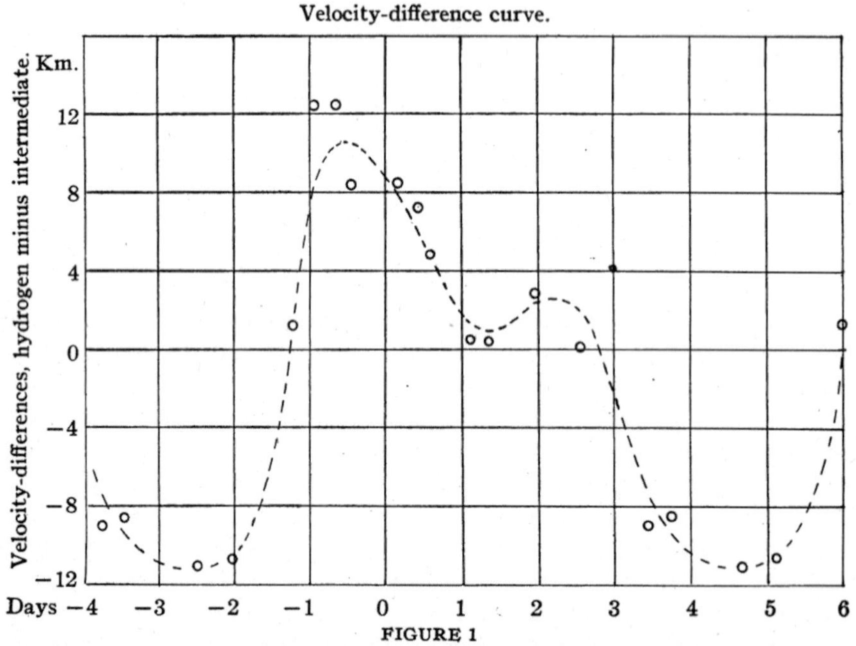

FIGURE 1

Positive values indicate compression and negative values indicate expansion of the atmospheric gases between the two effective levels.

which occurs about one day, (one-seventh of the period), after the "Still-stand" of the light curve by Wylie.[9] This irregularity resembles the typical "hump" of a Cepheid velocity curve, which Curtis represents quite satisfactorily in some cases by adding a single oscillation to an elliptical curve.[10] Velocity curves for high, intermediate, and low levels, and separate curves for hydrogen and strontium, were also formed. The secondary feature is more prominent in the high and the low level curves, and is greatly emphasized in the case of the isolated elements, but is lacking in the intermediate level. This feature of the velocity curves of η Aquilæ occurs at the time of greatest radial expansion of the star as a whole, on the basis of the pulsation theory, with a lag of phase of the upper layer. The difference in form and phase of these curves indicates that the ordinary velocity curve of a Cepheid is not definite, and the "elements of an orbit" depend upon the selection of lines.

The Velocity-Difference Curves.—The differential method, automatically eliminating plate errors, may be expected to increase the degree of accuracy of these curves. High-minus-intermediate, intermediate-minus-low, and hydrogen-minus-intermediate curves were formed. Positive differences represent compression. In general, compression of the atmosphere occurs after maximum compression of the star as a whole, which accounts for the retardation of the light maximum in accordance with the suggestion of Eddington that the retardation, not determined analytically, must occur in the non-adiabatic region of the star.[11] With sufficient data it is probable that the pulsations may be traced through the successive layers and Eddington's "gusts of radiation" may be observed. The hydrogen-minus-intermediate curve (Figure 1) has an amplitude greater than 20 km., which exceeds one-half the amplitude of the velocity curve itself. Special attention is called to the similarity of this velocity-difference curve to Wylie's photometric light curve,[9] and to a spectral variation curve based upon Shapley's data.[12] The intermediate-minus-low curve resembles the reverse of the light curve with synchronous secondary features. *The "humps" of the velocity-difference curves are synchronous with the "Stillstand" of the light curve*, which is not true in the case of the velocity curves. The "Stillstand" of the light variation seems to be due to a stage of comparative rest in the atmosphere of the star.

[1] Presented in part to Section D of the American Association for the Advancement of Science, December 1923; and in part to the American Astronomical Society, December 1923. *Pop. Astron.*, **32**, 1924 (228).

[2] In January 1920 the author discovered this spectroscopic binary, announced in *Astroph. J.*, **51**, 1920 (252), and made the following record:

Variable radial velocity of star B.D. +56° 2617 discovered Jan. 14, 1920. The plates on hand show a range for the hydrogen lines from +92.6 to —65.2, nearly 160 km. The H and K lines appear to be nearly stationary, only 8 km. range in the set of five plates measured, with a displacement averaging —25 km. *The helium lines seem to indicate a much smaller range of displacement than the hydrogen.* Further investigation is desirable.

[3] Rufus, W. Carl, *J. Roy. Astron. Soc. Can.*, **14**, 1920 (139).

[4] Rufus, W. Carl, "Atmospheric Pulsation of Cepheids, A Method of Attack," presented to the American Astronomical Society, September 1923. *Pop Astron.*, **32**, 1924 (22).

[5] Aldrich, J. A., "A Study of S Sagittæ," a thesis under the direction of Professor R. H. Curtiss, to be published by the Observatory of the University of Michigan. The isolation of the velocities from the hydrogen lines was proposed to Mr. Aldrich by the writer and systematic motion with reference to the metallic elements was found. The isolation of the velocities from lines of intermediate level was then proposed to Mr.

Aldrich by Professor Curtiss. Mr. Aldrich's results were submitted to members of the faculty of the University of Michigan in May 1923 and were presented to the American Astronomical Society in December 1923. *Pop. Astron.*, **32,** 1924 (218).

[6] St. John, Charles E., *Astroph. J.*, **37,** 1913 (322) and **38,** 1913 (341).

[7] Mitchell, S. A., *Ibid.*, **38,** 1913 (407).

[8] Wright, W. H., *Ibid.*, **9,** 1899 (62).

[9] Wylie, C. C., *Ibid.*, **56,** 1922 (225).

[10] Curtis, Heber D., These PROCEEDINGS, **9,** 1923 (187).

[11] Eddington, A. S., *Mon. Not. Roy. Astron. Soc. London*, **79,** 1919 (181).

[12] Shapley, H., *Astroph. J.*, **44,** 1916 (287).

ASTRONOMICAL OBSERVATORIES IN THE UNITED STATES PRIOR TO 1848

By Professor W. C. RUFUS

UNIVERSITY OF MICHIGAN

An early American astronomical observatory may be defined as a tube with an eye at one end and a star at the other. Such observatories played an important part during the days of discovery, exploration and settlement.

The successful outcome of the voyage of Columbus depended upon observations of the stars, as attested by a leaf from his journal.[1] "Monday, 17th of September [1492]. The pilots observed the north point and found that the needles turned a full point to the west of north. So the mariners were alarmed and dejected." Columbus succeeded in allaying the fears of the pilots and the sailors by an ingenious, though specious, explanation based upon the motion of the heavenly bodies. Thus he was able to hold his crew, as well as his course, by an appeal to the stars.

Scientific "discouverers," equipped with mathematical and astronomical instruments, accompanied the voyages of some of the exploring and colonizing parties. Sir Thomas Hariot, the first English man of science to visit the New World, joined the second expedition to Virginia sent out by Sir Walter Raleigh, in 1585. His equipment and its effect upon the natives are given in his own words:[2]

> Most things they saw with us, as mathematical instruments, sea compasses, the virtue of the loadstone in drawing iron, a perspective glass whereby was shewed many strange sights, burning glasses, wildfire works, guns, books, writing and reading, spring clocks that seem to go of themselves, and many other things that we had, were so strange unto them and so far exceeded their capacities to comprehend the reason and means how they should be made and done, that they thought they were rather the works of gods than of men, or at the leastwise they had been given and taught us by the gods.

Hariot did not describe his "perspective glass." As he also mentions burning glasses we conclude that he possessed lenses. About twenty-five years later he was contemporary with Galileo in the telescopic observation of celestial objects.

Stars were observed during inland trips to direct the course

[1] The Journal of Christopher Columbus (The Hakluyt Society), 24, 1893.

[2] Narrative of the First English Plantation of Virginia (1588), Quaritch Reproduction, 39, 1893.

through the wilderness of the New World. The following letter[3] from James Alexander to Cadwallader Colden illustrates the practice.

Swartwoot's at Mackackemack
June 27th, 1719.

D Doctor

our Luck was so good in a passage That on Tuesday after I Left you we got to Esopus where we Staid till Thursday dureing which time we observed Lucida Aquile in which observation

	fiducial Edge cutt	34°	37′	
	Plummett Cut	°	52′	
	Z Distance	33°	45′	
Hevelin's Declin: W[t]	allowance for 58½ years	8°	10′	21″
		41	55	21

on Thursday we Set out from Esopus towards Mackackemack where yesterday we arrived all Safe and Sound and this morning we observed Lucida Aquile in which plummet cut 95° 49′ 30″ fid Edge 62° 35′ 30″ which makes us guess we are 15½′ to the Southward of our Latitude.

Astronomical observations for their own sake, for the love of science, also began in America at an early date. One of the earliest colonial observers to receive recognition abroad was Thomas Brattle, of Boston. "Baily,[4] in his supplement to the account of Flamsteed, states, that 'Mr. Thomas Brattle, of Boston in New England, is the annonymous person alluded to by Newton, in his Principia, as having made such good observations of the comet of 1680.'" Several of his observations are preserved in the Transactions of the Royal Society of London. On June 12, 1694, he observed an eclipse of the sun at Cambridge, four miles from Boston, New England. The eclipse observations[5] were preceded and followed by taking altitudes of the sun "to rectify the watch." The time of the beginning of the eclipse and the attainment of digits 1, 3, 4, 5, 6, 8, 9, 9½, 10 and 10½ (evidently on the basis of 12) were recorded, also the time of the corresponding decrease and of the end of the eclipse. Final results are given to the nearest minute of time as follows:

Began at	9h	14′	Mane
Ended	0	38	P. M.
Lasting in all	3	24	

In the calculation the latitude of Boston was allowed to be 42° 25′.

[3] Cadwallader Colden Papers. The New York Historical Society collection, 1917, Vol. I, 99, 1918.

[4] Quincy, "History of Harvard University," Vol. I, 412, 1860.

[5] Benjamin Motte, "Philosophical Transactions Abridged," Vol. I, 264, 1721.

Brattle's observations of lunar eclipses in 1700, 1703 and 1704 are also published. An item of the first is interesting: "6^h $42\frac{1}{4}'$. The shadow near an inch from Palus Maraeotis, Mons Horminius and Mons Hercules." His equipment is briefly mentioned. "My clock was set by my Ring-Dial about 9 a Clock in the Morning, as exactly as I could judge, and the observation was made with my $4\frac{1}{2}$ Foot Telescope, with all four Glasses in it." Greater time accuracy was attempted at the eclipse of December 22, 1703. In addition to the use of the Ring-Dial, he observed both the rising and the setting of the sun and found that his clock went "very steadily and regularly." Then he adds: "But for the greater Certainty and Satisfaction, I took the Altitudes of the following stars with the Brass Quadrant with Telescope Sights out of my chamber window, the lowness whereof would not permit me to take them, when they were at all higher elevated." The three stars observed were, "In dextro humero Orionis, Procyon and Regulus." The range of the time corrections was 26 seconds. Observations on the lunar eclipse of December 11, 1704, compared with London gave a difference of longitude of 4^h 43^m.

Another colonial observer, whose work deserves more than passing mention, was Thomas Robie, who observed at Salem and at Cambridge. His earliest note preserved in the Philosophical Transactions refers to an earthquake. Astronomical observations followed.[6] On February 13, 1716–1717, he observed an immersion of the first satellite of Jupiter, at 10^h $48'$ $17''$; and on February 8, he observed an emersion at 8^h $7'$ $30''$; according to which the difference of longitude between Harvard College and Upminster is 4^h 45^m. His observation of the lunar eclipse of March 15, 1717, with "a 24-foot telescope," compared with the observations of Cassini and De la Hire, of Paris, made Cambridge, New England, 4^h 55^m 50^s west of Paris.[7]

Accurate latitude and longitude determination of other important centers was undertaken for the benefit of the geographers and surveyors. Contemporary with the work of Brattle and Robie in Boston, Douglas mentions that of Sir William Keith in Philadelphia and Cadwallader Colden in New York.

Preeminent among the early observations for astronomical value, rather than for geographical position, may be given those of Thomas Robie on the sun and Mercury. An unaddressed letter from Robie found among the Cadwallader Colden papers gives a full account of two observations.[8]

[6] Philosophical Transactions of the Royal Society of London (Abridged), Vol. VII, 530, 1809.

[7] Cadwallader Colden Papers, Vol. I, 166, 1918.

[8] Cadwallader Colden Papers, Vol. I, 159, 1918.

From Thomas Robie

(Unaddressed)

(Gov. William Burnet ?)

May it Please your Excellency

Sir

Hearing, by my very good Friend mr Jacob Wendal of Boston, of your Excellency's very great Knowledge in, & Affection to, Astronomy, & also of your great pleasure in receiving any Astronomical Observations, I venture at this time to cummunicate to you Two Observations wch I have made within about a Year past. The first is ye Observation of ye Sun's Eclipse in Nov. 1722, wch I made at Cambridge N. E. when I lived at ye College there, & it is thus, viz.

Nov. 27. 07h 27′ am: I Saw ye Sun rise eclipsed, on its Supreme Vertex to ye South abt 4 Digits Tho some Persons on ye Top of ye New College Saw it 2 or 3 mins before. The true rising of ye Sun this morning was 7h 30′ Hence ye Refraction is abt 6 min. & So much I have often observed it here in ye Winter Time. From this time I could observe no more by reason of Clouds. But at—

8.30′. — or there about ye Sun appeared again, & was I judg'd only by bear Occular Observation Eclipsed 6. Digts

8.55. 15″ — The Sun was Eclipsed 4¾ Dig. nearest. & then ye Diameter of ye Sun was to ye Moon's as 1000 to 972 as well as I could Observe.

9.00. 15 When 4½ Dig. nearest wn hid, ye ⊙ Diameter was to ☽ as 1000 to 975.

9.19. 45 A little Spot in ye Sun, on its Eastern Limb emerged. The Spot was of this form oVo.

9.25. 45 I Saw ye Moon thro' a 24 feet Telescope go off ye Sun, & so ye Eclipse ended.

9.25. 45 Mr. Danforth in a darkned Room just by me saw ye Shadow go off ye Paper abt 30 degrs from ye Lower Vertex to ye East, & So did mr Appleton, ye Minister of Camb. in a darkned room a little distant from College, See ye Shadow leave ye Paper at

9.25. 20

And as I am informed ye Center of ye Shaddow, past over Cape Cod. 2d The Second Observation is of mercury's being Seen in ye Sun, Oct. 29. last & it is thus, viz. Salem Oct. 29. 1723. Abt 11 in ye morning I saw ☿ thro' a 9 feet Telescope, advanc'd on ye ⊙ disk 6 or 8 min' of ye Sun's diamr It appear'd like a little black spot: abt 12.½ It was advanc'd near to ye Line Perpendicular to ye Ecliptic, & abt one I saw it & it had then Crost ye Axis, & abt ½ past 2. I saw it abt as far from ye Western Limb, as it was from ye Eastern in ye Morning wn I first saw it. By Several observations wch I made very carefully & distinctly, I judged yt there is an atmosphere round ☿ for round ye black spot wch was ☿ there was a dim light like a Halo, or wt ye Vulgar call a buss round ye ☽ when there are thin clouds. I took particular Notice of this because such Transits give ye Best opportunity to observe whether there is an atmosphere round these Inferiour Plannets or no; & if I a'nt mistaken ☿ has one, & larger in proportion than ye ☉. As for ye Eclipses ye next Year, 1724. Those yt will be vis. here I shall observe & if your Excellency shall do me ye honour of desiring my Obs. I shall readily obey You. There will be a Large Solar Eclipse in May next, Central & total in ye South west of England, as doubtless yr Excellency well knows, & so I only add yt it will be here abt 7 or 8 dig. as I remember I made it when I calculated it some years agoe. I have long wish'd for good Observations to be made at New York, but dispared, till I heard of yr Excellency's disposition, & now I hope ye Longitude between here & there will be established, wch will be a public Service.

I beg your Excellency's pardon for my Present Writing, & assure You I could not refuse doing it, from a desire I have of advancing my self in Astronomy, & hope your Excellency will be pleased to help me here in by your Communications, & yt You will be pleased always to account me,

Yours Excellency's

Most humble & Obedient Servant

THOMAS ROBIE.

Salem N. E. Nov. 9. 1723.

Professor John Winthrop, of Harvard, observed a transit of Mercury, April 27, 1740, with a 24-foot aerial telescope. His expedition to Newfoundland in 1761 to observe the transit of Venus was the first scientific expedition in this country provided by public expense. In 1769 he observed the transit of Venus at Cambridge.

Mason and Dixon arrived from England in 1763 to settle a boundary dispute between Pennsylvania and Maryland. Their first work in this country was to establish a surveying station and to determine its position with great care and accuracy. The building erected for this work, just south of the city of Philadelphia, was called Mason and Dixon's observatory. Extensive astronomical observations were made in 1763 and 1764, and the reduction of the data has been styled the first astronomical computation in America.

The greatest astronomical activity in America during the colonial period centered about the transit of Venus in 1769. The American Philosophical Society appointed three committees to make observations at Philadelphia, Norriton and Cape Henlopen. Temporary observatories were erected and instruments were obtained chiefly from London. The observations were successful and are given a prominent place in the first volume of the Transactions of the American Philosophical Society, and received favorable comment in England.

The work of David Rittenhouse deserves special consideration in this connection. His instrument shop on the Norriton farm was the center of astronomical activity before the time of the transit of Venus. Here he made the clocks and the instruments which he used at the time of the observations. He determined the position of the station and carried out the preliminary computations necessary for the success of the undertaking. The accuracy of the observations at Norriton exceeded those of Dr. Thomas Ewing at Philadelphia, Owen Biddle at Cape Henlopen and those of Professor Winthrop previously mentioned at Harvard. Indeed, it seems that the Norriton results equalled the best obtained by Europeans. The calculations for Greenwich and Norriton, corrected for the spheroidal form of the earth, gave for the external contact a solar parallax of 8.″805. The present adopted value is 8.″80. Among the other observers were the English astronomers at Hudson's Bay, Madras and the South Sea Island, Otaheite, the French in California, the Russian at different points of Siberia and Russia, the Danish at the North Cape and the Swedish in Finland. Here we find American astronomical observations taking their place by the side of those made by Europeans, and we have not yet found the first real American astronomical observatory, a building erected and equipped with instruments designed for permanent observational use.

Following the success of the American observations of the transit of Venus an attempt was made to found an observatory in this country. Goode[9] says: "Had not the Revolution taken place, it would undoubtedly have resulted in the establishment of a well-equipped observatory in this country under the auspices of the home government." Dr. Ewing approached Lord North, the prime minister of England, and Mr. Maskelyne, the astronomer royal; and his project to establish an observatory in Philadelphia met with favor. The approach of the war made further cooperation impossible, as indicated in a letter from Maskelyne to Ewing in August, 1775:

> In the present unhappy situation of American affairs, I have not the least idea that anything can be done toward erecting an Observatory at Philadelphia, and therefore can not think it proper for me to take a part in any memorial you may think proper to lay before my Lord North at present. I do not mean, however, to discourage you from presenting a memorial from yourself. Were an observatory to be erected in that city, I do not know any person there more capable of taking care of it than yourself.

We believe there was a more capable man, David Rittenhouse. Before the transit of Venus had called forth special astronomical activity in the colonies, Rittenhouse, in his tool house on the Norriton farm, studied mathematics and astronomy, made clocks, and other mathematical and astronomical instruments, and began the accumulation of the equipment which played an important part on that occasion. This appears to be the reason for the selection of his site for a transit station. According to Goode,[10] "his observa-

[9] Annual Report of the Smithsonian Institution, 310, 1897.
[10] Report of the Smithsonian Institution, 412, 1897.

tory, built at Norriton in preparation of the transit of Venus in 1769, seems to have been the first in America." Soon after this event, Rittenhouse moved to Philadelphia, and his fellow-citizens, through the American Philosophical Society, petitioned the Philadelphia legislature, March 6, 1775, for an appropriation to enable them to erect an observatory and to grant Rittenhouse a salary as the "public astronomical observer." But the call to arms prevented the execution of the plan. Although Rittenhouse responded to public duty during the war, his astronomical zeal did not abate. On November 2, 1776, he observed a transit of Mercury; on January 9, 1777, an eclipse of the sun; on June 24, 1778, one week after the British evacuation of Philadelphia, he observed another solar eclipse.

The erection of his private observatory in Philadelphia, without aid from England or the Pennsylvania legislature, marks the establishment of the first astronomical observatory in this country deserving the name and receiving recognition. Goode says,[11] "When Washington became President . . . there were no scientific foundations within this repubic save the American Academy in Boston, and in the American Philosophical Society, Bartram's Botanic Garden, the private observatory of Rittenhouse, and Peal's Natural History Museum, Philadelphia." We do not know the exact date of the erection of his observatory. It was built on his "observatory lot" before he constructed his residence in Philadelphia in 1786. The observatory was "a small but pretty convenient octagonal building of brick in the garden adjacent to his dwelling" at the corner of Arch and (Delaware) Seventh streets. To adjust his transit instrument he invented the collimating telescope and he independently discovered the use of spider threads in the ocular. At the death of Rittenhouse, in 1796, the only observatory in the United States closed its doors.

Evidence of the existence of a short-lived observatory contemporary with Rittenhouse is given by his communication to the American Philosophical Society[12] containing observations made in 1789 at the University of William and Mary by the Reverend Dr. James Madison. "As the observatory in which the transit instrument had been formerly placed, was not, at this time, rebuilt, I was not enabled to attend to the going of the time-keeper, by means of such observations as I wished to have made." His equipment for observations included a sextant and an achromatic telescope magnifying about 60 times. He observed a lunar eclipse,

[11] "The origin of the national scientific and educational institutions of the United States." American Historical Association Papers, Vol. IV, Part 2, 310, 1890.

[12] Transactions of the American Philosophical Society, Vol. III, 150, 1793.

November 2, 1789, and a transit of Mercury, November 5, of the same year. Dr. Madison also includes observations of the transit of Mercury made by Professor Andrews with a reflector by Short with a magnifying power of 90. Lalande did not seem to know of the existence of this observatory, as he mentions only Rittenhouse's in the United States at that time.

Little astronomical work was done by the succeeding generation. The statesmen of the new republic, however, encouraged the development of science. Washington in his first message to Congress said: "Nor am I less persuaded that you will agree with me in opinion that there is nothing more deserving your patronage than the promotion of science and literature." Jefferson, who possessed marked scientific tendencies, contributed to the Proceedings of the American Philosophical Society and served a term as its president. These men, however, like Franklin and other master minds, called to more pressing political problems, gave their best efforts to the patriotic task of establishing the new republic on a secure foundation. Washington looked forward to the founding of a great national university. Barlow's "Prospectus of a national institution," in 1806, included plans for a national observatory. Hassler, in 1807, advocated the erection of two observatories at a great distance apart for the service of the Coast and Geodetic Survey. Instruments were obtained in 1816, one 6-foot Dolland achromatic telescope, two similar 5-foot instruments, two transits, two astronomical clocks, six chronometers, theodolites, compasses, reflecting circles, thermometers, etc. But Bowditch[13] laments as late as 1825: "It is to be regretted that no better use is made of them than to lock them up, after some have been spoiled, like articles of curiosity in a museum." In the meantime Congress was besieged by earnest advocates of the need of a national observatory. James Monroe, in 1812, when he was secretary of state, urged that deliberate body in vain. William Lambert, of Virginia, memorialized Congress frequently from 1810 to 1822; on the last occasion he presented an elaborate report on the need of an observatory. John Quincy Adams, in 1825, in his annual message to Congress, said: "It is with no feeling of pride, as an American, that the remark may be made that, on the comparatively small territorial surface of Europe there are existing upward of one hundred and thirty of these lighthouses of the skies; while throughout the whole American hemisphere there is not one." His proposition was ridiculed, and the expression, "lighthouse in the sky," became a common jest.

Airy, afterward the astronomer royal of England, in a report on the progress of astronomy, presented in 1832 to the British

[13] *North American Review*, April, 1825.

Association for the Advancement of Science, included a complete list of the observatories of the world and added: "I am not aware that there is any public observatory in America, though there are some able observers." In 1840, just eight years before the American Association for the Advancement of Science held its first meeting, a Boston correspondent of the London *Athenaeum*, commenting on the lack of observatories in the United States, said:[14] "True, nothing has yet been done, but then a good deal has been said"; I think he meant by Congress, for he adds:

> The facts are these: They have a small observatory in process of erection at Tuscaloosa, Alabama, for the use of the university in that place. Professor H,pkins, of Williams College, Massachusetts, has a little establishment of the sort, and this is about all in that state—all in New England! The only other establishment in the United States, known to me, is that in the Western Reserve College, Hudson, Ohio, under the charge of Professor Loomis. Nothing of the kind at our national seat of government or anywhere near it! Even Harvard University, "with all its antiquity, revenue, science, and renown," has thus far failed, though it appears that they are breaking ground at Cambridge; a house or houses having been purchased and fitted up, and one of our "savans" is already engaged in a series of magnetic and other observations.

Let us trace in detail how this small but prophetic beginning was made.

The spirit of Rittenhouse continued to inspire the Philadelphia observers, and his followers made many contributions to the American Philosophical Society. The desire to erect a public observatory at Philadelphia was cherished by many. In 1817, we find that the city granted to the society a building or part of a building for an observatory. Two pages of the Transactions[15] under the caption, "Philadelphia observatory," are devoted to a description of the building, the ordinance of the city council making the grant, and an appropriate resolution of sincere acknowledgments by the society. The building was located at the Center Square and was known as the Center Engine House. Only certain parts of the building were offered for the use of the society as an observatory, "to-wit, the south-east and north-west rooms in the basement story, together with the use of the passage between the said rooms; so much of the circular part of the said building as is above the basement story, and the roof of the said story." So far as we know, the said enactment produced no lasting results.

At Boston and at Harvard the scholarly successors of Winthrop carried on his scientific work. In 1780, Williams observed a solar eclipse and gave a good description of the phenomenon known

[14] *Athenaeum*, 555, 1840.

[15] Transactions of the American Philosophical Society, New Series, Vol. I, p. XVI, 1818.

as Bailey's beads 50 years before the time of Bailey. The organization of the American Academy of Arts and Sciences placed special emphasis upon practical knowledge. The labors of the astronomer were solicited; "particularly those observations and calculations which will serve to perfect the geography of the country, and improve navigation." It is not strange, therefore, to find that the astronomers were engaged by the government in the work of surveying, and the true spirit of observational work was retarded. Andrew Ellicott is perhaps the best example of a practical astronomer who served surveying. He contributed many astronomical papers to the learned societies, chiefly regarding observations made in connection with his boundary survey work. He also made some good observations of the comet of 1807 with a sextant of six-inch radius graduated by Ramsden. He sent some of his observations to Delambre, accompanying them with the explanation that they were made by "a self-taught astronomer, and the only practical one now in the United States." Such was the condition in 1816 that a friend of Comte in this country warned him against the purely practical spirit saying,[16] "If Lagrange were to come to the United States he could only earn his livelihood by turning surveyor." In connection with this kind of work, a so-called observatory was built on Capitol Hill in Washington about 1822 and was used by Lambert and Ellicott to determine the longitude of the place.

About the same time, 1823, W. C. Bond erected a small wooden building near his father's residence in Dorchester and equipped it with astronomical and meteorological instruments. Here systematic observations were made until Christmas day, 1839. His work also attracted the attention of the government and of the Harvard College Corporation.

The colleges of the country kept the spark of true astronomical fervor from complete extinction, and plans were in progress for the erection of observatories. At Harvard as early as 1805, Mr. John Lowell, then residing in Paris, consulted Delambre regarding observatories and procured written instructions which he transmitted to Professor Webber, one of the worthy occupants of the Hollis chair made prominent by the work of Winthrop. Ten years later, on May 10, 1815, it was voted by the college corporation "that the President (Dr. Kirkland), the Treasurer and Mr. Lowell, with Professor Farrar and Mr. Bowditch, be a committee to consider upon the subject of an Observatory." The services of W. C. Bond, who was just sailing for England, were solicited. He received a

[16] Cajori, "The Teaching and History of Mathematics in the United States," 94, 1890.

letter of instructions from Farrar, June 23, 1815, to obtain detailed information on observatories and equipment, when he was in Europe. Alas, the estimated cost of an establishment worthy of Harvard was too high and the project was again postponed. It was revived in 1822, and popular subscriptions began in 1823. J. Q. Adams, eloquent advocate of the need of a national observatory, pledged $1,000. Again the project failed.

After the time of Rittenhouse, up to the year 1830, notwithstanding the continued interest, nothing existed in the United States worthy of the name of an astronomical observatory, with the possible exception of Bond's at Dorchester. Suddenly the rapid rise of observatories began in America and soon the ''lighthouses of the sky'' dotted the hilltops along the Atlantic from Massachusetts to Carolina and penetrated inland as far as Ohio and Michigan.

According to Professor James L. Love,[17] North Carolina University deserves credit for erecting the first college observatory in this country. In 1824, Dr. Caldwell, the president of the university, was sent to Europe to buy books and apparatus. Among the instruments purchased in London were a meridian transit instrument and a zenith telescope made by Simms, a refracting telescope by Dolland, an astronomical clock by Molyneaux, a sextant by Wilkinson, a reflecting circle by Harris and a Hadley's quadrant. These instruments were used in the university buildings and on the roof of the president's house until 1831, when they were placed in an observatory which had just been built for them. F. P. Venable,[18] in his historical sketch, gives 1830 as the date of the erection of the building. The observatory was of brick and stone, about 20 feet square and 25 feet high. It had a well-constructed pier and was covered by a flat roof with a slit. Here instruction was given and observations were made by President Caldwell and Professors Elisha Mitchell and James Phillips. Shortly after the death of Caldwell in 1835, the instruments were removed on account of leakage in the roof. Bricks were carried away to use in building a kitchen for the new president. The observational records were lost. The instruments were quietly laid aside, and it is said that Sherman's soldiers found that the tube of the old telescope on a dusty shelf was selected by some of the professors as the safest hiding place for their watches and other valuable possessions.

At Yale University a more successful astronomical movement was in progress. In 1828, Mr. Sheldon Clark donated $1,200 for the purchase of a telescope, which arrived from Dolland, of London, in the year 1830. It had a 5″ object glass with a focal length of 10

[17] *The Nation,* August 16, 1888.

[18] *Sigma Xi Quarterly,* September, 1920.

feet. No building was provided, so it was placed in the tower of one of the college buildings. Without permanent mounting and lacking graduated circles, nevertheless, in the hands of Professors Olmstead and Loomis, it acquired a great reputation. The return of Halley's comet in 1835 was observed by them long before news arrived of its observation in Europe. The division of Biela's comet was first observed by Herrick and Bradley with the same instrument. Olmstead succeeded in creating great enthusiasm for astronomy and drew about him a strong group of men who assisted in ushering in the new era of astronomy in America. Loomis, Chauvenet, Stanley, Mason, Lyman and Twining owed their inspiration to him. His text-book on natural philosophy ran through no less than 100 editions. Although the astronomical work at Yale was very successful, no building was provided for an observatory within the period under discussion. Loomis,[19] in his excellent list of American observatories, gives first place to Yale, fixing the date at the time of the arrival of the Clark telescope in 1830.

We wish to give special emphasis to a structure entirely omitted by Loomis. Its astronomical nature was partly concealed by the name of "Depot of Charts and Instruments," which was established in 1830; but the building in which we are now interested was not erected until 1833. A boy of 15 entered the navy as midshipman. Of studious habits he advanced rapidly and soon received the grade of passed midshipman. Overhearing a remark by a member of Congress that "there is not an officer of the navy capable to conduct a scientific enterprise," he set to work to disprove it in his own case. When James M. Gilliss was ordered to Washington in 1836 as assistant to Lieutenant Hitchcock, in charge of the Depot of Charts and Instruments, he entered a small building 13′ x 14′ erected by Lieutenant Wilkes in 1833 in the vicinity of his own residence, about 1,200 ft. north of the Capitol. A 4″ transit borrowed from the Coast Survey was the chief instrument. Gilliss was set at work rating the chronometers and making sextant and circle observations. Soon he was placed in charge of this establishment and began his remarkable career. In the winter of 1837–38 he observed a series of moon transits and star occultations for longitude in connection with survey work. In 1838 the Wilkes exploring expedition started on its mission and Gilliss was ordered to remain in Washington and to continue observations. "From that time" (September, 1838), says Gilliss,[20] "till the return of the expedition in 1842, I observed every culmination of the moon, and

[19] Elias Loomis, "The Recent Progress of Astronomy," Third Edition, 1856. The author is greatly indebted to this work for much of the material that follows.

[20] Senate Report, No. 114, 28th Congress, 2nd session, 65.

every occultation visible at Washington, which occurred between two hours before sunset and two hours after sunrise. . . . The number of transits recorded exceeds 10,000, embracing the moon, planets and 1,100 stars. The average annual number of culminations of the moon observed was 110 and of lunar occultations about 20."

Gilliss's volume of astronomical observations was the first published in the United States. When Gould asked another astronomer whether the published observations were good and creditable to astronomy in America, he received the reply: "Yes; they are very good, too good for Gilliss's reputation. No man could have made such good ones." Professor Peirce tested the original records by the law of probabilities and vindicated both the truthfulness and the accuracy of the observer. Walker also tested the work and stated that he found only one astronomer, Argelander, whose transit observations manifested precision equal to those of Gilliss's. Not in consideration of the size of the building, nor the height of its dome, not by virtue of the cost of its instruments, nor to any superficial display, do we include Wilkes's observatory, as it was called; but from the standpoint of the results obtained by a faithful and unrewarded observer, we believe this building deserves an honorable mention among the early American observatories.

Williams College Observatory, Massachusetts, next claims our attention. Loomis calls this the first attempt to found a regular astronomical observatory in this country. In 1836, Professor Albert Hopkins erected a stone building, about 20′ by 48′, consisting of a central part and two wings. The central part was surmounted by a revolving dome 13′ in diameter under which was a Herschelian telescope of 10′ focal length mounted equatorially with graduation circles which read to minutes. A 3½ inch transit by Troughton and a compensation clock by Molineaux were also provided.

And now we begin our westward course. The next observatory was in connection with Western Reserve College, Hudson, Ohio. Professor Loomis went to Europe in 1836 to purchase instruments and returned the following year with an equatorial telescope by Simms with an aperture of four inches and 5½ feet focal length, and a 3-inch transit with graduated circle with microscopes reading single seconds. The clock by Molineaux had a mercurial pendulum. A convenient building, 16′ by 37′, was provided and the instruments were installed in 1838. Moon culminations for longitude, culminations of Polaris for latitude and star occultations formed the early observational program. Five comets were also observed for orbital determination.

The Philadelphia High School Observatory was erected at about the same time as Western Reserve. When the Central High School was established, a sum of $5,000 was set aside for an observatory. In 1838, a tower 45 feet high was erected in the rear of the school building. It is insulated 10 feet below the surface and is 12 feet in diameter. It is surmounted by a dome 18 feet in diameter and contains an equatorial telescope of 8 feet focal length and six inches aperture by Merz and Mahler of Munich, which is moved by clockwork. The erection of this observatory marked the beginning of the introduction of better equipment. Observations by Walker and Kendall attracted attention not only in this country but also in Europe. Their cometary observations were noteworthy, especially those of the great comet of 1843.

In 1839, there was erected an observatory at West Point. The large building was intended also for a library and contained philosophical apparatus. It had three towers for astronomy. The central tower was surmounted by a dome 27 feet in diameter. In 1840 Professor Bartlett visited European observatories and returned with instruments. The equatorial telescope, of 8 feet focal length and six-inch aperture, was made by Lerebour, of Paris. From this institution came Courtenay, Norton, Mitchel and Bartlett.

Soon after the erection of the observatory at West Point, the National Observatory was erected at Washington. The origin of this observatory may be traced to the needs of the naval service. The work of Gilliss had prepared the way in a more effective manner than the memorials of Lambert and the eloquent appeals of Adams. In 1842, he was instructed to prepare plans for a building. We can not go into detail to show how well the task was done. With some improvements suggested by European astronomers, the plans were adopted and Gilliss supervised the construction. Excellent equipment was provided and the institution was ready for work. On October 1, 1844, Lieutenant Matthew F. Maury, a young officer without scientific education or experience, and with small scientific pretensions, was appointed superintendent. Gilliss, who had a right to expect appointment, merely said, "It was hard, but an officer must obey orders and not find fault with them." An efficient staff was selected, however, among whom we find Walker, Hubbard, Coffin, Ferguson, Keith and Yarnall.

The Georgetown Observatory was begun in 1843, and finished in 1844. The central part was 30 feet square, with two wings, each 15′ x 27′. The chief instruments were an equatorial telescope with a 5″ lens by Simms, a 4½″ transit by Ertel and Son, of Munich, a 4″ meridian circle by Simms, and a sidereal clock by Molineaux.

And now we come to the Cincinnati Observatory, which excelled them all. This "temple of astronomical science," as it was proudly and appropriately called by a citizen of Cincinnati,[21] was established by an organization of the people, by the people, and for the people, made possible by the magnetic leadership of Ormsby MacKnight Mitchel and the generosity of his fellow-citizens. Cincinnati may be justly proud of this achievement, the erection by the people of the first great astronomical observatory, not only in America, but in the whole world.

Mitchel was born at Morganfield, Union County, Kentucky, August 28, 1809, but the greater part of his life was spent in Ohio. His primary education was received at Lebanon, Ohio, and at 13 he was a clerk in a country grocery store at Miami. At the age of 16 he was appointed to West Point and graduated in 1829, a classmate of Robert E. Lee and Joseph E. Johnson. Then followed a few years of checkered career. He was assistant professor of mathematics for two years, then he was assigned to military service at Fort Marion, St. Augustine, Florida. We next find him in Cincinnati, where he studied law and was admitted to the bar. He practiced law and was chief engineer of the Little Miami Railroad. And then he found his post, or rather the place found him. In 1834, at the early age of 25, he was appointed professor of mathematics, philosophy and astronomy, in the newly established University of Cincinnati. In the winter of 1841–42 he accepted an invitation to deliver a course of lectures on astronomical subjects before the Society of Useful Knowledge. The beauty and sublimity of his style may be illustrated by a brief passage:[22]

> The starry heavens do not display their glistening constellations in the glare of day, while the rush and turmoil of business incapacitate man for the enjoyment of their solemn grandeur. It is in the stillness of the midnight hour, when all nature is hushed in repose, when the hum of the world's on-going is no longer heard, that the planets roll and shine, and the bright stars, trooping through the deep heavens, speak to the willing spirit that would learn their mysterious being.

His lectures were received with great enthusiasm, and at their close he announced his determination to secure for the people of Cincinnati an astronomical observatory equal in instrumental equipment with the best in the world. Miss Clerke, English historian of astronomy, gives great credit to Mitchel in her unique way. She says:

> The organization of astronomy in the United States of America was due to a strong wave of popular enthusiasm. In 1825, John Quincy Adams vainly urged upon Congress the foundation of a national observatory; but in 1843 the lectures on celestial phenomena of Ormsby MacKnight Mitchel stirred an im-

[21] Charles Cist, Sketches and Statistics of Cincinnati in 1851.
[22] "The Planetary and Stellar Worlds," 17, 1863.

pressionable audience to the pitch of providing him with the means of erecting at Cincinnati the first astronomical establishment worthy the name in that great country.

Mitchel organized the Cincinnati Astronomical Society, the first popular organization of its kind, with its heterogeneous membership, including literally doctor, lawyer, merchant, and we were about to add chief, rich man, poor man, beggar man, thief. He classified the membership under 67 professions and vocations, and adds: "Remainder unknown." He proposed to raise $7,500.00, in shares of $25 each, every subscriber to be a member and entitled to the privileges of the observatory. On November 9, 1843, the corner-stone of the observatory was laid by the venerable John Quincy Adams,[23] then 77 years of age. His eloquent oration on that occasion was one of the last public acts of his noble life. You may recall his rebuff by Congress nearly 20 years before. Here was his opportunity. He lamented the apathy of the nation toward the claims of astronomical science and congratulated the citizens of Cincinnati on the fact that their generosity and enthusiasm had at length wiped the reproach from the fair fame of their beloved country.

Here is where Mitchel's difficulties began. Only $3,000 out of the $9,500 pledged had been paid in. An additional sum of $6,500 was necessary to pay for the telescope alone, and Mitchel was appointed collector. Concerning this work, he says:

> A regular journal was kept of each day's work, noting the number of hours employed, the persons visited, those actually found, the sums collected, the promises to pay, the positive repudiations, the due bills taken, payable in cash and trade, and the day on which I was *requested to call again*. . . . By systematic perseverance at the end of some forty days the sum of $3,000 was paid over to the Treasurer, as the amount collected from old subscribers. Nearly two thousand dollars of due bills had been taken, payable in carpenter work, painting, dry-goods, boots and shoes, hats and caps, plastering, brick-laying, blacksmith work, paints and oils, groceries, pork barrels, flour, bacon and lard, hardware, iron, nails, etc., in short, in every variety of trade, material and workmanship.

$3,500 were yet required to pay for the telescope. The sum was raised by well-directed personal canvass for subscriptions among the more wealthy members. But where was the building to come from?

A magnificent site of four acres was donated by Nicholas Longworth, on the summit of Mt. Auburn, afterward named Mt.

[23] Jermain, G. Porter, "Historical Sketch of the Observatory of the University of Cincinnati, 5, 1923."

Adams, about five miles east of the city, at an elevation of 500 feet above the river. Mitchel went to work without a dollar in the treasury to construct the building. He hired laborers by the day, beginning with a force of two masons and one tender, all that he could afford to pay on Saturday night. The next week the force was doubled and soon increased to 50 men. He says: "Each Saturday night exhausted all my funds, but I commenced the next week in the full confidence that industry and perseverance would work out their legitimate results." The exorbitant cost of delivering material on the hill made it necessary to quarry limestone on the site, to build and fire a lime kiln, to open a sand pit, and to dam a ravine to get water. During all this time Mitchel continued his duties as professor in the university, often spending five hours a day in the classroom. Finally, the building was completed, a magnificent structure about 30′ by 80′.

At an earlier date (1842) Mitchel planned to visit Europe to purchase a telescope. He called upon President Tyler in the hope of securing letters of introduction to European sovereigns and savants; but received an indifferent response. John Quincy Adams, ex-president, gave him the desired credentials. He found an object glass of nearly 12 inches diameter and 17½ feet focal length, at the Frauenhofer Institute, Munich, made by Mertz and Mahler. It had been tested by Dr. Lamont and pronounced one of the best ever manufactured. This is the instrument for which he paid $9,437 in hard-earned cash. It arrived in February, 1845, and was soon ready for work. Equipped with eye-pieces to vary the magnifying power from 100 to 1,400, well-graduated declination and hour circles with verniers reading to 4 seconds and 2 seconds, respectively, and an excellent driving clock, it might seem as though Mitchel's troubles were at an end, excepting the trifling consideration that he had agreed to act as director for ten years without salary. He devoted much of his time to the remeasurement of Struve's double stars south of the equator. A number of interesting discoveries were made. Some stars previously marked as oblong were separated; others marked double were found to be triple, while his observations, combined with Struve's, demonstrated the fact that many of the stars are physical binaries.

But scarcely had Mitchel's observatory been completed when the college building burned and his salary as professor ceased. Unable to live on his salary as director, he again took to the lecture field and at one time to railroad engineering. But it was not for selfish motive or lack of astronomical zeal. His undaunted courage, unflagging energy and persistent perseverance mark him as one of astronomy's most loyal devotees, and one of the nation's most honored sons.

At the time our story ends in 1848, the Cincinnati observatory was playing an important part in the development of the chronographic method of recording time signals and in its application to the so-called American method of longitude determination.

We noted the postponed plans at Harvard to found an observatory and also mentioned the work of Bond in his private observatory at Dorchester.

In October, 1839, the Harvard Corporation was informed that Mr. William Cranch Bond was engaged under an appointment and contract with the government of the United States, with a well-adapted apparatus, in a series of observations on meteorology, magnetism and moon-culminations, as also upon all the eclipses of the sun and moon and Jupiter's satellites, in connection with those which should be made by the officers of the expedition to the South Sea, commenced in 1838, under the authority of Congress, for the determination of longitude and other scientific purposes.[24]

It occurred to President Quincy, of Harvard, that, if Bond would transfer his instruments to Harvard and pursue his observations there, under the auspices of the university, it might facilitate the establishment of an observatory by the interest which his observations would arouse and by drawing the attention of citizens of Boston to the inadequacy of the means possessed by the university for difficult astronomical observations. Steps were taken to raise $3,000 for the purpose of altering a dwelling house owned by the college and known as Dana House, and adapting it for the use of Mr. Bond. An inventory of Harvard's apparatus at this time incudes an astronomical clock, unreliable; small transit, at one time loaned to Bowditch but returned because of little use; two reflecting telescopes, of two and three feet focal length and a quadrant. No more convenient place for using the instruments was available than an open field or a window which might accidentally open in the right direction. Bond brought to the Dana House a reflector of 30 inches focus, and an achromatic refractor of 40 inches focus, clocks, chronometers and magnetic apparatus. He was appointed director without salary, and yet the people did not respond.

The impulse towards awakening popular interest came from "the heavens itself." The unexpected appearance of the splendid comet of 1843 wrought the popular as well as the scientific mind into a state of excitement. It was a brilliant comet with a long train. The people of Boston naturally looked to the astronomers at Cambridge for information respecting its movements. The astronomers replied that they had no instruments. This announce-

[24] Quincy, "History of Harvard University," Vol. II, 391, 1860.

ment, together with the knowledge that good instruments were in existence in other parts of the United States, aroused the determination to supply the deficiency. Definite action was taken in March, 1843. The corporation of Harvard University purchased an excellent site of six and one half acres, for the erection of an observatory. Elevated 50 feet above the university campus, it commanded in every direction a clear horizon, without obstruction from trees, houses, smoke or other causes. Upon this site, known as Summer House Hill, the Sears Tower was erected for accommodation of the large telescope, with wings for the other instruments, and a residence for the director. The central tower is 32 feet square, built of brick, resting on a granite foundation, and is surmounted by a circular dome 30 feet in diameter. Here is mounted the 15-inch telescope, which arrived in 1847, another product of the Munich firm. It equalled, not only in size, but also in optical efficiency, the great refractor of the Russian national observatory at Pulkowa. These two "grand refractors" were the largest and most efficient in the world at the close of the period under discussion.

Immediate success followed the use of the large refractor. On September 17, 1848, Bond discovered Hyperion, the eighth satellite of Saturn, two days before it was seen by Lassell. This was the first addition to the solar system discovered in America. In 1850, it was followed by the discovery of Saturn's dusky ring. The work of the Bonds on solar and stellar photography and the resolution of nebulae with the Harvard apparatus would take us beyond the limits of our assignment.

Following the Cincinnati observatory, others were erected in rapid succession. Private individuals as well as colleges took part in the movement. Sharon observatory, a private establishment, was erected by Mr. John Jackson about seven miles west of Philadelphia. Its chief instrument was a 6 1/3″ refractor by Merz and Son, of Munich. Here we find American instrument makers beginning to play a part in the construction of equipment. The meridian circle was made by Young, of Philadelphia, only the object glass having been imported. The sidereal clock was made by Grokengiesser, of Philadelphia. In the upper part of the city of New York was the private observatory of Lewis M. Rutherford. It contained a 9″ refractor made in America by Henry Fitz, of New York. It was at this time also that Alvan Clark began his work, which soon made American objectives the most efficient in the world.

We can mention only by name the observatory of the University of Alabama, erected in 1843, although the telescope was not received until 1849, an 8″ by Simms; the Friends Observatory, Philadelphia, built in 1846, provided with a Fitz 5″ objective; Amherst College Observatory, erected in 1847, where a 7¼″ Clark lens was later installed; Charleston Observatory, South Carolina, built by Professor Lewis R. Gibbes in his own garden; Dartmouth College Observatory, with an excellent 6″ equatorial by Mertz and Sons and other good equipment. Plans for observatories were in progress at a dozen other places.

By 1848, just 16 years after Airy made his statement concerning the lack of observatories in the United States, and just eight years after the London *Athenaeum* remarked that much had been said, but nothing had been done, we find about 20 observatories worthy of the name; and two of the number, the Cincinnati Observatory, representing the people, and the Harvard Observatory, representing the university, occupied a place among the best equipped observatories of the world. In 72 years after the birth of the republic it was ready to contribute its share in observational work and in astronomical discovery by the side of the nations of the earth in which astronomy had been cultivated from the dawn of civilization.

ξ PERSEI, A DEVIATION FROM ELLIPTIC MOTION.

By W. Carl Rufus.

The orbit of ξ Persei was determined by Cannon of Ottawa in 1912 from the displacements of the H and K lines of calcium. The period was 6.951 days and the semi-amplitude, 7.87 km. The peculiar distribution of his normal-place velocity residuals with respect to phase is here noted.

Residuals with values of —2.57, +4.65, —3.22 and +3.26 km respectively, occur at phases 0.472, 1.322, 5.123 and 5.803 days. As the mean absolute value of these residuals is nearly one-half the semi-amplitude of the velocity-curve, their reality can scarcely be questioned. Correlating these large residuals with orbital motion, it is seen that the first one, which occurs soon after the velocity of approach begins, indicates that the observed velocity toward the observer is greater than the foreshortened line-of-sight component of orbital motion. The second, which occurs near the maximum velocity of approach, indicates that the observed velocity is not as great as required by orbital motion. The third and fourth show corresponding differences in the velocities of recession.

Preliminary work based upon 100 spectrograms of ξ Persei made at the Observatory of the University of Michigan gives additional evidence that the assumption of elliptic motion is insufficient to explain the line displacements and other spectral features. Separate velocity-curves based upon the isolation of the lines of hydrogen and helium, in addition to calcium, present differences in amplitude, form and phase, which necessitate large supplementary causes or an abandonment of the binary hypothesis to explain the measured displacements. Changes in the relative intensities and in the appearance of the spectral lines are also frequent and complex. At times the broad and diffuse lines have well-defined nuclei. When two are present a semblance of doubling results. Occasionally three or more are suspected. On one plate four such features were measured with separations nearly equal and averaging 2.8 A, occupying the position of the broad helium line at λ4713.

Variable radial velocity appears to be a characteristic of stars of spectral class Oe5 to which ξ Persei belongs. The validity of the binary hypothesis to explain the entire class, presumably representing a stage of stellar evolution, is here questioned. The notable absence of eclipsing binaries of this class and the very rare occurrence of evidence of two sets of spectral lines do not support the hypothesis. The present stage of the problem of ξ Persei favors the assumption of disturbances producing effects in the atmosphere of the star.

NEW SILICON LINES IN CLASS B STARS.

By W. C. Rufus, R. A. Sawyer and R. F. Paton.

Silicon has long been recognized as an element the spectrum of which is very difficult to obtain in the laboratory. It has further been noted by Lockyer and others that very marked changes in the relative intensities and appearance of silicon lines were produced by variation of the mode of excitation. In fact the lists of lines given by different observers show wide variations in the number and wave-lengths of the lines listed.

The presence of silicon absorption lines in stellar spectra was early noted by Lockyer and Huggins. At the present time nearly all of the strongest lines of silicon from λ3700 to λ6600 have been identified in stellar spectra. The progressive change of intensity of certain silicon absorption lines with stellar spectral class has been established by Pickering and others. For example, λ4089 and λ4116 reach maximum intensity in Class B0 and decrease rapidly, while λ4128 and λ4131, stronger in the vacuum spark than the preceding, are absent or very weak in Class B0 and increase in intensity throughout the succeeding subdivisions of Class B. It has also been noted that certain stars of the subclasses have stronger silicon lines than others of corresponding classification, also Frost and Adams have pointed out that these same stars show a corresponding increase in the intensity of the oxygen and nitrogen lines. The anomalous behavior of silicon emission in P Cygni, a Class B star with bright lines in its spectrum, has been discussed by Merrill and others. In the spectrum of this star bright silicon lines, non-centrally superposed on broad absorption lines, show a displacement too great to be ascribed entirely to the Doppler effect.

A recent laboratory investigation of the silicon spectrum by Rufus and Paton, using as a source the vacuum spark, has revealed the existence of a very large number of new lines, extending the list of known lines about fivefold. That is, there were emitted, under the violent excitation of the silicon, radiations not excited by ordinary modes of excitation.

It has seemed to us of interest to examine the lists of lines found in the spectra of Class B stars to see whether any of the unidentified stellar lines show coincidences with new silicon lines. The large number of such coincidences in the case of ρ Leonis found by one of us is given in the lower part of the accompanying table.

TABLE I.

SILICON LINES IN ρ LEONIS.

Sawyer and Paton	I	ρ Leonis	I	S and P — ρ
4088.88	6	4089.06	4½	—0.18
4116.15	6	4116.19	1	—0.04
4128.11	8	lacking		
4130.96	10	"		
4552.50	20	4552.63	5	—0.13
4567.66	16	4567.79	3	—0.13
4574.66	12	4574.74	2	—0.08
4813.28	3	4813.6	s	—0.3
4819.57	4	4819.2	½	—0.4
4828.84	6	lacking		
COINCIDENCES WITH NEW SILICON LINES.				
4304.15	0	4304.0	1	—0.15
4372.33	1	4371.9	½	—0.4
4638.36	1	4638.60	1	—0.24
4665.76	1	4665.6	s	—0.2
4709.20	1	4709.4	s	—0.2
4800.43	1	4800.1	s	—0.3
4837.97	1	4837.8	½	—0.2

The first part of the table exhibits ten previously known silicon lines. Columns 1 and 2 give the wave-lengths and relative intensities in the vacuum spark, columns 3 and 4 contain the wave-lengths and relative intensities in the star as determined by Dawson, and column 5 gives the differences in wave-lengths, spark minus star. The relative intensities in the spark and in the star show an utter lack of correspondence; consequently, since silicon series relationships have not been definitely established, a consideration of line intensities will give little or no aid in determining identities between silicon spark lines and stellar absorption lines. The differences in wave-lengths of previously known lines found in the spark and in the star led to the adoption of 0.4 A as the provisional maximum limit in recording coincidences. There is little reason to doubt that the seven close coincidences in the case of ρ Leonis represent new identifications. Five of these seven lines are members of pairs with the same frequency difference as the pair 4088.88 — 4116.15.

As a stellar source of light reveals a mixture of various elements, under different conditions in individual stars, it may be of interest to include some of the so-called impurities of the silicon spark spectrum in relation to the Class B stars. Of the seven lines attributed to oxygen from λ4076 to λ4661 in the spectra of δ Orionis and ϵ Orionis by Curtiss, all excepting the last one are found among our impurities. In a similar region of the spectrum twenty-one lines in the spark are attributed to oxygen, of which all excepting three are given by Henroteau and Henderson in their table of lines of Class B stars. Four nitrogen lines in the spark are all found in the stars. λ4607.30 in the spark was rejected from the list of silicon lines and ascribed to nitrogen altho its intensity (2) being so much greater than the intensity (0) of the other nitrogen lines leads to the conclusion that silicon probably contributes to the strength of the radiation. Hα, Hβ and carbon λ4267 are also found among the impurities. The presence of such a large number of Class B stellar lines among our impurities strengthens the conviction that the vacuum spark source closely approaches the condition of the early type stars.

In addition to the seven coincidences between new silicon lines and absorption lines in ρ Leonis, ten have been found with other unidentified absorption lines of Class B stars at wave-lengths 3230.43, 3779.47, 4141.04, 4494.02, 4598.21, 4619.60, 5219.05, 5448.46, 5639.13 and 5796.71. It is quite probable that many of these stellar lines are due to silicon absorption.

Among coincidences noted between previously known silicon lines and stellar absorption lines not identified by the observers, λ3806.60, the strongest silicon spark line in this region, corresponds with λ3806.4 observed by Kohl in γ Orionis the only unidentified line measured by him in the ultra-violet. Pickering's line λ3790.0, not found by Kohl, may be due to λ3791.13 of the spark. The absorption line λ4198.34 found by Curtiss in β Lyrae shows close correspondence with λ4198.25.

It was not our original intention to include a study of coincidences between the silicon spark lines and stellar emission lines. However, a few remarkable cases seem worthy of mention in this connection.

Three formerly known silicon lines λ3853, λ3856 and λ3862, which show some disagreement in wave-length in the spark, are represented in the spectrum of β Lyrae, a Class Bp spectroscopic binary, by three bright lines λ3853.61, λ3856.45 and λ3862.55 measured by Curtiss. Our wave-length for these lines are 3853.01, 3856.09 and 3862.51. Although there is a greater discrepancy in two of the lines than we have admitted in the case of absorption lines, the anomalous behavior of the radiation, both in the spark and in the star, gives strong evidence in favor of the identification. Two new silicon lines λ4657.20 and λ5185.64 may be represented by emission lines in γ Cassiopeiae; while others appear suspicious.

A very remarkable set of coincidences between the silicon spark lines and the radiations of the Wolf-Rayet stars, γ Velorum and H. P. 1311, has been noted (by W. C. R.). Between λ3890 and λ5800 of the stellar spectrum there are as many as eighteen coincidences between measured lines, including both emission and absorption, and measured edges of lines, as given by Pickering.

The large number of coincidences between the new silicon lines and the absorption lines of Class B stars, especially ρ Leonis, and the coincidences between the silicon spark lines and emission lines of early type stars lead to the conclusion that silicon plays a more important part in stellar radiation than has usually been ascribed to it.

A more extensive study including other stellar spectral classes might lead to interesting results.

ATMOSPHERIC MOTION IN ζ GEMINORUM.

By W. Carl Rufus.

Systematic differences in the displacements of lines in the spectrum of ζ Geminorum have been found. Velocity-curves for high, intermediate and low levels, velocity-difference curves and an atmospheric compression curve have been formed and correlated with the light variation. An effect apparently due to ionization has also been isolated.

The Velocity-Curves. Forty-eight plates of ζ Geminorum made with the single-prism spectrograph of the Observatory of the University of Michigan were used. Twenty-six selected lines were grouped at three levels, six high, six intermediate and fourteen low. All of these lines were measured on each plate and all of the observations were given equal weight. The main features of the velocity curves agree with those found by Campbell and by Henroteau including the secondary variation on the descending branch. The curves at different levels, however, appear to differ in form and phase. In general the high curve has a higher and sharper maximum than the low curve with a lag of phase. Hydrogen seems to indicate a secondary variation or pause on the ascending branch and a very high maximum later than the other high-level elements. Orbital elements have not been determined, but it is evident that a different set would be required for each curve and there would be radical deviations from elliptic motion.

Velocity-difference Curves. High-minus-low and high-minus-intermediate curves were formed by plotting the velocity differences with respect to phase. The most striking feature of these curves is the sudden change from negative to positive near the time of light-minimum. Negative differences from light-maximum to light-minimum are quite smoothly distributed. After light-minimum the positive differences are found, but the curve is somewhat irregular corresponding with the irregularity of the velocity-curves. The amplitude of these curves is greater than one-third that of the velocity curve itself.

Assuming that the line displacements are due to the Doppler effect produced by the vertical motion of the layers of the atmosphere of the star, negative differences represent expansion and positive differences represent compression of the atmospheric gases. The process of expansion ends at the time of light-minimum, when compression begins and continues until light-maximum.

The Compression Curve. The two intermediate stages of compression were found from the high-minus-low velocity-difference curve by taking the time which divides the integral of expansion in two equal parts and likewise the time which divides the integral of compression. These phases are respectively 2.8 days and 7.4 days, which correspond approximately with the phases when the star is at its mean apparent magnitude. The stage of compression was then found by estimating the area under the curve by counting squares on coördinate paper. These values plotted with respect to phase gave the compression-curve. The relationship between this curve and the light-curve suggests that the state of the atmosphere of the star has a direct effect upon its apparent luminosity.

Isolation of an Ionization Effect. Systematic differences in the line displacements of ionized atoms and normal atoms were also found. The differences were taken in the sense ionized minus normal. Positive differences indicate fall of the ionized atoms with reference to the normal and negative differences indicate rise. These differences plotted with respect to phase may be taken to represent the circulation of the ionized atoms. The amplitude of the curve is about ten kilometers. The maximum fall occurs approximately at 3.9 days and the maximum rise at 7.5 days. These correspond quite closely with minimum and maximum ionization as found by Henroteau. If ionization occurs at a low level and the ionized atoms are repelled, the circulation is readily explained.

ATMOSPHERIC PULSATION OF η AQUILAE.

BY W. CARL RUFUS.

The Velocity-Curves. The mean velocity-curve using lines of all atmospheric levels shows a prominent "Stillstand" beginning at phase $2^d.5$ and lasting about one day. Velocity-curves for low, intermediate, and high levels, using selected lines originating at known heights in the atmosphere of the sun, and separate curves for hydrogen and strontium, have been determined. The "Stillstand" is more prominent for the high-level and the low-level curves; but is lacking for the intermediate level. The curves for the isolated elements emphasize the secondary maximum. The hydrogen curve shows a lag of phase, which increases to about one day at the time of maximum velocity.

The Curves of Velocity Differences. The curve, hydrogen minus intermediate, bears a striking resemblance to Wylie's photometric light curve of the star and to a spectral-variation curve prepared from Shapley's data. The "Stillstand" of the three curves occurs at the same time, which is one day earlier than the similar feature of the mean velocity-curve. The amplitude, which exceeds 20 km, is fully one half as great as that of the mean velocity-variation. The velocity-difference curve, intermediate minus low, in some respects resembles the reverse of the light-curve with synchronous "Stillstand."

43.

DAVID RITTENHOUSE—PIONEER AMERICAN ASTRONOMER

By Professor W. CARL RUFUS
DETROIT OBSERVATORY

AMERICA'S preeminence in astronomy was not gained at a single bound. Pioneers during the colonial period and early days of the republic began the ladder from the lowly earth to the vaulted skies. Foremost among them were Benjamin Franklin, John Winthrop and David Rittenhouse, "the philosophical trio of the Revolution."

The genius of Franklin flashed in many fields like the lightning which he drew from the skies. Printer, author, organizer, scientist, philosopher and statesman, the many-sided Franklin dedicated to America a patriotic career in which the political scarcely outshone the scientific in his day. Original contributions to nineteen sciences are claimed for him, though modern experts dub him an amateur and a dabbler. Bridget, his wife, had little patience with his "rattle-traps used in astronomy." His Junto, 1727, was the precursor of the American Philosophical Society, of which he was the first president.

John Winthrop, of Harvard, led the first scientific expedition of this country to Newfoundland in 1761 to observe the transit of Venus over the sun. Heir to the riches of transplanted European scholarship, his broad culture and scientific research contributed largely to the reputation of Harvard, locally and abroad. His activities included observations of the transits of Venus and Mercury, solar and lunar eclipses, sunspots, meteors, comets, earthquakes, lightning, magnetism and aberration.

David Rittenhouse, son of the soil, was a self-made astronomer, a true product of American genius and toil and the highest embodiment of the pioneer spirit in science during the colonial period. On his farm in Norriton, Pennsylvania, with instruments of his own construction, he made observations of the transit of Venus in 1769 to determine the distance of the sun, which equalled in accuracy those obtained by professional astronomers, including the astronomer royal, fully equipped with the finest instruments of the world.

David Rittenhouse was born on April 8, 1732, the year of Washington's birth, at Paper Mill Run, near Germantown, Pennsylvania. His father abandoned paper-making, which was established in this country by his ancestors in 1690, and moved on a farm in Norriton, about twenty miles from Philadelphia. David, the oldest son, third child in a family of ten, at an early age was destined for farm work. His mechanical ability attracted attention by his boyhood productions, including a miniature waterwheel. This talent received encouragement at twelve, when he inherited a chest of carpenter's tools and mathematical books from his maternal uncle. No schooling beyond the three R's was available, but he assimilated all the books he could procure, showing special fondness for mathematics and astronomy and covering plow-handles, fences, stones and barn doors with figures and constellations. At seventeen he made a wooden clock, followed by a metallic timekeeper. His father reluctantly let him quit the plow, and at nineteen he opened a shop on the farm for clock-making, where he worked and studied assiduously, seri-

506

—*By Trumbull.* (*Loaned through the courtesy of the Pennsylvania Academy of Art.*)
DAVID RITTENHOUSE

ously impairing his health. He resorted to Yellow Springs for his health, but returned with a permanent pain in his breast.

Here alone he is said to have mastered Newton's "Principia" in the English translation of Mr. Motte. This classic contains the greatest contributions to science ever produced by one individual. The fundamental laws of motion, mass, force and acceleration were clearly demonstrated. Fluxions, a geometrical form of the infinitesimal calculus, were invented and used in astronomical problems. The law of gravitation, the greatest scientific generalization of the human mind at that time, if not for all time, was the crowning feature. The youthful

—Courtesy of Popular Astronomy

THE BIRTHPLACE OF DAVID RITTENHOUSE

genius recognized the superlative value of the masterpiece.

At this time, as frequently happens to developing genius, a fortunate incident occurred. Thomas Barton, an Episcopal clergyman educated at Dublin, came to America, taught in the Rittenhouse neighborhood, fell in love with David and married his sister, Esther. He was able to provide books and help direct the study of his protégé. Latin and Greek were attacked; the "Principia" was devoured in the original.

We next find Rittenhouse making a telescope. He wrote to Barton, who had moved to Philadelphia:

> I am spending my time in the old trifling manner, and am so taken with optics, that I do not know whether, if the enemy should invade this part of the country, as Archimedes was slain while making geometrical figures in the sand, so I should die making a telescope.

It is said that he constructed the first telescope made in America.

Through the influence of Barton his ability and skill were heralded in Philadelphia. Mr. Penn, proprietor of the province, engaged him in 1763 to "fix the circle about Newcastle" to settle a boundary dispute with Lord Baltimore. So accurate was the survey that Mason and Dixon, experts from England trained at the royal observatory, incorporated his work in their famous Dixie line. Later he settled numerous disputes involving Pennsylvania, Delaware, Maryland, Virginia, New York, New Jersey and Massachusetts. Part of his time was spent in making the instruments used.

In 1766 he married Eleanor Colston, a Quakeress, daughter of a neighboring farmer. Continuing the "old trifling manner" of spending his time, he experimented on the compressibility of water, invented a metallic thermometer credited to Breguet in the nineteenth century, noted the effect of temperature on clock-rate and devised two kinds of compensating pendulums. He wrote a paper on the problem of Archimedes, concluding that without a lever a weight of 200 pounds applied for 105 years is sufficient to move the earth one inch. In 1767 the College of Philadelphia decorated him Master of Arts for "extraordinary progress and improvement made by a felicity of natural genius, in mechanics, mathematics, astronomy and other liberal arts and sciences, adorned by singular modesty and irreproachable morals." During the next three years two events chiefly engaged his attention, the construction of a celebrated orrery and the observation of the transit of Venus in 1769.

His first orrery, begun in 1767, was a complicated mechanism designed to illustrate the motions of the heavenly bodies. The problem of their motion had occupied the world's greatest thinkers for two thousand years. Plato set it for his disciples; Newton completed its solution by the application of his law of gravitation. Archimedes made a model to represent these motions; others had constructed larger and more intricate machines; but Rittenhouse proposed to transcend them all. He says:

I did not design a Machine, which should give the ignorant in astronomy a just view of

—*Courtesy of Popular Astronomy*

RITTENHOUSE OBSERVATORY
THE FIRST OBSERVATORY BUILT IN THE UNITED STATES.

THE FIRST KNOWN TELESCOPE CONSTRUCTED IN THE UNITED STATES, WAS MADE AND USED BY DAVID RITTENHOUSE. IT IS NOW ON EXHIBITION IN THE VERY ROOM IN WHICH RITTENHOUSE PRESIDED OVER THE MEETINGS OF THE AMERICAN PHILOSOPHICAL SOCIETY.

the Solar System; but rather astonish the skilful and curious examiner, by a most accurate correspondence between the situations and motions of our little representatives of the heavenly bodies, and the situations and motions of these bodies, themselves. I would have my Orrery really useful, by making it capable of informing us, truly, of the astronomical phenomena for any particular point of time; which, I do not find that any Orrery yet made, can do.

Here was an ambitious task! It required the accurate knowledge of the professional astronomer regarding the orbits of the planets and satellites and the technical skill of the trained mechanician to design and construct the combinations of wheels to guide the brass and ivory balls at their proper speeds, inclinations, nodes and eccentricities. All was to be driven by a pendulum clock contrived to play a variety of music. The main face was four feet square, of polished brass, silvered and painted and otherwise ornamented. In front moved the miniature planets around the sun with an accuracy sufficient to represent their positions for five thousand years. Two lesser faces were four feet by two feet three inches. One represented Jupiter and its satellites, their eclipses and transits; also Saturn with its ring and attendants. The other illustrated lunar and solar eclipses, including an optical device for exhibiting their appearance at any place on the earth.

A description of the orrery, communicated by Dr. Smith, provost of the College of Philadelphia, occupies first place in the first volume of the American Philosophical Society. Such was its fame in its day. Thomas Jefferson said of its maker, "He has not indeed made a world; but he has by imitation approached nearer its Maker than any man who has lived from the creation to this day." Princeton secured its possession, to the great chagrin of Dr. Smith. A second was made for Philadelphia. Negotiations for others followed. A trip to England for its exhibition was considered, but other events interfered including the transit of Venus, which had delayed its completion.

Transits of Venus occur in pairs eight years apart at intervals of more than a century: 1761 and 1769, 1874 and 1882; the next will be 2004 and 2012. Winthrop's trip in 1761 was mentioned; but no costly expedition for colonial astronomers in 1769 was necessary; the phenomenon came to their very windows. Rittenhouse's "Projection of the Transit" was laid before the American Philosophical Society. John Ewing presented one for Philadelphia. Three committees were appointed and three observing sites were selected, the State House Square in Philadelphia, the farm of Rittenhouse, and a station near Cape

Henlopen. Rittenhouse erected an observatory, designed not merely for this purpose, but for permanent use, the first built in this country.

The society lacked funds, and instruments were expensive. Politics helped to equip the State House station. It was "provided with an excellent sector of 6 feet radius, made by the accurate Mr. Bird, and an equal altitude and transit instrument, both belonging to the honourable Proprietaries of this province, which the Governor very generously lent to the society on this occasion." Telescopes and additional equipment for the State House Square were obtained from England. The farm did not fare as well. A Gregorian reflector with a Dolland micrometer was ordered from London to be used by Dr. Smith. With it came lenses for a refracting telescope for Harvard. Arriving too late to be forwarded before the great event, they were impressed into service, fitted together by Rittenhouse and used by Mr. Lukens. We hesitate to imagine the reactions of Winthrop, of Harvard.

Rittenhouse was left to his own resources. In preparation he made an equal altitude instrument, a transit telescope and an excellent timepiece, upon which depended the accuracy of the observations. He spent several months determining the latitude and longitude of the observatory, rating the clocks and making preliminary computations. Dr. Smith reported:

> Our other engagements did not permit Mr. Lukens or myself to pay much attention to the necessary preparations; but we knew that we had entrusted them to a gentleman on the spot, who had joined to a complete skill in mechanics, so extensive an astronomical and mathematical knowledge, that the use, management, and even the construction of the necessary apparatus, were perfectly familiar to him.

The success of the observations was due to Rittenhouse. Maskelyne, the astronomer royal of England, acknowledging their receipt from the Honorable Thomas Penn, says, "I thank you for the account of the Pennsylvania observations, which seem excellent and complete, and do honor to the gentlemen who made them." Rittenhouse immediately began the reductions. Data by the Norriton station combined with Greenwich observations gave the most accurate value of the sun's distance, 92,940,000 miles, in striking agreement with the present adopted value, 92,-900,000.

Rittenhouse also observed an atmosphere of Venus, a phenomenon which escaped the astronomer royal. Other astronomical activity of Rittenhouse during this period included a transit of Mercury, November 9, 1769, a survey between the observatories of Norriton and Philadelphia, observations of Lexell's comet, 1770, and the determination of its orbit, "the fruit of three or four days labor." A paper on "An Easy Method of Deducing the Time of the Sun's Passing the Meridian" attracted the favorable attention of VonZach.

Fame was able to accomplish what patronage could not do. Rittenhouse was induced to move to Philadelphia in the fall of 1770. In December he suffered the loss of his wife, a severe blow to his sensitive nature. "Now, neither money nor reputation has any charms," he wrote to Barton. Work on his orreries and their explanation to crowds became irksome. The American Philosophical Society elected him as one of its secretaries; the Pennsylvania Assembly granted him an honorarium of three hundred pounds and bargained for a third orrery with a face eight feet square. Rittenhouse went so far afield as to prepare a paper, "Relating to Birds being Charmed by Snakes" and to carry on some experiments with Kinnersley on the electrical properties of the eel. In 1772 he was painted by Peale, honored by Princeton with the degree of master of arts, gave up a contemplated visit to Europe and married Hannah Jacobs.

Commissions and offices were thrust upon him, some petty, others important. He served committees to examine specimens of flint glass, to tend rain-gauges, to examine the first steam-engine in this country, "which did not continue its motion long." He assumed charge of the State House clock, conducted boundary, canal and river surveys, became curator and librarian of the American Philosophical Society and delivered its annual oration on astronomy. He was about to become public astronomer with an observatory to be provided by the legislature, when suddenly the guns of Lexington and Concord were heard around the world.

Then followed the call to arms. Rittenhouse responded as engineer of the committee of safety for Philadelphia. To obtain lead for bullets he substituted iron for lead clock-weights throughout the city. He was called upon to arrange for casting cannon, to superintend the manufacture of saltpeter, to select a site for a powder-mill, to cate a magazine for military stores, to experiment on rifling cannon and musket balls and to devise chain protection for the harbors. He became vice-p sident of the committee of safety and president of the new council of safety, military executive of the state, which possessed unlimited capital power. At the approach of the enemy he issued an exhortation:

> We therefore entreat you by the most sacred of all bonds, the love of virtue, of liberty, of your country, to forget every distinction, and unite as one man in this time of extreme danger. Let us defend ourselves like men determined to be free.

As state treasurer he accompanied the removal of the capital to Lancaster. One week after the evacuation of Philadelphia by the British, Rittenhouse, Smith and Lukens returned to their telescopes to observe a solar eclipse, June 24, 1778. A pitiful effort had been made to maintain observations, including a transit of Mercury, November 2, 1776, and a solar eclipse January 9, 1777. Rittenhouse had also written a "Defense of the Newtonian System" in 1776 and in Lancaster prepared astronomical data for Father Abraham's Pocket Almanac.

The conflict between the demands of war and science was acute. The Declaration of Independence was proclaimed in Philadelphia from the platform of the transit observatory in State House Square. During the British occupation General Howe issued an order protecting the orrery of Rittenhouse. The one at Princeton suffered the loss of wheels and balls which adorned the watch-chains of colonial troops. Jefferson remonstrated against the transfer of the service of Rittenhouse from astronomy to politics. "Nobody," he said, "can conceive that nature ever intended to throw away a Newton upon the occupation of a crown." A well-meaning poet advised Rittenhouse:

> Meddle not with state affairs,
> Keep acquaintance with the stars.

Like Franklin, Washington, Jefferson and others, he responded unreservedly to the call of duty. He served on the Constitutional Convention of Pennsylvania and the General Assembly. He was state treasurer, trustee of the loan fund and member of the board of war. He was professor of astronomy in the College of Philadelphia, served on its board of trustees and filled the office of vice-provost. He was one of the commissioners to organize the United States bank and was the first director of the mint appointed by Washington.

But astronomy was his first love. In 1781, before the smoke of battle had cleared away, the assembly granted him 250 pounds for an observatory in Philadelphia. This he erected before providing a residence for himself and family. It was the only one in America recognized by the French astronomer, Lalande. To determine the meridian to adjust his instruments, when buildings interfered, he invented the collimating telescope, a substitute for a distant azimuth mark. This invention alone, so useful in practical astronomy, would assure its discoverer a permanent place in the history of astronomy. He also discovered the use of spider threads in the eyepiece of a transit; but this was anticipated by an Italian astronomer, Fontana.

When the American Philosophical Society resumed publication after the war, the contributions of Rittenhouse again formed an important part. These contained observations on the sun, moon, Mercury and the newly discovered planet, Uranus, on comets, including one discovered by himself, on a remarkable meteor and on the effects of lightning. He anticipated Brewster in explaining the apparent conversion of cameos into intaglios and *vice versa,* and solved an optical problem proposed by Professor Hopkinson. He conducted experiments on magnetism, the improvement of timepieces and the expansion of wood by heat. He invented a wooden hygrometer for measuring atmospheric moisture. His mathematical work included a method of finding the sum of several powers of the sines, another to determine the true place of a planet in an elliptical orbit, and a method of raising the common logarithm of any number immediately. Degrees were conferred upon him by American colleges; he was elected president of the American Philosophical Society and a foreign member of the Royal Society of London, the highest possible scientific honor of his day.

His lifelong association with Franklin resulted in mutual admiration and respect. He was one of the pallbearers of Franklin, whose will contained this item, "My reflecting telescope, I give to my friend, Mr. David Rittenhouse, for the use of his observatory." His friendship with Washington was also intimate. A painting of Rittenhouse hangs on the walls of Mt. Vernon. He made repairs and adjustments on Washington's surveying instruments, such as the theodolite. He made and presented a pair of spectacles to Washington, who donned them in public for the first time before his assembled soldiers with the pleasantry: "I have grown gray in your service, and now find myself growing blind."

Rittenhouse, too, was growing old and feeble. The troublesome pain had chiselled its way into the delicate, sensitive features. Peale, in his later paintings, only half conceals it. Trumbull caught the superfine spirit underneath. Rittenhouse mourned that he could not spend more time at his telescope. But the observatory claimed him at last. The end came rather suddenly; an attack of cholera, the doctor, the unsuccessful leech, the will and rest beneath the observatory.

They came to do him honor—Washington and his cabinet, congressmen, justices, foreign ministers, state officials and members of the learned societies. In their presence Dr. Benjamin Rush delivered "an eloquent, learned, comprehensive and just eulogium." Jefferson, succeeding to the office of president of the American Philosophical Society, paid this fitting tribute: "Genius, science, modesty, purity of morals, simplicity of manners, marked him as one of nature's best samples of the perfection she can cover under the human form." And to-day we add our token in memory of David Rittenhouse, America's peerless pioneer astronomer.

RALPH HAMILTON CURTISS, ASTROPHYSICIST

By W. CARL RUFUS.

Ralph Hamilton Curtiss, Professor of Astronomy and Director of the Astronomical Observatories of the University of Michigan, passed away on Christmas Day, 1929, at the Detroit Observatory residence in Ann Arbor. Less than a month before the fateful day, he spent a part of his Thanksgiving holiday with colleagues enjoying his favorite game of golf. A few days later illness interrupted his duties at the Observatory, to which he was loyally devoted, and upon his physician's order he crossed the street and entered the University hospital. Pleurisy was reported, but he was able soon to return to his residence at the Observatory. There, although handicapped by serious illness, he continued to direct the work of the Department of Astronomy and of the Observatories committed to his care, until the end came quietly on Christmas afternoon, when his over-burdened heart quite suddenly ceased. He is survived by his widow, Mary Louise Welton Curtiss, to whom he was married in 1920, and a brother, David Raymond Curtiss, Professor of Mathematics, Northwestern University.

Professor Curtiss was born at Derby in southern Connecticut, near New Haven, February 8, 1880, of Puritan parents, Hamilton Burton and Emily Wheeler Curtiss. His ancestors came to America during the early Puritan migrations and count among their number Colonial Governor Wells of Connecticut, 1654-1658. His parents were loyal Puritans, cherishing the traditions of their stock, deeply religious, and devoted to a stern moral code. His early training instilled into his moral fiber some of the most outstanding qualities that characterized his life, —a high sense of duty and justice and the moral necessity of making life count. His extraordinary devotion to his work, even during his last illness, was born and bred in his blood.

In 1892, partly on account of his father's health, the family moved to California and settled in the town of Redlands. He followed his older brothers, Walter Judson and David Raymond, through the local high school, graduating at sixteen years of age with an excellent record. The three sons responded loyally in the West to the old New England reverence for learning and were inspired with a desire for higher education. They were also trained in the school of experience, as it was necessary for them to earn a part of their college expenses to supplement the total available family assets, which were entirely consecrated and practically all devoted to their higher education. So we find our youthful high school graduate working and saving for a year before entering the University of California. But this was a year of misfortune. His older brother, then a college sophomore, died and the subject of our sketch barely survived a serious attack of typhoid fever. The combined effect

PLATE V

RALPH HAMILTON CURTISS
1880-1929

POPULAR ASTRONOMY, No. 374.

contributed to a heart weakness which persistently recurred for some time.

During his undergraduate days at the University of California R. H. Curtiss not only maintained a high scholastic record, but also took an active part in the social life of the students. He was a member of the Delta Tau Delta fraternity and the College Glee Club. He possessed rare musical ability, played the violin, which was his favorite instrument, and could readily draw a tune out of almost any kind of instrument. Genial and versatile, he became popular both with students and with faculty members. Due to mechanical ingenuity and the influence of Professor E. P. Lewis, he became especially interested in physics. Under Professor A. O. Leuschner, however, he was attracted to astronomy and about the beginning of his junior year he decided to become an astronomer. His excellent academic record was rewarded the same year by election to Phi Beta Kappa and his special ability in astronomy was recognized by appointment the following year as Assistant at the Students' Observatory of the University of California.

On February 15, 1901, he was appointed Assistant at the Lick Observatory. With requirements for the degree of Bachelor of Science practically completed at the middle of his senior year, he was able to join the Lick Observatory expedition to Padang, Sumatra, to observe the total solar eclipse of May 17-18, 1901, where he assisted throughout in the work of preparing the station and in the observations. After his return from Sumatra the young astronomer, who had received the degree of Bachelor of Science, was awarded a fellowship at Lick Observatory, where he was assigned the usual probationary type of routine work. He recorded observations for W. J. Hussey and R. G. Aitken, who were rapidly adding to the number of double stars by their "hair-splitting" observations with the 36-inch refractor. It was here that the life-long association with Professor Hussey began. He helped to reduce observations of Eros made the previous year, read the microscopes on the meridian circle for R. H. Tucker, and assisted C. D. Perrine at the Crossley reflector. Following the activities of the previous year it was rather difficult to adjust himself to the routine of observatory life. He found much relaxation, however, in his musical proclivities, which he shared with J. Stebbins and J. D. Maddrill. After work was over this trio often made old Assembly Room vibrate and resound to the music of violin and guitar with variations on "a fearful and wonderful collection of out-of-the-way instruments" brought up from San Jose. One morning about an hour before dawn a colleague passing the big dome heard him practicing vocal exercises as he was guiding on a comet.

Alternating between semesters at Lick and at Berkeley, according to the usual practice, R. H. Curtiss had an opportunity at the University to elect courses in engineering in addition to his orbital work under Professor Leuschner. On account of exceptional mechanical and instrumental skill he was strongly attracted to the field of engineering. His elections included an undergraduate course in drawing, which he later used to good advantage in designing instruments. During a period of uncertainty regarding his future career, the influence of Professor Leuschner was invaluable in determining the orbit of his life. At Lick he owed much to Director W. W. Campbell, W. H. Wright, H. D. Curtis, J. H. Moore, and other members of the staff. Possessed with a keen and active mind, untiring devotion to duty, and exceptional skill in the use of instruments, his outstanding ability was soon recognized by his associates, including fellows and older astronomers.

During his fellowship period, 1901 to 1904, he assisted in preparing several joint papers on comets and began independent contributions, the first of which "Photographic Observations of Minor Planets" (*L.O.B.*, **2**, 105-106, 1902) was published in his second year, and contains the positions of asteroids 439 and 415 from photographs made with the Crossley reflector. His culminating research of this period was "I. Proposed Method for the Measurement and Reduction of Spectrograms for the Determination of the Radial Velocities of Celestial Objects. II. Application to a Study of the Variable Star W Sagittarii." (*L.O.B.*, **3**, 19-40, 1904.) This work was presented December 16, 1904, as a dissertation for the degree of Doctor of Philosophy. He summarized the contribution regarding the method of reducing spectrograms as follows:

"Though observational sources of error in velocity determinations from spectrograms are well under control, there still remain small discrepancies in the results obtained by different observers. These discrepancies are directly traceable to sources of error in the reduction and measurement of spectrograms. For the elimination of these errors, it is essential that the conditions which obtain in the production, measurement, and reduction of a spectrographic plate from which the fundamental data for velocity determinations are secured, be exactly duplicated in the production, measurement, and reduction of the stellar spectrograms. This parallelism of conditions may be secured by the employment of the sun as a standard velocity source. The stellar and the solar spectra are then compared by means of some constant terrestrial source of light; for example, an iron spark." (Syllabus on final examination, December 16, 1904.)

The excellence of the method was readily recognized and the adoption of its fundamental principles followed in the chief institutions engaged in radial velocity determination.

The application of the method in the second part of the thesis led to important results not limited to the case of W Sagittarii, but in its broader application to the complex problem of Cepheid variable stars. The theory of the rotation of a single body of non-uniform surface lunimosity was rendered improbable in the cases of the type star Delta Cephei and another Cepheid, Eta Aquilae, by the discovery of their variable velocity by Belopolsky in 1894 and 1895 respectively, which placed them in the rapidly growing class of spectroscopic binaries. Likewise, the eclipse theory was untenable on account of the lack of essential correlation between the light phases and motion across the line of sight. Roberts' heat excitation or heat transfer theory, Klinkerfues' tidal theory advocated by Eddie, Schwartzschild's combination tidal-thermal theory, and Campbell's superposed rotational effects to account for systematic deviation from elliptic motion, had left the problem only partly solved. Based on observations of W Sagittarii with the single-prism spectrograph on the 36-inch refracting telescope, Dr. Curtiss reached the conclusion that the star is a system involving at least two discrete masses, while the secondary features led to a consideration of several alternatives:

"(a) Either the brighter component rotates once in 3.8 days, and not all parts of its surface are equally bright;
(b) Or there are more than two discrete masses in the system;
(c) Or the masses are not spherical bodies of uniform density;
(d) Or strong tides are active in the system."

The thoroughness of the analysis and careful weighing of the proposed alternatives indicated a well developed scientific attitude of mind at this early stage of development. In defense of the thesis he seems to have favored a tidal theory according to the following:

"The most satisfactory explanation of the light variation of this star is found in the action of the tides which would obtain in a system determined from velocity conditions observed in this star." (Syllabus.)

He invented and adopted another explanation, however, the resisting medium theory, that was accepted by many and with slight modifications has been advocated by Loud, Sutton, Brunt, Perrine and others.

After completing the requirements for the degree of Doctor of Philosophy he was appointed Carnegie assistant at the Lick Observatory. Articles on the radial velocities of S Sagittae and Y Sagittarii and on the spectrum of R Scuti and W Cygni were published about this time. An important note was added on W Sagittarii. In addition to the general resemblance between the light and radial velocity variation of Cepheids observed by Belopolsky, Dr. Curtiss noted that the resemblance extended even to the secondary fluctuations in the case of W Sagittarii, although they are not closely synchronous. (*L.O.B.*, **3**, 167-168, 1905.) Although favoring the resisting medium theory Professor Curtiss, with true scientific spirit, ever kept an open mind on the Cepheid problem. This is clearly evident in his later work on the same star, "Velocity Curves from Groups of Lines of Different Chromospheric Heights in the Atmosphere of W Sagittarii" (*Pub. A.S.P.*, **38**, 148, 1926) in which pulsation was tentatively adopted and atmospheric effects were considered.

In 1905, Dr. Curtiss was appointed assistant astronomer at Allegheny Observatory, where he remained two years. There was no spectrographic equipment when he arrived. He coöperated with Director Schlesinger in designing the Mellon spectrograph, which was constructed by the John A. Brashear Company. His experience at the Lick Observatory with the second spectrograph, which succeeded the old Mill's spectrograph in 1902 and embodied improvements by Campbell and Wright, enabled him to offer valuable suggestions and to incorporate them in the new instrument.

Dr. Curtiss also assisted in inaugurating the spectrographic observational program and was joint author with Director Schlesinger of a paper on "The Orbit of Algol from Observations made in 1906 and 1907." In a later paper "On the Orbital Elements of Algol" (*Ap.J.*, **28**, 150, 1908), Dr. Curtiss assembled available observations on this system and proved the existence of a third body. Minor irregularities suggested another problem solved several years later by one of Professor Curtiss' students at Michigan, Dr. D. B. McLaughlin, who found a radial velocity effect due to the rotation of the bright component. Dr. Curtiss' observations on Beta Lyrae in 1907 and first set of measures made at Allegheny accompanied him to Michigan where his important paper on "The Spectrum of Beta Lyrae" was written and sent back to Allegheny for publication. (*Pub. Allegheny Ob.*, **2**, 73-120, 1911.)

The same year that Dr. Curtiss joined the Allegheny Observatory staff, Professor W. J. Hussey was also called away from the Lick Observatory. In 1905 Professor Hussey was elected director of the Observatory of the University of Michigan and immediately began a comprehensive development program. In 1907, the construction of a large reflecting telescope was undertaken and plans were made to provide a stellar spectrograph and accessories for modern astrophysical research. At this time he secured the services of Dr. Curtiss as Assistant Professor of Astronomy to help in the inauguration of the work in astrophysics. Professor Curtiss immediately began the design of the single-prism spectrograph for the large reflector. He adopted the same general type as the Mellon spectrograph with modifications suggested by experience at Allegheny. A complete set of drawings was made for the spectrograph including optical parts, slit-head, comparison apparatus, plate holders, thermostat and thermometers. The order was placed with the John A. Brashear Company, makers of the former instrument. Upon the arrival of the spectrograph an investigation of the optical parts and mechanical construction was followed by completing the designs for the supporting truss, guiding telescope, and temperature case, all of which were constructed in the Instrument Shop of the Observatory. Upon the completion of the 37½-inch reflecting telescope, the spectrograph was attached and on May 25, 1911, the first test exposures were made on Alpha Boötis and Beta Lyrae. Since that time about 10,000 spectrograms have been made with this equipment, the quality of which attests the excellence of the design and the construction.

His descriptive paper, The Single-Prism Spectrograph of the Detroit Observatory, may be found in Volume I of the *Publications*. His other contributions to this volume include Miscellaneous Observatory Notes, with W. J. Hussey, The Geographical Position of the Observatory of the University of Michigan, A Determination of the Visual Light Curve of Beta Lyrae, Some Possible Characteristics of Cepheid Variable

Stars, and Studies of the Spectra of Delta and Epsilon Orionis.

As a major program for the new spectrograph Professor Curtiss selected Class B stars having emission lines in their spectra in continuation of his work on Beta Lyrae begun at Allegheny. His papers on stars of this class constitute an important part of Volumes II and III of the *Publications of the Observatory* and include studies of Gamma Cassiopeia, f^1 Cygni, H.R. 985, also an investigation of the widths of hydrogen and metallic emission lines in Class B stellar spectra and a statistical study of data bearing upon the nature of this class of stars and upon their relation to stellar evolution. Notes on the method of determining elements of spectroscopic binaries and on the reproduction of spectra in Volume II were also added. The apparatus for enlarging and widening spectra and the excellence of the results obtained at Michigan are due to the design and method perfected by Professor Curtiss. His Pictorial Study of Nova Geminorum II, including the frontispiece of Volume III, is perhaps the best illustration of the beauty and value of these enlargements.

His bibliography also contains about 25 articles in astronomical journals and popular magazines. A paper on Vibrations in the Vicinity of Drop Forge Hammers, (*American Drop Forger,* **1**, 83, 1915) followed experimental work for scientific testimony in a damage suit. Two unpublished papers of a similar nature illustrate his interest in earth vibrations. A careful observer at all times, he thoroughly investigated whatever came to hand.

In 1911 Dr. Curtiss was made Associate Professor of Astronomy and Assistant Director of the Observatory of the University of Michigan. From 1911 to 1917 he was frequently left in charge of the Astronomical work at Michigan on account of Professor Hussey's additional appointment as director of the Observatorio Nacional de La Plata, which necessitated a division of time between Michigan and South America. In 1918 he was promoted to a professorship. Following the tragic death of Professor Hussey on October 28, 1926, he was appointed Director of the Observatory of the University of Michigan and placed in charge of the Lamont Astronomical Expedition to South Africa.

Since his arrival at Michigan Professor Curtiss also taught many of the graduate courses in spectroscopy and astrophysics. His lecture notes are clear, accurate, and concise. He took a personal interest in his students' welfare and won many of them as lifelong friends. Contributions by his students, especially theses for the doctorate, maintain a high standard of research. Three were published in Volume II of the *Observatory Publications* and several remain for future volumes. The following list of theses subjects investigated under his direction indicate the wide range of interest.

1. A Study of the Spectrum of ζ_1 Ursae Majoris, Laurence Hadley, 1915.
2. An Investigation of the Spectra of Stars belonging to Class R of the Draper Classification, W. Carl Rufus, 1915.

3. A Study of Beta Cephei, Clifford C. Crump, 1915.
4. A Study of the Orbit of the Brighter Component of Beta Lyrae, Richard A. Rossiter, 1923.
5. A Study of S Sagittae, John A. Aldrich, 1923.
6. A Study of the Relative Proper Motions and Radial Velocities of Stars in the Pleiades Group, Agnes E. Wells, 1924.
7. The Spectrum of Zeta Tauri, Hazel M. Losh, 1924.
8. Spectrographic Studies of Eclipsing Binaries, Dean B. McLaughlin, 1927.
9. A Study of the Spectrographic Observations of Phi Persei, Oscar Lee Dustheimer, 1927.
10. A Spectrophotometric and Spectroscopic Study of Phi Persei, Herbert F. Schiefer, 1928.
11. A Micro-photometric Study of Beta Lyrae, Laura Hill McLaughlin, 1929.
12. A Study of the Spectrum and Orbit of Upsilon Sagittarii, Frances Louise Seydel, 1929.
13. A Study of the Variation in Wave-length of Individual Lines with Spectral Class from F to K, Marian Alberta Hawes, 1929.
14. A Spectrographic Study of P Cygni, Walter J. Williams. Begun under Professor Curtiss, but not yet completed.

In the work of his students as well as his own research he emphasized accuracy, thoroughness, careful attention to details, a maximum of observational data, and a minimum of hazardous conclusions. His working ideal seemed to be: "Trifles make perfection, but perfection is no trifle." The supervision of the work of thirteen successful candidates for the degree of Doctor of Philosophy is in itself a great achievement. All have gratefully acknowledged their indebtedness to Professor Curtiss in their dissertations, but a formal statement of that nature is very inadequate to express their depth of feeling. One has recently written: "For years Professor Curtiss has been one of my best friends. When I was working for my degree, he was always patient, always kind, always helpful. Since I left the University I have turned to him again and again for counsel and for guidance. He never failed me."

Astronomers at other institutions frequently consulted him by correspondence or by personal conference for his expert advice which was always given unstintingly. Grateful acknowledgments were received from many. Dr. J. S. Plaskett, Director of the Dominion Astrophysical Observatory, in his "Description of Building and Equipment," (*Pub. D.A.O.*, **1**, 10, 1922) gives the following tribute: "At the Detroit Observatory, Ann Arbor, where is a 37½-inch reflector of quite recent construction, I also obtained useful assistance in many details of construction, and am indebted to Dr. Curtiss for his willingness to assist in every possible way." Correspondence with astronomers regarding the construction of spectrographs, the making and enlarging of spectrograms, developing plates, and other matters was very extensive. Letters from rather trivial inquirers, including "paradoxers" were courteously and painstakingly answered.

The teaching of courses in Descriptive Astronomy has been emphasized at Michigan for many years and Professor Curtiss ably upheld the high standard of his predecessors. His lectures were clear and concise, always presented in excellent style, with careful attention to details and faultless choice of scientific terms. Many letters from former students indicate that a lasting interest in astronomy was inspired. One of the most significant was written two days after the outburst of luminosity of Nova Aquilae, No. 3, 1918, by a soldier at Fort Du Pont, who had independently discovered the nova one evening when he was on guard duty. Four years of military training at the University of California and a commission as Captain of University Cadets gave Professor Curtiss a sympathetic relationship to the boys in khaki. His teaching of navigation at the time of the World War was a real service for his country. One summer on the Great Lakes was spent in practical seamanship to assist in preparation for this work. Hundreds attended his courses in Navigation given at the University and a letter from Rear Admiral Berry gave formal thanks for this valuable service. One of his former students gives this interesting characterization:

"During the war Dr. Curtiss trained many embryo sailors in the beautiful and accurate science of navigation, taught them to 'shoot Polaris' and use the *Ephemeris* and fill in the Bowditch formula,—made them 'Sextant sailors' instead of mere coastwise and 'day's work' sailors. Yet there was nothing which gave him greater pleasure than a summer great lakes cruise when he could sit down and swap yarns with a skipper taking his bearings from a 'star' which was only a lighthouse beam. He had the fine humor, great nature and kindliness of the man who lives at sea and with limitless spaces; and with it a poet's soul and the brain of a remarkable scientist and mathematician."

At the close of the war Professor Curtiss expressed this sentiment: "Navigation has been very absorbing and compelling. It has given me some of the most interesting experiences I have ever had. I hope that I may teach it to some extent as long as my teaching days last." This hope was realized.

Well deserved recognition came to Professor Curtiss from numerous national and international scientific organizations. He was a member of the American Astronomical Society and of its Council, member of the American Association for the Advancement of Science, fellow of the Royal Astronomical Society, member of the Seismological Society of America, International Astronomical Union, American Association of University Professors, Research Club of the University of Michigan and of the honorary societies Gamma Alpha, Sigma Xi, and Phi Beta Kappa. He was serving as president of the Michigan chapter of Phi Beta Kappa this year. He was a member of the important Commission No. 29, Classification Spectrale, of the International Astronomical Union. An invitation to contribute a section on the Classification and Description of Stellar Spectra for volume four of the "Handbuch der Astrophysik" was accepted by him as one of the highest honors of his professional career. Fortunately the text of his part of the work was practically complete at the time of his death.

Stricken down in the midst of many projects in various degrees of progress he left much unfinished work. The research subjects in which he was engaged include:

1. Spectrographic Studies of Class Be Stars, in continuation of his published work, including f^1 Cygni, H.R. 985, Beta Piscium, 11 Camelopardalis, and 25 Orionis. To aid in the measurement and reduction of spectrograms of stars of this class, a grant by the National Academy of Sciences was made.
2. Delta Cephei and the Cepheid Problem. An appropriation from the same source was also made for this work, which was being carried on in accordance with a new method of isolating lines at different atmospheric levels first used at the Observatory of the University of Michigan.
3. Novae, including Nova Aquilae, No. 3, 1918.
4. R Scuti, A Spectrographic Study and Study of the Light Variations.
5. The Light Variations of several bright variables including S Sagittae, Delta Cephei, Beta Lyrae, Delta Lyrae, and novae .
6. Stellar Evolution. A new paper was begun, previous ones were given in 1917 and 1924.
7. Photographic Stains. An unpublished paper of work from 1922 to 1925.
8. Description of Two-Prism Spectrograph. This instrument was recently designed by Professor Curtiss and constructed in the Observatory Shop by Mr. H. J. Colliau.

The research members of the Observatory staff are planning to take over unfinished research problems for completion and publication in a memorial volume in order that the work of Professor Curtiss may be conserved in the interest of the science he loved and the institution he served faithfully unto death.

The Student Observatory and Astronomical Laboratory on the fifth floor of Angell Hall, erected during the closing days of Professor Hussey's administration, were equipped under the direction of Professor Curtiss. A 10-inch refracting telescope and a 3-inch transit instrument were installed and additional laboratory equipment was provided. A 15-inch reflecting telescope was also designed and is now nearly ready for assembly. The optical parts were ordered, tested, and approved by Professor Curtiss. A Hale spectrohelioscope was purchased last year, on which tests and adjustments were in progress just prior to his illness. A Moll recording microphotometer recently arrived, which Professor Curtiss had ordered and planned to use in spectrophotometric work to carry on in connection with his spectrographic researches.

Due to the continued liberal support of Secretary Lamont, the wise direction of Professor Curtiss, and the efficient service of Dr. R. A. Rossiter at Bloemfontein, the 27-inch Lamont refractor was successfully installed and the double-star program has progressed satisfactorily in spite of the great loss due to the death of Professor Hussey en route to initiate the work. More than 2000 new pairs have been discovered and a large number remeasured. Professor Curtiss' active interest in this work is clearly indicated by his last published article, "On the Separation Limits of Double Stars and the Relative Numbers of Optical and Physical Pairs," in which he advocated extending double star searches to the separation limits of the formula, Log $\rho'' = 2.5 - 0.2$ m. (*J.R.A.S.C.*, Dec., 1929.)

The development of plans for a new observatory was in progress by Professor Curtiss. The present site was rendered unsatisfactory by the gradual encroachment of several large buildings, including the power plant of the University which is to the southwest, the direction of prevailing winds. A new site was selected about fifteen miles northwest of the city, an appropriation was secured, and the land was finally purchased just before the death of Professor Curtiss. Tentative plans for new buildings to house the equipment to be moved and preliminary designs for new instruments, including a larger and more efficient reflecting telescope, had been drafted to incorporate his ideas which will undoubtedly be carried to completion and stand as a monument to his memory.

Professor Curtiss also took an active interest in social affairs. He was a member of the Barton Hills Country Club and the Winans' Lake Country Club, the latter of which was near his summer home. He enjoyed membership in the Kiwanis Club and entered heartily in its activities. He contributed to local social and civic organizations and served on the board of directors of the Young Men's Christian Association. His interest in the Boy Scouts of America led to valuable suggestions regarding the "Handbook for Boys," especially pertaining to work for merit badges in Astronomy. He entered enthusiastically into various sports, was an ardent fisherman, a modest but skillful golfer, and loved to roam the wooded hills.

These characteristics and contacts endeared him to a wide circle of friends in various walks of life who join to mourn his early death. Letters and telegrams of sympathy came to Mrs. Curtiss and to the Observatory from prominent astronomers of America and Europe, from the Secretary of Commerce, the Governor of Michigan, members of the University, scores of former students and hosts of personal friends,—a living tribute to the memory of a brilliant scientist, loyal public servant, devoted director, inspiring teacher, and helpful friend.

ANN ARBOR, MICHIGAN, FEBRUARY, 1930.

45.

IBN YUNUS' METHOD OF LONGITUDE DETERMINATION

By W. CARL RUFUS.

In the history of Astronomy the name of Ibn Yunus (d. 1009) is usually given brief mention as the author of the Hakimite Tables. This Fatimid mathematician and astronomer worked under the patronage of the Mohammedan rulers of Egypt about the time Cairo was founded and became the new capital and educational center. In the preparation of his celebrated tables, which were named after the ruling caliph, he compiled a record of Arabian observations covering nearly two centuries, supplemented by his own eclipse observations, two solar and one lunar, in 977, 978, and 979. The value of his work is indicated by the fact that it played an important part in establishing the secular acceleration of the moon's mean motion. His tables remained the standard for two centuries, were then revised by the Meraga astronomers, requiring twelve years of labor, and were rechristened the Ilkhanic Tables in honor of the new patron of science. In the revision new observations were utilized, which were made at the magnificent observatory at Meraga with excellent instruments surpassed first by those of Tycho Brahe. Ibn Yunus' mathematical work, especially in trigonometry, was not surpassed, nor equalled in some respects, by Purbach and Regiomontanus, foremost European scientists of the fifteenth century.

Usually little credit is given to the sum total of the astronomical work of the Arabs during the stationary period of science in Europe. According to the prevailing idea their chief service to astronomy was that of preserving the work of their Greek predecessors, especially the Great Syntaxis of Ptolemy, called by them Al Magisti (The Greatest). It is therefore interesting to note that at least in one problem of practical astronomy, the determination of terrestrial longitude, the Arabs surpassed the skill of the Greeks. The difficulty of determining the difference in longitude between two places on the earth's surface with a degree of accuracy required in cartography was not successfully overcome by the Greeks. Ptolemy's Geography, the accepted authority in Europe for many centuries, represented the Mediterranean Sea excessively long. The Arab geographers were able to make a correction by shortening the distance about 17°.

Ibn Yunus' method of longitude determination, by observations on stars at the time of a lunar eclipse, possessed considerable merit and evidently was not used in Europe at a much later date. This seems quite certain as it was not included in Dr. John K. Wright's[1] excellent "Notes on the Knowledge of Latitudes and Longitudes in the Middle Ages." In a private letter Dr. Wright comments as follows: "Of

[1] Isis 5. 75, 1923.

course the fact that Ibn Yunus' method of finding longitude is not referred to in my article is not infallible evidence that knowledge of this method had not come through to Europe in the Middle Ages. On the other hand I think I would have come across some reference to it had it been widely known." This may justify a brief description of the method in astronomical literature, although a translation and appended outline have appeared in a geographical work.[2] The part from Ibn Yunus was translated by Dr. Schoy into German from an Arab manuscript, *Leiden,* No. 143, p. 80, and then rendered into English by Dr. Wright. The doubly translated passage from Ibn Yunus follows:[3]

"In the determination of the difference in longitude between two places from an eclipse of the moon it is necessary that for the measurement one be equipped with two very accurate instruments which have been tested by two men of learning and experience: for experience in mensuration is of the greatest importance. In case the two men should have little experience, calculate the number of days which still precede the eclipse, then let the two measure some fixed stars (their altitudes) until the eclipse takes place, and in this way they will have acquired some practice. It is also necessary that the two know accurately the place where the earth's shadow enters upon the edge of the moon's disk in order that the gaze may be directed unflinchingly at the place of contact, and thus the measurement of ells serves the understanding of the eclipse. I have already explained when discussing the calculation of eclipses how one recognizes the place of the first contact. And in regard to that which lies between the two moments of this contact and the instant when the eclipse becomes evident, certain of the earlier [astronomers] (predecessors) have said that in the interval between these two moments 1° 49′ of the equator turns and this makes 7 minutes 16 seconds of equivalent time. And the matter stands with me almost as mentioned. And now when each of the two has surely (indubitably) noted the eclipse with his eyes, then let him take the altitudes of several fixed stars. Then let each of them reckon from the momentary place of the star and its latitude its [the star's] distance from the celestial equator and likewise the half of its arc which it traverses over the earth, then the variation (3rd inequality) of the moon,[4] furthermore the right ascension of the degree with which it goes through the nonagesimus (highest point of the ecliptic, middle of the heavens),[5] likewise the right ascen-

[2] Carl Schoy, The Geography of the Moslems of the Middle Ages, Translated and Edited by John K. Wright, The Geographical Review, **14**, 265, 1924.

[3] (): In parentheses in Schoy's manuscript: presumably explanatory words and phrases added by Schoy to elucidate the translation from the original Arabic.

[]: Words or phrases added by J. K. Wright to elucidate the translation from German to English.

[4] In the manuscript as originally submitted by Dr. Schoy instead of "the variation (3rd inequality) of the moon" was the phrase "the difference of culmination (of the passage) of the star(?)." Subsequently in a letter to Dr. Wright, Dr. Schoy suggested the passage be changed so as to stand as given in the text.

[5] The meridian.

sion of the degree which rises with it, and also that part of the arc which has swung above the horizon calculated from the rising to the time of the observation (the Dā'ir). Now add to this arc the right ascension of the degree which rises with it: what results is the right ascension of the rising (star)[6] at exactly this moment. We subtract 90° from it, and in case it [the right ascension] is less than 90° we augment it by 270°: that which then results is the right ascension of the degree of the nonagesimus [local sidereal time]. We take the difference between the former[7] and the latter[7] right ascensions (of the nonagesimus) yielded by each single calculation of the two observers in the two places whose difference in longitude was sought: it is equal to the difference in longitude between the two places."

Ibn Yunus' method of determining the difference in the longitude of two places appears to be sound in theory, simple in practice and fairly accurate in results. It was based upon the determination of the local sidereal time ("the right ascension of the degree of the nonagesimus") at two places, using the first contact of a lunar eclipse to obtain simultaneity. The difference in time is, of course, equal to the longitude difference. In the manuscript Ibn Yunus gives evidence of special ability as a practical astronomer. He emphasizes the importance of using accurate instruments which have been well tested and advocates preliminary practice in observation and reduction. He urges special preparation for observations, *e.g.* the determination beforehand of the place of first contact on the limb of the moon. This facilitates the observation of the exact time of the beginning of the eclipse, which is the crucial point in his method of longitude determination; for the accuracy of the result depends upon the agreement of the two observers regarding this signal of simultaneity. He considers this possibility of observational error and agrees with more ancient authorities that the time between the contact and its first appearance to the observer was equal to 1° 49′ of arc. This may be considered as the maximum observational error due to this cause, altho the practical agreement attained was probably much better.

Instructions given to the two observers seem to be quite complete and specific, but difficulties in the manuscript, which were not entirely removed by the translators, leave us in doubt regarding some details. The observational work includes "noting the eclipse" and "taking the altitudes of several fixed stars." Some device for reckoning time was necessary, *e.g.* a clepsydra, or a balance clock may have been available, as its invention is sometimes placed as early as 996 A.D. and attributed to Pope Sylvester II. A cross-staff or triquetrum may have been used to take the altitudes. We assume that the time was also noted when the altitudes were taken, in order that the results might be referrd to the time of first contact.

An evident lapsus in the published translation is the expression, "the

[6] Degree or point on the equator.

[7] Dieser und jener, not former and latter, as the two were simultaneous.

variation (3rd inequality) of the moon," Dr. Schoy's original translation was better:[8] "den Unterschied des Durchgangs (Passage) des Sterns." Another apparent error is the parenthesis (star) in the expression, "the right ascension of the rising (star) at exactly this moment." It is necessary to substitute rising "degree," *i.e.* the rising point of the equator at the time of the observation. This quantity diminished by 90°, (with precaution noted) gives the local sidereal time. The reasons for the suggested changes may readily be seen by the proposed explanation of the accompanying diagram.

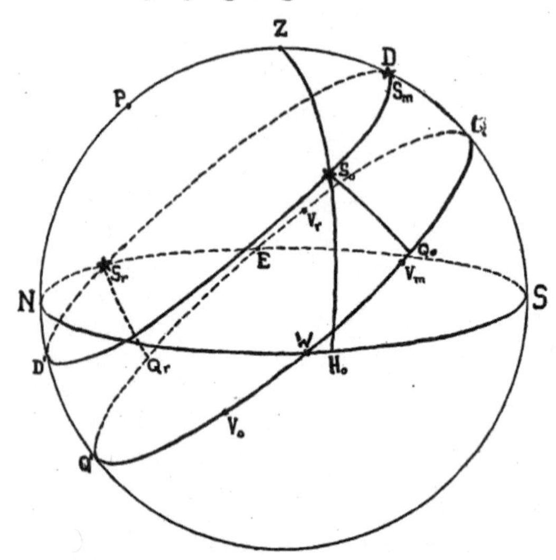

EXPLANATION OF DIAGRAM.

The circle represents the celestial meridian.
NESW is the horizon. QQ', the equator.
DD', the diurnal circle of the star.
S_r, S_m, S_o, the star at rising, on the meridian, and at the time of observation.
V_r, V_m, V_o, the vernal equinox at the same instants.
S_r Q_r, portion of star's hour circle at the time of star's rising.
H_o S_o is the altitude of the star.
The star's latitude is not given as the ecliptic is omitted from the diagram.

Q_o S_o, the star's distance from the celestial equator, *i.e.* its declination.

S_r D, half of the arc which the star "traverses over the earth," *i.e.* half its diurnal arc above the horizon.

Q_r E, the equivalent of the questioned expression, "the difference of culmination (of the passage) of the star," which is the difference between the right ascension of the star and the right ascension of the point of the equator which rises with it.

V_m Q, "the right ascension of the degree with which it goes through the nonagesimus," (the meridian). This is the star's right ascension, which is given also by V_r Q_r and by V_o Q_o.

V_r E, "the right ascension of the degree which rises with it."

S_r D S_o, "that part of its arc which has swung above the horizon calculated from the rising to the time of observation." An equivalent arc on the equator is V_r Q' V_o.

[8] The difference of the transit (culmination) of the star.

LAG OF PHASE AT HIGH LEVELS IN ZETA GEMINORUM.

BY W. C. RUFUS.

Systematic differences in line displacements at different atmospheric heights in several Cepheids have been found at Ann Arbor and partly confirmed elsewhere. Results in the case of Zeta Geminorum have been questioned by H. F. Henroteau and by V. Hase.

High, intermediate, and low velocity curves were formed by the writer which show resemblances in their main features. Velocity-difference curves, high-minus-low and high-minus-intermediate, were used as test for a lag of phase at high level. Negative differences predominate before maximum velocity and positive afterward. Using data by Hase, similar results were obtained. The distribution of the differences with respect to phase gives fairly smooth curves with amplitudes of about 12 km/sec, which is greater than one-third that of the velocity curve.

An ionization effect on line displacements was also isolated with an amplitude of about 10 km/sec.

47.

PUBLICATIONS OF THE OBSERVATORY

OF THE UNIVERSITY OF MICHIGAN,

VOLUME IV, NO. 7.

PUBLISHED FROM THE ORLANDO B. WHEELER FUND.

ATMOSPHERIC PULSATION IN ETA AQUILAE, PRELIMINARY RESULTS.[1]

By W. Carl Rufus.

Introduction.

The Method.[2] The method of attacking the Cepheid problem employed in this paper is based upon a systematic study of line displacements from different elements and at different assumed heights in the atmosphere of a star during the entire period of its variation. The isolation of the H and K lines of calcium in the case of Class B spectroscopic binaries has been customary since Hartman's discovery[3] and sodium lines were separately considered by Miss Heger.[4] Albrecht[5] noted the abnormal velocities given by some lines in stars of the Delta Cephei type, but no periodic difference was found. On two plates of Delta Cephei, one near maximum and one near minimum, Adams and Shapley[6] studied selected lines for change of intensity and difference in displacement. Enhanced lines compared with normal gave an excess of 0.86 km. at maximum and a greater amount at minimum, which was attributed to radial convection currents. Duncan[7] stated that the probable error of the velocity of a single plate of X Cygni based upon the agreement of line displacements was greater than the quality of the lines would lead him to expect. Discordant displacements of spectral lines in Cepheids have been found by many others.[8]

The Cepheid variables are giant stars having a variable single spectrum, with a preference for Classes F and G, containing a large number of relatively sharp absorption lines systematically displaced with the periodic change of light. The close agreement of the light curve and of the velocity curve including secondary features pointed out by Curtiss[9] indicates a common cause of variation. The ap-

[1] Presented in part to the American Astronomical Society and to Section D of the American Association for the Advancement of Science in December, 1923. Pop Astr *32*, 228 (1924) and Proc NAS Wash *10*, 264 (1924).
[2] Pop Astr *32*, 22 (1924).
[3] AphJ *19*, 268 (1904).
[4] LOB *10*, 59 (1919).
[5] LOB *4*, 130 (1907).
[6] Proc NAS Wash *2*, 136 (1916).
[7] AphJ *53*, 98 (1921).
[8] For a brief bibliography, Cf. *These Publications 4*, 84 (1932).
[9] AphJ *22*, 274 (1905).

parent impossibility of relating the radial velocity variation to orbital motion led Shapley[10] to reject the binary hypothesis and to adopt the theory of the pulsation of a single star.

The method of selecting lines of the spectrum giving consistent displacements has masked an effect here tentatively called atmospheric pulsation. If there is a periodic radial translation of the photosphere of the star, its motion in the line of sight should produce a relative motion in the concentric spherical layers of the atmosphere at different levels, which is lacking in the case of ordinary orbital velocity. Accepting the radial pulsation theory and Russell's[11] assumption of periodic impulses from an interior source of energy, a lag of phase of the upper levels may be confidently predicted. Furthermore, the relative motion of the pulsating layers will cause periodic compression and expansion of the gases of the atmosphere with accompanying changes of temperature, density, radiation, and absorption, which will produce variation of the light of the star and of its class of spectrum. Inasmuch as spectroscopic work is limited to surface radiations characterized by atmospheric effects, a new method of analysis to determine changes of atmospheric conditions should yield results of fundamental significance.

Eta Aquilae is a Cepheid variable of spectral Class A8 to G5, with a visual magnitude from 3.7 to 4.4, a period of 7.178 days, and a radial velocity variation of about 40 km/sec. The method followed in its study is based upon the isolation of velocities from different elements and from lines at different levels. Velocities at different levels may be found easily by selecting from the large number of lines suitable for velocity determination groups of lines assumed to originate at different levels in the atmosphere of the star corresponding in general to their relative heights in the atmosphere of the sun as determined by Mitchell[12] and confirmed by St. John.[13]

The differences of the velocities of the layers plotted against phase would seem to represent systematic relative motion and indicate compression and expansion of the gases of the atmosphere of the star, with resulting increase and decrease of temperature and corresponding change of luminosity. The relative translation of the layers also produces changes in the density, pressure, and other physical conditions, which effect radiation and absorption. The physical changes may be correlated with the light curve to study their relationship to light maximum and light minimum and the secondary features. Correlation of the physical processes in the atmosphere of the star with its spectral changes affords a simple and direct method of attacking the Cepheid problem in an attempt to explain some of the anomalous characteristics of Cepheid variation.

[10] AphJ *40*, 460 (1914).
[11] Pub ASP *31*, 205 (1919).
[12] AphJ *38*, 407 (1913).
[13] AphJ *37*, 322 (1913); *38*, 341 (1913).

OBSERVATIONS.

The forty-two spectrograms of Eta Aquilae used in this preliminary work were made during the summer and fall of 1923 with the single-prism spectrograph attached to the 37½ inch reflecting telescope of the Observatory of the University of Michigan and are included in the Table of Observations given in the following paper by Lee.

SELECTION OF LINES.

The selection of lines to represent three levels in the atmosphere of Eta Aquilae is tentative at the present stage of the work. Twenty-five lines were originally selected and placed in three groups. The high group included 4077.7 Sr_{II}, 4101.7 H δ, 4215.5 Sr_{II}, 4226.7 Ca_{I}, 4246.8 Sc_{II}, 4340.5 H γ, and 4861.3 H β. According to Mitchell these lines originate at heights from 5000 km. to 8000 km. above the photosphere of the sun. 4246.8 Sc_{II} was found to give better agreement with lines of the intermediate group and was arbitrarily changed. It was afterward noted that St. John's work, based upon radial motion in sun spots, also places this line at a lower level.[14] H β does not give very consistent results. The possibility and desirability of considering these high-level elements, or even the lines separately, are evidently due to the very extensive atmosphere of the giant stars, in which the difference in the absolute heights is much greater than in the sun.

The blending of lines and unequal change in the intensity of the components, due to periodic enhancement with change of physical conditions, complicates the selection of lines for the intermediate and low levels. The provisional intermediate group contains 4233.2 Fe_{II}, Cr_{II}, 4271.6 Fe_{I}, Bl, 4289.7 Cr_{I}, Ti_{I}, Ce_{II}, 4325.5 Fe_{I}, Sc_{II}, 4395.2 Ti_{II}, V_{I}, 4501.3 Ti_{II}, and 4549.6 Fe_{II}, Ti_{II}. These are at heights 800 to 2500 kms. in the sun. By the empirical tests 4325.5 appears to be the lowest and 4395.2 the highest. An arbitrary division was necessary between the intermediate and the low groups. The provisional low group contains chiefly neutral iron lines and blends,—4187.1, 4191.4, 4235.9, 4250.5, 4260.5, 4415.1, 4430.6, and 4872.1. 4435.3 Ca_{I}, Fe_{I}, 4481.2 Mg_{II}, Ti_{I}, and 4564.7 V_{II}, Fe_{I} were difficult to correlate. 4481.2 seemed to agree better with intermediate than low lines.

Adams and Joy[15] found in the case of Eta Aquilae that the general spectrum change including arc lines (due to neutral atoms) is small, only two tenths of a spectral division; but a greater change takes place in the hydrogen lines and spark lines (due to ionized atoms). For this reason it is here assumed that changes in the intensity of a blend, and consequent displacement of its optical center, may be attributed chiefly to the ionized component, if both kinds are present. Special con-

[14] The empirical tests based upon the form and phase of the velocity curves given by individual lines as arbitrary criteria of height were not followed in later work. The method here applied probably contributed to the large amplitudes of the velocity-difference curves in the preliminary study. Note added June 26, 1931.

[15] Proc NAS *4*, 129 (1918).

sideration of this fact and careful attention to the use of relative intensities of the components in the adjustment of displacements greatly minimizes the uncertainty in the use of blends. The selected lines and blends are given in Table 1. The

TABLE 1. SELECTED LINES AND BLENDS.

Wave-length I.A.	Element	Height in sun, kms.
	High level	
4077.7	Sr_{II}	6000
4101.7	$H\delta$	8000
4215.5	Sr_{II}	6000
4226.7	Ca_{I} Fe_{I}	5000
4246.8	Sc_{II}	5000
4340.5	$H\gamma$	8000
4861.3	$H\beta$	8500
	Intermediate	
4233.2	Fe_{II} Cr_{II}	2200
4271.6	Fe_{I} Bl.	1500
4289.7	Cr_{I} Ti_{I} Ce_{II}	2000
4325.5	Fe_{I} Sc_{II}	1500
4395.2	Ti_{II} V_{I}	2500
4501.3	Ti_{II}	2500
4549.6	Fe_{II} Ti_{II}	2500
	Low	
4187.1	Fe_{I} Ce_{II}	900
4191.4	Fe_{I}	800
4235.9	Fe_{I} Y_{II}?	900
4250.5	Fe_{I} Bl	900
4260.5	Fe_{I}	1000
4415.1	Fe_{I}	800
4430.6	Fe_{I}	450
4435.3	Ca_{I} Fe_{I}	600
4481.2	Mg_{II} Ti_{I}	400
4564.7	V_{II} Fe_{I}	350
4872.1	Fe_{I}	500

wave-lengths and identifications are according to St. John[16] and the heights in the sun are by Mitchell.[17]

THE VELOCITY CURVES.

The mean velocity curve from lines of all levels has an amplitude of 40 kms. The chief feature is a marked pause on the ascending branch beginning about 2.5 days after light maximum and lasting about one day. It occurs about one day later than the pause of the light curve by Wylie.[18] This feature does not appear in Wright's velocity curve[19] of the star, which was determined upon the assumption of

[16] Revision of Rowland's Preliminary Table of Solar Spectrum Wave-Lengths, Carnegie Institution of Washington, (1928).
[17] ApJ *71*, 1 (1930).
[18] ApJ *56*, 225 (1922).
[19] ApJ *9*, 62 (1899).

orbital motion. An observation rejected by an application of the method of least squares may be found, however, in his diagram at this phase. The irregularity here observed resembles the typical "hump" of a Cepheid velocity curve, which Curtis represents very satisfactorily in several cases by adding a single oscillation to an elliptic curve.[20]

Velocity curves for high, intermediate, and low levels and separate curves for hydrogen and strontium have been determined. The pause is more definitely indicated in the high and low level curves, resembling a real secondary maximum,

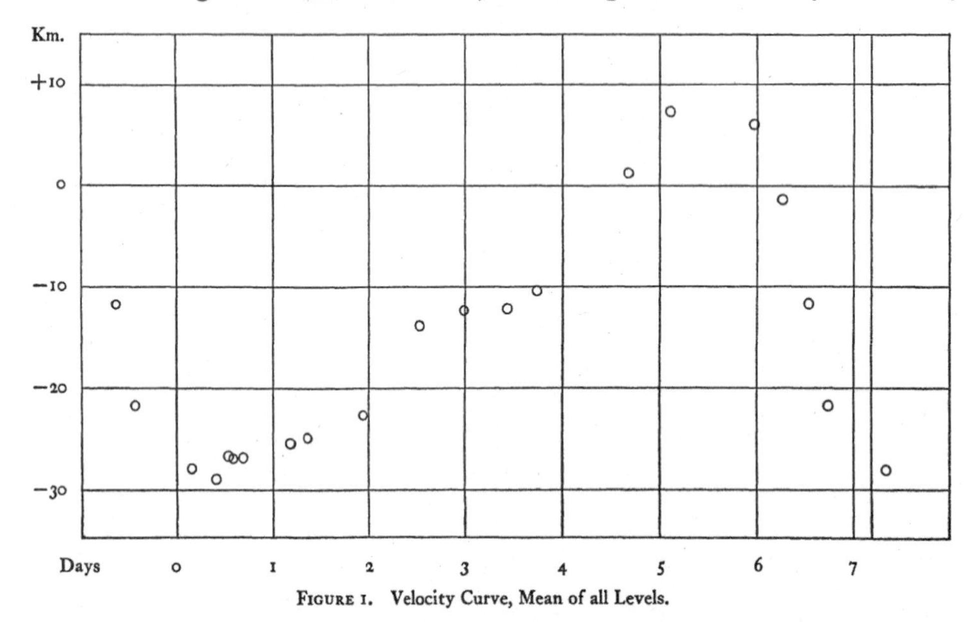

FIGURE 1. Velocity Curve, Mean of all Levels.

but is less noticeable for the intermediate level. The isolated elements, hydrogen and strontium, emphasize the secondary maximum. The hydrogen shows a lag of phase, which increases to about one day at the time of maximum velocity. High-level strontium does not show as great a lag of phase.[21]

The difference in form and phase of the velocity curves obtained from lines at different levels indicates that the ordinary velocity curve of a Cepheid is not specific until the selection of lines is known. This makes it impracticable to compare the "elements of an orbit" derived at different times or at different places unless the same lines are used under the same conditions. The greater prominence of the secondary maximum given by the isolated elements, (or by the isolated lines, H γ

[20] Proc NAS Wash *9*, 187 (1923).

[21] This led to the proposal of isolating the ionization effect, which was carried out by Lee. (See following paper.) Note added June 26, 1931.

alone gave a well determined curve) and the progressive lag of phase of the higher levels, suggest the possibility that with sufficient data the pulsation may be traced through the successive layers of the atmosphere of the star, and may be used as a test of the height at which a line originates.

The velocity-difference curves. The method of differences, automatically eliminating plate errors, may be expected to increase the degree of accuracy of these curves. Following the conventional algebraic signs for radial velocity, in which recession is positive, corresponding with falling or settling of the atmosphere of a star, and adopting as a general form of velocity difference, high level minus lower,

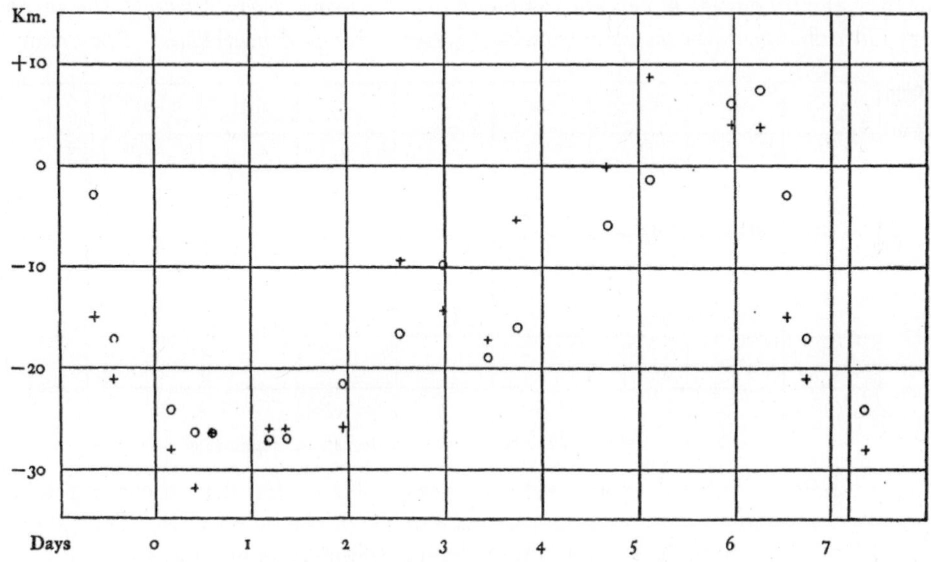

FIGURE 2. Velocity Curves from Hydrogen (circles) and Strontium II (crosses).

positive differences indicate compression and negative differences indicate expansion of the intervening atmospheric gases. Plotting the velocity-differences as ordinates and phase after light maximum as abscissae, the upper half of the curve represents compression and the lower half represents expansion. Other causes of line displacements, such as pressure, stark effect, convection or circulation, are considered small compared with the Doppler effect.

The velocity-difference curve, high minus intermediate, due perhaps to an integrated effect of the large range of levels included in the high-level lines, did not give results as significant as the velocity-difference curves, hydrogen minus intermediate and intermediate minus low. The smoothess of the intermediate curve on which the secondary feature is very weak may also be noted. The velocity-difference curve, hydrogen minus intermediate, given in Figure 3, has an amplitude of 20 km., which is one-half the amplitude of the velocity curve itself as obtained by Wright and confirmed here. The hydrogen-minus-intermediate curve, reduced to an arbitrary zero, shows an interesting irregularity or pulse, which is probably real, and suggests the nature of the motion of the hydrogen, giving a semblance of reality to Eddington's "gusts of radiation." There is a striking resemblance of this velocity-difference curve to Wylie's photometric light curve of the star[22] and to a spectral variation curve based upon Shapley's data.[23]

It is well known through the work of Curtiss and others that secondary features of the velocity curves of certain Cepheids bear a strong resemblance to the secondary light changes; but *the corresponding features are not synchronous*. For example,

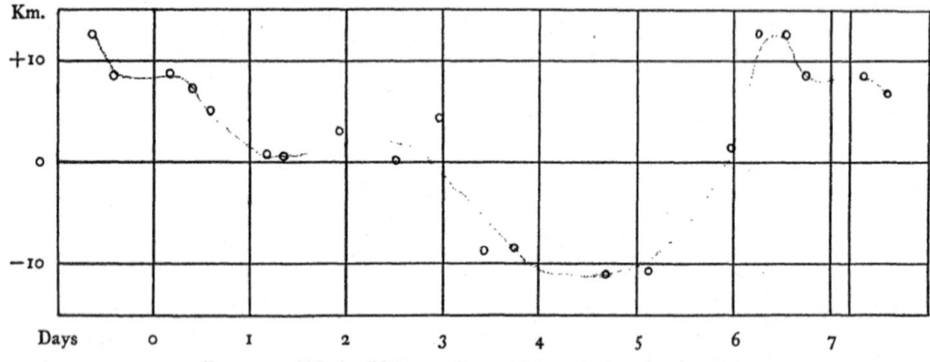

FIGURE 3. Velocity-Difference Curve, Hydrogen minus Intermediate.

the secondary variation of the velocity curve of Eta Aquilae, according to our results, occurs about one day later than the pause of the light curve. On the other hand, in the case of the accompanying velocity-difference curve and the light curve, *the corresponding secondary features are synchronous*. There is a similar agreement in phase in the case of the pause of the velocity-difference curve, intermediate minus low, which in some respects resembles the mean velocity curve, or the reverse of the light curve. According to our tentative interpretation the pause of the light curve coincides with a stage of comparative rest in the atmosphere of the star.

The pause of the velocity curve of Eta Aquilae also admits of a provisional explanation. Upon the basis of radial pulsation a star reaches its greatest expansion at the time the velocity of approach decreases to zero. This occurs in Eta Aquilae at the beginning of the pause of the velocity curve. If this is not a mere coincidence, it may represent a stage of comparative rest in the pulsation of the star as a whole, when the atmospheric gases are floating at greatest height before they begin to fall.

[22] ApJ *56*, 225 (1922).
[23] ApJ *44*, 287 (1916).

The greatest radial contraction occurs at phase 6.5 da. making the time intervals for alternate radial expansion and contraction approximately equal.

In accordance with an outstanding feature of Cepheid variation light maximum follows maximum compression of the star as a whole by about one-fourth of the period. Due to a lag of phase of the upper layers the maximum compression of the lower atmosphere occurs at a later phase. The atmospheric compression, accompanied by higher temperature and greater radiation, may be an important factor in the increase of light. This atmospheric effect may account for the retardation of the light maximum, which Eddington suggests must take place in the nonadiabatic region of the star, although he was not able to determine it analytically.[24] Similarly, light minimum follows maximum expansion of the star and may be accounted for by the opposite atmospheric effect. Secondary effects of atmospheric pulsation on radiation, absorption, radial velocities, spectral class and other observed characteristics, await further theoretical development and observational data. The method of attack affords a means of studying the varying physical conditions in the atmosphere and their effect on the motion of the absorbing atoms due to changes in gravitation, gaseous pressure, general and special radiation pressure and other ascertainable forces. It may be applied also to long period and irregular variables, to novae and to other problems in astrophysics.

SUMMARY.

1. A method of attacking the Cepheid problem is described.

2. Three groups of spectral lines were selected representing low, intermediate, and high levels in the atmosphere of Eta Aquilae.

3. Velocity curves were formed for the three levels and for the mean of all levels. The chief feature is a pause on the ascending branch, which follows the pause of the light curve by about one day.

4. Velocity-difference curves, or atmospheric compression curves, were formed. One of the chief features is a pause synchronous with the pause of the light curve; which suggests that this light phenomenon is due to a stage of comparative rest in the atmosphere.

5. Compression of the atmosphere is associated with maximum light of the star, and expansion with minimum light.

6. Atmospheric pulsation is proposed to supplement radial pulsation as an explanation of some special features of Cepheid variation.

[24] MN 79, 181 (1919).

THE OBSERVATORY, UNIVERSITY OF MICHIGAN,
July, 1932.

48.

PUBLICATIONS OF THE OBSERVATORY
OF THE UNIVERSITY OF MICHIGAN,
VOLUME IV, NO. 11.

PUBLISHED FROM THE ORLANDO B. WHEELER FUND.

MOTIONS IN THE ATMOSPHERE OF ZETA GEMINORUM, PRELIMINARY RESULTS.

By W. Carl Rufus.

Preliminary Announcement.

The writer's preliminary work on Zeta Geminorum was announced at the meeting of the American Astronomical Society, December, 1925.[1] This included the discovery of systematic differences in the displacements of lines at different atmospheric heights, a lag of phase at high levels, the formation of an atmospheric compression curve and the isolation of an ionization effect on line displacements.[2]

TABLE 1. JOURNAL OF OBSERVATIONS.

Plate No.	J.D. 2,423,000+	Phase	Plate No.	J.D.	Phase
6087	510.722	6.315			
6677	799.812	0.944	7381	1080.877	7.856
6689	808.840	9.972	7390	1081.781	8.760
6696	824.854	5.679	7396	1082.807	9.786
6699	826.827	7.652	7401	1083.900	0.725
6705	831.833	2.504	7408	1084.940	1.765
6709	838.847	9.518	7432	1094.835	1.497
6715	839.781	0.298	7448	1104.759	1.277
6720	842.731	3.248	7454	1107.781	4.299
6726	845.782	6.299	7463	1115.833	2.197
6738	858.665	9.028	7468	1118.724	5.088
6742	859.750	10.113	7469	1118.774	5.138
6754	863.653	3.863	7482	1157.724	3.473
6758	877.653	7.709	7483	1157.806	3.555
6770	883.661	3.563	7486	1159.609	5.358
6773	885.649	5.551	7487	1159.649	5.398
6780	886.648	6.550	7498	1169.818	5.413
6784	894.681	4.429	7502	1171.789	7.384
7295	1064.870	2.003	7503	1171.816	7.411
7316	1068.814	5.947	7504	1195.666	0.799
7321	1069.895	7.028	7511	1199.634	4.767
7322	1069.940	7.073	7512	1199.677	4.810
7330	1070.907	8.040	7525	1232.656	7.328
7348	1073.809	0.788			
7355	1075.806	2.785			
7370	1078.901	5.880			

[1] Pop Astr *34*, 242 (1926).
[2] See also Pop Astr *39*, 20 (1931).

Ann Arbor Observations.

Table I contains a list of the 48 spectrograms used in this preliminary study. Column one gives the plate number; column two the Julian date of mid-exposure; and column three the phase after light maximum using Chandler's period, 10.15382 days, and epoch J. D. 2423423.176, January 3, 1923.

Selection of Lines.

An attempt was made to include spectrum lines not merely representing different atmospheric levels but also different elements both neutral and ionized. The selection was based chiefly on the results obtained in the preliminary work on

TABLE 2. WAVE-LENGTHS OF SELECTED LINES AND BLENDS.

Wave-length in star.	Wave-length in sun.	Elements	Height in sun in km.
		High Level.	
4077.72	4077.73	Sr II	6000
4101.57	4101.75	Hδ Fe	8000
4215.64	4215.54	Sr II	6000
4227.02	4226.74	Ca I, Fe I	5000
4247.03	4246.84	Sc II	5000
4340.52	4340.48	Hγ	8000
4861.09	4861.34	Hβ	8500
		Intermediate.	
4233.12	4233.17	Fe II, Cr II	2200
4271.58	4271.60	Fe I, Bl	1500
4289.87	4289.73	Cr I, Ce II, Ti II	2000
4320.94	4320.93	Sc II, Ti II	1500
4325.53	4325.52	Fe I, Sc II	1500
4395.18	4395.25	Ti II, V I	2500
4501.29	4501.28	Ti II	2500
4549.50	4549.60	Ti II, Fe II, Bl	2500
4554.09	4554.04	Ba II, Fe I	2000
		Low.	
4187.22	4187.05	Fe I, Ce II	900
4191.41	4191.44	Fe I	800
4235.93	4235.95	Fe I, (Y II)	900
4250.48	4250.47	Fe I, Bl	900
4260.43	4260.49	Fe I	1000
4305.67	4305.71	Sc II, Ti I, Fe I	600
4415.07	4415.14	Fe I	800
4450.24	4450.49	Ti II, Fe I	1000
4600.54	4600.60	Cr I, Ni I, Bl	400

Eta Aquilae, adding a few lines and rejecting others. The original division into groups was changed to conform to Mitchell's revised heights of the sun.[3] This introduced a small difference in the quantitative results, but no difference in the

[3] AphJ *71*, 1 (1930).

general conclusions previously announced. Twenty-five lines were retained and divided into groups representing high, intermediate and low levels. Seven lines corresponding to a height of 5000 km. or more comprise the high group; nine lines from 1500 to 2500 km., the intermediate; and nine lines 1000 km. or less constitute the low group.

The selected lines are listed in Table 2. Column one gives the wave-length of the line in the star in International Angstrom Units. Columns two and three con-

TABLE 3. DATA SHEET

Phase / Line	0.604	1.007	1.755	2.495	3.425	3.975	4.669	5.195	5.454	5.835	6.388	7.143	7.482	7.868	9.102	9.957
4077	12.0	1.1	−0.9	22.8	17.8	21.2	20.5	42.3	33.8	32.9	13.5	1.7	5.2	8.7	11.8	12.1
4101	8.3	−4.4	9.8	12.5	23.7	14.0	21.7	36.9	28.7	28.5	25.5	5.2	18.7	11.7	8.2	11.1
4187	8.0	9.3	6.0	22.5	29.6	27.3	26.5	27.3	23.6	22.3	12.8	7.1	13.1	12.6	7.9	4.5
4191	−4.6	10.1	6.7	18.2	25.7	18.8	27.6	33.8	30.1	24.7	13.9	20.1	13.4	11.1	2.3	8.5
4215	7.5	6.6	7.5	11.3	23.6	24.3	28.6	32.8	29.1	19.5	13.3	7.8	12.4	12.2	12.0	5.0
4226	2.5	7.6	7.1	19.4	25.8	31.7	29.1	28.4	28.8	28.3	15.5	10.8	14.1	6.0	4.2	0.1
4233	1.7	3.0	5.7	9.4	20.1	26.9	29.2	32.1	27.4	31.1	14.0	13.9	17.4	10.8	7.0	7.1
4235	15.6	3.6	5.0	25.6	31.6	33.6	30.7	27.9	21.5	22.1	12.0	7.1	5.9	7.9	8.4	−1.8
4246	2.0	2.7	−3.5	23.0	29.5	32.9	33.2	30.5	30.4	26.9	15.4	9.6	12.0	10.8	2.3	6.9
4250	5.0	6.5	15.1	18.3	17.2	21.9	26.0	28.2	25.6	25.9	11.2	13.1	10.2	8.5	9.3	4.5
4260	12.4	6.5	13.3	21.2	26.6	26.6	26.8	23.1	21.4	29.1	9.1	7.2	11.7	9.8	4.9	7.7
4271	11.6	10.7	6.2	25.4	31.5	25.2	32.7	26.9	24.9	18.3	3.9	8.3	12.0	6.4	7.7	5.3
4289	6.0	5.2	8.4	17.3	19.2	27.8	34.7	30.6	28.8	18.0	10.7	11.2	12.1	13.4	9.6	8.3
4305	11.8	4.7	11.7	18.7	25.2	27.6	26.5	25.6	22.3	23.9	16.5	9.8	9.9	9.2	5.5	4.2
4320	1.5	6.1	13.1	24.6	24.2	30.7	32.0	30.7	23.1	30.8	11.4	4.5	8.7	6.3	5.6	4.6
4325	7.6	7.1	11.0	20.2	21.5	31.8	29.9	31.3	20.4	25.9	10.3	5.1	7.9	10.1	6.2	11.2
4340	6.2	6.7	0.1	13.9	14.2	27.8	30.7	35.3	25.2	29.4	20.3	11.1	14.4	7.9	10.2	6.8
4395	4.4	6.4	10.5	16.7	32.2	31.5	31.5	35.5	23.0	25.4	16.0	7.7	6.4	7.1	3.9	−0.8
4415	3.0	8.7	11.4	11.2	17.7	21.5	28.0	33.6	25.2	23.8	19.8	14.7	14.7	13.7	8.1	2.4
4450	8.7	−1.3	8.4	6.0	14.8	23.8	23.3	31.0	25.1	24.9	13.1	20.0	14.8	12.6	9.4	12.0
4501	5.8	−5.2	16.9	13.0	24.2	38.8	30.3	32.5	27.2	29.8	11.2	2.6	8.7	6.8	8.7	6.5
4549	7.8	4.4	3.7	14.3	24.4	29.8	32.8	29.0	26.6	33.1	15.8	6.8	7.3	10.0	4.5	3.8
4554	1.5	11.7	10.7	16.7	21.8	40.7	22.8	28.2	26.7	17.3	1.6	6.6	16.1	7.1	(20.5)	(15.7)
4600	13.3	6.8	14.4	21.6	30.0	28.2	22.4	29.1	30.7	24.3	14.3	1.1	7.4	5.5	9.9	−2.7
4861	9.4	0.5	16.6	12.2	10.3	13.9	13.9	36.0	35.6	34.0	12.5	13.5	22.4	6.5	10.2	9.9
Mean	6.8	5.0	8.6	17.4	23.3	27.1	27.7	31.1	26.6	26.0	13.3	9.1	11.9	9.3	7.9	6.1
High	7.0	3.0	5.4	16.4	20.7	23.7	25.4	34.6	30.2	28.5	16.6	8.5	14.2	9.1	8.4	7.4
Intermediate	5.3	5.5	9.6	17.5	24.4	31.5	30.7	30.8	25.3	25.5	10.5	6.3	10.7	8.7	8.2	6.9
Low	8.1	6.1	10.2	18.1	24.3	25.4	27.2	28.8	25.1	24.6	13.6	11.1	11.2	10.1	7.3	4.4

tain the wave-lengths and identifications of corresponding lines in the sun according to St. John.[4] The wave-length of the chief component is given excepting in cases marked Bl in which the value is found by weighting the chief components according to their intensities. Column four gives the revised heights in the sun according to Mitchell.

[4] Revision of Rowland's Preliminary Table of Solar Spectrum Wave-lengths.

MEASUREMENT AND REDUCTION.

The general method as described in the paper on Eta Aquilae was followed. The 25 selected lines were measured on each one of the 48 plates and none was rejected in determining velocities. Individual line velocities were assembled on a data sheet and arranged in order of phase. The lines were reduced to the same zero displacement or rendered homogeneous by applying empirical corrections to bring the mean velocity of each line to the mean velocity obtained from all the lines.

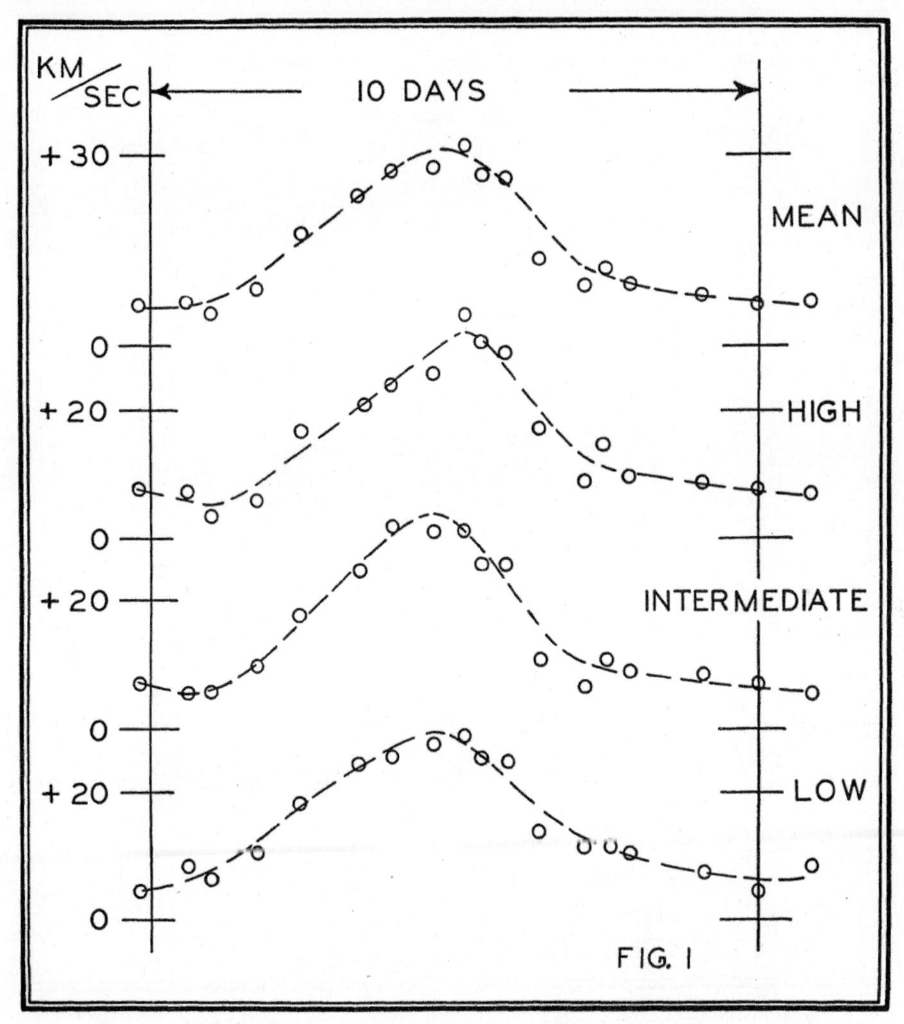

FIGURE 1. Velocity Curves. 1. Mean of all levels. 2. High. 3. Intermediate. 4. Low.

The 48 velocities for each line were then combined into 16 by taking the mean of three according to phase. These values are given in Table 3, and provide the data used in the following work. Each line was used without weighting in the determination of the mean velocity curve and the curves at different levels. Smoother curves might have been obtained by assigning weights according to the quality of the lines or the value of the residuals, but care was taken to avoid introducing any irrelevant results.

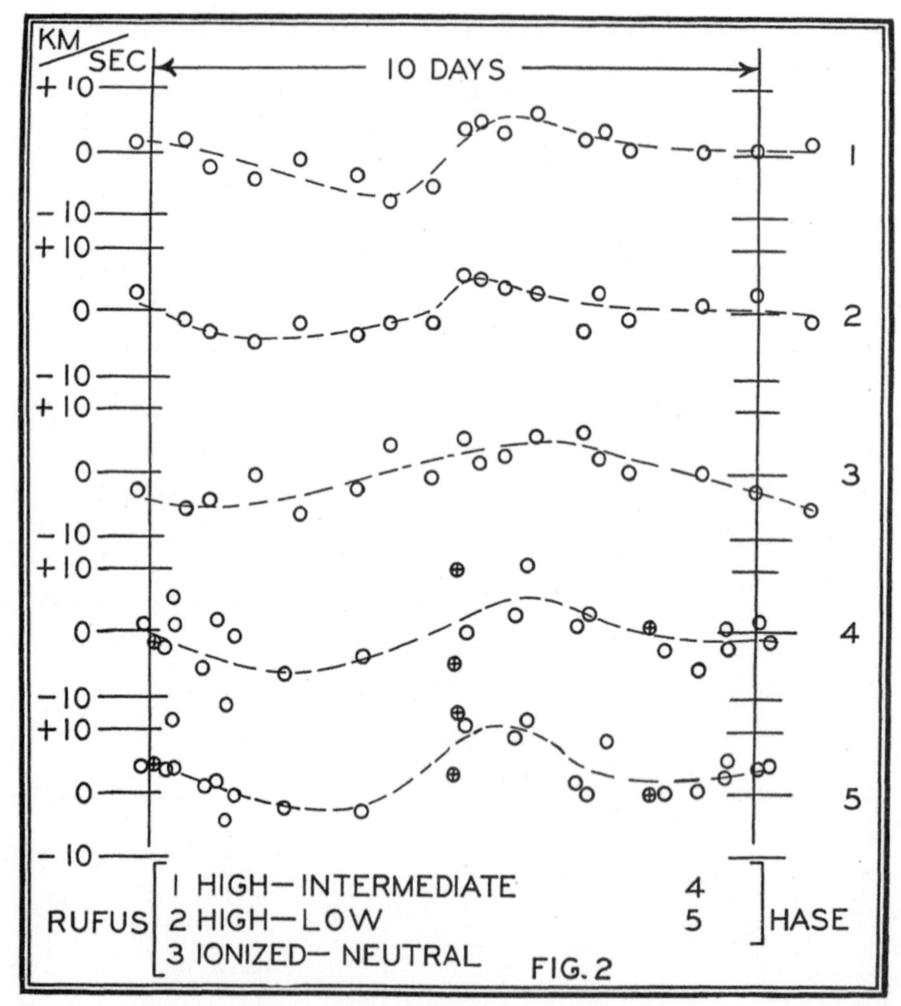

FIGURE 2. Velocity-Difference Curves. 1. High minus intermediate. 2. High minus low. 3. Ionized minus neutral. 4. Hase's high minus intermediate. 5. Hase's high minus low.

VELOCITY CURVES.

The mean velocity curve and the velocity curves for high, intermediate and low levels, are given in Figure 1. An inspection of the curves is sufficient to detect a lag of phase of the high level at maximum velocity. A greater amplitude of the curve of the high level is also evident; as it is about 28 km. while the low is about 24 km.

VELOCITY DIFFERENCES.

The velocity-difference curves, high minus intermediate, and high minus low are given in Figure 2. Although the maxima and minima of these curves are not well determined the amplitude seems to be of the order of 10 or 12 kms., which is greater than one-third of the amplitude of the velocity curves. Part of the systematic difference is evidently due to the greater amplitude of the high-level curve. Its excess 4 km. is not sufficient, however, to account for half the amplitude of the difference curves. Lag of phase of the high level seems to be an important factor.

An attempt was also made to isolate an ionization effect on line displacements. In order to eliminate the phase effect, as far as possible, a group of lines due to neutral atoms and a group due to ionized atoms at the same level should be compared. The uncertainty regarding the relative heights of neutral and of ionized atoms in the star compared with their relative heights in the sun is also involved. Three lines, 4320, 4395, and 4450, due to ionized atoms or in which the ionized greatly predominate were selected from the intermediate level and three others, 4260, 4271, and 4325, in which the neutral atoms predominate. The mean heights of the two groups in the sun are respectively 1670 km. and 1330 km. The velocity-difference curve, ionized minus neutral, is also given in Figure 2. Its main features are somewhat similar to the ionization effect in Eta Aquilae which was isolated by Lee.

The main features of the velocity-difference curve, ionized minus neutral, indicate an excess of rise of the ionized atoms during the expansion of the star as a whole and, reduced to an arbitrary zero, an excess of fall during its contraction. As ionized atoms and neutral atoms mingle in the atmosphere, and transitions are continually taking place, the systematic line displacements interpreted as Doppler effect cannot be due merely to a difference in radial motion or relative translation of separate layers. When the luminosity is high and the star is expanding a greater effect seems to be produced on the absorbing atoms in an ionized state than on the absorbing atoms in a neutral state. If the phenomenon is real the force causing the pulsation of the star as a whole may also cause the excess of rise of the ionized atoms. The increased flux of radiation is evidently an important factor in the process of ionization and it is well known that the time that elapses before an electron returns to a lower state after excitation is longer for an ionized atom than for a neutral atom.

The total effect of the outward pressure might therefore be expected to result in an excess of rise of the absorbing ionized atoms with reference to the neutral. There is some evidence that there is an integrated excess during the entire period of the star's variation of the order of 2 or 3 km., which was found necessary to reduce the lines to an arbitrary zero. Although this value is small compared with the probable errors of measurement, it is in the right sense and also appears in the work of Miss Hase which is introduced later. The evidence regarding the periodic increase in the excess of rise of the ionized atoms with increase of light seems to be more conclusive.

The reality of the velocity differences in Zeta Geminorum has been questioned by Henroteau[5] and by Miss Hase.[6] Henroteau says: "In a further study of Zeta

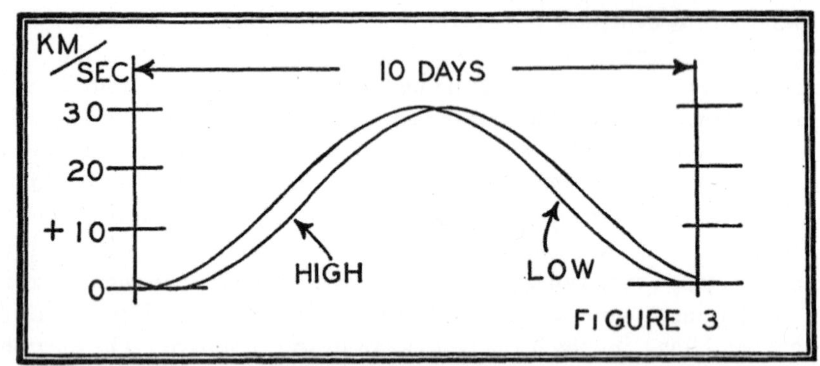

FIGURE 3. Ideal Lag of Phase.

Geminorum Rufus finds phenomena analogous to what he found in Eta Aquilae. . . . These results do not agree with those obtained at Ottawa, as can be gathered from the curves given on page 114 of the present volume; all these curves are practically identical and do not suggest the existence of velocity-difference curves." Henroteau's published data were studied by the author but seem insufficient to provide a crucial test.

Miss Hase used 27 spectrograms made at Pulkovo with a three-prism spectrograph attached to the 30-inch refractor having a camera of 180 mm. focal length, giving a dispersion of about 30 A per mm. at $H\gamma$. Regarding lag of phase at high levels in Zeta Geminorum, Miss Hase says: "The reality of the lag of phase of the maximum velocity of recession is doubtful, this phase corresponding to the minimum brightness when the spectrograms are rather underexposed and difficult for measurements." Her chief conclusion is: "It appears from the study of the above material that the Pulkovo observations of Zeta Geminorum do not confirm the

[5] Dom Ob *9*, 129 (1928).
[6] Pulkovo Mitth. *11*, 6, 345 (1928).

dependence of motion on chromospheric height." This negative conclusion supports Henroteau's against the author's positive results; so the following analysis of Miss Hase's published data may be justifiable.

The most sensitive test of the lag of phase depends upon the velocity differences, not limited to any one particular phase, but on their distribution with respect to phase throughout the entire period. An ideal case will illustrate. For the sake of simplicity assume a sine curve with a period of 10 days and amplitude of 30 km. and a similar curve with a lag of phase of one-half day. Figure 3 may then be used to represent approximately the low-level velocity curve and high-level curve respectively. It is clearly evident that the velocity differences, high minus low, are negative before velocity maximum and positive afterward. A casual inspection of Miss Hase's superposed curves indicates that in general this condition is fulfilled.

TABLE 4. MISS HASE'S VELOCITY DIFFERENCES.

Phase	H-I	H-L
*0.094	− 1.7	+ 4.2
0.253	− 2.6	+ 3.4
0.390	+ 5.3	+11.1
0.409	+ 1.0	+ 3.8
0.908	− 5.8	+ 0.8
1.102	+ 1.9	+ 1.6
1.257	−11.6	− 4.6
1.409	− 1.8	− 0.7
2.252	− 6.8	− 2.7
*2.644		
*3.258		
3.542	− 4.0	− 3.1
*4.246		
*5.062	− 5.0	+ 2.7
*5.107	+ 9.4	+12.1
5.253	− 0.1	+10.4
6.077	+ 2.8	+ 8.6
6.253	+10.5	+11.3
7.062	+ 1.0	+ 1.6
7.253	+ 2.8	− 0.1
*7.588		+ 8.0
*8.256	+ 0.8	− 0.2
8.538	− 2.8	0.0
9.064	− 6.0	+ 0.3
9.537	+ 0.6	+ 2.4
9.564	− 2.7	+ 5.0
10.062	+ 1.5	+ 3.9

To make a more accurate test velocity-difference curves were formed by the use of her published data. Values for high minus low and for high minus intermediate velocity differences for the 27 Pulkovo plates are given in Table 4. Blanks in the table represent incomplete data, and asterisks correspond to notes by Miss Hase indicating poor plates. Using these data velocity-difference curves were formed for high minus low levels and high minus intermediate. These curves are also included in Figure 2. Observations starred in the table are indicated by crosses within the circles. In the general features these curves correspond to the form required by lag of phase. What is still more striking is the general agreement with the author's velocity-difference curves. The maxima occur at approximately the same phases and the amplitudes are of the same order, about 12 km., in the high minus intermediate curve, which exceeds one-third the amplitude of the mean velocity curve. Support is evidently found for the reality of the systematic differences in velocities at different atmospheric heights, including a lag of phase of the higher levels.

Although the measured velocity differences do not exactly conform to the ideal case on account of varying physical conditions in the atmosphere and errors of measurement, Figure 3 may be used to illustrate one important correlation. As negative differences (high minus low) indicate expansion of the atmosphere and positive differences indicate compression, it is clearly evident that maximum compression of the intervening atmosphere occurs near light maximum and greatest expansion occurs near light minimum. If compression and expansion are accompanied respectively by higher and lower temperatures the corresponding light phases are brought into approximate agreement with observation.

It is clearly evident, however, from the ionization effect on the line displacements that atmospheric compression and expansion are not the only factors and perhaps may not be the chief factors in Cepheid variation. These atmospheric effects follow the assumption of the entire translation of the different atmospheric layers, and would be reduced by the relative motion of the intermingled and interchanging ionized and neutral atoms within the layers. This relative motion would also reduce the large radial expansion and contraction of the star required by integrating the radial velocity curve over the entire period, and tend to remove another difficulty of the radial pulsation theory.

Summary.

1. Systematic differences in the displacements of lines at different heights in the atmosphere of Zeta Geminorum were found.

2. Three groups of spectral lines were used representing high, intermediate, and low levels.

3. Velocity curves were formed for the three levels and for the mean of all levels.

4. The amplitude of the high level curve, 28 km., is about 4 km. greater than the amplitude of the low level curve.

5. Velocity-difference curves were formed for high minus intermediate levels

and for high minus low. The amplitudes are of the order of 10 or 12 kms., and the chief cause of the systematic differences is attributed to a lag of phase of the higher levels.

6. Velocity-difference curves were formed from data by Miss Hase, which show good agreement with the author's results in the phases of maxima and minima and the amplitudes.

7. An ionization effect on radial velocities was isolated by forming a velocity-difference curve in the order ionized minus neutral. In general the more rapid rise of the ionized atoms, with reference to the neutral, accompanies the greater luminosity of the star.

8. Interpreting line displacements by the Doppler effect, maximum compression of the atmosphere occurs near light maximum and greatest expansion occurs near light minimum.

9. The relative motion of the intermingled and interchanging ionized and neutral atoms is proposed to reduce the large radial expansion and contraction of the star as a whole.

APPENDIX.

Remarks Regarding Atmospheric Motion in Cepheids.

A brief review of the apparently conflicting results obtained by the isolation of lines at different levels in the atmosphere of Cepheids seems desirable at this time. The results obtained at this Observatory by Aldrich, Curtiss, Lee and the writer, depend upon the measurement of spectrograms made with a single-prism instrument with a dispersion of about 40 A per mm. at H γ. While the measures and analyses have been made with the greatest care and while the collaborators feel that the variations found indicate a real atmospheric effect, the limitations of the dispersion employed and the material used should be kept in mind in evaluating the published results on S Sagittae, Eta Aquilae, W Sagittarii and Zeta Geminorum.

Results obtained here are not entirely accordant, which may be due to spurious results, or to a real difference in the behavior of the selected lines in the different stars, as each Cepheid exhibits special characteristics. The four cases seem to agree, however, in one respect; all appear to have a lag of phase at high level. In S Sagittae and Zeta Geminorum the amplitude of the high-level velocity curve appears to be greater than the low; in W Sagittarii the opposite was found by Curtiss; while in Eta Aquilae neither was noted by Lee, although Henroteau[7] finds a greater amplitude for the high level.

In addition to the negative results by Henroteau and by Miss Hase previously mentioned in the case of Zeta Geminorum, Jacobson[8] using six three-prism plates

[7] Pub Dom Ob Ottawa *9*, 129 (1928).
[8] Lick Bull *12*, 138 (1926).

finds no systematic difference in displacements of lines at different levels in Delta Cephei. It is possible, of course, though it scarcely seems probable, that level difference phenomena may be well marked in certain Cepheids while entirely lacking in others. Based upon six plates of Eta Aquilae (one underexposed) Jacobson finds: "In Eta Aquilae there seems to be a high minus low effect of the nature found by Rufus." In conclusion, however, he says: "An investigation of the so-called atmospheric pulsation effect, based upon the radial velocities given by lines of different levels, shows no effect of this character for Delta Cephei and only slight evidence of its existence in Eta Aquilae. These results, however, should be considered as only preliminary."

Henroteau, using single-prism plates, also found systematic motions at different levels in Eta Aquilae, although the amplitude of his velocity differences was smaller than those obtained by Lee and the writer. His velocity curve from ionized lines had an amplitude about ten km. greater than the one he obtained from neutral lines.

Mendenhall[9] using three-prism plates made a careful application of the method in Beta Cephei. He concludes: "(1). Among 11 accurately measured lines on the 95 Mills plates, only one indicates relative motions as large as 5 km/sec. (2). Among certain groups of lines measured on the 17 violet spectrograms, relative displacements of very doubtful reality appear, corresponding to velocities as high as 5 km/sec. Thus it appears that no definite relative displacements of the spectral lines exist in the case of Beta Cephei, such as have been found in the spectra of other variables by Curtiss, Rufus, and others."

Sanford[10] with 47 single-prism plates of T Monocerotis, formed velocity curves from (1). 21 lines of mean solar height about 2700 km; (2). 9 lines with mean about 550 km.; and (3). $H\gamma$ used alone. He designates the first group as high level, although it corresponds more closely with our intermediate level. He finds a larger amplitude for the velocities from "high-level" lines than from low level. Although velocity-difference curves were not formed his superposed high and low velocity curves indicate systematic differences with respect to phase. Regarding $H\gamma$ he says: "By itself, the $H\gamma$ curve is of interest as pointing toward a lag of phase after maximum velocity."

Petrie[11] has recently completed a careful study of RT Aurigae and has kindly given permission to include some of his results. He used 49 three-prism plates made at Lick Observatory and 41 plates made with our single-prism instrument. About 60 lines were arranged in eight level groups. A lag of phase at high levels was found, particularly for the hydrogen group. The amplitude of the velocity curves apparently increased with height, excepting hydrogen which was not as great as the ionized 6000 km. level.

[9] Lick Bull *14*, 133 (1930).
[10] ApJ *66*, 170 (1927).
[11] Dissertation, to appear in *These Publications*.

These apparently conflicting results and the complexity of the problem indicate that an adequate test of the method and a complete solution of the general problem will require many observations on numerous Cepheids using the highest available dispersion and resolving power and a more detailed analysis of the monochromatic light given by the atoms of various elements in different physical states.

The Observatory
University of Michigan,
July, 1932

Astronomy and Advance in Civilization

By W. CARL RUFUS

Astronomy is usually considered to be the oldest science. It played a prominent role in primitive culture and has blazed the way during many stages of human progress.

Its first notable contribution was a method of time measurement. The day, the month, and the year were based on the apparent motions of the sun, moon, and stars. The week, the oldest monument of astronomical knowledge, has days named for the seven wandering stars or planets of the ancients: Saturn day, Sun day, Moon day, etc. The chronologies of the ancients, some of which make extravagant claims of antiquity, are based upon astronomical eras or epochs empirically determined, usually beginning with a hypothetical general conjunction of the planets.

Akkadian records from the reign of Sargon (3800 B.C.) give evidence of earlier observations of the stars. The great cuneiform library of King Assurbanipal is said to contain extensive observations of stars and planets dating from 2700 B.C. The Chaldeans determined the periods of revolution of the planets, and the periodic recurrence of many astronomical events such as planetary conjunctions. They established the Saros, a time period used to predict eclipses. Two Chinese royal astronomers, Hi and Ho, over 2000 years B.C., lost their lives because they failed to predict a solar eclipse.

The twelve zodiacal constellations, and the twenty-eight lunar mansions, were invented to mark the progress of the heavenly bodies by the watchers of the sky. Soon they became the abode of supernatural powers. Men worshipped the sun, bowed to Venus, and prayed to the Pleiades for rain. Temples were erected to heaven, altars to the earth, shrines to the seven stars, and spirit houses to constellations and divisions of the sky. The soul of primitive man was quickened by a cosmic consciousness which bound him in mystic union with the unattainable great Beyond symbolized by sun and stars. Thus the heavenly bodies became potent in their influence in human affairs. Astrology obtained a grip on the human mind that held sway until the seventeenth century and is not yet entirely extinct. We speak of men as saturnine, jovial, martial. We use many words like ascendency, aspect, contemplate. Astrologers in some countries became the priestly class and dominated the primitive religions of mankind. Ancient art, music, and literature owe much to the inspiration of the heavenly bodies. The oldest extant poem of the world, found among the Pyramid texts, "The Ritual of the Dead," is a beautiful ode to the rising and setting sun.

The Babylonians developed a better method of celestial measurements including the sexagesimal system still used in time and circular measure, and obtained more nearly accurate observations than their predecessors and contemporaries.

The astronomical records of the ancients provided the raw material used by the Greeks to found the science of astronomy. Perhaps more important was their inherited confidence in the recurrence of astronomical events, the order of the heavens, the faithfulness of the stars. That doctrine seems equivalent to the modern assumption of uniformity of nature, which is the basis of scientific thought. But we owe much to the Greeks. In the East the priests monopolized knowledge, insulated it from the people by the occultation of magic, divination, and astrological formulae. The Greeks freed the intellect. Reason and imagination began to assert themselves. They loved knowledge, peered into the occult and obscure, trusted the conclusions of reason, and learned first of all from the heavenly bodies that nature works by definite laws. They classified astronomical phenomena and sought to explain by mathematical formulae. Thus the science of astronomy began.

Plato set the problem for his disciples to reduce the motions of the heavenly bodies to mathematical law. Eudoxus proposed the first geocentric theory and introduced the scientific method by applying his theory to observations made in his own observatory. Aristarchus advocated a heliocentric theory, which was rejected by Aristotle because he imagined that a moving earth would certainly lose its flying birds and probably all its humans. He also held correctly that if the earth moved around the sun the stars would show annual parallax, or change of direction. This was not observed by the Greeks. So the geocentric system with its ingenious cycles and epicycles was adopted and held sway nearly two thousand years.

But Greek science met a natural death, largely due to its lack of sufficient emphasis on observations. The constructive period of Greek science was followed by an apparently stationary period in Europe that lasted nearly a thousand years. The Syntaxis of Ptolemy, the great astronomical classic, was preserved by the Arabs who translated it and called it the "Almagest," *i.e.* the Greatest. The Revival of Astronomy in Europe paved the way for rapid advance in civilization. Astronomy was the only subject of the thirteenth century that possessed the essentials of a science, among which are instruments of observation, a system of measurements of phenomena, and a theory to which to apply the data. Instruments of precision were largely the work of the practical astronomer. Tables were prepared which enabled the Phoenicians and other mariners to leave the coast and sail the open sea. Regiomontanus in his observatory at Nuremberg in 1490 prepared tables probably used by Columbus on his voyage of discovery. Columbus also held the astronomical doctrine of sphericity of the earth and its relative smallness, and thus believed that he could reach the east by sailing west. When the compass failed and his sailors were mutinous his confidence in the faithful stars held him to his course.

Astronomy thus provided a standard of direction for mariners at sea and for caravans on the trackless desert. It has remained indispensable for independent determination of position on sea or land or in the air, and so is fundamental in navigation, geodesy, and aviation. Cartography owes its inception and modern perfection to practical astronomy. Exploration and discovery, from the urge of the Norsemen to the modern polar adventurers, were guided by the stars. Magellan rounding the southern cape exclaimed, "I feel exposed to infinity."

The sixteenth century began one of the greatest periods in the history of science. Copernicus changed the center of planetary motion from the earth to the sun. The instruments of Tycho Brahe gave better data. Galileo contributed the telescope and some correct laws of dynamics. Kepler established his three empirical laws of planetary motion, the ellipse, constant areal velocity, and the harmonic law. Newton completed this inductive period and rationalized Kepler's laws by his great generalization, the law of gravitation, the first great physical synthesis. The international nature of this inductive period is interesting. Copernicus was a Pole, Tycho Brahe a Dane, Galileo an Italian, Kepler a German, and Newton an Englishman. Einstein's recent work incorporates Newton's law in a broader generalization, thus adding the name of a Jew now in America to expand the world-wide significance of the list of contributors to a single problem of science.

The overthrow of the geocentric theory wrought a great revolution in human thought. Medieval science was stagnant, blindly accepting the authority of Aristotle and the ancients. Galileo boldly challenged that authority. Aristotle had thought that bodies fall according to their weight. Galileo proposed to put it to experimental test. At the Leaning Tower of Pisa, before assembled citizens, faculties, and students, he dropped two balls of the same size but of different weight, one of wood and one of iron, and they fell side by side. Thus he disproved the erroneous ideas of the Greeks and established correct laws of motion. He also adopted the Copernican doctrine that the earth moves around the sun, which was contrary to orthodox ecclesiastical teaching. So he was tried and made to recant. The church seemed to associate the geocentric idea with the anthropocentric doctrine in religion. Tycho Brahe invented his ingenious compromise, that the sun moved about the earth which was stationary, while all the other planets revolved about the sun. This explained the phenomena and avoided the raging controversy. But the telescope of Galileo revealed satellites revolving about Jupiter. The unchangeableness of the heavens was violated. Spots were seen on the sun with the aid of the telescope, which some refused to use. Mountains were revealed on the moon. And one of the scientific objections to the Copernican theory was removed,—Venus showed phases like the moon. Arisotle's objection that the stars should show annual parallax was not met until near the middle of the nineteenth century. Thus science through astronomy won its first great conflict, not with religion as is sometimes falsely stated, but with ecclesiastics, who attempted to uphold an antiquated erroneous doctrine.

Along general cultural lines difficult to evaluate are some of the most important contributions of astronomy to civilization. Scientific astronomy has aided in overthrowing the absurdities of astrology and the superstitions regarding eclipses, comets, new stars, etc., which are not portents of evil or omens of war, pestilence, and famine, but natural phenomena to be studied and explained by natural law. Thus it helped to rid the world of evil spirits and was more effective than the red-hot needle of the sorcerer, or the water cure and other tortures applied in witchcraft. It helps man to understand nature: frequently its laws, like the law of gravitation, proved first for great masses, are then found to apply elsewhere. Its problems provide incentive in other fields of knowledge. Newton invented fluxions, a geometrical form of the infinitesimal calculus, to solve a problem in astronomy. Helium was discovered by its lines in the spectrum of the sun a quarter of a century before it was captured in small quantities on the earth. Now it fills many lighter-than-air machines. Nebulium, found in the nebulae, gave physicists a fruitful subject of research recently successful, when it was identified as ionized oxygen and nitrogen, two elements most abundant in the atmosphere of the earth. Coronium, found only in the spectrum of the sun's corona, still challenges the contraptions of the laboratory.

Astronomy aids man in finding his place in the universe, and sometimes makes him feel very small and humble by comparison. It has promoted the idea of gradual development or evolution. Laplace's evolution of the solar system was old before biological evoluion was born. It extends its laws to distant stars and gives evidence of the unity of the universe. It analyzes the light of sun and stars and nebulae, and proves that these bodies are composed of the same elements as the food we eat and the air we breathe. It photographs the spectra of celestial objects for data not obtainable in the laboratory to aid the scientist in his study of the structure of matter. It provides the astronomical model of the atom with its positive nucleus and revolving planetary electrons. It catches the radiant energy of the orbs of space and gives us the only information that comes to earth from the universe outside. Our ideas of space and time must conform to its requirements. The new space-time universe of Einstein submits to its crucial tests.

More amazing is the interlocking of the energy within the atom and the velocity of spiral universes millions of light years distant. Eddington in "The Expanding Universe" makes the astounding statement: "Hope of progress in our understanding of electrons, protons, and quanta is bound up with the investigation of the motions of remote galaxies."

So from the primitive cult of the cave man to the most modern scientific doctrine, astronomy has made important contributions. With more powerful instruments now in process of construction it faces the future with the ardent spirit of the pioneer of progress.

50.

Silla's Star Tower

(Dr. W. Carl Rufus is at present Professor of Astronomy in the University of Michigan, and was a number of years Professor in Chosen Christian College.)

Korea's Ancient Observatory

CLAIM has been made and not refuted that the Astronomical Observatory of Korea is the oldest structure extant and in tact built solely for obsevational use. Its site is one mile south-east of Kyungju, a county seat, in the southeastern part of Korea accessible by bus, forty miles east of Taiku, which is on the main line of the government railway about two hundred miles south of Seoul.

Kyungju marks the site of a flourishing ancient city of the same name, the capital of the Kingdom of Silla, 57 B.C. to 935 A.D. An artificial semi-circular wall of earth and stone, the Half-Moon Fortress, protected the city from invasion. A center of art and industry, it attracted Chinese, Japanese, Tibetans, Persians, Indians, even Arabians and probably Egyptians. Numerous survivals in the vicinity of Kyungju indicate the height attained by Korean civilization. From the top of the Observatory, thirty-six artificial. hills were counted, marking royal tombs, in which are found excellent specimens of ornaments, pottery and other works of art. Nearby are extensive ruins of temples and palaces: the nine-storied pagoda built by Queen Sun-Dok for her jewels: the royal ice-house arched with stone in a section of the fortress: the Silla bell, twenty-three and one-half feet in circumference, twelve feet high and weighing sixty tons, while scattered over hill and plain are pieces of ornate roof and floor tile, wall decorations and other choice products of plastic art. Ten miles away, hewn in a mountain side is Suk-Kul-Am, the stone cave Chapel, which contains excellent survivals of ancient Oriental stone sculpture.

According to the Mum-hun-pi-go, the Observatory was constructed by Queen Sun-Dok in the sixteenth year of her reign 647 A. D. The following description was previously published by the author: "Its symmetrical form built of well-dressed stone rises thirty feet high on a level plain. The round part, seventeen feet in diameter at the base and ten feet at the top, rests upon a square foundation and is crowned by a capital also square. Two layers of the foundation stone reveal a solid construction, as the upper layer entirely above

13

ground is eighteen inches thick, the stones at the corners being six feet square. The round part contains twenty-seven layers of well-hewn stone about twelve inches high, and the capital two layers of equal height. The square portions were evidently intended to face the four cardinal points, although we cannot vouch for their accuracy, as the base is not exactly square. An open window or doorway on the south side, two feet five inches wide by three feet high, whose bottom is twelve feet above the foundation affords an entrance to the tower, which appears to be solid from the base to this height either by construction or later filling,but is hollow like a well from this point to the top, excepting obstructions due to the long tie stones whose ends appear in the nineteenth layer of stone, and a flat slab, 5 feet x 2 feet x 10 inches, near the top which covers half the well and apparently provided a platform for observational work."

A royal Astronomical Board kept a record of astronomical phenomena, which was given first place in the annals of each reign. From 53 B. C., a record of eclipses was kept and is preserved in the Mum-hun-pi-go. The motion of the moon and the planets was chronicled, also the occultations of bright stars, the appearance of comets, Venus in the daytime, sunspots, meteor, clouds, storms, winds, earthquakes, floods, tidal waves, landslides, extreme temperatures, frost, dew, excessive rain and snow, and other physical phenomena, whose identification is difficult.

The Observatory has fame in Korean literature as well as in ancient science. Two short poems must suffice. An Took, the author of the first, was a famous poet and scholar of the fourteenth century. The writer of the second, Chyeng Mong-ju, was an official of great rank and the last great patriot of the Koryu dynasty, whose blood was shed through treachery and may still be seen, according to popular belief, in the red spots of the stones of Blood Bridge near Songdo.

SILLA STAR TOWER
AN TOOK

Tho Silla's grandeur rose to mountain height
And fell beneath the crushing weight of time's
Unending change, her Tower stands. It cleaves
The blue, where once her royal sages peered
To read a message in the sky and bring
A boon to earth.
Alas ! Alas ! Who comes to fill their place ?
We cry in vain.

THE OBSERVATORY
Chyeng Mong-ju

Beneath the Half-Moon Fortress, near Kei-rim's stately wood,
Where chimed the Jade Flute music, the Observatory stood.
It witnessed Silla's glory ; whose history and lore
Shall sing the nation's honor till time shall be no more.
Today o'er hill and valley there comes a mournful sigh :
The lonely Tower murmurs, "I grieve for days gone by."

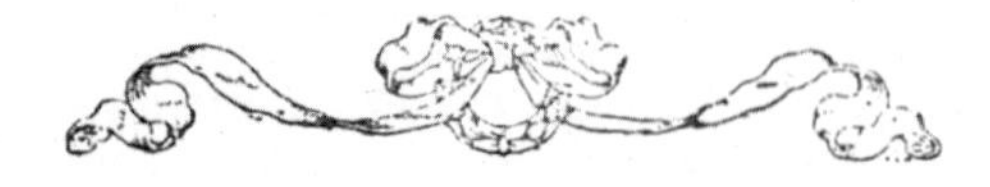

51.

Popular Astronomy

Vol. XLIII, No. 7 AUGUST-SEPTEMBER, 1935 Whole No. 427

A Voyage in Space*

By W. CARL RUFUS

The earth is sailing around the sun carrying all of us with a speed of eighteen and a half miles per second. Listen! Tick-tock. Eighteen and a half miles. During the time I am allotted to speak, the earth will carry us 30,000 miles from our starting point, no matter if you turn off your radio or tune in on something else.

Our bodies are bound to the spinning earth, a small planet, 8000 miles in diameter, by the force of gravity, which is so great that we will not fall off; so great, indeed, that we cannot possibly get away. But we are free in mind. We look out into space and see the sun, moon, and stars, out of reach of our hands, inaccessible in the physical sense. But light with its secret message comes across the vast expanse; the only thing that brings information from the starry heavens.

On our voyage in space we must leave the earth and our bodies far behind. Our minds have a long way to go. Let us take the fastest thing in the universe: that is light. Light darts through space with a speed of 186,000 miles per second; and according to Einstein, that is the maximum speed in the physical universe.

Perhaps you have heard the old limerick:

> There was a professor named White,
> Who could travel much faster than light.
> He started one day in a relative way
> And arrived on the previous night.

That professor was too fast; he arrived before he started. That's what happens if you travel faster than light.

Now, if you are ready, let's go. Step on the light! We are off; seven times around the earth in a single second. Goodbye Lindbergh! We are headed for the moon. In one and a third seconds we reach that cold, dark body, that shines only by reflected sunlight. No water, no atmosphere, no life. Rugged mountains and cliffs, some peaks 20,000 feet high. Huge circular formations called craters, some 50 miles or even 100 miles across. Vast rocky plains, wrongly called seas, dark by contrast, producing what is known as the man in the moon. The moon revolves about the earth once a month and accompanies it in its annual journey around the sun. One half of the moon is lighted by the sun and we see different parts of that side as the moon passes through its phases.

In eight and one-third minutes we reach the sun. On an airplane at 100 miles per hour that would take a hundred years. A ticket at three cents a mile would cost nearly $3,000,000. The sun is a typical yellow

*The text of a radio talk, broadcast from the University of Michigan station.

star, gaseous and self-luminous with a temperature of 6000 degrees, providing heat and light for the earth and other planets. Even life on the earth depends on its radiation. On account of its large mass, 330,000 times that of the earth, it controls the motions of the planets, holding them in their orbits, pulling on the earth with an unseen force that would require the full strength of ten million steel cables 93 million miles long each one a mile in diameter.

On we go. Let us look back. The earth is far away shining brightly, like the planet Venus. Near by is the dim and fading moon, almost lost from sight. We pass Mercury and Venus and in a few minutes reach Mars with its day and night and seasons similar to the earth's. Polar caps form in the winter and disappear in the summer. Green areas increase in size and color during spring and summer. They are connected by narrow streaks of similar nature first seen by Schiaparelli, an Italian astronomer, and called "canali," meaning channels, but wrongly translated canals. The green areas including the connecting streaks are probably due to vegetation. It is rather cold here as Mars, due to its great distance, receives only four-ninths as much light and heat from the sun as the earth enjoys. Its average temperature is far below zero, even in the torrid zone. Its atmosphere is also very rare and there is very little water. Altogether, the physical conditions are not suitable for life as we know it on the earth. Imagination may picture other types of life, including intelligent beings, but science does not have sufficient evidence for a positive conclusion.

On we go passing Jupiter, Saturn, Uranus, and Neptune with their satellites. Occasionally a comet is passed. In less than six hours we reach Pluto, the most distant planet belonging to the sun's family. Looking back, the earth and moon have disappeared and the sun is only one fifteen-hundredth as bright as seen from the earth. It is very cold now, probably 200° below zero on Pluto; just beyond its surface we have the cold of space 273° below. On we go passing a few more comets, leisurely following a long path around the sun, some of them taking several hundred years to complete the journey.

Now we must settle down on a long ride to the nearest star, Proxima Centauri. Over four years are required. Recalling distances on our voyage, it was one and a third light seconds to the moon, eight and a third light minutes to the sun, and nearly four and a third light years to the nearest fixed star. The light year is the unit used for distances of the stars and, as its name indicates, is the distance light travels in one year, about 6 trillion miles, *i.e.* 6 with 12 zeros following. Such a great distance is difficult to comprehend. The light year merely helps to express it. Proxima Centauri is a faint star near Alpha Centauri which is a beautiful bright star in the southern hemisphere not far from the Southern Cross, invisible at Ann Arbor. Let us send back a description for the morning paper. How shall we send it? Special messenger? Graf Zeppelin? That would require 30 million years. Total cost?

Let's not attempt it. Tips to the porter at 50 cents a day would cost 5 billion dollars.

Let us stick to the light. On we go. In nine years we reach Sirius, the brightest star as it appears from the earth, on account of its relative nearness. You may see it on a winter night, if clear, as it follows Orion across the sky. Observations on Sirius over 100 years ago showed that it deviated from a straight and narrow path. Bessel, a German astronomer, placed the blame on a dark, unseen companion. Spies found the culprit, which turned out to be a white dwarf star, one of the most interesting objects in the universe. It has about one ten-thousandth the luminosity of Sirius and two-fifths the mass. It is white hot, so the surface is very bright. It must be very small, therefore, to give such a small amount of light. Its mass is large, however, so its density must be very great. Eddington gives its value, about 50,000 times that of water. One gallon would weigh 200 tons. A spoonful of that star-stuff would be a truck load. The great effect of gravitation on light at its surface has been used as a test of Einstein's theory of relativity, which implies that light has mass and, like matter, is subject to gravitation. Light escapes from this dense body with a loss of energy, so lines in its spectrum are displaced toward the red where the vibrations are not so rapid.

On we go, a hundred years, passing a few near stars. In two hundred years we reach Betelgeuse, that red giant star in the constellation Orion, giving light 1200 times that of our sun. This is the first star whose diameter was measured by Michelson with an interferometer,—240 million miles. Antares, a red giant in Scorpio, surpasses it in size. That star is so large that if we place our sun at its center, in imagination, and around the sun the orbits of Mercury, Venus, and the Earth, we may then go out in the solar system as far as the orbit of Mars and still be within its surface. A giant star is a big blown-up bubble of gas with a density about one three-millionths that of water. Furthermore, the measured sizes of Betelgeuse and Antares are changing in keeping with a change in the intensity of their light; giving observational evidence in support of the theory of the pulsation of variable stars, alternately contracting and expanding in periods of various lengths.

On we go on the wings of light, 400 years, 500. In 600 years we come to Deneb, gem of the Northern Cross, with light 10,000 times that of our sun. At about the same distance is Canopus, queen of the southern sky, invisible at Ann Arbor. We saw Canopus on Christmas Eve at Miami, Florida, when we were attending an outdoor musical at Biscayne Park. There it sparkled above the waters of the Bay. Perhaps our mind wandered a moment from the music as we beheld its grandeur and contemplated its greatness. It gives light and heat 80,000 times that of the sun. How would you enjoy a sun like that? At the distance of our sun it would burn the earth and its inhabitants to cinders and change the cinders into gas.

On we go, and here is the Orion Nebula, a beautiful shining mass of gas, surrounding the central star of the sword of Orion hanging below his belt. It is three light years across its luminous center, probably ten to its fainter parts. In spite of its vast extent it has comparatively small mass, possibly 10,000 times that of an ordinary star. That would mean an extremely low density, far lower than the best vacuum any laboratory can produce. Let us compare the density of the nebula with the density of air. Do you think it could be as low as one-millionth of air? Lower than that: about one millionth of one billionth of the earth's atmosphere. So we pass, on our Voyage in Space, the densest type of matter in the universe, the white dwarfs, and the most tenuous, the luminous gaseous nebulae. For centuries the composition of the nebulae was a puzzle. Bright lines in the spectrum indicated a glowing gas. But some of the lines were not identified with any terrestrial element. Because they were found only in the spectra of the nebulae they were attributed to a hypothetical substance named nebulium. A similar case was the discovery of helium in the sun (Greek - helios) before it was discovered on the earth. Nebulium has recently been identified, not as a new element, however. It turns out to be ionized oxygen and nitrogen, two of the elements most abundant in the air we breathe; an interesting illustration of the unity of the universe.

On we go, passing a few Cepheid variable stars, which some of us believe are pulsating giants. At the Observatory of the University of Michigan we have devised a method of measuring the ebb and flow of the gases in the pulsating atmospheres.

On and on we go on the wings of light. 1000 years. 10,000, 100,000. And we are not growing old. Einstein says that time on a light wave is always zero. We are living in the eternal *now*. Here the stars are fewer, we are near the limits of our Milky Way system with its 50 billion stars of which our sun is one, now lost from sight in the diffused glow of the galaxy. We have reached the region of the beautiful star clusters, where thousands appear to be crowded together in limited space. The great globular cluster in Hercules contains at least 50,000 stars which is surpassed by Omega Centauri. The motion of the individual stars of a cluster follows the same law, the equipartition of energy, that is obeyed by the atoms and molecules of the air in your room; the greater the mass the slower the motion and the smaller the mass the greater the speed; another interesting illustration of uniformity throughout the universe.

On we go. 200,000 years; 500,000. We are far beyond the limits of the Milky Way. Looking back, our entire sidereal system, with its 50 billion suns is merely a shining hazy patch against the sky. The sun has disappeared. The earth is lost beyond hope of discovery. Where is the proud work of the hand of man, the gigantic pyramids of Egypt or the skyscrapers of New York? Where is man himself with his six-foot box of clay?

On we go. We have reached the region of the spiral nebulae so-called. But they are not nebulae in the true sense. They are other systems of stars, far beyond our galaxy, something like our own sidereal system. Here is the spiral in Andromeda at a distance of nearly one million light years, another galactic system. "Extra! Extra!" All about the Andromeda nebula. A new star was discovered. "Extra! Extra!" Tell your editor that's no scoop. Tell your reporter that's old stuff. That star blazed out over 800,000 years ago.

On we go, passing spirals by the thousands, each one another galaxy of stars. Hubble with the world's largest telescope, the 100-inch reflector at Mt. Wilson, places the number of spirals at 75,000,000. On we go and the spirals seem to be receding. Accepting the redward shift of spectrum lines as a measure of the velocity of recession, just as we do in the case of stars within our galaxy, the spirals are attempting to leave us and they are moving away with increasing speeds at increasing distances. This gives a semblance of observational evidence in favor of the theory of an expanding universe, which you may adopt if you think that the universe is not large enough already. On and on we go 10 million years, 100 million, 150 million. We are reaching the limit of detecting spirals using best microscopic methods to glimpse the faint dots on the most sensitive photographic plates attached to the giant reflector. Here is a spiral in Gemini at a distance of 150 million light years receding with the enormous velocity of 15000 miles per second or about one twelfth the speed of light.

On and on we go, on the wings of light, overtaking and passing the spirals. A 200-inch reflector is in process of construction with greater space penetrating power, sufficient to reveal millions more of the spirals at greater distances. Will the more distant ones continue to increase their speed? Will we be able to overtake them in this mad chase?

On and on we go with the speed of light. But suddenly the celestial policeman holds up his hand. Stop! does he say? No, we cannot stop. We cannot even cut down our speed. The velocity of light is constant. Detour! Einstein says that the space-time universe is curved. Light bends under the sway of gravitation and can never leave the material universe. What does that mean? On our voyage in space we have travelled 150 million years with the speed of light and we are still at the center of the universe. From that standpoint we might just as well have stayed at home on the earth in a comfortable rocking chair. Like Alice in Wonderland we run and run just to stay where we are.

But we have learned something on our way; something regarding the nature of light, the magic chariot in which we took our imaginary flight. What is light? Let Brownell in his book "The New Universe" attempt to answer. "Light becomes the standard and the test of motion; and the pure speed of light measures other motions and the world of space and time. Light, burning, vibrating, golden; no one knows just what it is. In the beginning, says the ancient book, there was light; but modern men of science might more nearly say light is the beginning."

Let us turn back from distances almost infinite and direct the light rays from sun and stars and nebulae through waiting prisms and other instruments. By this method we may continue our voyage in space within an atom, infinitesimal space, where lies concealed the mystery of the source of light. Not long ago the atom was considered the ultimate unit of matter, a tiny hard particle, a little nut, too hard to crack. But we can enter today through doors and windows opened by spectrum analysis. We find ourselves within a miniature system. At the center is a nucleus formed of protons, electrons, neutrons, and positrons. Around the nucleus, which is positively charged electrically, dance the sprightly electrons, each one carrying a unit negative charge. Again we must change our unit of distance. The mile was too small for the stars; the inch is to large for the atom. We use the Angstrom unit, about one two-hundred fifty millionth of an inch. The diameter of an electron is less than four-billionths of an Angstrom, and the proton is even smaller. In the hydrogen atom the electron moves around the central proton at a distance of half an Angstrom in its lowest energy state. That distance is large, however, compared with the size of the electron, larger than the distance of the earth from the sun compared with the size of the earth. So there is plenty of unoccupied space for our voyage within the atom, as great proportionally as we found on our way to the planets. Once around in this lowest state is assumed to be the unit of action, the least amount of work that can be done, which is always of interest to some people. The atom takes on energy and gives it off in definite amounts which are exact multiples of this unit. Energy as well as matter is atomic. When the atom gives off energy, out comes a ray of light, no one knows exactly how or why. Eddington says concerning action within the atom: "Something unknown is doing we don't know what." But out comes a ray of light always with the maximum speed attainable in the universe, 186,000 miles per second. And the frequency of action of the electron within the atom corresponds with the frequency of the light, that is the number of light waves per second that pass a given point. For example the red ray of hydrogen has a frequency of 450 trillion per second and the energy, which is proportional to the frequency, corresponds with a fall of the electron from the third to the second energy state. Light may also be atomic and the unit is called a photon. At least 17 of these are required to affect the eye, *i.e.* to produce the sensation of light. But they must have the right frequency. Not all radiation can be seen with the human eye. Some of the frequencies are too small: these rays are beyond the visible red end of the spectrum; some are too great and are beyond the visible violet. Beyond the violet are the X-rays, gamma rays, and cosmic rays of extremely short wave length.

How are these formed within the atom and shot out at such an enormous speed? An attempt to follow the electron in its action within the atom meets with difficulty. Here our sight fails us, even our photographic plates or other devices for observation fail, because in order to detect the electron it must be illuminated and the impingement of radiation disturbs its action, indeed it may even be driven out of the atom. The best that we can do at a given time is to find where it is or how fast it is going, it refuses to give both its position and its velocity at the same instant. For this reason and others some physicists do not believe in the electron as a tiny hard mass particle but call it an "energy packet," a sort of hide-and-seek set of interlaced and interlocked modes of motion, sometimes partaking of the nature of a particle and sometimes like a wave.

Locked within the atom is the source of the light of sun and stars. The sun is emitting energy at an enormous rate. Sunshine on the earth's surface is equivalent to 4,700,000 horsepower per square mile. A like amount is poured through every square mile of space around the sun at the distance of the earth. On and on it goes on its voyage in space, lost from the sun forever. What maintains this enormous expenditure of energy? The best answer is,—it comes from the atoms that compose the mass of the sun. By the principle of the equivalence of mass and radiant energy we compute the loss of mass of the sun 4,200,000 tons per second. Statistical evidence from the stars and measurements in physical laboratories support the hypothesis of the transformation of mass into radiation. So the last word in science seems to be that the sun and stars are shining themselves away.

Out of the infinitesimal space within the atom come the rays of light, out they go into the vast expanse of the sidereal system, far beyond the Milky Way, on they go into the region of the spirals, losing themselves in the uncharted regions of the great beyond.

Such is our voyage in space and time. In half an hour our minds have travelled distances beyond expression, both great and small, and encompassed time immeasurable. We have transcended space and time and surpassed the speed of light in our quest for knowledge, while our bodies still cling to the spinning earth as it continues its endless course around the sun.

ANN ARBOR, MICHIGAN, MARCH, 1935.

Marking Time in Korea

By W. CARL RUFUS and WON-CHUL LEE

Only a few references are found to Korean history between the time of Tangoon, 2333 B.C., the traditional founder of its civilization, and Kija, 1122 B.C., who introduced Chinese culture. The *Pi-sa,* a Korean astronomical or astrological work, is attributed to Sin Chi, 2247 B.C.; though lost long ago, it is listed in the Mun-hun-pi-go, a modern Korean encyclopedia. If the tradition may be accepted, the Chinese calendar was in use in Korea at that time. In 1682 B.C., Wang Mung-chi made a calendar for use in agriculture, patterned without doubt after the Chinese model.

The origin of the Chinese system of time reckoning is lost in antiquity. The sexagesimal system of enumerating the years was formed by cyclic combination of the ten *stems* with the twelve *branches* five times repeated. The origin of the sixty-year period is uncertain, but it may represent the period of Jupiter repeated five times. The intercalary month was introduced to harmonize the lunar calendar with the year of the seasons and the solar year was divided into twenty-four periods regulated by the equinoxes and the solstices. The lunar month was taken as a time unit and the course of the moon was marked night by night as it passed through the twenty-eight zodiacal constellations or lunar mansions. The day was divided into twelve equal parts.

The bestowal of the national calendar on another race or nation was a beneficent act and its acceptance was a tacit acknowledgment of allegiance. The ancient kingdom of Silla in southeast Korea, 57 B.C. to 935 A.D., rejected the Chinese calendar in 535 and named the year according to its own plan. An envoy to China was questioned regarding it, and the Chinese calendar was restored. A new Silla calendar was adopted, however, in 647, the year of the completion of the old astronomical observatory at Kyungju, the site of the ancient capital. This stone tower has the reputation of being the oldest structure extant and intact built solely for observational use.

The sundial was used in Silla, but the time of its introduction is unknown. A fragment of a plane sundial made of stone is preserved in the Kyungju museum. The first clepsydra made in Silla was constructed at the Whang Ryong monastery in 718. In addition to the appointment of state Doctors of Medicine and of Mathematics, there were added in 749 a Doctor of Astronomy and three Doctors of the Water Clock. The big bell of Silla, 717, one of the largest in the world, was struck twenty-eight times at curfew in honor of the twenty-eight constellations, and thirty-three times in the morning, when the leaking of the clepsydra had ended, in honor of the thirty-three Buddhistic heavens.

Choi Chi-won, 858-910, Silla's greatest literary light, prepared an almanac, the Yun-tai-rok, a copy of which is said to be preserved in Paris.

During the Koryu period, 918-1392, the time of day was given by the sundial supplemented by the clepsydra at night and by the length of candle consumed. Much attention was also given to calendar making. In 1053 five were issued by Koreans, based upon astronomical systems involving the motions of sun, moon, and planets, some of which were illustrated by models. Choi Sung-chi was given a hundred pounds of gold as a research fund to develop a new system of calendar reckoning. His death occurred in 1292; but his work was continued by Kang Po, who published the method in 1298. A copy of one of Kang Po's volumes is in the Keijo University Library, where it was recently transferred from the old Korean Government Library. It contains an empirical method of determining the lunar calendar, years in advance, based upon a tropical year of 365.2425 days and a synodic month of 29.530593 days, values correct within about one part in one million and one in six millions respectively. As these values are both too large, their ratio which is the essential factor, was still more accurately determined. A companion value to be used with Kang Po's is credited to the Chinese emperor of that period. It contains methods for determining sunrise and sunset, for computing an ephemeris of sun and moon and for finding the positions of the five planets. A third volume evidently belonged to the set, but is now lacking. In addition to the subjects treated by the methods given, the calendars usually included the beginning and end of the twenty-four solar periods, the forecast of solar and lunar eclipses, conjunctions of planets and occasionally other astronomical data.

The official calendar, however, was an entirely different problem, political rather than astronomical. In 993 Koryu adopted the Kitan calendar, as a semblance of good faith with her northern aggressor. Following this, back and forth went the calendar between the Mongols and the Mings until the fall of Koryu.

During the Yi period, 1392 to 1910, the Korean astronomers became more proficient in calendar making, while instruments for determining and for recording time became more numerous and more ingenious. Chinese influence continued to predominate, although the Koreans were able to make their own computations. After rechecking one item they refused to admit that a discrepancy of one minute was due to error in their computations. Sundials were installed in public places and clepsydras were sent to the various provinces. In 1414 a system of marking the hours by striking a large bell was promulgated. Many temple bells survive from a much earlier period and city bells were numerous.

FIGURE 1
A KOREAN CLEPSYDRA MADE IN 1536.
At the lower right is a copper rain gauge. Rainfall has been accurately recorded for over four centuries.
Dr. Lee and Dr. Rufus in foreground.

King Sei Chong, 1419 to 1451, ordered the construction of many instruments and houses for their protection. In 1432 a redetermination of the altitude of the pole was made for his astronomical program. The value 37½ degrees, adopted for the latitude of Seoul, was used in the construction of sundials, celestial globes, and armillary spheres. The plumb line, water level, and magnetic compass were used in setting the spheres and ring dials in position for observation of the sun and stars. The time of culmination of certain selected stars was used for determining the periods of the year instead of the hours of the day.

An elaborate automatic water clock with ingenious and complicated mechanism was constructed for his majesty. Sets of copper tanks at different levels connected by pipes led to the tall cylindrical vessels that floated graduated rods whose height indicated the passing time. In addition to this ordinary equipment a unique system of announcing the hours was devised, which necessitated more complicated mechanism. Platforms were provided for three wooden puppets, who presided over three parts of the machine, and twelve gay figures came out to strike the hours by beating on a loud-sounding drum. Copper, brass, and iron entered into the construction of the plates, wheels, bells, and wires of the contrivance. The pillars and exterior parts were elaborately ornamented with dragon designs and lotus blossoms. Its usefulness as a time device was well supplemented by its value as a curiosity.

But the instruments like the sovereigns rose and fell. In 1506 the Royal Astronomical Board met with disfavor and was degraded to a mere Calendar Office. Under Choong Chong, 1507 to 1545, many reforms were instituted. Instruments were repaired and new ones were constructed. In 1525 a heaven-observing-instrument was made, which has erroneously been called a telescope. It was used for celestial observations, but did not involve optical aid. A new clepsydra was made in 1536, which stands today in the old palace grounds (Figure 1), that have been transformed into a modern museum and zoological garden. A famous astronomical clock was constructed in 1549, quite similar to the one to be described later. Many of the instruments and their buildings disappeared in the general destruction at the time of the Hideoshi invasion, 1592.

In 1631 a Korean envoy met an aged foreigner in Pekin (probably Father Jean de la Rogue, 97 years old at that time) who presented gifts to him, including guns, clocks, and a telescope. This foreign influence was followed in 1644, when a Korean prince met Adam Schall and formed a close friendship with him. He received presents of works on science and religion, including a map of the world, astronomical books, and a celestial globe. These he acknowledged in part as follows: "The globes and the books on astronomy are works of such indispensable importance in any state, that I can hardly credit my good fortune in having them."

But the Koreans did not depend entirely upon the foreigners for their instruments any more than they did for their calendars. Another astronomical clock was constructed in 1657 by order of King Hyo Chong. Its description agrees in some respects with a later one whose picture is given herewith. The order was given to an official Hong Chu-yoon, but his work was unsatisfactory. Then a magistrate, Choi Yoo-chi by name, was found who had contrived a similar apparatus. He made one for the king which moved automatically by the motion of water and indicated very accurately the motion of the sun and moon as well as the time of day. "It was such a marvellous instrument and had such an exquisite finish that all the people who saw it were filled with wonder and amazement." No trace has been found of this instrument.

The accompanying illustration (Figure 2) represents an astronomical clock at the home of Kin Sung-soo, who kindly permitted us to photograph it. The length is about four feet, height of main part three feet and three inches, and width one foot nine inches. The astronomical sphere has a diameter of sixteen inches and the terrestrial globe about three and a half. The time of day is given by disks carried around on a vertical wheel and displayed through a window at the side. The position of the sun is given on the band representing the ecliptic, which

FIGURE 2
A KOREAN ASTRONOMICAL CLOCK

marks the twenty-four solar divisions of the year. The motion of the moon is indicated on the ring representing its orbit which is divided by pegs to mark the twenty-eight lunar asterisms. The mechanism is driven by two weights, one for the wheels and gears of the time piece, which is regulated by a pendulum with simple escapement; and the other for the striking device, which contains several iron balls and releases them to roll down a trough and trip the hammer that strikes the gong, then are lifted by paddles on a rotating wheel to repeat the process.

The geography of the terrestrial globe of the old astronomical clock is given by the accompanying map (Figure 3). Some of the sixteenth century voyages of discovery are included, although scant justice is done to the northern hemisphere. North America appears to have suffered from the effect of an explosion.

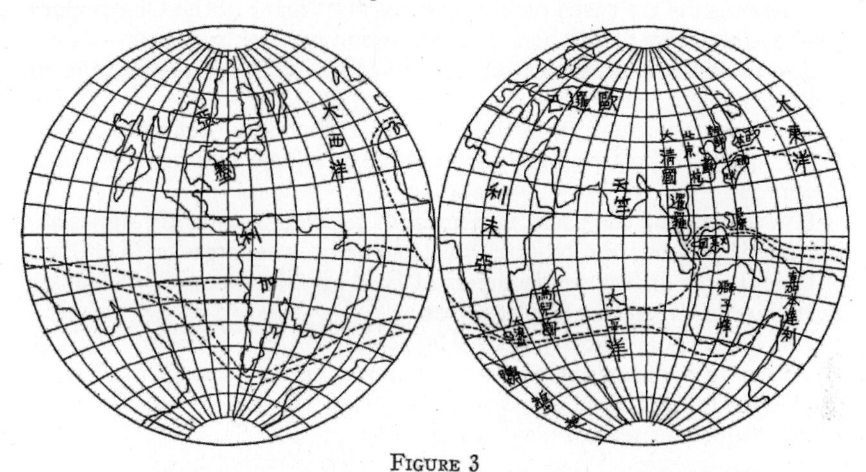

FIGURE 3

A DRAWING OF THE TERRESTRIAL GLOBE AT THE CENTER OF AN OLD KOREAN ASTRONOMICAL CLOCK.

A new system of calendar making in 1708 involved the motion of the five planets. A mechanical model of the solar system followed in 1732, which was cherished with pride as one of the great achievements of the reign of In Chong. The hundred year calendar was surpassed in 1782 by a thousand-year calendar, which gave way in turn to a ten-thousand-year calendar in 1904. In the meantime the solar calendar of the west gained influence and was incorporated with the official lunar calendar in 1894. In 1896 it was made official, but the lunar was also included; and they were used side by side until the modern calendar registered 1910 and Korea came to an end after marking time for four thousand years.

SUMMARY OF OBSERVATIONAL RESULTS OF XI PERSEI.

BY W. C. RUFUS.

These results are based on 232 spectrograms made at the Observatory of the University of Michigan over a period of twenty years.

The hydrogen lines give a total range of individual plate velocities of the order of 60 ± 5 km/sec.

The mean velocities from the different elements do not agree. Hydrogen gives 65 km/sec. Helium has an excess over hydrogen of about 20 km/sec.

Hydrogen, with the usual agreement of its lines, frequently shows abnormal departure from other elements sometimes as large as 25 km/sec.

Lines of the diffuse singlet series of He I give an excess of 38 km/sec over lines of the diffuse triplet series.

The mean Ca II velocity is 14.9 km/sec.

The mean hydrogen velocities for different seasons appear to increase from 1912 to 1925, then decrease about 19 km/sec the next season, after which another increase follows to 1931.

No constant period nor consistently changing period has been found that will harmonize the observations from 1911 to 1931.

A period of 1.1644 days gives the best results obtained for 1929-30. The amplitude of the hydrogen curve is 20 km/sec. This period satisfies the observations for the previous season, but fails or gives poor results in other cases.

The mean velocities from 25 star lines were reduced by using the same period and gave results similar to the hydrogen curve, approximately agreeing with the maximum, 72 km/sec but the amplitude is about 8 km/sec smaller than the hydrogen.

The H and K lines give evidence of change in the same period with an amplitude of 12 km/sec, but the curve has a secondary maximum and minimum.

Support for the order of the length of the period is obtained by applying Shajn and Struve's correlation with line widths attributed to rotation. The rotational velocity would be of the order of 250 km/sec.

Religion and Science

(An Address to the Students of the Chosen Christian College)

W. Carl Rufus

FRANCIS BACON said : "A little philosophy(science) inclineth a man's mind to atheism ; but depth in philosophy bringeth men's minds to religion."

Three attitudes on the relation between religion and science are suggested :

1. Irreconcilable and antagonistic. Mutually hostile.
2. Incommensurable and separate. Mutually exclusive.
3. Harmonious and complementary. Mutually essential.

These three attitudes are in general chronological in the development of civilization and may also represent three stages of thinking during your college life.

1. The first point of view, that science and religion are mutually hostile, was held during ancient and medieval times and reached a crisis at the time of Galileo, who was one of the pioneers of modern science. Galileo did not accept the science of the ancients upon the authority of Aristotle, one of the greatest Greek philosophers ; but he submitted all natural laws to the crucial test of experiment. Aristotle had taught that bodies fall according to their weight. Galileo took two balls, one of wood and one of iron, to the top of the leaning tower of Pisa and let them fall in the presence of a large company of citizens, faculty members and students of the University of Pisa. The balls although different in weight fell side by side and the erroneous doctrine of Aristotle was disproved. By this method Galileo appealed directly to nature as the arbiter of natural law and was able to establish some of the fundamental laws of motion.

Galileo accepted the Copernican system of the motion of the heavenly bodies ; i. e. that the sun is at the center, that the earth rotates daily on its axis and revolves annually around the sun. This was contrary to the system adopted by the religionists of his day, which maintained that the earth was motionless at the center. Some advocates of the Ptolemaic system (geocentric) found Biblical texts, which they interpreted in favor of their theory. Galileo was tried by an ecclesiastical court, was found guilty of holding a heretical doctrine and was compelled on his knees to recant. As he arose, an old trembling man, he is said to have whispered. "It does move." He recanted to save his life. Bruno in 1600 was burned at the stake for holding this heretical doctrine and others. Thus we find the religionists trying to keep science out of the world by persecuting and killing the scientists.

Following Galileo came the work of Newton who gave to science his great generalization, the law of gravitation. This law rationalizes Kepler's empirical laws of planetary motion and gives in physical terms an explanation of the orbits of the celestial bodies. Upon this basis many attempted to explain the entire universe in material terms. Voltaire wrote a book on the universe without mentioning the name of God. Napoleon upon receipt of a copy congratulated the author facetiously that he could explain the universe without giving credit to the Creator.

Here we find the scientists trying to keep religion out of the world of thought, although as far as I know they did not persecute or kill any religionists. The conflict between the two has been continued even to the present day in some cases. It is carried on chiefly by religionists who have no experience in science and by scientists who have no experience in religion.

2. The second attitude that science and religion are incommensurable and separate is somewhat better than the first ; because if they are mutually exclusive, one in the

material universe and the other in the spiritual with no contact between the two, there is no opportunity for conflict. Kant, a great German philosopher, was filled with wonder by the order of the starry heavens without and the moral law within; but the gulf between the two was left unbridged. Science deals with one, weighing in a balance and making measurements with a yardstick; religion deals with the other, testing by the ten commandments and measuring with the golden rule; but the values of neither one can be expressed in terms of the other; they are incommensurable.

Science recognizes law and order in the universe; indeed they are essential; without them there could be no science. Huxley said, "Science is the discovery of the rational order that pervades the universe." Darwin, the advocate of biological evolution, considering order and design in nature confessed, "It transcends the imagination of the most imaginative man with infinite time at his disposal." Heine with poetic insight sensed the central truth, "Nature is visible thought."

Religion recognizes the reality of the spiritual realm. There are human experiences that we cannot evaluate in material terms,—our mystical response to the starry sky, a glorious sunset, a storm at sea, a mountain peak, a beautiful painting, a symphony or a poem. There is something of real value in a mother's love, a father's benediction, a martyr's death. There is divine compulsion in the voice of conscience, that still small voice with unseen power. There is a gravitating force in our yearning for God, that cannot be measured in laboratory units. There is a power outside ourselves, a spiritual power, working for righteousness giving authority to the moral law and the golden rule.

What will be the result if we attempt to keep these two realms separate? We may accept the reality of both; but the self-sufficiency of the one without the other, their mutual exclusiveness, is a more dangerous attitude than the first, their mutual hostility, especially for college students. If one system is complete without the other and a college man chooses between the two, I do not hesitate to say that he will almost without exception, accept science and neglect religion. No man can serve two masters.

3. For that reason we wish to emphasize the third attitude that science and religion are harmonious and complementary, that they are mutually essential. Newton recognized that there is something spiritual back of the material universe. In an oft-quoted passage he said: "The main business of natural philosophy (science) is to argue from phenomena without feigning hypotheses and to deduce causes from effects till we come to the very first cause *which certainly is not mechanical.* At the end of the Principia, the masterpiece of scientific literature, he reaches the theistic conclusion, very beautifully expressed. He attributes the harmonious cosmic system of sun, planets and stars to a living, intelligent and powerful spiritual Being, the only true and living God, whom we know he testifies; "by His most wise and excellent contrivance of things and final causes; we admire him for his perfections; but we reverence and adore him as his servants.—And thus much concerning God, to discourse of whom from the appearance of things does certainly belong to natural philosophy."

With God in the universe there is new meaning to order and harmony." The "music of the spheres" is played by hand divine. Herschel, a great astronomer, said: "Gravitation is the exerted will of God." Kepler, studying the motion of the stars, communed: "O God, I am thinking thy thoughts after Thee." Carlyle summarized it all: "The universe is the realized thought of God." A new meaning comes to the student of nature. Linnaeus, the great naturalist, is said to have bowed his head in the presence of an opening flower. Professor Henry of Princeton beginning a laboratory experiment used to say: "Bow your heads, young gentlemen, we are about to ask God a question." The enlarged conception of the physical universe, with its system upon system, galaxy upon galaxy, millions of light-years in extent, leads to a grander and nobler conception of the Creator, who made and guides each atom and each star.

There is a vital relation between the material and the spiritual. Darwin witnessing a beautiful scene once remarked: "It is not possible to give an adequate idea of the higher feelings of wonder admiration and devotion which fill and elevate the mind." Ruskin, deeply moved, by the starry heavens, once said: "The sky is the part of nature in which God has done more for the sake of pleasing man, more for the sole and evident purpose of touching him, than any other of his works." Man's response to God in the universe is a universal religious instinct. Man has been called the animal with the upward look. There is an inner urge, a groping for truth, a thirst for God, a spiritual power in material garb that leads to a mother's love, the life of a saint, the death of a martyr. God's highest manifestation of spiritual power came in the exemplary life and sacrificial death of his son, Jesus Christ, in human form.

Materialism in science has passed away. The tiniest atom cannot be explained in material terms alone. The mass of the sun and stars is being transformed into radiant energy at an enormous rate. By the principle of the equivalence of mass and radiant energy, which has been demonstrated in the physical laboratory, we compute the loss of mass of the sun, 4,200,000 tons per second, to give us light and heat. So the sun is literally shining itself away. There is a mutual annihilation of protons and electrons, the fundamental units of which the atom of matter is composed. In modern science the concept of matter has lost its original meaning. We agree with Haas, a noted scientist in his work, "The World of Atoms," "Neither protons nor electrons can be looked upon as substances in the true sense of the word; they can suffer death but also be capable of resurrection." Back of sun and stars, the material universe, is energy; ceaseless manifestations of energy. Mass disappears into radiant energy and all that is left is the law of its change and the hope of its resurrection. It is not in the seen world, but in the unseen. From science itself comes a spiritual interpretation of the material universe.

Science and religion are mutually essential to give sense to science and sanity to religion. You have them side by side in the Chosen Christian College. Both are necessary for you to develop a strong unified personality at peace with yourself and in harmony with the universe in which you live. Both are essential to lead to a grander conception of the unity of the universe of matter and spirit, created and sustained by One whose full manifestation comes to us through science and religion.

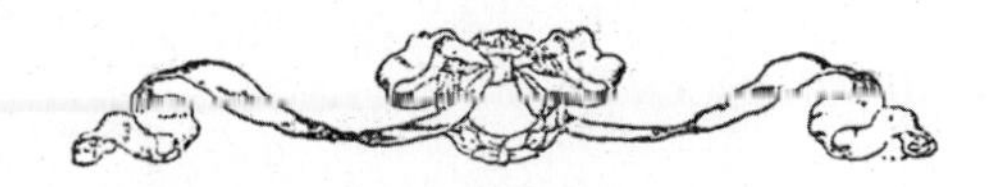

55.

Below:

The Queen's Pagoda

at Kyungju

Built in 636 A. D.

(See Page 99)

Above:

The Buddha Pagoda (left)

and the

Pagoda of Many Treasures

at the

Poolkooksa Temple in

Kyungju

(Erected 536 A. D. and Rebuilt, 751 A. D.)

Above: **A Royal Tomb and the Jade Flutes at Kyungju**

(Page 96)

Below : A Gem of Art in **the Cave Temple** (Suk-kool **Am) at Kyungju**

From a Recent **Photograph of Captain Barstow. (Page 99)**

High Lights of Silla's Civilization

W. CARL RUFUS

A paper given for the Seoul Women's Club at the Seoul Union, November 4, 1935. Special thanks are due Mr. Shin Hanchul for data to check my notes and for additional items from his store of information regarding the history of Silla.

Part I

VISIT TO Kyungju, capital of ancient Silla, includes a trip to fairyland. The survivals of that civilization apparently justify the traditions handed down regarding the Golden City. The streets we are told were laid out in parallel, its households numbered 180,000 and its population exceeded 1,500,000. Its central place in Korean history is evident in the following:-

Periods of Korean History

1.	Tangoon, traditional	2333 B. C.	to 1122 B. C.
2.	Kija, quasi-historical	1122 B. C.	to 193 B. C.
3.	The Three Kingdoms		
	Koguryu (north)	73 B. C.	to 668 A. D.
	Paikje (southwest)	18 B. C.	to 660 A. D.
	Silla (southeast)	57 B. C.	to 935 A. D.
4.	Koryu (capital at Songdo)	918	to 1392
5.	Yi dynasty (Seoul)	1392	to 1910.

The story of the founding of Rome would be incomplete without its legend of Romulus and Remus, twin sons of Mars and the Vestal Virgin Silvia. Cast into the Tiber they were saved, suckled by a wolf and fed by a woodpecker, then fostered by the wife of a shepherd. Heroic deeds, the slaying of Remus, the founding of the city, and Romulus gave his name to Rome.

Similarly the kingdom of Silla comes heralded with myth and legend. To interpret twentieth century survivals we must appreciate stories of the first century B. C. The tablet by the side of the road bids all horsemen to dismount. According to the legend the loud neighing of a horse turned Su-ra-pul aside from his journey where he found an egg, from which came forth a beautiful child, Pak Hyuk-ku-se, who became the first ruler of the kingdom. Out of the side of a dragon came the baby girl destined to be his queen. These "two holy ones" ruled so righteously that bands of invaders withheld destruction and peacefully withdrew.

According to more sober historical account Chinese refugees came to Chin-han about 255 B. C. at the time of the building of the Great Wall. They disseminated elements of the civilization brought from China and became leaders of the communities in which they lived. They united in 57 B. C. to make Pak Hyuk-ku-se their first ruler and called the country Su-ra-pul. So the legend preserved the main facts of the founding of the kingdom. Their majesties were inseparable during their reign of over fifty years and the queen followed the king to his grave after a few days. The princesses added honor to the royal family by teaching the women how to weave and instituting a competetion with an annual celebration when prizes were awarded. A gala day it was, with song and dance and wine, the *kapaichul* of questionable memory.

Approaching Kyungju from the west we reach Keum-chuk-dong or Golden Measure Site, ten miles from the city. But we look in vain for the Golden Measure, or of the traditional treasures. According to legend a spirit gave it to Pak Hyuk-ku-se, who used it to restore the sick to health and the dead to life. The Han emperor sent a special envoy to ask for it, but the king fearing treachery secretly buried it, and reared many similar mounds that still dot the vicinity; but its hiding-place has never been revealed. Another lost treasure is the Golden Belt. a gift from heaven to Chin Pyeng during the first year of his reign. Passed on to following sovereigns its magic power to obtain blessings was preserved. It was worn at the time of making sacrifices on state occasions and at Silla's fall it was surrendered to the king of Koryu. The legend of the Twin Jade Flutes (Jade by name not by composition) is perpetuated by a pair on exhibition in the Kyung-ju museum. The traditional ones, a male and a female, were the gift of the Dragon King of the Eastern Sea. In the Golden City they gave forth enchanting music but carried away they were silent.

Near the modern village are acres strewn with scattered stones and broken tiles, the site of palaces and temples of long ago. Scores of mounds mark the burial places of Silla's monarchs and under the hand of archeologists yield excellent specimens of pottery, jewelry, crowns and other treasures of ancient royalty. The Sam-gook-as-ki records the building of the Golden City wall in 37 B. C. and its first palace in 32 B. C. Agriculture and sericulture were promoted by the king and queen, while the two princesses engaged in weaving linen.

Silla was originally the smallest of the three kingdoms, but the founder, when urged to subdue Mahan and add it to his realm, refused to resort to arms, because he believed such an act would not be blessed by heaven. During later reigns, surrounded by hostile tribes and invaded by land and sea, Silla resorted to arms and built a navy. The Half Moon Fortress was constructed by King Pa Sa, who reigned from 89 A. D. to 112 A. D. Its semicircular wall built of stone and earth remains in good condition winding around the city to the southeast. In this embankment may be seen a stone ice-house about 69 X 20 X 20 feet, whose high ceiling is composed of massive stone arches supported by solid walls. Its date is uncertain, but a command to keep ice was given in 505. Two important new roads were built by King Il Sung (134-154) over mountain passes. Others were added by later soverigns. King Syo Chi (479-500) improved the roads and established post stations in 487. It is said that ox-carts were introduced in 438. Il Sung, the road builder, also constructed dikes on a large scale. These were extended by his successors, Nul Chi adding a noted one in 429, which was 2170 feet long. (A Korean foot is about 1.7 English feet.)

The fifth century marked great advance in Silla. In addition to the internal improvements just mentioned, border walls were built for protection. A mountain wall completed in 470 required three years for building. Warships were repaired and new ones made in 467 to clear the shores of Japanese pirates. Markets were established in 490. Buddhism was introduced early in the century although it was not openly active until the next century. The story of Muk-ho-cha, the black monk, is interesting. He came to Silla about 424 during the reign of King Nul Chi (417-458). He was not well received at first, so a farmer, Mo-rei by name, sheltered him and according to one tradition was compelled to hide him in a cave, which become luminous by his presence. The Liang emperor sent an envoy to Silla and presented incense to the king. But neither the king nor his officials knew what it was nor how to use it. Muk-ho-cha informed him : "If you burn this it will give a fragrant odor; and you can use it in praying to the gods. If you burn it and pray, there will be an answer." At that time the king's daughter became sick, so Muk-ho-cha burned the incense and prayed. The princess was cured and the king liberally rewarded the monk. The story of Muk-ho-cha and his enchanted cave is associated with the founding of Suk-kul-am, the Stone Cave Chapel, which is sometimes placed at a later date.

The fame of Silla in medicine preceeded the coming of Muk-ho-cha. In 414 upon the request of the Mikado of Japan a physician, Kim Pa-chin, was sent, who arrived in Yamoto and cured his majesty. The record states that Kim Pa-chin and Han Moo-ki went and cured the emperor. This evidently refers to two physicians instead of the first one mentioned who is sometimes named alone. Another Silla physician, called Tokurai by the Japanese, went to Japan c. 468 and settled at Naniwa (Osaka) where he and his descendants practiced medicine. From the neighboring kingdom, Paikche, a physician and two pharmacists went to Japan in 554 and Korean drugs were thus introduced before the first Chinese medical book reached there in 562. The record of the appointment of a Doctor of Medicine in Silla in 717 confirms the existence of the office of Royal Physician.

The sixth century began auspiciously under King Chi Cheung (500-514). The name Silla was adopted for the country and the term *Wang* was officially sanctioned for the ruler, also the practice of bestowing posthumous titles was inaugurated. In 502 the king prohibited the practice of burying live attendants with the honored dead. This is a vivid comment on the terrible custom of his predecessors, when five men and five maidens were interred with a king.

Plowing with oxen began about this time, a forward step in the development of agriculture, the chief occupation of the people. Greater influence was exercised by the Buddhists and closer relationship with China was developed. A few Korean scribes and envoys probably used Chinese characters much earlier, but they were now adopted for official use and for permanent records. Previously a system of record was practised but little is known concerning it. One account says that it consisted of knots on strings. An envoy went to Liang in 525 and one came from that dynasty in 544 bringing books and other presents and accompanied by a Buddhist monk. The practice was continued by the Chins, an envoy with presents and a monk arriving in 565. Buddhism, which was introduced in the preceding century, was officially adopted by King Pak Heung (514-539) probably through the influence of monks from Kokuryu. The erection of monasteries in Silla began at this time, and multiplied rapidly. The celebrated Buddha, sixteen feet in height, of Whang Ryong Sa is dated 574.

In 535 Silla had a calendar of her own. This was a most irregular and independent action, as the official calendar was annually received from China with elaborate ceremonies. An envoy was asked regarding it and the Chinese calendar was speedily restored. But we find Silla using her own system again in 647. The origin of the Wha Rang (Flower Guild) is given as 576, Young men bound by some kind of vow were specially trained for official service. Among other duties they frequented public celebrations, mingling with the crowds in song and dance, in order to read the characters of men and to make selections of those in whom confidence could be placed for important offices and commissions. A somewhat similar organization was attempted by the young ladies, but jealousy between two of the leaders ended fatally for one and the order perished ignominiously.

One of the outstanding events of the sixth century followed the order of King Chin Cheung in 543 for the scholars to write a history of the kingdom. This record was one of the chief sources afterward used in compiling the Sam-gook-sa-kui.

During the seventh century Silla's gifts to China included sliver and gold, pins and cloth, and upon the request of the Tang emperor in 659 there were sent two boxes of loadstone, a natural rock that possesses magnetic properties. This century witnessed the height of Silla's glory. Partly through the assistance of the Tangs, Silla conquered her rival kingdoms, Paikche falling in 660 and Kokuryu in 668. The prowess of Silla in battle is attested by stories regarding her catapults and crossbows able to hurl projectiles long distances and to shoot arrows a thousand paces. This was also the century of Queen Sun Dok (632-647), the first queen to grace the throne of the kingdom, although women had been held in high esteem. She was succeeded by her sister Chin Dok who towered seven feet tall. King Hung Dok and his queen were buried together in 836. A later queen, Chin Sung (887-897) reigned, sorry to relate, during Silla's decline which was hastened by her wanton rule. Kwun Koon, a fourteenth century writer, commenting on a queen minding affairs of state and accompanying a king on his travels said: "Very bad, much better for a woman to stay at home and mind the house." But Queen Sun Dok reigned alone and many great works do honor to her memory. Of these we can mention only two survivals, the Nine-Story Pagoda and the Observatory.

The Queen built the Pagoda in which to keep her jewels. It is quite an imposing structure even at present after its reconstruction by the Government General. I prefer its appearance of twenty-five years ago in a state of semi-destruction by the Japanese invasion of Hideoshi and by the erosion of centuries of wind and rain and frost, with the three stories that remained protected by kind nature, which provided a roof of grass and flowers and shrubs. That roof has been replaced by a less artistic but more enduring one of stone and cement. Stone doors with strong bas-relief guards swing on stone hinges to protect the precious possessions of the Queen. Among these you may see gold needles and scissors, testimony of her industry, also magatama, beads and other jewelry. The story of her "fire beads" is interesting. Looking through them, objects appeared larger, distant objects were visible, and the sun shining through them set cotton afire. *

* No object like the "fire beads" is seen in the government collection of the Queen's possessions. A later story credits their discovery to monks at the time of the repair of the pagoda after Hideoshi's invasion.

(*To be continued*)

56.

Above : The Silla Observatory at Kyungju (page 126)
Below : The Poets' Stream at Kyungju (page 128)

High Lights of Silla's Civilization

W. CARL RUFUS

A paper given for the Seoul Women's Club at the Seoul Union, November 4, 1935. Special thanks are due Mr. Shin Hanchul for data to check my notes and for additional items from his store of information regarding the history of Silla.

Part II

SILLA'S OBSERVATORY has been the subject of previous monographs. Erected in 647 it is one of the most outstanding high lights of Silla. Claim has been made that it is the oldest structure in the world extant and intact built solely for observational use. Its symmetrical form built of well-dressed stone rises thirty feet high. The round, bottle-like part seventeen feet in diameter at the base and ten feet at the top rests upon a square foundation and is crowned with a capital also square.

A small door or window on the south side nearly half way to the top affords an entrance to the tower, which is solid to this height either by construction or later filling, but is hollow like a well from this level to the top, half of which is covered by a stone platform. Here royal astronomers observed the heavens day and night. Important observations were dropped through the window and carried by royal messengers to kings and queens. When a special was issued, the whole staff assembled to give greater weight to the report, which frequently guided affairs of state. Queen Sun Dok is said to have ascended the tower to witness special phenomena of the heavens.

Special attention was given by Silla (also by the other two kingdoms) to the observation and record of solar eclipses, comets, "guest stars" meteoric showers and phenomena relating to the sun. Many other meteorological phenomena, those appearances in the sky due to the earth's atmosphere, were also recorded; but were not, of course, recognized as terrestrial instead of celestial. The first solar eclipse in Silla records was in 54 B. C. just three years after the founding of the kingdom. 29 eclipses are recorded, but a strange gap occurs from 256 to 787. Other phenomena cover the period and we are left to wonder what became of 500 years of Silla's eclipse records. The last eclipse observed by the astronomers of Silla was dated 911 during the stormy days preceeding the fall. Mention is made of one that did not occur in 800. I venture to surmise it was not the fault of the sun, but an error in the work of some overworked or undertrained astronomer.

Comets were also observed with care, Silla recording twenty-nine of these peculiar objects, which filled the human mind the world around with fear and awe, until modern science has taught us that they are law-abiding members of the solar system. The astronomers of Silla did not seem to be very superstitious and their sovereigns even took advantage of this weakness in their warring neighbors. Silla was saved at an early date when a meteor fell in the camp of invaders from Nak-nang, foreboding destruction. But in 647, the year of the observatory, when a meteor fell in the camp of Silla's troops and consternation prevailed, the crafty general ordered a kite to be raised carrying a lantern to show the enemy that the doom was reversed.

The Chinese calendar system was evidently used in Silla at an early date. Its 90 year cycle, 28 lunar constellations, 24 solar periods of the year, and 12 divisions of the day, seem to be a part of Silla's equipment. The fragment of an old stone sundial is kept in the Kyungju museum. The first water-clock constructed in Korea was made at Whang Ryong Sa in 718. In 749 in addition to a state Doctor of Medicine and a Doctor of Mathematics we find a Doctor of Astronomy and three Doctors of the Water-Clock. A celebrated astronomical chart was sent to Silla from China in 692 by the monk To Ching. This was quite different from the one sent earlier to Pyeng Yang, which was the prototype of the Celestial Planisphere of King Yi Tai-jo described elsewhere. The Silla chart illustrated the canopy theory of the heavens, in which both heaven and earth are round and dome shaped, without support. Day and night are caused by the turning which causes the disappearance of sun and moon. Crude as the theory appears it replaced the older and cruder idea of a square earth with pillars supporting the circular heavens.

The twelve animals of the eastern zodiac stand as guards surrounding some of the royal tombs. Many of these stone images of human form with the heads of the zodiacal animals are well preseved. The twelve creatures are dragon, hare, tiger, ox, rat, pig, dog, fowl, monkey, sheep, horse, snake. An excellent stone image of the ninth sign, the monkey, is in the Kyungju museum. Perhaps a better specimen is the horse in a private collection.

The art of Silla blossomed in stone. The date of the Stone Cave Chapel is uncertain; but the critics agree that it contains the best stone sculptures found in the Orient that survive from the time of Silla. Perhaps it would not be amiss to say that they are the finest existing specimens of artistic expression in stone produced in the Far East. In the center of the crypt sits the stone Buddha eleven feet in height on his lotus pedestal. Madam Gordon distinguishes it as an early image by the triple ring around the neck. The elongated ears and urna of the forehead of the Indian ascetics are also retained. On the surrounding walls are fifteen bas-relief stone figures, ten masculine and five feminine, above which are ten niches containing smaller images. The masculine figures were evidently intended to represent a variety of racial types, some far distant, even including Caucasians in appearance. The height of the art is reached in the feminine figures, in which the Gandharan or Graeco-Indian influence is seen at its best. The second at the right of the entrance is a universal favorite, characterized as a majestic, queenly woman. We find the finely chiseled features, the graceful lines of the drapery, beautifully formed arms and delicate hands; all of which testify strongly of Gandharan influence. The exotic nature of the religious symbolism of this figure, especially the uplifted cup, has been discussed in an earlier paper in which the hypothesis of Manichean influence was presented. The strength of the entrance guards, which attract little notice at first from the ardent visitor, will detain him long as he tries to leave. The unity of treatment of the group, the harmony of the stone structure, ingeniously interlocked by the grained dome-shaped ceiling, and the superior artistic workmanship of the whole, leave a lasting impression of a masterpiece in stone.

The Silla Bell, another prized survival, was made in 717. It is ten feet in height, over seven in diameter and has an estimated weight of sixty tons. Beautifully embossed and artistically embellished by graceful figures of Buddhistic angels, it represents the great height attained by Silla in metallic construction. The tone, rich and clear, rang out 28 times at curfew in honor of the 28 lunar constellations and 33 times in the morning, when the leaking of the clepsydra had ended, in honor of the 33 Buddhistic heavens.

Time fails us to tell of the early coins, copper seals, numerous works of art and long lost architectural treasures. The paper of Silla was so prized by the Tangs that it was adjudged the best in the world and it was used by their royal historiographers and distinguished penmen or caligraphers.

We can mention only two of Silla's literary high lights, Sul Chong, c 700, and Choi Chiwon of the ninth century, whose tablets may be found among the immortals in the Confucian temple near little East Gate, Seoul. Sul Chong explained the Chinese classics in the common vernacular, thus spreading the influence of Confucius and his doctrines and at the same time performing a great service in elevating the native language. The Chinese classical examination system was introduced about the end of the eighth century.

But Silla was on the downward path. Perhaps this paper would appear too much like a preachment if we called special attention to some of the weaknesses that may have assisted in precipitating the fall. Pleasures abounded we may be sure. Witness the artificial pleasure pond that still exists. Then there are the remains of the Ear Shell Stream or as it is sometimes called by a more dignified name, the Poet's Stream, which also leaves much to the imagination. Down the sinuous trough flowed an incessant stream of water from the caterer to the feasting guests. Bowls of rich food and flagons of richer wine floated unceasingly within easy reach, while empty bowls and cups were borne away on the Poet's Stream, joined at last by many left untouched, indicating that the guests and their fair entertainers were unable or indisposed to continue the festivities.

Then their was another habit: pardon its mention in these surroundings. Queen Sun Dok, herself, is said to have introduced tea from China, and we may believe that it was imported regularly for two centuries. Then in 828 during the century of rapid decline the seed of tea was secured and it was cultivated in the vicinity of Chidi San. Combine this with the fact that ice was put up for summer use and we get the irresistible combination of ice-tea and its accompanying effects on civilization.

Whatever was the cause of decline, ill omens appeared that strongly forecast the fall. Hulbert brought together a formidable list. A white rainbow pierced the sun, the sea turned to blood, hail fell as large as hens' eggs, a monastery was shaken by sixteen earthquakes, a cow gave birth to quintuplets, two suns rose together, three stars fell and fought in the palace grounds, land sank fifty feet and black water filled the hollow, a tiger invaded the palace, black fog enveloped the land, famines and plagues multiplied, a hurricane tumbled two palace gates, a huge stone rose on end and stood by itself, two monastic pagodas fought each other, snow fell in September, a boulder moved a hundred paces, stones fought one another, a shower of worms fell, fruit trees blossomed twice in a year, a whirlwind started from the grave of General Kim Yu-sin and stopped at the grave of King Pak Hyuk-ku-se.

Whatever was the cause Silla's doom was sealed. Rulers rose and fell. Central authority weakened. Murder and rapine followed. Sad to relate in this presence, Queen Chi Sung (887—897) brought the court to a very shameful condition, raising her intimate lovers to high offices, as reckless of the affairs of state as a the morals of the court. The queen called her adopted son to the throne and withdrew. Provinces rebelled, the glory of Silla had gone. The unsteady throne, maintained or seized by intrigue and sword, soon toppled and fell.

Choi Chi-won, the other literary light we wish to mention, after spending several years in China, tried to work reform but too late. At the Tang court he rose to be Imperial Chamberlain. He helped to restore Emperor Hi Tsung to power and was made Vice-President of the Board of War. When he returned to Silla in 886 he found the country filled with insurrection and strife and saw the scandalous immorality of the court. His attempt at reform was met with treacherous opposition. His famous couplet was insufficient to stop the rapid decay or to prevent the rise of Wang Goon, first king of Koryu. It runs as follows:

The leaves of the Cock Forest are sear and yellow.
The pines of Snow Goose Pass as fresh and green.

Which meant, of course, that Silla was to fall and Koryu, a new kingdom, was to follow. Legend says that Choi Chi-won disappeared and with him the Jade Flute, with which he charmed away the angel of death and entered immorality.

The old Jade Flute box in the Kyungju museum is worth more than a passing glance by the casual visitor. The brass plates and hasp that adorn the relic and provide for lock and key are covered with engravings. Here are pictured the old Observatory with a constellation on each side. The hasp, that covers the Observatory when hanging down, represents the Silla bell. The box and the plates are adorned, with poetry and lore. Here we have combined the mystery of the Jade Flute music, the charm of the Silla Bell and the fame of the Observatory; while surrounding all or permeating all is the glory of the history and tradition of a fallen kingdom.

There are many beautiful post-Sillan poems that would revere her memory and prolong her glory; but they end with a plaintive note. We will close with a poem by Chyeng Mongchoo, the last great patriot of Koryu who fell at the famous Blood Bridge at Songdo. In its translation I have attempted to interpret the spirit rather than the mere flesh and bones.

THE OBSERVATORY.

Beneath the Half-Moon Fortress,
Near Keirim's stately wood,
Where chimed the Jade Flute music,
The Observatory stood.

It witnessed Silla's glory;
Whose history and lore
Shall sing the nation's honor,
Till time shall be no more.

To-day o'er hill and valley
There comes a mournful sigh:
The lonely tower murmurs,
"I grieve for days gone by."

57.

KOREAN ASTRONOMY

by

W. C. Rufus, Ph.D.

ENGLISH PUBLICATION
NO. 3
THE LITERARY DEPARTMENT
CHOSEN CHRISTIAN COLLEGE
SEOUL, KOREA

Korean Astronomy

by

W. C. Rufus, Ph.D.

University of Michigan

English Publication

No. 3

of

The Literary Department

Chosen Christian College

Seoul, Korea

1 9 3 6

(Reprint from the Transactions of the

Korea Branch of the Royal Asiatic Society, Vol. XXVI)

FOREWORD

The Literary Department of the Chosen Christian College takes great pleasure in presenting the following paper on "Ancient Korean Astronomy" as English Publication No. 3 of the department. The author Dr. W. C. Rufus spent many years in Korea and was a member of the faculty of the Chosen Christian College from 1915-1917. Leaving Korea on account of health he went to the University of Michigan where he is now professor of Astronomy. A sabbatical leave afforded Dr. Rufus the opportunity to return to Korea and prepare the above work on the ground. Portions of the paper were read before the Korea Branch of the Royal Asiatic Society by whom the paper was first published as Vol. XXVI of its Transactions. The College presents this reprint in the hope of reaching a still wider and different field of readers.

October 15th, 1936

L. G. Paik
Director, Literary Dep't.
Chosen Christian College

ASTRONOMY IN KOREA

by

W. Carl Rufus

Ancient Korean Astronomy

Looking for survivals of ancient Korean astronomy is like searching for the claws of the dragon. All we can hope to do is to find its tracks. We are not thinking of the terrestrial dragon, but the celestial Blue Dragon, Chung Ryong 青龍 of the east, as etherial as the blue of the sky, forever untrapped, but always there. It is composed of the first seven of the twenty eight zodiacal constellations or lunar mansions, known in China 4,500 years ago. It covers a quarter of the zodiac occupying approximately the position of the constellations, Virgo, Libra and Scorpio. The fifth of its seven asterisms is Sim 心 the heart of the dragon containing three stars : the central one is Tai Wha 大火 Big Fire, which marvellous to relate is Antares, the well-known red giant star, the largest known to modern science, so large that our star, the sun, could be placed at its center and the planets, Mercury, Venus, the Earth and Mars in their orbits around the sun would be within its surface.

The Black Tortoise, Hyun Moo 玄武 comes next in the zodiac corresponding in general to Sagittarius, Capricorn and Aquarius. Although it stretches along the ecliptic it is assigned to the north direction. The White Tiger, Paik Ho 白虎 of the west covers the quadrant of Aries, Taurus and Orion. Then follows the Red Bird, Chu Chak 朱雀 of the south, corresponding with Gemini, Cancer and Leo and completing the circle of the zodiac.

Figure 1 is a copy of the twenty eight asterisms made by tracing them from the planisphere of King Yi Tai-jo, and omitting all other constellations excepting the Seven Stars 七星 to be mentioned later. North is at the top, south at the bottom, east at the left and west at the right. At the bottom is the Red Bird of the south with its head to the west, as you see by using a little imagination. Its Wing, Ik 翼, is twenty seventh zodiacal asterism. The Blue Dragon is at the left with its head downward. Among its designated groups of stars are the Horns, Neck, Heart and Tail 角, 亢, 心, 尾, 각, 항, 심, 미. The Tail is most easily recognized. The other animals are left to the imagination. The accepted order of the zodiacal constellations sets the beginning at the head of the dragon near the autumnal equinox, 180° from the vernal equinox, the conventional starting point of the astronomy of the West. (See Table 1.)

Pictures of these four mythological animals appear on the inner walls of Koguryu tombs west of Pyengyang and have been adjudged to be the best paintings in the Orient that survive from that period. Illustrations given herewith (Figures 2-5) are from the great tombs near Kang Su 江西 about 550 A. D. Colored reproductions have been published by the Government General.

The Blue Dragon is on the east wall ; the Red Bird on the south, usually two, one on each side of the entrance ; the White Tiger on the west ; and the Black Tortoise on the north. The Black Tortoise, which is the masterpiece, faces the visitor as he enters from the south. Art critics may attempt its description ; but we claim it astronomically. It is singular that its name is not plural, as there are two animals, the tortoise and the serpent. Together they represent the Eum-Yang 陰陽, the negative-positive or feminine-masculine in nature. These evolved from the Tai Kuk 太極 or Tai Il 太一 the Great Absolute or Great Monad, represented by a circle containing two inverted commas, one white for Yang and the other black for Eum. Back of Tai Kuk is sometimes posted Mu Kuk 無極 Absolute Nothingness. The union of these two primary essences is essential in creation. In astronomy, or more specifically in cosmogony, this picture of Eum-yang symbolizes their copulation in cosmic creation. It stands for the nebular hypothesis of Laplace, the planetesimal theory of Chamberlain and Moulton or the essence of concepts yet unborn. In biology it symbolizes the unsolved riddle of the origin of life. Its ramifications would take us far afield in to Korean art, literature, ceremony, music and other realms. *

Lolang or Naknang 樂浪

The excellent archeological work of the Government General of Chosen makes available a large amount of valuable material beginning with the Lolang tombs across the Tai-tong river from Pyengyang.** Lolang was a province of the Han 漢 dynasty of China, founded about 100 B. C., which flourished during the illustrious period of the Hans and left a permanent impress on Korea, especially in the north. The Grand Beginning 太初 of the Hans, established by the reorganization of their calen dar, was December 24, 105 B. C. Discoveries at Pyeng Yang, especially in the tomb of Wang Hsu and the Painted Basket tomb, include lacquered ware, jewelry, toilet articles, dishes and other utensils.

Among the numerous decorative tiles used in the construction of the Lolang tombs is one that probably represents the oldest astronomical survival found in Korea. Mr. Koizumi, director of the Pyeng Yang Museum, calls it the oldest symbol of the moon in this country. (Figure 8). It contains the figure of an elongated animal with head, ears and fore part resembling a rabbit in the attitude of pounding in a mortar. The other part looks more like a frog. In

* An earlier conception of Eum-yang is found in one of the tombs, in which the tortoise seems to have minor significance. (Figure 6.) The two principles are symbolized by two interlocking circles with outward germinating curves. A later work of art (Figure 7) embodies the same idea in greater detail. The central figure appears like a hybrid tortoise-serpent in dragon form. Beginning at the right, which represents the east, and passing around in counterclockwise direction, their differentiation may be traced. At the top the germination is evident, followed by an indication of the five elements composed of the four directions and the center, still expanding and developing into symbolic clouds at the bottom representing the heavens.

** Permission was kindly granted to make reporduction from the archeological publication.

front is another hare-like animal. This represents an old Chinese legend of a woman, who stole the elixir of life from her husband and to escape his wrath flew to the moon, where she continues to prepare the medicine of immortality. Another production at the time of the Tang dynasty treats the same subject (Figure 9).

Of greater interest are the remains of two divination sets, evidently considered very valuable, as one was found in each of the tombs previously mentioned, Wang Hsu and Painted Basket. A set consisted of two boards, a square one symbolizing the earth, and a circular one above it representing heaven. The Wang Hsu volume has a reconstructed drawing to represent the original, (Figure 10) which resembles the general conception of the diagram of the twenty eight constellations. At the center of the disk are the Seven Stars of the Big Dipper. North is at the top and south is at the bottom ; but the other directions are reversed from the star chart ; east is at the right and west is at the left in accordance with terrestrial maps. In the Painted Basket volume the photograph of the Dipper appears up side down on account of the reversal. (Figure 11). It contains only six stars, however, which is the number in the constellation Tou 斗 also used in divination. The direction of the handle was the essential feature and could be indicated by two stars as well as by three ; which may account for dropping one star. Surrounding the central part which contains the constellation, are circular bands with eight of the ten stems,* the twelve branches and twelve terms of two characters each having astrological significance. (Tables II and III).

On the square board are bands with the eight stems and twelve branches corresponding with those above. Other bands have the eight trigrams and the twenty eight zodiacal constellations. Blank bands on both the disk and the square as reconstructed indicate parts that could not be

* The fifth and sixth, moo, ki 戊, 己, represent the center and the element earth, so they are omitted.

deciphered. Evidently the disk was rotated on the square to illustrate the apparent motion of the heavens over the earth.

To interpret this system we must go back to the time of Yo 堯 and Soon 舜 2356 B. C. to 2205 B. C. The ten stems, twelve branches, eight trigrams and twenty eight constellations preceded their reigns. Fixing the quadrants, the four cardinal points and the directions on the ecliptic are credited to the royal astronomers of this period. The "seven directors" of Yo and Soon are thought to be the Seven Stars of the Dipper. According to ancient record Yo and Soon worshipped heaven and the directors and made it their first duty to arrange the calendar, the celestial signs and sacrificial seasons. For instruments they had the turning sphere and transverse tube. Thus they brought peace and prosperity to their people. The succeeding rules of China and Korea emulated their example.

On the astrological set are the four quadrants, east, south, west and north ; but the center, of course, is lacking. On the star chart all parts are included ; but the central part containing the constellations around the north pole, is walled off mythologically and represents the king's palace surrounded by his court and ministers. The Seven Stars constitute the director at the center working it is said like the tongue.

The handle of the Dipper (Seven Stars) always points toward the Blue Dragon which accounts for its prime importance. This quadrant was visible on spring evenings and the directors pointed east, so we have the reason for associating Dragon, east and spring. Similarly Bird, south and summer; Tiger, west and autumn; Tortoise, north and winter.*

* During evenings in spring the dipper is above the pole with the handle to the right pointing east. In the summer it is at the left of the pole with the handle pointing upward which is called south. In the autumn it is below the pole with the handle to the left pointing west. In the winter it is at the right of the pole with the handle pointing downward toward the north horizon. These positions are, of course, for observers in the latitude of Korea.

The Eum ⚋ and the Yang ⚊ combined by twos give the four forms ⚌ ⚍ ⚎ ⚏ and by threes produce the eight trigrams. ☰ ☱ ☲ ☳ ☴ ☵ ☶ ☷

These were associated with natural objects, the first four being Yang in character : 1. heaven, 2. still water as in lake or sea; 3. fire, lightning, sun; 4. thunder. The last four were Eum in nature; 5. wind, wood; 6. moving water as in rain, clouds, springs, streams, also the moon; 7. hills and mountains; 8. the earth.

The five elements metal, wood, water, fire, earth, 金, 木, 水, 火, 土, 금, 목, 수, 화, 토, also enter into the philosophy of the cosmic order and are assigned to the five directions. Their relation to astronomy is seen in the names of the five planets known to the ancients. Venus, metal star 金星 금성; Jupiter, wood star 木星 목성; Mercury, water star 水星 수성; Mars, fire star 火星 화성; Saturn, earth star 土星 토성.

The compass orientation of these fundamental concepts and others following the course of sun, moon, planets and stars, revolving on the wheel of time, gave combinations and correlations (Figure 12) of supreme significance in directing the affairs of state and in forecasting the fortunes and misfortunes of men. The Seven Stars surrounded by the symbols of the philosophy of the East became the index on the celestial dial of time and fate. In this connection, however, we may recall that Kepler, a great astronomer of the West, read the horoscopes of royal patrons as late as the seventeenth century A. D.

In China and Korea the system outlined was also interlocked with time reckoning and calendar making. The sexagesimal period (sixth years) was formed by cyclical combination of the ten stems with the twelve branches repeated five times and the most probable origin of this cycle as a unit seems to be the period of Jupiter. five times repeated. The year was divided into twenty four solar periods (Table IV) based on the determination of the equinoxes and the solstices, by measurements of the length of the shadow of the gnomon. The lunar month was fundamental, however, and intercalary months were added when necessary to keep the lunar calendar in harmony with the year of the seasons. The day was divided into twelve equal parts designated by the characters standing for the twelve branches and used also as designations for the points of the compass.

This astronomical and astrological system with its complications was an important factor in the civilization of the Hans at the time of their colony of Lolang. How much of it was introduced into Korea before the Han influence must be sought in the traditions and quasi-historical material of the Tangoon and Kija periods.

* Tangoon Period, Traditional
2333 B. C. to 1122 B. C.

With Tangoon, real or mythical, begins Korean history and lore in 2333 B. C. His stone altar on Mari San, Kang Wha Island, repaired several times, is pointed out to-day with pride and confidence, (Figure 13). Here Tangoon made offerings to heaven. The altar is also called Cham-sung-tan 塹星壇 or 參星壇 where drinks were offered to the stars. The foundation is round and upper part square symbolizing heaven and earth. According to extant records ** observers during the Yi dynasty were sent by the Astronomer Royal to mountain sites, both on the mainland and on Kangwha Island, to observe celestial bodies near the horizon and observations were made from Mari San, the site of Tangoon's altar.

Tangoon moved his capital from the Ever White mountains to Pyeng Yang in 2311 B. C. and named the country

* Items of the Tangoon and the Kija periods are taken chiefly from the Tong-sa-nyun-pyo 東史年表 by Auh Yoon-chok 魚允廸 1915, where old authorities are cited but have not been consulted by the present writer.

** 星變測候單子 Daily Record of Changes in the Heavens, in the library of the Meteorological Observatory at Chemulpo.

Chosen 朝鮮 which means, "It received the sunlight earlier than the others." Pi-sa 秘詞 an astronomical or astrological work was written in 2247 B. C. by Sin Chi 神誌, who may be styled the first astronomer of Chosen. This work is listed in the Mun-hon-pi-go 文獻備考 1908, Book 246, p. 29, with some others of a similar nature attributed to the same period. Twenty years earlier than its date Prince Pu-ru 扶婁 had visited China and met Emperor Woo 禹 so we assume Chinese influence.

Astronomy came early to the aid of the farmers of Chosen. In 1682 B. C. Wang Myung-chi 王明知 made a calendar for use in agriculture. Wang Keum-suk 王金石 in 1375 B. C. is credited with astrological fore-knowledge of rain, drought, wind, frost and good or bad harvests. This information was given to the king so he could direct the agricultural activities of the people.

Kija Period, Quasi-historical 1122 B. C. to 193 B. C.

Kija came from China in 1122 B. C., but his route is unknown. One tradition says he came by sea and sailed up the Tai-tong river, "guided or at least influenced by the reigning constellation," With him came five thousand followers including scholars, astrologers, calendar makers, musicians, artisans and workmen skilled in "a hundred useful trades," Stone markers used in his system of land division are still pointed out.*

* His well-field law 井田法 정전법 divided arable land into squares, each one of which was sub-divided into nine smaller squares. These portions were then assigned to farmers, who worked the central square for government revenue. Thls land pattern, based on sets of parallel lines intersecting another set at right angles, and the system of revenue grounded in agriculture, the chief occupation of the people, indicate a high stage of civilization for that period in the history of mankind.

A stone tablet in Pyengyang marks a traditional site of Kija's well. Another interesting item is the measurement and standardization by sound about 1000 B. C. **

A few eclipses are given during the Kija period, but a complete record is lacking. The earliest was a solar eclipse on the last day of the fifth moon 722 B. C. Divination by unauthorized persons appears to have been attempted according to the following item. "In 685 B. C. a woman of Paing-won 彭原, named Ryung-oon 鈴雲, claiming to be the daughter of the Eastern Sea Dragon God, was greatly worshipped by the people for foretelling their fortunes and misfortunes by her foreknowledge of heaven, wind and rain. But the king hanged her for it."

Although it may be impossible to establish the historicity of items pertaining to the periods of Tangoon and Kija by means of extant documents, monuments or archeolgicial finds, it would be extremely difficult or impossible to interpret the early culture of Chosen without the accepted traditions. In the primitive culture we find that special attention was given to the observation of the heavenly bodies, including eclipses, for the evident purpose of directing human affairs especially in agriculture. The practical aspect, rather than the scientific, is clearly forecast. The exaltation of

---

* According to tradition a jar of water from Kija's well weighed more than ordinary water. "Heavy water," a modern scientific product, thus seems to be older than the recent discovery by Dr. Urey !

** The flute was used at a later period to standardize length, volume and weight according to Lowell (Chosen, the Land of the Morning Calm, p. 251) who quotes from the opening page of an Oriental text in mathematics. "The measures of length, of volume, and of weight are all derived from the length of a certain kind of flute. This flute is of bamboo, and its long-shortness such as to produce a particular note. A certain number of grains of millet of averge size make up a length equal to that of the flute. This grain of millet forms the unit of length. The flute will hold twelve hundred grains of millet. This is the unit of volume. The weight of the twelve hundred grains gives the unit of weight." Modern science uses light instead of sound to standardize the meter.

agriculture as an ethical duty, its direction by the sovereign, and its central position in religious rites and ceremonies made its regulation by means of astronomical observations and astrological formulas a state function of supreme importance.

The Three Kingdoms

Kokuryu	37 B. C. to 668 A. D.
Paikche	18 B. C. to 960
Silla	57 B. C. to 935

Histories of the Three Kingdoms, e. g. Sam-guk-sa-kui 三國史記 and Sam-guk-yu-sa 三國遺事, have greater claim to authenticity, although myths and legends still add color and charm to grey facts. Special attention is given to celestial phenomena, which in some way are closely related to the prosperity of the monarchs and to the rise and fall of kingdoms. The Mun-han-pi-go gives first place to the record of these phenomena in classified lists collected from observations made by the royal astronomical boards of the three countries. These will be discussed later.

Koguryu

Koguryu in the north was directly influenced by Lolang. The Good Harvest monument, 178 A. D., standing by the roadside on a plain in North Pyeng-an Province, and the tablet 414 A. D., near the General's Tomb across the Yalu river bear witness. The latter testifies : "Abundant harvests confirmed his righteous rule." Game of the state hunt during the third moon was sacrificed to heaven and mother earth. In addition to the four symbolic animals, previously mentioned, on the walls of the Great Tombs, other astronomical paintings are found in the tombs of Koguryu. The Twin Pillar tomb near Shin-chi-do has on the north wall above the early conception of Eum-yang a representation of the Seven Stars and other constellations. (Figure 14). A symbol of the sun, a three-legged crow in a circle (Figure 15), also appears and a series of circular forms, some with halos which look like representations of the sun with metorological phenomena. There are several symbols of the much fabled moon ; in addition to the hare, there is an animal resembling a turtle, or it may be as Gale calls it a squatty toad.* (Figure 16.)

Although many observations are credited to Koguryu we have found no trace of an observatory. The most valued astronomical possession of that kingdom was the chart engraved in stone and presented to the king by the Emperor of China. The Tai-tong-ya-seung 大東野乘, vol. 5, p. 219, quoting the Yang-chon-to-sul 陽村圖說, says the stone was sunk in the Tai-tong river and lost at the time of the attack when Koguryu fell. The main part of its contents are preserved on the Celestial Planisphere of King Yi Tai-jo.** Some revision was made for that work, but the central astral chart remained unchanged. It contains the standaridized form of the constellations including 1463 stars according to our count. This agrees with a chart of the period of the three kingdoms in China, 221-238 A. D., that was called the Sam-ka-sung-to 三家星圖 and contained 283 constellations with 1464 stars. Probably its origin was earlier, as many of the asterisms agree with charts of the Chow and the Han periods. The Sam-Chai-to-hoi 三才圖會 published in 1609 continues this standard astrography which lasted practically unchanged for 2000 years. Nam Pyeng Kil 南秉吉 a noted astronomer of the ninteenth century in his Sung Kyung 星鏡, 1861, mentioned the Sam-ka-sung-to and harmonized the ancient star charts with modern star catalogues. The permanence of this old standardization and its conservative effect are very evident.

---

* The Han-wi-chong-syo 漢魏叢書 makes an interesting comment on the legends that a three-legged crow exists in the sun and that there lives a rabbit and a toad in the moon. The sun is the fire of heaven which is not different from that element here on the earth ; so there can be no living thing in the sun, because nothing can live in the fire. The moon is water, i. e. its element is water and even though there may be living things in the water, they are not the rabbit and the toad for they soon die in the water.

** The Transactions of the Korea Branch of the Royal Asiatic Society, Vol. 4. Part 3, 1913.

Paikche

Paikche is credited with an early knowledge of Eum-yang and the five elements and according to records in the Mun-hon-pi-go began astronomical observations soon after it was founded. No mention of an observatory has been found, but tradition says a natural rock near the bank of the river was used. The Chinese characters were adopted at an early date. Sansom says 374 A. D. * In 553 scholars were sent to Japan with books on divination and the calendar. Medicines were also taken. In 602 the monk Kwan Nuk 觀勒 went to Japan taking books on the calendar, astronomy and geomancy. He also taught astronomy to some Japanese, including the Emperor, according to the Hai-tong-ryuk-sa 海東繹史, Vol. 41.

Silla

The settlements of Chin-han 辰韓 in southeast Korea, influenced by Chinese influx at the time of the building of the Great Wall c. 225 B. C., united to make Pak-hyun-ku-se 朴赫居世 the first ruler of Su-ra-pul 徐羅伐 in 57 B. C. which took the name Silla about 500 years later. The calendar was in use at its beginning, but the method is unknown. Probably it followed the Chinese pattern. In 535, however, Silla had a calendar of its own. An envoy to China was questioned regarding the matter and the Chinese calendar was restored. The following century, Tok Pok 德福 went to Tang, mastered calendar making and set up a new Silla calendar beginning with the first month of the fourteenth year of Moon mu 文武王, 674. He followed the system of Yi Soon-pung 李淳風 who prepared calendars nine years in advance.

Evidence of Silla's status is attested by a request from the Mikado of Japan to send a physician. The record states that in 414 Kim Pa-chin Han Ki-moo 金波鎭 漢紀武 went and cured the Emperor. This evidently refers to two phy-

* Japan, a Short Cultural History, G. B. Sansom.

sicians instead of only the first one, who is sometimes named alone. Another physician Tokurai* went to Japan c. 468 and settled at Naniwa (Osaka) where he and his descendants practiced medicine. In 659 upon request two boxes of lodestone, natural ore with magnetic properties, were sent to China.

An outstanding event was the construction in 647 of the observatory which stands to-day to honor Queen Sun-dok 善德女王 under whose reign it was erected. (Figure 17). Its cylindrical or bottle shaped form, thirty-feet high, is familiar to all who are acquainted with Kyungju, the ancient capital. Claim was made over twenty years ago that it is the oldest structure in the world extant and intact built solely for observational work. Description here is unnecessary. From its top state astronomers kept a continual watch of the sky, day and night. When an important phenomenon occurred the record was dropped to a waiting messenger to carry it to the king. Occasionally, one of special significance necessitated a meeting of the entire royal astronomical board, whose deliberations reported to the king and his ministers, determined state affairs during the days of Silla's supremacy.

The astronomers of Silla and her great men were apparently quite free from some of the prevailing superstitions. Once Silla was saved by a meteor falling in the camp of invaders from Naknang forboding destruction. But in 647 when a meteor fell in the camp of Silla's troops and consternation prevailed the general ordered a kite to be raised carrying a lantern to show the enemy that the doom was reversed. Lack of survivals of symbols at Kyungju representing the four mythological animals so frequently found at Pyeng Yang and at Songdo was noted by the writer and confirmed by letter from Mr. Saito, the director of the museum at Kyungju. An explanation offered by Mr. Shin

---

* George Sarton, Introduction to the History of Science. Vol. 1, p. 393.

Han-chul is that in the north they were astrologers and in Silla they were astronomers. The names of these animals are found quite frequently in that locality applied to mountains, monasteries, ancient palaces, etc. but they do not seem to represent the geomancer's system.

In 717 a state Doctor of Mathematics 算博士 산박사 was appointed in addition to a Doctor of Medicine 醫學士 의학사. In 749 we find a Doctor of Astronomy 天文博士 천문박사 and three Doctors of the Water Clock 漏刻博士 루각박사. The first waterclock constructed in Korea was made at Whang Ryong monastery 皇龍寺 in 718. The time of the introduction of the sundial is not mentioned, probably it was in use at a much earlier date. A fragment of a plane sundial made of stone is preserved in the museum at Kyungju.

In 682 a monk from Tang, Toh Chung 道證 by name, presented an astronomical chart or uranorama to King Hyo Soh 孝昭王. This contrivance was made according to Yi Soon-poong's * theory of the heavens. Both heaven and earth were dome shaped surrounded by nothing. Day and night were produced by the appearing and disappearing of the sun and moon. The north star always visible was the upper center, the south pole star always hidden was the lower center and the equator was the middle center. A generation later a company of monks studied the movement of the moon and its phases along the zodiac. They made a contrivance with nine roads ** and containing thirty six holes.

*Yi Soon-poong was the author of the system of calendar making introduced from Tang just a few years earlier.

**The nine roads of the moon refer to its movement with reference to the ecliptic or yellow road. The orbit is inclined to the ecliptic (six degrees was the value used), so part of the time the moon is within the ecliptic, (to the north) where the negative influence prevails and part of the time outside (south) where the positive prevails. These positions or motions may occur in any one of the four quadrants, blue dragon, red bird, white tiger, or black tortoise, giving two each for the four remaining colors, blue, red, white and black. These with the yellow road make the nine roads of the moon.

Graduation was made by slits on a split bamboo. At the center of the instrument was an upright needle used as a pivot. Graduation was extended 147 degrees from the pole, i. e. including stars 57 degrees south of the equator. There were two centers and according to its rotation, motions and positions could be illustrated.

We have found no extant Korean book relating to Astronomy of this period, but Bishop Trollope mentions a calendar by Choi Chi-won 崔致遠 新羅年代曆 greatest literany light of Silla, which he says is now in Paris.* This is listed in Mun-hon-pi-go, Book 244, p. 2.

Astronomy in art as seen in the survivals in Kyung-ju is quite different from the north. Silla's art blossomed in stone and reached its highest expression in the Stone Cave Chapel. We previously mentioned the absence of the four symbolical animals. Instead we find the remains of carved stone figures with bodies of men and heads of animals encircling royal tombs. (Figures 18-21.) Correctly oriented according to compass assignment are the twelve animals of the zodiac used in the Orient : rat, ox, tiger, hare, dragon, snake, horse, sheep, monkey, cock, dog, pig.

Astronomical Records of the Three Kingdoms

The Korean records of some classes of astronomical and meteorological phenomena have been discussed by Japanese writers.** We have analyzed the records contained in the 1908 edition of the Mun-hon-pi-go, and will summarize the results.

---

*Transactions of the Korea Branch of the R.A.S., Vol. 21, p. 38, 1932.

**K. Hirayama, Leonid Meteors, Tenmon Geppo 天文月報 1912.

K. Wada, Rain Observations, Tenmon Geppo, 1913.

R. Sekiguti, Comets, Tenmon Geppo, 1917: Novae and Variable Stars, Tenmon Geppo, 1918.

Report on the Investigation of Observational Records in Ancient Korea 朝鮮古代觀測記錄調査報告 published by the Government Observatory of Chosen (Zinsen) 1917.

Eight comets are given in Kokuryu's list, fifteen in Paikche and twenty nine in Silla. Only two are repeated, i. e. they are found in the lists of both Kokuryu and Paikche. The question arises why there is no more duplication, as comets visible in one of the three kingdoms would in general be visible in all. Dr. Lee Won-chul suggests that the comets were credited to the place where they were first observed. There are two classes of comets according to the accepted teaching. The light of a broom 彗 혜 comet is produced by its nearing the sun. One seen in the evening will certainly point east and one visible near dawn will surely point west. That is in agreement with the general statement that the tail is directed away from the sun. The other class 孛 패 without a tail gives out its light in all directions, "Causing greater calamity than the former." In Europe as well as Asia comets were considered to be ill omens.

Including records of the following periods Halley's Comet was recorded at least eleven times in Korea and three additional ones are probable. Its appearance in 1066 is notable. At first it was classified as a tailless object, "as large as the moon;" then it suddenly became a broom comet.

Kokuryu recorded 11 solar eclipses, Paikche 26 and Silla 29. Silla's first recorded eclipse was in 54 B. C., just three years after the kingdom was founded. There is a break in its record of eclipses from 256 to 787. Records of other phenomena cover this period and we are left to wonder what became of 500 years of Silla's eclipse records. Again we note lack of duplication and cannot account for the method of assignment to the different kingdoms.

There are long lists of meteoric showers and the fall of meteorites. Some of the descriptive notes are very graphic. For example,—Meteors flew lengthwise and crosswise from evening until the next morning. Three meteorites fell into the King's court, striking one another and giving out lights like a scattering fire; heaven and earth quaked. A meteoric swarm fell from the west illuminating the night and dimming the moon. A large meteor flew east to west sounding like a thunderbolt.

The conjunctions of planets by twos, threes, fours and fives are recorded, also the occultation of stars and planets by the moon. The list of guest stars 客星 객성 seems to include both novae and variable stars. There are records of marvellous phenomena of the sun including sunspots. Some of the descriptions are very fantastic, defying identification. Others are recognizable as halos of different radii, coronas, parhelia, and arcs of these in various combinations. Meteorological phenomena, weather conditions, and freaks of nature occupy much space. They include rain, clouds, thunder, winds, fogs, frost, snow, peculiar weather, dark days, red sky, warm winters, sand storms, land slides, temporary gushing springs, swollen streams, etc. Earthquakes were also recorded under each dynasty. The Chun-won-ok-ryuk 天元玉曆 which is an astrological work of ten volumes, gives hundreds of colored pictures of meteorological and astronomical features of sun, moon and planets and cloud-like forms in the heavens among the stars.

Koryu, 918 –1392

Koryu was founded by Wangun in 918 with capital at Songdo, and the last king of Silla abandoned his throne in 935 to accept the clemency of the ruler of the new kingdom. During the tenth century Buddhism flourished in Koryu, schools were established, agricultural implements were improved and iron money was circulated. Classics were obtained from China ; the national system of examinations, previously used in Silla, was instituted ; and physicians were sent to the twelve provinces. (According to the Tong-sa-nyun-pyo).

The Sa-jik altar was constructed in 991, where offerings were made to the earth god and to the spirit of the harvest. Elaborate ceremonies were performed three times a year, at the vernal and autumnal equinoxes and the winter solstice. The clepsydra marked time for the priests conducting the services. Students of the period also marked the passing of time at night by the length of candle consumed. The sundial was used quite extensively. About the middle of the eleventh century the kingdom had reached its zenith. In 1065 the king cut his hair and became a Buddhist monk. The Sam-kuk-sa-kui, chief source of the history of the Three Kingdoms, was compiled in 1145 by Kim Poo-sik 金富軾

But astronomy appears to have suffered an eclipse. In 993 the Kitan calendar was adopted as a friendly gesture to a dangerous neighbor in the north. Back and forth went the calendar as the tide of battle turned. Later it followed the fortune of the conquering Mongols and finally the triumph of the Mings. In spite of these disturbances, however, a real effort was made to maintain an observatory and an astronomical board. The remains of the observatory may be seen near the palace ruins, at Songdo. (Figure 22). The names Man-wul-tai 滿月臺 and Mang wul-tai 望月臺 have been confused in Korean history and popular use. They seem to apply to the palace and not to the observatory, which is referred to in the Chung-kyung-chi 中京誌 as Chum-sung-tai 瞻星臺 west of Man-wul-tai. The present status of the observatory consists of a stone platform about ten feet square supported by five upright stones ten feet high. On the top of the platform at the corners are holes in the stones about six inches in diameter that appear like footings for pillars to support another story.

The astronomical and meteorological records of Koryu are preserved in the Mun-hon-pi-go in a form similar to the previous period. 138 solar eclipses are recorded, 13 of which the notes state could not be observed on account of clouds, the bane of astronomers of all races and ages. During the period that the capital was moved to Kangwha Island to escape the Mongols and later when the king was a hostage in a foreign land the record of eclipses went on without interruption. On one occasion the head of the Board of Astronomers prophesied an eclipse that did not occur and was duly punished. Altogether 70 comets were observed. A record was made of the day of their appearance, change of position, length of tail and time of disappearance. Notes of special features were also added. Other astronomical phenomena like those of the former period were recorded.

In the Ko-ryu-sa 高麗史 is given a separate list of sunspots, thirty four in all, from 1024 to 1383. Some were as large as an egg, a peach, pear or a plum. One in the eighth moon of 1258 as large as an egg one day, became like a doll the next day. These records antedate Galileo, who was credited in the west with the discovery of sunspots by means of his newly invented telescope in 1609. Sunspots visible to the naked eye are frequent and records were made in China during the early centuries A. D.

Much attention was given to the making of calendars. The acceptance of a foreign calendar was more than a mark of respect for that country or a recognition of its superiority; it constituted a tacit form of allegiance. In 1022 Prince Han Cho 韓祚 returned from China with astrological books, classics and calendars. In 1053 five calendars were compiled by Koreans.

Sip-chung-ryuk * 十精曆 by Kim Sung-taik 金成澤
Chil-yo- ryuk 七曜曆 by Yi In- hyun 李仁顯
Kyun-hang-ryuk 見行曆 by Han Wi-haing 韓爲行
Toon-kap-ryuk 遁甲曆 by Ryang Wun-ho 梁元虎
and Tai-il-ryuk 太一曆 by Kim Chung 金 正

The Ku-chip-ryuk 九執曆 embodied a system of calendar making according to which the heavens as well as the sun and the moon turn to the left controlling the change of day and night. And according to its doctrine the days come around slower than the revolution of the heavens. This seems to be a recognition that the sidereal day is shorter than the solar day.

---

* Mentioned by Father Hunt, who edited Bishop Trollope's article "Corean Books and Their Authors" in the Korea Branch R. A. S. Transactions. Vol. XXI.

Prince Chung Sun 忠宣 went to China and studied the method of the Su-si-ryuk 授時曆 a calendar system that originated in 1280 and which he desired to introduce into Koryu. The Su-si-ryuk was recognized as the best luni-solar calendar system in the Far East before the influence of the Jesuits. Choi Sung-chi 崔誠之, whose death occurred in 1292, was given 100 pounds of gold as a research fund to develop the Su-si-yuk-pop 授時曆法. This was followed in 1298 by the Su-si-ryuk-chup-pop-nip-sung 授 時 曆 捷 法 立 成 by Kang Po 姜保. This is the oldest work listed as astronomical by a Korean author that we have located in this country. The copy in the Keijo University Library, however, appears like a later edition. There is a companion volume, undated, the Su-si-ryuk-nip-sung 授時曆立成, credited to Wang Soon 王恂. a Chinese emperor, that was probably used in connection with it. Kang Po gave an empirical method of determining the years in advance, based upon a tropical year of 395.2425 days a synodic month of 29.530593 days, values correct within about one part in one million and one in six millions respectively. As these values are both too large, their ratio, which is the essential factor, was still more accurate. The determination of the lunar phases was fundamental and the method was developed at great length. Kang Po was a recognized authority in this field and may be considered as the outstanding astronomer of the Koryu period. The companion volume contains a method of determining sunrise and sunset, of computing an ephemeris of the sun and moon and determining the positions of the five planets. It appears probable that a third volume belonged to the set and has been lost. In addition to the subjects treated by the methods given, calendars usually included the beginning and end of each one of the twenty four solar periods, the prediction of eclipses, conjunctions of planets and other astronomical data, as well as the forecasting of propitious and unpropitious days.

Others mentioned in connection with astronomy or the calendar during the Koryu period include the following.

Yi Sin-whang 李神貺 1058 was well versed in astronomy and astrology, following the order by King Mun Chong 文宗王 that special attention should be given to the subject. Myo Chung 妙淸 was head of the office of the clepsydra in 1134. Kim Duk Myung 金德明 made a calendar in 1218. And last but not least we give honor to Oh Yun-boo 伍允孚, an authority in astronomy who died in 1305. He was a faithful observer ; though it was exceedingly cold or hot he continued to observe without fail all night long. He produced an astronomical chart 天文圖 천문도 which is said to have harmonized all the doctrines. He also acquired a wide reputation as an astrologer. Even the Chinese emperor requested his services and marvellous stories are told of his predictions that came true.

An interesting occurrence is associated with No-in Star 老人星 or Old Man Star. This is Canopus, visible only in latitudes farther south, Quelpart, for example. In 1170 some one told King Wie Chong 毅宗 regarding it and he offered sacrifice to the star in the inner palace. He then sent the prince and other couriers to all the temples to have sacrifices made. He composed music for the ceremonies and ordered it to be given in celebration of the star. As Canopus is so far south (the astronomy of that period gave its polar distance as 143 degrees) it comes above the horizon even in Quelpart or South China for a very brief period. Its observation was a good omen and insured a happy old age. According to one account it appeared in the morning at the time of the autumnal equinox and disappeared in the evening of the vernal equinox.

Only an occasional voice was raised against the superstitions that prevailed during the Koryu period. Once when a meteor fell at Whang-joo there was much ado, because a fakir prophesied that the end of the world was near. One of the officials, however, called attention to the fact that such phenomena were frequently seen and he had the offender punished. A Chinese envoy gave a drab picture of the customs of the day. He mentions especially the use of superstitious practices in disease. They believed in evil spirits, applied Eum-yang principles and refused to take medicine. No one would visit a sick person, not even a father or a son. He says that Nam Chool 藍茁, a physician from China, taught them for the first time how to use medicine. That seems strange when we consider that Silla and Paikche knew its use ; also at its beginning Koryu had physicians. Nam Chool, however, according to the account, built a dispensary near Po-chai monastery, practiced medicine and sold drugs in competition to the prevailing methods of the sorceress and other worse treatments for disease.

Astrology and divination by means of the Eum-yang system was widely practiced and entered into affairs of state as well as into the lives of the people. The four mythological animals were emblazoned in glowing colors and fantastic forms on the flags and banners of Koryu. The O-pang-ke 五方旗 sported the five colors of the five directions with their implied significance. In the Songdo museum are stone coffins or urns with the "four deities" engraved on their sides. Mirrors are covered with inscriptions of animals, characters and symbols used in divination. (Figure 23). And the portends pointed to the fall of Koryu after a stormy period of nearly 500 years. during which a few brave souls struggled to keep up the true spirit of astronomical observation.

The Yi Dynasty, 1362-1910

The founder of the dynasty, King Yi Tai-jo, established his capital at Seoul, which he occupied in 1394 with a new court and equipage. He drew around him a group of able advisers and completely reorganized the departments of the government.

The astronomers of the fallen dynasty were considered incompetent, so a new board, the Su-woon-kwan 書雲觀, was organized and set to work. All books pertaining to astronomy, astrology and geomancy were newly compiled in 1394. One of the computers, Kim Tu 金恕, who was given the task of determining an eclipse of the moon in 1398 and it did not occur as predicted, was discharged and punished. A clepsydra was placed at the Chong No bell house in 1398 (not the present bell, which was cast in 1468) in order that the bell might ring at the right hour for curfew and give correct time for the city of Seoul.

But the greatest achievement of the new board was the production of the Celestial Planisphere of Yi Tai-jo, (Figure 24) completed in December, 1395. It is the best work of the period and incorporates the salient features of Korean astronomy at the close of the fourteenth century. Kwon Keun 權近 one of the king's most trustworthy officials, was commissioned to make the record. Ryu Pang-taik 柳方澤 supervised the computations and Sul Kyung-su 偰慶壽 inscribed the characters, that were engraved on stone. Astronomers who assisted in the work included :

Kwon Chung-wha 權仲和
No Eul-choon 盧乙俊
Chi Sin-won 池臣源
Chun Yoon-kwon 田潤權
Kim Hoo 金 候
Choi Yoong 崔 融
Yoon In-yong 尹仁龍
Kim Toi 金 堆
Kim Cha-yoo 金自綏

A hand written copy of the chart, which lacks some of the material and does not display the careful symmetry of the accepted work, was made by Sul Chang-su 偰長壽, older brother of Kyung-su, the official scribe. It was signed in June 1395, just six months before the official copy. The most noticeable difference between the two is the inversion of the central astral chart. Tradition says that the work of Sul Chang-su was rejected by the king and he was beheaded. His punishment, if any, was not so severe, as works are credited to him at a later date and his death duly recorded in 1399. The date of his chart, June 1395, corresponds with the month when the revised list of meridian stars was completed and part one was written out ; so it appears more probable that this hand made copy may represent a stage in the development of the work, rather than an attempt to foist a premature copy on the king.

We have already mentioned the lost Pyeng-yang chart, a rubbing of which served as a model for the one ordered by Yi Tai-jo. But a large amount of the material of the old chart needed revision, chiefly on account of the precession of the equinoxes, which causes the longitude, of the stars to increase about 51 seconds per year. * (The difference in the equatorial coordinates, right ascension and declination, depends on the star's position on the celestial sphere.) The astronomers, therefore, made a new determination of the equinoxes and the solstices, and adjusted the ecliptic and the equator to the changed position among the constellations. The circle marking the limit of the circumpolar stars was fixed at 38 degrees to accord with the latitude of Seoul. They also compiled a new list of Choong-sung-ki 中星記 containing the meridian stars of dark and dawn for the 24 solar periods. The positions of the 28 zodiacal constellations (a selected star) were found to the nearest degree and recorded in north polar distance and right ascension. The 28 constellations were not uniform is size and combined by sevens comprised four quadrants of unequal extent—the Blue Dragon 75 degrees, Red Bird 112, White Tiger 80 and Black Tortoise 98¼.

The table of the 12 solar zodiacal divisions shows little evidence of revision. The old designations were used and the signs, approximately equal, were defined in terms of the lunar divisions. On the outer ring around the central astral chart were introduced the western signs of the zodiac with some differences from the modern names,—Aries, Taurus, Eum-Yang (Gemini), Cancer. Leo, Two Women

* The astronomer Kwak Su-kyeng 郭守慶 of Won 元 (the Yuen dynasty, 1280-1367) found the precession to be about one degree in seventy years according to Nam Pyeng-kil 南秉吉, a Korean astronomer, in his Syeng Kyeng 星鏡 1861. It is probable, however, that the corrections used by the revisers of the chart were empirical rather than theoretical.

(Virgo), Libra, Scorpio, Man and Horse (Sagittarius), Capricorn, Precious Water Bottle (Aquarius) and Pisces, (Table III).

According to the doctrine on the chart the sun is the astronomical great father, i. e. the concreted essence of the positive or masculine principle in nature ; while the moon is the astronomical great mother, the negative or feminine essence. They symbolize the king and the queen. Six theories of the heavens are presented.

1 The Hon-chun 渾天 or spherical heaven which Chang Hyung 張衡 recorded. He was the grand historiographer of the later Han dynasty and his system was accepted by the makers of the chart, and later by the Yun-gam-yu-han 淵鑑類函. An elaborate system something of this nature is described in the Mun-hon-pi-go, which credits it to the Cho-sa-chun-moon 楚詞天問, third century B. C. There are twelve layers of the heavens, the most distant is motionless, the second one (beginning with the farthest) is moving and produces the north and south poles and the equator, the third causes the north and south motion of the sun in its orbit about the earth, the fourth causes the east and west variation, the fifth moves the three walls, * the twenty eight constellations and fixed stars, the sixth Saturn, the seventh Jupiter, the eighth Mars, the ninth. the movement of the sun, which produces the ecliptic, the tenth Venus, the eleventh, Mercury and the twelfth, the moon making the white road. The long and short distances from the earth make the inside and the outside of each heaven. As the moon eclipses the sun it is nearer. But the moon can occult the five planets and the five planets with the moon can occult the stars, so the planets are higher than the moon and lower than the stars. Moreover, the planets can occult one another indicating the relative distances of each. The phases of the moon are correctly explained in this work.

* The three walls 三垣 were artificial boundaries setting off large areas of the celestial sphere from the central portion occupied by the emperor and his equipage.

The size of the heavens was determined with a flourish of great exactness. The Yun-kam-yu-ham accepts the distance from the earth to the heavens as 216,761½ li. The Syeng-ho-swai-syel-ryu-syen 星湖僿說類選 gives an ingenious method of finding the circumference of the heavens. In the method of enlarging a circle, one foot from the center makes two feet in diameter and six feet in circumference ; but two feet from the center makes four feet in diameter and twelve feet in circumference ; therefore one foot added to the distance (radius) requires six feet to be added to the circumference. Using 15,000 li as the radius of the earth the circumference is 90,000, but if we go 10,000 li toward heaven the circumference would be increased by 60,000. The distance to the heavens, however, is 216,871 li (the one-half is omitted), so the distance from the center of the earth to the heavens is 231,781 making the circumferences of the heavens 1,390,686 li.

2. The Kai-chun 蓋天 or canopy heaven, whose laws Chu Bi 周髀 expounded. The Chu-bi-san-kyung 周髀算經 is one of the most valuable of the ancient astronomical and mathematical works of China. It belongs to the Chow period, some 2000 or 3000 years ago. One writer places it at 1100 B. C. One of its amazing features is a table of the obliquity of the ecliptic every 500 years from 3000 B. C. It also contains some trigonometry. If this work was known in Korea in the days of the Three Kingdoms, which is very probable, their proficiency in astronomy is readily understood.

3. The Syen-Ya 宣夜 or night revealing heaven, whose laws were without a teacher. Wylie says in his notes on Chinese Literature that this system has not been handed down ; but native scholars suppose that there is a close resemblance between it and the system introduced by the Europeans.

4. The An-chun 安天 or stationary heaven, advocated by Oo Hi 虞喜 taught that the heavens are at rest and was illustrated by some sort of apparatus with movable parts

representing the celestial bodies. This may have been like the uronorama of Chien Lo Chih (c. 436).

5. The Heun-Chun 昕天 or dawn heaven advanced by Yo Sin 姚信 represented the heavens as a cylinder revolving on an axis.

6. Kung-chun 穹天 or lofty heaven advanced by Oo Yong recognized the absolute loftiness of the celestial vault.

7. The Yu-kam-yu-ham mentions also the Pang-chun 方天 or square heaven proposed by Wang Choong 王充 first century A. D. This corresponded with the idea of a square earth sustaining the heaven by pillars commemorated by five asterisms, Heavenly Pillars 天柱 of three stars each, located in the southeast. The form of the outline of the twenty eight constellations taken by themselves approaches a square. The theory was rejected, however, and was omitted from the chart.

In the Chung-kyeng-chi 中京誌 two theories of the heaven are expounded, which were advocated by two Koreans, Kim Mun-pyo's Sa-to-syel 金文豹-柶圖說 and Yi Kyeng-chang's Chu-chyen-syel 李慶昌-周天說. The former advocates a type of old philosophical system based on Eum-Yang and the five elements. The external round part of a ladle stands for heaven and the interior square part represents the earth.* So the earth is completely covered by heaven. The star at the center of all the stars is the axis star (pole star) around which are the 28 constellations, so the north star is protected by the multitude of stars surrounding it. The winter solstice is caused by the sun (fire) travelling through water, entering wood and earth and coming out into water again, which makes the day short. The vernal equinox is caused by the sun following water, entering wood, touching metal, again following water and emerging, which makes the day medium in length. The other seasons are explained similarly. In the Syeng-ho-swai-syel-ryu-syen

* It is probable that some type of apparatus was used to illustrate these parts.

星湖僿說類選 compiled from old sources we find the theory that the heaven is round and the earth is square supported by the following type of explanation. A square is usually flat and has four sides which make the four directions. (These taken with the center constitute the five classical directions, the O Pang). Man lives and walks on the earth, with the heaven surrounding him overhead. So we say that the earth is flat and square and the heaven is round or dome shaped.

Yi Kyeng-chang's theory is more astronomical in nature. The body of heaven is round in form, high at the center and low on the four sides. The circumference is $365\frac{1}{4}$ degrees. The north pole is 36 degrees out and the south pole is 36 degrees in, and both of these poles are stationary serving as the axis of heaven like the central pivot of a mill-stone. The middle high part is the center of heaven which is 55 degrees from the north pole. The ecliptic, equator, equinoxes and solstices are approximately correctly given. The heaven with the sun and the moon turn to the left (west) one revolution per day. The sun moves a little slowly falling behind one degree each day and the moon moves more slowly getting thirteen degrees behind. Altogether this makes 360 in round numbers for one year, which is usually accepted. But in fact one year is $365\frac{253}{940}$ days ($365\frac{1}{4}$) according to motion of the sun.

Sweeping reforms and rapid progress marked the first half of the fifteenth century, especially during the long and peaceful reign of King Sei Chong 世宗, 1419-1451. Movable metallic type, which were used as early as 1232 by Yi Kyoo-bo, ** 李奎報, were ordered by King Tai Chong 太宗 in 1403 to be cast in large quantities ; while the king and his son, who succeeded as King Sei Chong, worked together on their improvement. The native alphabet was invented.

* This value 36 degrees places the locality indicated by the theory at least one and a half degrees south of the latitude of Seoul. Is it Kyungju or China?

** Dr. Gale gives the reference, I-sang-kook, Hoo-Chip, Vol. XI.

Great literary works were printed in large quantities. Sei Chong, a patron of the arts and sciences, was especially fond of astronomy.

One of the early pronouncements of the Board of astronomers of the Yi period sounds a note of progress. According to this era of enlightenment unusual celestial phenomena such as eclipses, comets, guest stars, etc. were only natural occurrences and had nothing to do with politics. Advice was given on such occasions against the custom of making sacrifices and offering prayers and incantations to the spirits. Astrology was discredited. The rule of the Buddhists received a death blow. Tai Chong and Sei Chong had almanacs prepared for each year based upon those from China, but adapted for Korean use by their computers and kept at the astronomical office. Sei Chong announced that, "The prosperity of the state depends on the character of the government and not on the vagaries of wind and weather." As early as 1403 twelve men were selected to make a special study of astronomy. Under Sei Chong the Su-woon-kwan 書雲觀 was enlarged and raised to the status of Kwan-sang-kam 觀象監 and two stations were established one inside the Young-choo-gate 迎秋門 of Kyung-pok palace 景福宮 and the other at Kwang-wha-pang 廣化坊 at the north of the city, said to be the location of the surviving stone mount for celestial observations at the Whi Moon Higher Common School. Books on divination and geomancy were collected and destroyed, while authentic works on astronomy were sought and studied. In 1421 the Chun-moon-pi-ki 天文秘記 was obtained. The calendar systems mastered included the Sun-myung-ryuk 宣明曆 the Su-si ryuk 授時曆 and the Po-kio-hoi Po-chung-ryuk 步交會 步中曆.

King Sei Chong seems to have been specially fond of instrumental equipment and possessed a high degree of mechanical ability. When quite young he and his father, King Tai Chong, together made a water clock. In 1424 he had a Kyung-chum-kui 更點器 cast, which was a kind of clock patterned after a Chinese description. But the real astronomical program of Sei Chong began in 1432, when he gave an order to redetermine the altitude of the pole to obtain the latitude of Seoul, which was given as 38 degrees weak or 37½ degrees. This work necessitated new instruments, so he ordered Chung Cho 鄭招 and Chung In-chi 鄭麟趾 to design them and have them made. They responded by constructing a wooden one and a copper one. An additional program of constructing instruments required seven years and was carried out chiefly by Yi Chun 李蕆 and Chang Yung-sil 蔣英實. The instruments of this reign included the following,*

1. Sun dials of two different types, one of which could be used for determining the latitude. Plane sun dials were provided for two public places in the city of Seoul.

2. Clepsydras. A new one of improved model was installed in 1434 and a house for it and for reporting the time, the Po-roo-kak 報漏閣 was built, (Figure 25 gives a later instrument of similar type.)

3. A copper instrument for observing the culmination of meridian stars, selected with reference to the 24 solar divisions of the year.

4. An armillary sphere with circles to represent the horizon, the meridian, the equator and the ecliptic adjusted to represent their relationship for the latitude of Seoul.

5. A celestial globe, 10 feet 8½ inches (Korean measure) in circumference, with stars represented on its surface.

6. Four copper instruments (ring dials ?) used for finding direction and time by day or night, i. e. by sun or stars. Two were kept in Seoul and two were for the army.

7. Rain gauges. One was placed at the observatory Syo-oon-kwan 書雲觀 and in 1442 they were distributed to

---

* The Annals of the Yi Dynasty 李朝實錄 gives a very detailed description of the construction of some of these instruments. See for example the Automatic Water Clock, Book 65, p. 1－3. This description differs however, in some details from the brief one given below. Instead of beating a drum the twelve puppets carried placards displaying the time instead of beating a gong. Perhaps one system superceded the other.

every province, 200 years before rainfall records were kept in Europe. A rain gauge of this type is commemorated in front of the Prince Yi Household Museum. (Figure 25 at right of clepsydra.)

8. A puppet clock. This operated on the regular plan of a clepsydra but had additional mechanism. Three puppets on platforms presided over different parts of the instrument and twelve additional puppets gorgeously arrayed came out and beat the hours on a gong.

9. Another clock designed by the king himself. It consisted of an artifical mound over which a golden ball representing the sun passed during the day. Artificial scenery was provided corresponding to the solar divisions of the year. Puppets were also present to strike the hours of the day.

According to the Song-sa-nyen-pyo a new astronomical chart was engraved in 1432, but we have not followed its fate or fortune. In 1434 near the Kang-yung-chun 康寧殿 the Heum-kyung-kak 欽敬閣 was constructed and the planisphere of Yi Tai-jo was placed inside. A stand or mount called a Kan-wi-tai 簡儀臺 was made in 1438 on which to place some of the apparatus for use, such as the altitude instrument, ring dials, armillary spheres, sun dials, etc. For example, the Ang-pu-il-hyu 仰釜日晷 needed careful adjusting for measuring the position of the shadow at the time of midday sun. Observers were also sent to mountain sites on special occasions. From Sam-kak-san 三角山 a solar eclipse was observed in 1428, also both solar and lunar eclipses in 1440 and astronomers went to Sunrise Peak, Il-chool-pang 日出峯 in the Diamond Mountains for an eclipse of the sun in 1443. In 1434 a staff of 31 men was ordered to compute all the eclipses in the Tongkam Kang mok 通鑑綱目.

Sei Chong's reign was also very productive of astronomical works by Korean authors. In 1433 Chung In-chi, one of the men commissioned to make instruments the previous year, was ordered to compile the Chil-cheng-nai-oi-pyen 七政內外篇. A 1442 edition of this work in two volumes is in the Keijo University Library attributed to Cheng Hyen-chi 鄭銨之, Yi Soon-chi 李純之 and Kim Tam 金淡, and another edition by the last two authors Altogether 15 astronomical works of Sei Chong's reign are preserved in that library.

At the death of King Sei Chong an epidemic of typhus took many lives in Whang-hai province and threatened to spread more widely. Superstition and fear prevailed. But King Moon Chong 文宗 tried to assure the people that the trouble was not due to evil spirits nor to the dire effect of Eum-yang ; but to the evil doing of men. He exhorted all to good works in order that the curse might pass away.

The successors of Sei Chong made some effort to keep his instruments in repair and occasionally new ones were made. In 1454 a time tower was erected in which an improved clepsydra was kept and a bell gave out the hours of the day. The astronomical and meteorological observatories were repaired by order of King Syeng Chong 成宗 1489 and in 1491, learning that the time system was inaccurate, he ordered a special instrument, the Kyoo Pyo 窺標, for stellar observations and inaugurated a system of determining time by the stars.

But evil days had come. King Yun San's 燕山 rule was so abhorrent to high and low that the officials united against him. Even the astronomical charts of 1504 contained bad omens, so they were straightway confiscated by the king, which did not settle the affairs of state. In 1506 the irate king degraded the Kwan-sang-kam to a calendar office Sa-yuk-su 司曆署. His dethronement speedily followed and astronomy prospered under his successor, King Choong Chong 中宗 (1507-1545).

It was during this reign in 1525 that Yi Soon 李純 made a wonderful new Kwan-chun-ki 觀天器 an instrument for observing heaven, which Dr. Gale has erroneously called a telescope. The invention of the astronomical telescope by Galileo came the following century in 1609. Yi Soon's instrument was called a Mok-ryun 目輪 or eye wheel. It was fitted with circles and an index for finding the position of the celestial bodies. The old instruments were also repaired at this time by Yi Soon and new ones replaced those beyond repair. A new and improved armillary sphere, Hon-chun-wi 渾天儀, was made in 1548 and kept at the Hong-moon-kwan 弘文館. A renowned Syen-kui-ok-hyeng 璿機玉衡 was constructed in 1549 by this office and presented to the king. Hulbert styles it the Heavenly Measure and cites its construction as one of the evidences of the culture attained at the middle of the sixteenth century, which has been called the height of Yi civilization. It seems to have been a sort of astronomical clock rather than an observational instrument, designed to measure the time of day, the moon's position or day of the month and the sun's position or solar period of the year. The year 1550 saw the old instruments overhauled again and new ones constructed. The meridian stars were observed and standardized for dark and dawn.

The spirit of the times, including a deep yearning for physical truth in its assumed relation to spiritual or religious truth, is beautifully expressed in a brief passage by Yool-kok 栗谷 1536-1584, which is given in Dr. Gales "History of the Korean People."

"God's way is difficult to know and beyond our powers to explain. The sun and moon are in the heavens ; the days and nights go by, some longer, some shorter. Who made them so I wonder ? Sometimes these lights are seen together ; sometimes again they part, occasionally each eclipsed and narrowed down. What causes this? Five of the stars pass us on the line of the celestial warp ; while the rest swing by on the wings of the woof ! Can you tell definitely why these things are so ?"

"When do propitious stars appear, and when again will such uncanny things as comets ? Some say that the soul of creation has gone out and formed the stars. Is there any proof of this ? When the winds spring up, whence come they ? Sometimes, though it blows, the branches of the trees scarcely sing, while at other times forests are torn from the roots and houses hurled through the air. There is the gentle maiden wind, and again, there is the fierce typhoon. On what law do they depend ? How do the clouds form and how again do they dissipate into original space ? Who has charge of the thunder and the sharp strokes of lightning, the blinding flashes that accompany them and the roarings that shake the earth ? What does it mean ? Sometimes they strike men dead and sometimes other creatures. What law holds this in hand ? The frost kills the tender leaves while the dew makes all fresh and new again. Can you guess the law by which frosts and dew are given ? Rain comes forth from the clouds but again some clouds bear no rain. What causes this ?

"Flowers and blossoms have five petals while the flakes of snow have six. Why should this be ?"

"Is there any law by which we could do away with eclipses altogether and have the stars keep their wonted courses, so that the thunder shall not startle the world nor frost blight the hopes of summer ; that snows may not afflict us, nor hailstones deal out death and famine ; that no wild typhoons may rage; that there be no floods ; that all nature run straight and smooth ; and that heaven and earth work in sweet accord for the blessing of mankind? When shall we find such a religion ? All you great scholar chiefs, who are so deeply learned, I should think some of you would know. Open your hearts now and I will listen."

During the century of Yool-kok we find a group of men on the opposite side of the earth also yearning for truth : but they approached the problem by an entirely new method and blazed the trail for the rise of modern science. Copernicus advocated the heliocentric theory, which soon replaced the erroneous doctrine of a stationary earth. Tycho Brahe with improved instruments and methods of observation (before the invention of the telescope) obtained better data on the positions of the planets. Galileo challenged time-honored authority, which erroneously taught that objects fall according to their weight, and before the gaze of an astonished multitude composed of citizens, faculty and students, he dropped two balls of unequal weight from the leaning tower of Pisa and they fell side by side. He appealed not to authority nor to the occult, but directly to nature as the arbiter of nature's laws. Kepler, with his mystic genius and extensive mathematical labors, established his laws of planetary motion. These are the men, each of whose lives somewhat overlapped Yool-kok's, who paved the way for the answers to some of his questions regarding the physical universe.

The same guest stars blazed out and were recorded in Yool-kok's country as were observed by Tycho Brahe and by Kepler. Tycho Brahe's famous new star, Nov. 11, 1572, that turned this Danish prince into the greatest observational astronomer of the sixteenth century, is duly recorded in the list given in the Mun-hon-pi-go. It appeared beside Chaik Sung 策星 a single star on the Korean chart (in Cassiopeia) and was as large as Venus. But it turned no one of Yool-kok's race to a scientific study of the heavens. Kepler's nova, Sep. 30, 1604, is also in the record, according to which it was yellowish red, fluctuated in brightness and gradually decreased in magnitude.

The later part of the sixteenth century witnessed the devastation of the Hideoshi invasion and the beginning of the seventeenth brought an effort toward rebuilding and recovery only to be followed in 1627 and 1636 by the Manchu hordes. A new Heum-kyung-kak was erected in 1614 just inside the Syu-rin-moon 瑞麟門 of Chang-duk Palace 昌德宮 which stood until removed by King Hyo-chong 孝宗 in 1656 when he built the Man-su-chun 萬壽殿. In the same year 1614 a new Po-roo-kak 報漏閣 or place for time service was also provided.

Korea first entertained Europeans during the seventeenth century. Three Dutch sailors, sent ashore for water in 1627, were detained for life. Two died in battle against the Manchus and one, John Wettevree, became a useful advisor and interpreter of the court. Thirty-six shipwrecked sailors from a Dutch ship reached the shore of Quelpart in 1653 and were taken as prisoners to Seoul. Eight of them including the leader, Hendrick Hamel, escaped thirteen years later. Korea evidently learned little of value from these visitors.

Of greater import was her contact with foreigners in China. Chyeng Too-won 鄭斗源 an envoy to China in 1631 met an aged foreigner in the capital, Kyeng Sa 京師, who was called Yook Yak-han 陸若漢 and was a friend of Yi Mai-tou 利瑪竇 Matteo Ricci. This probably refers to Father Jean de la Roque, who was 97 years old at that time. He went to visit the envoy, who described him as strong and active, even superhuman in appearance. His country was 10,000 miles away and three years were required to reach it. He knew how to make cannon and used his skill to assist the Chinese army. He was well versed in astronomy and calendar making, so his system was used in China. Chyeng Too-won asked for a cannon to take home for the Korean king and received a list of books and instruments, a calendar, two books on astronomy one of which was by Ricci, two books on the telescope, a volume on the manners and customs of western countries and a book on cannon and their use. He also received additional equipment including an astronomical chart, a telescope valued at 3 or 4 hundred ryang, with which objects could be seen 100 li, "even the smallest things in the enemy's camp", a type of sundial which indicated the directions and the movement of the sun and moon and an automatic bell which rang every twelve hours. The cannon could be fired by a flint without using a fuse, was four or five times as powerful as a Korean fowling piece and as fast as the spirit of gun powder.

From this description taken from the Kook-chyo-po-kam 國朝寶鑑 it appears that the telescope was prized for terrestrial use, but no mention is made of its application in astronomy.

At the fall of the fortress Nam Han 南漢, where the king had taken refuge, royal hostages were demanded by the Manchus and taken to Mukden. Some of these went to Peking in 1644 when the conquerors occupied the throne of China. A close friendship developed between the young Korean Crown Prince* and the German Jesuit Adam Schall (Tang Yak-mang 湯若望), an exile and a missionary who met on foreign soil. The prince writing to Schall afterward mentions this intimate friendship, as close as a "blood-contract," and adds, "It passes my comprehension to understand by what secret power of nature this has been brought about. And I can only surmise that the souls of men are drawn to one another by their common Devotion to Truth, however widely separated they may be from one another on the earth's surface." When the Prince left for Korea he took with him presents from Schall including works on science and religion, a map of the world and a celestial globe. Acknowledging the gifts he mentions the latter especially. "The globe and the books on astronomy are works of such indispensable importance in any state, that I can hardly credit my good fortune in having them."

Before the influence of the westerners the reputation of the Korean calendar makers was wide spread. An admiral of Myung, Mo Mun-ryong 毛文龍 obtained a Korean calendar by special request in 1625. Soon afterward, however, at the time of the Manchu invasion in 1627, the Koreans were advised to adopt the Manchu calendar. The systems that followed were in an unsettled condition, due not merely to politics, but chiefly to the errors that had accumulated in the Chinese calendar. In 1634 the Koreans used their own method and found in 1639 that they differed from the Chung Calendar, in which they found mistakes. The head of the astronomical board, Kim Yuk 金堉, in 1645 was asked by the king to reform the calendar. Soon afterward Han

* See Bishop Trollope's interesting account in Korea Magazine, Vol. II, p. 386, 1918.

Heung-il 韓興一 went to Peking where he obtained a book, the Sin-ryuk-hyo-sik 新曆曉式 by Adam Schall and was ordered to study the method. In 1648 Hong Kei-won came back from Peking with Chung calendars called the Si-hun-ryuk 時憲曆 and an astronomical official, Song In-ryong 宋仁龍, was sent to China to study the western method. In 1649, however, the use of the method was prohibited. The commissioner met Adam Schall only once during his visit but was told what books to secure. The Roo-cha-cho-chaik 縷子草冊 in 15 voumes was also recommended and a star chart ten feet in length for use in astronomy. In 1653 the calendar from China agreed with the one made by a Korean, Kim Sang-pum 金尙范, who had studied in Peking. The whole problem of calendar reform in China was finally adjusted by Nam Hoi-in 南懷仁 Ferdinand Verbiest, who was in China from 1660 to 1688 and became the head of the Royal Astronomical Board

A Syen-kui-ok-hyung 璿機玉衡 or kind of astronomical clock was ordered by King Hyo Chong in 1657. Hong Chu-yoon 洪處尹 attempted its construction, but the result was not a complete success. Afterward a magistrate, Choi Yoo-chi 崔攸之 by name, was found, who had contrived an instrument of that kind, so he was ordered to make one for the king. According to the Mun-hon-pi-go it moved automatically by the motion of water and indicated very accurately the degrees of movement of the sun and the moon as well as the time of day.

A somewhat similar clock, that is however, run by weights and is probably of a later date, is at the home of Mr. Kim Sung-soo 金性洙 who kindly permitted us to photograph it. (Figure 26). The length is about four feet, height of main part three feet three inches and width one foot nine inches. The astronomical sphere has a diameter of sixteen inches and the terrestrial globe about three and a half. The time of day is given by disks carried around on a vertical wheel and displayed through a window at the side. The position of the sun is given on the band representing the ecliptic, which marks the 24 solar divisions of the year. The motion of the moon is indicated on the ring representing its orbit, which is divided by pegs to mark the 27 lunar constellations. The mechanism is driven by two weights, one for the wheels and gears of the time piece, which is regulated by a pendulum with simple escapement; and the other for the striking device, which contains several iron balls and releases them to roll down a trough and trip the hammer that strikes the gong, then they are lifted by paddles on a rotating wheel to repeat the process. The geography of the terrestrial globe includes some sixteenth century voyages of discovery. The maps of the Old World and of South America are quite natural; but North America appears to have suffered from the effect of an explosion, as it consists of several islands with very irregular outline.

Attention was again given to the repair of the astronomical instruments in 1664. The armillary sphere of Choi yoo-chi 崔攸之 is especially mentioned. This is the year also of the Nyek-tai-yo-sung-nok 歷代妖星錄 of Kim Ik-nyom 金益廉.

At the Chemulpo Meteorological Observatory are preserved some of the Daily Observational Records 星變測候單子 of the old Royal Astronomical Board. The sign Kwan-Sang-Kam 觀象監 that hung over the old entrance may be seen in the hallway of the second story; a broken sundial and some old raingauges adorn the front yard. Although many of the records are lost, portions of the following years survive, 1661, 1664, 1668, 1695, 1702, 1723, 1759, 1760. Of special interest are the observations and drawings of the Great Comet of 1664. Observations, accompanied by many illustrations made by hand, are recorded from the date of its discovery, Oct. 9 (lunar) until its disappearance about 80 days later. These observations were made regularly every night with the exception of a few when clouds prevented. Figures 27 and 28 represent its position and extent on two successive nights, Oct. 27 and 28, with the head in the constellation Chin 軫, or Corvus and tail extending into

Ik 翼, Wing of the Red Bird, or Crater. A slight change of the position of the head is clearly indicated for this brief time interval, but there is little change of form. Change of the position, form of head and extent of tail, may be seen in the additional drawings, figures 29 and 30, on Nov. 5 and Nov. 7, respectively, when the head was below Chang 張 and the tail extended northwest 25 or 30 degrees past Sung 星, Alphard or Alpha Hydrae. After this it rapidly receded, grew fainter and disappeared on Dec. 29.

In spite of the excellent observational work of the astronomers, the comet of 1664 produced an undue amount of fear and consternation. This was undoubtedly enhanced by the fact that there were two comets visible at the same time. Hendrick Hamel the shipwrecked Dutchman, gives an interesting account of the effect produced.* A blazing star appeared and after that two at once; the first was seen in the southeast for about two months, the other in the southwest, but their tails were opposite against one another. The court was alarmed. The king doubled the guards in all ports and on the ships. The troops were exercised and preparation was made to withstand invasion. No fires or lights were permitted in houses near the sea.

The Mun-hon-pi-go records only one comet in 1664. Altogether 79 comets were observed during the Yi period and 100 solar eclipses.

According to Syeng Chu-tok 成周悳, a writer near the end of the eighteenth century, the rules regarding the method of observing, and preparing reports were very detailed and exacting and varied according to the nature of the object. For comets, in addition to the general instructions (covering date, time, condition of sky, direction or position in constellation, polar distance, brightness compared with near star, color of object, place and time of disappearance,) there were instructions regarding form of head and change of appearance, direction of tail, its length and width,

* Reprint, *R. A. S. Transactions*, Vol. IX. 1918.

luminosity of different parts, change of position among the constellations and final disappearance.

The regulations regarding observations classified the phenomena and gave a description of each class. These included not only celestial objects, but also other natural phenomena especially meteorological. Much attention was given to strange or unusual phenomena such as,—a white rainbow piercing the sun or moon, earthquakes of two kinds the Chi Tong 地動 or severe quake and the ordinary Chi Chin 地震, guest stars i. e. novae and variables, fire balls that fell in the day time and comets of various kinds, (in one class only a head was visible, another had an appendage like a flag, another a long tail).

Among the ordinary phenomena both solar and lunar eclipses were emphasized. Exact time of the beginning, the point of contact with reference to the directions, east, west, south and north, the duration, and exact time of the end. Drawings were also made especially to illustrate the magnitude of the eclipse at different times. Black spots in the sun were observed, also a large number of different forms of halos, coronas and parhelia, special attention being given to color and brightness, occultations of the planets by the moon, also when it approached within a unit's distance and "offended" 犯 a planet. Another case was when the planet "entered" 入 the moon. Occultations of stars and close approach by the moon were also recorded. Day time observations of Venus were noted. Two kinds of meteors were designated, those coming down were shooting stars and those ascending were flying stars. The record included place from which it came, direction and distance, shape, size, luminosity, color, rumble or detonation. Other phenomena to be observed included clouds, auroras, rainbows, thunder, lightning, hail, frost, snow, fog, rain and "earth rain," when mud fell.

The meteorological record books are extremely interesting. Rain fall records began in 1442 under King Sei Chong and rain gauges were distributed to the various provinces. After each rain, the report was sent to the central office. This was about two centuries before rainfall was measured in Europe. The Korean records are complete for four centuries. During part of the time the weather record book contained entries every hour of the day and night. In one of these books is a good drawing of a partial lunar eclipse, the work of one of the men on duty the night of its occurrence.

King Sook-Chong 肅宗 (1674-1720) ordered Yi Min-chul 李敏哲 to repair the instruments of the preceding reign. The Heum-kyung-kak of his day was said to be just outside the Kum-ho gate 金虎門 of Chang-kyung Palace 昌慶宮 near the site of the remains of the old observatory mount in the zoological gardens of the Prince Yi Household Museum grounds. The king also found that the marble planisphere of Yi Tai-jo was partly illegible due to fire and age, so he ordered a new stone to be engraved and built a new house for it, but the old model was left at Kyung-pok palace. Under King Yung Cho 英祖 (1724-1776) it was placed with the new stone. Now they are lying side by side at the rear of one of the main buildings of the museum.

Again the calendar needed attention. The astronomical board selected a mathematician Ho Won 許遠 who was sent to Yen Kyeng 燕京 to secure a copy of the Si-hon-pop 時憲法 another work on calendar making. He also obtained a Chil-cheng-pyo 七政表 an ephemeries of the seven bodies,—sun, moon and five planets, for the use of the computers. This was followed in 1708 by the adoption of the new system, Si-hon-ryuk-o-sung-pop 時憲曆五星法, said to be based on the five planets. A work by Ho Won dated 1710, the Sei-cho-ryu-hui 細草類彙, is in the Keijo University Library.

New instruments were ordered by King Kyeng Chong 景宗 including a Moon-sin-chong 問辰鍾 which was a sort of clock that announced the hours by means of a bell. A new clepsydra was also constructed. Both of these instruments were made according to foreign designs. King Yung Cho also gave special attention to the instruments; new ones were added and a new building for them was provided. A new model of the solar system was ordered. The yard stick was standardized and replicas were sent to all the provinces. In 1732 he instructed the astronomers to measure the height of the pole in every province and county of the land. (This was the year of the birth of George Washington !) The calendar received attention in 1736, when the Chil-chung-paik-choong ryuk 七政百中曆 appeared, which included in its reckoning the seven bodies,—sun, moon and five planets.

According to a record, Pi-kuk-tung-rok 備局謄錄 in the Mun-hon-pi-go there were two interpreters, An Kook-rin 安國麟 and Pyeng Choong-wha 卞重和 with an envoy to China in 1741, who frequented the Catholic Church and formed close friendships with two foreigners, Tai Chin-hyen 戴進賢, I. Koegler, a German, and Syo Mu-tok 徐懋德, A. Pereyra, a Portuguese. From these foreigners they obtained ephemerides of the sun, moon and planets, tables for the computers, a list of solar and lunar eclipses and works on mathematics and jurisprudence.

The year 1770 is memorable on account of the completion of the Mun-hon-pi-go, which had required the work of a staff of scholars for 46 years. Rain gauges were again distributed throughout the provinces in the same year. In 1772 was another volume on the calendar system of the seven astronomical bodies, the Si-hun-chil-chung-paik-choong-ryuk 時憲七政百中曆, which was apparently related to the work of 1736 previously mentioned. The Chun-sai-ryuk 千歲曆 or Thousand Year Calendar System in three volumes was published in 1782. In 1811 the astronomers reported that the stars had moved another degree (possibly they meant since 1736) and the calendar system again needed to be revised. An official was sent to Peking to obtain a new method from the Chinese board of astronomers. The Korean calendar makers appear to have less independence at this time than in the palmy days of King Sei Chong.

The ordinary duties of the astronomical board and the work of the observers continued unabated during the closing years of the eighteenth century under King Chyeng Cho 正祖. In 1792 the height of the pole star was measured throughout the provinces. Several astronomical works were produced about this time. Among the authors may be mentioned especially Cho Chin-kyoo 曺震圭 and Kim Yung 金泳.

A reaction against foreigners set in before the end of the reign of King Yung Cho (1725-1777). Although orders were given against them, little definite action was taken against them by this ruler. Active persecution began about 1785, extreme measures followed and wide spread martyrdom took place in 1801.

Eclipse records, both solar and lunar, at the beginning of the nineteenth century were very good and contained much detail. The time of the beginning and end of a solar eclipse, i. e. the first and last contacts, were given, also their positions or directions on the solar disk. In the case of total eclipses the second and third contacts were noted and the length of totality was recorded. One in 1808 was "eaten" for twelve minutes and seventeen seconds; another in 1814 was completely eaten for four minutes and eleven seconds. The great comet of 1811 is mentioned in the Annals of the Yi Dynasty, but for some unknown reason it does not appear in the list of Mun-hon-pi-go. The middle of the nineteenth century saw the rise of two noted astronomers, the brothers, Nam Pyeng-kil 南秉吉 and Nam Pyeng-chul 南秉哲, also the production of several excellent astronomical books. Part of the credit should undoubtedly go to Kim Chung-hui 金正喜, the teacher of Nam Pyeng-kil. His own work, however, follows the old Chinese philosophical school. The Great Absolute 太極 is located at the north pole which is the uttermost part of the universe. Here were produced the two principles the Eum and the Yang, from which came the four figures and the eight trigrams. He draws some parallels between the physical and the abstract realms and forms a cycle which seems to envelop the chief principles.

In a word the Tai Keuk 太極 Great Absolute, is the Tai Il 太一 Great One, and the Tai Il is the Pook Sin 北神, Spirit of the North, and the Pook Sin is the Pook Keuk 北極, the North Pole.

In addition to the two Nam brothers, Yi Choon-yang 李俊養 Yi Sang-hyek 李尙爀 have left books of that period; the latter was a good mathematician as well as an astronomer. Nam-Pyong kil was the outstanding astronomical writer. His Syeng-kyeng 星鏡 gives interesting historical material in the introduction. He credits the astronomers of Chou (1122 B. C. to 255 B. C.) with first definite knowledge of the location and apparent motion of the twenty eight constellations. Beginning with early star charts he makes comparisons, notes the chief differences, especially the addition of the southern constellations in the revised Wi-sang-chi 儀象誌 of 1674. He includes in the comparison the modern works introduced by foreigners based on the measurements of Flamsteed and Cassini. The classification and numbers by magnitudes are given as well as the positions in right ascension and declination. A detailed comparison of the old and the new was made, noting the number of stars lacking in the various constellations of the old charts, explaining and condoning their imperfections, bringing harmony out of chaos by accepting the accurate position and magnitude work of the western astronomers. His value and direction of the stars due to the precession of the equinoxes were correct, but he seemed to hold the idea that the change was due to a real systematic motion of the stars 51 seconds eastward every year. The only instrument he describes is a Chuk-to-wi 赤道儀 a sort of ring dial used for measuring the position of a star. Two stationary circles at right angles represent the meridian and the equator. A third circle just inside the interlocked pair rotates on an axis through the north and south poles and may be put at any hour angle. An index arm swings on a pivot at the center of the hour circle. The two motions are sufficient to measure hour angle and declination.

On the old star charts the idea of the magnitude* of the stars is omitted; the stars are all represented by symbols of the same appearance. In the Mun-hon-pi-go we find that the magnitude of the fixed stars is divided into six classes:—The first is 68 times the size of the earth, the second is twenty eight, third eleven, fourth four and one-half, fifth one and one eighteenth and the sixth only one-third as large as the earth.

There appears to have been no notable changes in the methods of observation during the nineteenth century. Indeed the extended records in the revised Mun-hon-pi-go of 1908 read very much the same during the latter part of the Yi dynasty as they do for the periods of the Three Kingdoms and of Koryu. The last return of Halley's comet before the end of the record was in 1835. Although it had a tail estimated by European observers to be 20 to 30 degrees in length, it is lacking in the Korean list. Its preceeding return in 1759 was the one predicted by Halley, which occurred after his death. Although it was less brilliant and could be seen better in the southern hemisphere than in the north a good description is given in the Korean record. Other astronomical and meteorological phenomena were observed as in the earlier periods including eclipses, meteors, guest stars, occultation, etc. We have found no mention of the astronomical use of the telescope by the Koreans. This is not conclusive however, but it seems safe to say that it was not regularly employed. The standardized and stereotyped system of observations felt no need of this modern innovation. When the astronomer Lowell visited Korea in 1884 he found that the probable error of a time determination by Korean observers was about four minutes.

Some instruments that survive from the latter part of the Yi period are kept in the Yi Household Museum, part of which we photographed with the kind permission of

* Stellar magnitude does not signify size, but degree of apparent luminosity.

the director, Mr. Shimokoriyama. (Figures 31-33). These survivals, with the exception of the stone planisphere and the clepsydra, scarcely do justice to the instruments described in the Korean annals. A small armillary sphere, an old iron clock frame, two astrolabes, several small sun dials, and a moon dial or month measure constitute the collection photographed. Near the planisphere are two smaller stones, which appear to be very accurate plane sun dials, as the curves representing the projection of the sun's shadow at different seasons of the year are very smooth and well engraved.

The stone mount for celestial observations located at the Whi Moon Higher Common School, Seoul, (Figure 34), is an interesting survival of the period. Another one is in the Zoological Garden of the Prince Yi Household Museum.

In 1894 the Gregorian calendar (solar) was inserted in the lunar; but in 1896 the solar was made official. The lunar is published with it, year by year, and still indicates the season for seed time and harvest and regulates a multitude of affairs in the daily routine of Korean life. In 1904 a "ten thousand year calendar" was made.

A comparatively modern scientfic work in astronomy was translated and adapted by Chyeng Yeng-taik 鄭永澤 and published in 1908. Much attention is given to the appearance of the stars and constellations, also to a description of the planets and their motions, real and apparent, and to eclipses and comets, including the danger of a collision of the earth with a comet. Little emphasis is placed on the celestial bodies, although the topic, elements existing in the stars, is briefly presented. The laws of spectrum analysis, put on a scientific basis in 1859, which constitute one of the greatest contributions to science during the nineteenth century and have revolutionized the subject of astronomy, are not given a place in the list of subjects presented. The spectrosope, which did as much for science in the nineteenth century as the telescope did in the seventeenth, is likewise passed without due consideration. Without these two eyes of the modern observatory, the astronomy of the twentieth century would be very similar in many respects to the astronomy of the days of King Sei Chong and not far advanced beyond the nights when the royal astronomers of Silla kept watch of the heavens from the top of the old observatory at Kyungju.

Table I. The 28 Zodiacal Constellations

	The 28 Constellations			No. of Stars	Western Constellation in which located	Animal
	靑龍	**청룡**			**Blue Dragon. East**	
1	角	각	Horn	2	Virgo	Terrestrial Dragon
2	亢	항	Neck	4	Virgo	*Celestial Dragon
3	氐	저	Root	4	Libra	Badger
4	房	방	Room	4	Scorpio	*Hare
5	心	심	Heart	3	Scorpio	Fox
6	尾	미	Tail	9	Scorpio	*Tiger
7	箕	기	Sieve	4	Sagittarius	Leopard
	玄武	**현무**			**Black Tortoise. North**	
8	斗	두	Measure	6	Sagittarius	Griffin
9	牛	우	Ox	6	Capricorn	*Ox
10	女	녀	Girl	4	Capricorn	Bat
11	虛	허	Empty	2	Aquarius	*Rat
12	危	위	Danger	3	Aquarius and Pegasus	Swallow
13	室	실	House	2	Pegasus	*Boar
14	壁	벽	Wall	2	Pegasus and Andromeda	Porcupine
	白虎	**백호**			**White Tiger. West**	
15	奎	규	Astride	16	Andromeda and Pisces	Wolf
16	婁	루	Void	3	Aries	*Dog
17	胃	위	Stomach	3	Aries	Pheasant
18	昴	묘	Pleiades	7	Pleiades	*Cock
19	畢	필	End	8	Hyades	Raven
20	觜	자	Bird's bill	3	Orion	*Monkey
21	參	삼	Mix	10	Orion	Ape
	朱雀	**주작**			**Red Bird. South**	
22	井	정	Well	8	Gemini	Tapir
23	鬼	귀	Spirits	5	Cancer	*Sheep
24	柳	류	Willow	8	Hydra	Muntjak
25	星	성	Star	7	Hydra	*Horse
26	張	장	Draw a bow	6	Hydra	Deer
27	翼	익	Wing	22	Crater and Hydra	*Serpent
28	軫	진	Crossbar	4	Corvus	Worm

* Starred animals belong also to the 12 Zodiacal divisions

Table II. Ten Stems and Correlations

Stems	Direction	Element	Color	Planet	Celestial Division	28 Constellations (Note order, ENWS)
1 甲 갑 2 乙 을	East	Wood	Blue	Jupiter	Blue Dragon	角亢氐房心尾箕 각 항 저 방 심 미 기
3 丙 병 4 丁 정	South	Fire	Red	Mars	Red Bird	井鬼柳星張翼軫 정 귀 류 성 장 익 진
5 戊 무 6 己 기	Center	Earth	Yellow	Saturn	Emperor and Court	(Pole star, seven stars and others)
7 庚 경 8 辛 신	West	Metal	White	Venus	White Tiger	奎婁胃昴畢觜參 규 루 위 묘 필 자 삼
9 壬 임 10 癸 계	North	Water	Black	Mercury	Black Tortoise	斗牛女虛危室壁 두 우 녀 허 위 실 벽

Table III. Twelve Branches and Correlations

Branches	Direction	Hour	Animal	Astrological terms	Names on star chart	Zodiacal signs	
子 자	N	11-1 AM	Rat	神後 신후	玄枵 현효	寶缾宮 보병궁	Precious water bottle (aquarius)
丑 축	NNE	1-3	Ox	大吉 대길	星紀 성기	磨竭宮 마갈궁	Ma Kal (Capricorn)
寅 인	ENE	3-5	Tiger	功曹 공조	析木 석목	人馬宮 인마궁	Man and Horse (Sagittarius)
卯 묘	E	5-7	Hare	太衝 태충	大火 대화	天蝎宮 천갈궁	Celestial Scorpion (Scorpio)
辰 진	ESE	7-9	Dragon	天閏 천운	壽星 수성	天秤宮 천평궁	Celestial Balance (Libra)
巳 사	SSE	9-1	Serpent	太卜 태복	鶉尾 순미	雙女宮 쌍녀궁	Two Women (Virgo)
午 오	S	11-1 PM	Horse	勝光 승광	鶉火 순화	師子宮 사자궁	Lion (Leo)
未 미	SSW	1-3	Sheep	小吉 소길	鶉首 순수	巨蟹宮 거해궁	Great Crab (Cancer)
申 신	WSW	3-5	Monkey	傳送 전송	實沈 실침	陰陽宮 음양궁	Eum-yang (Gemini)
酉 유	W	5-7	Cock	從魁 종괴	大梁 대량	金牛宮 금우궁	Golden Bull (Taurus)
戌 술	WNW	7-9	Dog	天魁 천괴	降婁 강루	白羊宮 백양궁	White Sheep (Aries)
亥 해	NNW	9-11	Pig	登明 등명	娶訾 취자	雙魚宮 쌍어궁	Two Fish (Pisces)

Table IV, 24 Solar Periods

No.	Hanja	Korean	English	No.	Hanja	Korean	English
1	冬至	동지	Winter solstice	13	夏至	하지	Summer solstice
2	小寒	소한	Slight cold	14	小暑	소서	Slight heat
3	大寒	대한	Severe cold	15	大暑	대서	Great heat
4	立春	입춘	Spring begins	16	立秋	입추	Antumn begins
5	雨水	우수	Rainy weather	17	處暑	처서	End of heat
6	驚蟄	경칩	Excited insects	18	白露	백로	White dew
7	春分	춘분	Vernal equinox	19	秋分	추분	Autumnal equinox
8	淸明	청명	Clear and bright	20	寒露	한로	Cold dew
9	穀雨	곡우	Crop rains	21	霜降	상강	Frost descends
10	立夏	입하	Summer begins	22	立冬	입동	Winter begins
11	小滿	소만	Grain fills	23	小雪	소설	Slight snow
12	芒種	망종	Grain in ear	24	大雪	대설	Heavy snow

ACKNOWLEDGMENTS

This work has been possible only through the kindness and generosity of a host of friends in Korea. Thanks are especially due to the following. First and foremost to Dr. and Mrs. H. H. Underwood for their hospitality, the use of their library and the facilities of the Chosen Christian College; to Dr. George Paik for the use of the research room and valuable help of Mr. Shin Han-chul, research assistant ; to Professor Chung In-po for help in Chinese reference and difficult passages ; to librarian Dr. M. M. Lee, translator Mr. Kim Moon-sam, photographer Mr. Cynn Che-rin, draftsman Mr. Chyun Chai-whan and secretary Miss Dora Ahn, for valuable service ; to Father Hunt for books from the Landis Library ; and from first to last to Dr. Lee Won-chul, who has been a constant aid and guide in locating new sources of material, visiting libraries, both public and private, museums, observatories and historic sites.

Only the surface of the subject of Korean Astronomy has been touched in this paper and a mere glimpse has been caught of the wealth of material. We have enjoyed skimming the surface ; but we did not intend to delve so deep that we would lose sight of our main purpose in visiting Korea after an absence of eighteen years. Our chief pleasure has been the fellowship of friends old and new among the foreigners, Koreans and Japanese in this land where we spent ten happy years of the prime of life. We leave with new memories to add to our store, as we turn toward the silent future with the thought that we may not pass this way again.

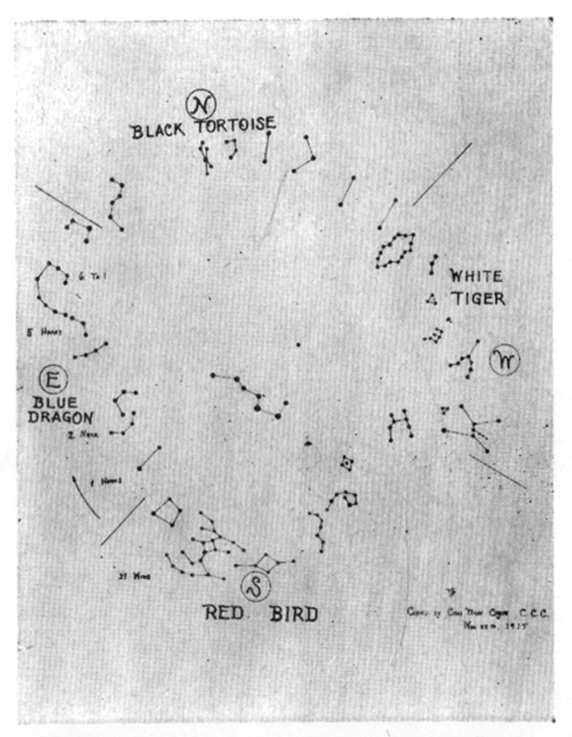

Fig. 1. Twenty-eight Zodiacal Constellations

Fig. 2. Blue Dragon. Ancient Tomb, Samyori

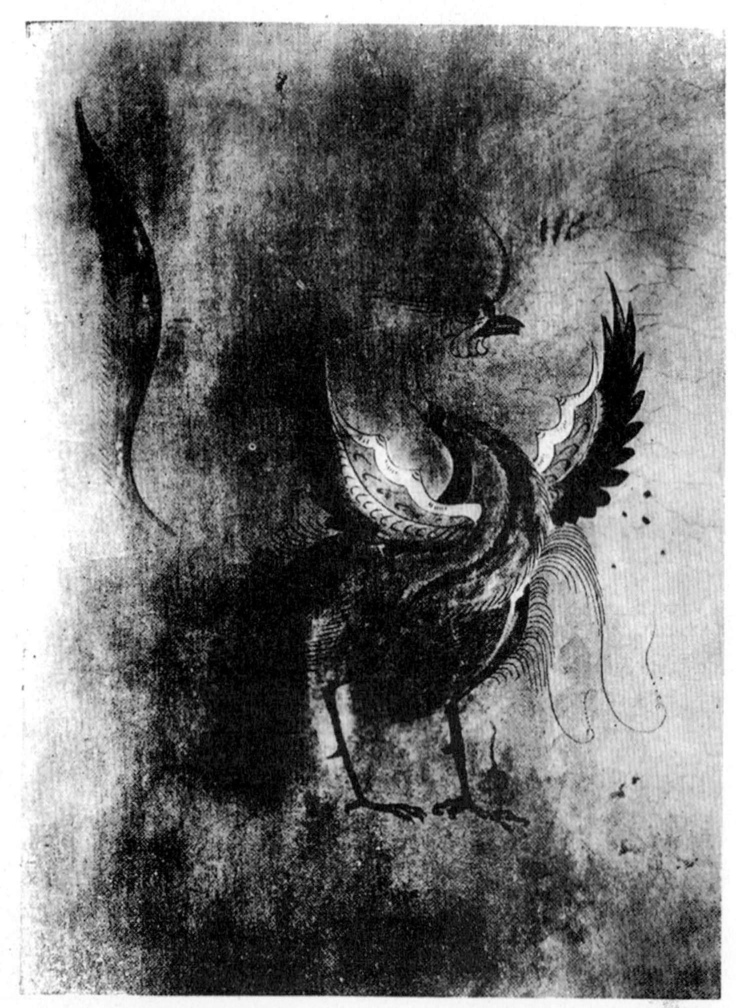

Fig. 3. Red Phoenix Ancient Tomb, Samyori

Fig. 4. White Tiger. Ancient Tomb, Samyori

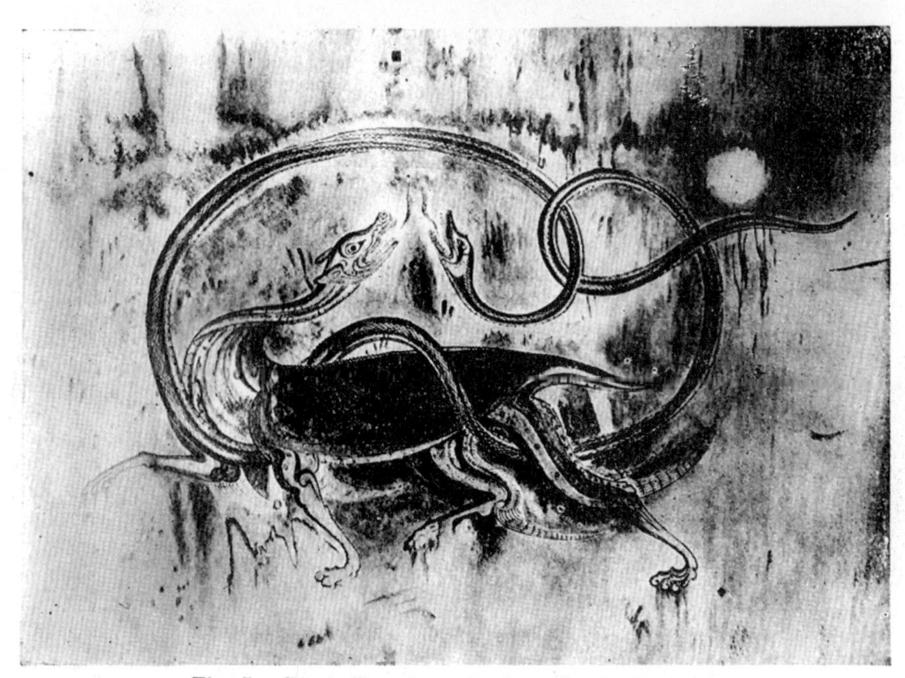

Fig. 5. Black Tortoise. Ancient Tomb, Samyori

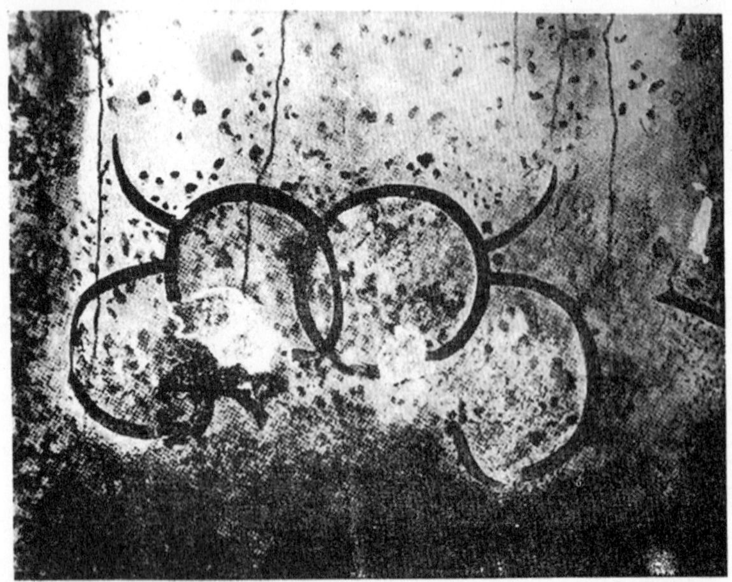

Fig. 6. Eum-Yang. Kokuryu

Fig. 7. Eum-Yang in Yi Art

Fig. 8. Symbol of Moon. Tang influence

Fig. 9. Symbol of Moon. Han tile

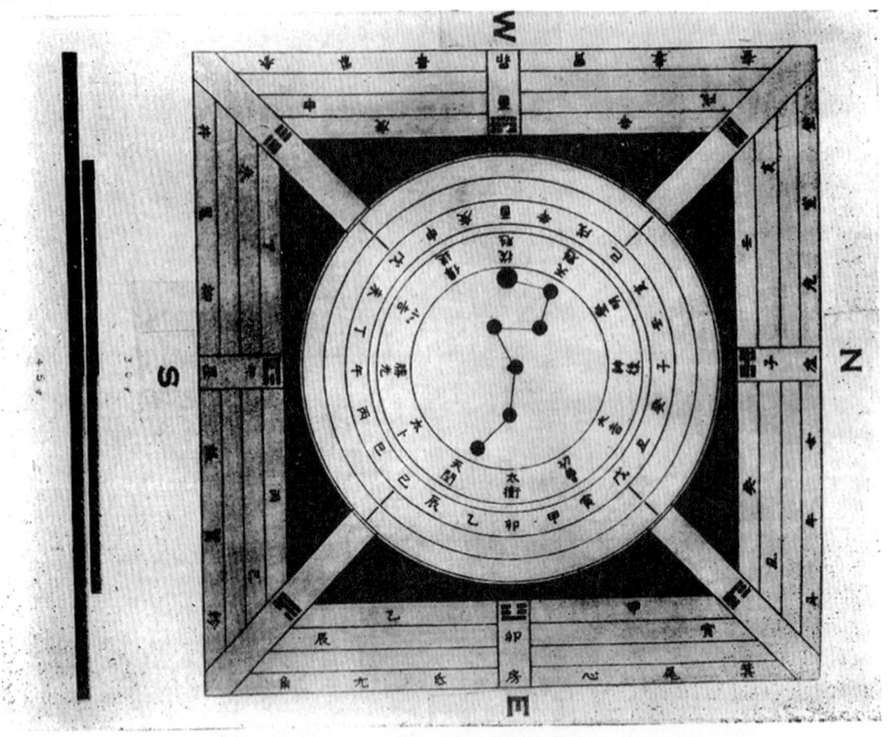

Fig. 10. Divination Diagram

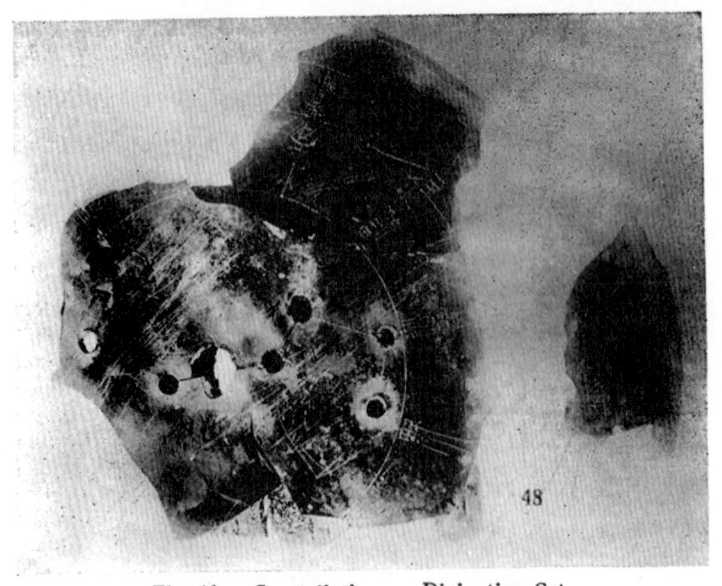

Fig. 11. Constellation on Divination Set

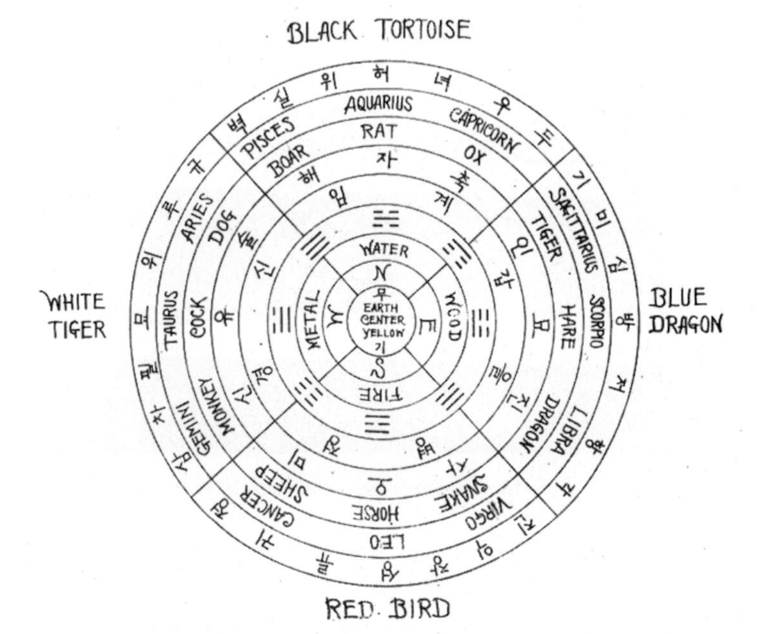

Fig. 12. Correlations

Fig. 13. Tangoon's Altar. (Kindness of Dr. H. H. Underwood)

Fig. 14. Seven Stars and Sun (?)

Fig. 15. Symbol of Sun. Kokuryu

Fig. 16. Symbol of Moon. Kokuryu

Fig. 17. Silla Observatory. Kyungju

Fig. 18. Dragon. Fifth Zodiacal sign

Fig. 19. Snake. Sixth Zodiacal sign

Fig. 20. Horse. Seventh Zodiacal sign

Fig. 21. Sheep. Eighth Zodiacal sign

Fig. 22. Remains of Songdo Observatory

Fig. 23. Mirror at Songdo Museum

Fig. 24. Planisphere of King Yi-Tai-jo

Fig. 25. Clepsydra and Rain-gauge

Fig. 26. Astronomical Clock

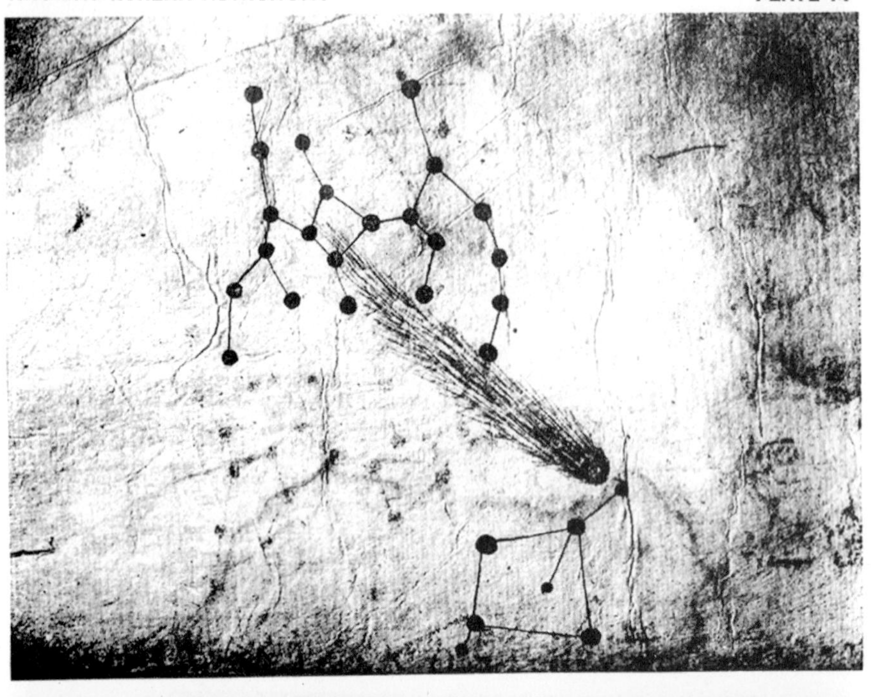

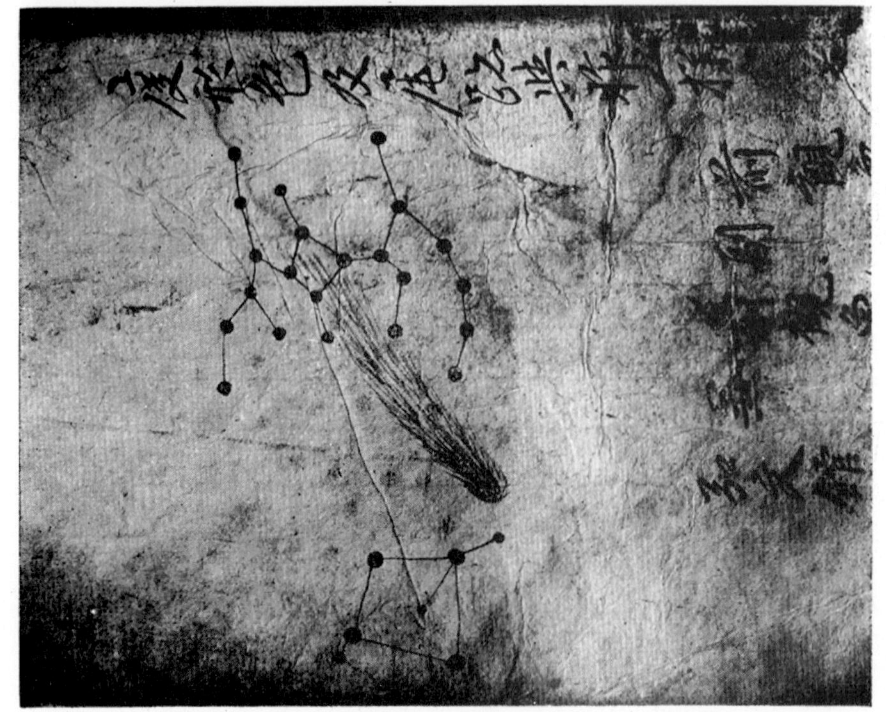

Fig. 27 and 28. Sketches of Comet. No. 1. and No. 2

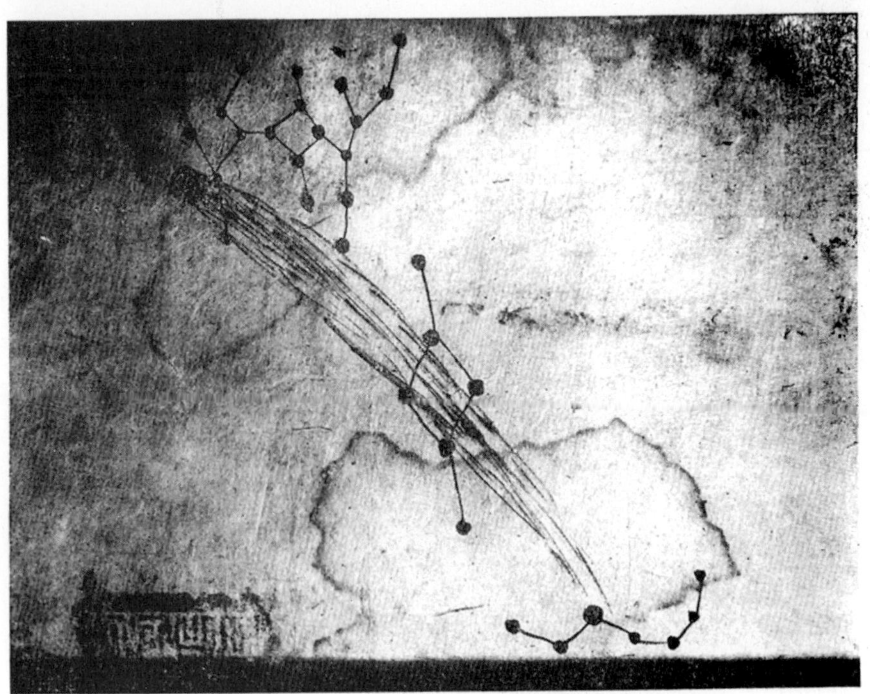

Fig. 29 and 30. Sketches of Comet. No. 3. and No. 4

Fig. 31. Iron Clock Frame and Astrolobe. Yi

Fig. 32. Sundials, Astrolobe and Armillary Sphere. Yi

Fig. 33. Oblique Sundial and Moondial. Yi

Fig. 34. The Yi Observatory. Seoul

PUBLICATIONS OF THE OBSERVATORY

OF THE UNIVERSITY OF MICHIGAN,

VOLUME VI, NO. 5.

PUBLISHED FROM THE ORLANDO B. WHEELER FUND.

THE VARIABLE RADIAL VELOCITY OF THE STAR, B.D. + 56° 2617 (A).

BY W. CARL RUFUS.

INTRODUCTION.

This star is the brightest component of the visual quadruple, β 1143, R.A. $21^h\ 35^m.9$, Dec. + 57° 02′. It is also H.D. 206,267, ptm. mag. 5.64 and spectral class Oe5. The proposed new Harvard classification is O6;[1] and Victoria, O6nk.[2]

In general the lines are broad and diffuse, frequently showing irregular distribution of intensity within the line, sometimes having a relatively strong absorption nucleus centrally or eccentrically located and occasionally presenting a more complicated structure, giving in some cases the appearance of doubling. No bright lines are certainly present, but faint emission borders are sometimes visible.

The nature of the spectrum makes the measurement of line displacements rather difficult. Lines of the Balmer series of hydrogen from Hβ to Hη give the most consistent results. Other measured lines include He_{I} 4026, 4471 and occasionally 4009, 4121, 4388, 4713 and 4922; He_{II} 4200 (with N_{III}), 4542 and 4686; Si_{IV} 4089 and rarely 4116; N_{III} 4097; Mg_{II} 4481; and O_{II} 4649. Some other lines of these elements including also N_{II} and Si_{III} have been measured, but have not been used for radial velocities. The detached lines H and K of Ca_{II} are strong and sharp.

The variable radial velocity of this star was discovered by the writer Jan. 14, 1920, and announced the same year.[3] Six plates gave a velocity range for the hydrogen lines from + 92.6 to − 65.2. The H and K lines of Ca_{II} appeared to be nearly stationary, giving a range of only 8 km. The helium lines, though difficult to measure, indicated a smaller range of displacement than hydrogen.[4]

R. H. Curtiss and K. W. Halbert with the above results and 14 additional plates made in 1920 obtained a provisional period of 2.47561 days (unpublished).

An earlier orbit was determined by J. S. Plaskett from 28 plates made at

[1] Bull HCO 878, 3 (1930).
[2] Pub DAO *5*, 154 (1931).
[3] AphJ *51*, 252 (1920).
[4] Footnote, Proc NAS Wash *10*, 267 (1924).

45

Victoria, 1921–1923,[5] with a period of 1.36372 days. He mentioned, however, some very large residuals, greater than the errors of measurement would be expected to produce and suggested as a possible explanation the presence of the spectrum of a companion star.

Curtiss and Plaskett corresponded regarding the period and Curtiss adopted the Victoria period with a small correction necessary to adjust the earlier observations made at Ann Arbor. This revised period was 1.364014 days. Isolating the H and He velocities Curtiss obtained a lag of phase of He with respect to H and possibly a smaller range.[6]

Otto Struve included this star in a paper on "Erroneous Periods of Spectroscopic Binaries."[7] He gave the published period as 1.3605 days (a modification of Plaskett's original period)[8] and the true period 3.7105 days from the relationship in sidereal days, $p_1 = \frac{p_2}{p_2 - 1}$ where $p_1 > p_2 > 1$ day.

It is interesting to note that the first period by Curtiss and Halbert, 2.4756 days, very nearly equals two-thirds of the period given by Struve.

Plaskett, using Struve's period, then published "A Correction to the Orbit of + 56° 2617"[9] in which the following elements are given.

Plaskett's Elements of B.D. + 56° 2617 (A).

P	3.71063	± 0.00036 day
e	0.1879	± 0.0333
K	75.29	± 2.34 km/sec.
ω	57°.36	± 7°.64
T	2,422,889.413	± 0.123 J.D.
γ	− 7.99 km/sec.	
$a \sin i$	3,773,300 km.	
Mass function	0.155⊙.	

Ann Arbor Observations.

Ninety eight plates have been made with the one-prism spectrograph attached to the 37½-inch reflecting telescope of this observatory. Three plates were underexposed and rejected. The remaining plates have been measured by five different individuals,—Rufus, Curtiss, Halbert, Hough and Mohler. Twenty five

[5] Pub DAO *2*, 269 (1923).
[6] Unpublished notes by R. H. Curtiss.
[7] Pop Astr *36*, 411 (1928).
[8] Communicated by letter.
[9] Pub DAO *4*, 108 (1928).

plates were measured twice, two were measured three times. In addition to these measurements 10 early plate measurements by Halbert were rejected and several by Mohler included only a few lines and were remeasured.

The 95 observations are given in Table I and include the plate number, date, Julian day, the phase from a given epoch using a period of 3.70972 days, and the radial velocities from the hydrogen lines.

Preliminary Work.

Our dispersion table includes 26 star lines, about 12 of which were consistently present and measurable; about 18 or 20 were occasionally measured.

Individual line velocities referred to the sun were assembled on a data sheet, including each plate and repetition for each measurer. There is some evidence that repetition of measurement increases the accuracy of the results as the weighted means adopted for the individual line velocities appear in general to give more consistent values.

On account of our early discovery that the helium line displacements did not agree with the hydrogen, the lines were divided into groups by elements and degree of ionization, and as the hydrogen lines appeared to give the best results the preliminary work including the determination of period depended on the data from hydrogen alone. Six lines of the Balmer series, Hβ to Hη were used, and weighted means were obtained for each plate. The weights were assigned by consideration of the quality of the line and the size of its residual; in general the weight of Hγ was two or three times the weight of the other individual lines.

Phases were computed using the Plaskett-Curtiss short period and three velocity curves were formed by dividing the plates into three groups,—early 1918–21, intermediate 1923–25 and late 1931–32. Curves with well-determined maxima and minima were obtained and a correction to the period was applied to bring them into agreement. All the data were then combined using the corrected short period, 1.36395 day, and considering the quality of the lines an apparently satisfactory velocity curve was obtained.

Phases were then computed using the long period. Three velocity curves were formed as before and a correction to the period was applied giving 3.70972 day. It was then noted that when use was made of the corrected shorter period 1.36395 day as p_2, the relationship for alternate periods gives 3.70956 for p_1, a difference from the independently and empirically determined long period of only 0.00016 day, or one part in about 23,000.

Some attention was then given to the third possible alternate period of 0.7859 day. Many large residuals were found due chiefly without doubt to the fact that the observations were not all made at exactly the same hour angle and the shorter period gives greater discrepancies for observations made at intervals that are not exact multiples of one sidereal day. In general the Ann Arbor observations were made at nearly the same hour angle of the star, as the mounting of the telescope with spectrograph attached prevents observations in the east on stars with declination as great as + 56° 2617 without reversing the telescope, which involves some additional time and inconvenience.

The Struve-Plaskett long period with the correction here applied has been adopted for the following reasons: 1. The general scattering of the individual velocities from the empirical curves is smaller for the three-day period than for the one-day period. 2. The Victoria observations made at a different longitude from Ann Arbor, appear to fit better in the long-period curve. The Victoria velocities, however, are based upon all lines measured and may not be directly comparable with the Ann Arbor results which are based upon hydrogen alone. 3. One Ann Arbor plate, 12103, made with the telescope reversed at hour angle $3^h\ 8^m$ east gives a very large residual, about 60 km., in the short period curve and a much smaller residual, only a few kilometers, in the long period curve. These reasons seemed sufficient for adopting the long period without performing the labor required to compute and compare the residuals for the two periods.

The Orbit from the Hydrogen Lines.

The 95 observations from the hydrogen lines (See Table 1) separated into

TABLE 1.

Observations of B.D. + 56° 2617 (A).

Plate No.	Date	J.D.	Phase	Hydrogen Velocity	Wt.
	1915	2,420,			
3364	Nov. 9	811.600	3.22	+80.0	2
	1918	2,421,			
5069	July 20	795.857	0.69	−47.6	2
5073	July 25	800.812	1.94	−23.3	2
5094	Aug. 7	813.750	0.04	+44.0	2
5100	Aug. 10	816.791	3.08	+79.0	2
5104	Aug. 12	818.757	1.33	−66.2	1
	1920	2,422,			
5646	July 26	532.759	3.07	+79.6	2
5648	July 27	533.822	0.42	−41.4	1
5653	July 29	535.820	2.41	+18.2	2
5658	Aug. 2	539.800	2.69	+45.8	2
5660	Aug. 2	539.812	2.70	+52.3	2
5668	Aug. 11	548.725	0.47	−63.5	1
5677	Aug. 18	555.752	0.09	+28.9	2
5686	Aug. 24	561.691	2.32	+17.8	1
5754	Oct. 12	610.673	3.06	+99.9	1
5766	Oct. 17	615.675	0.65	−53.7	2
5774	Oct. 20	618.692	3.67	+40.8	2
5803	Nov. 13	642.670	1.68	−58.3	2

TABLE 1—*Continued.*

OBSERVATIONS OF B.D. + 56° 2617 (A).

Plate No.	Date	J.D.	Phase	Hydrogen Velocity	Wt.
	1921				
5936	July 29	900.771	0.11	+22.9	2
5937	July 30	901.796	1.13	−76.2	2
5946	Aug. 5	907.756	3.38	+55.3	2
6004	Sept. 23	956.632	0.32	+ 4.2	2
	1923	2,423,			
6309	July 16	617.804	1.16	−75.9	2
6321	July 19	620.811	0.46	−18.6	2
6397	Aug. 23	655.812	2.08	−20.7	2
6424	Aug. 28	660.705	3.26	+83.2	2
6492	Oct. 2	695.650	1.11	−84.4	2
6531	Oct. 9	702.715	0.74	−62.8	2
6566	Oct. 25	718.666	1.86	−37.7	2
6579	Nov. 1	725.652	1.43	−63.6	2
	1924				
6916	June 30	967.816	2.46	−16.6	½
6938	July 3	970.826	1.76	−47.6	1
6957	July 10	977.850	1.37	−87.8	1
6975	July 15	982.798	2.61	+21.0	½
6992	July 22	989.788	2.18	−17.8	1
		2,424,			
7031	Aug. 7	005.811	3.36	+79.2	1
7049	Aug. 14	012.697	2.83	+72.5	1
7094	Aug. 21	019.781	2.50	+35.9	1
7103	Aug. 22	020.740	3.45	+86.8	½
7162	Aug. 27	025.684	0.97	−101.4	½
7172	Aug. 28	026.721	2.01	− 5.3	1
7184	Aug. 29	027.681	2.97	+84.8	1
7209	Sept. 2	031.753	3.33	+87.6	½
7255	Sept. 23	052.624	1.94	−15.4	1
7271	Sept. 25	054.713	0.32	+ 4.2	2
7310	Oct. 9	068.600	3.08	+56.4	1
7349	Oct. 16	075.631	2.69	+33.5	1
7356	Oct. 17	076.546	3.61	+61.2	1
7416	Oct. 31	090.596	2.82	+60.9	1
	1925				
7690	July 21	353.803	2.63	+29.6	1
7707	July 28	360.784	2.20	+16.2	1
7741	Aug. 18	381.751	0.90	−65.0	1
7760	Aug. 25	388.706	0.44	+ 2.3	1
7765	Aug. 27	390.740	2.47	− 1.0	1
7776	Sept. 1	395.723	0.04	+19.6	1
7781	Sept. 3	397.698	2.01	− 7.3	1
7794	Sept. 24	418.660	0.72	−42.7	1
7799	Oct. 6	430.754	1.68	−63.5	1
7821	Oct. 15	439.674	3.18	+59.2	1
7841	Nov. 3	458.569	3.53	+22.6	½
7846	Nov. 5	460.689	1.94	−50.3	1
7851	Nov. 17	472.568	2.69	+16.6	½
	1931	2,426,			
11557	Oct. 19	634.760	2.12	−15.1	1
11641	Nov. 13	659.638	1.03	−115.1	1/2

TABLE 1.—*Continued.*
OBSERVATIONS OF B.D. + 56° 2617 (A).

Plate No.	Date	J.D.	Phase	Hydrogen Velocity	Wt.
	1932				
12011	July 11	900.850	1.10	−68.1	1
12015	July 13	902.849	3.10	+94.9	1
12066	July 29	918.760	0.47	−24.8	1
12071	July 30	919.812	1.52	−97.4	1
12077	Aug. 4	924.740	2.74	+12.6	1
12080	Aug. 5	925.813	0.10	− 8.8	1/2
12087	Aug. 8	928.736	3.02	+56.5	1
12098	Aug. 10	930.809	1.39	−102.1	1/2
12101	Aug. 11	931.791	2.37	+12.4	1
12103	Aug. 12	932.611	3.19	+59.0	1
12105	Aug. 12	932.892	3.47	+47.0	1
12108	Aug. 13	933.776	0.65	−39.3	1
12113	Aug. 15	935.744	2.61	+20.6	1
12116	Aug. 18	938.869	2.03	−30.1	1
12117	Aug. 19	939.853	3.01	+46.1	1
12120	Aug. 20	940.785	0.23	+ 6.0	1
12122	Aug. 25	945.853	1.59	−70.4	1
12152	Sept. 8	959.871	0.77	−82.9	1/2
12156	Sept. 10	961.808	2.71	+43.0	1
12158	Sept. 15	966.807	0.29	+29.5	1/2
12187	Oct. 7	988.680	3.61	+28.3	1/2
12198	Oct. 13	994.534	2.05	−31.0	1
		2,427,			
12225	Oct. 24	005.600	1.99	−17.8	1
12237	Oct. 28	009.668	2.35	+ 7.5	1
12252	Nov. 5	017.612	2.87	+33.2	1
12269	Nov. 24	036.533	3.24	+69.1	1
	1933				
12607	July 10	264.826	1.53	−83.2	1
12758	Oct. 5	351.701	3.08	+76.3	1
12764	Oct. 6	352.718	0.38	−14.2	1
12781	Oct. 13	359.619	3.58	+55.4	1
12861	Nov. 2	379.504	1.20	−81.7	1

three groups, early, intermediate and late, were again plotted, using the revised period 3.70972 day (Figure 1.). There seemed to be some evidence of a small negative change in the velocity of the center of mass. On account of the dispersion of the results and the limited number of places in each group (30, 32 and 33 respectively) the suspected change was considered too small and uncertain to justify solutions for three orbits.

The observations were then combined by fives according to phase to form 19 normal places. Weights were assigned (see Table 1) arbitrarily according to the quality of the plate, number of lines measured, agreement of results of remeasurement, and the size of the residuals from the empirical curves. In general the earlier plates, which had been remeasured and gave good agreement, were given greater weight than later ones. The normal places are listed in Table 2.

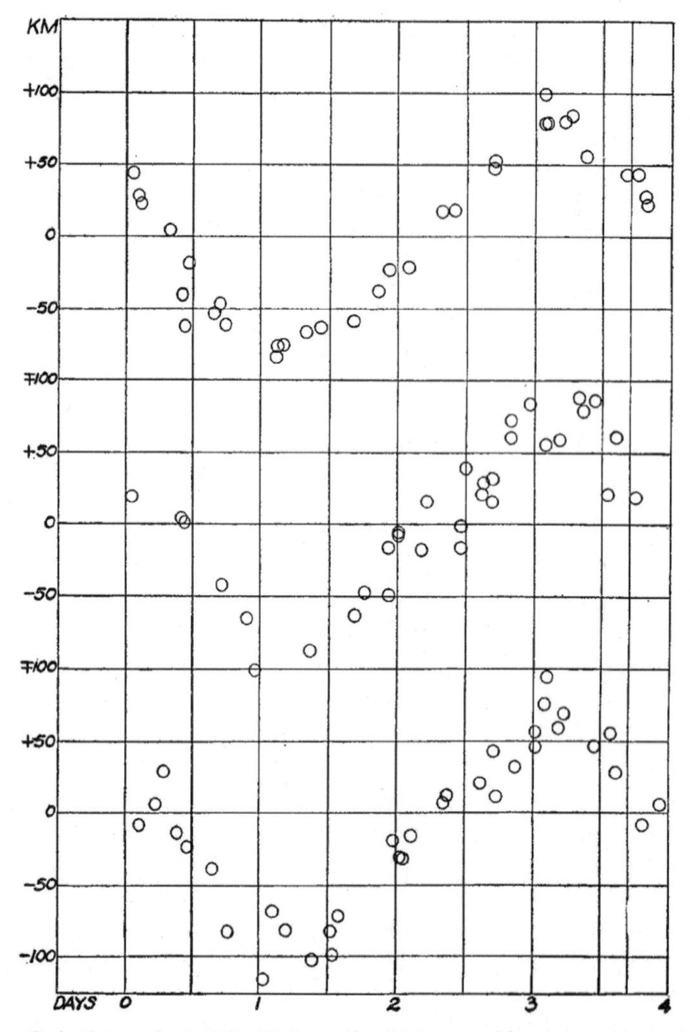

FIGURE 1. Early, Intermediate and late Hydrogen Velocity Curves, with Individual Plate Velocities.

The plot of these normal places on Plaskett's curve gave a distribution of residuals sufficient to determine small corrections to the elements, from which preliminary elements were obtained, with an adjusted length of period of 3.70972 days.

From these preliminary elements velocities were computed for the normal places and the residuals obtained. (Table 2.) Nineteen observation equations were formed as a basis for a least square solution to obtain corrections to the six

TABLE 2.

NORMAL PLACES FROM HYDROGEN LINES.

Phase		Hydrogen Velocity	Residuals	
Preliminary	Final		Preliminary	Final
0.076	0.020	+27.57	− 4.41	− 6.67
0.313	0.257	+ 3.58	+11.12	+ 5.68
0.449	0.393	−27.43	+ 1.24	− 4.66
0.691	0.635	−51.30	+ 5.95	+ 2.08
0.967	0.911	−80.80	− 7.21	− 7.28
1.166	1.110	−77.61	− 1.67	+ 0.52
1.450	1.394	−81.21	−12.41	− 8.71
1.730	1.674	−53.36	− 0.44	+ 2.88
1.955	1.899	−24.14	+11.22	+13.44
2.062	2.006	−20.82	+ 5.12	+ 6.58
2.284	2.228	− 7.22	− 2.79	− 2.69
2.478	2.422	+15.20	− 0.51	− 1.20
2.670	2.614	+34.70	− 1.00	− 1.90
2.750	2.694	+48.93	+ 5.25	+ 4.46
2.986	2.930	+64.10	− 0.18	+ 0.33
3.080	3.024	+77.83	+ 7.63	+ 8.79
3.224	3.168	+73.39	− 2.13	+ 0.05
3.396	3.340	+69.50	− 4.12	− 1.62
3.620	3.564	+44.73	−10.73	−10.09

elements from the six well known functions. As each of these equations was formed by combining five observations they were assigned equal weights. From the normal equations formed in this manner, a least square solution gave the following definitive elements:

ELEMENTS OF THE ORBIT OF B.D. + 56° 2617(A).

P	3.708611 day
e	0.1112
K	75.864 km/sec.
ω	58°.786
T	2,422,889.592 J.D.
γ	− 7.648 km/sec.
$a \sin i$	3,761,000. km.
Mass function	0.165☉.

Using the corrected elements velocities were computed for the normal places and the residuals formed. (Table 2.) The sum of the squares of the residuals has been reduced from 772.62 to 697.12, nearly 10%. The probable error of a normal place is ± 4.2 and of a single observation of unit weight ± 10.3. Giving γ the value − 6.65 km/sec. reduced the sum of the squares of the residuals to 678.14.

Another least square solution was made, but the sum of the squares of the residuals was slightly increased; which seemed to indicate that the omitted second order terms were large compared with the size of the corrections to the elements.

The final curve from the hydrogen lines is given in Figure 2.

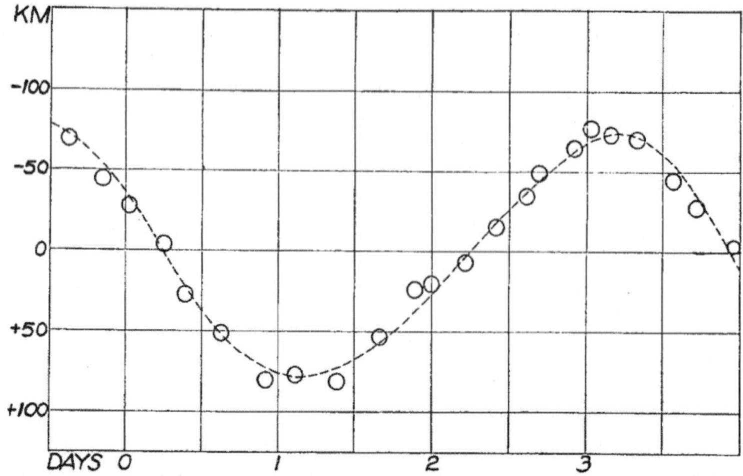

FIGURE 2. The Velocity Curve of B.D. + 56° 2617 (A) from the Hydrogen Lines.

VELOCITIES FROM OTHER ELEMENTS.

The H and K lines of Ca_{II} show only a small range of measured displacement. Our mean value for H is − 20.2 km/sec. and for K is − 18.9. As H is sometimes difficult on account of its falling within the weak absorption of H_ϵ it was assigned weight 1 and K, 3 giving a velocity of − 19.2 for Ca_{II}. Plaskett's value is − 18.5. The unpublished results of Curtiss were H − 19.7 and K − 20.3. Combining with equal weight he obtained − 20.0 for Ca_{II}.

Plotted with respect to phase, our velocities from Ca_{II} may with considerable uncertainty indicate a periodicity with an amplitude of about 4 km. and a maximum preceding hydrogen. Considering the limited number of plates and the probable error of measurement, the range is too small to establish any effect of the action of the star on the "detached" calcium. The negative value of the mean velocity of Ca_{II} exceeds the component of the sun's motion in the direction of the star by about 5 km/sec. H and K of the star's spectrum are apparent on some plates near maximum velocity of approach and are displaced about 100 km. to the violet of the stationary lines.

The individual line velocities from He_I and He_{II}, due to their diffuse character and difficulty of measurement, did not give as smooth results as the hydrogen lines. Separating neutral helium and ionized helium and combining

TABLE 3.

VELOCITIES FROM OTHER ELEMENTS.

Phase	Ca_{II}	He_{II}	He_{I}	Ni_{III}	Si_{IV}	O_{II}	Mg_{II}	Ionized group
0.076	−20.0	−34.5	− 9.6	+80.2	+56.5			+68.3
0.316	−21.9	−19.1	−17.9	+52.0	+ 4.4	+46.4		+34.3
0.498	−16.5	−29.8	−41.0	−16.6	−22.2		−43.8	−27.5
0.714	−21.8	−78.4	−48.2	−53.0	+23.3			−14.8
1.020	−19.6	−93.0	−50.9	+46.0	−20.2	+26.3		+17.4
1.276	−21.7	−95.0	−61.7	+28.3	−36.7		+69.2	+20.3
1.580	−14.8	−89.1	−70.9		+51.3			+51.3
1.898	−20.1	−52.7	−12.3	− 7.0	−20.2	−18.8		−15.3
2.036	−14.3	−19.1	+ 0.6	−11.4	−10.7	−21.1	−18.8	−15.5
2.234	−16.4	−10.4	+ 0.1	− 3.0	−18.1			−10.5
2.442	−19.1	−10.0	+ 4.3	−22.2	− 2.4		+103.8	+26.4
2.646	−18.1	+17.4	− 5.8	− 0.8	+46.7			+23.0
2.732	−21.7	+14.1	− 2.6	+22.3	+16.8		−31.2	+ 2.6
2.940	−22.0	+31.0	− 6.5		+53.9			+53.9
3.078	−18.1	+64.1	− 1.1	+31.8	+17.5		+211.9	+62.1
3.218	−18.2	+55.4	+36.6	+14.5	−40.5		+178.4	+25.3
3.398	−19.9	+54.7	+17.9	+ 0.7	+ 7.1			+ 3.9
3.605	−21.2	+16.4	+14.6					

into normal places as previously described for hydrogen gave curves with very interesting differences from hydrogen. (Figure 3.) Both appear to be displaced about 15 km. toward the negative from the hydrogen curve. The amplitude of ionized helium is about the same as for hydrogen but neutral helium gives an amplitude about 50 km. less. A pause on the ascending branch scarcely evident in the case of hydrogen is strongly marked for ionized helium and is the outstanding feature for neutral helium. It may possibly be due to a blend effect of the lines of the two components. (See later discussion.)

Lines of Si_{IV}, Ni_{III}, O_{II} and Mg_{II} were very diffuse and frequently impossible to measure. The results, such as they are, sometimes depending on a single line, have been combined in the same manner as helium (Table 3) and are represented in Figure 3. The excellent agreement from phase 2 to 2.5 days is in striking contrast to the other scattered results. An attempt was also made to represent these ionized elements in a single group. (Last column of Table 3 and Figure 3.) The relatively small amplitude is in better agreement with neutral helium than with hydrogen.

INTERPRETATION OF RESULTS.

The most plausible interpretation of the complex character of the results appears to rest upon the assumption of a binary system with the spectrum of the brighter component predominating and with lines due to the fainter component occasionally producing visible effects. The spectrograms were examined for apparent doubling of the lines but the results were rather inconsistent and cannot

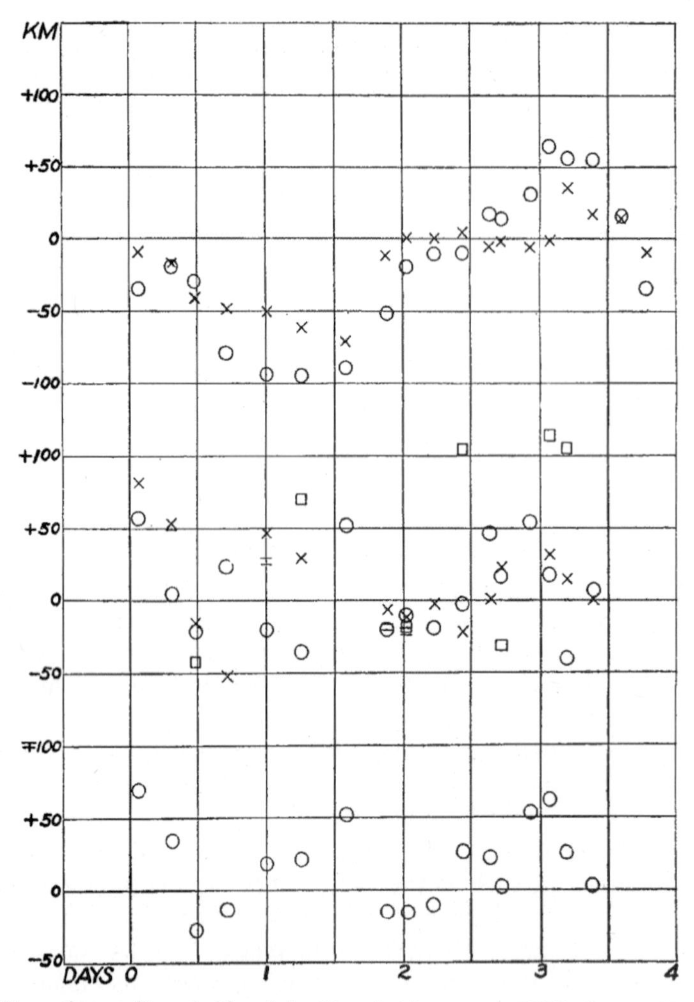

FIGURE 3. Upper diagram, He_{II} velocities, circles; He_{I} velocities, crosses. Middle diagram, Si_{IV} velocities, circles; Ni_{III}, crosses; O_{II}, equals; Mg_{II} squares. Lower diagram, combined Si_{IV}, Ni_{III}, O_{II} and Mg_{II}.

be regarded as conclusive. The majority of the suspected pairs occur near maximum velocity of recession, where they are expected. But there are fewer at maximum velocity of approach where they might also be expected. On some plates one or more of the Balmer series appear double and the others do not. Occasionally a broad absorption line has rather strong sharp edges with weaker center giving a semblance of doubling. Close satellites and strong wings are also found, sometimes on one side and sometimes on the other.

There seems to be a change in the intensity of some of the lines especially in the case of helium. Neutral helium seems to be strongest near phase 0.4 day about the time the brighter component is crossing the line of sight on the farther side of the orbit. This suggests a fainter component of spectral class a little later than O6 perhaps near B0. The blending of the lines might account for the smaller amplitude of the He_I velocity curve, and the nearly stationary effect during a part of the time when the brighter component is receding.

In view of the complicated nature of the spectrum changes one may be tempted to modify the ordinary binary explanation by assuming two very close components with interpenetrating outer atmospheres, or what is about the same mechanism, a binary system with an extensive enveloping atmosphere. The following details seem to fit the assumption of a modified system:

Phase	
3.2	Suspected doubling of lines.
0.0	Absorption on violet side of H lines.
0.4	He_I strong.
0.8	H unsymmetrical.
1.2	H broad, some semblance of doubling.
1.3–1.5	H sharper to violet.
2.0	H quite symmetrical.
2.2	He_{II} strong. Other ionized lines give excellent agreement.
2.7	H broad. $H\gamma$ absorption on violet.

Some of these details may be explained on the simple binary assumption; but the great change in the relative intensity of the neutral helium and ionized helium lines requires something to supplement an ordinary system. Changes in intensity and irregularities in the displacements of the lines of other ionized elements also appears to be in better accord with the modified system. The correspondence in amplitude from H and He_{II} may be due to a similar distribution of these elements in the atmosphere, while the smaller range in the case of He_I and Si_{IV} (probably Ni_{III} and O_{II}) may be due to a different effective level.

SUMMARY.

1. A period of 1.36395 days was found to give fair results.
2. An alternative period of 3.70861 days is, however, adopted.
3. Elements of an orbit were obtained by the use of the hydrogen lines.

4. Ionized helium agrees fairly well in amplitude and phase with the hydrogen results but is displaced negatively about 15 km.

5. Neutral helium gives a similar negative displacement and an amplitude about 50 km. less than hydrogen.

6. Other ionized elements give a negative displacement and a smaller range than hydrogen.

7. The assumption of a binary system, perhaps with an extensive enveloping atmosphere, affords the best means of interpreting the results.

THE OBSERVATORY,
UNIVERSITY OF MICHIGAN,
June, 1934.

Book Reviews

The Sun. *Its Phenomena and Physical Features,* by Giorgio Abetti. Translated by Alexandre Zimmerman and Frans Borghouts. 157 illustrations, 360 pages. (Lockwood, London; Van Nostrand, New York; 1938. $5.00.)

The value of Professor Abetti's chapter on solar physics in the *Handbuch der Astrophysik* was immediately recognized. In response to requests for a less technical volume covering the entire field of solar physics, *Il Sole* appeared in Italian in 1936. The translated edition of 1938, *The Sun,* is the most complete and compact volume in English on the subject and came when an up-to-date authoritative volume was greatly needed. The work was revised and brought up to date only in parts according to the author. One of the omissions is lack of reference to instrumental equipment for applying motion picture technique to disk and prominence phenomena and new results thus obtained.

The introduction moves directly from the worship of the sun, by way of Galileo's observations, to a good summary of fundamental physical facts including mean distance, apparent size, dimensions, mass, density, and surface gravity. The distance of Alpha Centauri, which is termed the nearest star, rather than Proxima, is compared with the sun's distance; but the ratio, 4.3 light-years to 498 seconds, seems to confuse the unit of distance with the unit of time.

Professor Abetti is at home in Chapter I, "How the Sun is Observed." Photographs and diagrams of instruments from eye-pieces to Hale's spectrohelioscope are included, but we looked in vain for the spectroheliokinematograph, which was described in 1933. Full justice is done in later chapters to Deslandres' *spectro-enregistreur des vitesses* and to Lyot's coronagraph. Chapters II and III are outstanding: What is seen on the sun by direct visual and photographic observation, and by spectroscopic observation. The first three chapters cover the greater part of the contribution in the *Handbuch der Astrophysik*. The complex phenomena associated with sunspots are described and analyzed with great thoroughness. The well-organized index contains twenty-five topics under sunspots with thirty-five references. There is an excellent usable reproduction of the solar spectrum from 3000 A to 6600 A. In the list of elements in the sun barium has unfortunately taken the place of boron. Possibly caesium and tantalum might be included, at least among the elements probably present. The author twice refers to caesium as though it exists in the sun; while Kiess and Stowell, 1934, made a good case for tantalum. Mention is made of the record height of the prominence of September 17, 1937, one million kilometers, since exceeded; but the record speed 728 km/sec was omitted. Moot questions are dealt with cautiously and judiciously with an occasional remark such as, "still to be accounted for by future experimental and theoretical researches."

The historical approach is well utilized, *e.g.*, in the subject of eclipses. Mitchell's slitless flash spectra and results are compared with Menzel's conclusions from Campbell's slit and moving plate method. Types of the corona are illustrated by Lockyer's drawings rather than by selected photographs. Confidence in Lyot's method without an eclipse to add data regarding the corona lends hope to the problem of its constitution. We did not find reference to the interference method of attacking the "green line." Regarding theories on the constitution of the sun the success of Bjerknes' hypothesis in explaining spot phenomena by stratified circulation is well presented and appears "dynamically and thermodynamically possible." The origin of solar heat considered a mystery is attributed to atomic nuclei, but transformations suggested by Bethe and others are lacking. The quantitative relation between mass and radiant energy, one gram equivalent to 9×10^{20} ergs, is omitted. Planck's law of radiation and Saha's ionization formula are applied elsewhere qualitatively but not quantitatively.

The instruments and methods for determining the solar constant are well described and an attempt is made to find the causes of its chief variations. Departure from black-body distribution of energy in the solar spectrum is accepted and differences between center and limb are presented. The so-called temperatures of solar regions determined by various methods are tabulated. The result by the Stefan-Boltzmann law for the reversing layer, 5770° A, heads the list.

Six and a half pages on "The Sun Among the Stars" are packed with information including relation to stellar spectral class, apparent and absolute magnitudes both visual and photographic, other physical properties, place in the "main sequence" or dwarf branch in evolution, age and future in the stellar time-scale, also position and motion in the galactic system. The last chapter discusses correlations between solar and terrestrial phenomena. The earth's magnetic fields, atmospheric electric currents, polar aurorae and certain meteorological phenomena are attributed with certainty to changes in the sun, while ten other phenomena are probably related. A careful comparison of related solar and terrestrial changes leads to the conclusion that the sun's action is not uniform in all directions. The chapter ends with a brief discussion of the utilization of solar heat. The reader, however, will evaluate and appreciate the work not from the utilitarian point of view, but from the large amount of scientific material, thoroughly analyzed, logically arranged, and well presented in English, which is not too technical for serious students of *The Sun*.

W. Carl Rufus.

University of Michigan.

KOREAN OBSERVATIONS OF THE GREAT COMET OF 1664

BY CARL RUFUS

Many centuries before the Christian era, Korea's astronomers royal made observations of eclipses, comets, meteors, and other celestial phenomena. The observatory of Silla, erected in 647 A.D., is the oldest known structure in the world extant and intact built solely for observational work. Important astronomical events reported to the king and court determined state affairs during the four millennia of the history of the kingdom of Korea, which ended in 1910.

A planisphere of 283 asterisms with 1464 stars including the 28 lunar mansions formed the background for all celestial observations. The central star of the Heart of the Dragon was Tai Wha (Big Fire), our Antares.

The records of two hundred comets give the day of discovery, position in constellation, length and direction of tail, luminosity of different parts, daily changes, and date of final disappearance. The Great Comet of 1664 was observed daily from October 9 (lunar) to December 29, except on a few cloudy nights. Excellent drawings of the comet were made on the standardized stellar field, which indicate its motion and other changes. Selected pages of the original records of the comet by the Korean Astronomical Board were photographed and used by the author as illustrations. The first and second represent the position on two successive nights, October 27 and 28, with the head in the asterism Chin (part of Corvus) and tail extending into Ik, Wing of the Red Bird, (Crater). A change of the position of the head is clearly indicated for this one-day interval, but there is little change of form. Illustrations on November 5 and 7 show large changes. The head was then below Chang and the tail about 30 degrees long extended past Sung (α Hydrae).

As usual upon the appearance of a comet, fear and consternation prevailed. This was enhanced by another comet which was visible at the same time and by the fact that their tails were opposite. The court was alarmed. The king doubled the guards in all ports and on the ships. The troops were called out and preparation was made to withstand invasion. Fires and lights were prohibited along the shores and in houses by the sea.

In Europe also the comet was regarded as an evil portent. Professor Alessandro Marchette of Pisa was inspired to write a four-page Latin poem, with this inauspicious beginning: *"Quid trepidi rerum nona fata imponitis Axi?"*

61.

THE VARIABLE RADIAL VELOCITY OF A CYGNI

By W. C. Rufus and H. M. Bendler

102 plates of this star taken at Ann Arbor have been examined for a periodic variation of radial velocity without success. In accordance with the Victoria classification, O8nnk, the lines are very broad and diffuse. A mean velocity of $+9.6 \pm 1.5$ km/sec was obtained for the hydrogen lines $H\beta$, $H\gamma$, $H\delta$, $H\epsilon$, and $H\zeta$ on the 102 plates. The interstellar calcium lines, a prominent feature of the spectrum, gave a mean velocity of -12.1 ± 0.4 km/sec for 100 plates. The maximum range of velocity had the limits of $+67$ and -54 km/sec. Sudden variations of velocity of the order of 50 km/sec were observed in a number of cases, particularly during 1925 and 1926. The season of 1930 was unusual in that 12 of 17 plates showed a variation of less than ± 10 km/sec from a mean of $+21$ km/sec. The predominance of positive velocities in some seasons and negative in others, together with the other changes in velocity, suggest the possibility of a long period with a superposed short period.

Popular Astronomy

Vol. XLVII, No. 5 MAY, 1939 Whole No. 465

The Influence of Islamic Astronomy in Europe and the Far East

By W. CARL RUFUS

Islam rose very rapidly during the seventh century. From Arabia it spread into Persia, Egypt, Syria, Mesopotamia, Tripoli, Armenia, and Georgia. By the tenth century it had swept westward across north Africa and thence northward into Spain. It reached eastward into Russian Turkestan and downward into north India.

Some historians have looked upon Islam as a wall separating Europe from the Far East during the Middle Ages. Others view it as a bridge or a highway connecting the two, fostering trade and the interchange of ideas. At one time, about the eleventh century, it seemed near establishing a unified culture, if not a political union of Eurasia. The Arabic language became the chief vehicle for the spread of knowledge, including science and specifically astronomy in which we are specially concerned. In general we prefer to think of Islam as a great storehouse into which were gathered and preserved the rich stores of knowledge from the East and from the West, supplemented by local harvests. Filled to overflowing the stores were again spread abroad in all directions and on prepared soil took root and enriched the civilization of Europe and the Far East.

The Islamic ambition of world empire included not only domination but the assimilation of the culture of the conquered races. At the beginning of conquest the Arabs possessed few elements of tradition and culture commensurate with their task. These were gradually assimilated from the civilizations with which they came in contact. Syrians and Copts had considerable influence at first, perhaps overshadowed by the Persians. Then came rich stores from India and China and a little later the more important contributions from the Greeks.

In the primitive culture of the pre-Islamic Arabs, observation of the stars played an important role, as it did in all oriental countries. Directions, time of day, and the determination of the seasons, were regulated by the star-gazers. The twenty-eight lunar stations or zodiacal constellations were known. The heliacal rising and setting of selected stars were observed. Also astrological implications and predictions constituted an important part of the program of the ancient astronomer.

The rise of Islam brought new problems and duties for the astronomer. Determining the direction of Mecca for orienting the Mecca niche in the mosques demanded the services of an expert astronomer, who was also the geographer and cartographer of that period. He also regulated

PLATE III

THE DOME OF THE McDONALD OBSERVATORY
erected at Mount Locke, Texas, by the Warner & Swasey Company.
Date of dedication, May 5, 1939.

POPULAR ASTRONOMY, No. 465

the lunar calendar and determined the dates of the religious celebrations. Then the alluring possibility of interpreting the past or predicting the future by means of the stars kept many astrologers busy at the courts of caliphs and sultans.

At the beginning of the Islamic movement all their learning, philosophy, and science revolved about their religion. Their early educational centers were instituted primarily to propagate their system of theology. Their canon law, however, required some arithmetic, mensuration, geography, and practical astronomy; all of which was subsidiary to their religious system. But the wide conquests and amazing stories from afar inspired the long journeys of the scholars in quest of knowledge, so characteristic of Asia during the Middle Ages. This led to the spread of knowledge and the spirit of eclecticism, which pointed toward an intellectual unity.

Bagdad became the capital and center of culture under the caliphs of the eighth century, a new point of convergence for knowledge, comparable with Alexandria under the Greeks, somewhat broader, however, due to new elements from the East. The Muslim scholars were primarily theologians and historians; so the scientists of these early days were foreigners,—Indians, Persians, Jews, and Christians. A Jew and a Persian laid out the city of Bagdad. At the court of Al-Mansur the Hindu astronomer, Kankah (?), came in 722 bringing books including works by Aryabhata and Brahmagupta. These contained astronomical tables formed on a system of celestial motions somewhat similar to the Greeks, at least geocentric and based on geometrical representations. The chronology was different, containing artificial millenial cycles or kalpas going back many centuries to a hypothetical general conjunction of the sun, moon, and planets. Translations were attempted into the Arabic language, which groped for words to convey scientific content. The Royal Astronomical Tables of the last period of the Sasanids was translated from the Pahlavi and remained in use in the ninth century. Then came the treasures from the Greeks. Syrian Christians attempted the translations at first through Syrian into Arabic.

In the ninth century Islam became the standard bearer of civilization. The caliph Harun-al-Rashid, hero of the Arabian nights, a patron of science, literature, and the arts, in 807 presented a water-clock to Charlemagne. Al-Mamun, who had a Persian mother and a Persian wife, built an observatory at Bagdad in 829 and a little later another in the plain of Tadmor. The instruments, patterned to a certain extent after the Greeks, were larger and superior in workmanship. The astrolabes were not only serviceable in astronomy but were veritable works of art. The Arabs paid more attention to regular and systematic observations than the Greeks and placed more dependence upon measured data and their reductions for practical purposes. In this way improved tables of planetary motions were produced.

Many Greek works were translated, including the Syntaxis of

Ptolemy, which the Arabs christened Al Majisti, *i.e.*, the greatest, and it is still called the Almagest. It is the greatest astronomical work of the ancients, incorporating the so-called Ptolemaic or geocentric theory and other accepted doctrines of the Greek philosophers. Its first translation into Arabic was by Sahl Al-Tabari, a Jew. Other translated Greek works included Ptolemy's Geography and his treatise on the astrolabe, also a work by Aristarchus on the size and distance of the sun and moon. Aristarchus has been called the ancient Copernicus, because he advocated the heliocentric theory, *i.e.*, the doctrine that the planets, including the earth, revolve about the sun.

By observational methods the Arabs verified results given in the Almagest on fundamental astronomical quantities, like the obliquity of the ecliptic, the precession of the equinoxes, the length of the tropical year, etc. The size of the earth was re-determined by the measurement of an arc between Tadmor, Palmyra, and Al Rakka on the Euphrates in Mesopotamia. The result was 56⅔ Arabic miles to a degree (1 mile = 6473 feet) making the circumference of the earth less than 200 miles too large. The great Al-Khwarizmi, who was engaged on the computations, was the first to find time by the altitude of a star, and one of the first to compute trigonometric tables using tangents as well as sines. He also attempted to syncretize Greek and Hindu astronomy.

Even greater was the work of Al-Battani, Latinized as Albategnius, who improved the values of astronomical constants, prepared a star catalogue, made improved tables of the sun and moon, and wrote an astronomical treatise that remained an authority until the sixteenth century. He discovered the motion of the line of apsides of the sun's orbit, or as we would say, a change in the longitude of the perihelion of the earth's orbit. Abul Wafa, latter half of the tenth century, last of the Bagdad school, wrote a voluminous treatise known as the Almagest, not however a translation of Ptolemy.

The Persian, Al-Sufi, prepared an elaborate star catalogue, or Book of the Fixed Stars, Illustrated, closely following the constellations of the Greeks. Some of the star positions were found by new observations. The work was translated into Italian by the astronomer Schjellerup in the nineteenth century. Some of the constellation figures are just as interesting, perhaps more so, from the standpoint of art than of astronomy.

In the meantime a strong school of astronomy developed at Cairo, northern Egypt, under the Fatmid caliphs. The most outstanding astronomer was Ibn Yunos who made regular observations, including several eclipses. He used these data and observations by others in the preparation of the Hakimid Tables, which were the best for two centuries, the eleventh and twelfth. He is especially noted for his method of longitude determination. As time difference is equivalent to longitude difference, the determination of local time at the same instant at two stations widely separated in longitude is sufficient. But there were no telegraph or radio signals to give simultaneity. Ibn Yunos proposed and used a signal from the moon,—the first contact of a lunar eclipse. In this way he corrected many errors in longitude in Ptolemy's geography, *e.g.*, the Mediterranean Sea was seventeen degrees too long.

In Spain centers of learning grew rapidly at Cordova, Seville, and Toledo. Arabic works were translated into Spanish and into Latin, the academic language of the day. The greatest astronomer was Arzachel, second half of the eleventh century, under whose direction was prepared the Toletan Tables in 1080.

We must rapidly pass the work in Persia, where the civil calendar was reformed in 1075. The Persian poet, Omar Khayyam, had the reputation of a great astronomer, chiefly on account of the accuracy of the calendar he proposed. The Sandjaric Tables were prepared in 1118.

Let us return to Bagdad. It was captured and pillaged in 1258 by the Mongul, Hulagu Khan, grandson of the conqueror of China, Genghis Khan. He erected a magnificent observatory at Maragha, near Tabriz, having instruments far surpassing the Greeks. It is said that Chinese astronomers were included on his staff and it seems quite probable that these superior instruments were patterned after the Chinese. Nassir Eddin was the greatest genius of this institution, an astronomer and a geometer. He was quite orignal and independent, drawing of course from Ptolemy, whom he criticized, however, quite severely, paving the way for the overthrow of the geocentric system. The greatest work of his observatory, which required twelve years, was the preparation of the Ikhanic Tables, successor of the Hakimid Tables of Ibn Yunos. A star catalogue was also made, and the precession of the equinoxes was fixed at 51″ per annum, in good agreement with the modern value 50″.2. At the death of Nassir Eddin in 1273 the work at Maragha came to a sudden end.

The last and best equipped of the observatories due directly to Islamic influence was established about 1420 at Samarkand, Turkestan, by Ulugh Beg, grandson of Tamerlane. His greatest work was an independent star catalogue, based entirely upon new observations, the first in about 1600 years, *i.e.*, since the time of Hipparchus, second century B.C. The positions are given to the nearest minute of arc and attained a high degree of precision for that period. His instruments, though entirely lost, are considered the best made up to that time. Here ends the golden period of Islamic astronomy.

Long before its fall, however, its influence was felt in Europe and the Far East. A direct effect was the work in Spain under Alphonso X, who brought together a staff of astronomers and prepared the Alphonsine Tables published on the day of his accession in 1252. He also compiled an extensive astronomical encyclopedia chiefly from Arabic sources. In this work Mercury's orbit is represented as an ellipse; geocentric, of course, but interesting as the first representation of the motion of a heavenly body that departed from the Greek idea of uniform circular motions.

A century earlier, Gherardo of Cremona, who had absorbed all the knowledge of the Latins, visited Toledo and saw the number and quality of the books in Arabic. He mastered the language and translated seventy books into Latin, including some Arabic translations of Aristotle and other Greeks, especially the Almagest of Ptolemy. His work was followed by other translators, so the storehouse in which Greek science had been preserved began to return its treasures to Europe with liberal increase. Many astronomical words have come down to us from the Arabic, *e.g.*, almanac, almucantar, zenith, nadir, also a large number of star names,—Algol, the demon, Altair, Aldebaran, Fomalhaut, the fish's mouth, Deneb, the hen's tail, Betelgeuse, the armpit of the central one, Vega, or more correctly Weki, Arabic for falling, and somewhat erroneously applied to the falling eagle. Science in Europe received a great impetus, not only from this general store, but also by the introduction of the Arabic numerals. The mariner's compass from China also came into Europe and was applied in navigation and exploration. The thirteenth century witnessed the rise of European universities. The one at Naples under Frederick II owed its chief inspiration to the new translations from Arabic sources. The revival of astronomy in Europe during the fifteenth century drew from the same storehouse. Peurbach at the University of Vienna composed his Epitome of Astronomy from poor Latin translations of Arabic and Syrian writings. His more illustrious pupil, Johann Müller, known as Regiomontanus, carried on his work and prepared new tables to take the place of the Alphonsine Tables, then too old for accurate use. A copy of the tables of Regiomontanus for 1490, printed at Nuremberg, is said to have been in the possession of Columbus as he sailed west to reach the east and discovered the new world of America. With the recovery of original Greek manuscripts in astronomy, Europe broke away from its dependence on Islamic sources and the inductive period rapidly developed, chiefly by the contributions of Copernicus, Tycho Brahe, Galileo, and Kepler, and culminated in the *Principia* of Newton.

When Europe was responding to the influence of Islamic astronomy, a similar movement was taking place in the Far East under the great Mongul conqueror, Genghis Khan. The Chinese scholar, Yeh-lu Chutsai, who had just established a large school in Peking, accompanied the ruler to Persia in 1210 and obtained their calendar to use in the Mongul empire. The Observatory at Maragha, founded by a grandson of Genghis Khan, gives further evidence of the close relationship between the Near East and the Far East during the thirteenth century. The next century at Samarkand, the city of the famous observatory, a college was established by the Chinese wife of Tamerlane.

The old Chinese observatory at Peking suffered a severe storm in 1196. Much damage was done to the building and the instruments, some of which were repaired. When the capital was moved to Honan in 1214, the old instruments were left behind, too heavy to be readily moved. The capital was restored to Peking under the Yüan (Mongol) dynasty in 1276, but the old instruments were discarded and new ones substituted. Kuo Shou-ching, under whom this work was done, was a man of genius, an engineer who controlled the floods of the rivers, a master builder and a mathematician. His astronomical instruments were considered equal to those at Samarkand. When Father Matteo Ricci saw some of these instruments at Nanking and Peking, he admired them greatly and said that he had seen nothing better in Europe. He had left Europe, however, at the time Tycho Brahe was just beginning to equip Uraniborg with the best astronomical instruments that preceded the telescope. We saw two of these old Chinese instruments in 1936 at the National Observatory on Purple Mountain near Nanking and it is our opinion that these pre-Jesuit astronomical instruments, reputed to be of thirteenth century origin, not merely equalled but excelled the best made in Europe before the time of Tycho, near the close of the sixteenth century.

Islamic influence in astronomy in China rapidly declined when the Yüan dynasty fell with the rise of the Mings in the fourteenth century. At the beginning of the new dynasty astronomy in China took a backward step. About two centuries later came the Jesuits bringing European astronomy, which had been quickened and enriched by Islam but far outstripped its teachers. Fathers Ricci, Schall, and Verbiest, were favorably received by the Chinese sovereigns, chiefly on account of their scientific knowledge, especially in astronomy. Verbiest in the seventeenth century was accorded the highest position in astronomy in the Celestial Empire, serving as an astronomer royal. Under the Jesuits were constructed the celebrated astronomical instruments mounted on the city wall at Peiping, which are greatly admired by the casual tourist; but the special student of Chinese astronomy looks with greater wonder and admiration at the rare instrumental survivals of the days of close contact between Islam and the Far East.

UNIVERSITY OF MICHIGAN, ANN ARBOR.

63.

An Astronomical Theory of Tektites*

By W. CARL RUFUS,
Observatory, University of Michigan, Ann Arbor

ABSTRACT

It is supposed that the small, natural-glass bodies known as tektites were originally derived in major part from the glassy basalt, or tachylyte, which forms the deeper crustal layer of the earth, exposed chiefly on the floor of the Pacific basin, at the time of the fissional separation of the moon; furthermore, that the earthly tektites represent only a small section of the vast swarms of tiny satellites which remained revolving about the earth within the Roche limit, and particularly that section of the satellites having a revolutional period closely coinciding with the period of the earth's rotation. Such swarms would have remained approximately above the Pacific basin, but would have gradually fallen behind and tended to be drawn to the earth, on account of perturbations resulting from the gradual retardation of the moon. Cumulative perturbations and other related factors have caused swarms of these bodies to come down to the earth at widely separated geologic periods in the earth's history, such falls having been particularly extensive along a great-circle route crossing the western edge of the Pacific basin. This circumstance would account for the great quantity and wide distribution of the Indomalaysian tektites especially, which are of almost identical chemical composition, while other showers of tektites came at different geologic periods and varied somewhat in composition and physical appearance.

The purpose of this communication is to outline briefly an astronomical theory of the origin of tektites, which is presented "with all the distrust that everything not a result of observation or of calculation ought to inspire"! By its very nature, the problem lies beyond the scope of observation and no direct method of attack by mathematical analysis seems possible.

The astronomical theory here proposed refers to showers of small satellites of the earth. It is based on the assumption that some of the matter separated from the earth at the time of the origin of the moon by fission[1] did not immediately fall back to the earth or follow the moon, but continued to revolve about the earth for some time within the Roche limit, *i.e.*, the distance from a planet's center within which a satellite cannot remain without danger of disruption. The Roche limit is about 2.44 times the radius of the planet. It is interesting to note in this connection that Saturn's rings, composed of discrete particles, are within this distance and its nearest satellite, Mimas, lies safely outside.

According to the fission theory, the action of tides raised by the sun in the primitive earth produced an elongated or pear-shaped form of that body. Separation was preceded by a figure of equilibrium consisting of two elongated masses joined by a narrow neck. This state was very unstable and the time of rupture was followed by a period of great turbulence before order was restored in the formation of a satellite. The period of the earth's rotation at that time was about 4^h8. Tidal friction has resulted in decreasing the speed of the earth's rotation (lengthening the day) and by a transfer of angular momentum to the moon, its distance and period of revolution (the month) have increased.

*Read at the Seventh Annual Meeting, Columbus, Ohio, December, 1939. [See the footnote to the title of the preceding paper by Professor H. O. Beyer.]

[1] We here assume a general knowledge of the fission theory of the origin of the moon as advocated by Sir George Darwin and others.

Many fragments produced at the time of rupture were undoubtedly captured within a comparatively brief time by the earth and the moon. We may assume, however, that some of the fragments had initial conditions that produced orbital motion around the earth with a period equal to the earth's period of rotation and in the same general direction, *i.e.,* eastward. For a period of revolution of 4^h8, the semi-major axis of the orbit would be about 9,000 miles, which is well within the Roche limit, even for the present size of the earth. Harold Jeffreys concludes that the earth has contracted about 1,000 km. since fission; so the Roche limit was greater then than now.

The condition of the primitive earth, whether gaseous, liquid, or solid, is not definitely known, but it is thought that the moon was formed about the time solidification began and that that process was completed within 10,000 years, which is a very small fraction of the age of the moon, estimated to be of the order of 4×10^9 years. Jeffreys[2] suggests that "The place where the moon emerged gave the largest ocean floor; the Pacific Ocean is thus regarded as the scar left when the moon was formed." During solidification of the earth, the upper layer, chiefly granite (about six miles thick), and the next layer, chiefly basalt (somewhat thicker), were laid down and the ocean water was extruded. The Pacific basin contains little granitic rock, but its islands, *e.g.,* the Hawaiian, and its floor have much basaltic rock. It seems very probable that the mass of the moon with its mean density very similar to that of the earth's upper crustal layer, stripped the Pacific area of its granite at the time of fission and probably lifted some of the material of the basaltic layer. The glassy basalt or tachylyte, being deepest, was the last to leave the earth and would therefore constitute the material which formed the detached fragments. General similarity of the composition of tektites and glassy basalt, including a high percentage of silicon, is thus explained.

The fragments revolving about the earth within the Roche limit then became swarms of discrete particles, including some with periods coinciding with that of the earth's rotation. If the periods exactly coincided, the swarms would remain directly above the area from which the fragments escaped. It is interesting to note a well-known principle in celestial mechanics that applies at this point. Considering the fragments as separate satellites of the earth, we find that they would return in their orbits to the point at which they were formed. To simplify the problem, we may disregard the fate of particles with periods greater or less than one day, which may have been captured at a very early period or been entirely lost. The swarms with periods of one day with initial conditions rightly adjusted would remain over the Pacific at a height depending on the point of rupture, possibly much less than 9,000 miles. Perturbations by the moon, slowly falling behind, would tend to decrease the speed of the particles as the rotation of the earth also decreased. Gradually drawn toward the earth these particles would settle into the atmosphere and fall with speeds sufficient to produce the typical forms, characteristic physical features, and original surface markings of the tektites. The velocity, however, would not be the typical parabolic velocity of meteorites, about twenty-five miles per second, which is so high that this mechanical energy, changed into heat, plus friction in the atmosphere, would cause the small ones to disappear, permitting only the larger masses to reach the surface of the earth.

Distribution, in general near the western edge of the Pacific basin, Australia, the Philippines and other islands, Indo-China, and other places on the mainland, may be accounted for by a slight decrease in velocity, due to increasing resistance

[2] *The Earth,* 2nd Ed., p. 300, 1929.

Contributions of the Society for Research on Meteorites

Edited by FREDERICK C. LEONARD,
Department of Astronomy, University of California, Los Angeles

President of the Society: H. H. NININGER, Colorado Museum of Natural History and American Meteorite Laboratory, Denver
Secretary of the Society: ROBERT W. WEBB, Department of Geology, University of California, Los Angeles

Supplement to an Astronomical Theory of Tektites*

By W. CARL RUFUS,
Observatory, University of Michigan, Ann Arbor

1. *Composition.*—The composition of the parent magma is not well known, but the silica content of some magmatic ores rises to 93% to 96% and the alumina content (second in tektites) rises to 60%.

The difference between tektites and natural terrestrial glasses has been frequently emphasized, but the greater difference between tektites and meteorites has not been equally stressed. The following comparison indicates these relationships.†

MATERIAL	EARTH	TEKTITES	METEORITES
SiO_2	59.12%	70% - 80%	14% - 31%
Al_2O_3	15.34	12 - 15	1 - 2.3
MgO	3.49	Small - 2.6	7.9 - 19.0
FeO	Small	2.6 - 5.4	4.5 - 11.0
Fe_2O_3	3.08	0.37 - 1.07	<0.75
K_2O	3.13	2.5 - 2.8	0.05 - 0.13
Na_2O	3.84	Small - 2.5	0.27 - 0.66
CaO	5.08	0.26 - 2.46	0.67 - 1.50

2. *Motion.*—The periods of orbits need not be restricted to one day. Eccentric orbits with perigee near the point of rupture would bring the swarms periodically to lower heights. Periods might be even less than one day, like that of the inner satellite of Mars, which would accord better with lower heights.

3. *Distribution.*—The proximity of the great tektite falls to the deepest trenches of the Pacific is of special interest. Four trenches with depths exceeding 9,000 meters are located in a zone near by and parallel with the great belt of tektites including Indo-China, the Philippine Islands, Malaysia, the East Indies,

*Read at the Seventh Annual Meeting, Columbus, Ohio, 1939 Dec. 28-30. The original paper on "An Astronomical Theory of Tektites" appeared in the January, 1940, issue, pp. 49-51, *q. v.*

†The mean value for volcanic rocks, characteristic values for tektites, and mean values for meteoritic accretion by Fletcher G. Watson, Jr., are compared, using elements of greatest abundance.

and Australia. The deepest trench, 10,500 meters, lies just east of the Philippines. Others are near Guam, New Guinea, and Tonga. The real significance of these trenches is not clear, but they constitute certainly a center of great tectonic disturbances. The depths extend evidently to the basaltic layer of the earth's crust.

65.

NICHOLAS COPERNICUS

THE PROGRESS OF SCIENCE

THE QUADRICENTENNIAL OF THE "FIRST ACCOUNT" OF THE COPERNICAN THEORY

COPERNICUS (1473–1543) was reluctant to publish his revolutionary theory that the earth moves, that it is a mere planet and all the planets revolve about the central sun. His "Commentariolus" in manuscript, describing the main points of his system, was circulated among sympathetic friends perhaps as early as 1512–15. His other minor work, "The Letter Against Werner," 1524, though polemic, avoided the heliocentric issue. His "absurd" ideas were ridiculed on the stage at Elbing in 1531. Papal secretary, Widmanstad, reported the new theories to Pope Clement VII in 1533, and Cardinal Schönberg in 1536 urged Copernicus to announce his system to the world.

When Rheticus, an unexpected visitor at Frauenburg in 1539, was welcomed by the aged astronomer, an intimate friendship began in spite of differences in age, country and creed. Rheticus, a German and a Lutheran, at 22 years of age in 1536 was a professor of mathematics at Wittenberg, storm-center of rising Protestantism. Copernicus, a Pole, approaching three score years and ten, was a Catholic canon, loyal to the church, bold in mind but anxious to avoid antagonism. He entrusted his manuscript of "De Revolutionibus" to his enthusiastic disciple and assisted him in mastering the contents. After "scarcely ten weeks" of study, Rheticus prepared and sent to his former teacher, John Schöner, of Nuremberg, his famous "Narratio Prima," which was published in 1540, just 400 years ago, *the first printed account of the Copernican theory.*

Although Rheticus intended to announce the heliocentric theory, first mention of it occurs about one third from the beginning. Before taking the final step, he evidently desired to impress his readers with the learning and achievements of his "Dominus Doctor," whose name does not appear. Copernicus was compared favorably with Ptolemy and Regiomontanus, the most distinguished astronomers of the second and the fifteenth centuries, respectively.

Rheticus passes the first and second books of the manuscript with brief comment. The first contains a general description of the heliocentric system and the second discusses apparent diurnal motion, which Rheticus says "does not differ from the common and received opinion."[2] The third book, given chief consideration, treats of the motion of the sun (?), the motions of the fixed stars (?) and the mutations of the equinoxes and solstices. Copernicus sets out not merely to "save the phenomena" but also to save the principle of uniform circular motions about their centers, which Ptolemy violated by the use of equants.[3] A large amount of data by the Greeks and later observers, including some by Copernicus, was used and the superiority of the results of the master was stressed. Precession of the equinoxes was considered variable, due to large observational errors, but its

[1] G. Joachimus Rheticus, *De Libris Revolutionum Narratio Prima*, Danzig, 1540. Georg Joachim von Lauchen, 1514–76, called Rheticus from Rhetica, the Latin name of the province of his birth. Quotations are from the translation by Edward Rosen, "Three Copernican Treatises," New York, 1939.

[2] An unequivocal statement of the truth, as Rheticus realized, would here divulge the fundamental difference between Copernicus and Ptolemy regarding the real diurnal rotation of the earth.

[3] The equant is an imaginary eccentric point from which the apparent motion seems to be uniform.

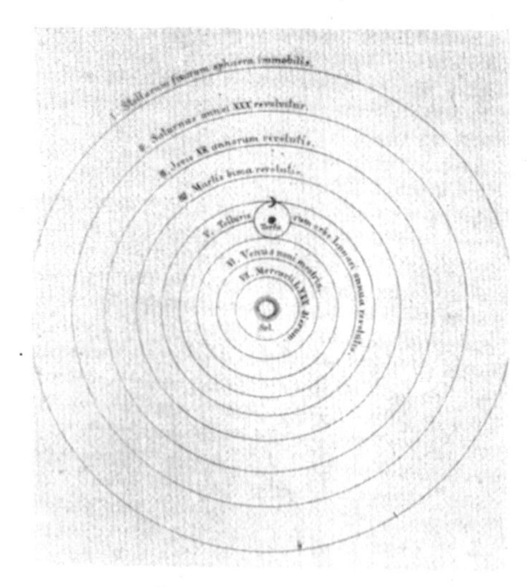

THE COPERNICAN SYSTEM

mean value was given quite accurately, about $50''$ in an Egyptian year. Due to variable precession the length of the tropical year was considered variable and Rheticus himself attempted to harmonize discrepant results obtained at different periods. This was done to his complete satisfaction, "not without the greatest pleasure." The master advocated using the constant sidereal year and found its value to be about $365^d\ 6^h\ 9^m\ 36^s$.

The obliquity of the ecliptic was also considered variable. Available data showed a continual decrease from about 23° 51′ to 23° 28′, but Copernicus assumed it would be periodic and deduced 3434 years. Ptolemy was criticized for holding that the apogee of the sun was fixed and Rheticus advocated its two-fold motion, "one mean and the other unequal." He also accepted the independent motions of the apsides of the other planets.

Here Rheticus abandons Copernicus and becomes astrological. "This small circle is in very truth the Wheel of Fortune, by whose turning the kingdoms of the world have their beginnings and vicissitudes." Also the end of the world will come when the eccentric reaches the value it had at the creation. The data call him back to the task of saving the phenomena, "marshalled on the battle-field of astronomy by the observations of 2,000 years, as by famous generals." But there is another delay in the announcement. The new lunar theory treated in book four is introduced, the equant is abolished and all the observations are satisfied. Similarly in the case of the planets with their motions, direct and retrograde.

Then comes the climax, the great announcement: "These phenomena, besides being ascribed to the planets, can be ex-

NICHOLAS COPERNICUS
FROM A PAINTING BY BRAUSEWETTER.

plained, as my teacher shows, by a regular motion of the spherical earth; that is, by having the sun occupy the center of the universe, while the earth revolves instead of the sun on the eccentric, which it has pleased him to name the great circle. Indeed, there is something divine in the circumstance that a sure understanding of celestial phenomena must depend on the regular and uniform motions of the terrestrial globe alone." But the courage of the author's convictions apparently falters as he adds later: "Which of these assumptions is preferable, I leave to be determined by geometers and philosophers (who are mathematically equipped)."[4]

The arrangement of the spheres is described with the sun at the center, "governor of nature, king of the entire universe, conspicuous by its divine splendor." (See accompanying diagram.) The diurnal rotation of the earth accounts for day and night and the apparent diurnal motion of the celestial sphere. The annual revolution of the earth explains the apparent annual motion of the sun and with the heliocentric orbits of the planets accounts for their apparent convolutions. The seasons are explained by a third motion, a conical turning of the earth's axis, considered necessary to keep its direction constant during the year, because the geometrical method employed made use of a moving radius vector rigidly attached to sun and earth. But its period was slightly less than a sidereal year and the small difference was correctly attributed to the mean precession, which constituted a fourth motion also variable. Here we have the first correct explanation of that phenomenon, a high tribute to the genius of Copernicus.

The great object was attained. All the celestial motions were explained by a simplified, harmonious system based on real motions of the earth around the sun, "which may be said to be the source of motion and of light." Some vestiges of the geocentric system remained, also the metaphysical assumptions and the limitations of the geometrical method. But little advance over the ideas set forth in this preliminary announcement by Rheticus was made by Copernicus in his "De Revolutionibus." On this foundation, moreover, Tycho Brahe, Galileo, Kepler and Newton added the superstructure, the analytical solution of the problem of motion of the heavenly bodies.

W. Carl Rufus

The Motion of the Heavenly Bodies; Its International Significance

By W. CARL RUFUS

The solution of the problem of the motion of the heavenly bodies has been achieved by the combined activity of many observers, computers, mathematicians, and astronomers, from the dawn of civilization to the twentieth century.

Early races including especially Chaldean, Egyptian, Indian, and Chinese, recorded observations of the stars and planets which they made chiefly for astrological use. The ancients determined with fair accuracy the times of recurrence of astronomical phenomena, such as the periods of the planets and the length of the month and the year. The Chaldeans have been credited with the discovery of the Saros, a period of 19 eclipse years containing about 6585⅓ days, which according to tradition was used also by the ancient Chinese for the prediction of eclipses. The Babylonians improved the system of celestial measurements based on the sexagesimal system which is still used in time and circular measure. The Egyptians acquired some astronomical knowledge and added their system of earth measurement or geometry as a method of attacking the problem.

The Greeks inherited the astronomical knowledge and observational records of their predecessors but in general they rejected the occultism of magic, divination, and astrological formulas. They loved knowledge for its own sake, freed the intellect, developed the reason, and trusted its conclusions. They learned that nature works by definite laws, which constitutes the beginning of natural science.

Plato is said to have set the problem to reduce the motions of the heavenly bodies to mathematical law. Eudoxus placed the earth at the center and, adopting a system of concentric spheres with uniform circular motions, compared his theory with observational data some of which he obtained at his own observatory, the first use of this method in scientific astronomy. This method gave the approximate direction of the planets but failed completely to account for the change in distance. Aristotle favored this system and conceived the spheres to have material existence and to be in mutual contact for the propagation of motion from the outermost, which was actuated by the Unmoved Mover.

Another geocentric solution was based on the geometrical system of

Apollonius of Perga, who drew a circle, known as the deferent, about the earth. On its circumference was the center of a second circle sometimes referred to as a sphere. The planet moved uniformly on the sphere, the center of which moved uniformly on the deferent. The combination of these motions gave a solution which included not only the approximate direction but also a varying distance. Additional circles were added as necessary to take care of new data, until the system became quite complex. As a slight simplification an eccentric circle was substituted for the deferent and the first epicycle. In this case, *e.g.*, when applied to the motion of the sun, the center of the circle was moved from the earth on a line toward the sun a distance just equal to the radius of the epicycle, a device which was adopted by Hipparchus, greatest of the Greek astronomers. This geocentric system was accepted by Ptolemy whose great work, the Syntaxis, described the system including one significant modification, the equant, which is an imaginary eccentric point from which the apparent motion seems to be uniform.

Some of the Greeks had vague ideas that the earth was in motion. Philolaus, a Pythagorean, imagined a central fire around which revolved the sun and the planets, including the earth. Their speed depended on their distances and they produced corresponding musical tones, "the harmony of the spheres." Hicetas and Ecphantos (real or fictitious) advocated the stationary heavens and a turning earth. Some speculations involved a limited heliocentric theory. Heraclides of Pontos advocated the rotation of the earth, also the revolution of Venus and Mercury around the sun, as it moved about the earth. It may be that his speculations went farther and anticipated the idea later advocated by Tycho Brahe that the outer planets also revolve about the moving sun. Aristarchus of Samos clearly advocated the heliocentric system, in which the earth and other planets revolve about the sun. Seleucos, a Babylonian, also affirmed the heliocentric theory. This system was rejected, however, in favor of the idea of a stationary earth advocated by Aristotle and by Ptolemy.

During the stationary period (c 400-1400) in Europe, altho the Syntaxis (or Almagest) found its way eastward, little advance was made by the Arabs or others regarding the motion of the heavenly bodies. In the thirteenth century the noted group brought together by Alfonso X, grounded in the methods adopted by the Arabs, computed their famous tables on the basis of the Ptolemaic system. In their astronomical encyclopedia the orbit of Mercury is represented by an elliptical diagram, a sort of anomalous idea, as the epicyclic system was yet followed.

In general during this period science was a confused medley of astrology, alchemy, magic, and theosophy. In the thirteenth century only one branch of study, astronomy, possessed the essentials of a complete science,—including methods of measurement for observational data, provisional hypotheses to test, laws to apply for the reduction of data, and comparison of results with the original theory. As a pioneer science, astronomy deserves much credit in sorting the true from the false and in establishing a firm foundation on which to build modern science.

The authority of Aristotle was a chief factor in the acceptance of the geocentric system for nearly 2000 years. The work of Aristarchus was practically forgotten or at least neglected. Occasionally the Ptolemaic system was criticized and evident dissatisfaction spread in the fifteenth century. It remained for Copernicus (1473-1543) to advocate the heliocentric theory and to present to the world in written form his *De Revolutionibus Orbium Celestium,* which transfers the center of motion in the solar system from the earth to the sun. By the daily rotation of the earth on its axis he explained the apparent diurnal motion of the celestial sphere. The yearly revolution of the earth around the sun explained the apparent annual motion of the sun along the ecliptic through the zodiacal constellations. This annual motion of the earth combined with the revolution of the other planets around the sun explained the loops in the apparent paths of the planets among the stars. Altho Copernicus retained the epicycles of the Greek method his work provided a basis for advance toward the solution of the problem of motion of the heavenly bodies.

More accurate and more systematic observations were necessary to solve the problem; erroneous assumptions, for example, the metaphysical condition of uniform circular motions, had to be cast aside, erroneous laws of motion had to be replaced by the fundamental laws of dynamics, new methods of analysis had to be devised, and improved methods of computation to reduce and to apply the data. These were supplied during the inductive period beginning with Copernicus and culminating in the work of Sir Isaac Newton.

Tycho Brahe (1546-1601) rejected the heliocentric doctrine of Copernicus and adopted an ingenious compromise, which "saved the phenomena" and avoided the controversy regarding a moving earth. Around the motionless earth daily rotated the celestial sphere and annually revolved the sun, while the other planets, Mercury, Venus, Mars, Jupiter, and Saturn, all revolved about the moving sun. Tycho Brahe, however, made a great contribution to the problem of motion, by constructing larger and more nearly accurate instruments and by making more nearly accurate and more systematic series of observations. The data accumulated during a quarter of a century provided one of the prerequisites previously indicated.

In astronomy Galileo (1564-1642) is famous chiefly for his application of the telescope and resulting discoveries,—satellites of Jupiter, spots on the sun, mountains on the moon, and phases of Venus,—also for his acceptance of the Copernican system, ecclesiastical trial for heresy and subsequent verbal recantation to save his life. Later use of the telescope provided more nearly accurate data, but Galileo made another important contribution. He overthrew erroneous ideas regarding motion and established some fundamental principles of dynamics, essential for the solution of our problem. The incident at the leaning tower of Pisa, perhaps apocryphal, illustrates his method. He dared to challenge the authority of Aristotle, who taught that bodies fall according to their weight.* In the presence of faculty, students, and townsmen, he dropped balls of different weight which fell side by side. Thus he appealed to nature as the arbiter of natural law and the baneful influence of authority was overthrown. By experiment he established true laws of motion to replace the false.

Kepler (1571-1630) also broke the shackles of tradition by freeing the problem from the metaphysical condition imposed by the Greeks,—combinations of uniform circular motions. Using the improved data of Tycho Brahe, he formulated his three laws of planetary motion.

1. The orbit of a planet is an ellipse with the sun at a focus.
2. The radius vector (a line from the sun to the planet) sweeps over equal areas in equal times.
3. The harmonic law. The squares of the periods of revolution of any two planets are proportional to the cubes of their mean distances from the sun.

These laws were purely empirical. Why, the ellipse? It satisfied Tycho's data. Why, the constant areal velocity? Why, the harmonic law? These satisfied the data, they "saved the phenomena."

Newton (1643-1727) was born the year following the death of Galileo. He is quoted as saying: "If I have seen farther than others, it is because I have stood on the shoulders of giants." He builded on the work of Copernicus, Tycho Brahe, Galileo, and Kepler. Newton formulated the law of gravitation,—*Every particle of matter in the universe attracts every other particle with a force which varies directly as the product of their masses and inversely as the square of the distance between them.* This law constituted the first great physical synthesis, the greatest scientific generalization of the human mind to that time. Kepler's laws were formal, relating observations in space and time. Newton's law is physical, introducing new concepts, mass for example, which explains Aristotle's error and corrects Kepler's harmonic law. Newton rationalized Kepler's empirical laws and gave an analytical solution of the problem of motion of the heavenly bodies.

The end of the inductive period was followed by new instruments and methods of observation for improved data to test the law of gravitation and by new and improved methods of mathematical analysis to trace the effect of this law in a wide field of application, involving tides, form of the earth, perturbations, double stars, theory of the moon, motion of the perihelia of planets, etc. Newton's generalization was accepted as a final solution of the problem of motion of the heavenly bodies. Leibnitz hailed Newton, not only as the greatest genius because he had explained the universe, but also as the most fortunate, because there is only one universe to explain.

---

*Philoponos of Alexandria in the 6th century denied the doctrine and referred to experiment but his work remained unnoticed.

An unsolved problem was found, however, by Leverrier (1811-1877) who noted a discrepancy between the observed and computed position of the perihelion of Mercury's orbit. The change in the direction (the longitude) of this point may be computed on the basis of Newtonian gravitation, but the observed change eastward, 574 seconds per century, is about 40 seconds per century greater than the computed. Leverrier postulated an undiscovered intra-Mercurial planet to account for the excess and named it Vulcan. His successful part in the discovery of Neptune by mathematical analysis based on Newtonian gravitation gave added zest to the search for Vulcan. Lescarbault announced the discovery of Vulcan in 1859. Watson, second director of the Observatory of the University of Michigan at Ann Arbor, at a total solar eclipse in 1878 "discovered" two intra-Mercurial planets. Photographic methods subsequently disproved the existence of Vulcan.

Other proposed causes,—such as meteoric matter within Mercury's orbit, an oblate form of the sun, a slight modification of the inverse square in the law of gravitation,—lack confirming evidence, so the problem of the excess remained unsolved at the beginning of the twentieth century, and constituted an appendix or a new chapter in the solution of the problem of motion of the heavenly bodies.

Einstein (1879-   ) recently developed a new law of gravitation in his theory of relativity. It includes Newtonian gravitation which applies to material masses in the older sense, and also includes electromagnetic phenomena (*e.g.*, light rays) in a broader generalization. According to this theory, mass in motion is greater than mass at rest, mass is convertible into energy and light rays possess an element of mass or they are, at least, affected by gravitation.

Quantitatively there is a very slight difference between Einstein's law of gravitation and Newton's when they are applied to planetary motions. The broader generalization by Einstein includes Newtonian law in its terms of the first order and small higher order terms negligible in most cases. The supplementary terms, however, are sufficient to account for the excess in the motion of the perihelion of Mercury's orbit. Two other tests proposed by Einstein, not directly related to our subject, also appear to have been satisfactorily met.

Now, let us make the application implied in our subtitle, *Its International Significance*. The chief contributors to the problem of the motion of the heavenly bodies set by Plato, a Greek, represent many countries: Copernicus, a Pole; Tycho Brahe, a Dane; Galileo, an Italian; Kepler, a German; and Newton, an Englishman. When we conclude with Einstein, we find a climax to our subject. A Jew by race, international by training and experience, Einstein left Berlin and is now a citizen of the United States of America. This one scientific problem has been solved by the contributions of famous representatives of many of the foremost nations and races of mankind.

ANN ARBOR, MICHIGAN, AUGUST 14, 1941.

A Construction Substitute for Pi in the Great Pyramid

By GEORGE M. McCONKEY and W. CARL RUFUS

Mr. John Taylor is credited with inventing the fanciful idea that the builder of the Great Pyramid of Cheops intended to record in its proportions important religious and scientific doctrines, not for the benefit of his contemporaries, but to be revealed to posterity four thousand years later. Professor C. Piazzi Smyth advocated the scientific side and ingeniously uncovered, concealed in the dimensions, advanced mathematical knowledge, including the value of π, also exact astronomical data, such as the diameters and distances of the Sun, Moon, and planets. The astronomical implications were further developed by Joseph Baxendall and others, until each trivial measurement, even of the ante-chambers of the pyramid, had mystical cosmic significance. The astronomer, Richard A. Proctor, assigned astrological significance, probably through Chaldean influence, rather than pure scientific aim, as the purpose of design in this great structure.

We reject these ideas and propose a new explanation of the fundamental mathematical relationships found. More specifically, construction principles are proposed which do not involve the knowledge and intentional use of an accurate value of π.

Ancient writers have left little material of basic significance to assist modern scientists in an attempt to interpret the numerical relationships that exist among the dimensions. One interesting and important item is attributed to Herodotus: The area of each of the four faces is equal to a square having its sides equal to the height of the pyramid. By accepting this statement as a starting point, we have the mathematical basis for the explanation proposed. Let $2b = \text{base}$, $h = \text{height}$, and $s =$ slant height, then $bs = h^2$, or $b : h = h : s$. The principle of the mean proportional which is involved, or its equivalent, similar triangles, may be used instead of the assumption of π as we demonstrate later.

Many modern measurements have been made on the Great Pyramid, which unfortunately have not been entirely consistent. Two items are here accepted,—the mean of the four sides of the base, 9069.5 inches, and the angle of slope, 51° 50′. As the royal cubit was about 20.6 inches, the base was probably intended to be exactly 440 cubits square. The cotangent of the angle, 0.7860, and half-base, 220 cubits, give a height approximately 280 cubits. We adopt these values in tens of cubits for the base and height, 440 cubits and 280 cubits, respectively. In this respect we follow an example given in the Rhind papyrus,—a pyramid with side 360 cubits and height 250 cubits.

Using the method of the given example in the papyrus we compute the *batter*.[1] Reckon with 280 to find one-half of 440 or 220. ½ of 280 is 140, ¼ is 70, and 1/28 is 10, making 220. That is, for one cubit rise the stones must be drawn in $\frac{1}{2} + \frac{1}{4} + 1/28$ of a cubit. To reduce to *palms* multiply by 7 which gives $3\frac{1}{2} + 1\frac{3}{4} + \frac{1}{4}$ or $5\frac{1}{2}$ palms. To reduce to *fingers* multiply by 4 which gives 22 fingers. The batter for one cubit rise is therefore integral, 22 fingers, and avoids troublesome mixed numbers.[2] The cotangent of the slope then becomes 22/28 or 0.7858, which is in good agreement with the angle of slope obtained by measurements.

During construction the problem would also be met to find the rise accompanying one cubit drawn in toward the center. This may be done as follows, using the Egyptian method based on the preceding batter. For each finger added to 22 toward the center must be added 28/22 or 1 3/11 to the height 28. This must be done 6 times to increase 22 to 28. So we have $28 + 6 \times 1\,3/11 = 35\,7/11$ fingers. If this is done in one

[1] The batter is equivalent to the distance to draw in a layer of stone which has a height of one cubit.

[2] This result was of course anticipated, as the height 280 cubits contains the factor 28 which is the number of fingers in one cubit.

step it is equivalent to the principle of similar triangles. 22:28 = 28:h′. From which as before h′ = 35 7/11 = 35.6364 fingers or 1.2727 cubits. Here a mean proportional or its equivalent, similar triangles, is involved from the standpoint of construction, as well as independently from the statement attributed to Herodotus, and support is found for adopting it instead of the assumption of π.

No example of square root is found in the Rhind papyrus, although the idea is said to be included in some early Egyptian works. It is quite significant to point out the close agreement between the quantity just found (the rise for one cubit draw) and the slant height for one cubit rise, which is another practical problem met in cutting the stones with triangular ends for filling, in order to make a plane sloping surface, and especially in covering the rough exterior with a finer grade of material more smoothly finished. This may be rationalized by later algebra and geometry. By the Pythagorean principle we have

$$s = \sqrt{(28^2 + 22^2)} = 35.6090 \text{ fingers.}$$

This differs only 0.0274 fingers or 0.001 cubits from the preceding value of h′. That is, the slant height for one cubit rise is very nearly equal to the rise for one cubit drawn in. Such a common length would have practical value in construction work. Perhaps the Egyptian architects overlooked this small difference or considered it so insignificant that it could be neglected in cutting pyramid stones. Or it may be that they obtained a value geometrically that would empirically satisfy both relations. In either case we have the two condition: $b:h = h:s$, and $s^2 = h^2 + b^2$. From which

$$s = b(\tfrac{1}{2}\sqrt{5} + \tfrac{1}{2})^* = 1.6180b.$$
$$h = b\sqrt{(\tfrac{1}{2}\sqrt{5} + \tfrac{1}{2})} = 1.2720b$$
$$s = h\sqrt{(\tfrac{1}{2}\sqrt{5} + \tfrac{1}{2})} = 1.2720h$$
$$b/h = \sqrt{(\tfrac{1}{2}\sqrt{5} - \tfrac{1}{2})} = 0.7861$$

The length $\frac{1}{2}\sqrt{5} + \frac{1}{2}$ may easily be constructed geometrically and may have been used by the pyramid builders. $\frac{1}{2}\sqrt{5}$ is the hypotenuse of a right triangle with sides $\frac{1}{2}$ and 1 using any arbitrary unit, *e.g.*, one cubit in general or *b* in the pyramid. Adding $\frac{1}{2}$ to this length gives the desired value. (See diagram.)

The quantity, b/h above, 0.7861, agrees with the cotangent of the angle of slope, 0.7860. Also for b = one cubit in the above expressions for s and h in terms of b, it is readily seen that $h = \sqrt{s}$. The square root is here involved, but the method of extracting the root is not used. Furthermore, for h = 1 cubit in the second expression for s above, s = 1.2720 cubits or 35.616 fingers, which lies between the two values above assumed to be equal. To obtain the entire slant height this must

*The quantity $\frac{1}{2}\sqrt{5} + \frac{1}{2}$ has interesting properties. Let it be represented by a, then $a^2 = a + 1$. Higher powers may be obtained readily by successively multiplying each side by a and evaluated by results previously obtained. Or the higher powers may be obtained in terms of a.

be taken 280 times, giving 356.16 cubits, differing only 0.07 cubits or about $1\frac{1}{2}$ inches from the entire slant height by the Pythagorean formula.

Without using the value of π we have attempted to explain relationships between certain dimensions of the Great Pyramid, applying methods known to the Egyptians, with the added assumption that they accepted for practical purposes the equality of two lengths, which differ very slightly, or that they obtained, by an empirical method, a better value to adopt.

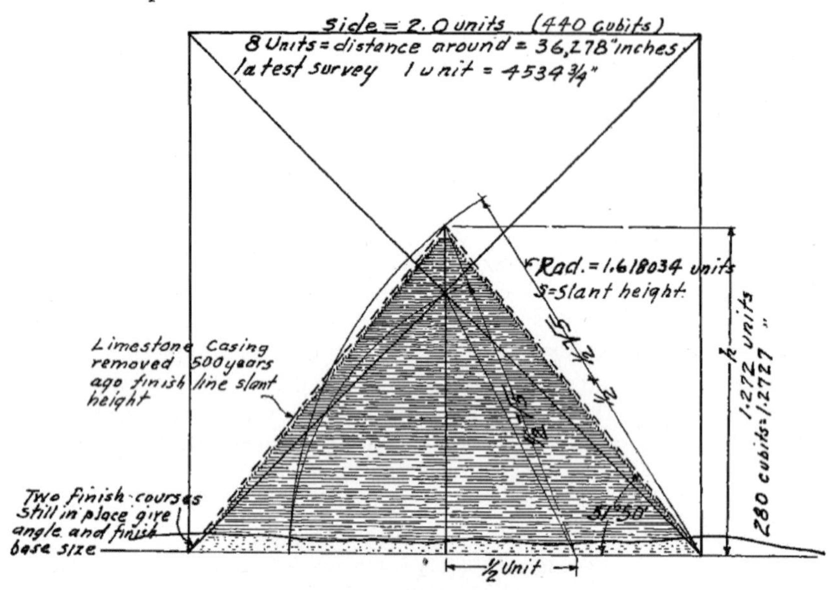

PLAN AND ELEVATION
GREAT PYRAMID

From the fundamental relationship established between these basic dimensions, other mathematical relationships necessarily follow; so all additional coincidences discovered are entirely fortuitous and add nothing to the assumption of design. For example, another interesting relationship is that the ratio of the height to ½ the diagonal of the base is approximately 9 to 10. $h:b\sqrt{2}=9:10$, from which $h=1.2727b$, which agrees very closely with the preceding result, $h=1.2720b$. This apparently has no special cosmic significance, and is introduced merely to illustrate the fact that many mathematical relationships may be deduced.

A multiplicity of other discovered relationships may be similarly explained. By accepting as the intended location of the pyramid, latitude 30° N, ($\sin 30° = \frac{1}{2}$), advocates of concealed quantities found many additional inter-relationships and coincidences by using the factor ½.

THE JOURNAL
OF
THE ROYAL ASTRONOMICAL SOCIETY
OF CANADA

VOL. XXXVII, No. 4 APRIL, 1943 WHOLE No. 323

COPERNICUS, POLISH ASTRONOMER, 1473-1543

By W. CARL RUFUS

(With Plates IV, V)

THE history of science records man's search for related facts regarding nature and his endeavour to formulate fundamental laws operating in the physical universe. This eternal quest will never end. There are heights of knowledge yet unscanned and depths of truth unfathomed.

One outstanding problem attacked by the world's greatest thinkers of all ages and races pertains to the motions of the heavenly bodies. The solution adopted by the Greek nature philosophers was geocentric and geometric. At the centre of the universe was the motionless earth surrounded by imaginary circles and spheres with combinations of uniform circular motions to represent the paths of sun, moon, planets and stars. Other types of solution were proposed including the heliocentric by Aristarchus of Samos, but the geocentric prevailed, advocated by many of the Greeks including Aristotle, whose baneful influence and authority buttressed the erroneous solution against serious opposition for eighteen centuries.

The individual who successfully challenged the Greek solution was Nicholas Copernicus, Polish astronomer, 1473 to 1543. Three score years and ten sealed the lid of his life, but four hundred years later we celebrate his death. The Kosciuszko Foundation of New York, established in 1925 to cultivate academic and cultural relationships between Poland and America, is promoting quadricentennial celebrations this year to honour this famous representative of the Polish race. A commemorative monograph of 88 pages by Stephen P. Mizwa

Plate IV

Nicholas Copernicus, 1473-1543

Drawing by Arthur Szyk; Photograph by favour of Stephen P. Mizwa.
For explanation of the symbolism, see back of Plate V.

Journal of the Royal Astronomical Society of Canada, 1943.

THE SYMBOLISM OF PLATE IV

(From Mitzwa's "*Nicholas Copernicus*")

Copernicus is represented as a churchman, a scholar and more specifically as an astonomer. The chain and the cap, on which is the Jagiellonian white eagle, are academic symbols. [Jagiello was the first king of united Poland and Lithuania, 1383.] In the left hand he holds a model illustrating planetary motion, with the sun at the centre. In front of him is seen a portion of the Jagiellonian golden celestial globe.

In the upper left-hand corner is Wawel, the Polish Acropolis, with the central portion of Krakow as it looked in his student days (1491-95). In the upper right-hand corner is the coat-of-arms of the University of Krakow (Universitas Cracoviensis). The Roman numerals above it indicate the years when the university was founded (1364) and renovated (1400). On the table are the Holy Bible and the inkwell. The lantern is such as he used on his observation tower at night.

Within the border are: *bottom*, the Polish white eagle of the Jagiellonian period; *left*, coat-of-arms of Gniezno, the first capital of Poland; *right*, coat-of-arms of Krakow, the capital in his student days; *top*, coat-of-arms of his native town Torun (in English, Thorn).

NOTES ON PLATE V

(By W. W. FRANCIS, M.D., Librarian, Osler Library)

The title page measures 225 x 180 mm. In the first half of the 16th century it was not uncommon for the publisher to put his "puff" on the title-page, a "blurb" that would nowadays go on the wrapper. In this case it says:

> Learned reader, in this newly produced and published work thou hast the motions of the stars, fixed as well as wandering, restored by both ancient and recent observations, and adorned, moreover, by new and admirable hypotheses. Thou hast also very convenient tables from the which with great ease thou mayest at any time calculate these motions. So buy, read and enjoy it.

The Greek motto, from its cautionary nature and smaller type, must be the author's:

Let no non-geometrician look into it!

Osler bought this copy in Cambridge about 1918 for £18. He says, "It was formerly in Marischal College [Aberdeen] and there is no duplicate mark; but I have resisted the prickings of conscience which suggest asking how it got out of the library!" The other inscription on the title-page is "God the Lord, God shall be my Lord", in Hebrew, whether written as an antidote to the heresy of the book or in admiration, who knows?

contains material of more than passing interest. The artistic and symbolic frontispiece by Arthur Szyk[1] faithfully portrays Copernicus as a loyal churchman and a devout astronomer pictured in a brilliantly coloured Polish academic and nationalistic setting.

Mizwa characterizes his subject as "the most original and not the least versatile genius of Poland. He was a churchman, a painter and a poet, a physician, an economist, a statesman, a soldier, and a scientist." Quite right he was to mention churchman first. Lodge in *Pioneers of Science* says: "He (Copernicus) was just a quiet, earnest, patient and God-fearing man, a deep student, an unbiased thinker, although with no brilliant or striking gifts."

His greatest contribution was astronomical, the heliocentric theory of the motion of the heavenly bodies. In this system the sun, not the earth, is the central body, around which revolve the planets, including the earth with its satellite, the moon. In bold figure of speech, "He stopped the sun and set the earth in motion." The publication of his monumental volume,[2] was long delayed; the first copy was placed in his hands on his death bed. To-day in a very true sense we commemorate not the day of his death, but the birthday of his immortal contribution, the heliocentric doctrine of motion, the firm foundation on which the superstructure of modern astronomy has been erected. In a more restricted sense we may associate this anniversary with the rise of modern science. By its very nature, astronomy was a pioneer in the field of physical science. In the thirteenth century it was the only subject that possessed the complete essentials of a science—a system of measurements, collected data, formulated laws, and methods of reduction to test the laws. This scientific procedure was not new, however, at the time. It had been employed by the Greeks, notably by Eudoxus, one of the earliest, who had an observatory to obtain data to check his doctrine of homocentric spheres; also by Hipparchus who used data by others supplemented by his own and made observations to pass on to his successors. Copernicus fully appreciated this method,

[1]Reproduced in Plate IV.

[2]*De Revolutionibus Orbium Coelestium*, Nuremburg, 1543. A photograph of the title page of a copy in the Osler Library, McGill University, is reproduced in Plate V. A copy was purchased by Tracy McGregor and presented to the University of Michigan.

made observations of his own and combined them with others, utilizing all available data in developing, testing, and improving his revolutionary theory.

Copernicus was born February 19, 1473, at Thorn (Torun) on the Vistula river about half way between Danzig and Warsaw, a region whose political vicissitudes are suggested by and connected with the problems of the "Polish Corridor." His paternal ancestors of Silesian descent migrated to Krakow in the fourteenth century and became prosperous merchants. The origin of the family name is obscure; even its spelling had many variants, several of which were used by Nicholas[3] himself. His maternal ancestry through the prominent Watzelrod family also leads back to uncertainty and confusion. Upon the death of his father in 1483, his maternal uncle, Lucas Watzelrod became the guardian of Nicholas and his older brother Andreas. This relationship proved very fortunate for our astronomer. His uncle had studied at Krakow, Leipzig, and Prague. He became Bishop of Ermland (Varmia) in 1489 and later a senator, with influence in church and state, sufficient, for example, to secure the appointment of his nephew Nicholas at 24 years of age to a canonry at Frauenburg, cathedral city of his own diocese.

The training of Copernicus was broad and varied. At the University of Krakow (1491-1495, Mizwa), although apparently destined for an ecclesiastical career, he became permanently interested in astronomy, chiefly through the influence of his teacher, Albert of Brudzew, an eminent mathematician and astronomer, who taught the details and did not omit the difficulties of the Ptolemaic or geocentric system. He also expounded the works of Purbach and Regiomontanus, leaders of the revival of astronomy in Europe during the fifteenth century. Astronomical equipment at Krakow included a celestial globe, astrolabes, and a triquetrum. Brudzewski left Krakow in 1494 and died the following year. Copernicus gave up his work at Krakow, visited Thorn in 1495 and spent some time at his uncle's castle at Heilsburg, 46 miles from Frauenburg, in a premature and unsuccessful campaign for a canonry.

---

[3]Nicolaus Coppernicus von Dr. C. L. Menzzer, Thorn, 1879. See chapter, Ueber die Orthographie des Namens Coppernicus. A copy in the Library of the University of Michigan was a gift of the late Professor Alexander Ziwet.

He next entered Bologna to study canon law; but two months after matriculation he made his first recorded astronomical observation known to us, an occultation of Aldebaran, March 9, 1497. He pursued his classical and ecclesiastical studies and borrowed money on his uncle's security. He also cultivated the acquaintance of the unorthodox professor, Domenico Maria da Novara, who is credited with making observations with his astronomically-minded pupil. Berti[4] gives credit to Novara and other Italians for heliocentric or at least revolutionary influence on Copernicus. Without doubt the theories of the Pythagoreans were discussed and were of interest to one dissatisfied with Ptolemy. The imaginary motions of the planets including the earth, the sun, and an imaginary counter-earth around an imaginary central fire, could not give a seeker after real motions like Copernicus more than added dissatisfaction and a keener desire to seek the truth. Commenting on Italian influence Dreyer says:[5] "However useful the acquaintance with Novara may have been to Copernicus, we may take it for granted that neither he nor any other Italian savant sowed the seed which eventually produced the fruit known as the Copernican System."

At the death of the incumbent at Frauenburg, Copernicus accepted his canonry by proxy and remained at Bologna until 1500. He went to Rome this jubilee year and lectured on mathematics, which undoubtedly included astronomy, as we find him here observing a lunar eclipse, November 6, 1500. He took time from his scientific work to visit Frauenburg in 1501 and to take a seat in the Cathedral Chapter as a secular canon for he never took orders in the Church. He next entered Padua and gave up law for the study of medicine. He probably discussed planetary motions with Fracastoro, who seems to have favoured a modification of the solution of Eudoxus based on homocentric spheres. His work was interrupted, however, for how long we are not sure; but Ferrara bestowed on him the degree of Doctor of Canon Law, May 31, 1503. He resumed and completed his study of medicine at Padua.

Returning from Italy to Frauenburg about 1505 he began an outwardly active and inwardly contemplative life, utilizing to the limit

---

[4]Copernico e le vicende del Sistema Copernicano in Italia.

[5]History of the Planetary Systems from Thales to Kepler, p. 307.

his broadly trained faculties and logically developed mind. He administered his canonry with business ability and impartial justice. Receipts from the property gave him an independent and liberal income. He settled numerous acrimonious quarrels and disputes among the tenants with equanimity and justice. He obtained leave of absence after a short time and went to Heilsberg as official physician to his uncle. He also served rich and poor alike without charge, as regular practice was not permitted to an ecclesiastic. During that period astronomical studies alone were often considered sufficient to prepare for a medical career. The efficacy of remedies depended on zodiacal influences. What effect was added by that element is questionable; but we are told that the patients of Copernicus usually recovered.

As companion and adviser of the Bishop he remained at Heilsberg until his uncle's death. The Castle was a typical mediaeval stronghold with its motley host of clerics, pages, guards, minstrels, clowns, and retainers. During the disturbed political conditions, the diocese of Ermland retained its independence; so the Bishop was practically the ruler of a petty state, which was frequently or almost continually disturbed by various outside political difficulties. With the Bishop went Copernicus to attend all diets, conferences, and other important functions, civil, ecclesiastical, and military. On one leisurely journey Copernicus translated into Latin the Greek epistles of Theophylactus.[6] Published in book form at Krakow in 1509, the work was the first Greek translation printed in Poland or adjacent countries. One biographer, however, concludes that the publication evidences more enthusiasm than scholarship. It is considered quite probable that during this period at Heilsberg, Copernicus developed the main features of his heliocentric theory. Two observations of lunar eclipses (June 2, 1509 and October 6, 1511) of this period are included in his book.

In March, 1512, Copernicus accompanied the Bishop to attend the wedding feast of the King of Poland. He did not return to Heilsberg immediately with his uncle who died on March 29, just three days after his arrival home. About the same itme, Andreas, only brother of Nicholas, became leprous and passed away in 1519. There were

[6]The only printed work of Copernicus he personally sponsored.

two sisters, but the family name Copernicus came to an end as Nicholas remained unmarried. With the death of Bishop Lucas Watzelrod, another benedict, who had no brother, the family name of Copernicus' mother also disappeared. Descendants of a sister of the Bishop, according to Mizwa, include many famous Polish patriots to the present day.

Copernicus then assumed entire responsibility of administering the affairs of the bishopric, ecclesiastical as well as civil and political. He made Frauenburg his headquarters and lived there during the greater part of the remainder of his long life. A portion of the residence was fitted for an observatory with a terrace where he could use his hand-made triquetrum. An observation on the position of Mars, January 1, 1512, before his uncle's death, was followed by observing its opposition June 5 of the same year. In 1514 similar observations were made on Saturn. These were unquestionably used to check his heliocentric theory. His *Commentariolus*[7] in manuscript, describing the main features of his system, probably belongs to this period, 1512-1514.

His fame as an astronomer had spread and his advice regarding calendar reform was asked by Paul of Middleburg, Bishop of Fossombrone, to present to the Lateran Council in 1515. With characteristic caution, he declined because the motions of the sun and moon needed more careful study. He immediately began observations to provide data—on September 14, 1515, to determine the autumnal equinox, one on Spica to apply to the rate of precession, another for the "apogee of the sun," and on March 12, 1516, one for the time of the vernal equinox.

From 1516 to 1519 he resided at the Castle of Allenstein (Olsztyn) to give special attention to affairs of this district. On his travels he also stopped there occasionally; and during a sojourn in 1520-1521, he served as commander of the local forces against the Knights of the Teutonic Order. Again in 1525 he occupied his favourite room at the Castle. By that time the walls were covered with astronomical notations cherished to the present day.[8]

He drafted a documented statement of grievances as early as 1516

Translation by Edward Rosen, Three Copernican Treatises, New York, 1939.

[8]Used by the noted Copernican scholar, Ludwig A. Birkenmajer.

in behalf of Ermland, which was nearly surrounded by the territory of the Teutonic Knights. Upon the request of the King of Poland, he wrote a treatise on coinage,[9] in which he warned against "introducing alongside of an old currency a new currency of less value. This latter does not merely depreciate the old, it drives it away, so to speak, by main force." Good economic advice after four hundred years! Other administrative responsibilities devolved on Copernicus at the death of Bishop Fabian in 1523. We cannot follow in detail the multitudinous duties and activities of this loyal servant of the Church during the remainder of his life. He found time, however, to make necessary planetary observations and to continue to revise and improve his greatest work.

Johann Werner of Nuremberg had published a treatise *De Motu Octavae Sphaerae.* (Concerning the motion of the eight spheres.) Wapowski, a Canon of Krakow, requested the opinion of Copernicus regarding it. The *Letter against Werner* was privately circulated in manuscript form, passed out of sight for some time, but was recovered and first printed in 1854 in the Warsaw edition of the works of Copernicus.[10] Werner dealt with the annual precession of the equinoxes and an imaginary variation known as *trepidation* invented by Tabit ben Korra (translator of Ptolemy's Almagest into Arabic toward the end of the ninth century), which confused astronomers until finally rejected by Tycho Brahe seven centuries later. Copernicus had accepted the variability of the annual precession and held an erroneous doctrine regarding it to the end of his life. In his polemic he followed the mediaeval custom and resorted to undignified language. He did point out an error made by Werner in fixing an observation by Ptolemy, also that Werner's results did not agree with his own. Both were erroneous and from our vantage point 400 years later we smile tolerantly at the acrimony of the controversy. To the credit of Copernicus, he emphasized the fundamental importance of obser-

---

[9]*De Monetae Cudendae Ratio,* 1522, (Concerning the Principle of Coining Money.) This doctrine was later advocated and became known as Gresham's law. Both were preceded, however, by Oresme of the 14th century. The work was first printed in 1816.

[10]An English translation appeared in 1939. *Three Copernican Treatises* by Edward Rosen. The other treatises are *The Commentariolus* of Copernicus and *The Narratio Prima* of Rheticus.

vations in an effort to settle the question and retained an open mind intending "to set forth my views elsewhere." For this intended work, which never fully materialized, he made observations in 1525. Subsequent observations were planetary, to apply to his heliocentric theory; the last one used in *De Revolutionibus* was dated March 12, 1529, made during the stress of multitudinous activities.

By this time, his revolutionary ideas were spread abroad. In 1531 he was ridiculed in public on the stage at Elbing where he was well known. He said, however, concerning slanderers and gossipers: "I care not at all; I will even despise their judgment as foolish." Upon the request of Pope Clement VII, the new theory was expounded by Widmanstad, the papal secretary in 1533. A few friends as early as 1536 had expressed approval of the new ideas and Cardinal Schönberg urged Copernicus to announce his system to the world. The manuscript lay in the study "not nine years but going on four times nine," before its publication in 1543. That would indicate a period of about 30 years at least, which agrees with the suggested time 1512-1514 of his *Commentariolus*.

An event of great significance in the announcement of the heliocentric doctrine was the visit of Rheticus to Frauenburg in 1539. Although only 25 years of age, he had been for three years a professor of mathematics at Wittenberg, centre of Protestant learning. His leaning toward astronomy was developed under Schöner at Nuremberg. Hearing of the new theory; he decided to learn more directly from Copernicus. The manuscript was entrusted to this youthful disciple, who studied it assiduously and with the aid of the author soon mastered its contents. The result was the famous *Narratio Prima*[11] published in 1540, the first printed account of the Copernican theory. This was in the form of a letter to Schöner, whom Rheticus had visited on the way to Frauenburg and to whom he had promised to send an account. The reception of the First Account probably had a strong influence in persuading Copernicus to submit the entire manuscript for publication.

A mathematical section of the work was selected by Rheticus for

---

[11]Rheticus, G. Joachimus, *De Libris Revolutionum Narratio Prima*, Danzig, 1540. Translated into English by Edward Rosen, Three Copernican Treatises.

publication as a text in plane and spherical trigonometry.[12] So the enthusiastic young disciple won from his aged "Dominus Doctor" tacit consent, at least, to publish the entire book. Copernicus, however, moved with great caution. Instead of placing the manuscript directly in Lutheran hands, he entrusted it to Bishop Giese, of nearby Kulm, who immediately arranged with Rheticus to supervise its publication at Nuremberg rather than Wittenberg. After the work was well under way, Rheticus accepted a position at Leipzig and the responsibility was left with Osiander, a Lutheran preacher, interested in the mathematical sciences, who had previously corresponded with Copernicus on the subject of the Introduction.

Finally, the great work was printed, *De Revolutionibus Orbium Coelestium*. Osiander's preface, designed to mollify dogmatists by representing the doctrines as hypotheses to facilitate computation, replaced the introduction written by Copernicus who regarded the principles advocated as real motions of the earth. Although the author of the book had a volume placed in his hands shortly before his death, he evidently passed away without detecting the imposition.

As we have outlined briefly the main events in the life of Copernicus, we have occasionally glimpsed the revolutionary character of his outstanding contribution, but very little regarding steps in its development or the exact nature of its subject matter. Although this is not the occasion to go into detail, a brief discussion seems necessary.

The inception of the idea of the motion of the earth by Copernicus was unquestionably quite early, probably at Krakow under Brudzewski. We have his testimony that he was dissatisfied with the teachings of the ancient philosophers. This included, not only the Ptolemaic theory, but also the Pythagorean. He may have studied Greek for the main purpose of mastering all that was written on the subject of the motion of the heavenly bodies. This led him to Italy where he may have conceived the idea of attempting to explain the observed motions of sun, planets, and stars, by real motions of the earth. This required time for analysis and the application of data obtained at first from Ptolemy and other available sources. This work

[12] *De Lateribus et Angulis Triangulorum tum planorum rectilincorum* . . ., Wittenberg, 1542.

probably developed after his return from Italy and was apparently concluded by January 1, 1512. On that day he made the first planetary observation of his own recorded in his book and applied to his main problem. The last observation of this nature that he recorded in his manuscript was March 12, 1529.[13]

How much credit should be given to the Pythagoreans is a moot question. Charles Singer, eminent authority in the history of science, we believe greatly overestimates the value of their doctrine and its influence on Copernicus. He says:[14] "It was in Italy that he first discussed the Pythagorean theory with which his name has become associated. . . . He found his hint in the traditions that had survived of the thought of Philolaus the Pythagorean and Aristarchus. . . . The new or rather renovated scheme of Copernicus retained much of the ancient theory." The Pythagorean doctrine was *not* heliocentric and the name of Copernicus is ineptly associated with it. The centre of motion in their scheme was an imaginary central fire around which the real bodies revolved including also an imaginary counter-earth. Philosophically they set the earth in motion, but it did not represent real motion and certainly was not Copernican. Reference to Aristarchus, "The Ancient Copernicus," has greater significance, because he unquestionably held a true heliocentric doctrine; but we know little regarding its influence on Copernicus. A reference was made to Aristarchus in the manuscript of *De Revolutionibus*, but was not included in the printed form. Rheticus retains the name in the First Account, but gives no hint regarding the nature of his doctrine.

Copernicus rejected the Ptolemaic theory, but retained their geometric system of unform circular motions in modified form and placed the sun at the centre instead of the earth. Rosen, usually very discriminating, in his introductory remarks on "The Doctrine of the Spheres"[15] does not clearly discriminate between the homocentric spheres of Eudoxus and the Ptolemaic system of eccentrics and epicycles which Copernicus adopted, rejecting the equant[16] which

[13]A total of 27 were included. A few others, including one as late as 1537, have been found.

[14]*A Short History of Science to the Nineteenth Century*, Oxford, 1941, p. 180.

[15]*Three Copernican Treatises, p. 11.*

[16]The equant is an eccentric imaginary point from which the apparent motion seems to be uniform.

violated the principle of uniform circular motion about the centre of the circle involved. Copernicus wished not merely to "save the phenomena" but also to save the principle of uniform circular motions and to introduce reality by doing away with a fictitious point, the equant, and by putting the sun in the commanding central position. He postulated a type of *virtu* in the sun, causing the motion of the planets, "those that are nearer the sun, which may be said to be the source of motion and light, revolve more swiftly."

Copernicus set out to explain apparent celestial motions by a system of real motions of the earth. Among the fundamental questions was the apparent annual motion of the sun which changes its position along the ecliptic with reference to the zodiacal constellations. This motion of the sun was accepted as real in the Ptolemaic solution although the Greeks were familiar with the fact that it could be equally well explained on the assumption of an annual revolution of the earth around the sun. Aristotle noted that the motion of the earth would produce an annual parallax, or change in the direction of the fixed stars, which was not observed by the Greeks, so he concluded that the earth was at rest. A related problem was the observed motion of the planets with the apparent loops in their orbits.

Another fundamental question was the apparent motion of the entire celestial sphere, carrying sun, moon, planets, and stars around the earth once a day. This motion was also considered real by the Aristotelians and Ptolemaists, although they knew it might be explained on the basis of the diurnal rotation of the earth. But the doctrine of the stationary earth prevailed and was bolstered by medieval theology.

These two fundamental problems were adequately solved by Copernicus, including the loops in the orbits of the planets. Limited to the geometrical methods of his day and adhering to the metaphysical assumption of uniform circular motions, he represented his heliocentric theory by a revised system of circles. He succeeded in reducing the number of circles required and seems quite elated as he says: "Thus altogether 34 circles suffice to make plain the entire structure of the world, the whole round-dance of the stars."[17]

[17]Prowe, *Nicolaus Coppernicus*, Vol. II, p. 292.

But a third motion remained to be explained, the precession of the equinoxes, which caused the controversy with Werner. Copernicus here assumed a third motion of the earth, a slow change in the direction of its axis. For this assumption he has been criticized by many; e.g., Lord Bacon, who finds many grave difficulties in the system including the threefold motion of the earth which he thought encumbers the solution and is a serious objection. Even Dreyer[18], an ardent Copernican, refers to the "needless third motion of the earth." We maintain that the third motion was necessary and believe with Copernicus that it is real. It gave the first explanation of the cause of precession, a phenomenon known to the Greeks at the time of Hipparchus, who was credited with its discovery, although it was evidently known a century earlier by Kidinnu, a Babylonian.

Serious opposition by the Church, feared by Copernicus, did not follow immediately. Perhaps the mollifying preface by Osiander and dedication to the Pope disarmed the opponents. Another reason was the favourable attitude of Cardinal Schönberg and Bishop Giese. Hostility was sure to follow, however, with increasing zeal during the Inquisition. Bruno, who accepted the doctrine, was martyred in 1600 for this and other heresies. Galileo later suffered an ignominious ecclesiastical trial and condemnation. *De Revolutionibus* was placed on the Index in 1616 and remained there until 1835. Immediate Protestant reaction was unfavourable, led by Melancthon and Luther at Wittenberg, which Rheticus left in 1542.

Scientific opinion was divided. Reinhold at Wittenberg, seat of Protestant theological opposition, championed the new doctrine, and on its basis prepared new and better tables of the motions of the celestial bodies, the so-called *Prussian Tables.* In England Robert Recorde and Thomas Digges favoured the system. But there were scientific difficulties. If the earth and other planets moved around the sun, Venus would have phases like the moon, also the stars would show annual parallax. Copernicus had been confronted with these questions and replied: "Have patience; time will tell."

Tycho Brahe, born three years after the death of Copernicus, devised an ingenious compromise. He left the earth motionless at the centre, made the sun revolve annually about the earth, while all the

[18]*History of the Planetary Systems*, p. 329.

other planets revolved about the sun. Thus he "saved the phenomena" and avoided the controversy.

The general acceptance of the Copernican system was slow but sure. The telescope of Galileo revealed the phases of Venus. Stellar parallax, final touchstone of the heliocentric theory and ancient stumbling block of Aristotle, was first observed by Bessel in 1838, nearly three centuries after the death of Copernicus.

In his dedicatory letter addressed to Pope Paul III Copernicus indicated his dissatisfaction with the complicated astronomical systems of his day and the disagreement among the computed results of mathematicians. They were unable to discover "the main point, which is the shape of the world and the fixed symmetry of its parts." He thought that "something essential" was lacking and set out to find it. How did he succeed where others failed? He was not an expert observer. His instruments were no better than the Greeks'. He sought for simplicity and harmony. He thought the rotation of the earth on its axis was simpler than the daily revolution of sun, moon, planets and stars, the entire celestial sphere, around the earth so small by comparison. Next came the motions of the individual planets. He favoured the opinion of Martianus Capella and others that Mercury and Venus revolve about the sun. How simple and harmonious to let the earth and other planets do likewise! He tried it and it worked. It explained the apparent annual motion of the sun and the apparent loops in the paths of the planets. But he devoted his entire life to the task of accumulating data and working out the details of the system.

Although Copernicus did not completely solve the problem of motion of the heavenly bodies and some imperfections remained in his work, due to the limitation of the mathematical method of his day and the lack of precise observational data; his great contribution, the heliocentric theory, fashioned with intellectual boldness and vigour, provided a firm foundation, which was essential for further progress. He was followed by Tycho Brahe, who provided more and better observations, systematically made over a quarter of a century. Galileo, famous for his astronomical telescope, challenged the authority of Aristotle and corrected his erroneous law of falling bodies. Kepler abandoned the principle of uniform circular motions and substituted the ellipse, which was fundamental in his three empirical laws of planetary motions. Newton, building on the work of his predecessors, established his great generalization, the law of gravitation, which rationalized the empirical laws of Kepler and supplied the "something essential" so long sought.

This law was accepted as the final solution of the age-long problem. But an exception was found, which marred its universal success. An excess of the observed advance in the longitude of the perihelion of Mercury's orbit over the amount computed by Newtonian dynamics remained unexplained for nearly a century. Finally the principle of relativity proposed by Einstein incorporated Newtonian gravitation within a broader generalization and gave a satisfactory solution of the last outstanding problem.

The sun continues to preside at the centre of the solar system and the earth continues to display its threefold motion. But the sun does not remain immovable; it moves with reference to other stars. Nor is it the undisputed centre. Copernicus removed the earth from the centre, and we have a vague confidence that man became less anthropocentric and more global-mined. Enstein tells us that any one of the tens of billions of stars in our galaxy may be considered the centre of our space-time system. Moreover, we may travel millions of light years in imagination far beyond our Milky Way and any one of a hundred million extra-galactic systems unknown to Copernicus may claim the central position in the expanded universe as a point of reference in our twentieth-century science. It gives us the vague hope that man will become less self-centred, more open minded.

Copernicus was more than a Polish astronomer; he was more than a Catholic canon. His science transcended his race and his creed. So with his successors—Tycho Brahe a Dane, Galileo an Italian, Kepler a German, Newton an Englishman, and Einstein a Jew—an international galaxy. Copernicus, hesitant to announce his revolutionary doctrine, fearful to disturb the complacency of his age, gave new life on the day of his death to the spirit of free inquiry and free transfusion of knowledge, basic principles in science and democracy. Errant humanity continues to struggle onward and upward, backward and forward, toward an international and universal goal, which it cannot see but somehow divines.

University of Michigan,
Ann Arbor, Mich.

69.

OUR EARTHLY FLIGHT

by

W. Carl Rufus

Our Earth is like a transport plane,
That carries wealth surpassing gold.
It trafficks not for paltry gain:
Its cargoes are not bought nor sold.

It holds its course around the sun:
Nor rolls, nor banks, nor stalls, nor spins.
Its yearly flight is never done;
When winter ends, the spring begins.

At eighteen-miles-per-second speed
Without an instrument in sight,
No stick to hold, no maps to read,
It travels on by day and night.

It bears a load of human freight;
From birth to death, men come and go.
They live and love, they toil and hate,
For good or ill, for weal or woe.

A billion walk its crowded ways:
And billions sleep beneath its sod.
But souls are safe through stormy days:
The unseen Pilot's name is God.

70.

NICOLAUS COPERNICUS, 1473–1543

THE PROGRESS OF SCIENCE

COPERNICUS AND THE HISTORY OF SCIENCE

THE life work of Copernicus culminated in his masterpiece, "The Revolution of the Heavenly Bodies." This astronomical publication performed a two-fold function in the History of Science: It undermined the old philosophical system of the world, which was earth centered and glorified man; it laid the foundation for a new scientific system of the physical universe, which enthroned nature as the final arbiter of natural law. The doctrine that the earth and other planets revolve about the sun replaced the old geocentric system and originated the inductive period which culminated in Newton's law of universal gravitation, accepted at that time as the greatest scientific generalization of the human mind.

The apparent motion of the heavenly bodies had attracted the attention of all primitive races—the daily rising and setting of the sun, the monthly waxing and waning of the moon, the periodic advance, turning point and recession of the planets along the zodiac, the annual heliacal rising and setting of the constellations marking the return of the seasons. The ancient royal astronomers of the practical Chinese observed the stars to determine the time for seed-time and harvest and to direct state affairs. Ancient Sumerians, Indians and Egyptians added to the recorded observations and determined the periods of the recurrences of celestial phenomena.

The Greek philosophers inherited the accumulated data of the ancients, and Plato proposed the problem of reducing celestial motions to mathematical law. Some observations were added and the adopted solution was an immovable earth at the center of the universe. The Pythagoreans proposed an imaginary central fire around which revolved the real bodies including the earth and an imaginary counter-earth. Aristarchus, the ancient Copernicus, advocated a system with the sun at the center; but Aristotle and others, including Hipparchus and Ptolemy, accepted the geocentric doctrine. Incorporated in the science, philosophy and religion of Europe, it survived the Dark Ages and played its part in the rise and decay of Scholasticism. Intrenched in the early universities of the Renaissance, several of which Copernicus attended, and upheld by the authority of the church, the geocentric doctrine appeared invulnerable.

It took indomnitable courage to propose a doctrine, patiently worked out through prolonged mathematical labor, which challenged the authority of the ages. But the mind of man was expanding. Printing presses multiplied and Columbus sailed beyond the known horizons. The great life work of Copernicus at this opportune time changed the scientific outlook of the world and shook the foundations of philosophy and religion.

It is said that Copernicus was accused by Kepler of interpreting Ptolemy, not nature. We agree with the first, but hesitate to accept the latter part of the accusation. It is true that Copernicus thoroughly understood all the details of the Ptolemaic system, even to the extent of applying the geometric method with modifications to explain his own heliocentric doctrine. We reject the insinuation, however, that Copernicus did not interpret nature. He failed to obtain a complete solution of the problem of motion of the heavenly bodies, but to use Melanchthon's figure, "He stopped the sun and set the earth in motion." Furthermore, the physical universe with its unnumbered stars was interpreted by him as a larger and grander system than previously conceived by the mind of man. This conception followed the absence of observed annual parallax of the stars due to their very great distance. He correctly interpreted the puzzling loops in the apparent paths of a planet as a combination of the real motions of the planet and the earth. His heliocentric doctrine overthrew the Ptolemaic system which interpreted "nature as she seems, not as she is."

Following the basic work of Copernicus, Tycho Brahe made systematic observations of planetary motions using improved instruments and methods, thus providing more accurate data for the solution of the age-long problem. Gallileo applied the telescope in astronomy,

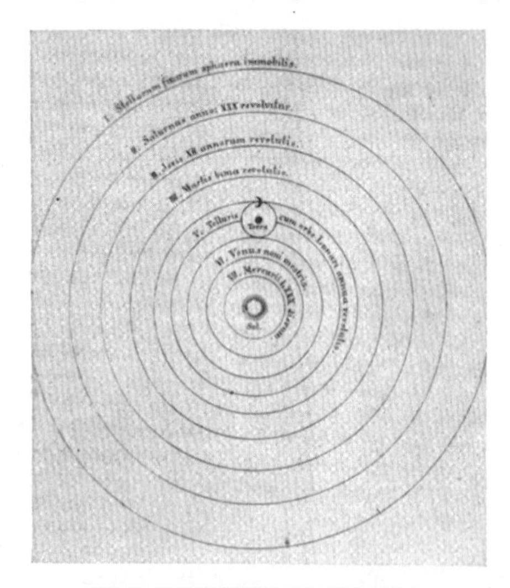

THE COPERNICAN SYSTEM

challenged the authority of Aristotle and established fundamental principles in dynamics, the science of motion. Kepler abandoned the metaphysical idea of uniform circular motions and established his three empirical laws, based on the ellipse. Newton, standing on the shoulders of these men, invented the essential method of the infinitesimal calculus, introduced the necessary concepts in physics, including mass, and succeeded in formulating the law of gravitation, the first great physical synthesis, which rationalized the empirical laws and gave a scientific solution of Plato's problem.

The motion of the perihelion of Mercury's orbit defied Newtonian gravitation but satisfactorily obeys the broader generalization of relativity proposed by Einstein. On the foundation provided by Copernicus, a Pole, the superstructure was built by a Dane, an Italian, a German, an Englishman and a Jew, who is now an American by choice.

The work of Copernicus caused a revolution in science that dealt a severe blow to the smug anthropocentric ideas of the sixteenth century. Science, philosophy and religion had accorded man a position of self-imposed dignity at the center of a world of his own, created for his edification, real only as conceived by his transcendent mind. When the immovable terrestrial foundation was removed from the center and set spinning around the sun, not merely was the outmoded natural philosophy of Aristotle left behind, but the authoritarian rationalized principles in moral philosophy, metaphysics and theology—man-made systems—were also left without a firm foundation. The teleological explanation gradually gave way to a mechanistic interpretation of the universe, which was not favored by Newton himself, whose work completed the inductive period begun by Copernicus. The naïve realism which followed, attributed perhaps wrongly to the physical scientists, dropped the transcendentalism, but was inclined to hold to the universality of its so-called laws of nature. In the nineteenth century biology proved that "natural laws" are not immutable by demonstrating the variability of species. The new realism of the twentieth century, with data from the physical universe, based on the quantum, wave mechanics and Einstein's relativity, brings us again face to face with the motions of the heavenly bodies as a test of truth and reality. Thus four centuries after the death of Copernicus we build on the foundation he laid.

W. Carl Rufus

A Simple Account of Relativity

By W. CARL RUFUS

The tests of relativity belong to the field of astronomy; so during the past twenty-five years, the subject has been presented many times to my undergraduate students. The interest extended beyond the classroom and I was assigned the subject as given above for a popular or semi-popular lecture, which has been repeated in different form on several occasions.

The relativity here considered is not the relativity of knowledge, *i.e.*, the philosophical doctrine that the mind of man can know only the subjective effect produced by objects of the physical universe. It is not the relativity of sensations, awareness, and consciousness, *i.e.*, our psychological responses to physiological stimuli. It is not relativity of values in the ethical realm, nor of right and wrong in religion.

What then is the kind of relativity subjected to astronomical tests? The principle of relativity here considered lies entirely within the physical realm, although it may have pertinent philosophical and other implications. Limiting it more precisely within its own sphere, relativity should not be confused with relative motion. Ancient Greek philosophers were acquainted with that idea; Copernicus applied it in his heliocentric system of the motions of the heavenly bodies; and Newton incorporated it in the classical dynamics of the material universe, based on his law of gravitation.

The Greeks attacked the problem of celestial motions *relative* to a stationary earth: Kepler formulated his laws of planetary motion *relative* to the sun. In the two-body problem using Newtonian gravitation, motion is determined *relative* to the center of mass of the system. In this sense of relative motion, the moon revolves about the earth, the earth revolves about the sun; the sun moves in our galactic system toward the constellation Hercules; our galactic system is moving at a rapid speed *relative* to extra-galactic systems or the metagalaxy. Thus the motion of the moon becomes increasingly complicated.

A search for a final frame of reference for absolute motion led to interesting results. After Römer discovered the finite velocity of light and determined its approximate value, a hypothetical medium for its propagation was postulated, the "luminiferous ether." Endowed with properties, some of which appeared contradictory, this medium served science quite adequately to explain the chief phenomena associated with the wave theory of light. Was the ether merely a mental product or did it exist by its own right in the physical sense? If it had physical content, it would provide a basis for a final frame of reference for absolute motion.

The important Michelson-Morley test was applied in 1887. The earth is moving about the sun with a velocity of 18½ miles per second or about one ten-thousandth the velocity of light, a quantity easily measurable. But the measured velocity of light in the direction of the earth's motion, opposite that direction, and at right angles to it, showed no difference. This null effect, some thought, might be due to "ether drag," the earth pushing or pulling it along. This, however, was inconsistent with the aberration of light. So to harmonize the results the Fitzgerald-Lorentz contraction theory was adopted:—all matter, including the measuring-rod, contracted in the direction of motion in the ratio $1 : \sqrt{1 - (v^2/c^2)}$ where v is the velocity of the observer relative to the sun in this case and c is the velocity of light which became a universal constant.

The null effect led to the conclusion that absolute motion cannot be found by any experiment whatever. It also led to a more startling conclusion, that no absolute standard of time and space measurement can be found. In 1905 Einstein held that absolute space and absolute time are products of the mind and not derivable from observations and experiments. Minkowski in 1908 welded these two mind products into one when he stated: "Henceforth, time by itself and space by itself are mere shadows, they are only two aspects of a one and inseparable method of coordinating the facts of the physical world."

So the theory of relativity of modern physics deals with systems of coordinates or what amounts to the same thing it deals with our methods of measurement. The astronomer has adequate time and space to explore so his aid was solicited.

Another introductory word is necessary regarding coordinates or measurements. In a plane we fix two straight lines usually at right angles for a frame of reference. Two measurements are necessary and sufficient to define the position of a point in that plane. The graph of a point moving in the plane in a stright line, a circle, or according to other conditions may be expressed mathematically. In space of three dimensions after fixing a frame of reference three measurements are required usually labeled x, y, and z. In the space-time continuum, four coordinates are necessary, three space measurements and one time measurement, x, y, z, and t.

We must also introduce the transformation of coordinates. If we refer our measurements in a plane to a new pair of straight lines we may do so very easily by applying simple transformation formulas. In space the formulas are a little more complicated and in the four-dimensional system they become quite complex. In the plane these formulas and their application must be consistent with the laws of plane geometry, trigonometry, and analytics. Similarly in space they must conform to the laws that apply in solid geometry, trigonometry, and analytics. An analogous condition must be imposed in a four-dimensional space-time system. In a mathematical sense, then, these transformation coordinates condition the space-time continuum through which the transformation takes place.

Now Einstein enters. He assumes that the laws of nature analytically expressed must remain invariant for any transformation of coordinates. Or to put it in simple form, if a mathematical expression in one set of coordinates in a plane represents a straight line and a transformation is made to a new system of coordinates the line must remain straight. That seems very reasonable; we would suspect something was wrong if it came out crooked. So the transformation formulas in the space-time system that keep the laws of nature unchanged become very significant: *they condition the space-time continuum* in which the frames of reference are fixed.

Perhaps this may be expressed in another way. Two astronomers observe the same physical event, *e.g.*, the approach and the recession of a comet. Science demands agreement (within the probable error of measurement) in the results obtained from the observations and reductions of the two men, though they were stationed on opposite sides of the earth and observed at different times, even if they referred their data to different sets of coordinates, *e.g.*, geocentric and heliocentric.

From the transformation formulas are drawn some remarkable conclusions. One is a new law of gravitation, which includes Newton's law in terms of the first order plus some higher-order terms of very small magnitude. Newton's law is not rescinded, it is very slightly amended.

The "equivalence principle" is interesting. It states that a uniform gravitational field of intensity g is equivalent to the effect of motion with acceleration g. And it follows conclusively, since no final frame of reference can be found, that the effect of gravitation can not be distinguished from that of acceleration. This may be illustrated by a ride in an elevator car. At rest a body in the car has weight ($w = mg$) and force is required to hold it from falling. When the car is descending with accelerated motion (acceleration $= g$) the same body in the moving system has no weight and needs no support to keep it from falling to the bottom of the car.

Another interesting result is that mass in motion is greater than mass at rest according to the following relation:

$$\text{Mass in motion} = \frac{\text{mass at rest}}{\sqrt{1-(v^2/c^2)}}.$$

This has been verified in the case of high-speed electrons, some of which have acquired a velocity by means of the cyclotron as great as 9/10 the velocity of light. Their mass is then twice the rest mass. From the relationship just given it becomes evident that v can not equal c or the moving mass would become infinite, a physical impossibility, so c, the velocity of light, is the maximum speed attainable in the physical universe according to relativity.

The mass-energy equivalence may also be derived and here is where light comes within the realm of gravitation. In Maxwell's electromagnetic theory of light

$$M = E/c$$

but by ordinary mechanics

$$M = mc,$$

(M is momentum, E is energy, and m is mass). Eliminating M, we have $E = mc^2$. Putting in the value c, we find that the energy for one gram mass is 9×10^{20} ergs. This has also been demonstrated in the laboratory in connection with transformations of atomic nuclei.

We have seen that the law of gravitation is slightly changed quantitatively by relativity, but our idea regarding the nature of gravitation has been completely revolutionized. Newton, of course, did not discover gravitation, he merely formulated the law of gravitation. He did not find out what it is, but how it acts. He admitted, "I have not been able to discover the cause of those properties of gravity from phenomena, and I frame no hypothesis." In classical mechanics gravitation appeared like a force exerted by mass. In the mechanics of relativity it appears like a property of the space-time system in the presence of mass. In other words, though I don't like the expression, space-time is warped by a gravitational field. I don't like it because it is so easy to give the idea that space alone is warped or curved.

But to return to the law of gravitation. The quantitative expression for the law is a necessary consequence of our metric system, *i.e.*, it follows analytically from our scientific methods of measurement. And we mean the ordinary daily routine measurements by physicists and astronomers in the objective, physical universe, in which we live and move and have our being. That may seem more realistic than the warping of space-time or the idea that gravitation is a continual attempt of space-time to straighten itself. Why should it want to be straight? Shall we endow our brain child with ethical qualities also? Fitzgerald didn't go that far when he said in 1894, "Gravity is probably due to a change in structure of the aether produced by the presence of matter."

Now let us turn to the three astronomical tests of relativity proposed by Einstein.

1. *The motion of the perihelion of Mercury's orbit.* Observations give 574″ per century for the change of longitude, but that is 40″ per century in excess of the advance computed on the basis of Newton's law of gravitation. Leverrier of Paris first noted this excess and suggested that it might be caused by an undiscovered intra-Mercurial planet. Search was made at the time of a solar eclipse and an obliging Frenchman, Lescarbault, announced its discovery in 1859. Leverrier named it Vulcan. Watson, second director of the Observatory of the University of Michigan, surpassed the French astronomer and announced the discovery of two intra-Mercurial planets in 1878. Neither has since been seen. Search by efficient photographic methods has failed to find a body within the orbit of Mercury to account for the excess motion.

Other causes have been sought. Intra-Mercurial meteoric matter and finely divided particles have been proposed, like the material that causes the zodiacal light. But a sufficient amount would give more reflected and scattered sunlight than is observed and would raise a problem regarding transparency. An oblate sun would produce an effect in the right sense, but its oblateness, if any at all, is too small.

The Einstein excess over Newtonian is $360°(3v^2/c^2)$ per revolution, which amounts to about 43″ per century and satisfactorily solves the long-standing problem.

2. *The deflection of a ray of light by a gravitational field.* Einstein proposed that this test be made at the time of a total solar eclipse on the positions of stars. The amount of the deflection at the sun's limb due to the mass of the sun is 1″.75. It had not previously been observed. Einstein said in effect, "Look for it and you will find it." Two English eclipse parties responded in 1919 and announced that they had obtained results in accord with the Einstein deflection. Conditions were not entirely favorable, so many scientists awaited further evidence. It came in 1922 when observers from Lick Observatory, with better equipment and excellent conditions, obtained plates showing 550 star images. Comparing positions on photographs with others made of the same star field when the sun was far away gave data for the test. The final report gave the adjusted mean of the observed deflections as 1″.75 ± 0.09. Canadian observers also announced that they had "proved" the effect.

3. *The displacement of spectrum lines by a gravitational field.* This might be tested in the case of the sun. Radiant energy emerging from the sun is decreased by the gravitational backward pull. The energy of escape is equal to $h\nu\,[1-(\phi/c^2)]$. (h is Planck's constant, ν, the frequency of the radiation and ϕ the gravitational potential.) The decrease of energy or lower frequency gives a displacement of spectrum lines toward the red equivalent to a Doppler effect of 0.634 km/sec. This value is, of course, large compared with measurable displacements. But there are many difficulties involved. Other causes of displacements

are numerous and their effects are all superposed in the ordinary solar spectrum. The problem was attacked at Mt. Wilson and the first announcement indicated a displacement in the right direction but only about one-half the required amount. A more intensive program was carried out, after careful laboratory study of the selected lines, and the results confirmed the test.

Another opportunity to make this test was afforded by the white dwarf companion of Sirius. It has stellar mass, but planetary dimensions, so the density is very great, estimated to be 50,000 times that of water. Consequently, the gravitational field at its surface is very great and the Einstein displacement of spectrum lines is of the order of 20 km/sec. Adams at Mt. Wilson and Moore at Lick found displacements in accord with the required amount.

So the three proposed astronomical tests have apparently been satisfactorily met, which seems to give relativity a good scientific status, at least as a useful working theory.

If relativity is established, then what? As Jeans says: "Space means nothing apart from our perception of objects and time means nothing apart from our experience of events." What remains absolute for the scientist? In the first place the constant velocity of light is assumed. As Brownell puts it: "Light becomes the standard and the test of motion; and the pure speed of light measures other motions and the world of space and time." Number remains with its endless extension. Planck's unit of action abides ($h = 6.56 \times 10^{-27}$ erg sec), energy multiplied by time, the least amount of work that can be done, indispensible in computing action within an atom absorbing or emitting radiation. The increase of entropy, which is the sum total of unavailable energy, as the available supply runs down, also appears to remain and to be irreversible like the turning back of time in human affairs.

A scientist may philosophize with temerity, but occasionally he enjoys "blowing bubbles" in his own back-yard. Their effervescence helps to relieve the strain of sustained objectivity.

Relativity provides a pathway from mind to matter. A reasonable assumption is made regarding the method of coordinating events in the physical universe. Measurements must be made in such a way that two observers using different frames of reference will not violate the laws of nature when they compare results. To keep the spirit of the assumption mathematical relationships are imposed. Operating with these brain products according to logical methods a conclusion is reached regarding the material universe. Consistency and harmony have been achieved in the realm of mind. And what follows?

Based on these mental operations come specific verifiable facts regarding the objective universe. Go out there and you will observe what you did not know—light is bent precisely so much by a gravitational field. Go out there again and you will see what you did not know—lines of the spectrum are displaced just so much, no more, no less, by a gravitational field. And lo, it was so!

The inquiring mind, that is eager to know the why as well as the how, has the right to philosophize regarding this intimate relation. Space and time were once considered separate entities. Now space-time is a single concept, a concept derived from the collective experience of humanity. A mental product. Mass and energy were considered two separate entities non-transformable, now they are convertible at the will of man. Are they merely mental products also? Or do they exist in their own right regardless of the mind of man? If the human mind can create space and time, is it possible that a Superior Mind, a Supreme Intelligence, could create mass and energy, the physical universe?

In a philosophic mood looking at the method of the scientist we see that he frequently makes hypotheses, like the nebular hypothesis or the planetesimal theory, to rationalize a set of related facts, observations, and experiences. The assumption of a Supreme Intelligence seems quite necessary to rationalize the relationship between mind and matter brought into the open so clearly by relativity and to answer some of the scientific questions that arise in its wide application.

Milne of Oxford University near the end of his book on Relativity turns philosopher and religionist. He ventures to state: "One can say, if one pleases, that we have found God in the universe. For the universe seems to be a perfect expression of those extra-temporal, extra-spatial attributes, we should like to associate with the nature of God." We venture to add that God is not merely beyond space and time, but He is also within mind and matter, harmonizing, unifying, and rationalizing the problems of science, philosophy, and religion.

Observatory of the University of Michigan, September 1, 1943.

GREEK ASTRONOMY—ITS BIRTH, DEATH, AND IMMORTALITY

By W. Carl Rufus

THE period of Greek astronomy lasted about a thousand years, from Thales 600 B.C., to Hypatia 400 A.D. That period witnessed its birth, growth, and death; its resurrection in Europe awaited another millennium.

The Greeks inherited a large amount of astronomical and astrological raw material chiefly from the Akkadians, Chaldeans, Babylonians, and Egyptians. George Sarton, eminent American historian of science, says, "Science is the human mirror image of nature." But the pre-Grecian image of the heavens was distorted. The zodiac circled the sky with imaginary animals, and circumscribed human life with fantastic ideas. The celestial sphere was filled with superhuman beings that controlled the destiny of men and nations. In general, the priestly class were the star-gazers. Much of their raw material has little interest to astronomers, but part utilized by the Greeks, has permanent value.

The predecessors of the Greeks noted the recurrence of astronomical events, the rising and setting of the sun, the waxing and waning of the moon, the changing seasons, the convolutions of the wandering stars. To establish a calendar they tried to harmonize the natural time units, the day, the month, and the year, which are incommensurable. They recorded observations of stars and planets and of unusual phenomena as eclipses, conjunctions, and occultations. The Egyptian calendar, we are told, was settled in 4236 B.C. The pyramids were oriented by the stars. One of Egypt's chief contributions was a system of land measurement or geometry. The Babylonians contributed a system of celestial measurements based on the sexagesimal scale which is still used in time and circular measure. The 360° circle was probably due to the nearness of that number to the length of the year in days. The practical Chinese, whose science apparently did not influence the Greeks, divided the circle into 365¼ degrees.

Greek Astronomy brought into sharp contrast the practice of the East and the West. In the East the priests monopolized knowledge, insulated it from the people by the occultism of magic, divination, and astrological formulas. The Greeks freed the intellect. Reason and imagination began to assert themselves. They loved knowledge, trusted the conclusions of logic, peered into the occult and the obscure, and learned that nature is not erratic but orderly, rational, and understandable. The Greeks sought to explain the recurrence of astronomical events by means of motions reduced to law. They classified and correlated phenomena, their knowledge was set in order, they attempted to formulate a unified system of thought regarding the universe, or a nature-philosophy, which constituted the true beginning of physical science, in which astronomy played an important role.

Thales of Miletus, western Asia Minor, is distinguished as the first natural philosopher and the first absent-minded star-gazer to fall into a pit. His knowledge came chiefly from Mesopotamia and Egypt, countries he visited as a successful merchant. He predicted an eclipse observed at Miletus in 585 B.C., which won for him special recognition. The method was probably obtained from the Babylonians. He also learned some geometry from the Egyptians, which he further developed and applied to practical problems. He wrote a handbook on nautical astronomy. His race, the Ionians, were good sailors and his mother was a Phoenician.

Thales sought a philosophical or cosmological ultimate that would unify all things. The fundamental element was water or moisture. Its evaporation formed air. It permeated germs, the source of life, and nourishment, which sustains it. His associate, Anaximander, postulated eternal motion and speculated regarding evolution. Another Miletan, Anaximenes, rejected water as the primal essence and substituted *pneuma* or breath, a sort of living air. Heraclitus of Ephesus proposed a cosmology based on change or flux. In his system everything changes, nothing endures, but the restless change of all things.

Not so the imaginary concrete atoms of Leucippus and Democritus, the indivisibles of philosophic materialism, as unreal to a scientist as

Hamlet's ghost. The universe was composed of these indestructibles and a connecting or separating void, likewise unreal, vague, and intangible. These imaginary concrete building blocks were used to construct the foundation of Epicurean doctrine, which emphasized the void rather than anything concrete in science.

Pythagoras left Ionia in search of a more satisfactory philosophy. At Croton in lower Italy he joined a Dorian colony. He and his followers adopted four cosmological elements—earth, water, air and fire. They developed geometry, adding much, including the famous Pythagorean theorem. The writings of Philolaus of Tarentum have preserved their doctrines, which were based quite largely on a correspondence between the workings of man's mind and the workings of nature. Number was fundamental in the structure of the universe.

Philolaus has received credit by some authors for advocating the motion of the earth, even its revolution around the sun. It is true that he imagined the earth in motion, but also the sun and other bodies, around a non-existent central fire. The motions were not real nor heliocentric. Moving at fancied related distances, the celestral bodies gave forth "the music of the spheres." The mystical idea of Pythagoras, that the heavenly bodies including the earth are spheres, conforms with modern doctrine. Hicetas of Syracuse shared the idea that the earth moves. He held, moreover, that the heavens, sun, moon and stars are standing still and that their apparent motions were due to the earth's turning and twisting on its axis.

About 400 B.C., Athens took the leadership in Greek thought. During the preceding century, the Golden Age of Pericles and the poet Euripides, Anaxagoras migrated from Ionia to Athens and neglected wealth for science. He explained the moon's phases, also lunar and solar eclipses. Religionists resented his teachings and he prudently returned to Asia Minor. Socrates remained at Athens and was condemned to drink the poison hemlock for his impiety. At his death, however, the reaction he inaugurated against a still-born mechanical philosophy developed into Plato's Doctrine of Ideas. Plato's philosophy emphasized ethics, but included mathematics and astronomy. Astronomy owes a great debt of gratitude to Plato—he proposed the problem to reduce the motions of the heavenly bodies to mathematical law. And science owes much to astronomy, because it was the only subject at that time with a large amount of data to reduce to law. Pythagorean metaphysics imposed the condition of a combination of uniform circular motions, a notion that held 2000 years until the time of Kepler's elliptical orbits. Eudoxus proposed a geocentric solution based on a system of homocentric spheres with axes tipped to carry the individual planets on secondary and multiple spheres to represent their motions. Then he introduced an important scientific method—*he made observations to test his theory.*

Aristotle followed and obstructed the stream of astronomical progress for two millennia. He congealed the mathematics of Eudoxus into crystalline spheres, because the soul cannot exist without a body. To the elementary concentric spheres—earth, water, air and fire—he added ether; then came seven crystalline spheres for the planets, an eighth for the stars and finally the *primum mobile,* which imparted motion to the entire universe. . Outside this was the Unmoved Mover. He taught that bodies fall according to their weight. Experiments 2000 years later by Galileo proved that to be erroneous. Philoponos of Alexandria, sixth century A.D., denied that heavier bodies fall more quickly and referred to experiment, but the authority of Aristotle prevailed. Aristotle also rejected the revolution of the earth around the sun, arguing correctly that such a motion would cause the stars to show an annual change of direction. This annual parallax, too small to be observed by the Greeks, was first measured in 1838. His positive conclusion based on negative evidence was good logic but poor science.

The Peripatetics continued to *peripatein* in circles trodden by Aristotle, preserving and commenting on his works. The Stoics and the Epicureans, added little to science excepting a Socratic contempt, which ended with the adoption of their teachings with many of Plato and of Aristotle, in the syncretic system of Neoplatonism, which reached its zenith in the fourth century A.D.

Alexander the Great, who was a pupil of Aristotle for a short time, founded Alexandria in 332 B.C. Here Greek science migrated and was to a great extent free from the toils of moral philosophy. Euclid's Elements of Geometry was not grist for Athenian disputation, but it inspired Archimedes of Syracuse, who visited Alexandria not long after Euclid's death, to become the leading mathematician of his day. He also mastered geocentric astronomy and made an ingenious mechanical contrivance to illustrate the motions of the heavenly bodies. Aristarchus of Samos was one of the pioneer scientific teachers at Alexandria. His heliocentric theory has earned for him the title of the Ancient Copernicus. But it brought against him the Grecian charge of impiety, and his doctrine was rejected in favour of the geocentric theory of Plato and Aristotle. Another advocate of the heliocentric doctrine was Seleucos, a Babylonian. Aristarchus was the first to apply a scientific method to determine the relative sizes and distances of the moon and the sun. Although his method was sound, inadequate observations led to results too small in the case of the sun. The librarian Eratosthenes determined the size of the earth by measuring the distance from Alexandria to Syene (modern Assuan), and the angle at the earth's centre subtending this arc. There is some doubt regarding the accuracy of the result, due to the uncertainty of the length of the unit used; but it seems probable that the error was less than one per cent. He also suggested the circumnavigation of the earth, a feat first accomplished by the ships of Magellan. He determined the obliquity of the ecliptic within about seven minutes of the true value.

Mathematical contributions in astronomy included the relationships between the fundamental great circles of the celestial sphere; viz., the horizon, the meridian, the ecliptic and the equator. It remained, however, for Hipparchus of Nicea, second century B.C., who erected an observatory at Rhodes, to devise the coordinates, longitude and latitude on the earth, and corresponding right ascension and declination in the sky, and to invent the principles of trigonometry, essential to the solution of many of the problems of the sphere.

The contributions of Hipparchus mark him as one of the greatest astronomers of all races and all time. He developed the epicycles of Appollonius of Perga as the basis of his solution of the problem of motion of the heavenly bodies. This scheme was more successful than the homocentric spheres of Eudoxus in depicting the motions and determining the positions of the sun, moon and planets. He improved the theory of the motion of the sun and the moon and increased the accuracy of predicting eclipses. A new star in Scorpio inspired Hipparchus to make a star catalogue, which contained 1080 positions newly determined. He classified stars according to apparent brightness into six magnitudes which are still used. By comparing his measured star positions with earlier ones, he discovered the precession of the equinoxes. He was preceded in this discovery, however, by Kidinnu, a Babylonian. More and better observational data were required to solve some of the perplexing problems of planetary motion, so Hipparchus with true scientific foresight and devotion made and recorded new observations for posterity.

No substantial progress in astronomy was made for three centuries after Hipparchus. Posidonius, a Stoic, who was born about the time of Hipparchus' death, made a new determination of the size of the earth, which did not surpass the work of Eratosthenes. A limited heliocentric theory—that Mercury and Venus revolve about the sun —was revived and termed Egyptian, although it was advocated earlier by Heracleides of Pontus, one of Plato's disciples, who also held that the earth rotates on its axis once a day.

The Caesars brought astronomy as well as other products of the Greek mind into the service of the Roman Empire. Julius Caesar, with the aid of the Alexandrian astronomer, Sosigenes, established the Julian Calendar based on the Eudoxian year of 365¼ days. To him we owe the leap year and the renaming of the Roman fifth month, July. August was so named in honor of his successor.

Commentaries, compendiums, and astrological works were the chief products during this drab period in science to the second century A.D. Hero of Alexandria, c. 100 A.D., possessed scientific ability but employed his genius chiefly in devising mechanical toys; e.g., his magic pitcher operated by the principle of the siphon, his whirligig turned by steam, and a contrivance used to illustrate his repertoire of mechanical devices, gleaned chiefly from the practical work of Archimedes on the level, the pulley, and the screw. In optics he demonstrated the fundamental law, that the angle of incidence equals the angle of reflection, and applied it in his *dioptra,* which was used in surveying in connection with the water level. Instruments used by the Greeks and adopted by the practical Romans included the sundial and the water-clock. But the science of the Latins was a poor imitation of the Greek and was cultivated chiefly for practical use; e.g., in calendar making, navigation, and agriculture.

The work of Hipparchus, the greatest Greek astronomer, was preserved by Claudius Ptolemaeus, second century A.D., the greatest scientific writer of the Greeks. Ptolemy made some original contributions, notably on atmospheric refraction, also discovered evection, which is an inequality of the moon's motion near quadratures. He developed planetary theory, especially by the introduction of a hypothetical point called the equant. In the case of Mercury, the imaginary equant had motion in an imaginary circle. So the geocentric solution of Plato's problem, like his Idea in Philosophy, became complicated and subjective, rather than direct and objective in its nature. Its chief scientific salvation was that it "saved the phenomena."

Ptolemy's *Megale Syntaxis,* or Great Composition, contains the astronomical doctrines developed by the Greeks and constitutes the masterpiece of the constructive period of Greek natural philosophy. The Ptolemaic system of the universe was geocentric. The moon's distance was 59 times the radius of the earth, next came Mercury and Venus, then the sun at a distance about 20 times that of the moon, or about 1/20 its true value; beyond the sun were the three remaining planets, Mars, Jupiter, and Saturn, surrounded by the crystalline unchangeable sphere of the stars, which was actuated by the all-embracing *primum mobile* of Aristotelean philosophy. Submerged were the partial heliocentric system of Heracleides of Pontus and others and the clearly defined heliocentric doctrine of Aristarchus. A few astronomers had attempted to keep alive the spirit of observation. During the latter half of the first century A.D., Menelaus of Alexandria made observations even in imperial Rome; and in the first half of the second century, Theon of Smyrna made observations of Venus and Mercury.

Ptolemy's world geography, illustrated by maps which are lost, but have been reconstructed from his data, was more useful than his

Syntaxis in the expansion of the Roman Empire. His astrological treatise, the *Tetrabiblos,* produced a more profound effect on the philosophy of the Latins than his sound scientfic work.

A century before Ptolemy, the Stoic Manilius wrote an elaborate astrological poem, and in the fourth century A.D. Firmicus Maternus compiled a text of astrology. This trend was more potent than the work of Theon of Alexandria, who wrote a commentary on Ptolemy's *Syntaxis.* The effect of this scientific work was largely offset by his astrological contemporaries, Paul of Alexandria and Hephaestion of Thebes. Hypatia, the talented daughter of Theon, represented the last stage of Greek science. The sole ancient mathematician of her sex, she commented on the algebra of Diophantus and the astronomy of Ptolemy. The last able representative of Neoplatonism, which was an early rival of Christianity, she was murdered by a Christian mob in 415 A.D., and her martyrdom marks the death of the Greek productive period.

Little effect remained in Christian Europe. The church fathers had imbibed some of the doctrines of Neoplatonism which included Plato's Idea and Aristotle's Natural Philosophy. Origen harmonized Alexandrian science with early Christian theology in its nascent stage, although his work was finally condemned. St. Augustine succeeded where Origen failed. As a Manichaean initiate for nine years during his youth and young manhood, his mind was steeped in that syncretic system, which attempted to fashion a world religion by combining elements of the current ethnic faiths including mystical Mithraism, dualistic Zoroastrianism, some Oriental occultism, Greek rationalism, and Pauline doctrines of Christianity. At 29 years of age, he went to Rome and soon afterward to Milan. Here he embraced Neoplatonism and next he adopted Christianity. He succeeded in forming the first widely accepted Christian synthesis. Emphasis was placed on spirit as the ultimate reality. The phenomena of nature became unworthy of special consideration. The individual soul and its relationship to God became central in Patristic thought, and theology dominated science and philosophy for a thousand years. Rome had vanquished Greek individualism and chained Greek thought to the wheels of empire. Christianity freed the individual soul and centered philosophy upon its worth. The outward and upward objective view was obstructed by an inner sphere more rigid and opaque than Aristotle's crystalline wheelwork of the heavens. The Dark Ages settled over Europe, with only a faint gleam here and there, a feeble reflection of the glory that was Greece.

We have witnessed the birth, growth and death of Greek natural philosophy in Europe. For two centuries following Thales, nature-philosophy had dominated Greek thought. Socrates renounced this doctrine and emphasized ethics. Then Plato and Aristotle attempted to harmonize these conflicting fields but failed, possibly because their chief emphasis was on ethics. The school at Alexandria developed separate systems of science, ethics and religion.

Science, however, was merely a philosophical system regarding nature. It had no knowledge concerning natural forces and consequently could not use them for practical purposes. For that reason the Romans were indifferent to scientific activities and Greek inspiration failed. Stoicism and Epicureanism competed for supremacy in philosophy and ethics. Stoicism emphasized the human will and held that man's destiny is controlled by knowable influences, which gave a fillip to astrology. Epicureanism emphasized the fundamental nature of their eternal atoms which placed man's fate at the mercy of their philosophical materialism. Neoplatonism, decided in favour of an indeterminate fate, which was more compatible with the doctrine of free will of early Christianity. The Greek system of thought, which was quite rational and scientific, was replaced by a composite system predominantly idealistic and mystical. So we bury the body of Greek doctrines regarding nature in European soil for a thousand years.

But the spirit of Greek science migrated eastward. The Persian school at Jundeshapur during the fifth and sixth centuries harboured Nestorian Christians and Neoplatonists. Greek writings were translated into Syriac and lived again. Then came the mighty Moslem movement when Arabic became the vehicle of human expression. First from the Syriac, next from the Greek came translations of the immortal works of Aristotle, Plato, Euclid, Ptolemy and others. Bagdad became the centre of learning. Here under the patronage of the Caliphs were collected not only the classical and scientific works of the Greeks, but also the wisdom of the more ancient East. Something has been learned regarding the contributions from India, including the Hindu numerals, known long afterward in Europe and America as Arabic numerals, so thorough was the work of assimilation. How much was contributed by the Chinese has never been completely investigated. We know, however, that Chinese astronomers served on the staff of the Bagdad Observatory and at other Moslem centres; and we are fully convinced that Chinese astronomical instruments were the best in the world until the time of Tycho Brahe's Castle of the Heavens near the end of the sixteenth century. At Bagdad Christians, Jews, Greeks, Persians, Indians and Chinese collaborated.

A new synthesis of knowledge was in the making, more comprehensive than that attempted by the Greeks; it was a mingling of the East and the West—a world synthesis. Carried westward again, it flourished in Northern Egypt under the Fatimid rulers and far beyond into Spain with the victorious march of Islam. Translations from Arabic into Latin made available the accumulated knowledge of the East and the West and offered the basis for a comprehensive world-wide system. But the European mind was unschooled in Eastern wisdom and quite content to select elements of its own liking akin to its long-neglected buried treasure. Even "Arabic" numerals were anathema in some institutions; e.g., Florence and Padua. So a world-wide synthetic system was rendered impossible; what resulted has been styled a Greco-Arabic synthesis. In this system it seems quite evident that Islamic was used in the initial stage, but the Greek finally predominated and the Far Eastern element was largely rejected. The Chinese compass was, of course, accepted and applied in navigation. Their powder was diverted from harmless fire crackers and fireworks to destructive guns and cannon.

Translations at first from Arabic into Latin, including Greek science brought about a revival of learning in European centres. Original Greek texts were eagerly sought and some were found, including the works of Aristotle, Galen, Hippocrates and Ptolemy. These were translated into Latin and became the inspiration and chief subject of study of the new and rapidly developing universities of

Europe. The *Syntaxis* of Ptolemy translated into Arabic was styled, not the Great Composition, but *Al Magisti*, the Greatest, and it was honoured by that superlative title, the *Almagest,* when it was translated into Latin and later into English and other modern languages.

As astronomy was the only subject during the productive period of Greek philosophy that possessed a large body of accumulated data, so during the revival of learning in Europe it was the only subject that possessed the essentials of a science—methods of measurement, accumulated data, formulated laws and doctrines, and a developed technique to test the correspondence between theory and observation. All of this was to a great extent a return to the method of the scientific astronomers of the Greeks. We note especially Eudoxus, who formulated his homocentric theory of the motion of the heavenly bodies and erected an observatory to obtain data to test his theory; Eratosthenes, Aristarchus, and above all Hipparchus, who was especially skilful in applying the geocentric theory based on epicycles and eccentrics; and when he had exhausted all available data of his predecessors, supplemented by a large amount made in his own observatory, he patiently made records to hand down to posterity. The revival of this spirit of direct observation of nature soon led to the methods of modern science in which experiment replaced tradition, and nature became the final authority as the arbiter of natural law.

The Greek urge for natural knowledge, its rugged individualism, its confidence that the universe is rational and may be interpreted by law, its faith in Aristotelean logic and the conclusions of the human reason, came to life again in Mediaeval Europe. The birth and death to Greek science culminated at last in a glorious resurrection and assured immortality.

University of Michigan.
December 22, 1943.

TELESCOPIC ASTRONOMY IN AMERICA BEFORE 1843

W. CARL RUFUS

The question "Why did more than two hundred years elapse after the landing of the Pilgrims before telescopic astronomy had its beginning in North America?" is asked and answered in a recent article,[1] which gives a very interesting account of developments in that field "to commemorate 100 years of telescopic astronomy in America." The purpose of the present paper is to call attention to the humble but significant pioneer work in instrumental and observational astronomy during the colonial period and early years of national existence preceding the century, 1843–1943.[2]

Dr. Meyer is quite right when he says: "In the early years of our country the minds of our great men were occupied with economic and political problems, foreign and domestic, and with three wars all prior to 1850. Pure science, such as astronomy, had small chance to develop under those conditions." Nevertheless, many political leaders of that period were active in the development of science. Benjamin Franklin prized his "rattle-traps used in astronomy," as Deborah his wife dubbed his instruments, which included a telescope. His Junto, 1727, was the forerunner of the American Philosophical Society of which he was the first president. Thomas Jefferson also served as its president and contributed to it. John Adams promoted the American Academy of Arts and Sciences, of which George Washington and other public men were members. Its first president, James Bowdoin, in his inaugural address, with prophetic insight, represented posterity a century later looking backward and saying: "It was not to be

[1] W. F. Meyer, "Development of Instrumental Astronomy in America," *Pub. A.S.P.*, **56**, 15, 1944.

[2] The subject matter of this paper, including more detail and references to original sources, may be found chiefly in the following articles by myself: "Proposed Periods in the History of Astronomy in America," *Pop. Astr.*, **29**, 393, 468, 1921; and "Astronomical Observatories in the United States prior to 1848," *The Scientific Monthly*, **19**, 120–139, 1924.

expected that our ancestors, involved as they were in a civil war [the American Revolution], could give any attention to literature and the sciences; but, superior to their distresses and animated by the generous principles which liberty and independence inspire, they instituted the excellent society called The American Academy of Arts and Sciences." John Quincy Adams prized the presidency of this organization, we are told, more than that of the new republic.

Another factor that competed with pure science and quite directly with astronomy was the use of qualified men in applied fields such as surveying, exploration, and navigation. As late as 1816 a friend of Comte wrote him from this country: "If Lagrange were to come to the United States, he could only earn his livelihood by turning surveyor." In this important work we find such prominent names as Washington and Jefferson; David Rittenhouse, second president of the American Philosophical Society; Mason and Dixon, trained as astronomers in England; Andrew Ellicott; and Jared Mansfield, to mention only a few. In navigation, American instrumental ingenuity is illustrated by Thomas Godfrey's invention of the reflecting sextant in 1730. This is usually credited to an Englishman, John Hadley, in 1731, who obtained the design from a drawing by Newton, but a sextant by Godfrey was successfully used in navigation in 1730.

Turning from these conflicting fields to telescopic astronomy we must judge the results by the status of the seventeenth and eighteenth centuries and not by the standard of the twentieth. The "perspective glass" of the late sixteenth century, one of which Thomas Hariot used on Raleigh's second expedition to "the New Found Land of Virginia" in 1585, and the combination of lenses used by Dutch opticians in 1608 to make distant objects appear larger and nearer, probably were not applied to celestial objects, for Galileo is usually credited with the first telescope used in astronomy in 1609. Improvements in the refractor were made by Huygens and others, and small lenses with long focal length (aerial telescopes) were used quite extensively until about the middle of the eighteenth century. Huygens and G. D. Cassini used instruments of this type with focal lengths exceeding 100 feet, one of which was 210 feet. Auzout made lenses with focal lengths from 300 to 600 feet, although no record was made of their use in astronomical observations.

The achromatic refractor credited to Chester Moor Hall of Essex, with the eye as a model, was made "free from color" as early as 1733. But it was not until the independent work of John Dollond of London in 1758 that this type was successfully introduced. It consisted of a convex lens of crown glass and a concave lens of flint. His son, Peter Dollond, added a third lens in 1765 using two of crown and one of flint. The achromatic objective made possible larger and more efficient refracting telescopes.

Just as the perspective glass found its way to America at a very early date, so reflecting and refracting telescopes were soon introduced. Furthermore, David Rittenhouse made his own instruments, including clocks and a telescope with which in 1769 on his farm at Norriton near Philadelphia he observed the transit of Venus and obtained very accurate data. Combining his observations with those made at Greenwich, he obtained a value of the solar parallax, 8''.805, in very close agreement with the present adopted value and much better than Encke's result, 8''.57, based upon all available observational data of the transit. Rittenhouse also noted a circular ring of light around Venus, which he attributed to an atmosphere, a fact verified a century later. The achievements of Rittenhouse and other colonial observers at the time of the transit, according to Maskelyne, the Astronomer Royal of England, are "excellent and complete, and do honor to the gentlemen who made them."

Earlier colonial observers obtained recognition in England. Francis Baily stated[3] that "Mr. Thomas Brattle of Boston in New England is the anonymous person alluded to by Newton in the *Principia* as having made such good observations of the comet of 1680." Brattle's observations of a solar eclipse in 1694 and lunar eclipses in 1700, 1703, and 1704 were published in the *Transactions of the Royal Society of London*. He made observations with his "4½-foot Telescope with all four Glasses in it." Thomas Robie's observations with an 8-foot and a 24-foot telescope, beginning about 1716, included immersions and emer-

[3] *An Account of the Revd John Flamsteed, the First Astronomer Royal* (London, 1835), *Supplement*, 1837, footnote, p. 725.

sions of Jupiter's satellites, also lunar and solar eclipses. Brattle and Robie also applied their data for the determination of the latitude and longitude of Cambridge (near Boston) in New England. John Winthrop of Harvard observed the transit of Mercury in 1740 with a 24-foot aerial telescope. He also observed the transits of Venus in 1761 and 1769, the former in Newfoundland and the latter at Cambridge. Samuel Williams observed "luminous drops" during a solar eclipse in 1780, the phenomenon described by Baily in 1836 and now known as Baily's beads.

The private observatory of Rittenhouse at Norriton was the first in America. When he planned to move to Philadelphia, he erected an observatory for his instruments before providing a residence, which was constructed in 1786. Instead of using a distant azimuth mark to adjust his transit instrument he invented the collimating telescope, a device still used with meridian circles of high precision. He also independently adopted the use of spider threads in the ocular. His observatory, however, closed its doors at the time of his death in 1796. A short-lived observatory at the College of William and Mary also existed as early as 1789, with instruments including a sextant and an achromatic telescope magnifying 60 times. Professor Andrews observed a transit of Mercury using a Short reflector with a magnifying power of 90.

Plans by the American Philosophical Society to erect an observatory at Philadelphia, with Rittenhouse as "public astronomical observer," were thwarted by the outbreak of the Revolutionary War. Another unsuccessful effort was made by the Society in 1817, and parts of a municipal building located at Center Square were designated as the "Philadelphia Observatory." In the early years of the republic a national university with a national observatory was advocated but not realized. The practical prevailed. In 1816 The Coast and Geodetic Survey succeeded in securing equipment including three Dolland achromatic telescopes, transit instruments, sidereal clocks, chronometers, etc., but politics effectively locked them up for a long period. The reorganization of The Coast and Geodetic Survey in 1832 under F. R. Hassler contributed to the new astronomical activity of that decade. The federal "Depot of Charts and Instruments" was established in 1833, to which James M. Gillis was assigned in 1836. With a 4-inch transit instrument he made and recorded more than 10,000 observations up to 1842, which constitute the first volume of astronomical observations published in the United States.

Meanwhile private citizens and educational institutions had been active. Amasa Holcombe, an expert surveyor, devoted considerable attention to astronomy and to making telescopes for sale in Europe as well as in America. In recognition of his skill in this field he was awarded in 1825 the Scott medal from Philadelphia, in 1838 a silver medal from the Franklin Institute, and in 1839 a gold medal from the New York Institute. About 1823 W. C. Bond built an observatory at Dorchester, New York, and equipped it with astronomical and meteorological instruments, where systematic observations were made up to 1839. This equipment transferred to Dana House at Cambridge, supplemented by some belonging to Harvard, provided the nucleus and impetus necessary to speed up the long-delayed project of an observatory worthy of that institution, although the giant 15-inch refractor did not arrive until 1847. This was equaled in size and quality by only one telescope in the world—the 15-inch at Pulkovo, Russia. North Carolina is credited with the first college observatory in the United States in 1830. A 5-inch telescope ordered in 1828 arrived at Yale in 1830 with which Halley's comet was observed on its return in 1835 before it was seen in Europe. The Yale observers also were the first to detect the division of Biela's Comet.

J. W. Draper discovered the ultraviolet region of the spectrum in 1837 and did pioneer work in celestial photography, obtaining a good picture of the moon in 1840. Andrew Talcott contributed to practical astronomy the American method of the determination of latitude by inventing, or reinventing, the zenith telescope and applying it to star observations on the boundary line between Ohio and Michigan. Williams College Observatory was erected in 1836. It was a stone building about twenty feet by forty-eight feet, with a central part and two wings. The revolving dome, thirteen feet in diameter, covered a Herschelian telescope of 10-foot focal length, equatorially mounted and provided with graduated circles. Western Reserve College, Hudson, Ohio, had secured instruments from Europe and erected an observatory in 1838. The old Philadelphia High School observatory with a 45-foot tower was built in 1838 and equipped with excellent instruments. The next year witnessed the construction of a large building at West Point for a library and observatory with three towers for astronomical instruments. In 1842 plans were made for the "National Observatory" at Washington. The Georgetown Observatory was begun in 1843; also one was constructed for the University of Alabama.

We have very briefly reviewed two and a half centuries of the pioneer work in telescopic astronomy in America and its status in 1843. Its achievements were overshadowed, of course, by more outstanding contributions in Europe during that period. The mention of a few foreign names will here suffice. Tycho Brahe died in 1601. Then followed Galileo, Kepler, and the immortal Newton. The Cassinis, good observers; also Lagrange and Laplace who advanced celestial mechanics; the Astronomers Royal of England, the Germans from Bode to Encke, and many others should be included. Finally we note the great observational astronomer and telescope maker, Sir William Herschel, whose work extended to 1822.

But the humble beginning in telescopic astronomy in America preceding 1843 constituted a sound foundation and was prophetic of future achievements in that field. Success in telescope- and instrument-making by Rittenhouse and Holcombe was continued without interruption by Wurdemann, Draper, Rutherfurd, Clark, Spencer, and others, and has culminated in the construction of the largest telescopes in the world. Keenness of observational power exemplified by Rittenhouse, Williams, and others, supplemented by better equipment, ushered in a new era of unparalleled astronomical discovery in this country in many fields, including comets, asteroids, satellites, double stars, the nature of the galaxy, and a new planet, Pluto. Pioneer American astronomers, often working with poor equipment and under great difficulties, illustrated two outstanding characteristics of successful contributors to science—an ambition to attain maximum results with available instrumental means and an inventive genius to add new mechanical tools and techniques.

THE OBSERVATORY OF THE
UNIVERSITY OF MICHIGAN
ANN ARBOR, MICHIGAN

A KOREAN STAR MAP

By W. Carl Rufus and Celia Chao

The astronomical chart [1] of Yi Tai-jo, founder of the last Korean dynasty in 1392, includes a star map which owes its origin to an engraved stone from China kept at Pyeng Yang, Korea, and lost in the Tai-tong River when Ko-gu-ryu fell in 672 A.D. Yi's astronomers revised the old chart, but incorporated the star map without change in the new stone engraving of 1395. The astrography of the Korean Star Map is therefore not later than the seventh century; but how much older it may be, we do not know.

E. B. Knobel [2] describes "A bronze Compass 13½ inches diameter taken from a Japanese Junk . . . believed to represent all the stars visible in Japan . . . undoubtedly Chinese . . . possibly not earlier than the 19th century. The equator, how-

[1] Maurice Courant, Bibliographie Coréenne, *3*, 29, 1897. W. Carl Rufus, The Celestial Planisphere of Yi Tai-jo, Trans. Korea Br. Roy. Asiatic Soc. *4*, 23–72, 1913; also Korea's Cherished Astronomical Chart, *Pop. Astr.*, *23*, 193–198, 1915.

[2] On a Chinese Planisphere, *Monthly Notices*, *69*, 435, 1909.

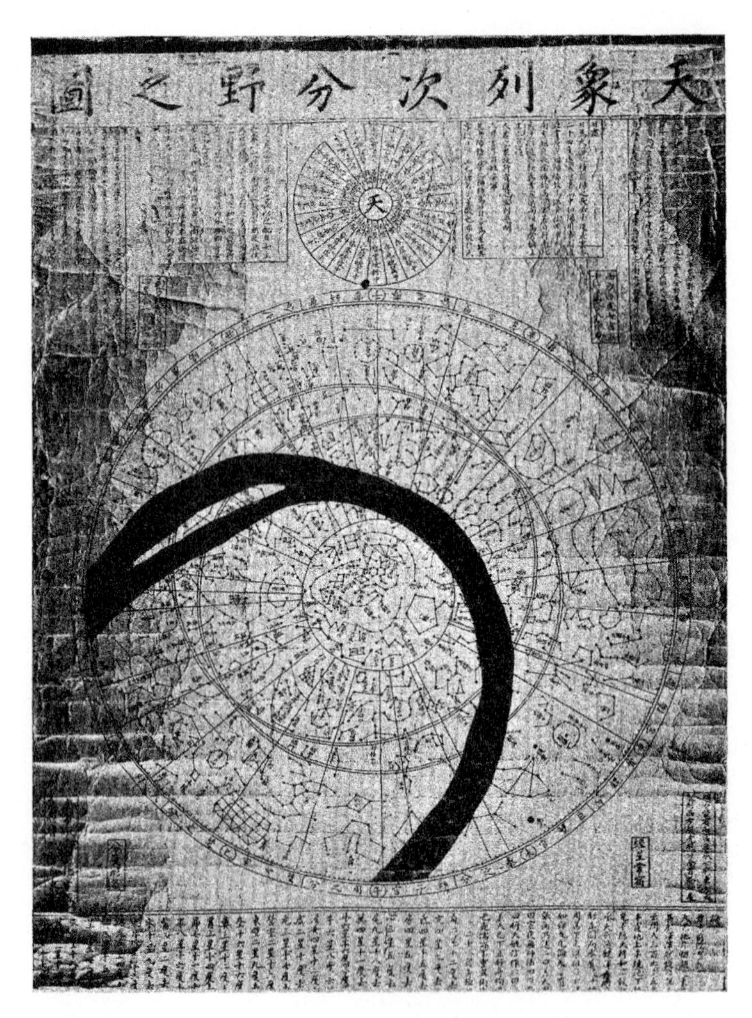

Korean Star Map

ever, is for about the epoch, A.D. 600." Comparison of his reproduction with our map indicates conclusively that either the planisphere was copied from the Korean map or they had a common origin, the former of which seems more probable. From the position of Polaris with reference to the pole the present writer suggested [3] that the asterisms on the map were fixed as early as the Former Han period, perhaps the second century B.C. The planisphere differs in many respects from the Chinese maps in the British Museum or found in their collection of Chinese books and manuscripts.

The Korean map is projected on the plane of the equator with the North Pole at the center. Three concentric circumferences mark the circle of the northern circumpolars (about 38°),[4] the equator, and the limit of visibility (about −55° declination). The ecliptic has an obliquity of approximately 21 degrees. The vernal equinox is the intersection of the ecliptic and the equator at the upper right, and the autumnal equinox, which is the point of beginning, is at the lower left. The silver River of Heaven (the Milky Way) is given undue prominence. From the central circle 28 radial lines extend outward making unequal spaces, each one containing one of the 28 zodiacal constellations or lunar mansions and other asterisms. The 28 constellations grouped by sevens form four unequal quadrants: the Blue Dragon of the East, 75 degrees; the Black Tortoise of the North, 98¼ degrees; the White Tiger of the West, 80 degrees; and the Red Bird of the South, 112 degrees; occupying positions on the map at the left, top, right, and bottom, respectively. The three compounds or walled stellar spaces are not given the prominence found on many Chinese maps.

Two parallel lists of asterisms are presented, one in Chinese and the other an English translation with accompanying brief description. The five large divisions are given in the following order: center, east, north, west, south. The compounds are listed first in their respective divisions. The 28 subdivisions are given in clockwise order. The zodiacal constellation (starred) is named first in its subdivision and is followed by the other asterisms numbered in general from the center outwards.

Only a few identifications or probable identifications with stars and constellations of the Occident are given. Great differences exist among the Oriental maps themselves and much confusion has resulted in attempted identifications. Some maps, including

Central Division

1. 紫微八	13. 柱下史一	25. 內廚二
2. 紫微乂	14. 女史一	26. 天理四
3. 天一太一	15. 女御宮四	27. 北斗乂
4. 傳舍九	16. 六甲六	28. 輔星一
5. 天皇大帝	17. 五帝坐五	29. 天床六
6. 勾陳六	18. 杠九	30. 太尊三
7. 四輔四	19. 華蓋乂	31. 天棓五
8. 北極五	20. 八穀八	32. 扶筐乂
9. 陰德二	21. 積水一	33. 天廚六
10. 大理二	22. 內階六	34. 相一
11. 尚書五	23. 三公三	35. 積水一
12. 天柱五	24. 文昌乂	36. 天船九

FIG. I

the Soochow Astronomical Chart,[5] show greater "idealization" of form of the asterisms than the Korean map, i.e., an attempt to represent the object named rather than the exact observational pattern. The magnitude (relative brightness) of a few bright stars is represented on our map by larger circles; in general, however, as on other Oriental maps, no difference in magnitude is indicated, which increases the uncertainty of attempted identification.*

CENTRAL DIVISION

1. The compound of the purple (imperial) court. The eastern wall or border. Eight stars of Draco and Cepheus. The form of this wall (and no. 2 below) varies on different Oriental star maps, so that the identification of the individual stars remains uncertain.
2. The compound of the purple (imperial) court. The western wall or border. Seven stars of Draco, Ursa Major, and Camelopardalis.

[3] *Transactions of the Korea Branch of R.A.S.*, Vol. IV, Part III, p. 62, 1913.

[4] There are 365¼ degrees in a circle of the chart.

[5] EDOUARD CHAVANNES, L'Instruction d'un Futur Empereur de Chine en l'An 1193, Carte Astronomique, Académie des Inscriptions et Belles-Lettres, *Mémoires concernant L'Asie Orientale* I, 43–57, 1913. Also The Soochow Astronomical Chart, by W. CARL RUFUS and HSING-CHIH TIEN, ready for publication.

* The rubbing of the original chart has a dark background with white stars and inscriptions. The *Isis* plate shows the stars as black dots on a white background, for the sake of legibility.

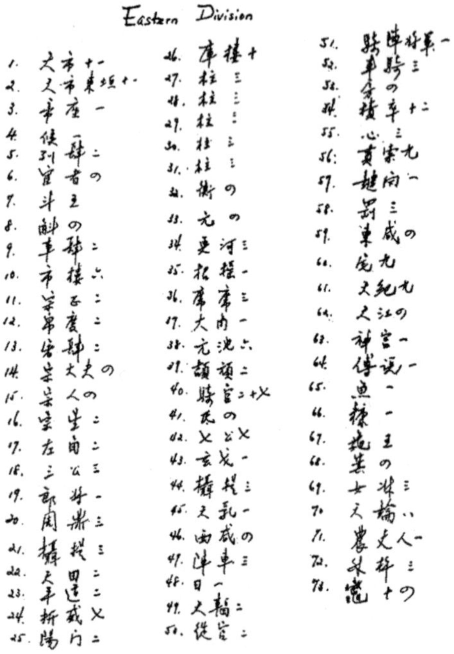

Eastern Division

Fig. 2

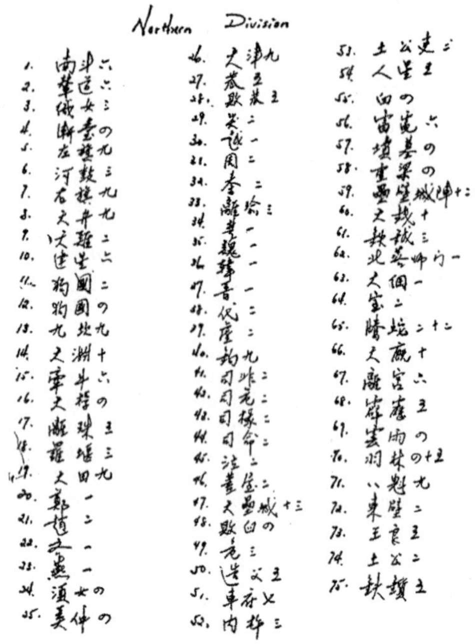

Northern Division

Fig. 3

3. The celestial one and the august one. Two stars attached to the left end of no. 2.
4. The master house. Nine stars chiefly in Perseus forming a long structure in front of the upper opening or gate between the two walls, nos. 1 and 2. Sometimes divided into rooms for guests.
5. The grand emperor of august heaven. One star, usually identified as Polaris.
6. The curved guards. Six stars of Ursa Minor, guarding no. 5.
7. The four intimate counselors or ministers of state. Four stars in Camelopardalis.
8. The northern extremity or north pole. Five stars of Ursa Minor including γ and β. They represent members of the royal family.
9. The negative (or feminine) principle in nature. Two stars in Ursa Minor just beyond the left end of no. 8. On some charts one of these is the positive principle.
10. The supreme judges. Two stars just below the left end of no. 8.
11. The five secretaries or dynastic historiographers. Five stars probably in Draco, but the position varies on different charts.
12. The celestial censors or supports (pillars). Five stars apparently in Draco. Intimate literary advisers of the emperor.
13. The chief censor. A single star just above and to the right of no. 12.
14. The preceptress of the court ladies. A single star just below (within) the right end of the eastern wall and above the following.
15. The residence of imperial court ladies or ladies-in-waiting. Four stars in Ursa Minor.
16. The six directors (regulators of the light). Six stars in Cepheus just inside the upper gate of the palace walls.
17. Interior seat of the five rulers. Five stars in Cepheus, just above no. 16. Rulers of the five divisions: east, north, center, west, and south.
18. Ridge tile. Nine stars chiefly in Cassiopeia; the lower end a little to the left of the emperor, no. 5, and extending upward to the following.

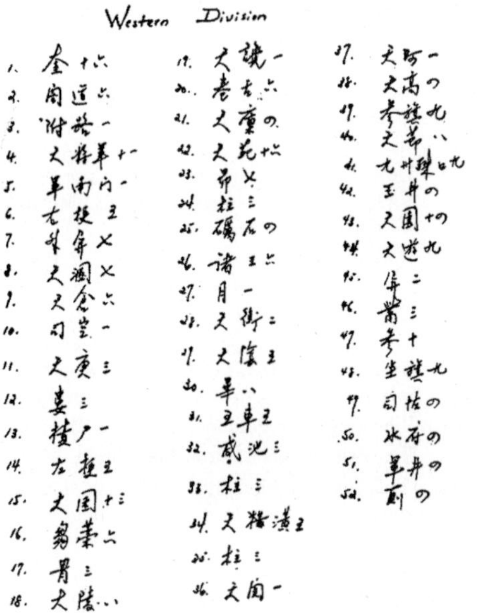

Western Division

FIG. 4

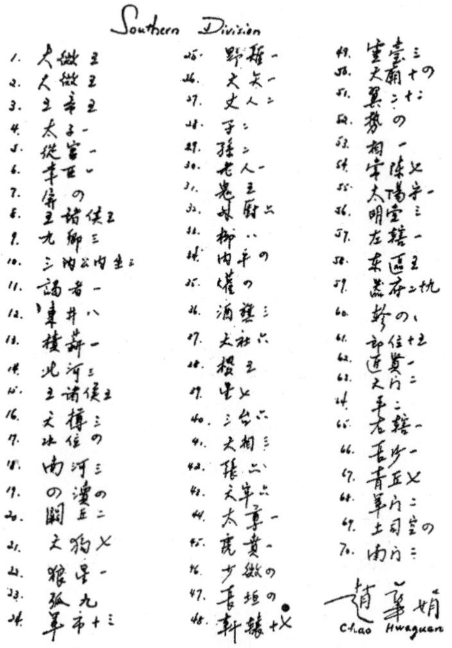

Southern Division

Chao Hwaguan

FIG. 5

19. The beautiful palanquin, for the emperor in a royal procession. Seven stars of Cassiopeia, idealized.

Here ends the list of asterisms within the palace grounds bounded by the two walls, nos. 1 and 2, and the long master house or gate house, no. 4. For the following, within the circle of perpetual apparition, begin at the right of the palace grounds and proceed clockwise.

20. The eight kinds of grain. Eight stars apparently in Camelopardalis, but the size and the form of the asterism vary greatly on different Oriental charts. Here the form, but not the position, suggests Auriga.

21. Accumulated (stored or diked) water. A single star below no. 20 just within the circle of circumpolars in the southwest. See another by the same name, no. 35 below.

22. The interior steps or degrees (of letters and official ranks). Six stars of Ursa Major including τ, below the western wall, no. 2.

23. The three advisers or counselors. Three stars just to the right of α Ursae Majoris. (See no. 27.)

24. The literary advisers. Seven stars in Ursa Major at the right of the bowl of the dipper, three being outside the circle, apparently including o, τ, υ, ϕ, θ, ι.

25. The interior kitchen. Two stars in Ursa Major above the bowl of the dipper, near the lower gate of the palace enclosure.

26. The celestial judges. Four stars within the bowl of the dipper.

27. The northern bushel or measure. The seven stars of the "Big Dipper."

28. The counselor star. A higher rank than no. 23. A single star, Alcor, attached to ζ Ursae Majoris, but marked separately from no. 27.

29. The celestial bench or bar of justice. Six stars below the lower opening or gate between the two walls, nos. 1 and 2, and above the dipper handle.

30. The celestial granary. Three stars just above the end of the dipper handle at the left of no. 29.

31. The celestial flail (for threshing grain). Five stars apparently in Draco, above and to the left of the eastern wall, no. 1, two being outside the circle.

32. The handled basket (used in winnowing grain). Seven stars to the right of no. 31.
33. The celestial kitchen, near the front entrance to the palace grounds. Six stars idealized.
34. The (coach) whip. A single star sometimes identified as γ Cassiopeiae.
35. Accumulated (stored or diked) water. A single star just within the circle at the west. See no. 21.
36. The celestial ship. Nine stars in Perseus, including η, δ, α, γ. Five of the stars are outside the circle in the River of Heaven (the Milky Way).

A total of 166 stars are included under 36 designations in the Central Division.

EASTERN DIVISION

(Blue Dragon)

1. Compound of the celestial market place or trading center. The western wall or border. 11 stars chiefly in Hercules, Serpens, and Ophiuchus.
2. Compound of the celestial market place. The eastern wall or border. 11 stars in Hercules, Serpens, and Ophiuchus.
3. The emperor's seat; main post or position in the market. α Herculis.
4. The queen. α Serpentis.
5. Displayed precious wares. 2 stars in Serpens, in the western part of the market place.
6. Officers (relatives-in-law). 4 stars in Hercules, near the emperor.
7. The measure or bushel. 5 stars near the center of the market.
8. The (large) measure (e.g., hogshead). 4 stars just below no. 7.
9. The chariot shop. 2 stars in Serpens inside the southern entrance to the market place.
10. The market center or meeting place (in the form of a building). Six stars in Ophiuchus inside the southern entrance.
11. The imperial progenitors. Probably β and γ Ophiuchi.
12. The textile measure. 2 stars in Hercules possibly in the head of Cerberus.
13. The butcher shop. 2 stars in Hercules, northwest of no. 12.
14. Imperial high officials. 4 stars in Hercules, south of no. 13.
15. The imperial family. 4 stars east of no. 11.
16. Stars of the royal family. 2 stars north of no. 15.

This ends the asterisms within the market place. The starred asterisms in the following indicate lunar mansions.

*17. Left horn (of the dragon). 12 degrees. First of the 28 lunar mansions. α and ζ Virginis; the lower is α.
18. The three counselors. 3 stars or Ursa Major near the end of the dipper handle.
19. The captain of the guard. A single star apparently in Coma Berenices, west of no. 18.
20. The tripod or trivet of Chou (dynasty). For incense burner. 3 stars in Coma Berenices.
21. The (right) regulator. 3 stars in Bootes.
22. The celestial field. Probably σ and τ Virginis.
23. The way of equality. Near the autumnal equinox. 2 stars in Virgo, forming a cross with no. 17. The one at the west is near θ.
24. The repression of terror. 7 stars in Virgo between Spica and no. 38, the neck of the dragon.
25. The gate of the positive essence. 2 stars in Centaurus; south of no. 24.
26. The treasury. 10 stars in Centaurus including γ, τ, and σ. Extending into cross bar (28th mansion) and neck (2nd mansion).
27–31. Supports. Five groups of three stars each within the western part of the treasury. Fanciful supports to hold up the heavens, or a derrick to raise objects to be weighed in the balance (no. 32).
32. The balance. 4 stars within the treasury, no. 26.
*33. The neck (of the dragon). 9 degrees. 4 stars of Virgo, sometimes identified as λ, κ, ι, μ. On the chart φ instead of μ gives better agreement.
34. Narrow river. 3 stars of Bootes east of Arcturus, probably ε, ρ, and σ. Schlegel[6] states that the character Ho (river) is erroneously written for O, "Une arme militaire."
35. The waving (of weapons and banners to intimidate or challenge the enemy). Probably β Bootes.
36. The emperor's festive mat. 3 stars of Bootes just below no. 33.

[6] Gustave Schlegel, *Uranographie Chinoise*, La Haye, Leyda, 1875. p. 512.

37. The great horn. (The dragon had many horns.) A bright star indicated by a large circle. Arcturus.
38. Pond of the mansion neck (no. 33). A lotus pond is frequently used in a public or private garden. 6 stars of Virgo and Bootes. The form is idealized into a regular hexagon.
39. Uneasy neck. Perhaps figurative with reference to the fate of criminals to be beheaded. 2 stars of Hydra. East of no. 25.
40. The mounted guard or cavalry. 27 southern stars apparently in Lupus and Centaurus. All connected; but on some other charts, 9 squads of three stars each.
*41. Root or base. Extent 15 degrees. α, β, γ, ι Librae. (Position is on equator.)
42. The seven counselors or elders. In the northern part of Corona.
43. The black lance or spear. γ Bootis.
44. The (left) regulator. 3 stars in Bootes, east of Arcturus.
45. Celestial milk (or breast). One star east of no. 41.
46. The harmony of the west. 4 stars of Libra, north of house or room, no. 53.
47. War chariot. 3 stars of Scorpio including γ.
48. The sun (or the star of the sun). A single star in Libra, just west of no. 53.
49. The celestial spokes (of the chariot wheel). 2 stars apparently in Scorpio, near no. 47.
50. Attendants. 2 stars below no. 53; probably ξ and χ Lupi.
51. The general of the cavaliers. A single star in the midst of the northeastern part of his troops.
52. The cavaliers of the chariot. 3 stars below the eastern part of the main troop.
*53. House or room. 5 degrees. 4 stars of Scorpio; β, δ, π, ρ. Two additional ones attached to the upper end, sometimes called the key.
54. The valets or attendants. 12 stars chiefly in Lupus, southeast of no. 50.
*55. The heart (of the dragon). 5 degrees. σ, α, τ Scorpii. Antares, a modern supergiant red star, at the center of the heart of the dragon!
56. The circlet or string (e.g., string of pearls). 9 stars of Corona including Gemma.
57. The padlock. A star of Scorpio, near no. 53. See note above.
58. Reparation or punishment. 3 stars of Scorpio, north of the heart of the dragon, no. 55.
59. The harmony of the east. 4 stars of Scorpio, north of Antares.
*60. The tail (of the dragon). 18 degrees. 9 stars of the tail of Scorpio, apparently ϵ, μ, ζ, η, θ, ι, κ, λ, υ.
61. The celestial superintendent (of the market). 9 stars just above and to the east of the entrance of the market place, nos. 1 and 2.
62. The celestial river. 4 stars of Serpens, crossing the island in the Silver River of Heaven (a rift in the Milky Way).
63. The palace of the gods. A star attached to μ Scorpio in the tail of the dragon.
64. Fu Shui. A single southern star, probably γ Telescopii. A Chinese minister of the Yin dynasty, 18th century B.C.; also called the invocator re faults.
65. The fish. A single star southeast of no. 64.
66. Chaff. A single star near the sieve, no. 68.
67. The tortoise. 5 stars apparently in Ara or Telescopium. Perhaps including α and β Arae, but the location varies on different charts. See no. 72.
*68. The sieve. 11 degrees. Included in the Blue Dragon but located beyond the tail. γ, δ, ϵ Sagittarii and β Telescopii.
69. The couch of the virgin. 3 stars in Hercules including π and ρ.
70. The celestial flute or measure. 8 stars in Sagittarius. Idealized. The bamboo flute was used in Korea to standardize length, volume, and weight.
71. The peasant. A single star southeast of no. 70.
72. The external pestle. 3 stars sometimes identified as α, β, γ Arae.
73. The turtle. 14 stars of Corona Australis.

A total of 296 stars are included under 73 designations in the Eastern Division.

NORTHERN DIVISION

(SPIRIT TORTOISE)

*1. The southern measure (or bushel). 26¼ degrees. 6 stars: ζ, τ, σ, ϕ, λ, μ Sagittarii.
2. The exclusive route (for royalty). An asterism of 6 stars extending north and south. The upper one is within the circumpolar circle near the entrance to the imperial court.

3. The weaving damsel. α, ϵ, ζ Lyrae. See note on no. 6.
4. The sloping earthwork (or mound). δ, ι, γ, β Lyrae.
5. The flag at the left. 9 stars north of Altair.
6. The drummer at the river. α, β, γ Aquilae. Altair is the herdsman with Vega, the weaving maiden, in the popular story of the lovers banished to the sky on opposite sides of the silver river of heaven and permitted to meet annually on the seventh of the seventh moon.
7. The flag at the right. 9 stars in Aquilla, south of Altair.
8. The celestial helmet or headgear. 9 stars northeast of the measure, no. 1. In Sagittarius and/or Aquila.
9. The celestial pheasant or fowl. 2 stars in the southern part of Sagittarius.
10. The determining (or constructing) asterism. 6 stars in Sagittarius.
11. The dogs. 2 stars in Sagittarius, south of east end of the measure, no. 1.
12. The country of the dogs. 4 stars including ω Sagittarii.
13. The nine canals (of the nine provinces). 9 stars in Sagittarius. Idealized.
14. The celestial abyss (lake or sea). 10 stars in southern part of Sagittarius. Idealized.

*15. The ox. 8 degrees. 6 stars in Capricornus including α, β, π.

16. The celestial stick (probably drum stick). 4 stars near the drummer (no. 6). In Aquila.
17. The brilliant pearls. 5 stars in Aquarius, just north of the domicile of the virgin, no. 24.
18. The network of dikes. 3 stars in Capricornus, probably including τ.
19. The celestial field. 9 stars in Sagittarius and Capricornus, south of the ox (no. 15). Idealized to divide the field into four parts.
20. Chêng.[7] One star.
21. Chao. 2 stars.
22. Ch'i. One star.
23. Yen. One star.

*24. The domicile of the virgin. 12 degrees. 4 stars in Aquarius, east of the ox, no. 15.

25. Hsi Chung. A famous imperial chariot driver. (Applied to more than one.) 4 stars of Cygnus near the royal route, no. 2.
26. The celestial bridge (across the river of heaven). 9 stars of Cygnus, the upper part of the northern cross. δ, o, α, ν, τ, υ, ζ, ϵ, γ Cyngi.
27. The gourd (frequently used as a dipper or container). 5 bright stars of Delphinus.
28. The withered or cracked gourd. 5 fainter stars south of no. 27.
29. The lamentation. 2 stars near burial mound, no. 39. One may be μ Capricorni.
30. Yüeh. One star.
31. Chou. 2 stars.
32. Ch'in. 2 stars.
33. Ornamental gems or jewelry. 3 stars near μ Capricorni.
34. Ch'u. One star.
35. Wei. One star.
36. Han. One star.
37. Chin. One star.
38. Tai. 2 stars.

*39. Emptiness. 10 degrees. α and β Equulei. Figuratively, burial mound and winter.

40. The hook. 9 stars in the river of heaven, northeast of the bridge. Its position and form vary greatly on different charts.
41. The judge of crimes. 2 stars near the end of the celestial bridge, no. 26.
42. The judge of dangers. 2 stars below no. 41, probably in Equuleus.
43. The judge of requital or recompense. 2 stars in Aquarius, south of no. 42.
44. The judge of fate. 2 stars in Aquarius, south of no. 43.
45. Weeping. Probably θ and ρ Aquarii.
46. Building of the mansion. 2 stars south of mansion of fate (no. 49) in Aquarius.
47. The celestial bulwarks. 13 stars in idealized circular formation, southeast of no. 45.
48. The despoiled mortar (instrument for grinding grain). 4 stars south of no. 47, near edge of chart.

*49. Danger or mansion of fate. 17 degrees. α Aquarii, θ and ϵ Pegasi.

50. Tsao Fu. A royal charioteer c. 1000 B.C. 5 stars in Cepheus including δ, ϵ, ζ.
51. The coach house. 7 stars chiefly in southern part of Cygnus.

[7] Nos. 20–23, 30–32, 34–38 are composed of twelve asterisms chiefly in Capricornus, with names of ancient provinces and regions of China.

52. The internal pestle. 3 stars in Pegasus, directly above the mortar, no. 55.
53. The public official re earthworks. 2 stars near γ Pegasi, perhaps ξ and ζ.
54. The asterism of man. 5 stars in northwestern part of Pegasus.
55. The mortar. 4 stars of Pegasus just above the equator.
56. Thunder and lightning. 6 stars south of room or chamber, no. 64.
57. The tombs. γ, ζ, η, π Aquarii.
58. Bridge of emptiness. (See no. 39.) 4 stars south of the tombs (no. 57) probably including κ Aquarii.
59. The line of ramparts. 12 stars extending about 40 degrees just below the ecliptic through three mansions: danger, house, and wall.
60. Celestial coin. 10 stars of Pisces Austrinus. Idealized.
61. Iron axe. 3 stars southeast of no. 60.
62. The entrance to the Pei-loh Army (camp). Fomalhaut.
63. The celestial net. Near no. 60. Probably β Sculptoris.
*64. Room or chamber. 16 degrees. α and β Pegasi. A conjunction of five planets is said to have occurred here, c. 2450 B.C.
65. The ascending serpent. 22 stars in Andromeda and Lacerta. Form idealized.
66. The celestial stables. 10 stars of Andromeda north of the eastern wall, no. 72.
67. The detached palace. 3 groups of 2 stars each in Pegasus, attached to no. 64.
68. The crash of the storm. 5 stars probably β, γ, θ, ι, ω Piscium.
69. Clouds and rain. 4 stars apparently including κ and λ Piscium.
70. The army of Yü Lin. 45 stars chiefly in Aquarius and Cetus. Here all are connected; sometimes arranged in 15 groups of 3 stars each.
71. The eight chiefs. 9 stars south of no. 70, chiefly in Phoenix. Note the numerical discrepancy. The form in groups of three differs from the eight conventional chiefs and resembles a swastika.
*72. The eastern wall. 9 degrees. α Andromedae and γ Pegasi.
73. Wang Liang. A famous coachman or driver. 5 stars in Cassiopeia.
74. The venerable mason. 2 stars just east of the wall, no. 72.
75. The cutlass. 5 stars in the extreme southern part of the eastern wall division.

A total of 384 stars are included under 75 designations in the Northern Division.

WESTERN DIVISION

(White Tiger)

*1. The sandal or strider. 16 degrees. 16 stars in Andromeda and Pisces. The form here conforms with sandal or a footprint.
2. The canopied avenue (of the gateway to the imperial palace). 6 stars in Cassiopeia.
3. The side road. A single star east of no. 6.
4. The celestial generalissimo. 11 stars in Andromeda and Triangulum.
5. The southern military gate. A single star east of no. 1.
6. The watchman at the right. 5 stars of Pisces southeast of no. 1.
7. The outer screen. 7 stars of Pisces: α, ξ, ν, μ, ζ, ϵ, δ.
8. The celestial quagmire. 7 stars in Cetus, north of no. 7.
9. The celestial granary (square type). 6 stars of Cetus crossed by the equator.
10. The superintendent of works. Probably β Tauri, but the location appears too far south.
11. The celestial mill. 3 stars probably in Fornax.
*12. The reapers. 12 degrees. α, β, γ Arietis.
13. The heap of corpses. Algol, head of Medusa.
14. The watchman at the left. 5 stars of Aries southeast of no. 12.
15. The celestial granary (round type). 13 stars of Cetus including the bright group α, λ, μ, ξ, ν, γ, δ and Mira.
16. Fodder. 6 stars of Cetus south of no. 15.
*17. Stomach or grain storehouse. 14 degrees. 3 stars of Aries west of the Pleiades.
18. The large mausoleum. 8 stars of Perseus hooked about no. 13, the heap of corpses.
19. The celestial slanderer. A star within the curves of the next.
20. The wagging tongues (gossip). 6 stars including ν, ϵ, ξ, ζ Persei.

52. The internal pestle. 3 stars in Pegasus, directly above the mortar, no. 55.
53. The public official re earthworks. 2 stars near γ Pegasi, perhaps ξ and ζ.
54. The asterism of man. 5 stars in northwestern part of Pegasus.
55. The mortar. 4 stars of Pegasus just above the equator.
56. Thunder and lightning. 6 stars south of room or chamber, no. 64.
57. The tombs. γ, ζ, η, π Aquarii.
58. Bridge of emptiness. (See no. 39.) 4 stars south of the tombs (no. 57) probably including κ Aquarii.
59. The line of ramparts. 12 stars extending about 40 degrees just below the ecliptic through three mansions: danger, house, and wall.
60. Celestial coin. 10 stars of Pisces Austrinus. Idealized.
61. Iron axe. 3 stars southeast of no. 60.
62. The entrance to the Pei-loh Army (camp). Fomalhaut.
63. The celestial net. Near no. 60. Probably β Sculptoris.
*64. Room or chamber. 16 degrees. α and β Pegasi. A conjunction of five planets is said to have occurred here, c. 2450 B.C.
65. The ascending serpent. 22 stars in Andromeda and Lacerta. Form idealized.
66. The celestial stables. 10 stars of Andromeda north of the eastern wall, no. 72.
67. The detached palace. 3 groups of 2 stars each in Pegasus, attached to no. 64.
68. The crash of the storm. 5 stars probably β, γ, θ, ι, ω Piscium.
69. Clouds and rain. 4 stars apparently including κ and λ Piscium.
70. The army of Yü Lin. 45 stars chiefly in Aquarius and Cetus. Here all are connected; sometimes arranged in 15 groups of 3 stars each.
71. The eight chiefs. 9 stars south of no. 70, chiefly in Phoenix. Note the numerical discrepancy. The form in groups of three differs from the eight conventional chiefs and resembles a swastika.
*72. The eastern wall. 9 degrees. α Andromedae and γ Pegasi.
73. Wang Liang. A famous coachman or driver. 5 stars in Cassiopeia.
74. The venerable mason. 2 stars just east of the wall, no. 72.
75. The cutlass. 5 stars in the extreme southern part of the eastern wall division.

A total of 384 stars are included under 75 designations in the Northern Division.

WESTERN DIVISION

(WHITE TIGER)

*1. The sandal or strider. 16 degrees. 16 stars in Andromeda and Pisces. The form here conforms with sandal or a footprint.
2. The canopied avenue (of the gateway to the imperial palace). 6 stars in Cassiopeia.
3. The side road. A single star east of no. 6.
4. The celestial generalissimo. 11 stars in Andromeda and Triangulum.
5. The southern military gate. A single star east of no. 1.
6. The watchman at the right. 5 stars of Pisces southeast of no. 1.
7. The outer screen. 7 stars of Pisces: α, ξ, ν, μ, ζ, ϵ, δ.
8. The celestial quagmire. 7 stars in Cetus, north of no. 7.
9. The celestial granary (square type). 6 stars of Cetus crossed by the equator.
10. The superintendent of works. Probably β Tauri, but the location appears too far south.
11. The celestial mill. 3 stars probably in Fornax.
*12. The reapers. 12 degrees. α, β, γ Arietis.
13. The heap of corpses. Algol, head of Medusa.
14. The watchman at the left. 5 stars of Aries southeast of no. 12.
15. The celestial granary (round type). 13 stars of Cetus including the bright group α, λ, μ, ξ, ν, γ, δ and Mira.
16. Fodder. 6 stars of Cetus south of no. 15.
*17. Stomach or grain storehouse. 14 degrees. 3 stars of Aries west of the Pleiades.
18. The large mausoleum. 8 stars of Perseus hooked about no. 13, the heap of corpses.
19. The celestial slanderer. A star within the curves of the next.
20. The wagging tongues (gossip). 6 stars including ν, ϵ, ξ, ζ Persei.

21. The celestial granary (for government). 4 stars of Cetus southwest of Pleiades.
22. The celestial royal garden. 16 stars of Eridanus including γ, π, δ, ϵ etc.
*23. Mao. 11 degrees. 7 stars of Pleiades. Asterism of the setting sun.
24; 33; 35. The three posts or pillars. Three sets of three stars each in Auriga including "The Kids."
25. The grinding stone. 4 stars of Taurus in the river of heaven north of the Pleiades.
26. The judge of crimes (by divination). 6 stars in Taurus including τ.
27. The moon star. A single star just south of the Pleiades.
28. The celestial roadway. 2 stars southeast of the Pleiades.
29. Celestial darkness or twilight. (The second character is also used to indicate the feminine of negative principle.) 5 stars southeast of the Pleiades including δ, ζ, τ Arietes.
*30. End. 16 degrees. 8 stars of the Hyades and λ Tauri; usually only eight; an additional one is attached to Aldebaran.
31. The five chariots. ι, α, β, θ Aurigae and β Tauri.
32. The pool of harmony. 3 stars of Auriga including ρ.
33. The three posts or pillars. See no. 24.
34. The celestial pond or pool. 5 stars of Auriga including μ, λ, σ.
35. The three posts or pillars. See no. 24.
36. The celestial pass. Often associated with customs or tribute. ζ Tauri.
37. Celestial dikes. A star about 10 degrees east of the Pleiades.
38. Celestial heights (for observation). 4 stars of Taurus northeast of no. 30.
39. Flag of the military chieftain. 9 stars of Orion hanging down from the northwest of the chieftain, no. 47.
40. The celestial cut or cleavage. (A piece of bamboo was cut in two parts; one was carried by an envoy for identification by matching with the other part.) 8 stars of Taurus south of no. 30.
41. The nine varied outlets. May also signify nine diversified dialects. 9 stars chiefly in Eridanus, at the western outlet of the celestial garden, no. 22.
42. The jade well. 4 stars in Orion near Rigel.
43. The celestial orchard. 14 stars chiefly of Eridanus, extending about 30 degrees east and west below the garden.
44. The nine celestial beautiful views. Perhaps vistas and landscapes. 9 stars chiefly in Eridanus. (The character for "views" is incomplete on chart.)
45. The screen or fence (to obstruct the view of no. 52). Perhaps ϵ and μ Leporis.
*46. Bird's bill. 2 degrees. 3 stars of Orion including λ.
*47. Military chieftain. 9 degrees. 10 stars of Orion including the quadrilateral, belt, and sword.
48. The flag of the seat or throne. 9 stars chiefly of Auriga, hanging down from the circumpolar circle across the river of heaven, the lower end being east of the Pleiades.
49. The minister of crimes (perhaps re brigands; see no. 36). 4 stars northeast of no. 36.
50. Water reservoir. 4 stars of Orion north of Betelgeuse including ν and ξ.
51. The military well. 4 stars south of no. 47 and east of the jade well, no. 42.
52. The pit of ease (comfort station). α, β, γ, δ Leporis.

A total of 285 stars are included under 52 designations in the Western Division.

SOUTHERN DIVISION

(Red Bird)

1. The western wall or border of the great compound of the private secrets (privy council). 5 stars in Leo.
2. The eastern wall of the compound. 5 stars in Virgo.

Two characters on the chart at the south of the compound indicate entrance gate.

3. The five emperors (east, north, center, west, south). 5 stars of Leo including β. Idealized in geometrical pattern.
4. The prince royal. A single star in Leo north of no. 3.
5. The retinue. A single star just west of no. 4.
6. The favorite minister. A single star just east of no. 4.
7. The screen. 4 stars inside the south entrance to the compound, perhaps including π and ν Leonis.

8. Five feudal lords (of the interior). 5 stars in Coma Berenices.
9. The nine nobles (of smaller political divisions). 3 stars probably including ϵ Virginis. Note discrepancy in number.
10. Inner seat of three counselors. δ, γ, η Virginis.
11. The visitor. A single star southeast of no. 10.

This ends the list of asterisms within the compound.

*12. The eastern well. 33 degrees. 8 stars in Gemini including two nearly parallel groups of four each: μ, ν, γ, ξ and ϵ, a faint one, ζ and λ. The connecting lines make a form resembling the ideograph for well.
13. Heaped up fagots. A single star in Cancer; to use for the beacon, no. 35.
14. North river. 3 stars including α and β Geminorum.
15. The five (special) feudal lords. 5 stars in Gemini northeast of no. 12.
16. The celestial water ewer. 3 stars of Gemini including δ.
17. The position of the water. 4 stars of Canis Minor.
18. South river. 3 stars,—α, β, and η Canis Minoris.
19. The four sources of the water. (The four great rivers of China.) 4 stars of Monoceros south of the well, no. 12.
20. Digging on the hillsides (probably trenches or dikes for the water). 2 stars apparently in Monoceros.
21. The celestial dog. 7 stars of Canis Major including γ.
22. The (celestial) wolf. Sirius (note large circle) at which the arrow is pointed.
23. The bow. 9 stars of Canis Major and Argo Navis.
24. The military market. 13 stars west of Sirius in circular formation. Idealized.
25. The wild cock or pheasant. A single star at the center of no. 24.
26. The celestial arrow. A single star southwest of no. 24 near the edge of the chart. Marked by a large circle indicating a bright star,—here unidentified.
27. Venerable men (of old age). α and ϵ Columbae.
28. The sons. 2 stars east of no. 27.
29. The grandsons. 2 stars east of no. 28.
30. The old man star. Canopus. Marked by a very large circle. Not visible from the mainland of Korea, but may be seen from the island of Quelpart. Anyone seeing it was assured a happy old age.

*31. The spirits (of the deceased). 4 degrees. 5 stars in Cancer: $\gamma, \delta, \eta, \theta$ and the one at the center, which may be the Praesepe Cluster.
32. The exterior kitchen. 6 stars in Hydra and Monoceros, south of the next.

*33. Willow. 15 degrees. 8 stars of Hydra including the head.
34. The inner peace. 4 stars of Leo Minor.
35. The beacon. 4 stars in Cancer including λ. See the fagots, no. 13.
36. The banner of wine (used in ceremonies). 3 stars of Leo, southwest of Regulus.
37. The tutelary gods (collectively). Gods of the land or soil. 6 stars northeast of Canopus in Argo Navis.
38. Millet or grain. 5 stars of Argo Navis, 3 of which are in the River of Heaven.

*39. Star. 7 stars of Hydra including α.
40. The three nobles (or three grades of nobility). 3 sets of two stars each all connected indicating, from west to east, the upper, middle, and lower nobles. Apparently in the southern part of Ursa Major.
41. The celestial counselors or ministers. 3 stars east of no. 39.

*42. Drawn bow (or to open). 18 degrees. 6 stars of Hydra including λ, μ, ν.
43. The celestial prison. 6 stars of Ursa Major just below the pointers.
44. The grand august ones (imperial ancestors). A single star in Ursa Major west of no. 43.
45. The energetic warrior (or swift tiger). A single star just below the lower nobles of no. 40.
46. The privy seal (of secret action). 4 stars of Leo Minor near southern boundary.
47. The long wall. 4 stars of Leo east of Regulus.
48. The chariot. 17 stars of Leo including the sickle.
49. The terrace of the spirits. 3 stars northwest of wing, no. 51.
50. The celestial temple (of ancestors). 14 stars in Hydra and Antlia.

*51. Wing (of the Red Bird). 18 degrees. 22 stars of Crater, Corvus and lower part of Hydra.

52. The authority (of emperor). 4 stars below the bowl of the Big Dipper.

53. The minister. A single star south of γ Ursae Majoris.

54. The permanent guard. 7 stars of Canes Venatici, west of the civil officials, no. 61.

55. The guardian of the great positive essence (Tai Yang). A single star south of γ Ursae Majoris, perhaps χ.

56. The temple of light (for the ceremonies of the seasons by the emperor). 3 stars above no. 51, probably ϕ, υ Leonis and one between.

57. The left whiffle-tree. A single star attached to the crossbar of the chariot, perhaps α Corvi.

58. The eastern district. 5 stars south of no. 51 and east of no. 50. (The ideograph for "district" may be an incomplete version for "bowl" which is on the Soochow map.)

59. The warehouses of vases. 29 stars, idealized. At extreme south, chiefly in Centaurus and Lupus.

*60. The crossbar of the chariot. 17 degrees. δ, γ, ϵ, β Corvi (and three attached). See nos. 57, 65, 66.

61. The rank or position of the secretariat (civil officials). 15 stars of Coma Berenices.

62. Promotion of the sages. 1 star in Virgo.

63. The celestial gate. 2 stars in Virgo, one probably ι.

64. Stars of equality. 2 stars in Hydra, one may be γ.

65. The right whiffle-tree. A single star attached to, and north of, no. 60.

66. A long stretch of sand or gravel. A single star within no. 60, attached.

67. The green mound or terrace. 7 stars of Hydra southeast of no. 60.

68. The military gate. 2 stars of Hydra south of no. 60.

69. The minister (or overseer) of works of earth or pottery. 4 stars northeast of the warehouse of vases, no. 59.

70. The southern gate. 2 stars in Centaurus. Often identified as α and β.

A total of 333 stars are included under 70 designations in the Southern Division.

The total number of stars on the chart, according to our count, is 1464.

75.

THE JOURNAL
OF
THE ROYAL ASTRONOMICAL SOCIETY
OF CANADA

VOL. XXXIX, No. 2 FEBRUARY, 1945 WHOLE No. 341

A POLITICAL STAR CHART OF THE TWELFTH CENTURY

(With Plates VI and VII)

By W. CARL RUFUS

AN article on "Ancient Chinese Astronomy" by Herbert Chatley[1] of London contains a star map characterized as the best Chinese map known to him. He inserted a reproduction of the map by Edouard Chavannes[2] of Paris; the original of which is a stone engraving in a Confucian temple near Soochow containing the map and instructions for a future emperor compiled in 1193. Chavannes published a French translation of the test but omitted the asterisms of the map; Chatley cut off the interesting text below the map which contains the instructions. I have a copy of the original chart, which was recently translated by Mr. Hsing-Chih Tien and myself, including both the asterisms and the text.[3]

Astronomy under royal patronage began at a very early period in China. After the legendary Heaven Emperors and Earth Emperors, came the first Man Emperor, Fu-hsi, twenty-ninth century B.C., the traditional founder of the civilization of ancient China. According to the Classics, Emperor Yao, twenty-fourth century B.C., commanded his astronomers: "Now listen you two, Hsi and Ho! The round year consists of 366 days. By intercalary months make the lunar year agree. Indicate precisely the time for all works, so they may prove fruitful." His successor, Emperor

[1]Ancient Chinese Astronomy, Royal Astronomical Society, Occasional Notes No. 5, 65-74, 1939.

[2]L'Instruction d'un Futur Empereur de Chine l'An 1193, Carte Astronomique, Academie des Inscriptions et Belles-Lettres, Memoires concernant L'Asie Orientale *1*, 43-57, 1913.

[3]The Soochow Astronomical Chart, accepted for publication by the University Press.

PLATE VI

A POLITICAL STAR CHART

The original is an engraved stone in a Confucian temple near Soochow, China. *The Star Map* constitutes the upper part of the chart.

A POLITICAL STAR CHART
The Instructions for a Future Emperor constitute the lower part of the Chart.

Shun, "examined the gem-adorned turning sphere and transverse tube, that he might regulate the seven directors." These emperors, lauded for their astronomical achievements, were called Sons of Heaven and their country, the Celestial Empire.

The royal astronomers were ordered: "To calculate and delineate the movements and appearances of the sun, the moon, the stars, and the zodiacal spaces and so to deliver respectfully the seasons to the people." When the days were of medium length it was midspring and midautumn; at the limits of the shadow it was midsummer and midwinter. Thus the astronomers observed the heavenly bodies for practical purposes in agriculture and other activities in daily life, also for guidance in state affairs. In this way the emperors "faithfully worshipped heaven and diligently served the people." Under Emperor Hsia, 2205 B.C., the will of heaven became the law of the earth. Hsi and Ho (royal astronomers) negligent of their duties at the time of an eclipse were punished by death.

Practical astronomy thus became highly developed and excellent instruments were made. Many phenomena were recorded beginning at an early period, including solar and lunar eclipses, which were predicted, also comets, meteoric showers, sunspots, planetary conjunctions, star occultations, and so-called guest stars, which probably included novae and variables. Dynastic historiographers also recorded many meteorological and other natural phenomena, such as severe hail and frost, disastrous floods, tornadoes and earthquakes.

During the Chou dynasty, 1122 B.C. to 225 B.C., sundials and water clocks were used. The star configurations were standardized by measuring their relative positions. The obliquity of the ecliptic was determined and it is claimed that its change was noted. Precession of the equinoxes was known during the Early Han period, 206 B.C. to 25 A.D., and variation of the moon's motion was studied under the Later Hans, 25 A.D. to 220. The "solar precession" was taught by Yu Hee, 205 A.D., i.e. the sun's circuit of the heavens was $365^{\circ}.26$ and the sun's circuit of the year was $365^{\circ}.24$. (The circle was divided into 365¼ degrees, so one degree was equivalent to one day.) This distinguished the sidereal year from the tropical year. In the fifth century the stationary points and retrograde motion of the planets were calculated, and in the sixth the equation of the sun's centre was fixed. The Tang dynasty, 618-907, witnessed great national expansion and cultural advancement in literature and art. Paper making and block printing were developed and gunpowder (not for guns) was invented. Astronomy suffered a temporary eclipse.

The period of the Five Dynasties with ten militant kingdoms was followed in 960 A.D. by partial unification under the Sung Dynasty in the North. Struggles continued with the Kitan Tartars, the Western Liao and the Golden Tartars, who set up the Chin Dynasty in 1115. After the fall of the North Sung capital, Pien Liang, in 1126, the North was abandoned to the Manchus and the South Sung period began. The new royal astronomical instruments were moved to Peking and stored until 1154 when the first one was mounted on the city wall. In 1214 the new emperor gave up Peking and moved his capital to K'ai-Feng Fu, Honan. New emphasis was placed on the Classics as a basis for propagating Chinese culture and developing a racial consciousness to promote unity. The state socialism of Wang An-shih had been tried and rejected. The old, which was tried and true, was selected as a basis for permanence, hence the instructions to a future emperor prepared in 1193 and engraved in stone in 1247. Twenty years later Peking was restored as the capital.

The star map, which forms the upper part of the chart, represents the stars on the plane of the equator with the north pole at the centre. The smallest circle contains the circumpolar constellations, those always above the horizon. The two intermediate intersecting circles are the equator and the ecliptic. The outside circumference cuts off the invisible southern circumpolars. These circles fix the latitude at 35 degrees, which agrees with K'ai-Feng Fu rather than Peking. The 28 zodiacal constellations or lunar mansions of the ancients are emphasized by inscribing their names within small circles. Radial lines from the central circumference to the outer one form 28 unequal divisions, which combined by sevens form the four quadrants, the Blue Dragon of the East at the left, the Black Tortoise of the North at the top, the White Tiger of the West at the right and the Red Bird of the South at the bottom. The broad imagination used to note resemblançe of form to the object named far surpasses that required for the occidental constellations, as the sweep of a full quadrant of the zodiac is included for each animal. The four quadrants and the central portion form the five grand divisions of the map. Three large areas are called walls or compounds—the Purple or Imperial Court, the Celestial Market Place, and the Secret Court or Privy Council.

Comparing the Soochow Chart with other Oriental star maps it appears that many "idealizations" have been introduced for the emperor. Perhaps the use of this term is faint praise; because we

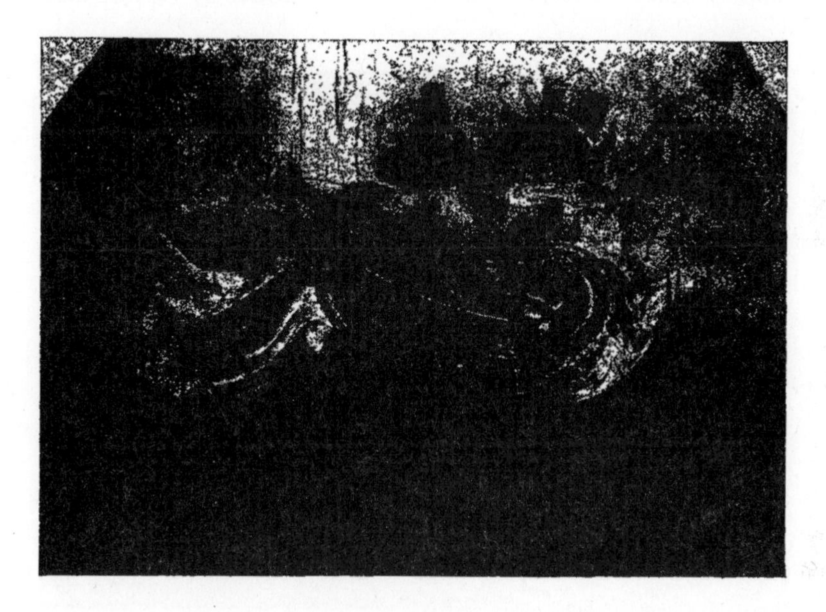

FIG. 1. THE BLUE DRAGON OF THE EAST

A painting on the east wall of a Han tomb, west of Pyeng Yang, Korea. The most fabulous, most storied, most revered mythological animal of the orient. It gives its name to the Dragon throne. The middle star of the heart of the Dragon, Big Blaze, marvelous to relate, is Antares, a red giant star, one of the largest measured by twentieth-century methods.

mean the change of the form of an asterism from the true observational pattern in the sky to make it conform with the conventional name of the basic idea involved.

Chinese star names differ widely from the occidental. Instead of mythological heroes and superhuman beings, we find real terrestrial men and women, e.g. within the Imperial Court reside the emperor, the royal family, the queen and court ladies, the crown prince, and even the son by a concubine. The walls of the Celestial Market Place are modernized and idealized. Merchants from new kingdoms are present. The market circle or bargaining centre is better organized. Standardized weights and measures are provided to insure fair dealing. The Compound of the Secret Court has been completely changed, not greatly in form, but the gates are replaced by generals and officials. Here the extremely practical and mundane aspect may be well illustrated by modestly introducing an

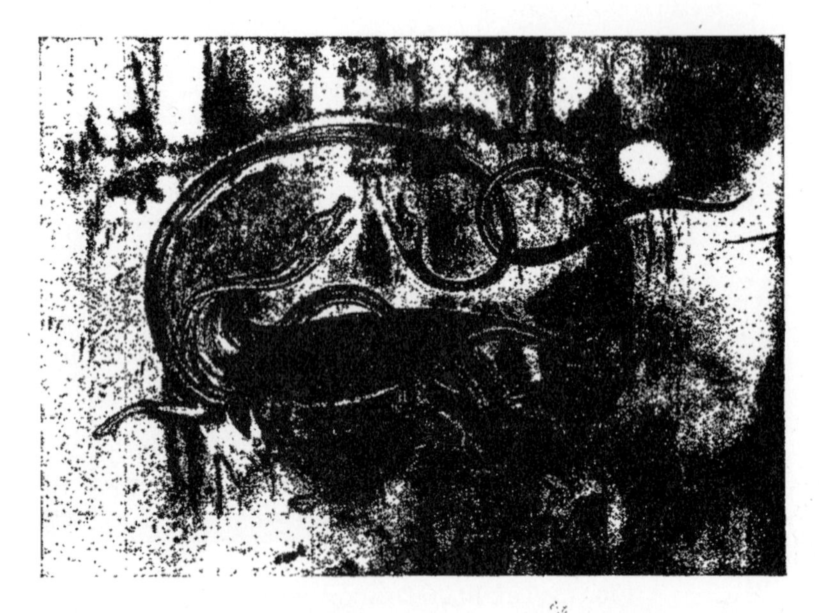

FIG. 2. THE BLACK TORTOISE OF THE NORTH

A painting on the north wall of a Han tomb, west of Pyeng Yang, Korea. Singular, not plural; although there are two animals, the tortoise and the serpent. Not in mortal combat, as frequently interpreted. Together they represent the Yin-Yang, whose comingling is essential in cosmic creation.

asterism, neatly concealed from public view by a high Celestial Fence or Screen—the Heavenly Well or Pit of Ease, a euphemism, parallel with comfort station.

The practical aspect of the idealized star map is applied and enhanced in the text, a few excerpts of which will suffice.

"Before the Great Absolute had unfolded itself, the three primal essences, Heaven, Earth, and Man were involved within. This was termed original chaos, because the intermingled essences had not yet separated. When the Great Absolute unfolded, the light and pure formed Heaven, the heavy and impure formed Earth, and the mingled pure and impure formed Man. The light and pure constitute spirit, the heavy and impure constitute body, and the union of spirit and body constitutes man. Hence all manifestations of spirit emanate from Heaven, for a natural and logical reason, being in-

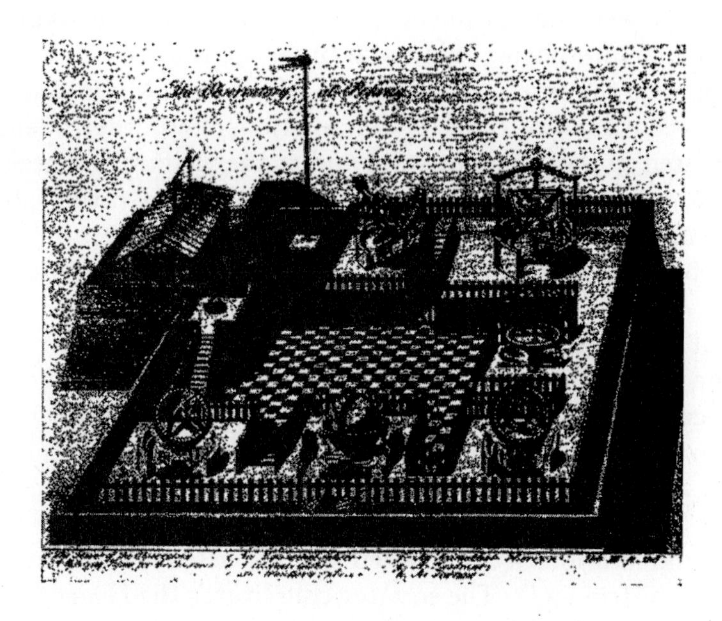

FIG. 3. THE OBSERVATORY AT PEKING

For a description of these instruments see "Sky," Vol. III, No. 6, p. 6, 1939. Father Matteo Ricci, who saw the instruments, said that he had seen nothing like them in Europe, although they had been exposed to the weather for two hundred years.

The picture is reproduced from *The General History of China*, from the French by (J.B.) P. Du Halde, third edition, London, 1741, Vol. III, opp. p. 108.

herent in the Great Absolute. This evolves into the Sun and the Moon, divides into the five planets, arranges in order as the 28 mansions and reunites to form the directors and the circumpolar stars. All of these being involved in the immutable directing reason are also in harmony with the rational principle in Man, so they may be interpreted by reason."

The cosmogony of this initial passage accounting for the unity of the trinity, Heaven, Earth, and Man, is fundamental in the philosophical and political system of the chart. From the standpoint of Man, formed by the union of spirit and body, Heaven and Earth are objective and constitute the rational, interpretable universe, which is likewise composed of mind and matter. The system provides a basis for the mutual response between Heaven and Earth and links events celestial with events terrestrial. Natural celestial phenomena were not ordinary portents of terrestrial affairs, they were their counterparts. Thus star observations indicated what was happening on the earth. The motions of the Sun, Moon, and planets and the occurrence of eclipses, conjunctions, and other phenomena, were related to the affairs of state and to the welfare of distant parts of the Empire. This practice has been called "a rather elaborate system of political astrology." The adjectives are apt and pertinent; but the substantive, astrology, cannot be accepted without a word of explanation. The prediction of individual, social, and political events is minimized. Prediction is not as significant as the function of correlating celestial and terrestrial events, for the benefit of the emperor, including advice, admonition, and warning to be given to the people.

The astronomical doctrines of the period are well summarized. Heaven is round and is in constant changeless motion; Earth is square and motionless. 'Heaven encompasses Earth and Earth responds to Heaven." The equator constitutes the Heart of Heaven where the central spirit resides. It makes Heaven turn from east to west. It produces day and night and the four seasons and causes Yin and Yang to cooperate. (These are the negative and positive natural principles, also termed feminine and masculine.) The sun is the essence of the Great Yang, ruling with beneficence, and symbolizes the Emperor. When the sovereign possesses virtue, the sun shows no imperfections; when he loses virtue there are eclipses, dark spots and other blemishes. The moon is the essence of the Great Yin, ruling with stern authority and symbolizes the prime minister. When that official rules virtuously, the moon moves regularly; otherwise the moon may be eclipsed or occult the planets.

Some of the fixed stars and asterisms symbolize various officials and magistrates; others symbolize animals, e.g. the cock, the dog, the wolf, the tortoise and the turtle; still others symbolize human works, e.g. palaces, avenues, processional canopies and imperial carriages. Many asterisms, however, have names designating their own significance and may be identified on the map by their form. The stars move regularly with Heaven, when the officials rule wisely and human affairs run smoothly. The planets, like the ministries, are related to prosperity and peace, adversity and peril.

The Seven Stars of the Dipper are the regulators, which perform an important function during the year by pointing toward the Twelve Branches and the Twelve Positions. During each month the primordial vitalizing spirit resides in the Branch indicated. The Twelve Kingdoms and the Twelve Regions are parts of the Celestial Empire corresponding to the Branches and Positions. When an eclipse or any unusual phenomenon occurs, the fortune or misfortune of the corresponding part of the Empire may be predicted. The correlation is effected by knowing the positions in the sky and the assigned compass directions to the corresponding geographical divisions. Ten of the twelve regions of the chart agree with designations on a political map attributed to the period of the Five Emperors, about 2500 B.C. Two other regions are included, which were outside the national boundaries, so the number twelve corresponds. Good agreement is also found with a map of the Chou period about 500 B.C. and with one of the Hans, first century A.D.

Although practical astronomy was well developed especially for calendar making and the Chinese had the best instruments in the world at that time, we must conclude that the astronomy for an emperor of the twelfth century with its inherent idealization was rather poor astronomy, and we cannot recommend it merely from the standpoint of astrology, although it compares favorably with that practiced by Kepler and others at the courts of Europe five centuries later.

The engraved stone, however, deserves to be classed as one of the outstanding contributions of all time, because it epitomizes the political philosophy of the most enduring human government the world has ever known. In modern flippant phrase, Confucius say, "Emperor look up, heaven; Emperor look down, earth." The celestial emperor looked up to heaven for instruction, for direction, for eternal verities, in accordance with the constitution of the universe. He looked down to earth to put those eternal principles into practice as he ruled his people beneficently according to the decree of heaven.

That constitutes the realism of the chart. It is not found in the science of astronomy, nor in the realm of astrology. It is founded in the ideology, or perhaps we may say in the enduring political science of the Celestial Empire.

The charge of idealization of the asterisms may not be welcomed by sinologues. European students of Chinese Astronomy include many prominent names,—Laplace, Gaubil, Biot, Schlegel, John Williams, Chavannes, and Chatley, who have given the subject serious consideration. Effort has been made to identify not merely each asterism but also every star. Due to idealization this is an impossibility and has led to much confusion and many contradictions. Of course there is unanimous agreement in the case of a large number of conspicuous constellations and bright stars. The remainder constitute a Chinese puzzle; one proposed solution of which is idealization for a practical political purpose.

The Observatory of the University of Michigan,
Ann Arbor, Michigan.

A Political Star Chart of the Twelfth Century

With the above title an article by Professor W. Carl Rufus, of the University of Michigan, was printed in the February 1945 issue of the Journal. It has led to the following exchange of Communications between Professor Rufus and Dr. Herbert Chatley, of Bath, England.

Dr. Chatley to Professor Rufus (June 1945)

This interesting paper describes the text attached to the well known Soochow star chart and suggests that the names of the asterisms have a political basis.

The author appears to be under a misapprehension as to both the chart and the text. The matter of the text is to all intents and purposes the same as would have been written some 1500 years earlier and almost everything in it as to the heavens can be found in writings of the last centuries before Christ. Similarly the names of the asterisms are almost all known at this earlier period, so that what is said of them applies not in the twelfth century A.D. but at least as early as 150 B.C.

The author says "Effort has been made to identify not merely each asterism but also every star". As there are fragments of catalogues of stars back to before the time of Christ, with stated positions, there is nothing very strange in this.

As to political nomenclature it is probable that some of the asterisms were named after the political system of the Chou dynasty (about 1000 B.C. to 221 B.C.), since during that time a stellar religion developed and the Emperor was paired with Heaven, but there seems to have been an older system which applies to the majority of the asterisms. The suggestion that the minor stars are uncertain in the asterisms is correct but this arises from faulty mapping, ambiguous description and difficulty of seeing. There is no real reason to attach any other meaning to this uncertainy, which has no political bearing.

The astrology of the Chinese was almost entirely what is called "mundane", i.e., political. So also was that of the Mesopotamians and O. Neugebauer has made a very plausible case for astrology (in the prophetic sense) as being a peculiarly Babylonian invention.

I am at a loss to understand why the author regards this chart as "idealized", since there is no essential difference between it and the sketch maps in the "Star Classic" of the T'ang dynasty which is a recension of a Han or late Chou book.

Professor Rufus to Dr. Chatley (July 20, 1945)

Our mutual friend, Dr. Esson M. Gale, acted as "transmitter" of your comments on my paper, "A Political Star Chart of the Twelfth Century."

My brief article is based on a more extensive treatise now in press, "The

Soo Astronomical Chart" by Hsing-Chih Tien and W. Carl Rufus, which contains a new translation of the text, the first to be published in English, also a complete list of asterisms with translation and remarks, the first in any language, as far as known to the authors.

The writer is not "under a misapprehension as to both the chart and the text." We also anticipated that the introduction of the term *idealization* would meet with opposition by some sinologues. It is applied to designated asterisms on older star maps referred to by our critic and to others on the Soochow Chart, where changes were made to adapt the work "for the instruction of an emperor." Several illustrations are used to support the new idea of idealization, which was proposed to help in explaining discrepancies by former scholars and commentators.

A POSSIBLE PRE-FISSION BINARY

By W. Carl Rufus

An orbit of the spectroscopic binary B.D. +56° 2617 (A) was derived by the writer[1] using the hydrogen lines. Some attention was given to other lines, *viz.* HeI, HeII, MgII, OII, NII, NIII, SiIII, and SiIV. Periodic changes (P = 3.7 da) in the appearance and relative intensities of these lines in addition to their displacements provide a basis for assuming that this star may possibly represent a pre-fission stage.

The complicated spectrum is classed as O6nk. The general changes

[1] *Pub. Mich. Obs.*, **6**, 45-57, 1937.

correlated with phases in the accompanying table may be explained by postulating a pre-fission stage with an O6 and a B0± companion not yet separated. Higher dispersion spectrograms are desirable to obtain additional evidence for or against the proposed model (See diagram).

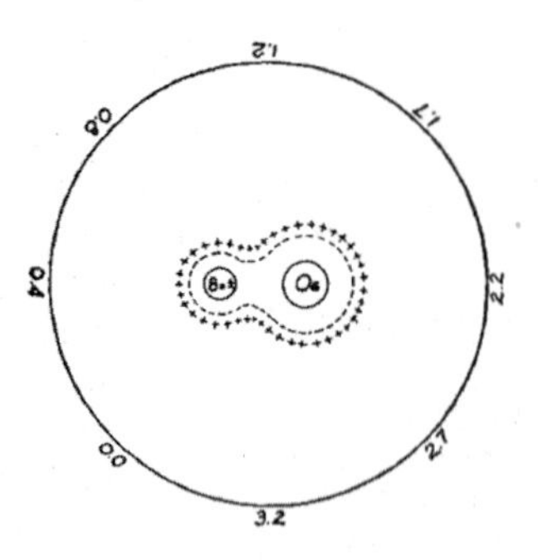

Proposed Model. B.D. +56° 2617

Phase	*Character of lines*	*Interpretation*
3.2	Suspected doubling of lines	Maximum velocity of O6 component
0.0	Absorption on violet side of H lines	Produced by atmosphere of B0 star approaching
0.4	HeI absorption strong	B0 star in front
0.8	H unsymmetrical	Analogous to 0.0 phase
1.2	H broad, some semblance of doubling	Minimum velocity of O6 component
1.3 to 1.5	H sharper on violet	O6 approaching and B0 receding more rapidly
2.0	H quite symmetrical	Light chiefly from O6
2.2	HeII strong. Other ionized lines give good agreement	O6 star in front
2.7	H broad	B0 contributing to absorption

ASTRONOMY FOR AN EMPEROR IN THE TWELFTH CENTURY

By W. Carl Rufus

In the Celestial Empire, according to the most ancient records, the heavens were observed for practical purposes and for guidance in state affairs. Observations included eclipses, comets, meteoric showers, sunspots, planetary conjunctions, star occultations, guest stars, and unusual atmospheric phenomena.

A star chart with accompanying astrological instructions was prepared for a future emperor in 1193 and engraved in stone in 1247. Its cosmogony begins with the Great Absolute from which evolved the three primal essences, Heaven, Earth, and Man. "The light and pure formed Heaven, the heavy and impure formed Earth, and the mingled pure and impure formed Man." The immutable creative and directive reason harmonizes with the rational principle in Man; so events celestial and events terrestrial, which are counterparts, may be interpreted.

On this basis was founded a system of "political astrology" in which prediction was not the chief element, but the correlation of astronomical phenomena and political events for the instruction of the emperor. In classic phrase, "Emperor look up, Heaven: look down, Earth." The celestial emperor looked up for instruction, for direction, for eternal verities, in accordance with the constitution of the universe. He looked down to put those eternal principles into practice as he ruled his people beneficently according to the decree of Heaven.

VARIABLE LINE DISPLACEMENTS OF θ^1 (C) ORIONIS

By James Armstrong and W. Carl Rufus

This is the brightest component ($m_v = 5.36$) of the multiple star θ^1 which is involved in the great nebula of Orion, ($\alpha = 5^h\ 31^m.9$, $\delta = -5°\ 25'.8$). Frost and Adams[1] announced its variable radial velocity with a range of 60 km/sec, which was confirmed by J. S. Plaskett.[2] The spectrum is apparently composite, O7 + P, assumed to be due respectively to the star and the nebula. The absorption lines are wide, shallow and variable, and difficult to measure. Some have superposed emission not always central.

Seventy plates made with the single-prism spectrograph attached to the 37½-inch reflector were used. Plate velocities of N_1 and N_2 assumed to belong to the nebula ranged from —3.4 km/sec to +61.0, with a weighted mean of + 29.2. The hydrogen emission lines ranged from —29.3 to + 116.8 with a mean of + 27.4. Neutral helium absorption lines range from — 12.2 to + 98.0 with a mean of + 28.8. Other absorption lines in general gave fair agreement, but some, especially those due to ionized atoms, were discordant.

The H and K lines of calcium, partly due to intervening clouds, gave a velocity of + 22.1 km/sec. The component of solar motion in the direction of the nebula is — 18 km/sec.

No period of variation has been found and no systematic difference between O7 lines and P lines is clearly evident.

---

[1] *Ap. J.*, **19**, 153, 1904.
[2] *Pub. Dom. Astr. Ob.*, **2**, 305, 1924.

IDEALIZATION IN CHINESE ASTERISMS

By W. Carl Rufus

The Soochow Astronomical Chart engraved in stone in 1247 A.D., was included in a series on "The Instruction of a Future Emperor of China in the Year 1193." The star map is projected on the plane of the equator with special prominence given to the 28 zodiacal asterisms or lunar mansions. The five traditional grand divisions are included: (1) the Compound (or Wall) of the Purple Court or central division, (2) the Blue Dragon of the east, (3) the Intelligent (or Spirit) Tortoise of the north, (4) the White Tiger of the west, and (5) the Red Bird of the south.

Comparing this Chart with other oriental star maps it appears that many idealizations have been made to adapt its astrography for the instruction of the emperor. The walls forming the boundary of the Imperial Court form a better protection for the Grand Emperor of August Heaven. Also the Curved Line of Guards is broken and four of the stars form a closely guarded enclosure for his majesty. An unusually large number of ministers and high officials are included. The Beautiful Palanquin or royal canopy is very fantastic.

The Walls of the Celestial Market Place have also been modified and include merchants from some new regions. The meeting place or market circle is better organized. Members of the royal family and high officials are included. Standardized weights and measures are provided to insure fair dealing. The Compound of the Secret Court (Privy Council) has been completely changed, not especially in form, but the gates are replaced by generals and ranking officials. Idealization of form to represent the object named is frequently found, *e.g.*, the Bow and Arrow, the Celestial Dog, and the Earthen Jars, but these go back to an earlier period.

The purpose of the chart (which Herbert Chatley styles the best Chinese star map known to him) is clearly astrological rather than astronomical. Its realism was based on the political ideology of its day, so its practical use appeared to justify the idealization, altho the asterisms frequently departed from observational pattern.

David Rittenhouse as a Newtonian Philosopher and Defender

By W. CARL RUFUS

The natural philosophy of Sir Isaac Newton centered in his law of gravitation, the first great physical synthesis. It rationalized Kepler's empirical laws of planetary motion and united celestial and terrestrial phenomena. It established on a quantitative, measurable basis the mathematical principles of matter in motion, the dynamics of nature. Newton, however, did not deduce a mechanical, anti-religious philosophy from his law of gravitation. The ultimate nature of gravity remained unknown, also a final explanation of space and time and absolute motion in the physical realm. Combined with an accepted teleology this led to his famous theistic discourse in the second edition of the "Principia."

Cartesianism was strongly entrenched when Newton's philosophy appeared. Descartes had attempted to found a system free from the *occult qualities* of earlier philosophy and to base it on human experience in the dual realm of mind and matter. The essence of matter was extension: the physical universe knew no vacuum. Vortices in an invisible plenum of subtle matter moved the planets and satellites. This appeal to impulse and contact met with wide acceptance. Opponents of Newton maintained that his "gravity" was merely a name for something unknown, more unintelligible than Descartes' vortices, just as obscure as the occult qualities of the ancients.

In England, however, many mathematicians and astronomers cordially received the Newtonian theory. The most notable exception was John Flamsteed, first astronomer royal, who awaited improvements in the Lunar Tables based on the law of gravitation, and finally withheld his observational data from use in "Mr. Newton's crotchets." At one time he remarked somewhat peevishly, "Sir Isaac worked with the ore I dug"; to which Newton retorted, "If he dug the ore, I made the gold ring." On the continent Newtonian principles were rejected by many, including Christian Huygens, Gottfried Wilhelm Leibnitz, and John Bernoulli. French Academy prizes were divided between Cartesians and Newtonians until 1740. The secretary, Fontenelle, died a stanch Cartesian in 1756. Three of the celebrated Cassini family, directors of the Paris Observatory, advocated for planetary orbits a special type of Cartesian curves, christened Cassinian ovals (traced by a point moving so the product of its distances from two fixed points is constant). They continued to defend the anti-Newtonian doctrine of a geoid, flattened at the equator, until the death of Cassini de Thury, 1784. This brings us to the fifty-second year of the life of David Rittenhouse, pioneer American astronomer and mathematician, the ablest Newtonian philosopher of the American colonial and revolutionary period.

Of the "philosophical trio of the revolution" Benjamin Franklin, John Winthrop, and David Rittenhouse, the last was the mathematician, *par excellence*. The late Professor Florian Cajori, reviewing the life and work of the mathematicians of the colonial period, said: "The mathematicians mentioned in the previous pages were all engaged in the profession of teaching. But, strange as it may seem, the most noted mathematician and astronomer of early times was not a professor in a college, nor had he been trained within college walls. We have reference to David Rittenhouse." (The Teaching and History of Mathematics in the United States, Bureau of Education, Circular of Information No. 3, 1890. p. 37.) Perhaps we should add that, although Rittenhouse was not an enrolled student, he had early contacts with the college at Philadelphia, and was appointed as Professor of Astronomy in 1779.

During boyhood on his father's farm he had evidenced great mechanical and mathematical ability, stimulated at twelve years of age by a chest of tools and books inherited from his uncle. According to James Renwick (Library of American Biography by Jared Sparks, p. 312, vol. VII, New York, 1853), among these books was an English translation of the "Principia" of Newton. Doctor Benjamin Rush in his Eulogy of Rittenhouse says: "It was during the residence of our ingenious philosopher with his father in the country that he made himself master of Sir Isaac Newton's "Principia," which he read in the English translation of Mr. Motte. It was here likewise he became acquainted with the science of Fluxions; of which sublime invention he believed himself, for a while, to be the author: nor did he know for some years afterwards, that a contest had been carried on between Sir Isaac Newton and Leibnitz for the honor of that great and useful discovery." His biographer, William Barton, quotes the above passage with approval (Memoirs of David Rittenhouse, Philadelphia, 1813, p. 120) in proof of Rittenhouse's genius, evidently accepting, as facts, the statements regarding the "Principia" and Fluxions. Renwick attempted to explain the statement regarding fluxions as follows: "Newton, as is well known, from deference to the practice of the ancient philosophers, adopts in this work (the "Principia") the synthetic method of demonstration, and gives no clue to the analytic process by which the truth of his propositions was first discovered by him. Unlike the English followers of this distinguished philosopher, who contented themselves, for a time, with following implicity in the path of geometric demonstration, which he had thus pointed out, Rittenhouse applied himself to search for an instrument, which might be applied to the purpose of similar discoveries, and in his researches attained the principles of the method of fluxions. So ignorant was he of the progress which this calculus had made, and of the discussions in relation to its invention and improvement, that he for a time considered it as a discovery of his own. In this impression, however, he could not have long continued; as he made, in his nineteenth year, an acquaintance, who was well qualified to set him right in this important point." He refers, of course, to the Reverend Thomas Barton, an Episcopal clergyman, graduate of Dublin University, who taught in the Rittenhouse neighborhood, and became acquainted with the family when David was nineteen years of age. Renwick adds later, "Desirous to peruse his admired Newton in the original dress, Rittenhouse now applied himself to the study of the Latin language, which he speedily mastered," and again "He persevered until he had, step by step, mastered all the truths of mathematical science, and had arrived at the principles of that calculus, for the honor of whose invention a Newton and a Leibnitz had contended."

No evidence is available to show that Rittenhouse did any original, independent work in fluxions. It is clear, however, that he acquired a complete mastery of the mathematical principles of Newton and was able to apply them in numerous complicated problems.

His first published article, 1767, was to correct an error made by a writer in the *Pennsylvania Gazette,* who tackled the problems of Archimedes, "Give me a place to stand on, and I will move the Earth." The author's conclusion was that a weight of two hundred pounds would move the earth one inch in twenty-seven billion years. Rittenhouse replied, October 8, 1767, in part as follows:

"If a ball of earth, weighing two hundred pounds, were left at liberty near the surface of this globe, it would descend, by its own gravity, about fifteen feet in one second of time, and about twenty miles in eighty seconds. And if, as this gentleman supposes, there are about two thousand trillions of such balls in the whole earth,—the Earth, by their mutual attractions, in eighty seconds of time, will move toward the ball 1/1,736,000,000,000,000 of an inch; and if the same force were to act continually for one hundred and five years, it would move about one inch, and it must, from the velocity received by that force alone, continue forever after to move at the rate of one inch in about fifty years."

The delay in the reply of Rittenhouse may have been due to his desire to obtain correct data. He used the author's values, however, "Without being at the trouble to examine his numbers." The velocity of a falling body and the "weight" of the earth, are both somewhat erroneous. He evidently used correct formulas for the space traversed and velocity acquired and was familiar with the principle that the velocity at which a body falls depends on the weight (mass) of the attracting body and is independent of its own. Using fifteen feet for the distance fallen during the first second, due to the earth's gravity, the distance in eighty seconds would be $15 \times 80 \times 80/5280$, or 200/11 miles, which is given by Rittenhouse as about twenty miles. It is evident, however, that he used the former value and the ratio of "weights" to obtain the distance the earth moved toward the ball, which checks to the last significant digit of his result. The other values given are consistent and testify to the accuracy of the method and computation. As he wished neither notoriety nor controversy the article was signed, *A Mechanic.*

On one occasion, in spite of reticence, Rittenhouse came forward to defend the Newtonian philosophy. In Colonial America Newton's system was well received in general. An opponent in 1776 gave this explanation (*Pennsylvania Magazine,* Vol. 2, p. 123, 1776): "Perhaps Sir Isaac, having been an Englishman, and certainly one of the greatest geniuses the world ever admired, may be a reason why the English and the Americans (who have too long danced after them) do almost implicity receive that system as infallible." This writer, M. W., (supposed to be the Reverend Matthew Wilson) quotes John Locke's attitude. "It is evident, that by mere matter and motion, none of the greatest phenomena of nature can be resolved; to instance but in that *common one of gravity,* which I think impossible to be explained by any natural operation of matter, or any other law of motion, but *the positive will of a superior Being* so ordering it." M. W. then proceeds in two numbers of the *Pennsylvania Magazine* to expound Cartesianism and to denounce Newtonian philosophy, chiefly from a metaphysical standpoint. Rittenhouse did not reply. Perhaps emboldened by this attack another correspondent (J. W.) contributed "A Few Thoughts on Space, Dimension, and the Divisibility of Matter in Infinitum" (*Ibid.,* p. 225-229) which incited a response.

Rittenhouse began his article "The Newtonian Philosophy Defended" (*Ibid.,* 282, 283) with the following remark, very penetrating if not truly prophetic: "I am one of those who are ready to subscribe to the general maxim, that perfection is not to be found in anything human; and therefore do not suppose the Newtonian philosophy to be so perfect as not to admit of amendment." Over two centuries elapsed, however, before an amendment, relativity, was seriously considered. Rittenhouse continues, "But I must confess that almost all the attempts to controvert that philosophy, which I have met with, amount to nothing more than so many proofs that those who made them did not understand it. Of this kind are the objections stated by your correspondent J. W. I shall neither spend my own time, nor trouble you with pointing out at present more than one of the several mistakes he has fallen into. He endeavors to prove, either that extension is not infinitely divisible, or that a fundamental principle of the Newtonian philosophy is not true. "For, says he, 'if the power of gravitation between bodies be [inversely, he ought to have said] as the squares of their distances; and if at any given distance (no matter whether we call it a yard or a thousand miles) the power of their tendency towards each other is equal to any given number; then at half that distance, the power will be four times as much, and so on. Hence it must follow, that if that distance is divisible into infinite parts, that power of attraction between them will increase infinitely beyond all calculation: But this is grossly false in fact; for we know when bodies come into actual contact, by means of this supposed power, their resistance to separation again, or tendency to unite, is very limited, and easily overcome by an excessively finite power. Therefore as at contact, which is the end of distance, the power of attraction is finite, of consequence the spaces they traverse before they meet cannot be infinitely divisible. And no demonstration, no not a mathematical one, can be true which implies a flat contradiction.'

"This gentleman would have found no contradiction at all in the case, if he had remembered, as he ought to have done, *First,* that the Newtonian philosophy informs us that the force of attraction between regular bodies is inversely as the squares of the distances of their centers; and not in any case inversely as the distances of their nearest surfaces, which his argument supposes. *Secondly,* that as soon as the center of one body enters the surface of another homogeneous body, this rule ceases, and another, more simple, takes place, *viz.,* the force of attraction decreases, directly as the distance of the centers decreases. I say, if he had considered this, he would have seen that he could not, by any infinite divisibility of extension, produce an infinitely *great* force of attraction; though he might a force less than any assignable. I wish the gentleman would be more cautious for the future; as well on his own account, as for the sake of your readers, some of whom may be misled by the weakest reasoning, on a subject which they do not understand. And I will venture to assure him, that the whole doctrine of infinites, which he is pleased to call a sophism, will not produce one contradiction in a mathematical head. Those of another cast need not meddle with it; since there are a sufficient variety of literary subjects to engage every man according to the bent of his genius."

A noted achievement of Rittenhouse in theoretical and practical astronomy was connected with a transit of Venus. About a year before the event, he contributed to the American Philosophical Society a "Calculation of the Transit of Venus over the Sun, which is to happen June 3, 1769" (*Trans. A. P. S.*, **1**, 4, 1771). Elements were used from Halley's Tables, for latitude 40° north and longitude 75° west from Greenwich, and the path laid down for an observer at Philadelphia. On the practical side, he erected an observatory on his farm, determined its latitude and longitude and equipped it chiefly with instruments of his own construction, including an equal altitude instrument, a transit telescope, and an excellent clock, that "does not stop when wound up," which he carefully and accurately rated (*Trans. A. P. S.*, **1**, 13-23). His observational work on the day of the transit, described in an "Account of the Contacts" (*Trans. A. P. S.*, **1**, 26-68), included an excellent description of a phenomenon rightly interpreted by him as the effect of an atmosphere of Venus. He also took an active part in the reduction of the observations for the determination of the solar parallax. Provost William Smith presented the paper: "The Sun's Parallax deduced from a comparison of the Norriton and some other American Observations of the Transit of Venus, 1769; with the Greenwich and other European Observations of the same" (*Trans. A. P. S.*, **1**, App. 54-70), but we recognize in it the work of Rittenhouse. Moreover, Smith gives credit to him for an important part of the method. This is confirmed by an unpublished letter from Rittenhouse to John Page, exhibited at the bicentenary celebration by Mrs. W. E. Montague, in which he says: "In page 59 of the appendix to the astronomical papers in our Transactions, Dr. Smith has given my method of determining the angle in question." In the letter he also calls attention to an error in the theory applied by Ewing and by Williamson, which introduced an excess of four or five minutes in the angle mentioned which was the obliquity of the "visible way" of Venus. He attributed the error in theory to an unnamed publication in England before the transit. His detection of the error and its correction by substituting his own method in the reduction of the Norriton results indicate a complete mastery of the theoretical side of the problem. Chief dependence was placed upon data obtained at the external contact for two reasons: in Europe the altitude of the sun at internal contact was rather low (being less than 5° at Greenwich) and the black drop which develops at the second contact also rendered the time uncertain. Various values of the solar parallax were deduced from different combinations, some of which have been frequently quoted. The first Greenwich-Norriton value from external contacts was 8″.8715. Attention was previously called (*Sci. Mon.*, **19**, 125, 1924) to a value obtained apparently as an afterthought, probably due to Rittenhouse. Smith says: "There is one small nicety, which the extreme strictness of the modern astronomy might have required to be taken into the foregoing calculations: and which was not thought of in time." He then introduced a correction in the latitude of Norriton and of Greenwich due to the earth's oblateness and its effect on the equatorial parallax. The revised value from the Greenwich-Norriton external contacts was 8″.805, which is in striking accord with the present adopted value 8″.80; the third decimal place is yet uncertain, but is probably a little greater than 2, obtained by Newcomb's combination of observations, and may be provisionally placed at 3. Encke's value (1835) from the transit observations was 8″.571. We may admit that there was a fortuitous element in the Norriton result, but it is also worthy of note that such happenings are usually limited to the most careful and rigid scientific investigators.

On November 9, 1769, following the transit of Venus, Rittenhouse, with Smith, Lukens, and Biddle, at the Norriton Observatory observed a transit of Mercury (*Trans. A.P.S.*, **1**, App. 50-54). In spite of clouds, the bane of astronomers, they succeeded in observing the first external contact and the first internal contact, and made several micrometric measures of distance from the sun's limb. The results indicated that a slight correction was necessary in Halley's theory of the orbit.

During June and July of 1770, Rittenhouse made observations on Lexell's comet with a common Hadley quadrant (which Jefferson preferred to call a Godfrey quadrant), computed the parabolic elements of its orbit, "the fruit of three or four days labor, during which I have covered many sheets, and literally drained my ink-stand several times" (*Trans. A.P.S.*, **1**, App. 37-45). So accurate were the observations and the "very laborious computations" that his results were in close agreement with those of its discoverer, Messier in France, whose observations began about two weeks earlier, and with those of Dix in England.

In this work he seems to have surpassed the achievement of Winthrop of Harvard. In a letter to Barton regarding the comet, July 30, he says: "I can assure you that the account from York, of its having been seen again near the place where it first appeared, is a mistake. Nor is Mr. Winthrop of Boston happier in supposing that it yet crosses the Meridian, every day, between twelve and one o'clock, that it has already passed its perihelion, and that it may, perhaps, again emerge from the Southern Horizon. This Comet is now to be looked for no where but a little to the North of, and very near to the ecliptic. It rises now a little before daybreak, and will continue to rise sooner and sooner every morning."

His last paper "To determine the true Place of a Planet, in an Elliptical Orbit, directly from the mean Anomaly, by Converging Series" (*Trans. A.P.S.*, **4**, 21-26), was presented February 5, 1796, only a few months before his death.

In his annual oration on astronomy before the American Philosophical Society on February 24, 1775, Rittenhouse ardently supports the philosophy of Newton, both natural and metaphysical, and expresses himself in no uncertain terms against atheists and skeptics. After reviewing the history of astronomy to the time of Newton, he says: "It was Newton alone that extended the simple principle of gravity, under certain just regulations, and the laws of motion, whether rectilinear or circular, which constantly take place on the surface of this globe, throughout every part of the solar system; and from thence, by the assistance of a sublime geometry, deduced the planetary motions, with the strictest conformity to nature and observation.

"Other systems of Philosophy have been spun out of the fertile brain of some great genius or other; and for want of a foundation in nature, have had their rise and fall, succeeding each other by turns. But this will be durable as science, and can never sink into neglect, until 'universal darkness buries all.'

"Other systems of Philosophy have ever found it necessary to conceal their weakness, and inconsistency, under the veil of unintelligible terms and phrases, to which no two mortals perhaps ever affixed the same meaning; but the Philosophy of Newton disdains to make use of such subterfuges; it is not reduced to the necessity of using them, because it pretends not to be of nature's privy council, or to have free access to her most inscrutable mysteries; but to attend carefully to her works, to discover the immediate causes of visible effects, to trace those causes to others more general and simple, advancing by slow and sure steps towards the great First Cause of all things (Barton, App. 560).

"Nothing can better demonstrate the presence of the Deity in every part of space, whether vacant or occupied by matter, than astronomy does. It was from an astronomer St. Paul quoted that exalted expression, so often since repeated, 'In God we live, and move, and have our being.' His divine energy supports that universal *substratum* on which all corporal substances subsist, that the laws of motion are derived from, and that wings *light* with angelic swiftness.

"If the time would permit, how agreeable the task to dwell on the praises of astronomy: to consider its happy effects, as a science, on the human mind. Let the skeptical writers forbear to lavish encomiums on their cobweb Philosophy, liable to be broken by the smallest incident in nature. They tell us it is of great service to mankind, in banishing bigotry and superstition from amongst us. Is this not effectually done by astronomy? The direct tendency of this science is to dilate the heart with universal benevolence, and to enlarge its views. But then it does this without propagating a single point of doctrine contrary to common sense, or the most cultivated reason. It flatters no fashionable princely vice, or national depravity. It encourages not the libertine by relaxing any of the precepts of morality; nor does it attempt to undermine the foundation of religion. It denies none of those attributes, which the wisest and best of mankind, have in all ages ascribed to the Deity: Nor does it degrade the human mind from that dignity, which is ever necessary to make it contemplate itself with complacency. None of these things does astronomy pretend to; and if these things merit the aim of Philosophy, and the encouragement of a people, then let scepticism flourish, and astronomy lie neglected; then let the names of Berkeley, and Hume, become immortal, and that of Newton be lost in oblivion" (*Ibid.*, App. 569-570).

Coupling the names of Berkeley and Hume in a peroration against the skeptics seems somewhat baffling. George Berkeley, Irish bishop and philosopher, came to America in 1728, with the idea of establishing a college in the Bermudas. In general the essence of his metaphysics agreed with Newton and Rittenhouse. "A living active Mind is looked upon as the center and spirit of the universe." All nature is the language of God. In a vigorous Christian apologetic, however, he directed a polemic against the fundamental conceptions of the infinitesmal calculus and attacked higher mathematics as leading to free thinking. Therefore, the protest of Rittenhouse. David Hume, on the other hand, in his ontology, attacked the Newtonian doctrine of the infinite divisibility of space and time and maintained that the ultimate elements of conscious human experience must be real units, capable of being represented or imagined in isolation. In Rittenhouse's Defense of the Newtonian Philosophy, previously given, the doctrine of infinite divisibility was upheld.

Christians or free-thinkers could not attack Newton with impunity before his gallant defender. Perhaps it was this impartial attitude that gave the impression to some that Rittenhouse was not a believer in the Christian religion (see Memoirs, page 596). His testimony, however, through life and at death gave evidence of his religious devotion. Like Newton, whose philosophy he adopted, his soul was white.

편역자

손영종

연세대학교 천문기상학과, 같은 대학원 천문우주학과(이학박사)에서 수학하였으며, 현재 연세대학교 천문우주학과 교수로 재직 중이다. 한국천문학회 및 한국우주과학회 이사, 그리고 국제천문연맹 회원으로 활동하고 있다. 『우주레시피』, 『외부은하』, 『우주의 본질』 등의 저역서를 출판하였으며, 성단 및 은하에서의 별 형성과 은하 형성의 관측적 특성에 대한 다수의 천문학 연구 논문이 있다.

구만옥

연세대학교 천문기상학과, 사학과 및 같은 대학원 사학과(문학박사)에서 수학하였으며, 현재 경희대학교 사학과 교수로 재직 중이다. 한국사연구회, 한국사상사학회 이사 등을 지냈다. 『조선후기 과학사상사 연구Ⅰ』, 『영조 대 과학의 발전』, 『세종시대의 과학기술』 등의 저서가 있으며, 조선후기 자연관, 자연인식, 과학사 등에 관한 많은 논문이 있다.

김도형

서울대학교 국사학과, 연세대학교 대학원(문학박사)에서 수학하였으며, 계명대학교 사학과를 거쳐 현재 연세대학교 사학과 교수 및 연세대학교 국학연구원 원장으로 재직 중이다. 한국사연구회 회장, 한국사연구단체협의회 회장, 한국대학박물관협회 회장, 한일역사공동연구위원회 연구위원 등을 역임하였다. 『대한제국기의 정치사상 연구』, 『근대한국의 문명전환과 개혁론』 등, 한국 근대사 관련 다수의 논저가 있다.